21世纪 技能创新型人才培养系列教材
机械设计制造系列

机械制图与计算机绘图

主　编◎陈金英　董丽琴　侯克青
副主编◎吕英兰　王　君　司成俊
潘　强　李兆坤　王晓萍
郝克朋　谢　毅　杨　兵
钟荣林　王许磊

中国人民大学出版社
·北京·

图书在版编目（CIP）数据

机械制图与计算机绘图 / 陈金英，董丽琴，侯克青主编. -- 北京：中国人民大学出版社，2023.8

21 世纪技能创新型人才培养系列教材. 机械设计制造系列

ISBN 978-7-300-31961-2

Ⅰ. ①机… Ⅱ. ①陈… ②董… ③侯… Ⅲ. ①机械制图－教材②机械制图－计算机制图－教材 Ⅳ. ① TH126

中国国家版本馆 CIP 数据核字（2023）第 130663 号

21 世纪技能创新型人才培养系列教材 · 机械设计制造系列

机械制图与计算机绘图

主　编　陈金英　董丽琴　侯克青

副主编　吕英兰　王　君　司成俊　潘　强　李兆坤　王晓萍
　　　　郝克朋　谢　毅　杨　兵　钟荣林　王许磊

Jixie Zhitu yu Jisuanji Huitu

出版发行	中国人民大学出版社		
社　　址	北京中关村大街 31 号	**邮政编码**	100080
电　　话	010－62511242（总编室）		010－62511770（质管部）
	010－82501766（邮购部）		010－62514148（门市部）
	010－62515195（发行公司）		010－62515275（盗版举报）
网　　址	http://www.crup.com.cn		
经　　销	新华书店		
印　　刷	北京溢漾印刷有限公司		
开　　本	787 mm × 1092 mm　1/16	**版　　次**	2023 年 8 月第 1 版
印　　张	22.5	**印　　次**	2024 年 10 月第 2 次印刷
字　　数	542 000	**定　　价**	55.00 元

前言 PREFACE

党的二十大报告指出，教育、科技、人才是全面建设社会主义现代化国家的基础性、战略性支撑。教育是国之大计、党之大计。职业教育是我国教育体系的重要组成部分，肩负着“为党育人、为国育才”的神圣使命。本教材以习近平新时代中国特色社会主义思想为指导，深入贯彻落实党的二十大精神，将思想道德建设与专业素质培养融为一体，着力培养爱党爱国、敬业奉献，具有工匠精神的高素质技能人才。

《机械制图与计算机绘图》根据工科院校的特点，结合科学技术发展对人才的需求，紧跟《技术制图》最新国家标准，对课程体系进行重新构建，教材内容突出基本知识、基本理论和基本技能，逐步培养学生的空间想象能力、创造及设计能力、动手应用能力。

本书特色如下：

（1）结合社会需求，构建新的课程体系。结合《技术制图》国家标准、AutoCAD 2022绘图软件、SolidWorks建模与工程图，构建了三位一体的课程体系，机械制图与计算机软件有机地融为一体，更有利于进一步培养学生的工程实践能力，提高学习机械制图的兴趣，打破了传统教材形式单一、内容枯燥的现象。

（2）加强理论联系实际，注重工程素质培养。本书在介绍机械制图知识的同时，一方面培养学生的科学思维，另一方面在阅读和绘制工程图样的实践中不断提高学生的素质与能力，进一步提高学生的创新与设计能力。

（3）与时俱进，借助自媒体，提供多平台学习资源。根据社会的发展，在公众号、B站、知乎、学习通等平台提供了《机械制图与计算机绘图》的配套学习资源（附件中有二维码），同学们可根据自己的喜好选择相应的平台进行学习。

（4）教材含配套习题集。在每个单元前都列出了该部分内容的学习目标、学习重点与难点，每个单元后编写配套的思考题，便于学生自主学习。教材配有《机械制图与计算机绘图习题集》，目的在于帮助学生巩固和加深课堂所学知识，不断在实践中提高能力。

本教材为高等教育本、专科教学用书，也可作为工程技术人员的参考用书。

由于时间仓促，加之编者水平有限，书中难免存在疏漏和不足之处，恳请广大读者批评指正。

编者

目录 CONTENTS

单元 1　制图的基本知识和基本技能

学习目标

第 1 讲
课程任务和内容

1. 正确使用绘图工具和仪器。
2. 掌握国家标准《技术制图》《机械制图》中的基本规定。
3. 熟练掌握几何作图的方法，同时具备徒手绘图的能力。
4. 掌握平面图形的尺寸和线段分析，能正确绘制图形与标注尺寸等。
5. 培养学生认真负责的工作态度和一丝不苟的工作作风。

学习重点与难点

学习重点：绘图工具和仪器的使用，制图的基本规定。
学习难点：几何作图，平面图形的分析。

本章主要讲述了绘图工具和仪器的使用，机械绘图中的国家标准规定，几何作图的画法和平面图形的分析、徒手绘图的方法等内容。

1.1 绘图工具和仪器的使用

正确使用绘图工具和仪器是保证绘图质量和加快绘图速度的一个重要方面，因此必须养成正确使用绘图工具和仪器的好习惯。下面主要介绍常用的绘图工具和仪器的使用方法及注意事项。

第 2 讲
绘图工具和仪器

1.1.1 绘图工具

1. 图板

图板是用来铺放和固定图纸的，要求板面平整光滑，图板四周一般都镶有硬木边框，图板的左边是工作边，称为导边，需要保持平直光滑。使用时要防止图板受潮、受热。图纸铺放在图板的左下部，用胶带纸粘住四角，使图纸下方至少留一个丁字尺宽度的空间，如图 1.1（a）所示。

图板大小有多种规格，要选用与绘图纸张大小相适应的规格，一般与同号图纸相比每边加长 50mm。常用的图板尺寸规格，如表 1.1 所示。

表 1.1　常用的图板尺寸规格

图板规格代号	0 号	1 号	2 号
图板尺寸（mm）	900 × 1 200	600 × 900	450 × 600

2. 丁字尺

丁字尺用于画水平线，由尺头和尺身组成，如图 1.1（b）所示。尺身带有刻度的长度方向的侧边为工作边，画图时要使尺头紧靠图板左侧的导边，沿着导边上下移动，如图 1.1（c）所示。画水平线必须自左向右画，使笔尖紧靠尺身，笔杆略向右倾斜，如图 1.1（d）所示。

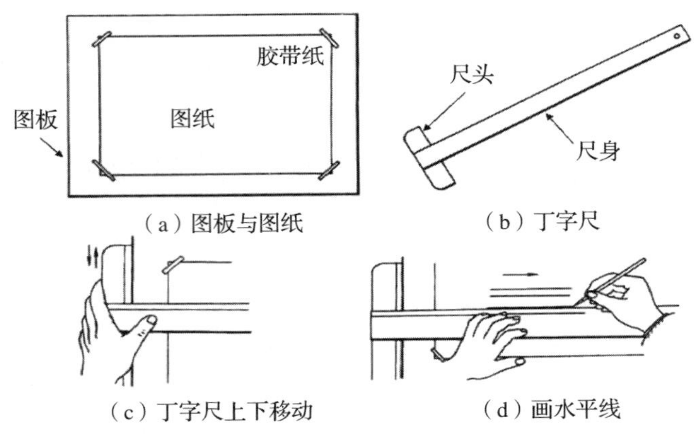

（a）图板与图纸　（b）丁字尺

（c）丁字尺上下移动　（d）画水平线

图 1.1　图板与丁字尺的用法

注意：丁字尺不用时应悬挂起来（尺身末端有小圆孔），以免尺身翘起变形。

3. 三角板

三角板由 45° 和 30°（60°）各一块组成一副，规格用长度 L 表示，常用的大三角板有 20cm、25cm、30cm，用于配合丁字尺画垂直线与倾斜线。画垂直线时应使丁字尺尺头紧靠图板工作边，三角板一边靠紧丁字尺的尺身，用手按住丁字尺和三角板，并在三角板的左边自下而上画线。还可以配合丁字尺画 30°、45°、60° 的倾斜线，或用两块三角板画与水平线成 15°、75° 的倾斜线，如图 1.2 所示；还可以画已知直线的平行线和垂直线，如图 1.3 所示。

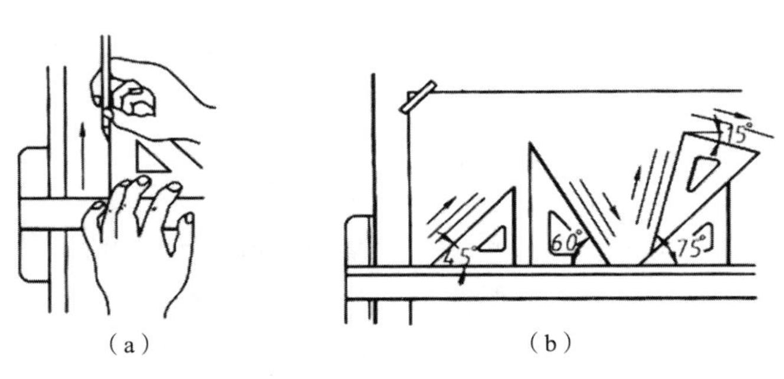

（a）　（b）

图 1.2　三角板和丁字尺的配合使用

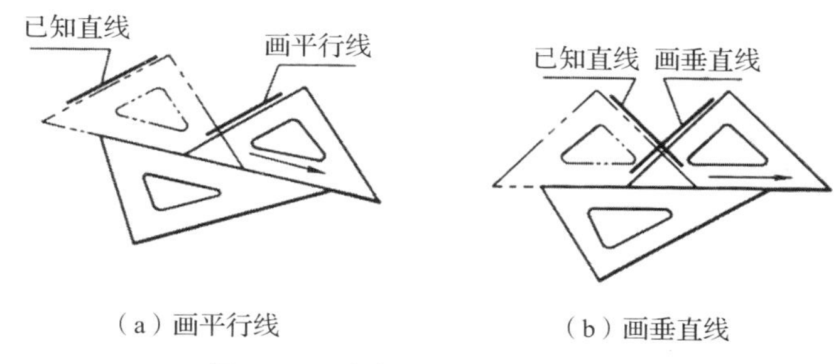

（a）画平行线　　（b）画垂直线

图 1.3　三角板画平行线和垂直线

4. 比例尺

比例尺是按一定比例量取长度的专用量尺，可放大或缩小尺寸。常用的比例尺有两种，一种是三棱尺，外形为三棱柱体，有六种不同的比例（1∶100、1∶200、1∶300、1∶400、1∶500、1∶600），如图 1.4 所示；另一种是比例直尺，外形为直尺，有三种不同的比例。

画图时按所需比例，用尺上标注的刻度直接量取而不需换算。如画出实际长度为 4m 的图线，使用比例尺上 1∶100 的刻度，直接量取相应的刻度，在图上画出的长度是 40mm。

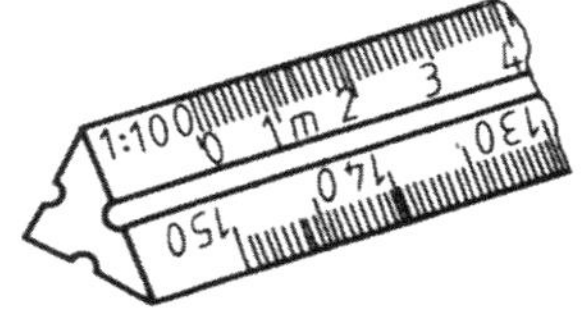

图 1.4　三棱尺

1.1.2 绘图仪器

1. 圆规

圆规是用来画圆及圆弧的。一个完整的圆规应附有铅芯插腿、钢针插腿、直线笔插腿和延伸杆等。使用圆规前先调整针脚使针尖略长于铅芯，如图 1.5（a）所示。画图时使圆规顺时针转动，并向前进方向稍微倾斜。画较大圆或圆弧时使圆规两脚与纸面垂直，如图 1.5（b）所示。在画大圆时应接上延伸杆，如图 1.5（c）所示。

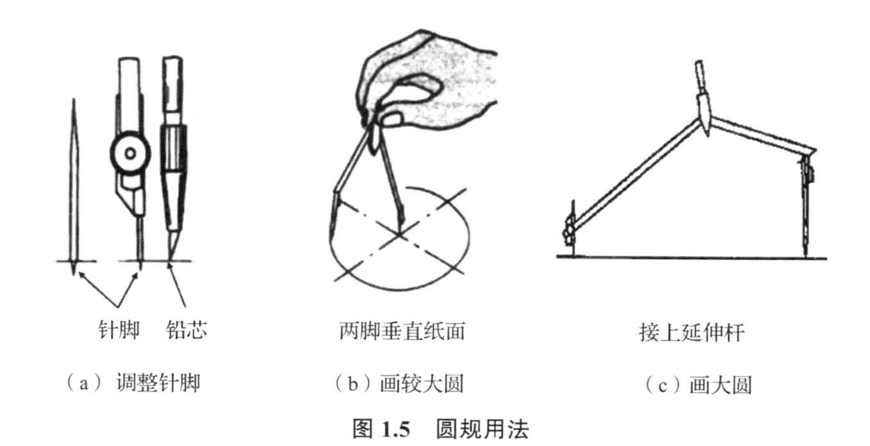

（a）调整针脚　　（b）画较大圆　　（c）画大圆

图 1.5　圆规用法

2. 分规

分规是量取线段长度和等分线段的仪器，形状与圆规相似，两腿都是钢针，如图 1.6（a）所示。为准确地量取尺寸，分规的两针尖应保持尖锐，使用时两针尖调整到平齐，即合拢后两针尖聚于一点，如图 1.6（b）所示。

可以使用分规等分直线段或圆弧，绘制时采用试分法。如图 1.6（c）所示为使用分规五等分 *AB* 直线段，先目测使两针尖间的距离大致为 *AB* 的 1/5，然后在线段 *AB* 上试分，操作方法如下：

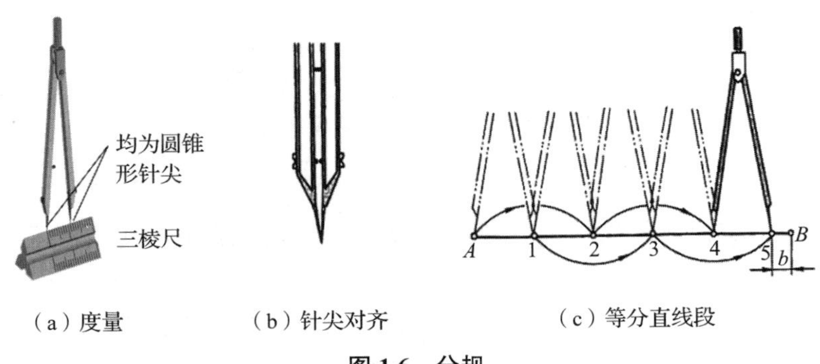

（a）度量　　（b）针尖对齐　　（c）等分直线段

图 1.6　分规

（1）从 *A* 点量得第一个试分点 1 后，在点 1 处的针脚不动，将另一针脚沿弧线方向移至第二个试分点 2；

（2）再使点 2 处的针脚不动，另一针脚沿弧线方向移至第三个试分点 3，依次进行，直到获得第五个试分点 5 为止；

（3）如果第五个试分点 5 在线段 *AB* 内，且离点 *B* 的距离为 *b*，则说明两针尖间的距离小于 *AB* 的 1/5，应将两针尖距离增加约 *b*/5；

（4）如果点 5 在线段 *AB* 外，且离点 *B* 的距离为 *b*，则应将两针尖间的距离减小约 *b*/5，再进行试分。经过几次试分，即可较准确地五等分线段 *AB*。

1.1.3 绘图用品

1. 图纸

绘图时选用纸质坚实、纸面洁白的专用绘图纸。图纸有正反面之分，绘图前应用橡皮擦拭以检验图纸的正反面，若为反面，则会起毛。

2. 铅笔

绘图铅笔的笔芯有软硬之分，标号 B 表示铅芯软度，B 前的数字越大表示铅芯越软；标号 H 表示铅芯硬度，H 前的数字越大表示铅芯越硬；标号 HB 表示铅芯软硬适中。

B、HB 型的铅笔用于绘制粗实线；HB、H 型的铅笔用于绘制细实线、点画线、双点画线、虚线及写字；2H 型的铅笔用于画底稿。

根据绘图需要，铅芯应削成相应的形状。写字或画细线时铅芯削成锥状；加深粗线时铅芯削成四棱柱状；圆规的铅芯削成斜口圆柱状或斜口四棱柱状，如图 1.7 所示。

削铅笔时应从无标号的一端削起以保留标号，铅芯露出 6 ～ 8mm 为宜，如图 1.8 所示。

3. 擦图片

擦图片用于擦除图线，上面刻有各种形式的镂孔，如图 1.9 所示。使用时选择擦图片

（a）锥状　（b）四棱柱状　（c）斜口圆柱状　（d）斜口四棱柱状

图 1.7　铅笔的形状

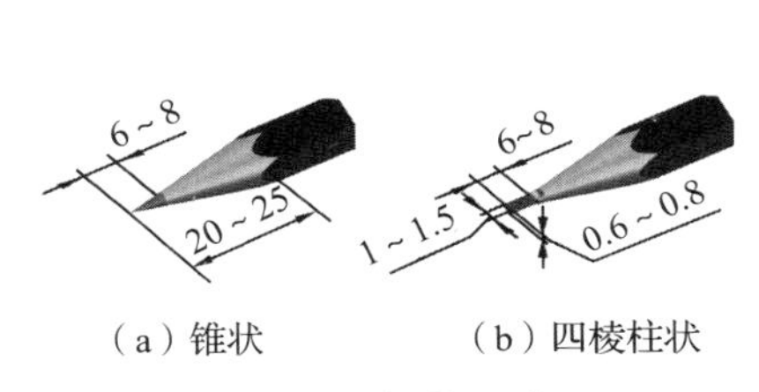

（a）锥状　（b）四棱柱状

图 1.8　铅芯尺寸

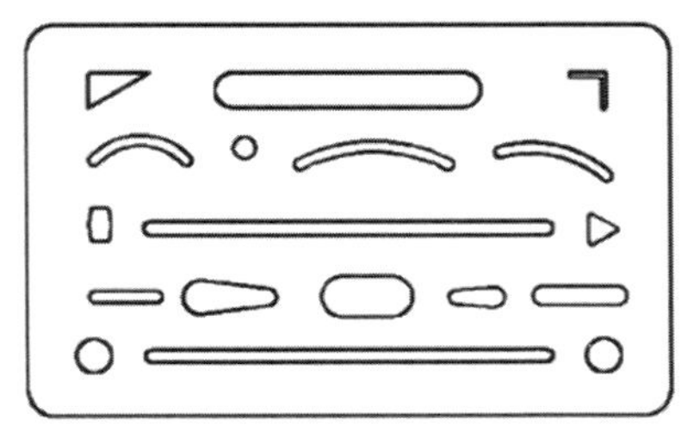

图 1.9　擦图片

上适宜的镂孔，盖在图线上，使擦去的部分从镂孔中露出，再用橡皮擦拭，以避免擦坏其他部分图线并保持图面清洁。

4. 曲线板

曲线板用于画非圆曲线。已知曲线上的一系列点，用曲线板将它们连成曲线，画法如图 1.10 所示。

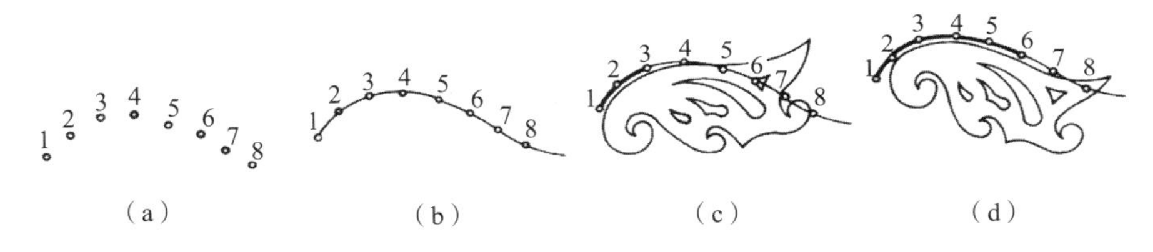

（a）　（b）　（c）　（d）

图 1.10　曲线板用法

操作方法如下：

（1）由作图求得曲线上的若干个点，如图 1.10（a）所示；

（2）用铅笔徒手将这些点轻轻地连成线，如图 1.10（b）所示；

（3）从一端开始，找出所画曲线与曲线板吻合的一段，沿曲线板描出该段曲线，如图 1.10（c）所示，保证前后描绘的两段曲线中应有一小段是重合的，这样能使曲线更光滑；

（4）用同样的方法逐段描绘曲线，直到最后一段，如图 1.10（d）所示。

5. 其他绘图用品、工具和仪器

在绘图用品方面还应准备小刀、砂纸、毛刷、橡皮、胶带纸、量角器等，如图 1.11 所示。在绘图工具和仪器方面应该有专用绘图机和自动绘图机等。

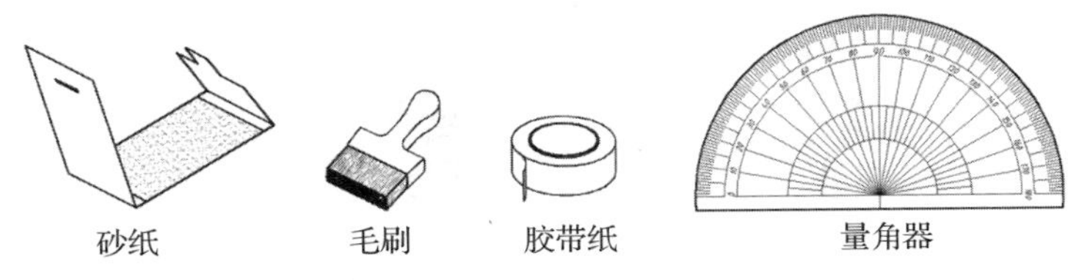

图 1.11 绘图用品

1.2 制图的基本规定

第 3 讲
制图的基本规定

机械图样是机械设计和制造过程中的重要技术资料，是交流技术思想的语言，因此对图样画法、尺寸注法等都必须作统一的规定。

国家标准《机械制图》是我国颁布的一项重要技术标准，它统一规定了有关机械方面的生产和设计部门共同遵守的画图规则。

在《技术制图 图纸幅面和格式》（GB/T 14689—2008）、《机械制图 图样画法 图线》（GB/T 4457.4—2002）和《机械制图 尺寸注法》（GB/T 4458.4—2003）中，分别对图纸幅面及格式、比例、字体、图线和尺寸注法等作了规定。

国家标准（简称国标）的代号是“GB”，即汉语拼音缩写；“T”是推荐的意思；编号由国家标准的代号、国家标准发布的顺序号和国家标准发布的年号（四位数字，如 2008）组成。

1.2.1 图纸幅面及格式

1. 图纸幅面（GB/T 14689—2008）

绘制图样时，应优先采用表 1.2 中规定的基本幅面。

表 1.2 基本幅面及图框尺寸 单位：mm

幅面代号	A0	A1	A2	A3	A4
$B \times L$	841 × 1 189	594 × 841	420 × 594	297 × 420	210 × 297
a	25				
c	10			5	
e	20		10		

2. 图纸装订

图框是图纸限定绘图范围用的线框，图样均应绘制在图框内。图框用粗实线绘制，分为留装订边和不留装订边两种格式，尺寸 a、c、e 参照表 1.2，同一产品的图样只能采用一种格式。一般 A0—A3 号图纸宜横装，A4 号以下的图纸宜竖装。

留装订边图纸的图框格式及尺寸，如图 1.12 所示；不留装订边图纸的图框格式及尺寸，如图 1.13 所示。必要时允许加长幅面，加长幅面及其图框尺寸在 GB/T 14689—2008 中另有规定。

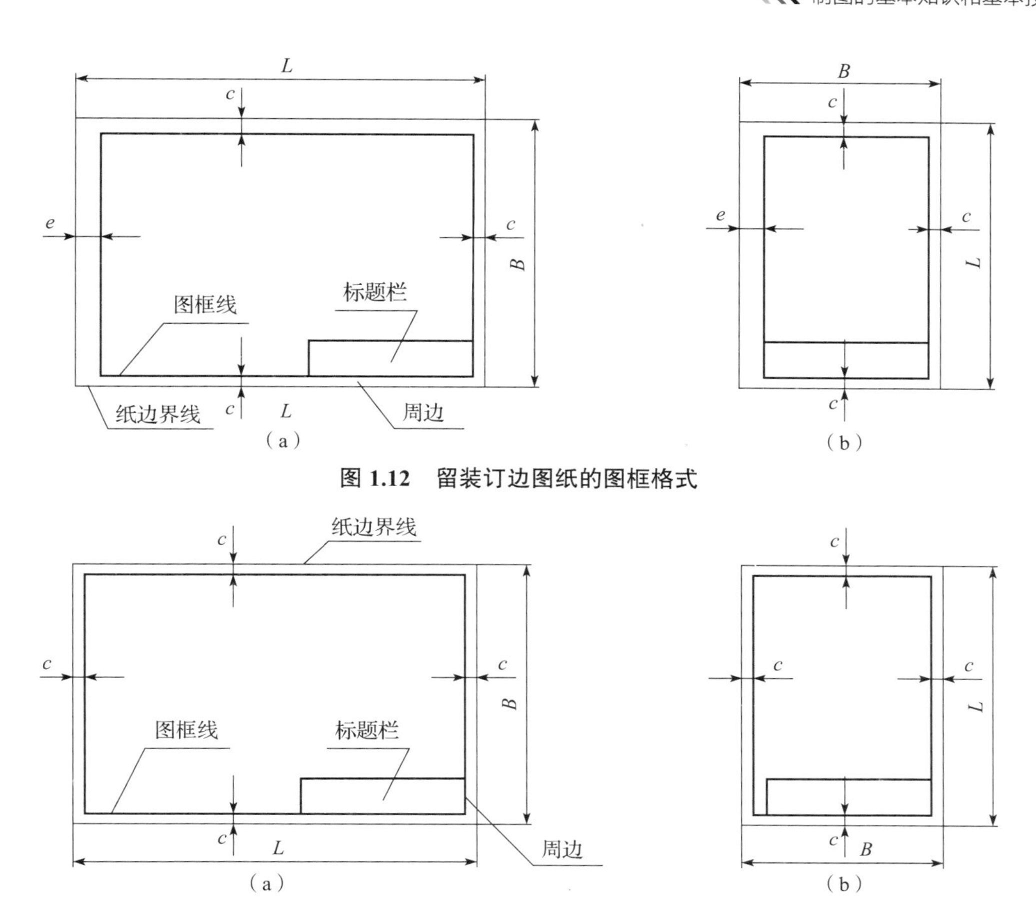

图 1.12 留装订边图纸的图框格式

图 1.13 不留装订边图纸的图框格式

3. 标题栏

每张图纸都必须画出标题栏。标题栏置于图纸右下角，并使底边、右边分别与图框线重合，保证看图方向与看标题栏方向一致，如图 1.14 所示。《技术制图 标题栏》（GB/T 10609.1—2008）对标题栏的内容、格式与尺寸等作了规定。

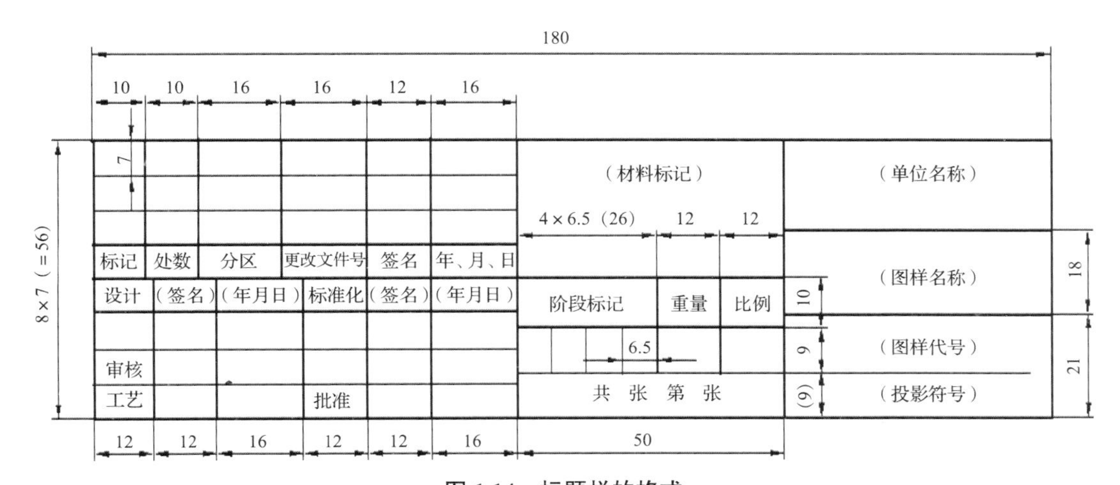

图 1.14 标题栏的格式

若标题栏的长边与图纸的长边平行，则构成横式幅面 X 型图纸；若标题栏的长边与图纸的长边垂直，则构成立式幅面 Y 型图纸。

制图作业的标题栏，建议采用如图 1.15 所示的格式。

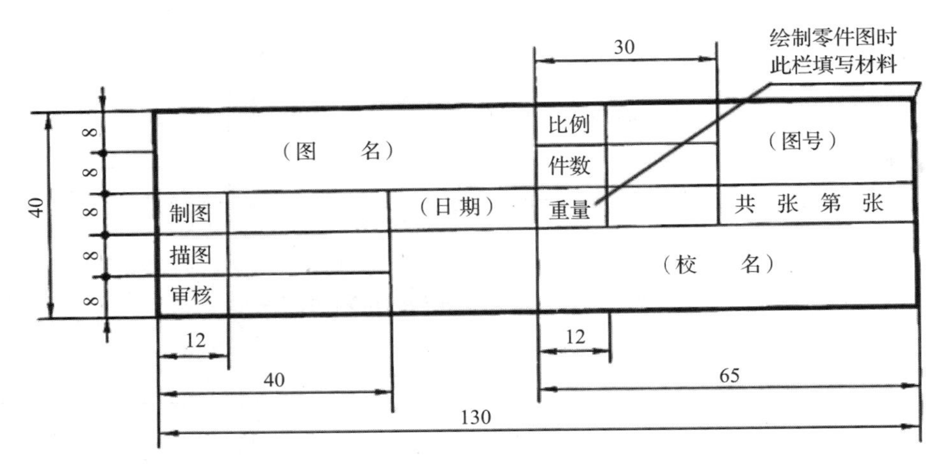

图 1.15　制图作业的标题栏格式

1.2.2 比例

比例指图中图形与其实物相应要素的线性尺寸之比。《技术制图　比例》(GB/T 14690—1993）规定了绘图比例及其标注方法。需要按比例绘制图样时，应在表 1.3 中选择适当的比例。在绘制图样时一般选择常用比例，即不带括号的比例，必要时也允许选取带括号的比例。

比例一般应标注在标题栏的比例栏内，必要时可标注在视图名称的下方或右侧。

表 1.3　绘图比例

原值比例	1∶1
缩小比例	（1∶1.5） 1∶2 （1∶2.5）（1∶3）（1∶4） 1∶5 （1∶6） 1∶10 $1:1\times10^n$ （$1:1.5\times10^n$） $1:2\times10^n$ （$1:2.5\times10^n$）（$1:3\times10^n$）（$1:4\times10^n$） $1:5\times10^n$ （$1:6\times10^n$）
放大比例	2∶1 （2.5∶1）（4∶1） 5∶1 $1\times10^n:1$ $2\times10^n:1$ （$2.5\times10^n:1$）（$4\times10^n:1$） $5\times10^n:1$

注：n 为正整数。

1.2.3 字体

在图样中除表示机件形状的图形外，还需要用文字和数字来说明机件的大小、技术要求和其他内容。

在图样中的字体要符合《技术制图　字体》（GB/T 14691—1993）中的规定，做到字体工整、笔画清楚、间隔均匀、排列整齐。

1. 汉字的规定

字体的号数即为字体的高度 h，其公称尺寸系列为 1.8mm、2.5mm、3.5mm、5mm、7mm、10mm、14mm、20mm。汉字应为长仿宋体，并采用国家正式公布推行《汉字简化方案》中规定的简化字，如图 1.16 所示。

10 号字

字体工整 笔画清楚 间隔均匀 排列整齐

7 号字

横平竖直注意起落结构均匀填满方格

5 号字

技术制图机械电子汽车航空船舶土木建筑矿山井坑港口纺织服装

3.5 号字

螺纹齿轮端子接线飞行指导驾驶舱位挖填施工引水通风闸阀坝棉麻化纤

图 1.16 长仿宋体字

汉字的高度不应小于 3.5mm，其宽度一般为 $h/\sqrt{2}$ 。

为保证字体大小一致和整齐，书写时先画格子或横线，再写字。

汉字基本笔画为点、横、竖、撇、捺、点、折、钩，其笔画如表 1.4 所示。

表 1.4 汉字的基本笔画

	名称	点	横	竖	撇	捺	提	折	钩
笔画分析	运笔要领	起笔后顿	横平、起落顿笔	竖直、起落顿笔	起笔顿、由重而轻、提笔快捷	起笔轻、逐渐用力、提笔快捷	起笔轻、由重而轻、提笔快捷	重笔转折、顿笔刚劲	折钩顿笔、提笔快捷
	书法示例		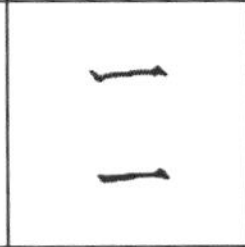	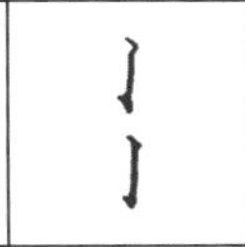	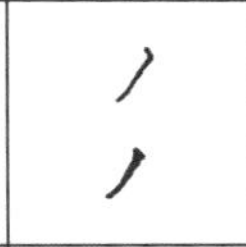	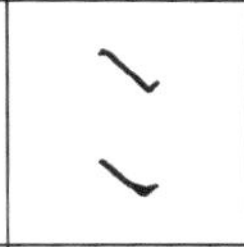	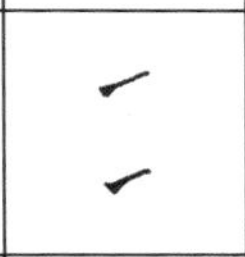	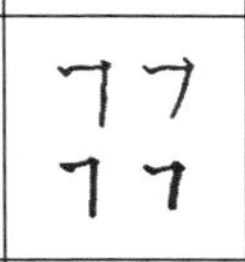	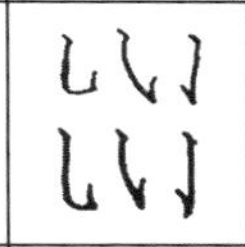
字例		字端	正列	隔清	体整	楚齐	均排	间画	笔匀

注：汉字的基本笔画不属于标准内容。

2. 数字及字母的规定

数字及字母分 A 型和 B 型，A 型字体的笔画宽度为字高的 1/14，B 型字体的笔画宽度为字高的 1/10。

数字和字母可写成斜体和直体。斜体字字头向右倾斜，与水平基准线成 75°。

数字及字母的 A 型斜体字的笔序、书写形式和综合应用示例，如图 1.17 所示。

3. 其他的符号规定

（1）用作指数、分数、极限偏差、注脚等的数字及字母，一般采用小一号的字体。

（2）图样中的数学符号、物理量符号、计量单位符号，以及其他符号、代号，应分别符合国家的有关法令和标准的规定，如图 1.18 所示。

（a）阿拉伯数字

ABCDEFGHIJKLMN

OPQRSTUVWXYZ

（b）大写拉丁字母

（c）小写拉丁字母

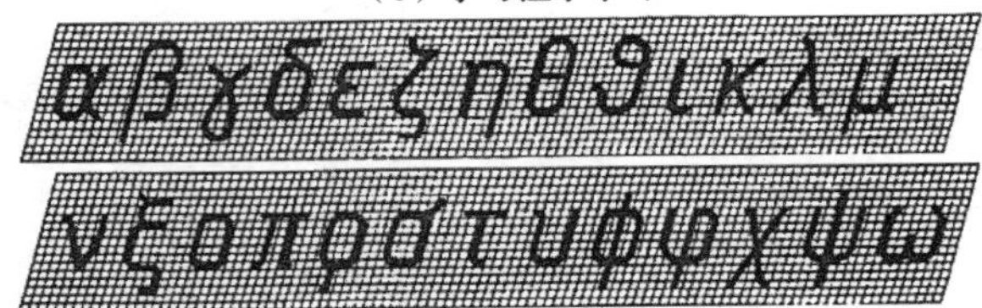

（d）小写希腊字母

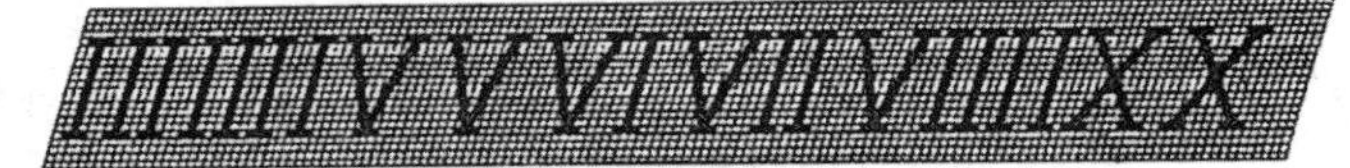

（e）罗马数字

图 1.17　数字与字母

10^3　S^{-1}　D_1　T_d　$\phi 20^{+0.010}_{-0.023}$　$7°^{+1°}_{-2°}$　$\frac{3}{5}$

10Js5（±0.003）　M24−6h　$R8$　5%

220V　5MΩ　380kPa　460r/min

$\phi 25\frac{H6}{m5}$　$\frac{II}{2:1}$　$\frac{A\text{向旋转}}{5:1}$　6.3

图 1.18　其他符号

1.2.4　图线及其应用

绘制图样时应采用国家标准（GB/T 4457.4—2002）中规定的图线，如表 1.5 所示。各种型式图线的应用如图 1.19 所示，其他用途可查阅国标。

1. 图线的规定

图线分为粗、细两种。粗线的宽度 b 应根据图的大小和复杂程度在 0.5 ～ 2mm 之间选择，细线的宽度约为 $b/2$，因此粗、细的比例关系为 2∶1。

粗线宽度的推荐系列为：0.25mm，0.35mm，0.5mm，0.7mm，1mm，1.4mm，2mm。一般情况下，粗线的宽度 b 在 0.5 ～ 1mm 之间选取，通常采用 0.5mm 或 0.7mm。

表 1.5　图线的型式、宽度及用途

代码 No.	图线名称	图线型式	图线宽度	主要用途
01.1	细实线		约 $b/2$	尺寸线、尺寸界线、剖面线、指引线和基准线、过渡线
	波浪线		约 $b/2$	断裂处的边界线，视图与剖视图的分界线 [a]
	双折线		约 $b/2$	断裂处的边界线，视图与剖视图的分界线 [a]
01.2	粗实线		b	可见轮廓线
02.1	细虚线	1　4	约 $b/2$	不可见轮廓线
04.1	细点画线	15　3	约 $b/2$	轴线、对称中心线、剖切线
04.2	细双点画线	15　5	约 $b/2$	成形前轮廓线、轨迹线、中断线

注：a. 在一张图样上一般采用一种线型，即采用波浪线或双折线。

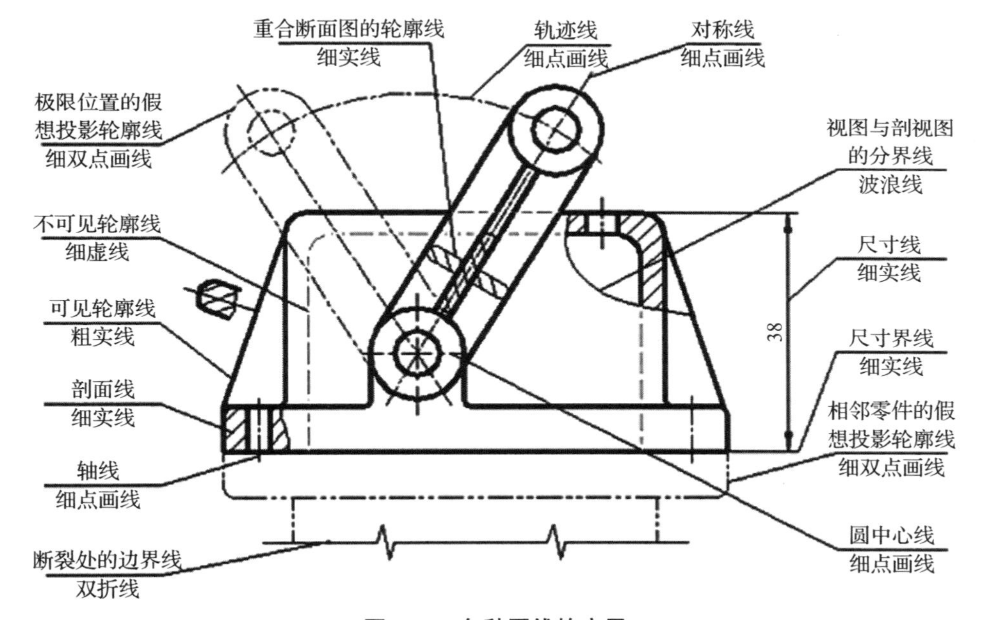

图 1.19　各种图线的应用

2. 图线的应用画法

如图 1.20 所示，绘图时要正确使用图线并注意以下几点内容：

（1）在同一图样中，同类图线的宽度应基本一致。

（2）虚线、点画线及双点画线的线段长度和间隔应各自大致相等。

（3）平行线（包括剖面线）之间的距离应不小于粗实线的宽度，其最小距离不得小于 0.7mm。

（4）在较小的图形上绘制单点画线、双点画线有困难时可用细实线代替。

（5）点画线、虚线和其他图线相交时应在线段处相交，不应在空隙或短画处相交，且点画线和双点画线的首末两端应是线段而不是短画。

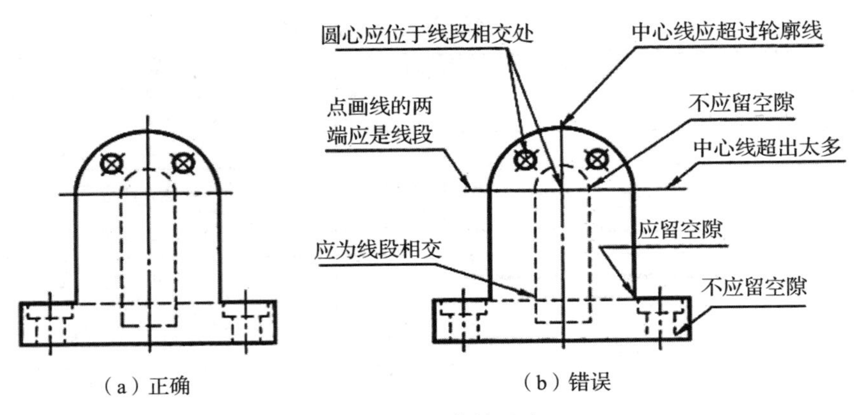

图 1.20　图线的画法

（6）绘制圆的对称中心线时圆心应为线段的交点。

（7）绘制轴线、对称中心线、双折线和作为中断线用的双点画线，应超出轮廓线 2 ～ 5mm。

（8）虚线处于粗实线的延长线上时粗实线应画到分界点，而虚线应有空隙。

（9）虚线圆弧和虚线相切时虚线圆弧的线段应画到切点，而虚线应有空隙。

（10）图线不得与文字、数字或符号重叠，不可避免时应保证文字等清晰。

1.2.5 徒手绘图要求

1. 手工绘图

（1）绘图前的准备工作。

1）准备好绘图工具和仪器，磨削铅笔及圆规上的铅芯。

2）安排工作地点使光线从图板的左前方射入，并将工具放在方便之处，以便进行制图工作。

3）用胶带将图纸固定在图板上，固定时使丁字尺的工作边与图纸的水平边平行，摆正图纸，图纸下边的距离大于丁字尺的宽度。图纸较小时，应将图纸布置在图板的左下方。

（2）画底稿的方法和步骤。

画底稿时宜用削尖的 H 或 2H 铅笔轻而淡地画出，并经常磨削铅笔。

画底稿的一般步骤是：先画图框、标题栏，后画图形。画图形时先画轴线或对称中心线，再画主要轮廓和细部；画剖视图或断面图时最后画剖面符号，剖面符号在底稿中只需画一部分，其余待加深图线时再全部画出。

图形完成后，画其他符号、尺寸界线、尺寸线、箭头、尺寸数字横线和仿宋字的格子等。

（3）加深图线的方法和步骤。

在加深图线时应做到线型正确、粗细分明、连接光滑、图面整洁。

加深粗实线用 B 型铅笔；加深虚线、细点画线以及线宽约为 $b/2$ 的各类图线，用削尖的 H 或者 HB 型铅笔；写字用 HB 型铅笔；圆规的铅芯应比画直线的铅芯软一号。

加深图线时用力要均匀，运笔速度要稳定，使图线均匀地分布在稿线的两侧，如图 1.21 所示。在加深图线前认真校对底稿，修正错误，擦净多余的线条和污垢。

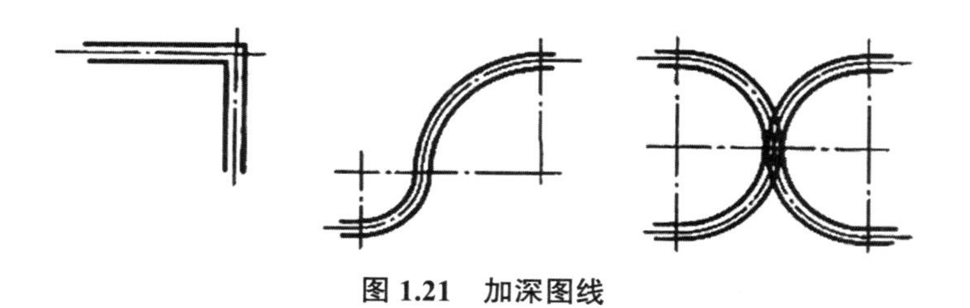

图 1.21　加深图线

加深图线的步骤：

1）加深所有的点画线。

2）加深所有的粗实线圆和圆弧。

3）从上向下依次加深所有水平的粗实线。

4）从左向右依次加深所有铅垂的粗实线。

5）从图的左上方开始，依次加深倾斜的粗实线，虚线圆及圆弧，水平、铅垂和倾斜的虚线。

6）加深所有的细实线、波浪线等。

7）画符号和箭头，注写尺寸，绘制标题栏等。

8）检查图形，改正错误和不足。

2. 徒手绘图

为了提高图样质量和绘图速度，除正确使用绘图工具和仪器外，还必须掌握正确的绘图程序和方法，在工作中有时也需要徒手画草图。

徒手绘图是指不用绘图仪器按目测比例徒手画出图样，徒手绘制的图样称为草图或徒手图，主要用于现场测绘、设计方案讨论或技术交流，因此工程技术人员必须具备徒手绘图的能力。

徒手草图应做到：图形正确，线型分明，比例均匀，字体工整，图面整洁。画草图一般选用 HB、B 或 2B 铅笔，也常选用坐标纸画图。

（1）直线画法。

画直线时，眼睛看着图线的终点，由左向右画水平线，由上向下画铅垂线。短线常用手腕运笔，画长线借助手臂的动作，且肘部不宜接触纸面，否则不易画直；当直线较长时也可用目测方法先在直线中间定出几个点，然后分几段画出。画线及握笔姿势，如图 1.22 所示。

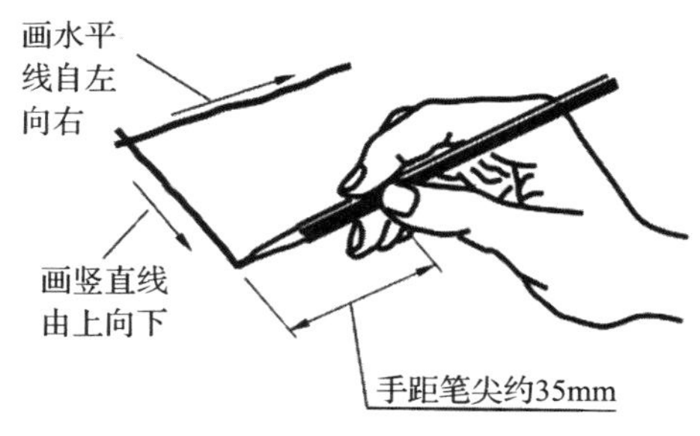

图 1.22　画线及握笔姿势

（2）圆和圆角画法。

画直径较小的圆时在中心线上按半径目测定出四点，再徒手连成圆，如图 1.23 所示。

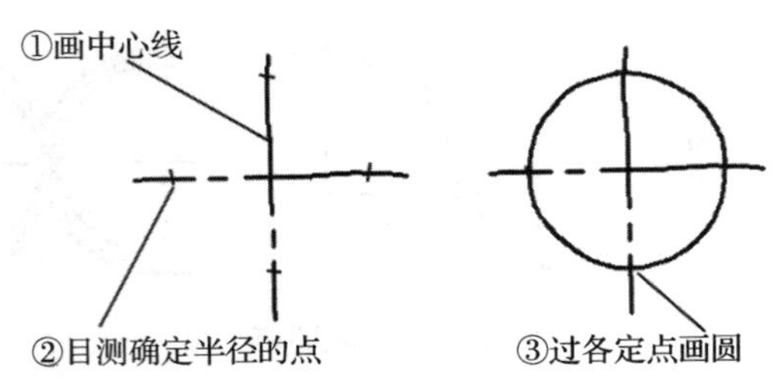

图 1.23　画小圆

画直径较大的圆时除了中心线以外，再过圆心画几条不同方向的直线，在中心线和直线上按半径目测定出若干点，再徒手连成圆，如图 1.24 所示。

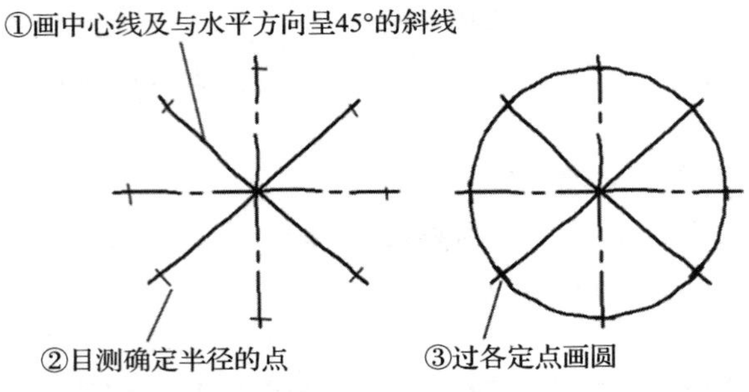

图 1.24　画大圆

画圆角时先确定分角线的位置，并在分角线上定出一个圆周点，再确定圆心位置，过圆心向两边引垂线定出圆弧起止点，过圆弧起止点及分角线上圆弧通过的点画圆弧，如图 1.25 所示。

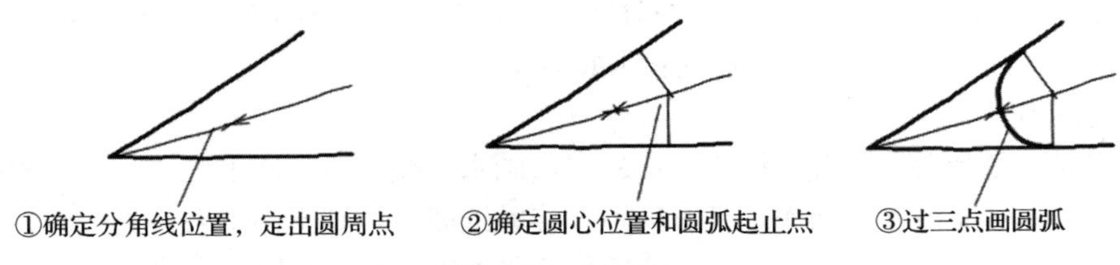

图 1.25　画圆角

（3）椭圆画法。

1）矩形法画椭圆。

先画椭圆的长短轴，再确定长短轴端点，过椭圆长短轴端点作矩形，在矩形内作与矩形相切的椭圆，如图 1.26 所示。

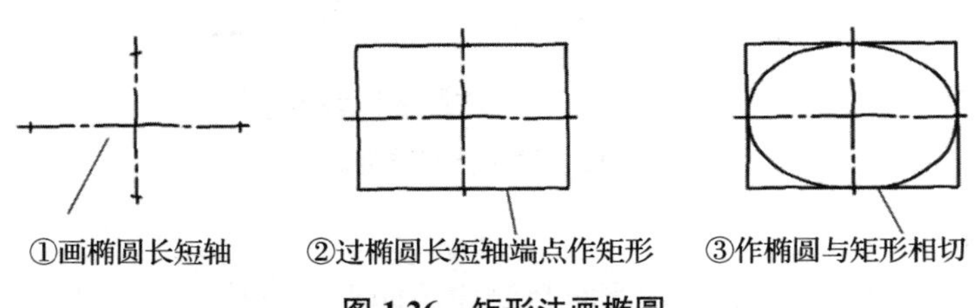

图 1.26　矩形法画椭圆

2）外切菱形法画椭圆。

先画椭圆的共轭直径，目测确定与椭圆中心等距的点，再过各点作椭圆的外切菱形，画钝角边的内切圆弧，最后画锐角边的内切圆弧，如图 1.27 所示。

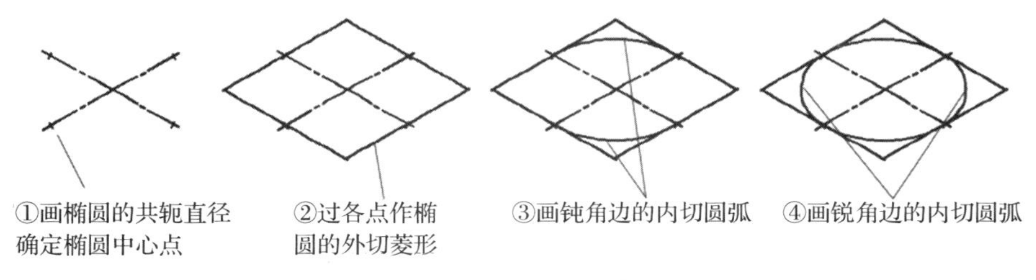

图 1.27　菱形法画椭圆

1.3 几何作图

几何图形基本上是由直线、圆弧和其他一些曲线组成的，可使用直尺、圆规，运用一些几何作图的方法绘制图样。

第 4 讲
几何作图

1.3.1 直线的平行线和垂直线

1. 过点作直线的平行线

已知直线 *AB* 和直线外一点 *C*，过 *C* 点作 *AB* 直线的平行线，如图 1.28 所示。

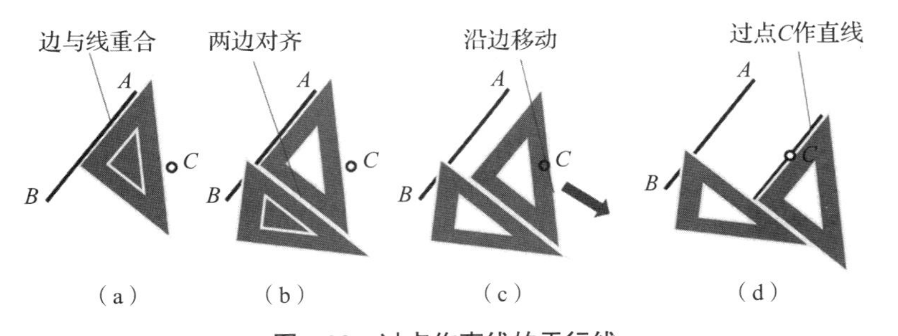

图 1.28　过点作直线的平行线

作图步骤：

（1）三角板的边与 *AB* 直线重合，如图 1.28（a）所示。

（2）两个三角板的边对齐，如图 1.28（b）所示。

（3）一个三角板沿着另一个三角板的边移动，如图 1.28（c）所示。

（4）过 *C* 点作直线，如图 1.28（d）所示。

2. 过点作直线的垂直线

已知直线 *AB* 和直线外一点 *C*，过 *C* 点作 *AB* 直线的垂直线，如图 1.29 所示。

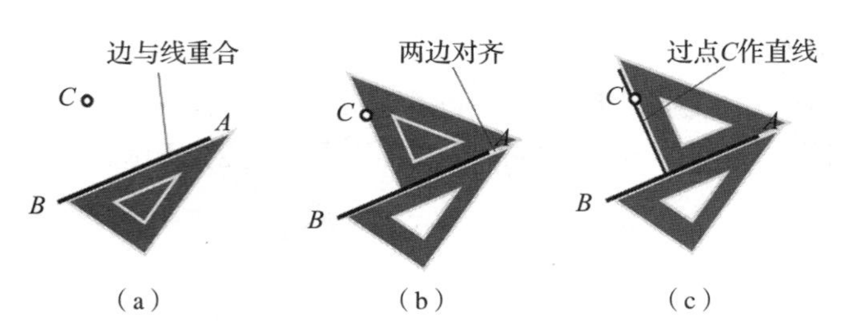

图 1.29　过点作直线的垂直线

作图步骤：

（1）三角板的边与 *AB* 直线重合，如图 1.29（a）所示。

（2）两个三角板的边对齐，如图 1.29（b）所示。

（3）一个三角板沿着另一个三角板的边移动，过 *C* 点作直线，如图 1.29（c）所示。

1.3.2　等分直线段

分线段 *AB* 为五等份，如图 1.30 所示。

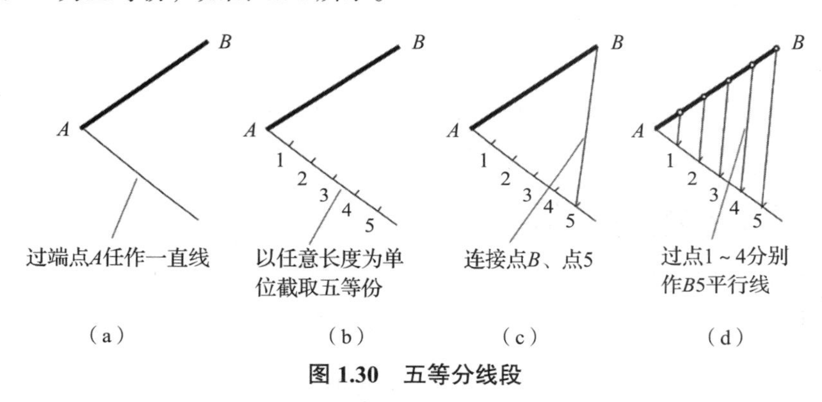

图 1.30　五等分线段

作图步骤：

（1）过已知直线 *AB* 的端点 *A* 任作一直线，如图 1.30（a）所示。

（2）以任意长度为单位截取五等份，如图 1.30（b）所示。

（3）连接点 *B* 和点 5，如图 1.30（c）所示。

（4）过其余各点作 *B*5 的平行线，即可五等分 *AB* 线段，如图 1.30（d）所示。

1.3.3　正多边形

1. 作圆内接正五边形

作圆内接正五边形的步骤如下：

（1）作水平半径 *OA* 的中点 *B*，如图 1.31（a）所示。

（2）以点 *B* 为圆心，*B*1 为半径作弧，交水平中心线于点 *C*，如图 1.31（b）所示。

（3）以点 1 为圆心，*C*1 为半径作弧，与已知圆分别交于两点，即点 2 和点 5，如图 1.31（c）所示。

（4）再分别以点 2 和点 5 为圆心在已知圆上作弧，得到点 3 和点 4，依次连接 5 个点即可得圆内接正五边形，加深图线，如图 1.31（d）所示。

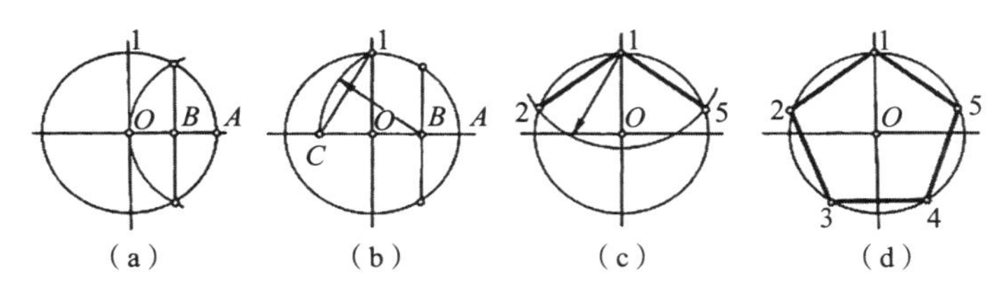

图 1.31　圆内接作正五边形的画法

2. 作圆内接正六边形

作圆内接正六边形的步骤如下：

（1）作内接圆，用 60° 三角板配合丁字尺过水平直径的端点 a 和 d，分别作四条边，如图 1.32（a）和图 1.32（b）所示。

（2）再使用丁字尺作上、下水平边，即得内接圆的正六边形，加深图线，如图 1.32（c）所示。

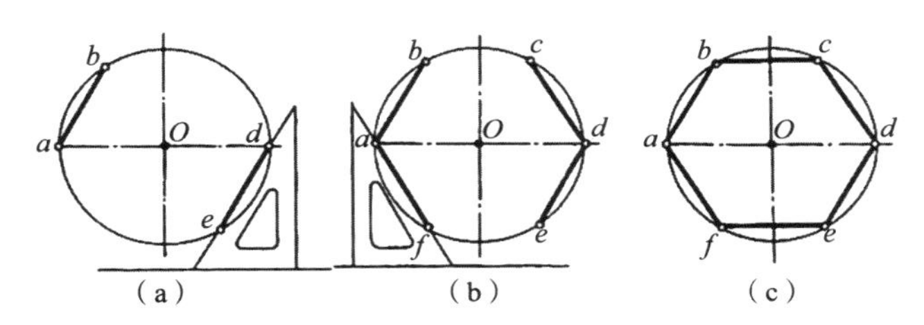

图 1.32　圆内接作正六边形的画法

1.3.4 斜度和锥度

1. 斜度及其画法

斜度是指一条直线相对于另一直线或一个平面相对于另一个平面的倾斜程度，在图样中以 ∠1 : n 的形式标注。

如图 1.33 所示为斜度 1 : 6 的画法，由点 A 在水平线 AB 上取六个单位长度得点 D。由点 D 作 AB 的垂线 DE，取 DE 为一个单位长度。连接点 A 和点 E 即得斜度为 1 : 6 的直线。

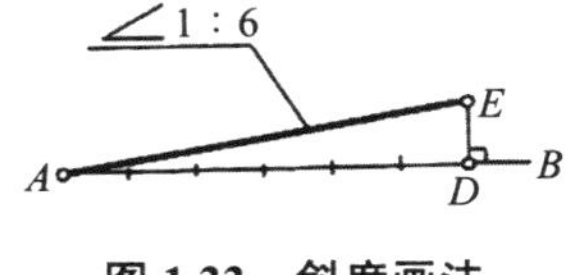

图 1.33　斜度画法

例 1.1　绘制斜度为 1 : 10，小端高为 H，长为 L 的楔块。

作图步骤：

（1）先画出 1 : 10 的斜度线，如图 1.34（a）所示。

（2）再画出小端高为 H 和长为 L 两条线，即作出楔块的高和长，如图 1.34（b）所示。

（3）标注尺寸与斜度，加深图线，如图 1.34（c）所示。

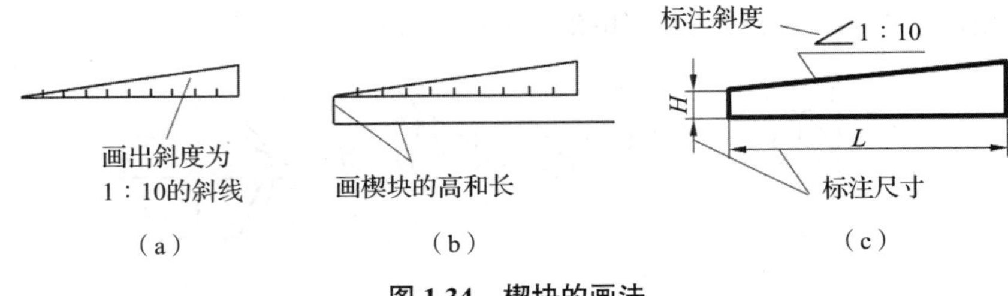

图 1.34　楔块的画法

2. 锥度及其画法

锥度是指正圆锥的底圆直径与圆锥高度之比，在图样中常以 ◁1：*n* 的形式标注。

如图 1.35 所示为锥度 1：6 的画法，以点 *S* 为起点在水平线上取六个单位长度得 *O*。过点 *O* 作 *SO* 的垂线，分别向上和向下量取半个单位长度得 *A* 和 *B* 两点，再将点 *A* 和点 *B* 分别与点 *S* 相连，即得锥度为 1：6 的正圆锥。

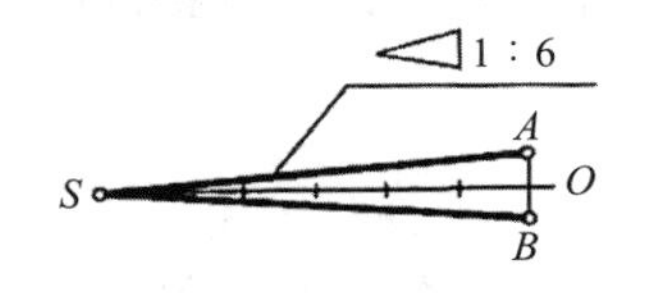

图 1.35　锥度画法

例 1.2　绘制锥度为 1：5，底圆直径为 30，长为 50 的圆锥台。

作图步骤：

（1）作 1：5 的锥度线，在长度为 50 的水平线上，以左端为起始点任取 5 个长度单位，在起始点位置作垂直线，分别向上和向下量取半个单位长度，如图 1.36（a）所示。

（2）在起始点作长度为 30 的垂线，端点处分别作锥度线的平行线，如图 1.36（b）所示。

（3）标注尺寸与锥度，加深图线，如图 1.36（c）所示。

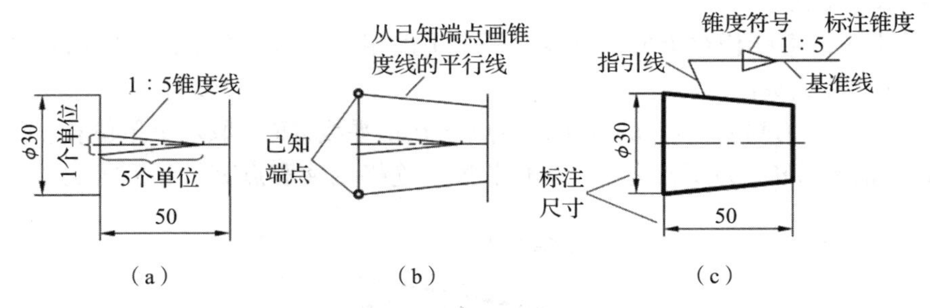

图 1.36　圆锥台的画法

3. 斜度和锥度标注

如图 1.37 所示为斜度和锥度的标注方法，符号的方向应与斜度、锥度的方向一致，如图 1.37（a）所示。锥度也可注在轴线上，标注锥度时，不需要再注出其角度值（*a* 为圆锥角）。如确实需要，则在括号中注出角度值，如图 1.37（b）所示。

图样中斜度和锥度的符号如图 1.37（c）所示，符号的线宽为 *h*/10，*h* 为字高，角度为 30°。

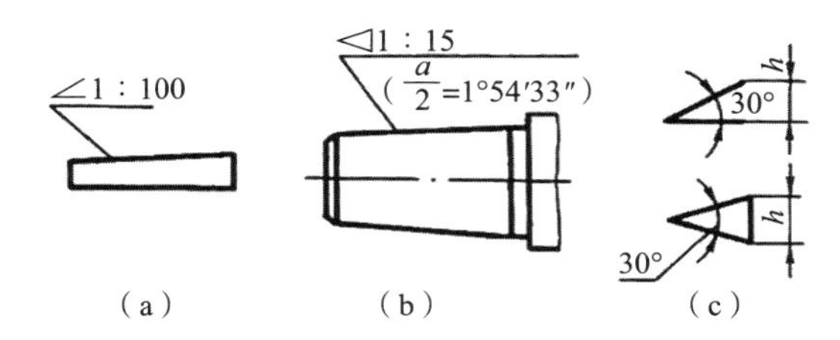

图 1.37　斜度和锥度的标注方法

1.3.5 圆弧连接

绘制机件轮廓图形时，会遇到从一条线（直线或圆弧）光滑地过渡到另一条线的情况，这种光滑过渡即是平面几何中的相切，在工程制图上称为连接，连接点即为切点。

常用的连接是用圆弧将两直线和两圆弧或一直线和一圆弧连接起来，该圆弧称为连接圆弧。常见的圆弧连接形式：用一圆弧连接两已知直线；用一圆弧连接两已知圆弧；用一圆弧连接一已知直线和一已知圆弧。

1. 圆弧连接的原理

圆弧连接主要是求连接圆弧的圆心和切点，以达到光滑连接的目的。

（1）圆弧与直线相切。

1）连接圆弧的圆心轨迹是平行于已知直线的直线，两直线间的垂直距离为连接圆弧的半径 R。

2）由圆心向已知直线作垂线，垂足即为切点，如图 1.38 所示。

（2）圆弧与圆弧外切。

1）连接圆弧的圆心轨迹与已知圆弧具有相同圆心，该圆的半径为两圆弧的半径之和（R_1+R）。

2）两圆心的连线与已知圆弧的交点即为切点，如图 1.39 所示。

（3）圆弧与圆弧内切。

1）连接圆弧的圆心轨迹与已知圆弧具有相同圆心，该圆的半径为两圆弧半径之差（R_1-R）。

2）两圆心连线的延长线与已知圆弧的交点即为切点，如图 1.40 所示。

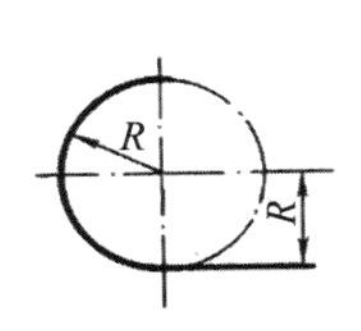

图 1.38　圆弧与直线相切

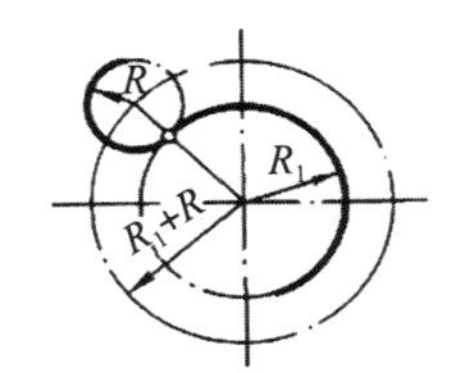

图 1.39　圆弧与圆弧外切

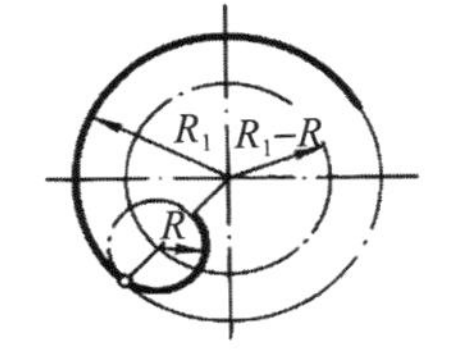

图 1.40　圆弧与圆弧内切

2. 圆弧连接的类型

（1）用圆弧连接两直线。

1）用圆弧连接锐角或钝角的两边。

①作与已知角两边分别相距为 R 的平行线，交点 O 即为连接弧的圆心。

②自 O 点分别向已知角两边作垂线，垂足 M、N 即为切点。

③以 O 为圆心，R 为半径，在两切点 M、N 之间画连接圆弧，如图 1.41 所示。

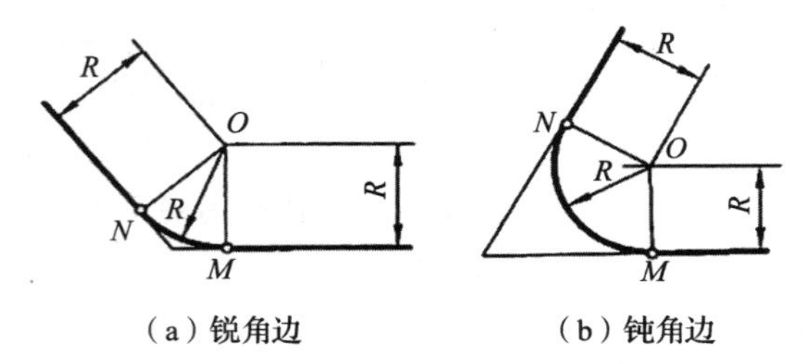

图 1.41　圆弧连接锐角或钝角的两边

2）用圆弧连接直角的两边。

①以直角顶点为圆心，R 为半径画弧，交直角两边于 M、N。

②分别以 M、N 为圆心，R 为半径画弧，两圆弧相交于 O 点，即连接圆弧圆心。

③以 O 为圆心，R 为半径在 M、N 间画连接圆弧，如图 1.42 所示。

（2）用圆弧连接直线与圆弧。

例 1.3　已知以 O_1 为圆心，R_1 为半径的一段圆弧和直线 I，以 R 为半径作圆弧连接直线 I 和圆弧 O_1，如图 1.43 所示。

图 1.42　圆弧连接直角的两边　　**图 1.43　直线与圆弧的连接**

作图步骤：

1）作直线 II 平行于直线 I，距离为 R；再以 O_1 为圆心，R_1+R 为半径作同心圆与直线 II 相交于 O 点，如图 1.44（a）所示。

2）过 O 点作 OA 垂直于直线 I，再连接 OO_1 交已知圆弧于 B 点，A、B 即为切点，如图 1.44（b）所示。

3）以 O 点为圆心，R 为半径画圆弧，连接直线 I 和圆弧 O_1，加深图线，如图 1.44（c）所示。

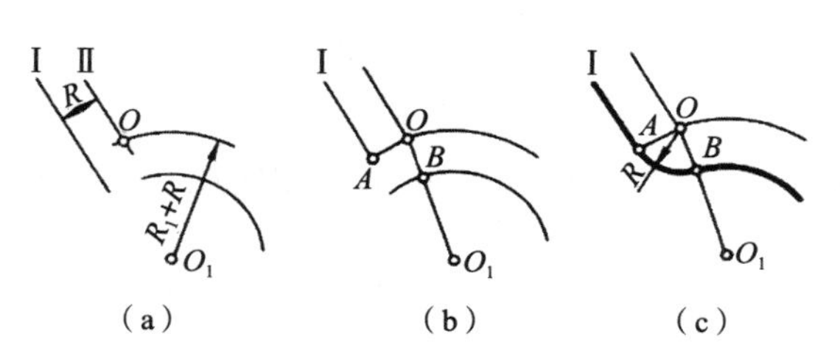

图 1.44　直线与圆弧连接的作图

（3）用圆弧连接两圆弧。

1）用圆弧连接两已知圆弧（外切）。

例 1.4 已知半径为 R_1 和 R_2 两圆弧，作半径为 R 的连接圆弧，其分别与两已知圆弧外切，如图 1.45（a）所示。

作图步骤如下：

①分别以 O_1、O_2 为圆心，以 R_1+R、R_2+R 为半径画圆弧，交于 O 点，如图 1.45（b）所示。

②连接 OO_1 交已知圆弧于 A 点，连接 OO_2 交已知圆弧于 B 点，A、B 即为切点，如图 1.45（c）所示。

③以 O 为圆心，R 为半径画圆弧，分别交两已知圆弧于 A、B，加深图线，完成作图，如图 1.45（d）所示。

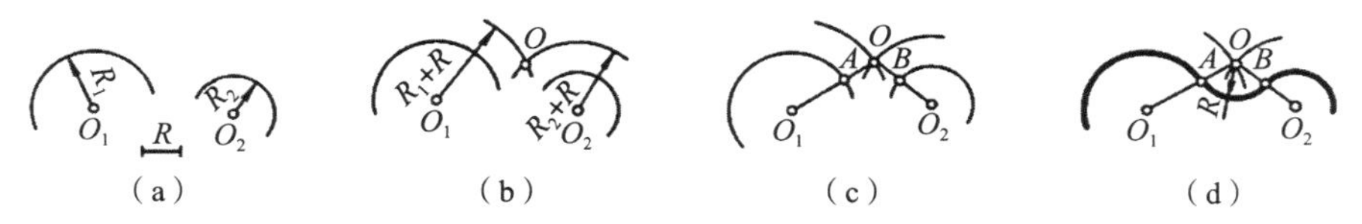

图 1.45 外切连接圆弧的作图

2）用圆弧连接两已知圆弧（内切）。

例 1.5 已知半径为 R_1 和 R_2 的圆弧，作半径为 R 的连接圆弧，其分别与两已知圆弧内切，如图 1.46（a）所示。

作图步骤如下：

①分别以 O_1 和 O_2 为圆心，以 $R-R_1$ 和 $R-R_2$ 为半径画圆弧，交于 O 点，如图 1.46（b）所示。

②连接 OO_1、OO_2，并作延长线，分别交已知圆弧于 A、B 两点，A、B 即为切点，如图 1.46（c）所示。

③以 O 为圆心，R 为半径画圆弧，连接两已知圆弧于 A、B，加深图线，完成作图，如图 1.46（d）所示。

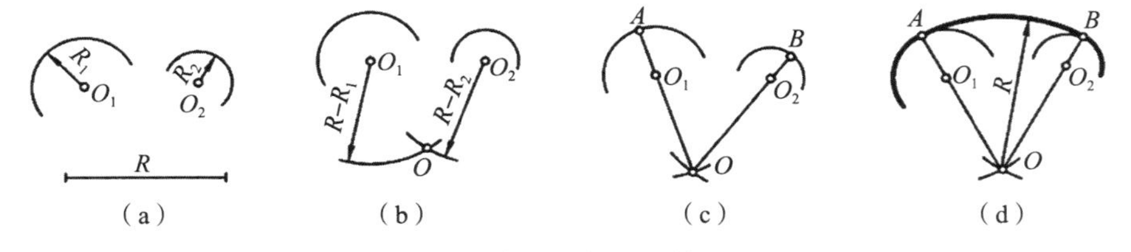

图 1.46 内切连接圆弧的作图

3）用圆弧连接两已知圆弧（外切和内切）。

例 1.6 已知半径 R 的连接圆弧，作与圆弧 O_1 外切，与圆弧 O_2 内切的圆弧，如图 1.47（a）所示。

作图步骤如下：

①分别以 O_1、O_2 为圆心，R_1+R、R_2-R 为半径画圆弧，交于 O 点，如图 1.47（b）所示。

②连接 OO_1 交已知圆弧于 A 点，连接 OO_2 并作延长线交已知圆弧于 B 点，A、B 即为切点，如图 1.47（c）所示。

③以 O 为圆心，R 为半径画圆弧，连接两已知圆弧于 A、B，加深图线，完成作图，如图 1.47（d）所示。

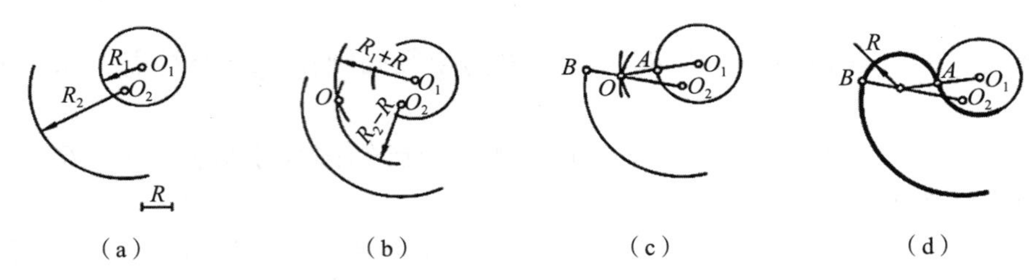

图 1.47　连接圆弧的作图步骤

例 1.7　已知圆 O_1 和 O_2 及各自的半径 R_1 和 R_2，试作两圆的外公切线。

作图步骤如下：

①以 R_2-R_1 为半径作圆 O_2 的辅助同心圆，如图 1.48（a）所示。

②再以 O_1O_2 为直径作辅助圆 O_3，圆 O_3 与辅助同心圆 O_2 交于 C，如图 1.48（b）所示。

③过 O_2C 作直线交圆 O_2 于 M，作直线 $O_1N/\!/O_2M$ 交圆 O_1 于 N，MN 即为公切线，如图 1.48（c）所示。

④同理，作另一条外公切线。

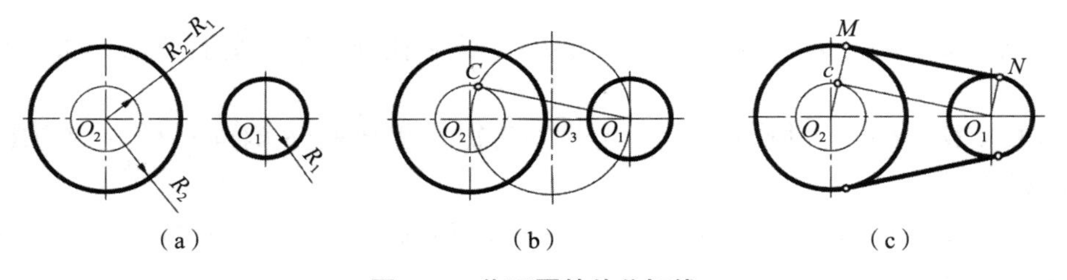

图 1.48　作两圆的外公切线

1.3.6　椭圆画法

绘图时除直线和圆弧外，也会遇到一些非圆曲线，如椭圆。

（1）四心圆法作近似椭圆。

四心圆法是一种近似作图方法，采用四段圆弧代替椭圆曲线，作图时要先求出这四段圆弧的圆心。

例 1.8　已知长轴 OA，短轴 OC，用四心圆法作椭圆。

作图步骤如下：

1）作长轴 OA、短轴 OC，并连接 A、C，如图 1.49（a）所示。

2）以 O 为圆心，OA 为半径作圆弧与 OC 的延长线交于 E 点；再以 C 为圆心，CE 为半径作圆弧与交 AC 于 F 点，如图 1.49（b）所示。

3）作 AF 的垂直平分线分别交长短轴于 O_1、O_2，再定出其对称点 O_3、O_4，分别连接起来，如图 1.49（c）所示。

4）分别以 O_1、O_3 为圆心，$r=O_1A=O_3B$ 为半径，以 O_2、O_4 为圆心，$R=O_2C=O_4D$ 为半径画四段圆弧，相切于 1、2、3、4 各点，近似作出椭圆，加深图线，如图 1.49（d）所示。

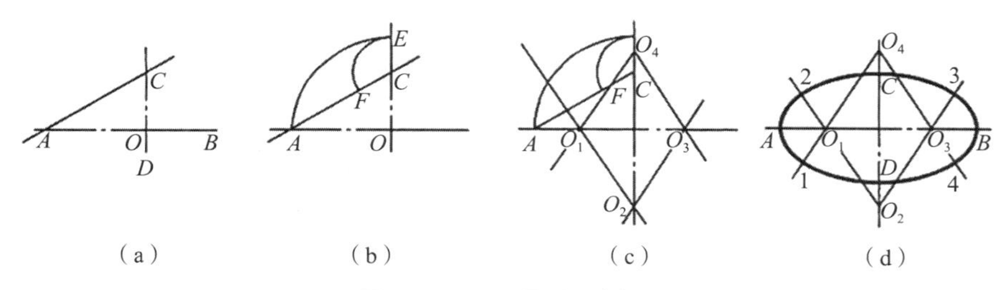

图 1.49　四心圆法作椭圆

（2）同心圆法作椭圆。

例 1.9　已知长轴 OA，短轴 OC，用同心圆法作椭圆。

作图步骤如下：

1）作长轴 OA、短轴 OC，以椭圆中心为圆心，分别以长短轴为直径作两同心圆，如图 1.50（a）所示。

2）过圆心 O 作一系列圆心角相等的直线，分别交大圆周于Ⅰ、Ⅱ、Ⅲ…各点，交小圆周于 1、2、3…各点，如图 1.50（b）所示。

3）过Ⅰ、Ⅱ、Ⅲ…各点作铅垂线，过 1、2、3…各点作水平线，分别相交于 K_1、K_2、K_3…各点，即得椭圆上的各点，如图 1.50（c）所示。

4）按各点的顺序，用曲线板光滑地连接各点，即得椭圆，加深图线，如图 1.50（d）所示。

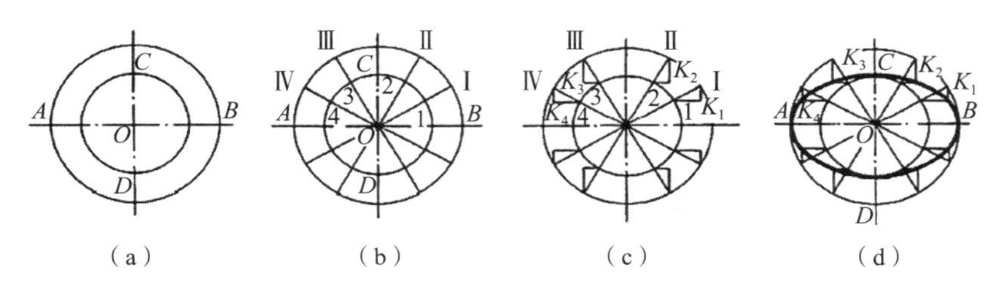

图 1.50　同心圆法作椭圆

1.4 尺寸注法

图形能够表达机件的形状，机件的大小则由标注的尺寸确定。标注尺寸是一项极为重要的工作，必须认真细致，避免遗漏或错误地标注尺寸，否则会给生产带来困难和损失。

国家标准（GB/T 4458.4—2003）规定了尺寸注法的基本规则，其他相关内容，建议查阅国标。

1.4.1 尺寸标注的基本规则

（1）机件的真实大小以图样上所注的尺寸数值为准，与图形的大小、绘图准确度和比例无关。

（2）图样中的线性尺寸，以毫米为单位时，不需标注单位符号或名称，若采用其他单位，则应注明相应单位符号。

（3）图样中所标注的尺寸是图样中机件的最后完工尺寸，否则需另加说明。

（4）机件的每一尺寸，一般只标注一次，并应标注在反映结构最清晰的图形上。

1.4.2 尺寸的组成

一个完整的尺寸应包括四个要素：尺寸数字、尺寸线、尺寸界线和表示尺寸线终端的箭头或斜线，如图 1.51 所示。

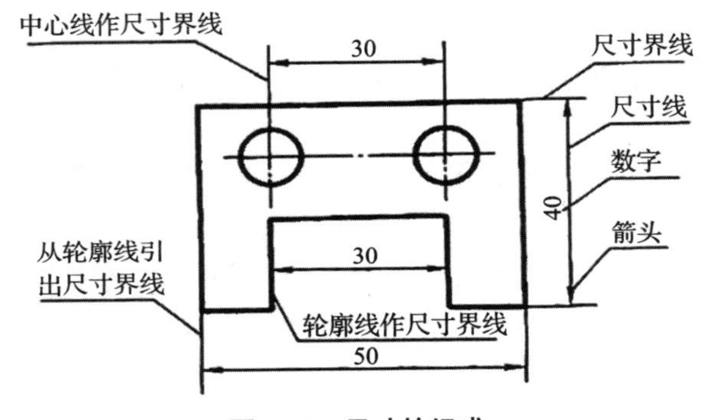

图 1.51　尺寸的组成

（1）尺寸数字。

1）线性尺寸的数字一般应注写在尺寸线的上方，也允许注写在尺寸线的中断处。

2）在标注直径时应在尺寸数字前加注符号“ϕ”。

3）标注半径时应在尺寸数字前加注符号“R”，通常对小于或等于半圆的圆弧注半径，对大于半圆的圆弧注直径。

4）在标注球面的直径或半径时应在符号“ϕ”或“R”前再加注符号“S”。

（2）尺寸线。

1）尺寸线用细实线绘制。

2）标注线性尺寸时尺寸线必须与所标注的线段平行；当有几条互相平行的尺寸线时，大尺寸要注在小尺寸外面，以免尺寸线与尺寸界线相交。

3）在圆或圆弧上标注直径或半径尺寸时，尺寸线应通过圆心或延长线通过圆心。

（3）尺寸界线。

1）尺寸界线用细实线绘制，应由图形的轮廓线、轴线或对称中心线处引出，也可用轮廓线、轴线或对称中心线代替尺寸界线。

2）尺寸界线与尺寸线垂直，并超出尺寸线的终端 2mm 左右。

（4）表示尺寸线终端的箭头或斜线。

箭头是表示尺寸线终端的一种符号。除箭头外，尺寸线终端还可用斜线表示，如图 1.52 所示。图 1.52（a）中的 b 表示箭头底边的长度，图 1.52（b）中的 h 表示字体高度，斜线用细实线绘制。采用斜线形式时尺寸线与尺寸界线必须互相垂直，在同一张图样上，只能采用一种尺寸线的终端形式。

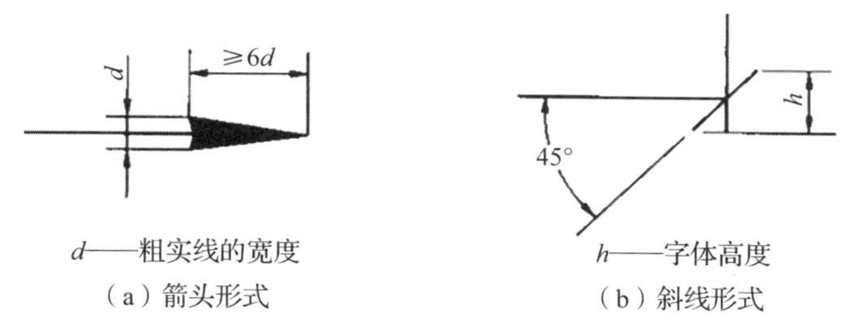

（a）箭头形式　　（b）斜线形式

图 1.52　尺寸线终端的两种表示形式

圆的直径、圆弧半径及角度的尺寸线的终端应画成箭头。

1.4.3 尺寸标注示例

1. 尺寸标注

尺寸标注依照国家标准规定进行，下面介绍一些尺寸标注方式。

（1）线性尺寸的数字方向。

1）尺寸数字的注写方向，如图 1.53（a）所示，尽可能避免在 30° 范围内标注尺寸。无法避免时，可以引出标注，如图 1.53（b）所示。

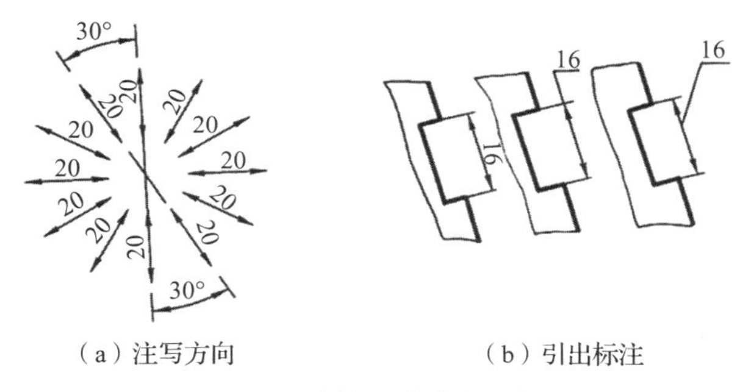

（a）注写方向　　（b）引出标注

图 1.53　线性尺寸的注写方向

2）在不致引起误解的情况下，对于非水平方向的尺寸，其数字可水平地注写在尺寸线的中断处，如图 1.54 所示。

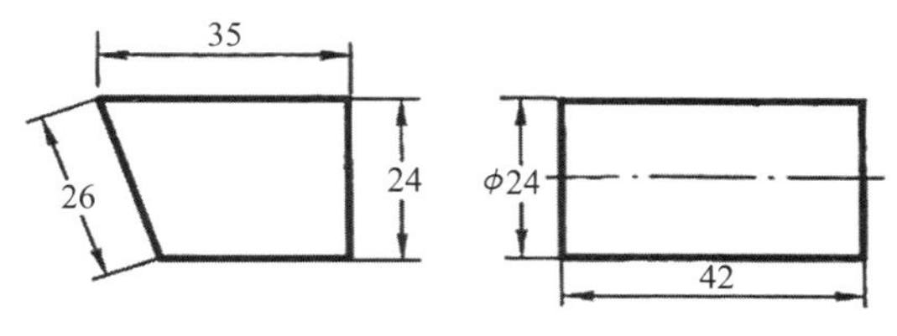

图 1.54　线性尺寸中断处标注

在一张图样中，应尽可能采用同一种尺寸标注方式。

（2）角度。

尺寸界线应沿径向引出，尺寸线画成圆弧，圆心是角的顶点，如图 1.55（a）所示。角度尺寸数字应一律水平书写，一般注在尺寸线的中断处，必要时可按图 1.55（b）的形式标注。

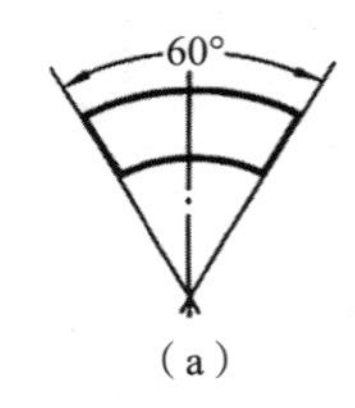

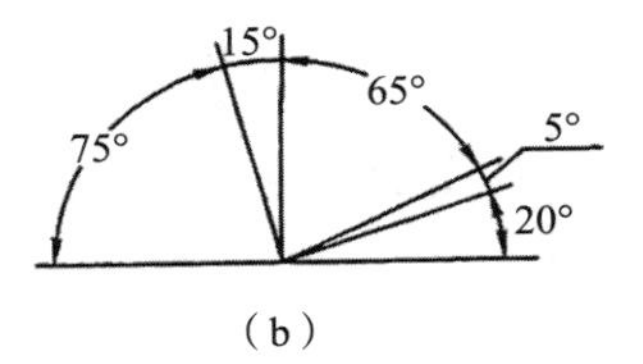

图 1.55　角度的标注

（3）圆。

圆的直径尺寸标注，如图 1.56 所示。

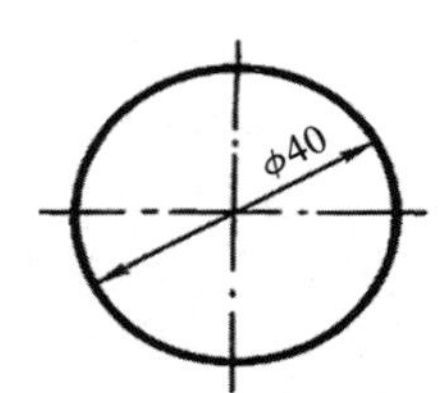

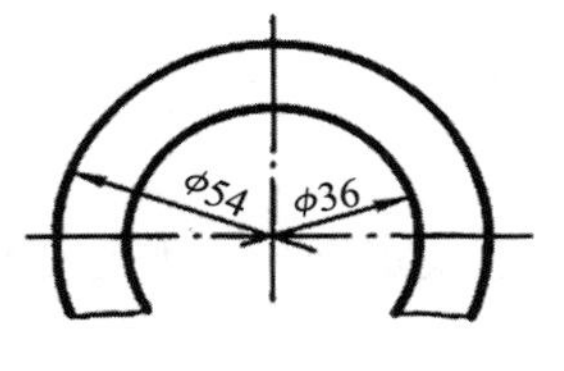

图 1.56　圆的直径尺寸标注

（4）圆弧。

圆弧的半径尺寸标注，如图 1.57 所示。

（5）大圆弧。

在图样范围内无法标出圆心位置的标注方式，如图 1.58（a）所示；不需标出圆心位置的标注方式，如图 1.58（b）。

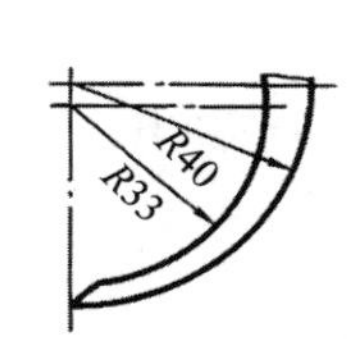

图 1.57　圆弧的半径尺寸标注

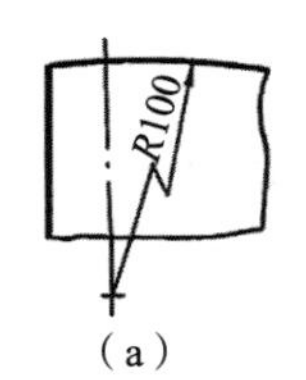

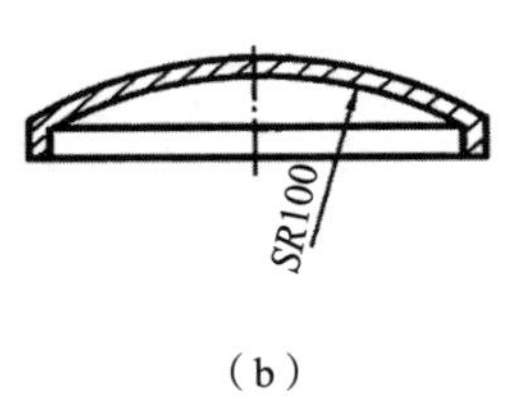

图 1.58　大圆弧的尺寸标注

（6）球面。

球面的尺寸标注方式，如图 1.59（a）所示，应在“ϕ”或“*R*”前加注“*S*”。在不致引起误解的情况下可以省略，右端球面 *R*23 的尺寸就省略掉了 *S*，如图 1.59（b）所示。

（7）弦长和弧长。

标注弦长和弧长时，尺寸界线应平行于弦的垂直平分线，如图 1.60（a）所示。标注弧长尺寸时尺寸线用圆弧，并应在尺寸数字左方加注符号“⌒”，如图 1.60（b）所示。

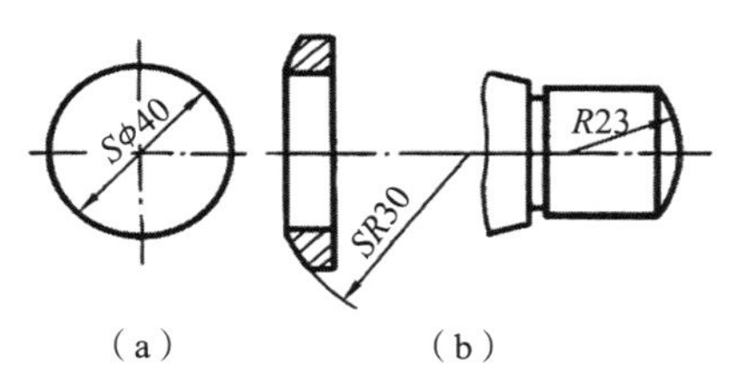

图 1.59　球面的尺寸标注

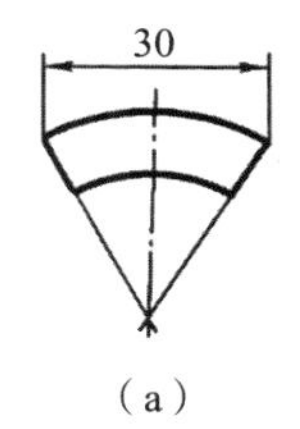

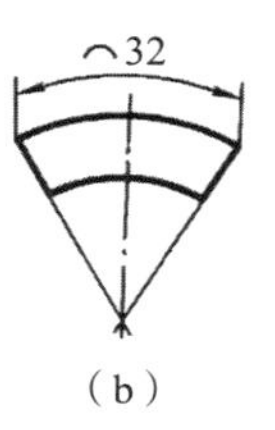

图 1.60　弦长和弧长的尺寸标注

（8）小尺寸。

图中没有足够位置时箭头可画在外面，或用小圆点代替两个箭头，尺寸数字也可写在外面或引出标注，如图 1.61 所示。

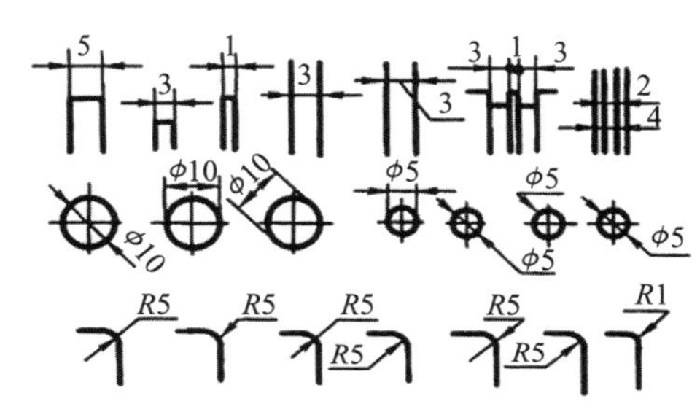

图 1.61　小尺寸的标注

（9）大型零件。

只画出一半或大于一半的对称机件的尺寸标注如图 1.62 所示。84 和 64 的尺寸线应略超过对称中心线或断裂处的边界线，仅在尺寸线的一端画出箭头。在对称中心线两端分别画出的两条与其垂直的平行细实线为对称符号。

板状零件要标注厚度尺寸，如图 1.62 所示的尺寸 $\delta 2$ 是板状零件的厚度尺寸，标注时在尺寸数字前加注符号“δ”。

（10）光滑过渡处。

在光滑过渡处，必须用细实线将轮廓线延长，并从它们的交点引出尺寸界线，尺寸界线一般应与尺寸线垂直，必要时允许倾斜。如图 1.63 所示，尺寸 20 和 10 的尺寸界线若垂直于尺寸线，会导致图线很不清晰，因此允许倾斜。

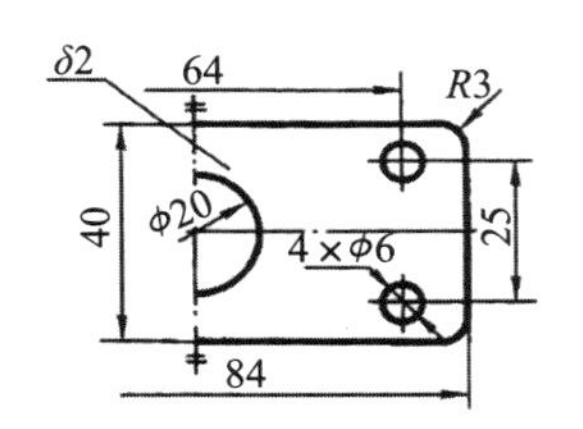

图 1.62　大型零件的尺寸标注

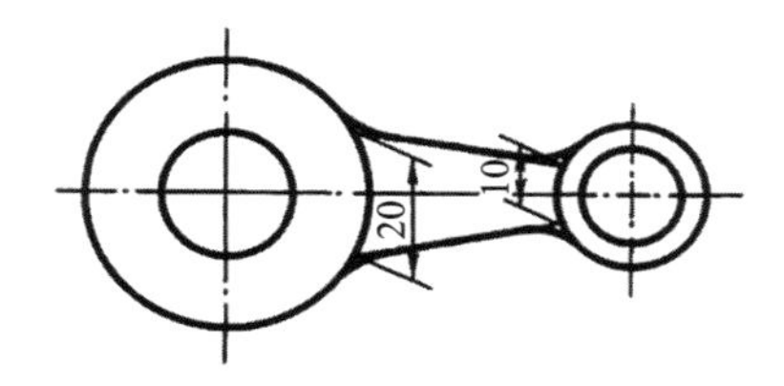

图 1.63　光滑过渡处的尺寸标注

（11）正方形结构。

标注机件的剖面为正方形结构的尺寸时，可在边长尺寸数字前加注符号“□”，或用“$B \times B$”形式（B 为正方形的对边距离），如图 1.64 所示。图中相交的两条细实线是平面

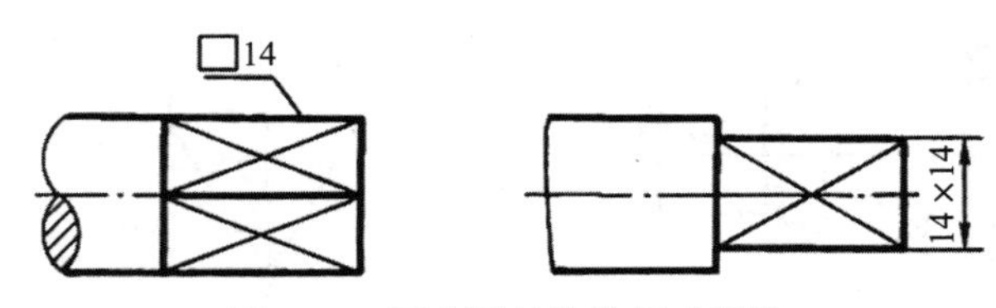

图 1.64　正方形结构的尺寸标注

符号，当图形不能充分表达平面时，可用这个符号表示平面。

（12）图线通过尺寸数字的处理。

尺寸数字不可被任何图线通过。当尺寸数字无法避免被图线通过时，图线必须断开，如图 1.65 所示。

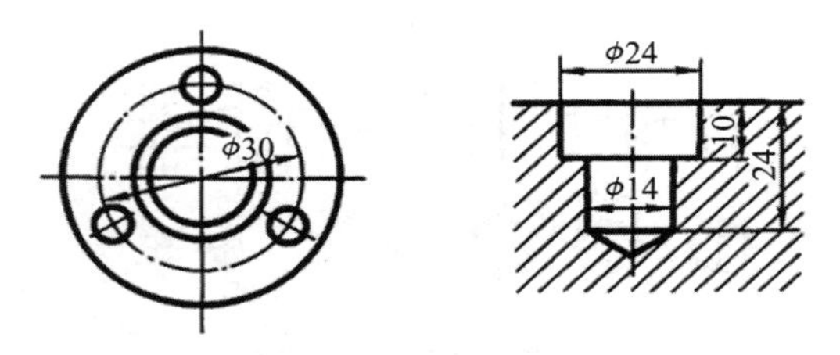

图 1.65　图线通过尺寸数字时

2. 简化注法

简化注法需要根据国家标准规定进行，下面举例说明。

（1）重复的要素。

在同一图形中具有几种尺寸数值相似而又重复的要素（如孔等）时，可采用涂色标记或标注字母等方法。

孔的尺寸和数量可直接注在图形上，也可用列表形式表示。用涂色标记和直接将孔的尺寸和数量注在图形上的方法，如图 1.66 所示。

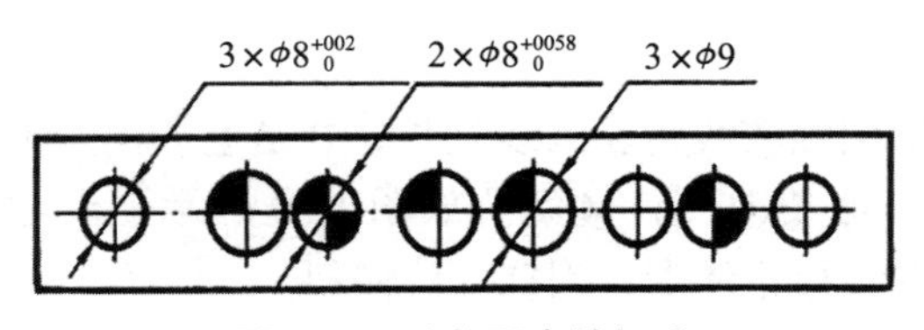

图 1.66　重复要素的标注

（2）倒角与槽。

倒角是指零件在圆柱形的轴端和孔口加工形成的圆台形结构。图 1.67（a）为轴或孔上 45° 倒角的标注方法；图 1.67（b）为非 45° 倒角的标注方法，如标注角度 30° 和倒角距离 1.5。

槽在轴类零件中比较常见，如退刀槽、越程槽等。图 1.67（c）为槽的尺寸标注，采用“槽宽 × 直径”的标注方法，如槽宽为 2、直径为 φ8；图 1.67（d）中槽的尺寸采用“槽宽 × 槽深”的标注方法，如槽宽为 2、槽深为 1。

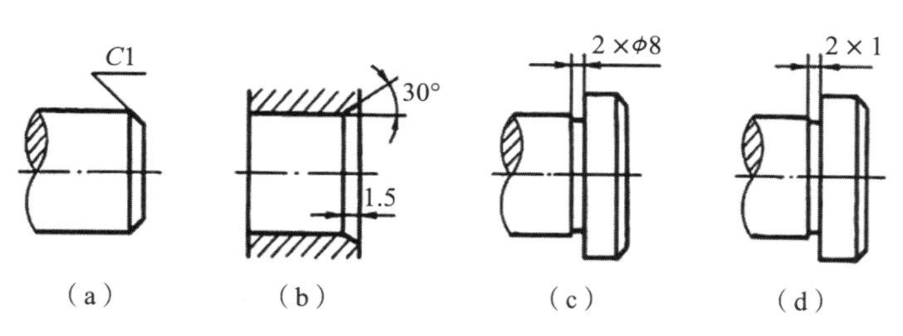

图 1.67 倒角与槽的标注

（3）孔。

各种孔（光孔、螺孔、沉孔等）除了用普通注法标注尺寸外，也可在各种孔为圆的图上采用旁注法标注，如图 1.68 所示。关于螺孔的规定画法和标记，将在后续的内容中介绍。

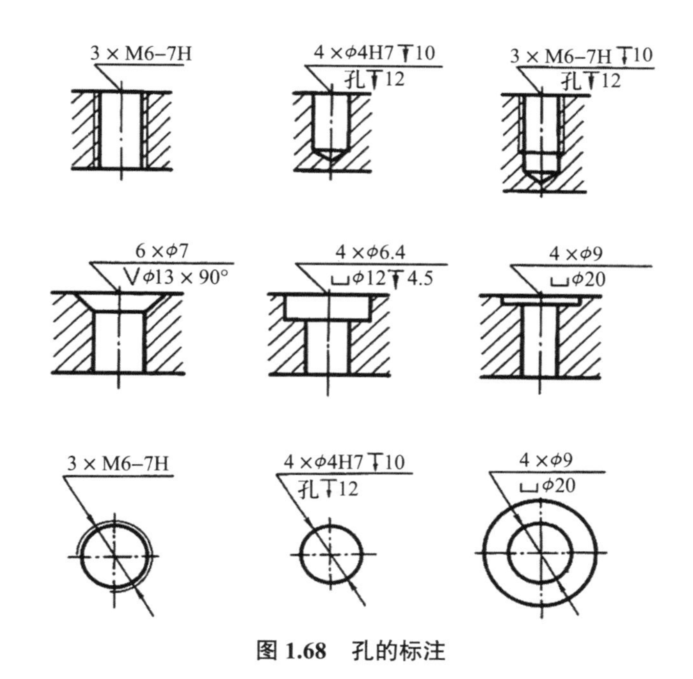

图 1.68 孔的标注

1.5 平面图形的尺寸分析及作图

第 5 讲
平面图形分析与绘图步骤

1. 平面图形的尺寸分析

（1）尺寸类型。

平面图形的尺寸按作用分为定形尺寸和定位尺寸。

1）定形尺寸。

确定几何图形各部分形状大小的尺寸，包括直线段的长度、圆弧的直径或半径、角度的大小等，如图 1.69 所示。长方形的两个尺寸 E 和 C、圆的直径 ϕd、圆弧的半径 R 都属于定形尺寸。

2）定位尺寸。

确定几何图形各部分之间相对位置的尺寸，如图 1.69 所示。图中 B、D 确定长方形的横向和竖向位置，G 和 M 确定圆心 ϕd 的横向和竖向位置，它们属于定位尺寸。

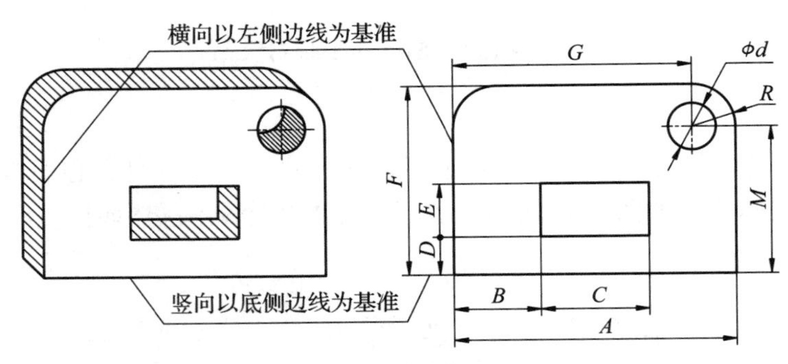

图 1.69　尺寸类型

（2）尺寸基准。

标注平面图形的尺寸时先确定一个尺寸的起始位置，表示起始位置的点、线称为基准。通常以对称中心线、直线或圆的中心线作为尺寸基准。如图 1.69 所示，竖向以底侧边线为基准，横向以左侧边线为基准；如图 1.70 所示，竖向以对称中心线为基准。

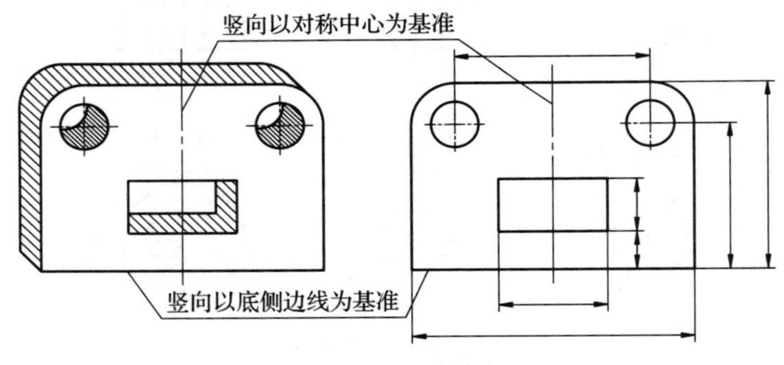

图 1.70　尺寸基准

2. 平面图形的线段分析

平面图形的线段可以分为三类，以如图 1.71 所示图形为例，具体分析如下：

（1）已知线段。

具有定形尺寸和齐全的定位尺寸的线段称为已知线段。如两个同心圆 ϕ20mm、ϕ36mm，除了具有 20mm、36mm 的大小尺寸外，还有横向和竖向的定位尺寸 20mm 和 60mm，因此能直接作出。

（2）中间线段。

具有完整的定形尺寸而定位尺寸不全的线段称为中间线段，它必须依靠一个连接关系才能作出。如图 1.71 所示，半径为 R50mm 的圆弧，其横向定位尺寸为 20mm，竖向的

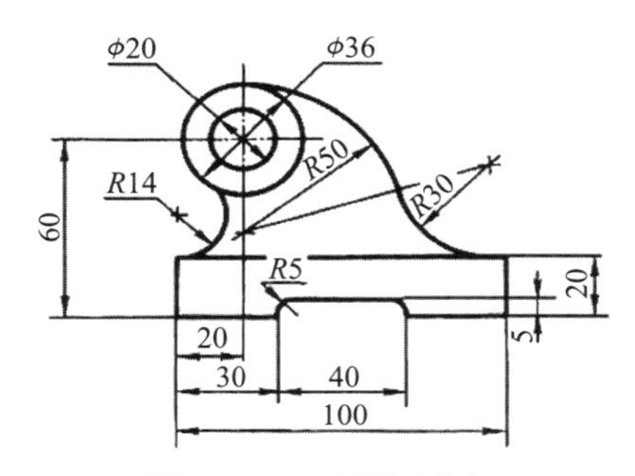

图 1.71　平面图形分析

定位尺寸未知，须借助与 φ36mm 圆的内切关系才能确定圆心，作圆弧。

（3）连接线段。

只有定形尺寸而没有定位尺寸的线段称为连接线段，它必须依靠两个连接关系才能作出。如图 1.71 所示，半径为 *R*14mm、*R*30mm 的两段圆弧，没有确定圆心的位置尺寸，必须借助与其他直线及圆弧的连接关系才能作出。

3. 平面图形的作图

画平面图形时先画横、竖两个方向的作图基准线，如对称中心线、主要线段或已知线段，再画中间线段，最后画连接线段，如图 1.72 所示。

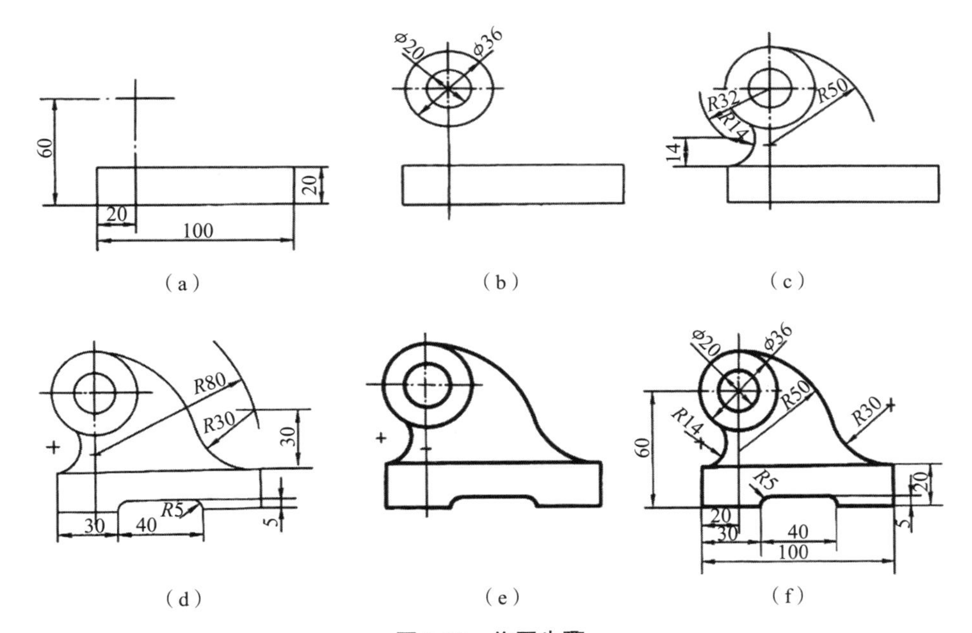

图 1.72　作图步骤

（1）画基准线及已知线段。

（2）画中间线段及连接线段。

（3）描深轮廓线。

（4）标注尺寸，完成全图。

思考题

1. 常用的绘图工具和仪器都有哪些?
2. 图纸幅面有哪几种?其尺寸分别有何规定?装订的格式有哪些?
3. 请说明比例的定义及标注位置。
4. 在图样中字体的书写要求有哪些?
5. 常用的图线种类及比例关系是什么?
6. 绘图时要想正确使用图线，需要注意哪些内容?
7. 如何进行线段等份，试举例说明。
8. 如何作圆内接正三边形和正四边形，请详细说明操作步骤。
9. 什么是斜度?什么是锥度?
10. 圆弧连接的类型有哪些?
11. 尺寸标注的基本规则是什么?
12. 一个完整的尺寸包括哪些组成部分?
13. 尺寸标注常见的形式有哪些?
14. 平面图形的尺寸种类有哪些?
15. 什么是尺寸基准?

单元 2　投影基础

学习目标

1. 掌握投影法的基本概念和正投影法的特性。

2. 掌握点的投影规律及投影图作法。

3. 掌握直线的投影特性、直线上取点的作图方法及直角投影定理等。

4. 掌握平面的投影特性、平面上取点和直线的方法、直线与平面和平面与平面的作图方法等。

学习重点与难点

学习重点：点、直线和平面的投影规律及作图方法。

学习难点：直角投影定理，换面法。

本章主要讲述投影法的概念和正投影法的特性，点、直线和平面的投影特点，以及如何正确使用绘图工具进行作图。

2.1　投影法的基本知识

2.1.1　投影法的概念与种类

第 6 讲　投影法

第 7 讲　三视图及其投影

1. 投影法的概念

在日常生活中，物体在阳光照射下，会在附近的墙面、地面等处产生影子，这一现象称为投影现象。在认识光线、物体和影子之间关系的基础上，人们归纳出平面上表达物体形状、大小的投影原理和作图方法。

如图 2.1 所示，将三角板 ABC（简称△ABC）放在平面 P 和光源 S 之间，将自光源 S 通过 A、B、C 三点的光线 SA、SB、SC 延长后分别与平面 P 交于 a、b、c 三点。

投射线、空间物体、投影面构成了投影的三要素。平面 P 称为投影面，

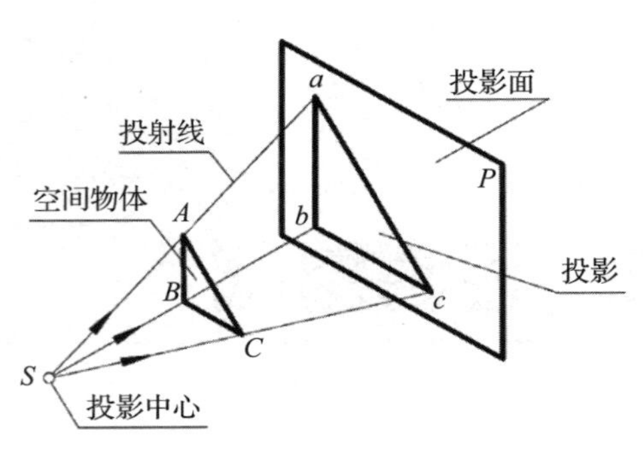

图 2.1　中心投影法

点 S 称为投影中心，SAa、SBb、SCc 称为投射线，$\triangle abc$ 称为$\triangle ABC$ 在投影面 P 上的投影。

投影法是投射线通过空间物体，向选定的投影面投射得到图形的方法。

2. 投影法的种类

投影法可分为中心投影法和平行投影法两大类。

（1）中心投影法。

投射线汇交于一点的投影法称为中心投影法，如图 2.1 所示。三角板 ABC 的投影$\triangle abc$ 的大小是随着三角板 ABC 到投影中心 S 及投影面 P 的距离远近而变化的，因此用中心投影法得到的物体投影不能反映该物体的真实大小。

利用中心投影法将物体投射在单一投影面上所得到的图形称为透视图，如图 2.2 所示。透视图立体感较强，常作为工程项目、房屋和桥梁等建筑物的效果图。

（2）平行投影法。

将投影中心 S 移至无限远处时投射线相互平行，投射线相互平行的投影法称为平行投影法。平行投影法又分为斜投影法和正投影法。

1）斜投影法是投射线与投影面相倾斜的平行投影法，如图 2.3（a）所示。

2）正投影法是投射线与投影面相垂直的平行投影法，如图 2.3（b）所示。

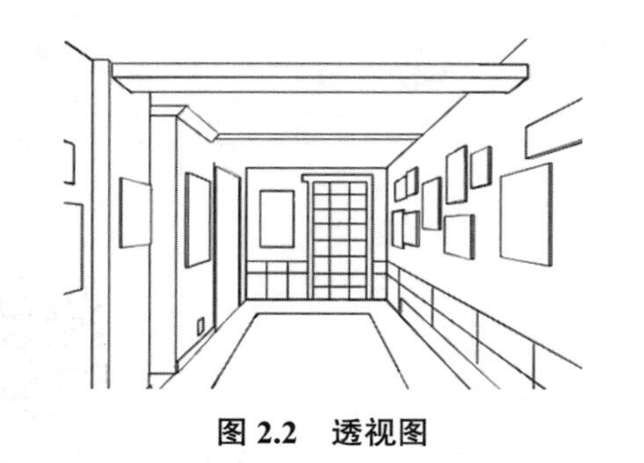

图 2.2　透视图

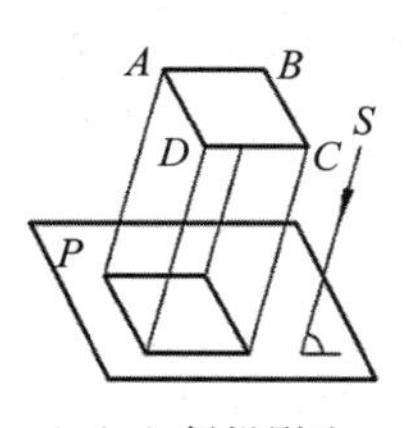

（a）斜投影法

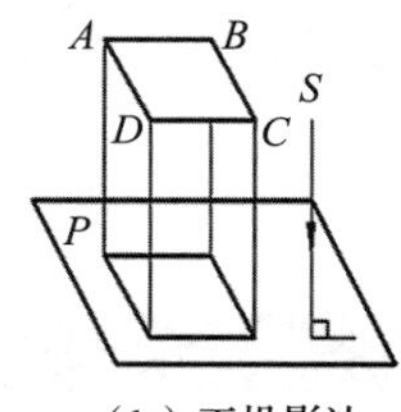

（b）正投影法

图 2.3　平行投影法

在正投影法中，因为投射线相互平行且垂直于投影面，所以平面图形平行于投影面时，其投影反映出该平面图形的真实形状和大小，且与平面图形到投影面的距离无关。因此在机械图样一般采用正投影法绘制图样。

根据正投影法所得到的空间物体的图形称为空间物体的正投影，简称投影。本教材中的投影均为正投影。

2.1.2 正投影法的主要特性

1. 显实性

当平面图形（或空间直线段）平行于投影面时其投影反映实形（或实长），这种特性称为显实性，如图 2.4 所示。

2. 积聚性

当平面图形（或空间直线段）垂直于投影面时其投影积聚为一直线（或一个点），这种特性称为积聚性，如图 2.5 所示。

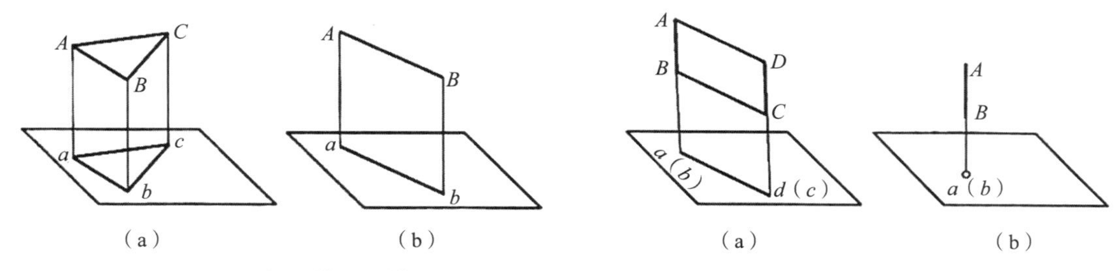

图 2.4 正投影的显实性　　图 2.5 正投影的积聚性

3. 类似性

当平面图形（或空间直线段）倾斜于投影面时其投影为类似形，这种特性称为类似性，如图 2.6 所示。

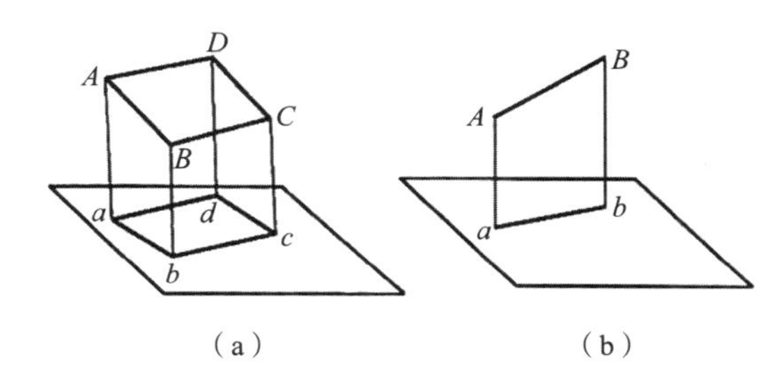

图 2.6 正投影的类似性

2.2 点的投影

2.2.1 三投影面体系的建立

第 8 讲
点的投影

互相垂直相交的三个投影面 V、H、W 组成了一个三面投影体系，如图 2.7 所示。V 面称为正投影面（简称正面），H 面称为水平投影面（简称水平面），W 面称为侧投影面（简称侧面）。投影面的交线称为投影轴，V 面与 H

面的交线为 OX 轴，H 面与 W 面的交线为 OY 轴，V 面与 W 面的交线为 OZ 轴，三个投影轴交于 O 点称为原点。

三面投影是点、线、面、体等几何元素在三投影面体系中的投影。

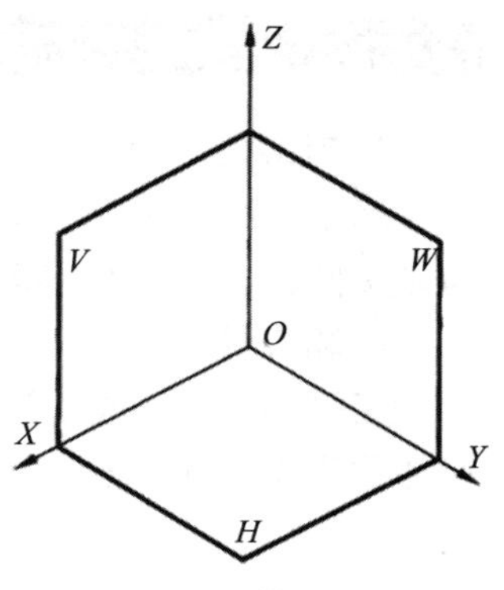

图 2.7　三投影面体系

2.2.2 点的三面投影与直角坐标

1. 点的三投影面体系的形成

如图 2.8（a）所示，空间点 A 只有空间位置而无大小，点的一个投影不能确定空间位置，因此将点置于三投影面体系中，过 A 点分别向三个投影面作垂线即投射线，垂足 a、a'、a'' 分别为 A 点在 H、V、W 三个投影面上的投影，分别称为 A 点的水平投影、正面投影和侧面投影。

点的三面投影规定：空间点用大写字母 A 表示；点在 H 面上的投影用相应的小写字母 a 表示；在 V 面上的投影用字母 a' 表示；在 W 面上的投影用字母 a'' 表示。

移去空间点 A，V 面固定不动，将 H、W 面分别按箭头方向绕相应的投影轴旋转 90°，使 H、W 面与 V 面在同一个平面上，即得到 A 点的三面投影图，如图 2.8（b）所示。其中 OY 轴随 H 面旋转时，以 OY_H 表示；OY 轴随 W 面旋转时，以 OY_W 表示。在投影图中只画投影轴，去掉投影面的边框线，如图 2.8（c）所示。

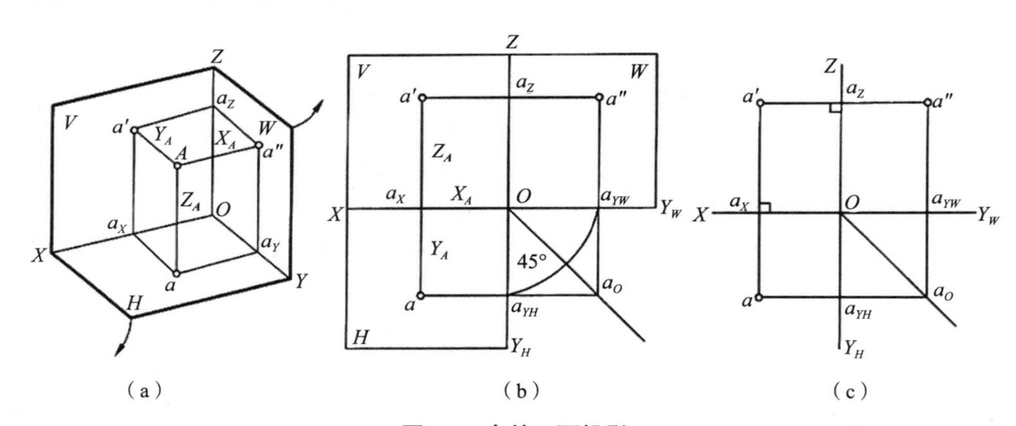

图 2.8　点的三面投影

2. 点的投影与直角坐标

三投影面体系可看作空间直角坐标系，V、H、W 面即为坐标面，OX、OY、OZ 轴即为坐标轴，O 即为坐标原点。

如图 2.8 所示，A 点的三个坐标值 X_A、Y_A、Z_A 就是 A 点到 W、V、H 三个投影面的距离。因此 A 点的空间位置可以其坐标形式 $A(X_A, Y_A, Z_A)$ 表示，也可以用 A 点到 W、V、H 三个投影面的距离来描述。点的三面投影用坐标形式可表示为：$a(X_A, Y_A)$，$a'(X_A, Z_A)$，$a''(Y_A, Z_A)$。

由此可得：

（1）空间点 $A(X_A, Y_A, Z_A)$ 在三投影面体系中有唯一的一组投影 a、a'、a''；反之，

根据 A 点的一组投影 a、a'、a'' 可确定该点的空间坐标值。

（2）已知空间点的任意两个投影就可确定点的空间位置。因此，若已知点的任意两个投影，一定能作点的第三面投影。

3. 点的投影规律

由图 2.8 可得，空间点 A 的三面投影 a、a'、a'' 的关系如下：

$Aa''=a'a_Z=aa_Y=a_XO=X_A$

$Aa'=aa_X=a''a_Z=a_YO=Y_A$

$Aa=a'a_X=a''a_Y=a_ZO=Z_A$

$a'a \perp OX$，$a'a'' \perp OZ$

由以上分析可归纳出点的投影规律：

（1）点的正面投影和水平投影的连线垂直于 OX 轴，二者均能反映空间点 X 的坐标。

（2）点的正面投影和侧面投影的连线垂直于 OZ 轴，二者均能反映空间点 Z 的坐标。

（3）点的水平投影到 OX 轴的距离等于点的侧面投影到 OZ 轴的距离，二者均能反映空间点 Y 的坐标。

三面投影之间的关系，称为点的三面投影规律。

例 2.1 已知点 A（15，10，20），求作点 A 的三面投影图。

作图步骤：

（1）画投影轴，建立三面投影体系，如图 2.9（a）所示；

（2）沿 OX 轴正方向量取 15mm，得到 a_X，如图 2.9（b）所示；

（3）过 a_X 作 OX 轴的垂线，并使 a_Xa=10mm，a_Xa'=20mm，分别得到 a 和 a'；

（4）过 a' 点作 OZ 轴的垂线，使 a_Za''=10mm，得到 a''，或利用 45° 斜线，求得 a''。

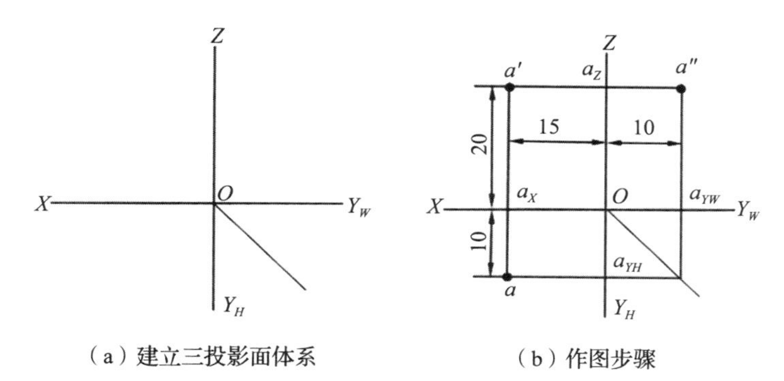

（a）建立三投影面体系　　（b）作图步骤

图 2.9 作点的三面投影

例 2.2 已知点 A 的两面投影 a'、a''，求作第三面投影 a，如图 2.10（a）所示。

作图步骤：

（1）过 a' 作 OX 轴的垂线，a 点必然在这条垂线上，如图 2.10（b）所示；

（2）自 a'' 作 OY_W 轴的垂线，与 OY_W 相交于 a_{YW}；

（3）以 O 为圆心、Oa_{YW} 为半径作圆弧，与 OY_H 轴相交于 a_{YH}；

（4）过 a_{YH} 作 OY_H 轴的垂线与 aa_X 相交，即得到 a 点。

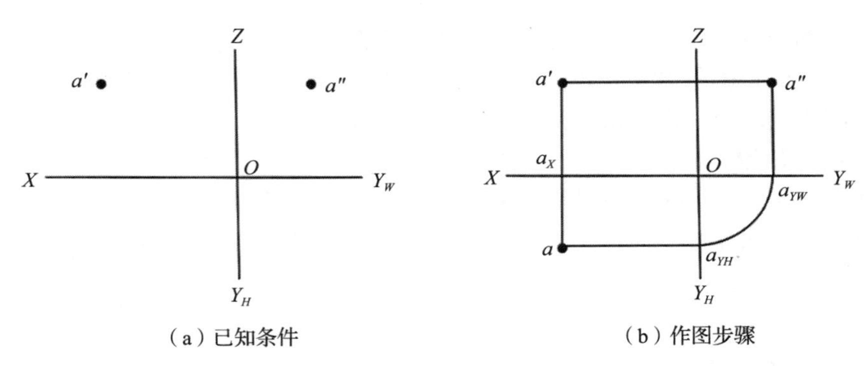

（a）已知条件　　（b）作图步骤

图 2.10　作点的第三面投影

2.2.3 两点的相对位置

空间两点的相对位置由两点的坐标差值来确定，因此在投影图中两点的相对位置，可根据其投影及反映的坐标判断。两点的 X 坐标差值确定左、右位置关系，坐标值大者在左边；两点的 Y 坐标差值确定前、后位置关系，坐标值大者在前边；两点的 Z 坐标差值确定上、下位置关系，坐标值大者在上边。

空间点 A 和 B 的相对位置分析，如图 2.11 所示。由于 $X_A>X_B$，因此 A 点在左，B 点在右；由于 $Y_A<Y_B$，因此 A 点在后，B 点在前；由于 $Z_A<Z_B$，因此 A 点在下，B 点在上。根据分析所得，A 点在 B 点的左、后、下方。

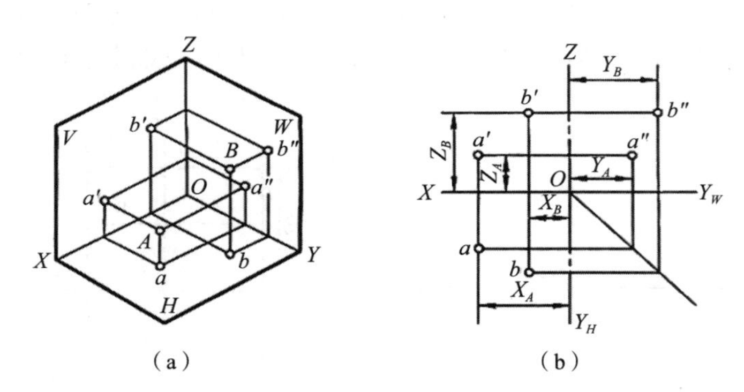

（a）　　（b）

图 2.11　两点的相对位置

2.2.4 重影点及其可见性

当空间两点的两对坐标相等时，两点处于同一投射线上，在该投射线的投影面上的投影重合在一起，这两点即为重影点。

重影点是否可见的判别原则是：两点之中，距重合投影所在的投影面的距离（或坐标值）较大的点是可见的，而另一点是不可见的。Y 坐标值大者可见，即“前遮后”；Z 坐标大者可见，即“上遮下”；X 坐标大者可见，即“左遮右”。不可见的点，其投影用括弧括起来。

A、B 两点对 V 面的投影重合，则它们是一对重影点，如图 2.12 所示。由于 $Y_A>Y_B$，所以 A 点在后，B 点在前，V 面不可见的点 b' 用括弧括起来，即 $a'(b')$。

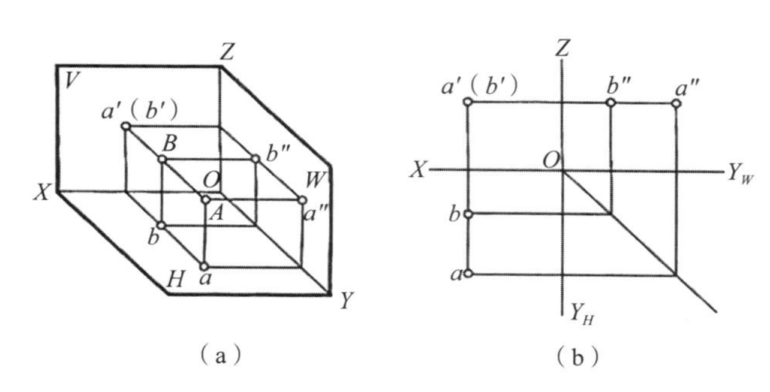

图 2.12　重影点

例 2.3　已知 A 点的三面投影，点 B 在点 A 的左方 20mm、后方 5mm、上方 10mm，点 C 在点 A 的正后方 10mm 处，试求作 B、C 两点的三面投影，如图 2.13（a）所示。

作图步骤：

（1）B 点作图。

1）分别自 a_X、a_{YH}、a_Z 沿 OX、OY_H、OZ 轴量取 20mm、5mm、10mm，得到 b_X、b_{YH}、b_Z；

2）根据点的投影规律，作 B 点的三面投影 b、b'、b''。

（2）C 点作图。

1）从 A 点的水平投影 a 沿 aa_X 方向量取 10mm，得到 c；

2）由 $a_Xc=c_{YH}$，根据投影关系求出 c''；

3）c' 与 a' 重合，其中 a' 可见，c' 不可见，如图 2.13（b）所示。

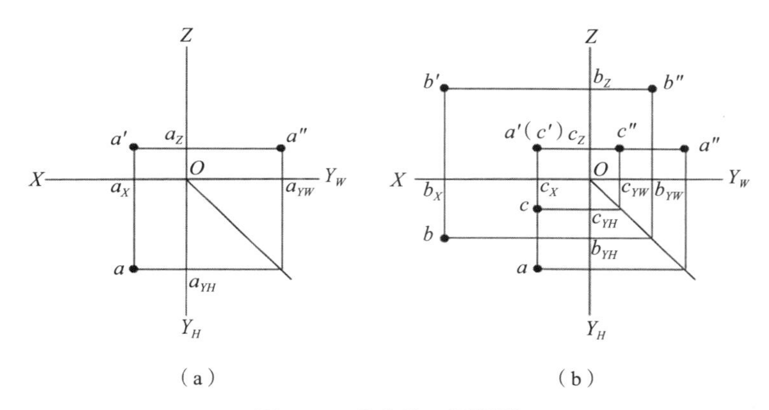

图 2.13　作点的三面投影

2.2.5　点的直观图画法

直观反映点在三投影面体系之中的空间位置的立体图形称为点的直观图。通过点的直观图可以进一步理解点的投影，判断点的空间位置。

例 2.4　如图 2.14（a）所示，根据 K 点的投影图，作其直观图。

作图步骤：

（1）用细实线作 X、Y、Z 轴的直观图，其中 OX 轴为水平位置，OZ 轴与 OX 轴垂直，

OY 轴与水平线成 45° 角，如图 2.14（b）所示。

（2）作 V、H、W 面的直观图，边框线用粗实线绘制并与相应的投影轴平行。

（3）在三个投影轴上分别自点 O，按 1∶1 截取点 K 的坐标，得到 k_X、k_Y、k_Z。

（4）过 k_X、k_Y、k_Z 分别作相应投影轴的平行线，得到 k、k'、k''。

（5）过 k、k'、k'' 分别作 OZ、OY、OX 轴的平行线，则三线必相交于一点即为 K，如图 2.14（c）所示。

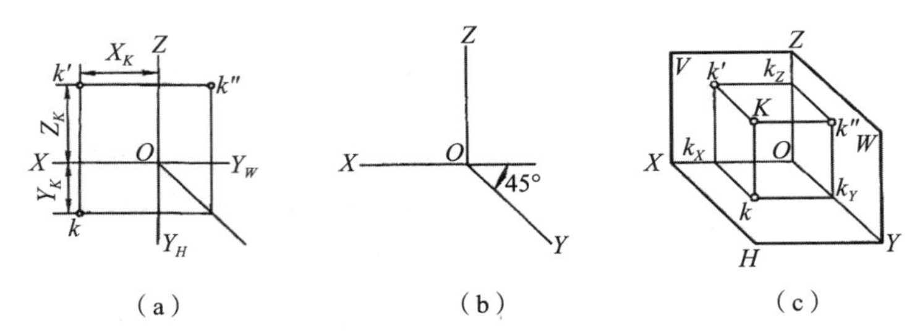

图 2.14　点的直观图作法

2.3 直线的投影

第 9 讲

直线的投影

2.3.1 直线的三面投影

直线的空间位置可由直线上任意两点的空间位置来确定。画三面投影图时要画出直线上任意两点的三面投影，再分别连接两点的同面投影即得直线的三面投影。

如图 2.15 所示，直线 AB 的三面投影 ab、$a'b'$、$a''b''$ 均为直线。先作 A、B 两点的三面投影 a、a'、a'' 及 b、b'、b''，再连接 a、b 即可得到 AB 的水平投影 ab，同理可得到正面投影 $a'b'$ 和侧面投影 $a''b''$。

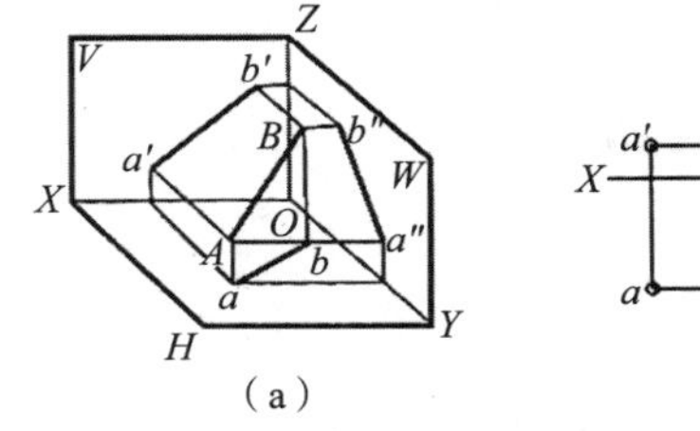

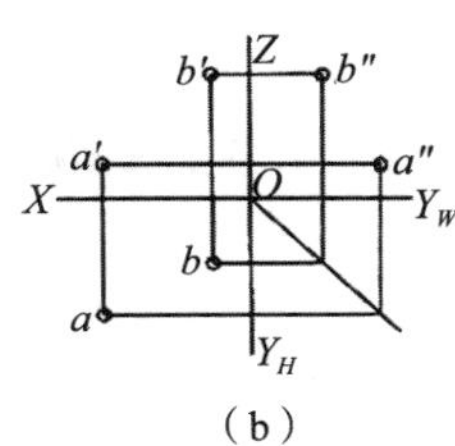

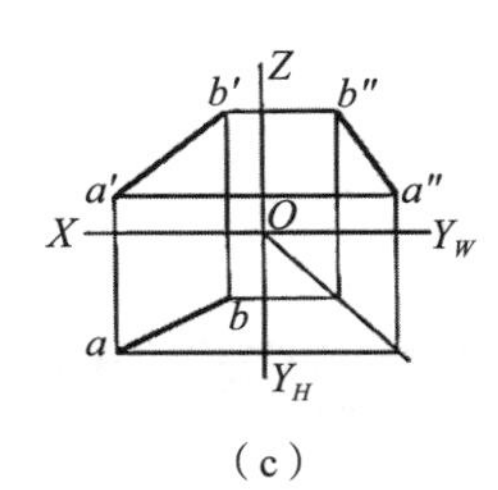

图 2.15　直线的三面投影

一般情况下，画出直线的两面投影就能确定直线的空间位置，因此可使用两面投影图表示直线的空间位置。如图 2.16（a）所示的三面投影图，可简化为如图 2.16（b）所示的两面投影图。

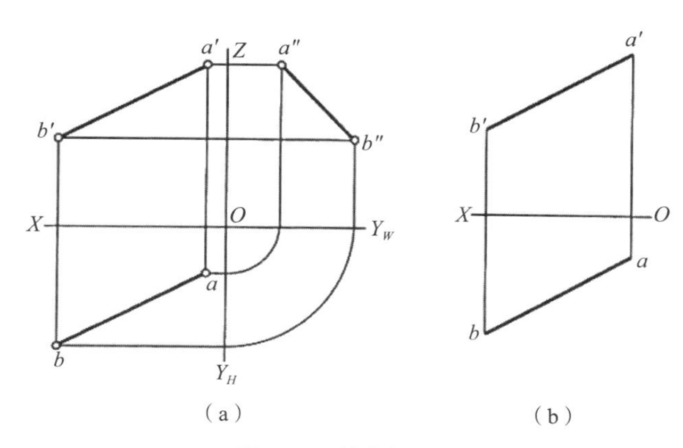

图 2.16　简化投影

2.3.2 直线上点的投影

1. 从属性

如果点在直线上，则点的三面投影必在直线的同面投影之上，这种性质称为从属性。如果点的三面投影中有一个投影不在直线的同面投影上，则该点不在直线上。

如图 2.17 所示，C 点在直线 AB 上，则 c' 在 $a'b'$ 上，c 在 ab 上，c'' 在 $a''b''$ 上。

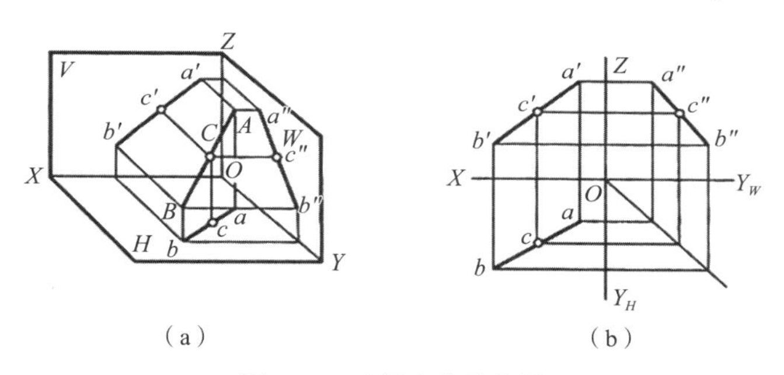

图 2.17　直线上点的投影

2. 定比性

点在一条线段上，则点分割线段之比等于点的各面投影分割线段的同面投影之比。

如图 2.17 所示，C 点在直线 AB 上，分割线段 AB 为长度相等的 AC、CB 两段，由于同一投影面的投射线互相平行，因此 $AC:CB=1:1$，则 $AC:CB=ac:cb=a'c':c'b'=a''c'':c''b''=1:1$，即点分直线成定比，该点的投影也分直线的同面投影成相同的比例。

例 2.5　如图 2.18 所示，已知直线 AB 的两面投影，N 点在直线 AB 上且分 AB 为 $AN:NB=2:5$，求 N 点的两面投影。

作图步骤：

（1）过 a 任作一条辅助线 ac，自 a 点开始截取 7 等分，在 2 等分点处取点 N_0。

（2）连接 cb，过 N_0 作 cb 的平行线交 ab 于 n，n 为 N 点的水平投影。

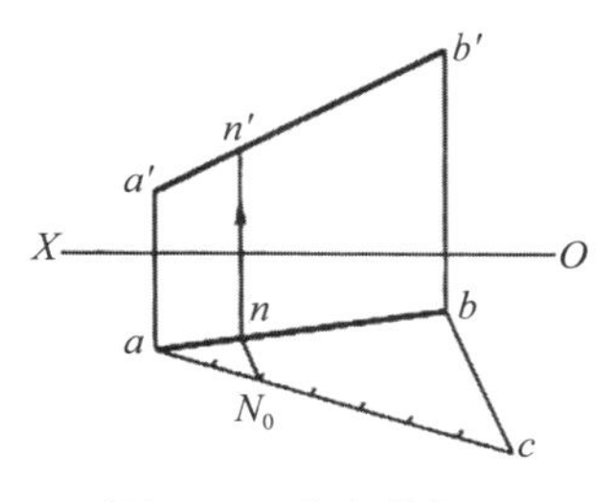

图 2.18　求点的投影

（3）根据点的投影规律，由 n 求出 n'，n' 为 N 点的正面投影。

2.3.3 直线的投影特性

在三投影面体系中，空间直线相对于投影面的位置有平行、垂直和倾斜三种，分别称为投影面的平行线、投影面的垂直线、投影面的一般位置直线。其中投影面的平行线和投影面的垂直线也称为投影面的特殊位置直线，在各投影面上的投影有不同的投影特点。

1. 投影面的平行线

平行于一个投影面且与其余两个投影面倾斜的直线称为投影面的平行线。平行于 H 面且倾斜于 V、W 的直线称为水平线；平行于 V 面且倾斜于 H、W 的直线称为正平线；平行于 W 面且倾斜于 H、V 的直线称为侧平线。

三种投影面平行线的三面投影图及投影特性，如表 2.1 所示。

表 2.1　投影面平行线的投影特性

名称	水平线（$//H$，对 V、W 面倾斜）	正平线（$//V$，对 H、W 面倾斜）	侧平线（$//W$，对 H、V 面倾斜）
直观图	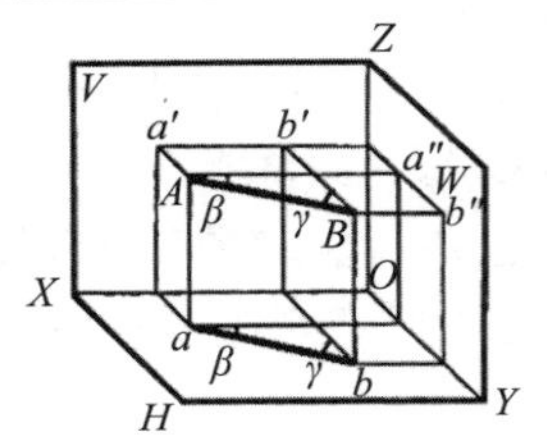 Z V a′ b′ a″ W b″ A β γ B O X a β γ b H Y	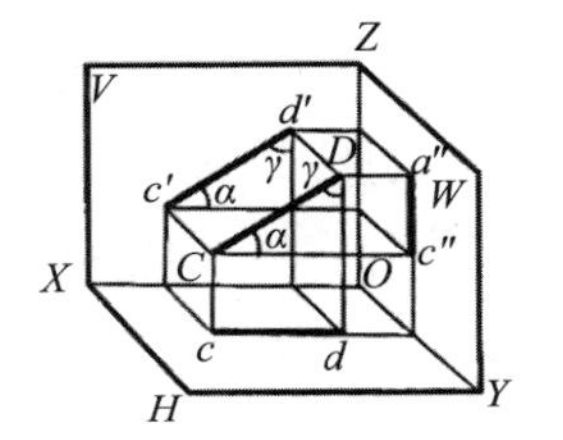 Z V d′ γ γ D a″ c′ α W α C O c″ X c d H Y	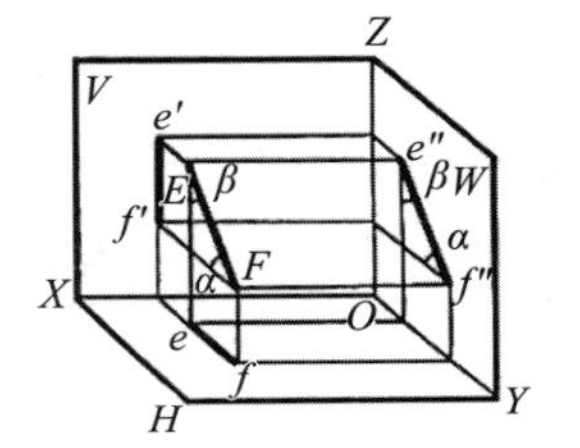 Z V e′ e″ β W f′ E β α F α f″ X O e f H Y
投影图	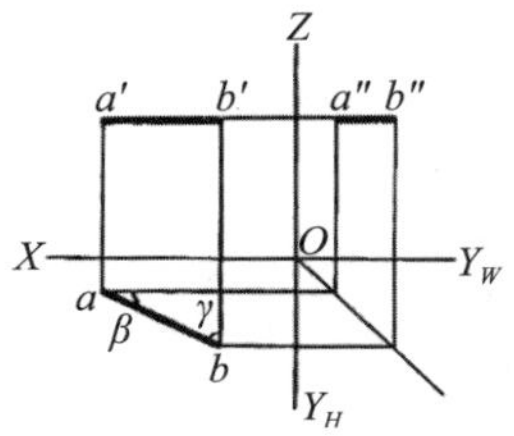 Z a′ b′ a″ b″ X O Y_W a β γ b Y_H	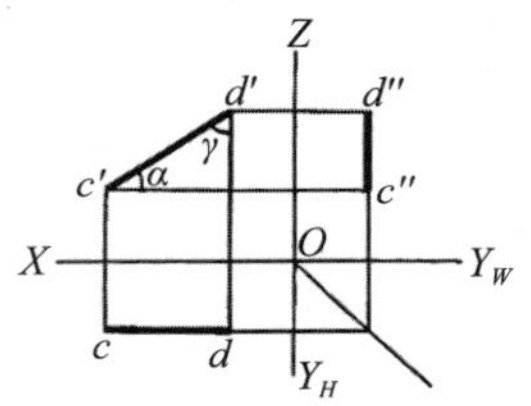 Z d′ d″ γ c′ α c″ X O Y_W c d Y_H	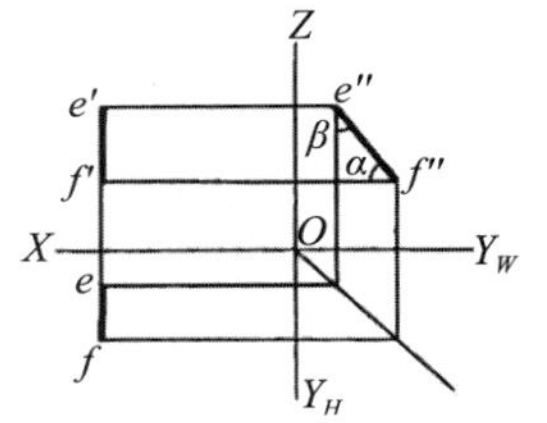 Z e′ e″ β α f″ f′ X O Y_W e f Y_H
投影特性	①水平投影 $ab=AB$； ② ab 与 OX、OY_H 的夹角 β、γ，分别等于 AB 对 V、W 面的倾角； ③正面投影 $a'b'//OX$，侧面投影 $a''b''//OY_W$，均小于 AB	①正面投影 $c'd'=CD$； ② $c'd'$ 与 OX、OZ 的夹角 α、γ，分别等于 CD 对 H、W 面的倾角； ③水平投影 $cd//OX$，侧面投影 $c''d''//OZ$，均小于 CD	①侧面投影 $e''f''=EF$； ② $e''f''$ 与 OY_W 和 OZ 的夹角 α、β，分别等于 EF 对 H、V 面的倾角； ③水平投影 $ef//OY_H$，正面投影 $e'f'//OZ$，均小于 EF

（1）直线在与其平行的投影面上的投影反映线段的实长。

（2）直线在与其平行的投影面上的投影与两投影轴的夹角，分别反映该直线与另外两个投影面的倾角。

（3）直线在另两个投影面上的投影平行于相应的投影轴，其投影长度均小于该直线的实长。

2. 投影面的垂直线

垂直于一个投影面的直线称为投影面的垂直线。垂直于 V 面的直线称为正垂线；垂直于 H 面的直线称为铅垂线；垂直于 W 面的直线称为侧垂线。

三种投影面垂直线的三面投影图及投影特性，如表 2.2 所示。

表 2.2　投影面垂直线的投影特性

名称	铅垂线（⊥H，//V、W面）	正垂线（⊥V，//H、W面）	侧垂线（⊥W，//H、V面）
直观图	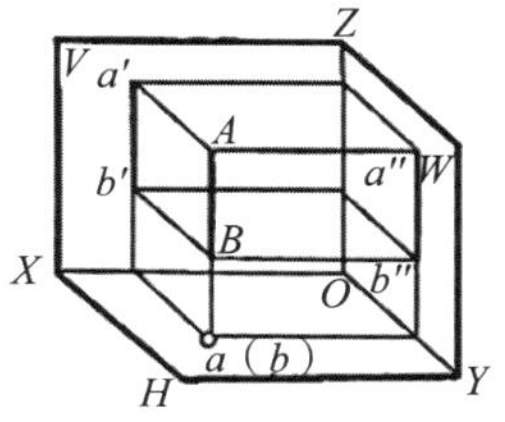	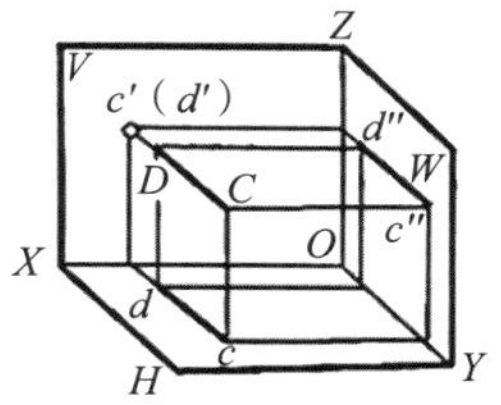	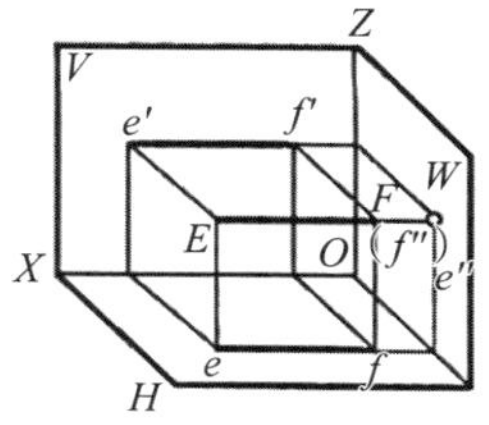
投影图	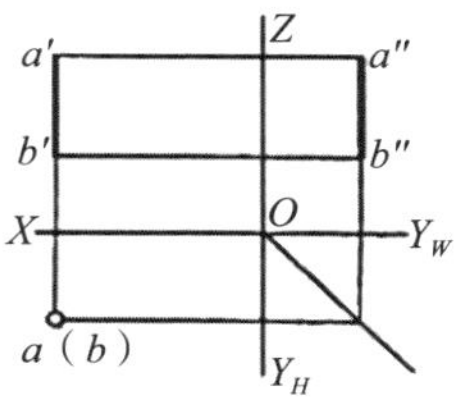	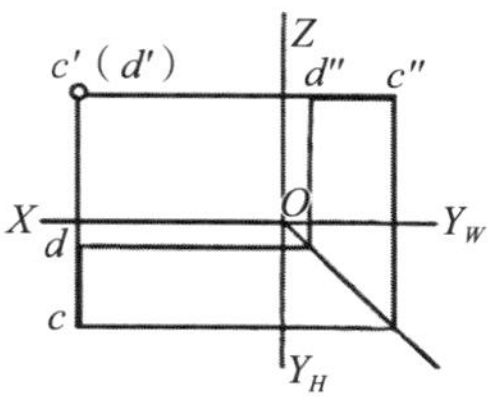	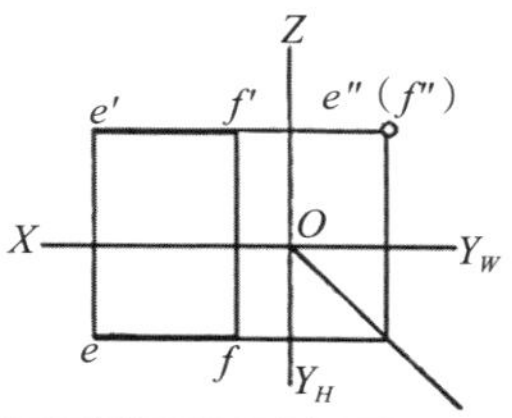
投影特性	①水平投影 $a(b)$ 为一点，具有积聚性； ② $a'b'=a''b''=AB$，且 $a'b' \perp OX$，$a''b'' \perp OY_W$	①正面投影 $c'(d')$ 为一点，具有积聚性； ② $cd=c''d''=CD$，且 $cd \perp OX$，$c''d'' \perp OZ$	①侧面投影 $e''(f'')$ 为一点，具有积聚性； ② $ef=e'f'=EF$，且 $ef \perp OY_H$，$e'f' \perp OZ$

（1）直线在与其垂直的投影面上的投影积聚为一点。

（2）另外两个投影各垂直于一个投影轴。

（3）垂直于一个投影面的直线，必平行于另外两个投影面，且投影均反映实长。

3. 投影面的一般位置直线

与 V、H、W 三个投影面均倾斜的直线，称为一般位置直线。在 V、H、W 面上的投影延长后均与投影轴相交，但其夹角都不反映直线对投影面的倾角，线段的投影长度也都小于线段的实长。如图 2.15 所示的直线 AB 即为一般位置直线，其投影 ab、$a'b'$、$a''b''$ 均不平行于各投影轴，且都小于 AB 的实长。

2.3.4　直角三角形法

投影面平行线和投影面垂直线的三面投影中，至少有一个投影可以反映出直线段的实长及对相应投影面的真实倾角。一般位置直线的投影，均不反映线段的实长及对各投影面的倾角。根据空间直线与其投影之间的几何关系，用直角三角形法求出一般位置直线的实长和对投影面的倾角。直角三角形法是指以一般位置直线的某个投影为一条直角边，以直线上两个端点到此投影面的坐标差为另一条直角边。

1. 基本原理

如图 2.19（a）所示的两投影面体系中，AB 是一般位置直线，$a'b'$、ab 均不反映 AB 实长。在 $ABba$ 平面中，过 B 点作辅助线 $BC//ab$，且交 Aa 于点 C，则△ABC 为直角三角形。已知两个直角边，即 $BC=ab$，$AC=\triangle Z=Z_A-Z_B$（A、B 两点 Z 坐标差），所作的直角三角形的斜边 AB 即为实长，而 AB 与 BC 之间的夹角即为 AB 对 H 面的倾角 α。

由此可见，根据两面投影中已知的 ab、Z_A、Z_B，可作三角形的实形，求 AB 直线的实长及对 H 面的倾角 α。具体作图方法参照图 2.19（b）和图 2.19（c）。

由此可得，不同投影面组成直角三角形的四个元素：

V 面投影 $a'b'$、Y 坐标差、β、AB 实长，如图 2.19（d）所示。

H 面投影 ab、Z 坐标差、α、AB 实长，如图 2.19（e）所示。

W 面投影 $a''b''$、X 坐标差、γ、AB 实长，如图 2.19（f）所示。

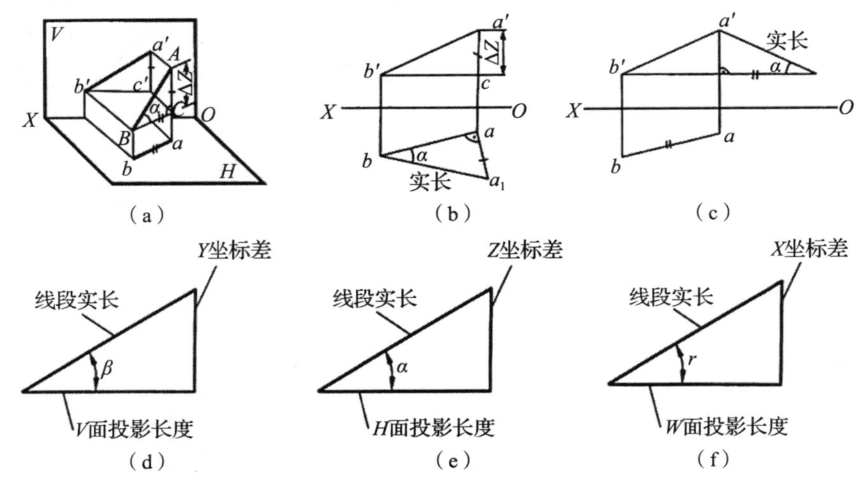

图 2.19　直角三角形法

2. 作图方法

（1）求实长及 α 倾角的作图方法，如图 2.19（b）和 2.19（c）所示。

求直线对 H 面的倾角 α 时，利用直线的水平投影和直线上两端点的 Z 坐标差，作为两条直角边构成一直角三角形求解。

1）过 a（也可过 b）作 ab 的垂线，并截取 $aa_1=\triangle Z$。

2）连接 a_1b，构成直角三角形，则 a_1b 即为直线 AB 的实长，$\angle a_1ba$ 即为倾角 α。也可采用图 2.19（c）所示方法求出 AB 的实长及倾角 α。

（2）求实长及 β 倾角的作图方法，如图 2.20 所示。

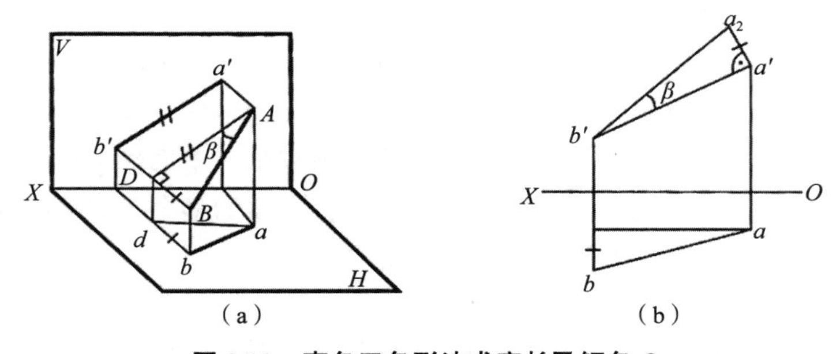

图 2.20　直角三角形法求实长及倾角 β

求直线对 V 面的倾角 β 时，可利用直线的正面投影和直线上两端点的 Y 坐标差，作为两条直角边构成一直角三角形求解。

如图 2.20（b）所示，以 $a'b'$ 为一直角边，$\triangle Y=Y_B-Y_A$ 为另一直角边，则斜边 $b'a_2$ 即为 AB 实长，$\angle a_2b'a'$ 为 AB 对 V 面的倾角 β。

（3）求实长及 γ 倾角的作图方法。

求直线对 W 面的倾角 γ，可利用直线的侧面投影和直线上两端点的 X 坐标差，作为两直角边构成一直角三角形求解。

3. 示例

例 2.6 已知 CD=30mm 及投影 $c'd'$ 和 c，求 D 点的 H 面投影 d，如图 2.21（a）所示。

分析：根据直角三角形法求解。已知直角三角形中的斜边 CD=30 及一直角边的 Z 坐标差，可求另一直角边，从而求出 D 点的 H 面投影。

作图方法：

作法一：以 $c'd'$ 长为直角边求出 C、D 两点的 Y 坐标差，如图 2.21（b）所示。

（1）过 c'（或 d'）作 $c'd'$ 的垂线 $c'C_0$。

（2）以 d' 为圆心、CD=30mm 为半径作圆弧与 cC_0 交于 C_0。

（3）过 c 作 OX 轴的平行线与投射线 $d'd$ 相交于 e 点。

（4）在投射线 $d'd$ 量取 $ed=c'C_0$ 得 d，连 cd 即为所求。

作法二：以 C、D 两点的 Z 坐标差为直角边，求出 H 面投影 cd 的长，如图 2.21（c）所示。

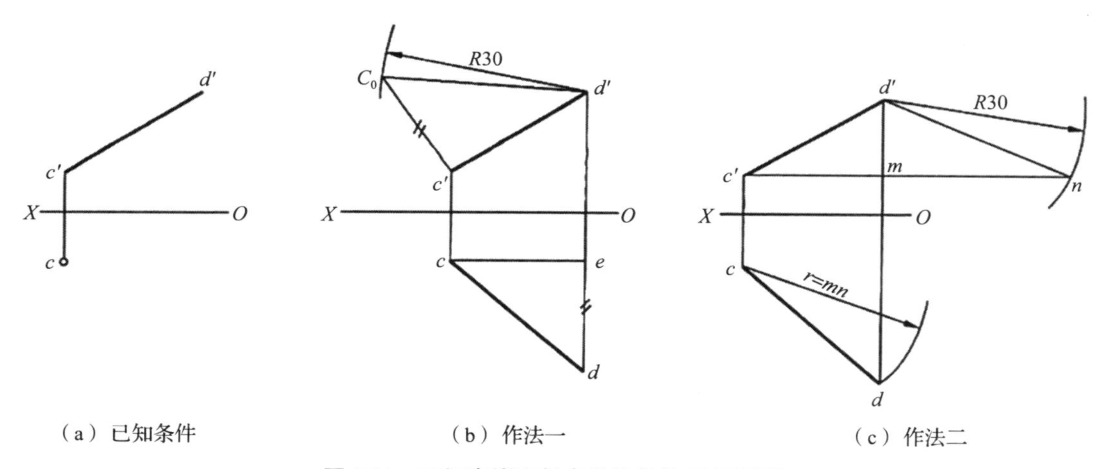

（a）已知条件　　（b）作法一　　（c）作法二

图 2.21　已知直线实长求作线段的 *H* 面投影

（1）过 c' 作 OX 轴的平行线 $c'm$。

（2）以 CD=30mm 为半径、d' 为圆心作圆弧与 $c'm$ 的延长线交于 n，则 $mn=cd$。

（3）以 c 为圆心，mn 为半径作圆弧交投射线 $d'd$ 于 d 点，连接 cd 即为所求。

2.3.5 两直线的相对位置

空间两直线的相对位置有平行、相交、交叉三种情况，其投影的特点各有不同。

1. 平行两直线

空间两直线相互平行，其同面投影也必然互相平行。反之，若两直线的三面投影都互相平行，则两直线在空间也必定互相平行。

如图 2.22 所示，已知空间两直线 $AB//CD$，分别向 H 面作投射线时，可构成两相互平行的平面 $ABba$ 和 $CDdc$，则 $ab//cd$。同理可得 $a'b'//c'd'$、$a''b''//c''d''$。

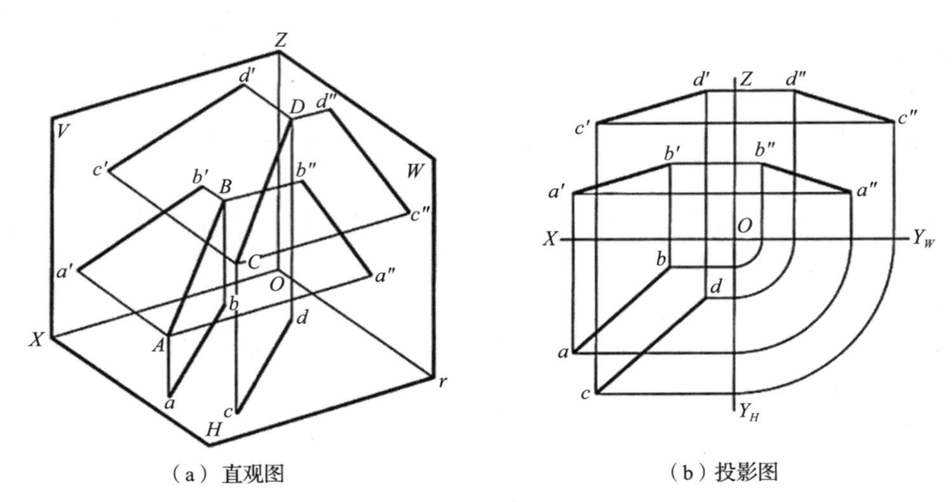

（a）直观图　　（b）投影图

图 2.22　平行两直线的投影

由于空间两平行直线相对于同一投影面的倾角相同，故两直线的长度之比也等于这两条直线各同面投影的长度之比，即 $AB:CD=ab:cd=a'b':c'd'=a''b'':c''d''$。

一般情况下，两直线在两面投影中的同面投影只要是平行的，就可确定两直线在空间互相平行。如图 2.23 所示的两条特殊位置直线的正面投影和水平投影虽然是平行的，但是并不能确定他们在空间也是平行的，还需画出侧面投影才能确定。由作图可知，侧面投影产生交点，所以两直线在空间是不平行的。

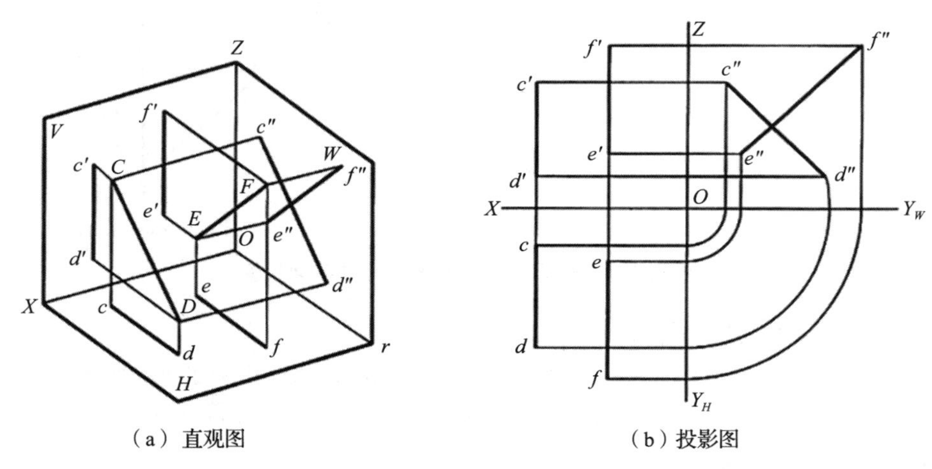

（a）直观图　　（b）投影图

图 2.23　判断两直线平行

2. 相交两直线

空间两直线相交其同面投影也必定相交，且交点符合点的三面投影规律。反之，如果两直线的同面投影相交，且交点的投影符合点的三面投影规律，则两直线在空间也必定相交。

如图 2.24 所示，空间两直线 AB、CD 相交于 K 点，K 点即为两直线的共有点。根据点在直线上的从属性可知，k 既在 ab 上，也在 cd 上，即 k 为 ab 与 cd 的交点；同理 k' 点为 $a'b'$、$c'd'$ 的交点，k'' 为 $a''b''$、$c''d''$ 的交点，且符合点的投影规律。

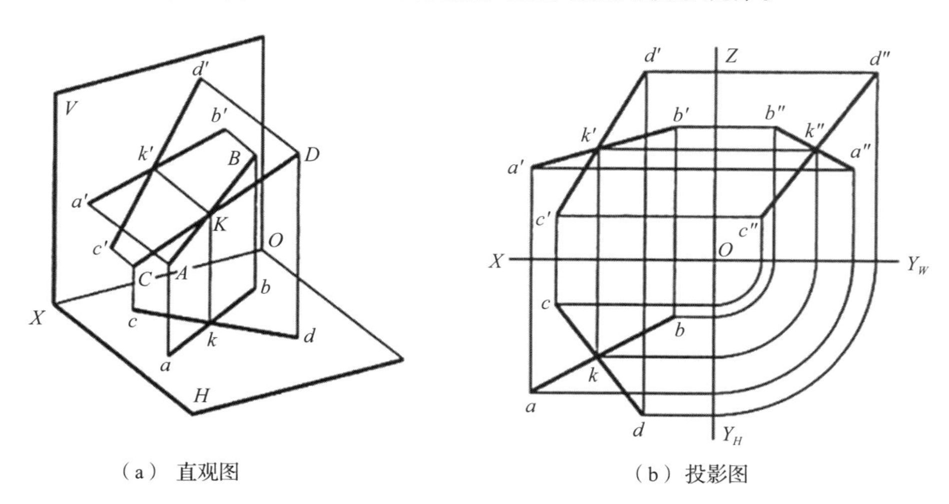

（a） 直观图　　（b）投影图

图 2.24　相交两直线的投影

在两投影面的投影图中，一般只要两直线的两组同面投影相交，且两投影交点的连线垂直于投影轴，就可判断两条直线在空间是相交的。如图 2.25 所示两直线的两组同面投影虽然有交点，但是否相交，需要根据点的投影规律，再作出侧面投影检查一下。由作图可知，侧面投影的 k'' 点不在 $e''f''$ 直线上，故两直线不相交。

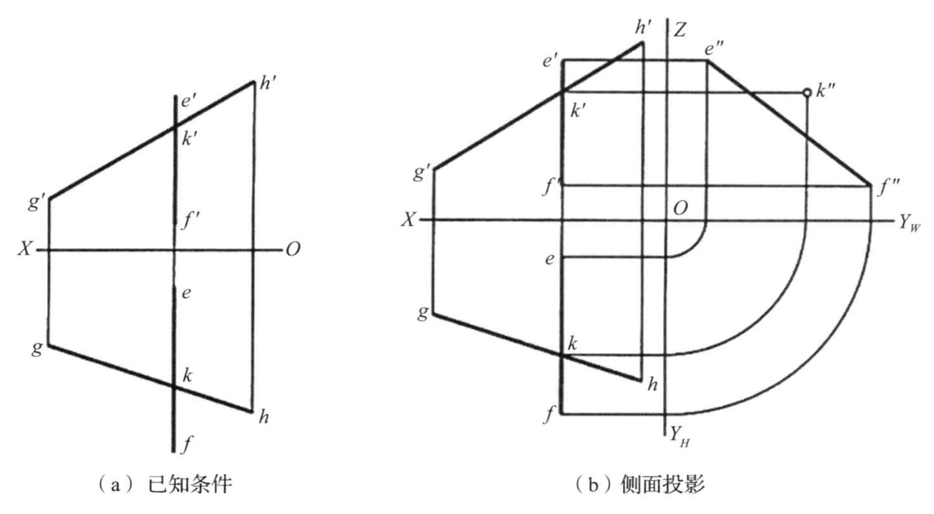

（a）已知条件　　（b）侧面投影

图 2.25　判断两直线相交

3. 交叉两直线

空间两直线既不平行也不相交，则为交叉两直线，又称为异面直线。交叉两直线的各组同面投影不可能同时都平行，或各组同面投影虽然相交，但交点的各面投影之间不符合点的三面投影规律。反之，如果两直线的投影既不符合平行两直线的投影特性，也不符合相交两直线的投影特性，则这两条直线为交叉两直线。

如图 2.26 所示，空间两直线 *AB*、*CD* 的 *V* 面投影相交，如 *a′b′*、*c′d′* 的交点 1′（2′）是直线 *AB* 上的Ⅰ点与直线 *CD* 上的Ⅱ点在 *V* 面上的重影。同理可得，*H* 面的投影 3（4）点也是两直线上的重影点。

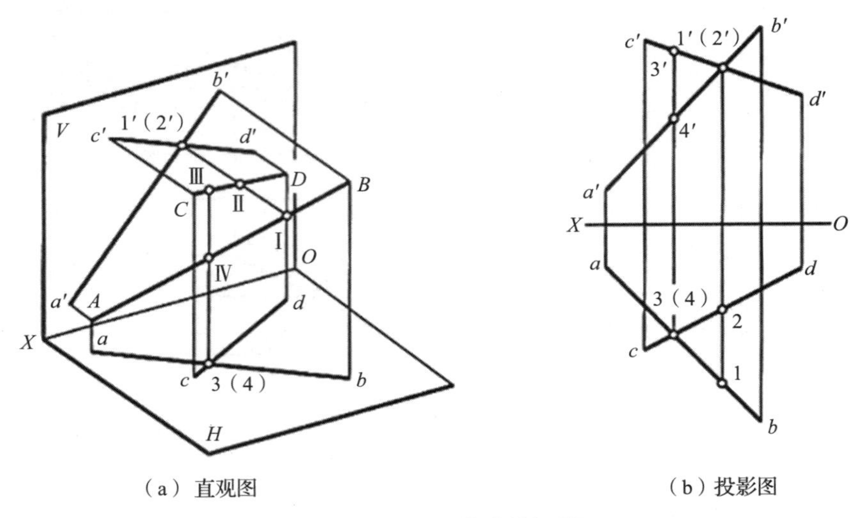

（a）直观图　　（b）投影图

图 2.26　交叉两直线的投影

两直线的相对位置情况，可利用交叉两直线的重影点判别，这是几何要素相交问题以及判别投影可见与不可见的基本方法。

2.3.6　直角投影定理

1. 直角投影定理

垂直相交的两直线，若其中一条直线平行于某个投影面，则两直线在该投影面上的投影仍然反映直角关系，这称为直角投影定理。反之，若相交两直线在同一投影面上的投影互相垂直，且其中有一条直线平行于该投影面，则空间两直线也一定垂直。

如图 2.27（a）所示，*AB*⊥*BC* 且交于点 *B*，又 *BC*//*H* 面，*AB* 倾斜于 *H* 面。由于 *AB*⊥*BC*，*BC*⊥*Bb*，故 *BC*⊥*ABba*。又因为 *bc*//*BC*，则 *bc*⊥*ABba*。因此 *bc*⊥*ab*，即∠*cba*=90°。

如图 2.28 所示，∠*e′f′g′*=90°，又 *gf*//*OX* 轴，即 *GF* 为正平线，所以空间直线 *GF*⊥*EF*。

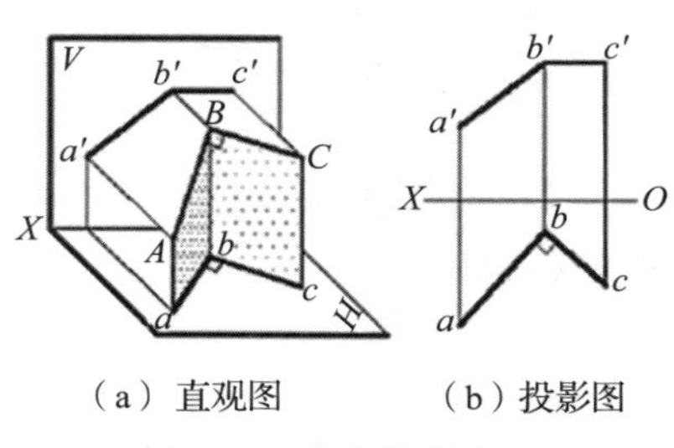

（a）直观图　　（b）投影图

图 2.27　直角投影定理

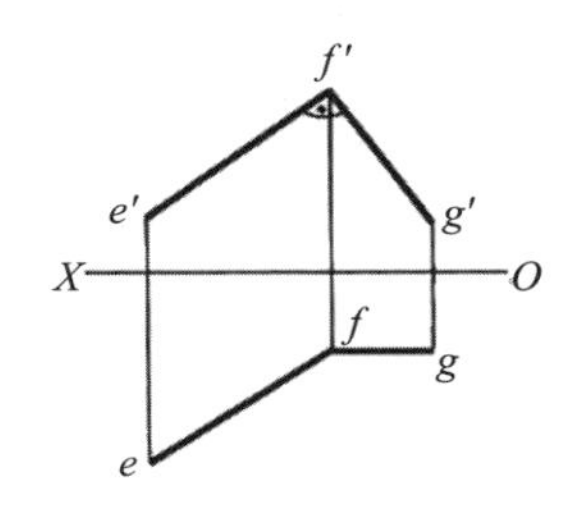

图 2.28　直线 *GF*⊥*EF*

2. 应用举例

例 2.7 已知点 K 及正平线 AB 的两面投影，过点 K 作直线 AB 的垂线 EF，如图 2.29（a）所示。

分析：因为 AB 平行于 V 面，过已知点 K 只能作一条直线与 AB 正交，所以 $a'b' \perp f'k'$，如图 2.29（b）所示。

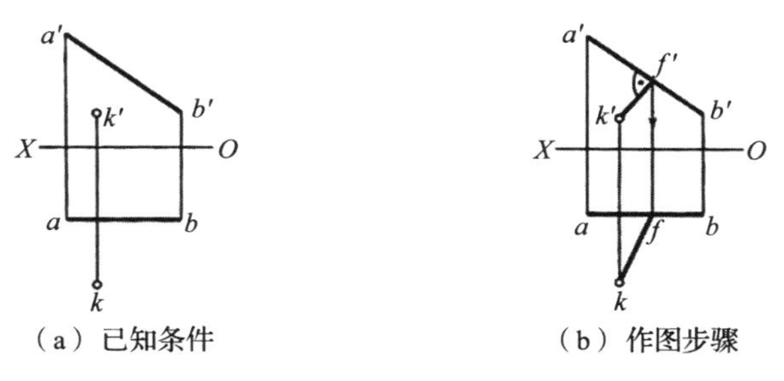

（a）已知条件　　（b）作图步骤

图 2.29　过点作直线垂线

作图步骤：

（1）过点 k' 作 $a'b'$ 的垂线，交 $a'b'$ 于点 f'。

（2）自点 f' 作投射线，交 ab 于点 f。

（3）直线连接 k、f 两点，完成作图。

2.4 平面的投影

2.4.1 平面的表示形式

第 10 讲
平面的投影

在投影图上可用下列任何一组几何元素的投影表示平面，如图 2.30 所示。

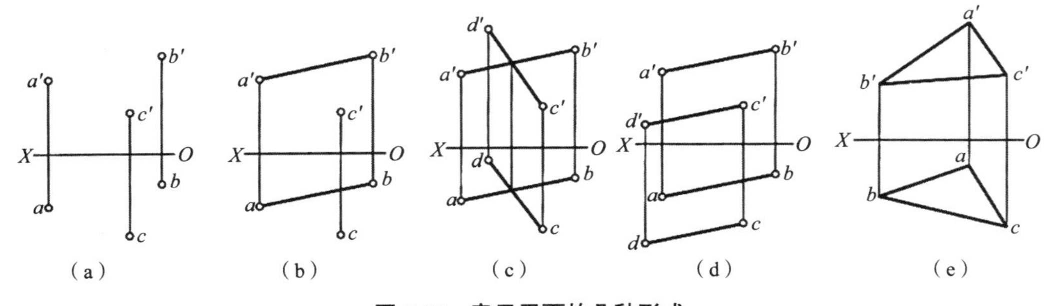

（a）　（b）　（c）　（d）　（e）

图 2.30　表示平面的几种形式

（1）不在同一直线上的三个点，如图 2.30（a）所示；

（2）一直线和直线外一点，如图 2.30（b）所示；

（3）相交两直线，如图 2.30（c）所示；

（4）平行两直线，如图 2.30（d）所示；

（5）任意平面图形，如三角形、平行四边形、圆形等，如图 2.30（e）所示。

上述五种情况可以相互转化，其中不在同一直线上的三个点是确定平面的基本几何元素组，也是表示平面最常见的形式。

2.4.2 平面的投影特性

平面的投影特性是由平面与投影面的相对位置决定的。平面与投影面的相对位置有垂直、平行和倾斜三种，分别称为投影面垂直面、投影面平行面和投影面倾斜面。前两者也称为投影面的特殊位置平面，与三个投影面都倾斜的平面称为一般位置平面。它们在各投影面上的投影有不同的投影特点。平面与投影面的夹角称为平面的倾角，用 α、β、γ 分别表示平面与 H、V、W 投影面的倾角。

1. 投影面垂直面

在三投影面体系中垂直于一个投影面且倾斜于另外两个投影面的平面称为投影面垂直面。垂直于 H 面，并且倾斜于 V、W 面的平面称为铅垂面；垂直于 V 面，并且倾斜于 H、W 面的平面称为正垂面；垂直于 W 面，并且倾斜于 H、V 面的平面称为侧垂面。

投影面垂直面的投影特性，如表 2.3 所示。

表 2.3 投影面垂直面的投影特性

名称	铅垂面（⊥H）	正垂面（⊥V）	侧垂面（⊥W）
直观图	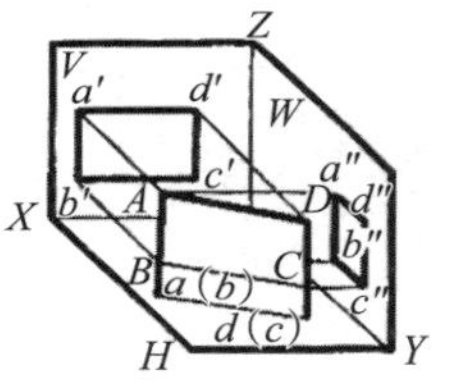	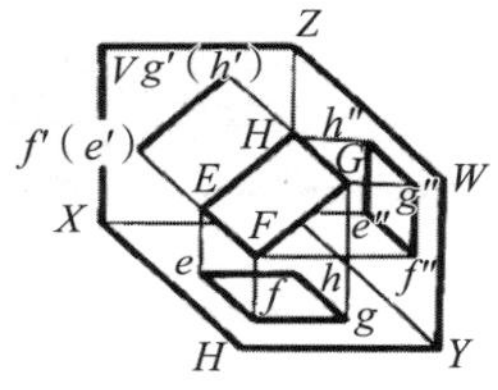	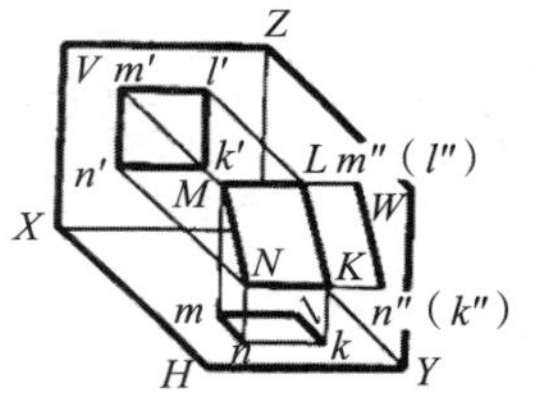
投影图	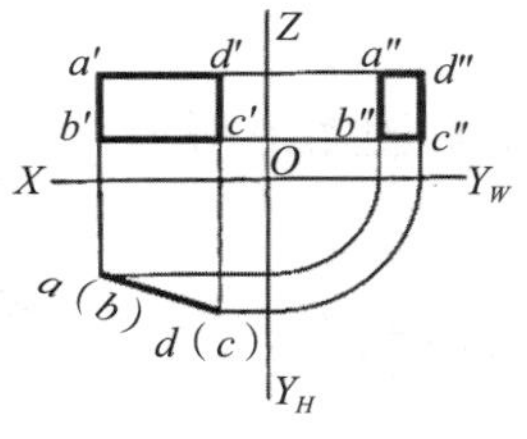	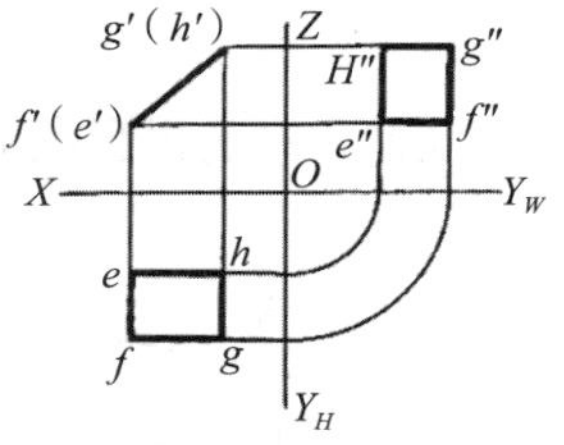	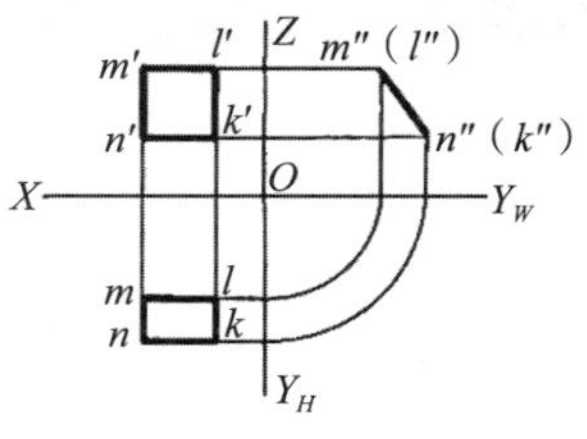
投影特性	① H 面投影积聚为直线； ② V、W 面投影均为小于实形的类似形	① V 面投影积聚为直线； ② H、W 面投影均为小于实形的类似形	① W 面投影积聚为直线； ② H、V 面投影均为小于实形的类似形

2. 投影面平行面

在三投影面体系中平行于一个投影面且与另外两个投影面垂直的平面称为投影面平行面。平行于 H 面，并且垂直于 V、W 面的平面称为水平面；平行于 V 面，并且垂直于 H、W 面的平面称为正平面；平行于 W 面，并且垂直于 H、V 面的平面称为侧平面。

投影面平行面的投影特性，如表 2.4 所示。

表 2.4　投影面平行面的投影特性

名称	正平面（//H）	水平面（//V）	侧平面（//W）
直观图			
投影图			
投影特性	① V 面投影反映实形； ② H、W 面投影积聚为直线，且分别平行于相应投影轴 OX、OZ	① H 面投影反映实形； ② V、W 面投影积聚为直线，且分别平行于相应投影轴 OX、OY_w	① W 面投影反映实形； ② H、V 面投影积聚为直线，且分别平行于相应投影轴 OZ、OY_H

3. 一般位置平面

在三投影面体系中与三个投影面都倾斜的平面称为一般位置平面。它与三个投影面既不平行也不垂直，其投影面上的投影既不反映实形也没有积聚性的投影特点，故不能直接反映出该平面对投影面的倾角。

一般位置平面的投影特性为：三个投影均为小于实形的类似形，均不反映倾角。

如图 2.31 所示的△*ABC* 为一般位置平面，其投影△*abc*、△*a'b'c'*、△*a''b''c''* 都是△*ABC* 的类似形。

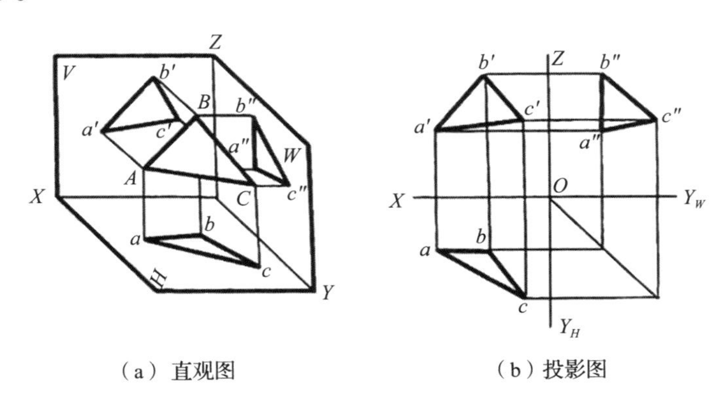

（a）直观图　　（b）投影图

图 2.31　一般位置平面的投影

2.4.3　平面上的点和直线

1. 平面上的点

点在平面上的几何条件：若点在平面内的任一已知直线上，则点必在该平面上。如

图 2.32 所示，平面 P 由相交两直线 AB 和 BC 所确定，若 M、N 两点分别在 AB、BC 两直线上，则 M、N 两点必定在平面 P 上。

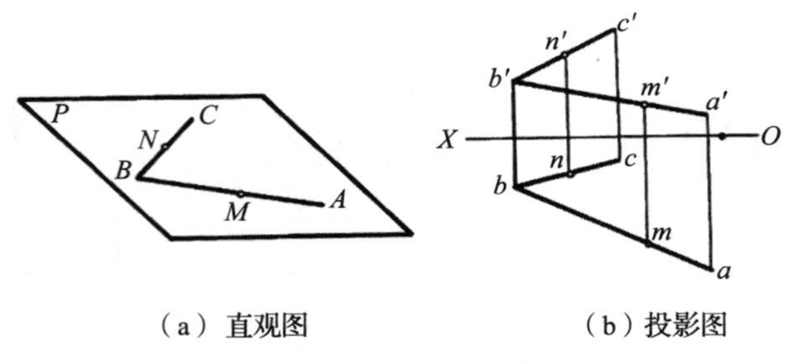

（a）直观图　　（b）投影图

图 2.32　平面上的点

2. 平面上的直线

直线在平面上的几何条件：若一直线经过平面上的两个已知点或经过一个已知点且平行于该平面上的另一已知直线，则此直线必定在该平面上。

如图 2.33（a）所示，平面 P 由相交两直线 AB 和 BC 所确定，点 M、N 分别为该平面上的两已知点，则直线 MN 必定在平面 P 上。

如图 2.33（b）所示，平面 Q 由相交两直线 AB 和 BC 所确定，点 D 在 AB 上，过点 D 作 $DE//BC$，则直线 DE 必定在平面 Q 上。

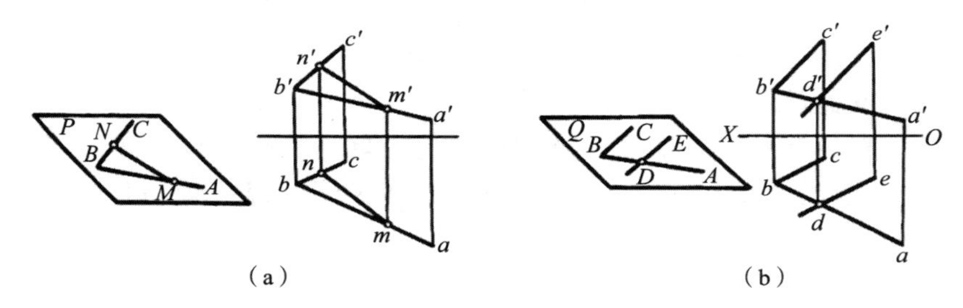

（a）　　（b）

图 2.33　平面上的直线

例 2.8　已知平面△ABC 上点 E 的正面投影 e'，试求点 E 的水平投影，如图 2.34（a）所示。

分析：由于点 E 在平面△ABC 上，过点 E 作平面△ABC 上的一条直线，根据点与直线的从属性，求作点 E 的水平投影 e。具体作图步骤如图 2.34（b）所示。

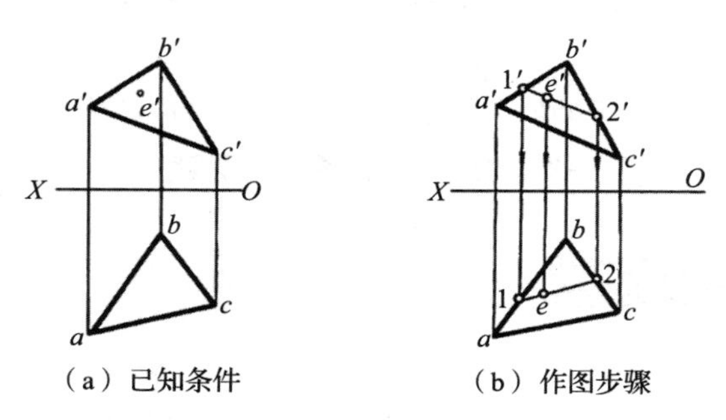

（a）已知条件　　（b）作图步骤

图 2.34　平面上取点

作图步骤：

（1）过正面投影 e' 点作直线 $1'2'$，分别与 $a'b'$、$b'c'$ 交于 $1'$、$2'$ 两点，再分别作直线的水平投影 1、2。

（2）根据点与直线的从属性，可作 E 点的水平投影 e。

3. 平面上的投影面平行线

平面上的投影面平行线是既属于该平面又平行于某一投影面的直线，其投影既有投影面平行线的投影特性，又符合平面上直线的投影性质。同一平面上可以作无数条投影面平行线。

如图 2.35 所示，属于平面 P 的正平线均互相平行，且平行于平面 P 与 V 面的交线 P_V；属于平面 P 的水平线均互相平行，且平行于平面 P 与 H 面的交线 P_H。

因此若规定投影面平行线必须通过平面内某个点或到某个投影面的距离一定，则在平面上只能作一条投影面平行线。

平面上投影面平行线的一个投影反映线段实长，另一个投影反映线段到投影面的真实距离，常用它作为辅助线。

图 2.35 属于平面的投影面平行线

如图 2.36（a）所示，在平面△ABC 上过 A 点作一条正平线 AM，其在 V 面上的投影 $a'm'$ 即为 AM 的实长。

如图 2.36（b）所示，在平面△ABC 上作一条距离 H 面为 D 的一条水平线 MN，其在 V 面上的投影 $m'n'$ 到 H 面的距离即为 MN 到 H 面的真实距离。

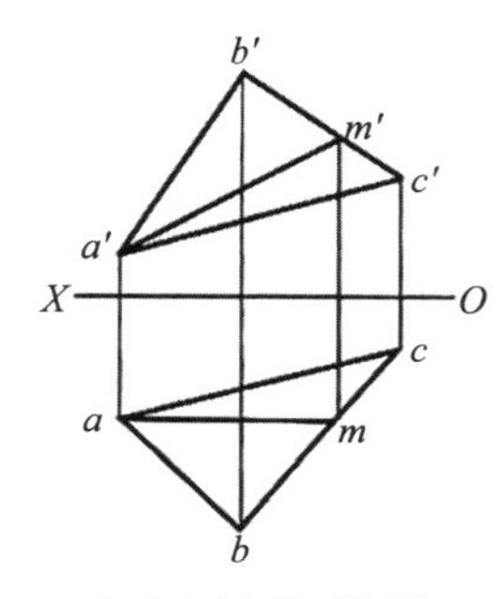

（a）过点作平行线

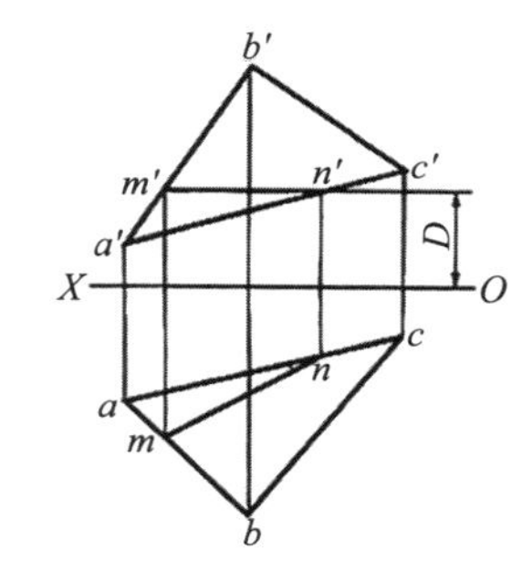

（b）作距离一定的平行线

图 2.36 平面上投影面平行线的作法

2.4.4 直线与平面的相对位置

直线与平面的相对位置有平行、垂直、相交三种。

1. 直线与平面平行

若一直线与平面上的任意一条直线平行，则直线与该平面平行，如图 2.37 所示。CD 在平面 H 上，若 $AB//CD$，则 $AB//$ 平面 H。

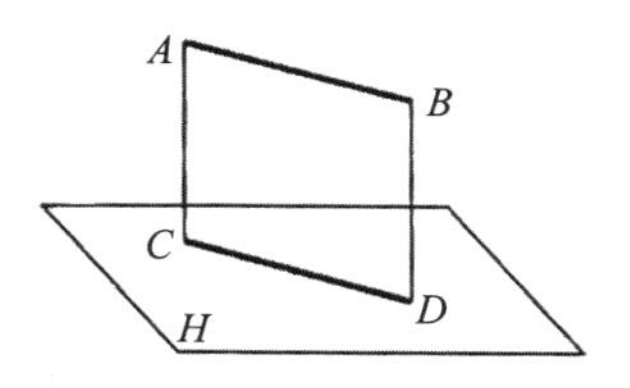

图 2.37 直线与平面平行

例 2.9 过已知点 M 作一正平线平行于△ABC，如图 2.38（a）所示。

分析：可先在△*ABC*所确定的平面上任作一正平线，再过点*M*作与其平行的直线。

作图步骤：

（1）过点*a*作*OX*轴平行线交*bc*于点*d*，求出点*d'*，*AD*即为△*ABC*上的正平线。

（2）再分别过点*m*和点*m'*作*ef*//*ad*，*e'f'*//*a'd'*，*EF*即为所求，如图2.38（b）所示。

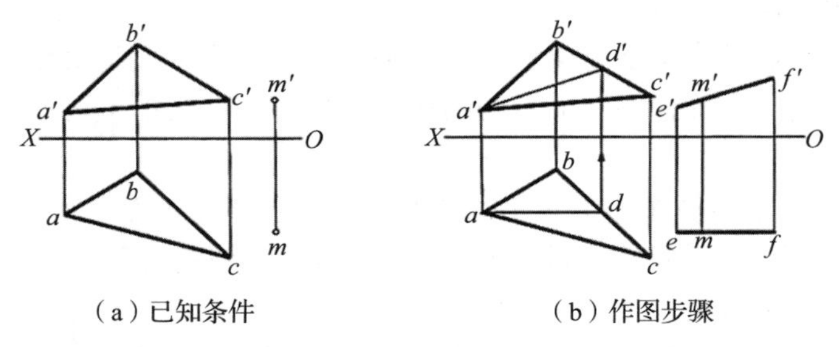

图2.38　过已知点作正平线平行于已知平面

当直线与投影面垂直面平行时，投影面垂直面的积聚性投影也一定平行于直线的同面投影，或者直线在此投影面上的投影也有积聚性。

如图2.39所示，△*ABC*是铅垂面，*MN*倾斜于*H*，*EF*垂直于*H*，又*MN*//△*ABC*，故*mn*//*ab*，且*EF*一定平行于△*ABC*，*e*(*f*)具有积聚性。

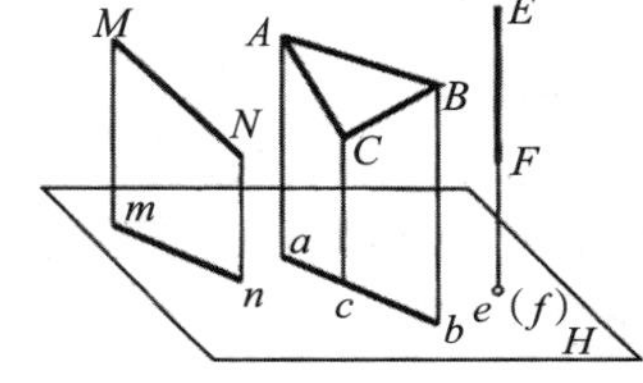

图2.39　直线平行于投影面垂直面

2. 直线与平面垂直

平面的垂线或法线是垂直于平面的直线。若一直线垂直于某平面，则该直线的水平投影一定垂直于该平面内水平线的水平投影，而该直线的正面投影一定垂直于该平面内正平线的正面投影。反之，若一直线的水平投影垂直于属于定平面的水平线的水平投影，且直线的正面投影垂直于属于该平面的正平线的正面投影，则直线必垂直于该平面。

如图2.40所示，直线*EF*垂直于平面*P*，则必垂直于属于平面*P*的一切直线，其中包括水平线*CD*和正平线*AB*。根据直角投影定理，直线*EF*的水平投影垂直于水平线*CD*的水平投影，即*ef*⊥*cd*，直线*EF*的正面投影垂直于正平线*AB*的正面投影，即*e'f'*⊥*a'b'*。

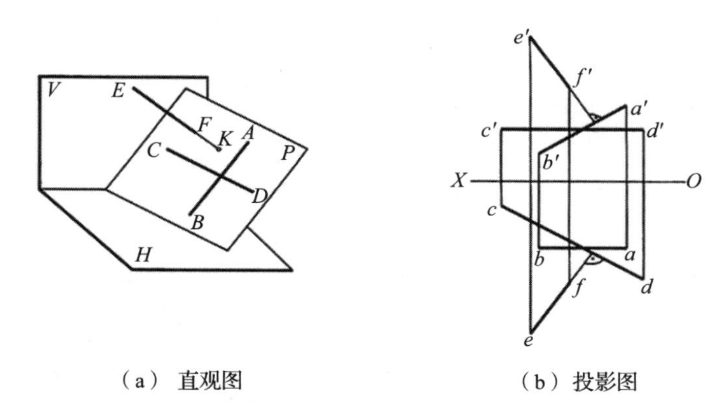

图2.40　直线与平面垂直

直线与平面垂直的必要和充分条件是该直线垂直于属于该平面的两相交直线。如图 2.40 所示，直线 EF 垂直于定平面 P 的水平线 CD 和正平线 AB，满足必要和充分条件，故直线 EF 垂直于定平面 P。

例 2.10 过点 G 作直线垂直于平面△ABC，如图 2.41 所示。

分析：过平面外一点作平面的垂线只有一条。为确定直线的方向，需作平面上的一条正平线和一条水平线，即过点 A 作正平线 AD，过点 C 作水平线 CE；再作 $g'h' \perp a'd'$、$gh \perp ce$，直线 GH 即为所求。

注意：$g'h' \perp a'd'$、$gh \perp ce$ 只是为了确定 $g'h'$ 和 gh 的方向，一般情况下，空间直线 GH 并不和直线 AD 或 CE 相交。

若平面为投影面垂直面，则垂直于该平面的直线必为投影面平行线。在与平面垂直的投影面上，直线的投影垂直于平面的积聚性投影。如图 2.42 所示，直线 EF 垂直于铅垂面 ABC。

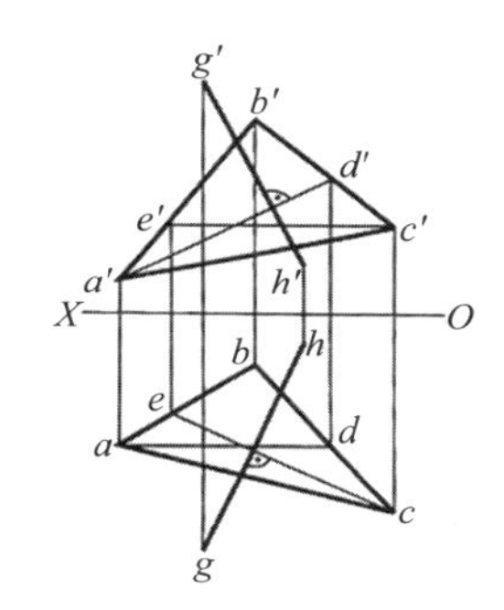

图 2.41　过点作直线垂直于平面

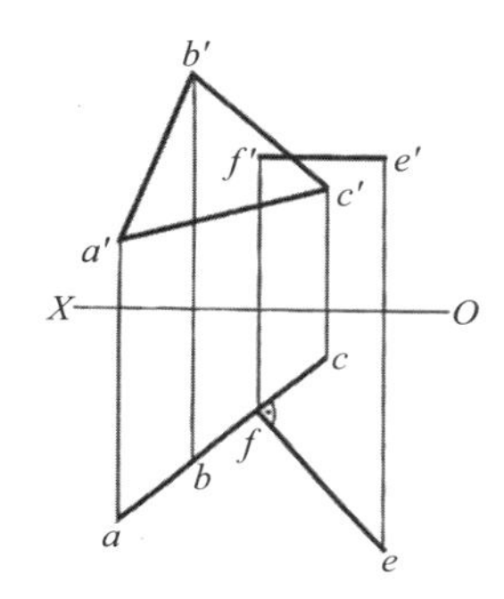

图 2.42　直线垂直于铅垂面

3. 直线与平面相交

直线与平面相交，且只有一个交点，该交点是直线与平面的共有点，它既属于直线又属于平面。辅助平面法和换面法是求直线与平面交点的常用方法。当直线或平面处于特殊位置时，则可利用积聚性投影直接作图求解。下面讨论几何元素处于特殊位置时交点、交线的作法。

（1）一般位置直线与特殊位置平面相交。

利用特殊位置平面的积聚性，求直线与平面的交点。

直线 MN 与铅垂面△ABC 相交，且△ABC 的水平投影积聚为直线 ab，如图 2.43（a）所示。根据交点的性质，交点 K 的水平投影一定属于△ABC 的水平投影，也一定属于 MN 的水平投影，故 mn 和 ab 的交点 k 即为交点 K 的水平投影。再作正面投影 k'，点 $K(k, k')$ 即为直线 MN 和△ABC 的交点。

由于直线 MN 上有一段被△ABC 遮挡，故在正面投影中需判别直线投影的可见性。点 K 将直线 MN 分成两段，其中 KN 一段的正面投影的一部分被△ABC 遮挡，所以其 V 面投影不可见，故交点 K 是直线 MN 上可见与不可见部分的分界点。

如图 2.43（b）所示，重影点Ⅰ（1，1′）和Ⅱ（2，2′）位于同一正垂线上。点Ⅰ（1，1′）属于 MK；点Ⅱ（2，2′）属于 BC，即属于△ABC。由水平投影可知，点Ⅰ在点Ⅱ前面，因此直线 MK 位于△ABC 之前，故其 V 面投影可见。或者用同一正垂线上的一对重影点

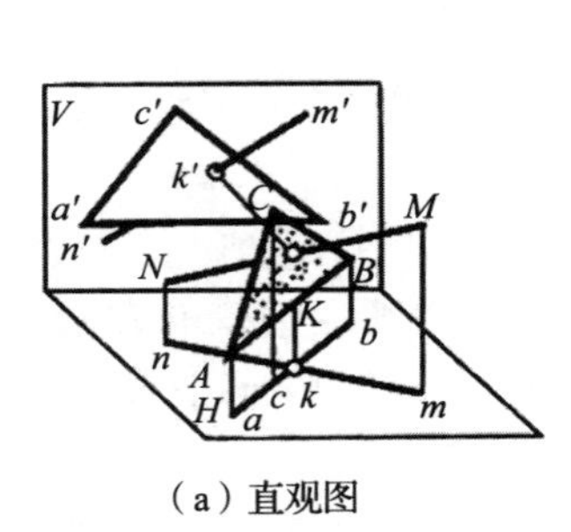

（a）直观图

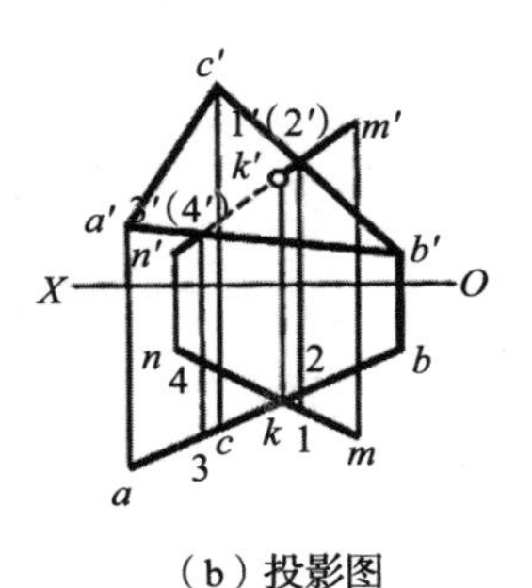

（b）投影图

图 2.43　直线与铅垂面的交点

Ⅲ（3，3′）和Ⅴ（4，4′），可以判定直线 *NK* 位于△*ABC* 之后，其 *V* 面投影有一段不可见，所以 *m′k′* 画成实线，*k′n′* 段不可见的部分画成虚线。△*ABC* 在水平投影面上积聚为一直线，不需判别可见性。

如图 2.44 所示，直线 *MN* 和正垂面 P_V 相交，且 P_V 平面具有积聚性，故 *m′n′* 和 P_V 的交点 *k′* 即为交点的正面投影；再在 *mn* 上作 *K* 点的水平投影 *k*，故 *K*(*k*，*k′*）即为所求。

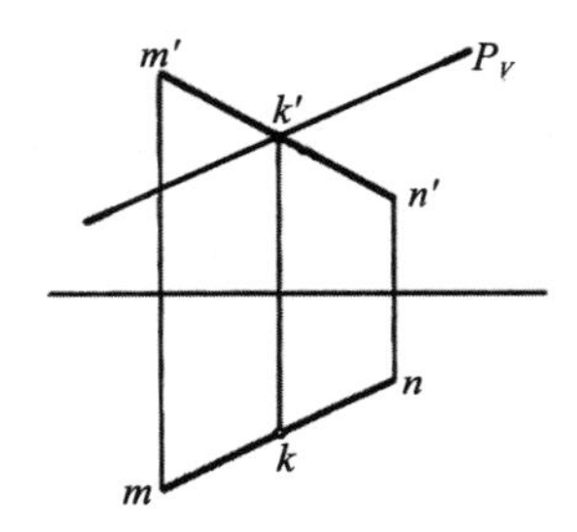

图 2.44　直线和正垂面的交点

（2）一般位置平面与特殊位置平面相交。

求两平面的交线的问题可看作求两个共有点的问题。如图 2.45（a）所示，△*DEF* 是铅垂面，△*ABC* 是一般位置平面，求两平面的交线。根据铅垂面的投影特性，求出属于两平面交线的两点 *M* 和 *N*，同时这两点也是 *AC*、*AB* 两边与△*DEF* 的交点，如图 2.45（b）所示。

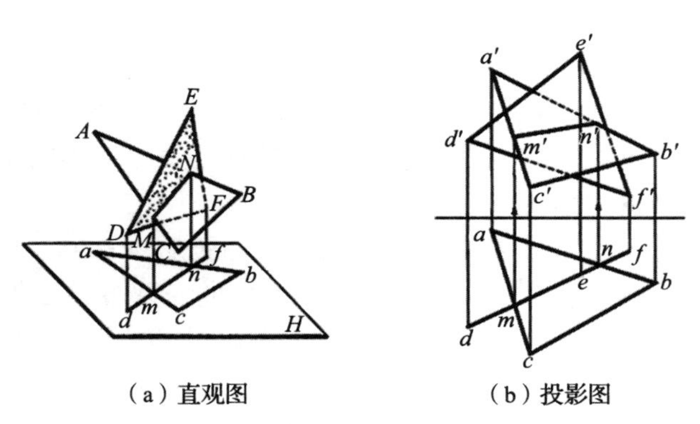

（a）直观图　　（b）投影图

图 2.45　一般位置平面与特殊位置平面的交线

（3）一般位置直线与一般位置平面相交。

一般位置直线与一般位置平面相交，因为二者均无积聚性投影，所以需采用辅助平面法求它们的交点。如图2.46所示，求直线 *EF* 和平面△*ABC* 的交点 *K*。因为点 *K* 既在直线 *EF* 上又在平面△*ABC* 上，所以交点 *E* 的各面投影必位于平面上过交点所作的任一条直线的同名投影上。

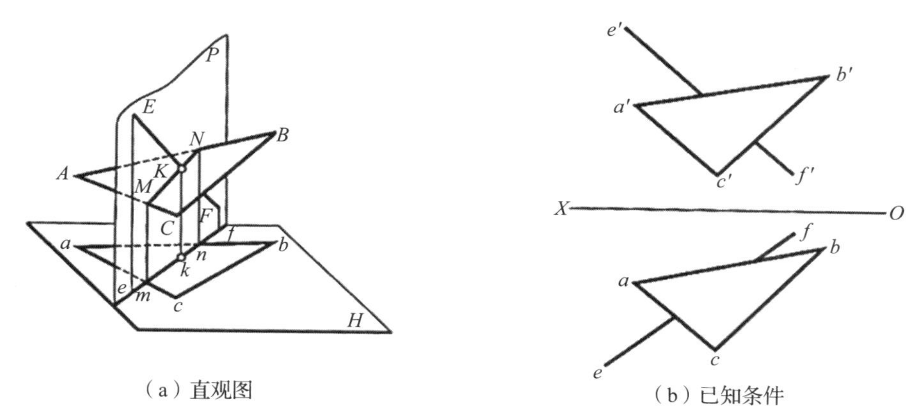

（a）直观图　　（b）已知条件

图2.46　一般位置直线与一般位置平面的交点

如图2.47所示，作垂直于投影面 *H* 的辅助平面 *P*，其包含已知直线 *DE* 且与已知的△*ABC* 相交，交线 *MN* 与已知直线 *DE* 共面且必定相交，交点 *K* 即为两直线的共有点。因交线 *MN* 在△*ABC* 上，故点 *K* 也在△*ABC* 上，为直线 *DE* 与△*ABC* 的共有点，即点 *K* 为所要求的直线 *EF* 和平面△*ABC* 的交点。

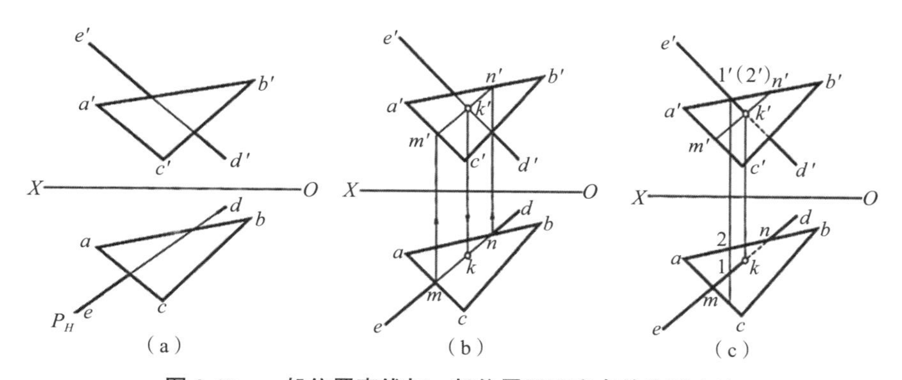

（a）　（b）　（c）

图2.47　一般位置直线与一般位置平面交点的作图方法

由此可得，一般位置直线与一般位置平面的作图方法：

1）重合已知直线 *DE* 的一个投影，作铅垂面 P_H 为辅助平面，如图（a）的 P_H 与 *ef* 重合，如图2.47（a）所示；

2）作平面 P_H 与△*ABC* 的交线 *MN*(*mn*，*m′n′*)，如图2.47（b）所示；

3）*m′n′* 与 *d′e′* 相交得 *k′* 点，再作 *k* 点，*k* 点即为所求；

4）判别 *MN* 的可见性：由 *a′b′* 与 *e′k′* 的重影点1′（2′），可判定 *e′k′* 在前，为可见线段，应画成实线，而 *k′d′* 被△*a′b′c′* 遮住的线段需画虚线。同理可得，水平投影 *ek* 线段可见，应画成实线，如图2.47（c）所示。

2.4.5 平面与平面的相对位置

1. 两平面平行

如果一平面上的两相交直线，平行于另一平面上的两相交直线，则两平面平行。如图 2.48 所示，相交两直线 *AB*、*BC* 在平面 *P* 上，另相交两直线 *EF*、*FG* 在平面 *Q* 上，又 *AB*//*EF*，*BC*//*FG*，则 *P*、*Q* 两平面一定平行。

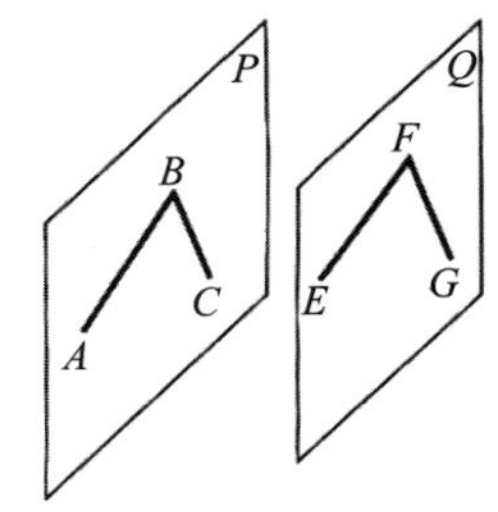

图 2.48 两平面平行

例 2.11 过 *K* 点作一平面与△*ABC* 平行，如图 2.49（a）所示。

分析：根据两平面平行的几何条件，过 *K* 点作两相交直线，只要平行于△*ABC* 上的两相交直线即可。

作图步骤：

（1）过 *k'* 作 *k'f'*//*a'b'*，*k'e'*//*b'c'*；

（2）过 *k* 作 *kf*//*ab*，*ke*//*bc*，则 *KE*、*KF* 两相交直线所确定的平面即为所求，如图 2.49（b）所示。

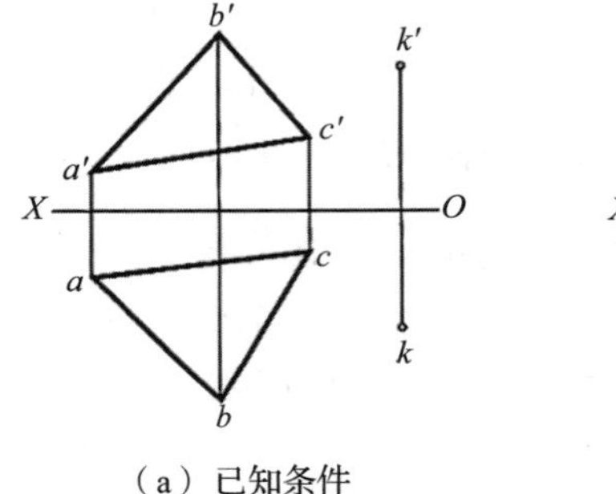

（a）已知条件

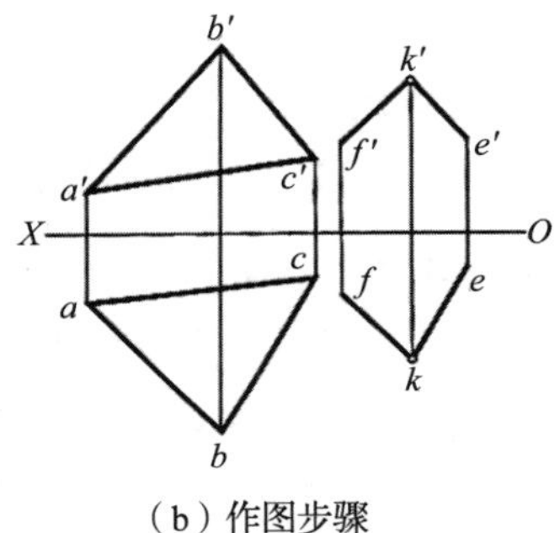

（b）作图步骤

图 2.49 过 *K* 点作平行平面

2. 平面与平面垂直

若一直线垂直于一定平面，则包含这条直线的一切平面都垂直于该平面。反之，若两平面互相垂直，则由属于第一个平面的任意一点向第二个平面所作的垂线一定属于第一个平面。

绘制平面与平面垂直的两种方法如下：

（1）作平面 *Q* 使之包含垂直于平面 *P* 的直线 *AB*，如图 2.50（a）所示。

（2）作平面 *Q* 使之垂直于平面 *P* 内的直线 *CD*，如图 2.50（b）所示。

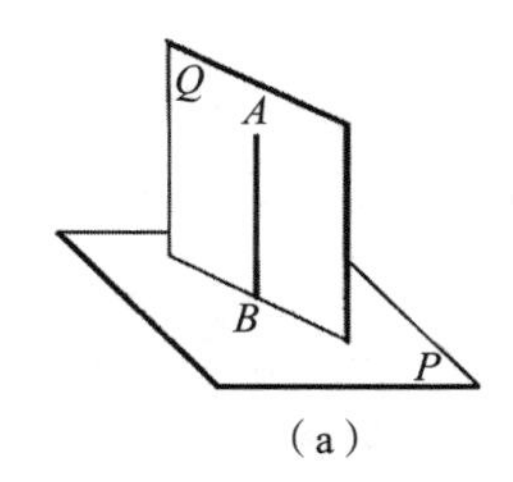

（a）

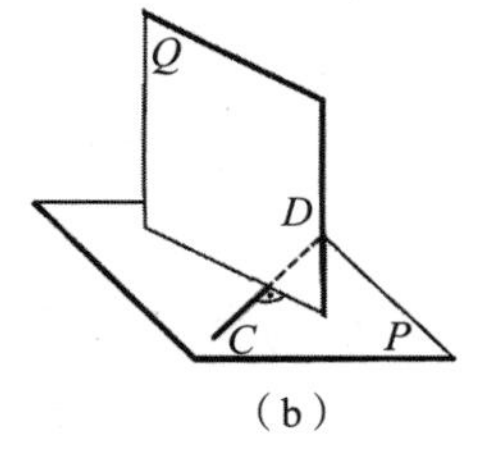

（b）

图 2.50 平面与平面垂直

例 2.12 过直线 *MN* 作一平面，使其垂直于△*ABC* 所确定的平面，如图 2.51 所示。

分析：所求作的平面需过直线 MN，那么再确定一条与直线 MN 相交的直线即可确定此平面。如果相交的直线为 MK，为使所作平面垂直于已知平面△ABC，就要使平面内包含一条平面△ABC 的垂线，可使直线 MK 垂直于△ABC。

作图步骤：

（1）在△ABC 上任作一水平线 CE 和一正平线 AD。直线 CE 的两个投影为 ce 和 $c'e'$，直线 AD 的两投影为 ad 和 $a'd'$。

（2）过 m 点作 $mk \perp ce$，过 m' 点作 $m'k' \perp a'd'$，则直线 MK 必垂直于平面 ABC，直线 MK 与 MN 所在的平面即为所求。

若两相互垂直的平面垂直于同一投影面，则两平面在该投影面上的投影都积聚成直线且互相垂直。如图 2.52 所示，铅垂面 ABC 与铅垂面 EFG 垂直，则它们的水平投影 ab 和 eg 互相垂直。

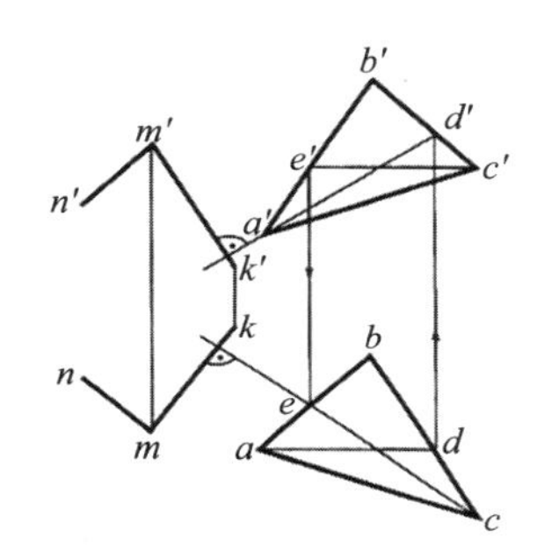

图 2.51　作平面与平面垂直

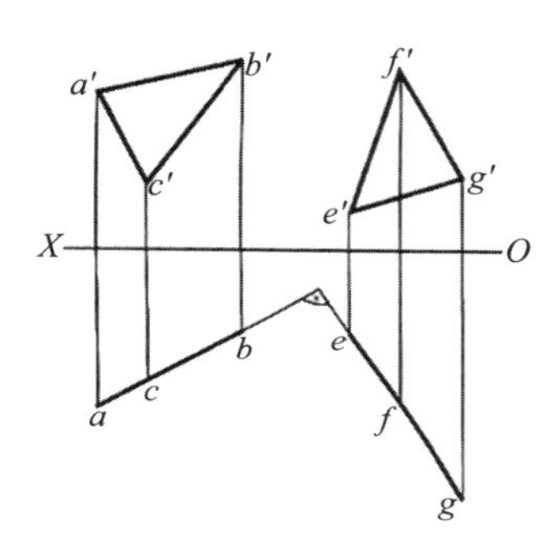

图 2.52　两铅垂面互相垂直

3. 平面与平面相交

两平面的交线是一条为两平面所共有的直线。求交线时，可先求交线上任意两个点，再用直线相连接。求两个一般位置平面交线的方法有以下两种：

（1）用直线与平面求交点的方法求两个一般位置平面的交线。

两个一般位置平面求交线，可用求属于平面的直线与另一平面的交点的方法。

如图 2.53 所示，△ABC 和△DEF 相交，可分别求出 EF 和 ED 两条边与△ABC 的交点 $M(m, m')$ 和 $N(n, n')$，MN 即为两平面的交线。因为△ABC 是一般位置平面，所以求交点时过 ED 和 EF 分别作辅助面 P 和 Q。

（2）用三面共点法求两个一般位置平面的交线。

如图 2.54 所示，求给定两平面 R 和 S 的共有点，作任意辅助平面 P 与 R、S 分别交于直线 ⅠⅡ 和ⅢⅣ，交点 M 为三面共有，所以也必定是 R 和 S 两平面的共有点。同理作辅助平面 Q，找出另一个共有点 N，MN 即为 R、S 两平面的交线。

如图 2.55 所示，△ABC和一对平行线 EF、GH 各确定一平面，取水平面 P 为辅助平面可求得两平面的交线。利用 P_V 的积聚性分别求出平面 P 与原有两个平面的交线 ⅠⅡ（12，1′2′）、ⅢⅤ（34，3′4′）。ⅠⅡ 和ⅢⅤ 的交点 $M(m, m')$ 为共有点。同理作辅助平面 Q，求得共有点 $N(n, n')$，MN 即为所求。

为方便作图，应取特殊位置的面作为辅助平面，常取投影面平行面。用三面共点法求交线是画法几何的基本作图方法之一，可求平面的交线，也可求曲面的交线。

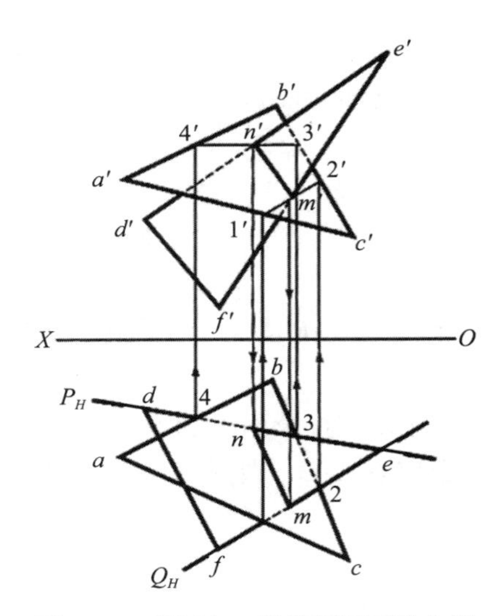

图 2.53 求两个一般位置平面的交线

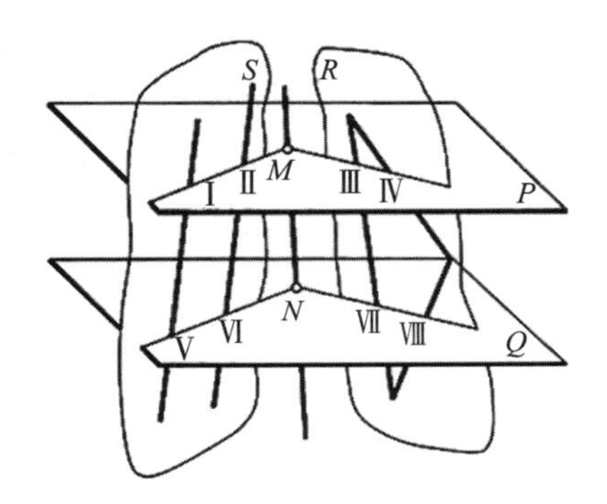

图 2.54 三面共点法

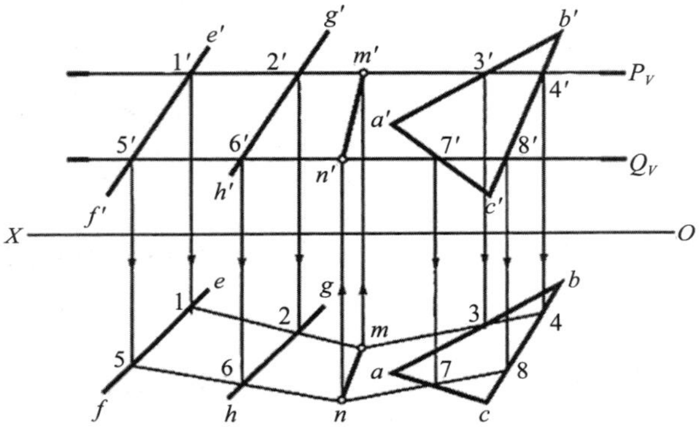

图 2.55 用三面共点法求两个一般位置平面的交线

2.5 换面法

2.5.1 换面法的基本概念

空间直线或平面等几何元素在投影面体系中处于特殊位置时，其投影可反映实长、实形以及对投影面的真实倾角。当处于一般位置时，投影虽然不具有这些特性，但是通过变换投影面的方法，由一般位置变为特殊位置，问题就迎刃而解了。

1. 换面法的基本概念

换面法是指空间几何元素的位置保持不变，用新的投影面来代替旧的投影面，使空间几何元素对新的投影面的相对位置变成有利于解题的位置，从而求得几何元素的新投影的方法。

如图 2.56 所示，在 V/H 投影面体系中，$\triangle ABC$ 是铅垂面，其在 V、H 面上的投影均不反映实形。建立一个新投影面 V_1 代替原有的 V 面，使其平行于$\triangle ABC$ 且垂直于 H 面，则$\triangle ABC$ 在新投影面体系 V_1/H 中为正平面，且在 V_1 面上的投影$\triangle a_1'b_1'c_1'$ 反映实形。

因此，V/H 为旧投影面体系，V 面称旧投影面，正面投影为旧投影，OX 轴为旧投影轴。V_1/H 为新投影面体系，V_1 面为新投影面，在 V_1 面上的投影为新投影，V_1 与 H 的交线 O_1X_1 为新投影轴。H 面为不变投影面，在 H 面上的投影为不变投影。

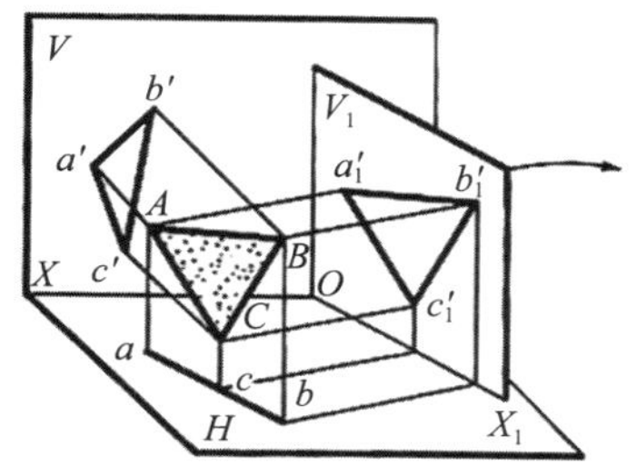

图 2.56　换面法

2. 换面法的基本条件

新投影面的选择必须符合两个基本条件：

（1）新投影面必须垂直于原投影面体系中的一个不变投影面。

（2）新投影面必须使空间几何元素处于有利于解题的位置。

2.5.2 点的投影变换

任何形体都可看作是点的集合，先学习点的换面作法，再运用换面法解决某些作图问题。

1. 点的一次换面

（1）变换 V 面。

给出 V/H 投影面体系（简称 V/H 体系）中的点 A 及其投影 a、a'。新投影面 V_1 垂直于原投影面 H，替换原 V 面成为新投影面体系 V_1/H。

如图 2.57 所示，点 A 在 V/H 体系中的两面投影为 a'、a，用垂直于 H 投影面的 V_1 面代替 V 面，组成新的投影体系 V_1/H，求 A 点在 V_1 面的新投影 a_1'。将 V_1 面绕 O_1X_1 轴顺着箭头所示的方向展开，则 A 点在 H 面上的投影 a 不变，下脚标 1 表示经过一次变换。

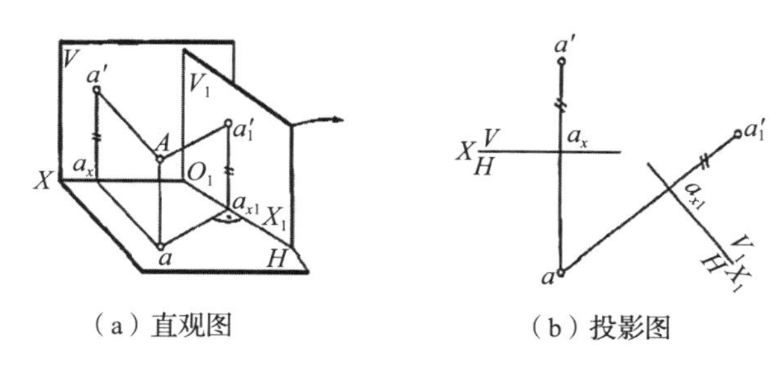

（a）直观图　　（b）投影图

图 2.57　点的一次 V 面变换

由图可得，A 点的投影在新、旧投影面体系中的关系如下：

1）在 V_1/H 新投影面体系中，a 和 a_1' 的投影连线垂直于新投影轴 O_1X_1，即 $aa_1' \perp O_1X_1$。

2）点的新投影 a_1' 到新投影轴 O_1X_1 的距离，等于点的旧投影 a' 到旧投影轴 OX 的距离，即 $a_1'a_{x1}=a'a_x=Aa$。

于是归纳出点的换面规律：

1）在新、旧投影面体系中，点的投影连线必垂直于相应的投影轴。

2）点的新投影到新投影轴的距离等于该点被变换的旧投影到旧投影轴的距离。

作图方法如下：

1）根据题意，需作新投影轴 O_1X_1，新投影轴确定了新投影面在投影图上的位置。

2）由点的不变投影 a，作垂直于 O_1X_1 的直线，得到交点 a_{x1}，该直线为不变投影 a 与新投影的连线。

3）在与新投影的连线上量取 $a'_1a_{x1}=a'a_x$，即得新投影 a'_1 点。

（2）变换 H 面。

如图 2.58 所示，B 点在 V/H 体系中的两面投影为 b'、b，以新投影面 H_1 代替 H，组成新投影面体系 V/H_1，求 B 点在 H_1 面上的新投影 b_1。将 H_1 面绕 O_1X_1 轴顺着箭头所示的方向展开，B 点在 V 面上的投影 b' 则不变。

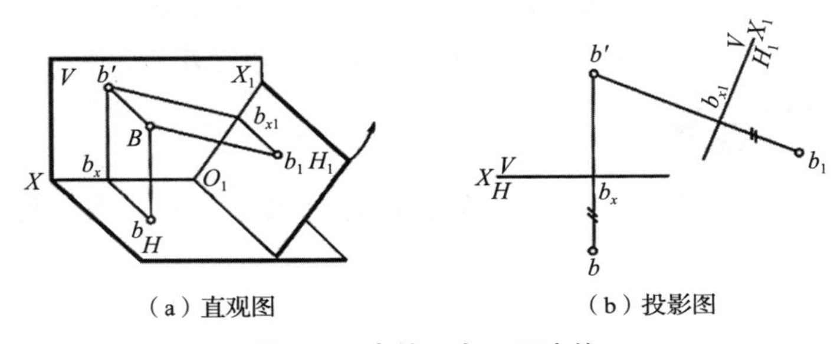

图 2.58 点的一次 H 面变换

由图可得，B 点的投影在新、旧投影面体系中的关系如下：

1）在新投影面体系中，$b'b_1 \perp O_1X_1$。

2）点的新投影 b_1 到新投影轴 O_1X_1 的距离，等于点的旧投影 b 到旧投影轴 OX 的距离，即 $b_1b_{x1}=bb_x=Bb'$。

2. 点的二次换面

当用换面法更换一次投影面仍不能解决问题时就变换两次甚至更多次。

如图 2.59 所示为 A 点的二次换面过程，其作图方法、换面规律与一次变换相同。

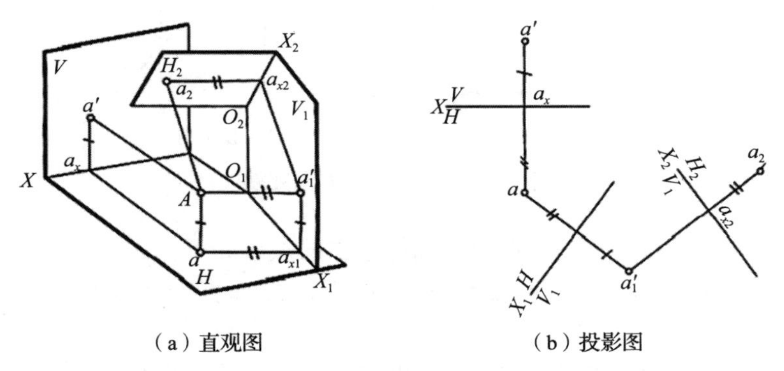

图 2.59 点的二次换面

（1）第一次换面：以 V_1 面代替 V 面，组成新的投影面体系 V_1/H，求得点 A 的新投影 a'_1。

（2）第二次换面：在新的投影面体系 V_1/H 中，只能更换 H 面。以 H_2 面代替 H 面组成新投影面体系 V_1/H_2，其中 V_1 面为新体系中的不变投影面，它与新投影面 H_2 的交线为新投影轴，以 O_2X_2 表示，按点的换面规律即可求出点的新水平投影 a_2，下脚标 2 表示第二次换面。

注意：投影面要交替变换，不能同时变换两个投影面。变换完一个投影面以后，在新的两面体系中再交替变换另一个。

2.5.3 换面法举例

例 2.13 试过 M 点作一直线与已知一般位置直线 AB 垂直相交。

分析：根据直角投影定理，当两相互垂直的直线中有一条平行于某一投影面时，这两条直线在该投影面上的投影仍垂直。先把直线 AB 变成投影面平行线，再在投影图上由 M 点直接向直线 AB 作垂线，整个过程需要变换一次投影面。

如图 2.60 所示，以 H_1 面代替 H 面，使 H_1 面既平行于直线 AB 又垂直于 V 面。

垂足 k_1 点返回原投影体系的作图方法如图 2.60 中箭头所示。

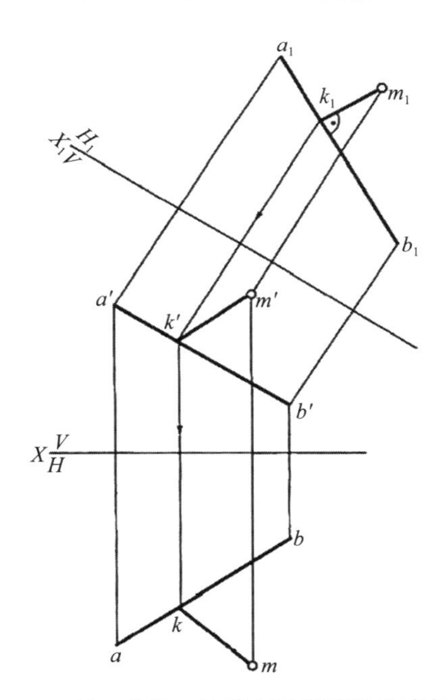

图 2.60 过一点作一直线与已知直线垂直相交

例 2.14 已知交叉两直线 AB 和 CD，试作其公垂线，如图 2.61 所示。

分析：若交叉两直线之一 AB 为某一投影面的垂直线，则 AB 与 CD 间的公垂线 EF 必是该投影面的平行线，EF 在该投影面上的投影反映两交叉两直线间的距离，根据直角投影定理，EF、CD 在该投影面上的投影垂直，所以一般位置直线 AB 变成投影面垂直线需要变换两次投影面。

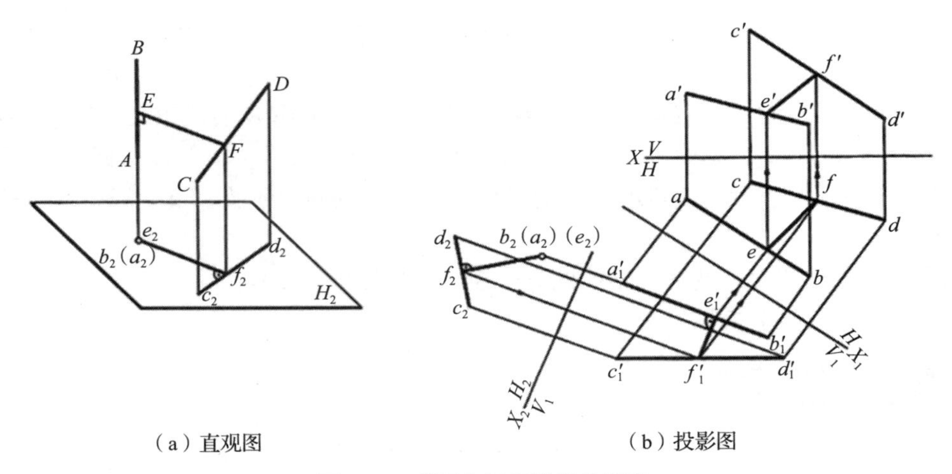

（a）直观图　　（b）投影图

图 2.61　求两交叉直线间的距离

作图方法如下：

（1）依据将一般位置直线变为投影面垂直线的方法，将 AB 变为投影面垂直线。直线 CD 随 AB 一起变换，得 $b_2(a_2)(e_2)$、c_2d_2。

（2）根据直角投影定理，过 e_2 作 $e_2f_2 \perp c_2d_2$，交 c_2d_2 于点 f_2，e_2f_2 即为所求的两交叉直线间的距离。

（3）由 e_2f_2 求 V/H 体系中的 $e'f'$、ef。注意，在 V_1/H 体系中 AB 是投影面平行线，$EF \perp AB$，根据直角投影定理，$e_1'f_1' \perp a_1'b_1'$。

思考题

1. 什么是投影法？投影法的种类有哪些？
2. 点的三投影面体系是如何建立的？
3. 点的投影规律是什么？
4. 什么是重影点？如何判别重影点的可见性？
5. 直线上点的投影性质是什么？
6. 什么是直角三角形法？它的基本原理是什么？
7. 空间两直线的相对位置有哪些？
8. 直线与平面及两平面的相对位置有哪些？
9. 什么是换面法？
10. 点的换面规律是什么？

单元 3　基本体的投影及表面交线

学习目标

1. 掌握平面立体的投影特性、作图方法及表面取点方法。
2. 掌握回转体的投影特性、作图方法及表面取点方法。
3. 学习截交线的概念、性质，掌握作截交线的方法。
4. 学习相贯线的概念、性质，掌握作相贯线的方法。
5. 学习 SolidWorks 建模的基本功能，掌握基本体的建模方法。

学习重点与难点

学习重点：基本体的投影特性，截交线与相贯线的概念与性质。
学习难点：截交线和相贯线的作图方法。

本章主要讲述基本体的投影及表面上取点的方法，立体的截交线及其作图方法，相贯线的概念，以及不同立体相交的相贯线与其作图方法。

3.1　基本体的投影

立体分为平面立体和曲面立体两大类。平面立体是表面为平面多边形的形体，常见的有棱柱、棱锥等。曲面立体是由曲面或平面与曲面构成的形体，常见的有圆柱体、圆锥体、圆球体、圆环体等，如图 3.1 所示。

（a）棱柱

（b）棱锥

（c）圆柱

（d）圆锥

（e）圆球

（f）圆环

图 3.1　立体的类型

3.1.1 平面立体及表面上点的投影

平面立体相邻两面的交线称为棱线。常见的平面立体有棱柱和棱锥两种。

第 11 讲
平面立体

由于平面立体的各表面都是平面图形，该图形由直线段围成，而直线段又由其两端点所确定，因此绘制平面立体的投影图实际上就是绘制其表面的交线（棱线）及各顶点（棱线的交点）的投影。

1. 棱柱

（1）棱柱的定义。

棱柱是上下底面平行且全等，侧棱平行且相等的封闭几何体。

棱柱的两个相互平行的面称为棱柱的底面，其余各面称为棱柱的侧面，各侧面都是矩形或平行四边形；两个面的公共边称为棱柱的棱，其中两个侧面的公共边称为棱柱的侧棱，侧面与底面的公共顶点称为棱柱的顶点；两个底面之间的距离称为棱柱的高。棱柱分为直棱柱（侧棱与底面垂直）和斜棱柱（侧棱与底面倾斜），上、下端面是正多边形的直棱柱称为正棱柱。

如图 3.2 所示为正六棱柱，其上、下端面为全等且平行的正六边形，六个侧面为全等的矩形，六条侧棱互相平行且与端面垂直。

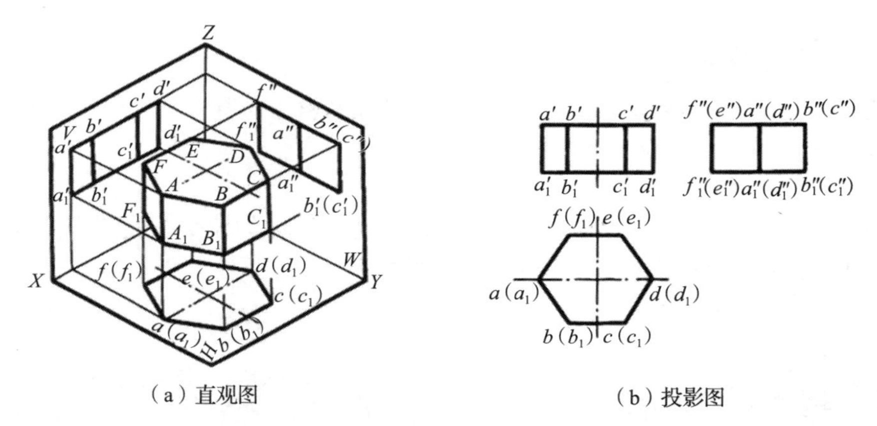

（a）直观图　　（b）投影图

图 3.2　正六棱柱

（2）棱柱的投影。

1）投影分析。

为方便作图，将正六棱柱的上、下端面平行于 *H* 面放置，并使其前后两个侧面平行于 *V* 面，如图 3.2（a）所示，三面投影图如图 3.2（b）所示。

正六棱柱的上、下端面均为水平面，在 *H* 面的投影是正六边形且反映实形；在 *V* 面与 *W* 面的投影均积聚为一直线。

前后棱面为正平面，在 *V* 面的投影是反映实形的矩形线框；在 *H* 面和 *W* 面的投影均积聚为一直线。

六个侧棱面均为铅垂面，在 *H* 面的投影积聚为直线，且与底面六边形的边重合；在 *V* 面和 *W* 面的投影均为类似形。

2）正六棱柱的投影图。

作图步骤如图 3.3 所示。

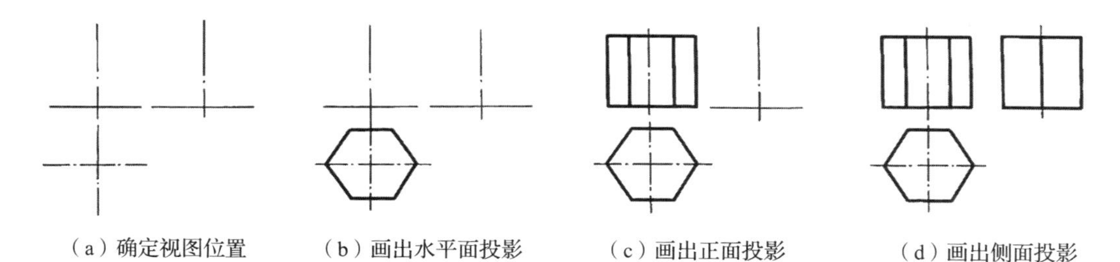

（a）确定视图位置　（b）画出水平面投影　（c）画出正面投影　（d）画出侧面投影

图 3.3　正六棱柱投影图的作图步骤

①确定视图位置，布置图面，画中心线和对称线等作图基准线。

②画出反映实形的水平面投影图，即正六边形。

③根据正六棱柱的高，按照投影规律画出正面投影图。

④再根据水平面和正面的投影，按照投影关系画出侧面投影图。

⑤检查并描深图线，完成作图。

（3）棱柱表面上点的投影。

点在形体的表面上时，点的投影必在它所从属的表面的同面投影范围内。在棱柱表面上取点的本质就是平面内取点，作图原理和方法与在平面上取点是相同的。在作图前，需要判断点所在形体的表面是哪一个。

由于直棱柱的表面都处于特殊位置，因此可利用平面投影的积聚性求表面上点的投影。

判断棱柱表面上点的可见性的原则：凡是位于可见表面上的点，其投影均为可见，反之则不可见。在平面积聚性投影上的点的投影，可以不判断其可见性。

例 3.1　已知正六棱柱表面上 K 点的正面投影 k'，求其余两面投影，如图 3.4 所示。

作图步骤如下：

1）正面投影 k' 为可见点，根据 k' 点的位置，可判定 K 点在右、前侧面 $ABCD$ 上。

2）侧面 $ABCD$ 为铅垂面，水平投影积聚为一直线，所以 K 点的水平投影 k 必在 ab 或 cd 直线上。

3）再根据 k' 和 k 的投影，即可求得 k''。

4）根据 K 点所在的侧面 $ABCD$，可判断出投影 k'' 为不可见。

5）侧面 $ABCD$ 的水平投影积聚为一直线，所以 k 点的可见性不需要判断。

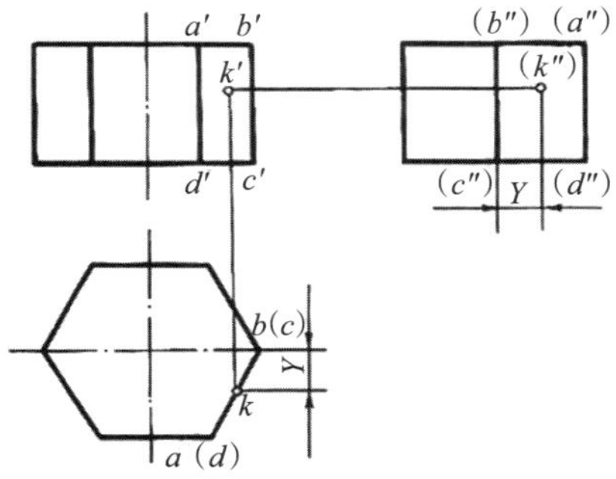

图 3.4　正六棱柱表面上点的投影

2. 棱锥

（1）棱锥的定义。

棱锥是由一个多边形的底面和若干侧棱面组成的具有公共顶点的三角形。从棱锥顶点到底面的距离叫作棱锥的高。棱锥的底面为正多边形，且从顶点到底面的垂线与底面的交点是这个正多边形的中心。正棱锥的底面是正多边形，侧面都是等腰三角形。

如图 3.5 所示的棱锥为正三棱锥，该三棱锥的底面为等边三角形，三个侧面为全等的等腰三角形。

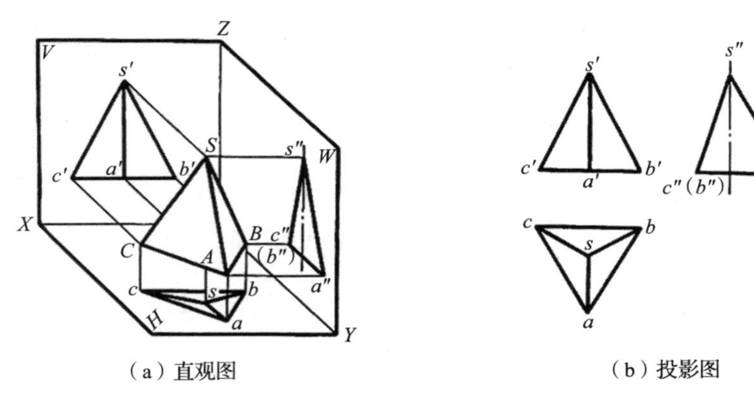

（a）直观图　　（b）投影图

图 3.5　正三棱锥

（2）棱锥的投影。

1）投影分析。

如图 3.5（b）所示为正三棱锥的投影图，将正三棱锥的底面平行于 *H* 面放置，使其中的一个侧面垂直于 *W* 面。

正三棱锥的 *H* 面投影是由三个等腰三角形组合成的一个等边三角形，*V* 面投影是由两个直角三角形组合成的一个等腰三角形，*W* 面投影是一个三角形。

正三棱锥的底面 *ABC* 与水平投影面平行，所以其水平投影反映实形，在 *V* 面和 *W* 面的投影积聚为一直线；侧面 *SAB* 是一般位置平面，在三个投影面中的投影均为类似形；侧面 *SBC* 是一侧垂面，在 *W* 面的投影积聚为一直线，在 *H* 面和 *V* 面的投影均为类似形。

2）正三棱锥的投影图。

作图步骤如下：

①布置图面，画中心线、对称线等作图基准线，以确定视图位置。

②先画水平的投影图，再根据三棱锥的高，按投影关系画正面的投影图，最后根据两面投影画出侧面投影图。

③检查并描深图线，完成作图。

（3）棱锥表面上点的投影。

在棱锥表面上取点时需要分析点所在平面的空间位置。对于特殊位置表面上的点，可利用平面投影的积聚性作图；对于一般位置表面上的点，可用辅助线法求点的投影；最后判断棱锥表面上点的可见性，其原则与棱柱相同。

例 3.2　已知正三棱锥表面上 *M*、*N* 点的正面投影 *m'*、*n'*，求 *M*、*N* 点的其余两面投影，如图 3.6（a）所示。

1）对 *M* 点的分析：根据 *m'* 点的位置及可见性，可判定 *M* 点位于正三棱锥的 *SAB* 侧面内，而 *SAB* 侧面是一般位置平面，因此需用辅助线法求 *M* 点的其余投影。*SAB* 侧面的三个投影均可见，故 *M* 点的三个投影都可见。

①过 m' 点作与底边 $a'b'$ 平行的辅助线，如图 3.6（b）所示。

首先，过 m' 作水平线 $1'2'$ 与 $a'b'$ 平行，交 $s'a'$ 于 $1'$，交 $s'b'$ 于 $2'$；其次，再求出直线 ⅠⅡ 的水平投影 12，则 m 点必然在直线 12 上；最后，再根据 m' 和 m 求出 m''。

②过锥顶 S 和 M 点作辅助线，如图 3.6（c）所示。

首先，连接 $s'm'$ 并延长至底边 $a'b'$，与 $a'b'$ 相交于 $3'$；其次，求 3 点的水平投影，则 m 点必然在 $s3$ 直线上；最后，根据 m' 和 m 求出 m''。

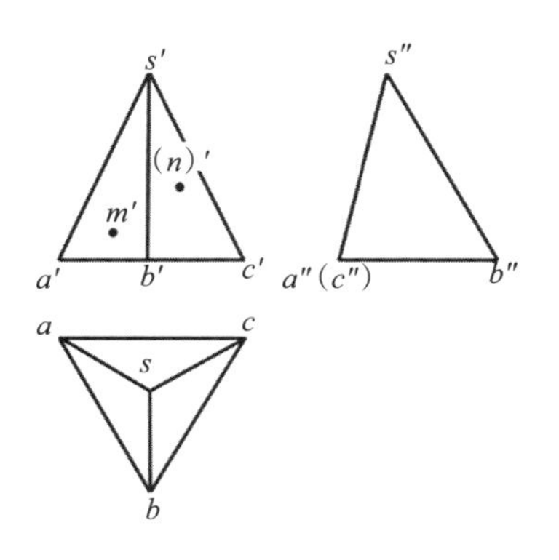

（a）已知条件

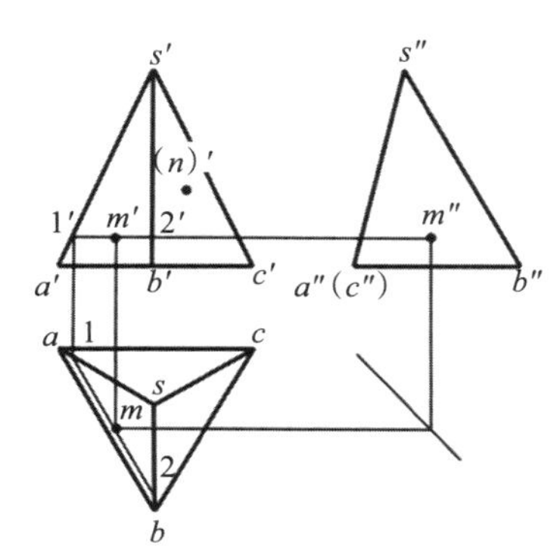

（b）作平行线辅助法

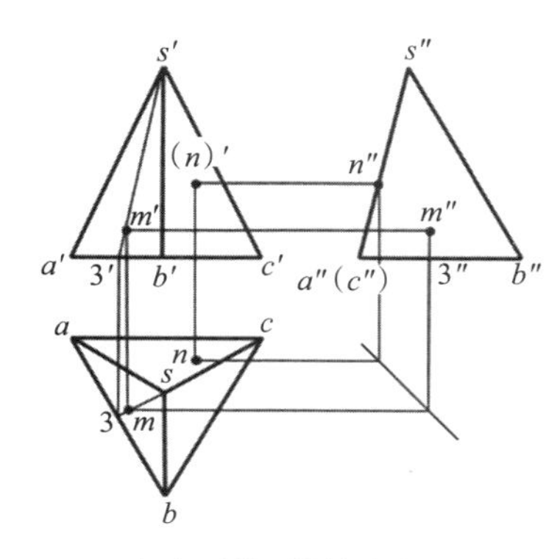

（c）过锥顶作辅助线法

图 3.6　正三棱锥表面上点的投影

2）对 N 点的分析：根据 n' 点的位置及可见性，可判定 N 点位于棱锥的 SAC 侧面内，而 SAC 侧面是侧垂面，属于特殊位置的平面，因此利用平面投影的积聚性作图。SAC 侧面的其余两个投影均可见，故 N 点的其余两个投影都可见。

先作 N 点的 W 面投影 n''，再根据点的投影规律作 n 点的 H 面投影。

**第 12 讲
回转体**

3.1.2　回转体及表面上点的投影

曲面立体是由平面或曲面与曲面围成的立体。曲面是回转曲面的曲面立体称为回转体，常见的回转体有圆柱、圆锥、圆球、圆环等。

1. 圆柱

（1）圆柱的形成。

圆柱由圆柱面和上、下底面组成，如图 3.7 所示。圆柱面是由母线 AA_1 绕着与它平行的轴线 OO_1 回转而形成的曲面，圆柱面上任一位置的母线称为素线，母线上任意一点的回转轨迹都是垂直于轴线的圆。

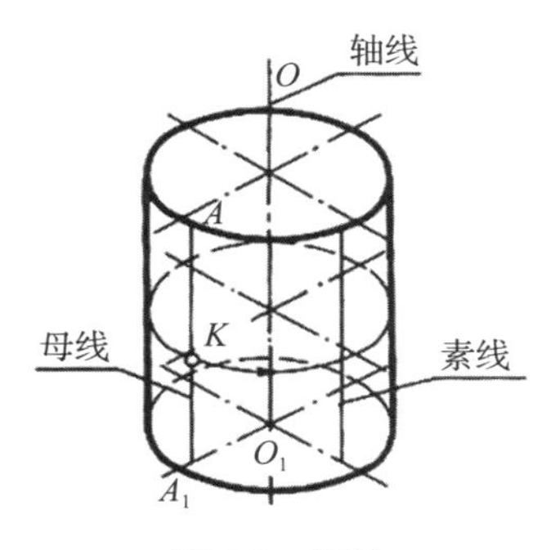

图 3.7　圆柱

（2）圆柱的投影。

1）投影分析。

将圆柱的轴线垂直于 H 面放置，如图 3.8（a）所示，得到圆柱的三面投影图，如图 3.8（b）所示。圆柱的上、下端面为水平面，因此它们的水平投影是反映实形的一个圆。圆周是圆柱面的积聚性投影，因此圆柱面上任何点或线的投影都积聚在该圆周上。

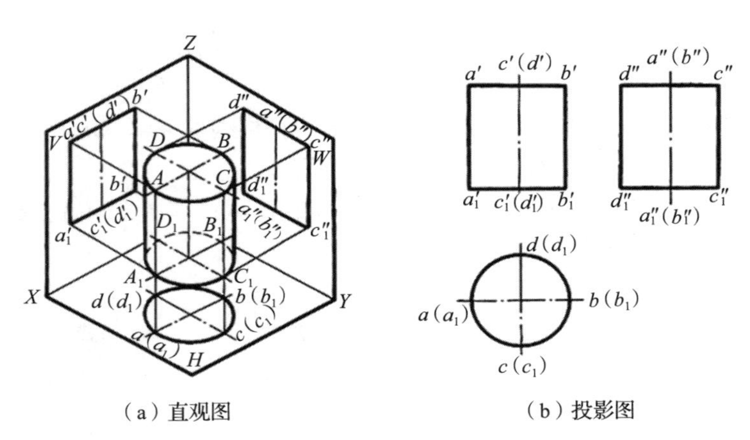

（a）直观图　　　　（b）投影图

图 3.8　圆柱的投影

圆柱的正面投影是一个矩形线框 $a'b'b_1'a_1'$，其上边 $a'b'$ 和下边 $a_1'b_1'$ 分别是圆柱上、下端面的积聚性投影。其左边 $a'a_1'$ 和右边 $b'b_1'$ 分别是圆柱面最左与最右两条素线 AA_1 和 BB_1 的投影，称为轮廓素线。以左右轮廓素线为界，其正面投影中圆柱面前半部分为可见部分，后半部分为不可见部分。

圆柱的侧面投影也是一个矩形线框 $d''c''c_1''d_1''$，其上边 $d''c''$ 和下边 $d_1''c_1''$ 分别是圆柱上、下端面的积聚性投影。$c''c_1''$ 和 $d''d_1''$ 两边则是圆柱面上最前与最后两条轮廓素线 CC_1 和 DD_1 的投影，同样以这两条轮廓素线为界，圆柱面侧面投影中左半部分为可见部分，右半部分为不可见部分。

2）圆柱的投影图。

作图步骤如下：

①用细点画线画出轴线和圆的对称中心线。

②画出圆的水平面投影。

③按照投影关系画出圆柱的其余两面投影，检查并描深图线。

注意：在正面投影上不画出最前和最后两条素线的投影，在侧面投影上不画出最左和最右两条素线的投影，因为它们分别与圆柱正面投影、侧面投影的轴线重合。

（3）圆柱表面上点的投影。

在圆柱表面上取点的方法及可见性的判断原则与平面立体是相同的。若圆柱轴线垂直于投影面，则可利用投影的积聚性，直接求出点的其余投影。

例 3.3　已知圆柱表面上点 M、N 的正面投影，求作其余两面投影，如图 3.9（a）所示。

分析：由于 M 点的正面投影 m' 可见，且在圆柱轴线的左边，可判定 M 点位于左、前部分的圆柱面上。故 M 点的水平投影 m 位于圆柱面的水平投影圆周上，可由 m' 作垂线在圆周上直接求出，再按投影关系求出 m''。圆柱面左半部分的侧面投影可见，因此 M 点的侧面投影 m'' 可见。

N 点的水平投影不可见，可判定 N 点在圆柱轴线的右边且在后半部分的圆柱面上。利用圆柱面水平投影的积聚性，N 点在圆周上，可由 n' 点作投影连线求出 n 点，再由 n' 和 n 求出 n'' 点，n'' 点不可见。作图结果如图 3.9（b）所示。

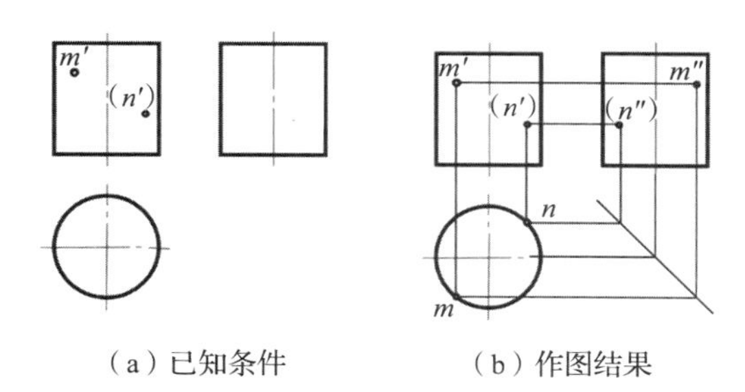

（a）已知条件　　（b）作图结果

图 3.9　圆柱表面上点的投影

2. 圆锥

（1）圆锥的形成。

圆锥由一个圆锥面和一个与轴线垂直的底面构成。圆锥面是由一母线 SA 绕与之相交的轴线 OO_1 旋转而形成的曲面。圆锥面上任一位置的母线称为素线，如图 3.10 所示。

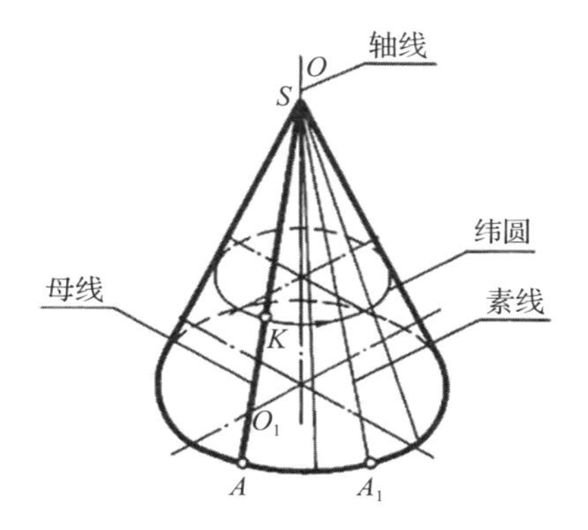

图 3.10　圆锥

（2）圆锥的投影。

1）投影分析。

将圆锥的轴线垂直于 H 面放置，如图 3.11（a）所示，得到三面投影图，如图 3.11（b）所示。

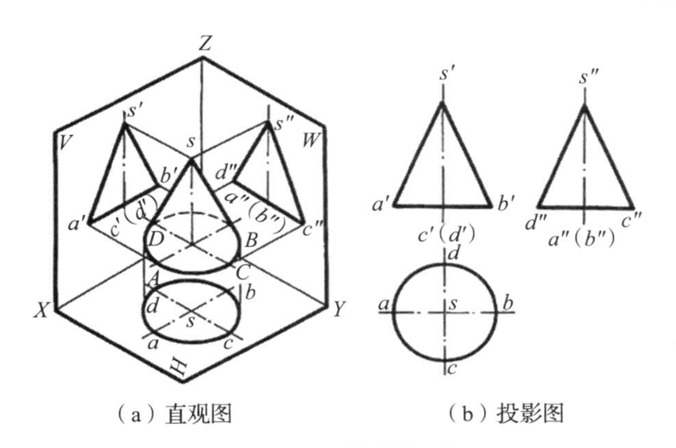

（a）直观图　　（b）投影图

图 3.11　圆锥的投影

圆锥的底面为水平面，在 H 面上的投影是反映底面实形的一个圆，且是可见的，在 V 面和 W 面上的投影均积聚为一水平直线。

圆锥面在 H 面上的投影为圆和圆内的部分，在 V 面和 W 面上的投影均为一个等腰三角形。$s'a'$ 和 $s'b'$ 是圆锥面左、右轮廓素线 SA 和 SB 的投影，也是圆锥面前半部分（可见部分）与后半部分（不可见部分）的分界线；$s''c''$ 和 $s''d''$ 是圆锥面前、后两条轮廓素线 SC 和 SD 的投影，同时也是圆锥面左半部分（可见部分）与右半部分（不可见部分）的分界线。

2）圆锥的投影图。

作图步骤如下：

①用细点画线画出投影图的中心线和轴线。

②用粗实线画圆的水平投影图。

③画出正平面中底面积聚的直线和圆锥轮廓线的投影图。

④画出侧平面中底面积聚的直线和圆锥轮廓线的投影图，完成作图。

（3）圆锥表面上点的投影。

由于圆锥面的各个投影都没有积聚性，因此要在圆锥表面上取点，必须利用辅助线法。如果点所在表面的投影可见，则点的同面投影也可见，反之不可见。

1）辅助素线法求圆锥表面上点的投影。

例 3.4 已知圆锥面上 *K* 点的正面投影 *k*′，求作其余两面投影 *k* 和 *k*″，如图 3.12（a）所示。

分析：根据 *k*′ 的位置及可见性，可判定 *K* 点位于圆锥前、左半部分的表面上，利用辅助线法求其投影。

过锥顶 *S* 和锥面上 *K* 点作一直线 *SA*，作其 *V* 面投影 *s*′*a*′，即可求得 *K* 点的 *V* 面投影 *k*；再根据 *k*′ 和 *k* 点的投影，求得 *k*″。

由于正面投影 *k*′ 点是可见的，*K* 点位于圆锥面前、左半部分上，因此水平投影 *k* 点和侧面投影 *k*″ 点都是可见的，作图结果如图 3.12（b）和 3.12（c）所示。

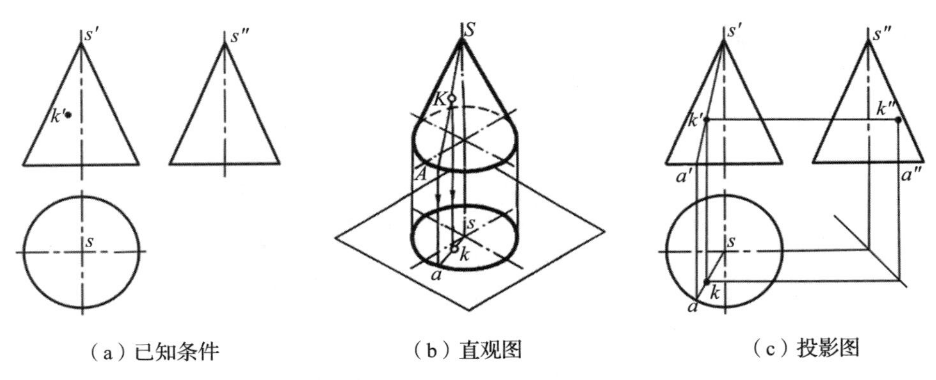

（a）已知条件　（b）直观图　（c）投影图

图 3.12　辅助素线法求点的投影

2）辅助圆法求圆锥表面上点的投影。

例 3.5 已知圆锥面上 *K* 点的正面投影 *k*′，求作其余两面投影 *k* 和 *k*″，如图 3.13（a）所示。

分析：根据 *k*′ 的位置及可见性，可判定 *K* 点位于圆锥的前、右半部分的表面上，利用辅助圆法求其投影。

在正面投影图中过 *k*′ 点作一水平线交侧边于 *a*′ 点，作 *a*′ 点的水平投影 *a*；以 *s* 为圆心，*sa* 为半径画圆，则 *K* 点的水平投影必在该圆上，即可求作 *k* 点；最后根据 *k*′ 点和 *k* 点的投影，求得 *k*″ 点。

由于正面投影 *k*′ 点是可见的，*K* 点位于圆锥面前、右半部分上，因此水平投影 *k* 点也是可见的，但侧面投影 *k*″ 点是不可见的，作图结果如图 3.13（b）和 3.13（c）所示。

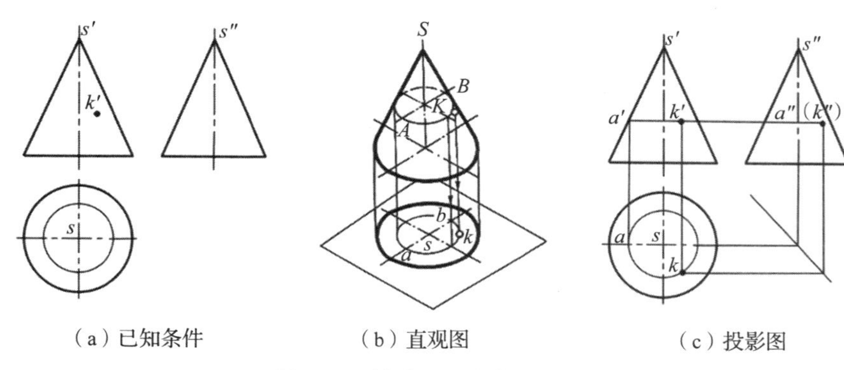

（a）已知条件　　（b）直观图　　（c）投影图

图 3.13　辅助圆法求点的投影

3. 圆球

（1）圆球的形成。

圆球由球面组成，圆球面是由圆母线绕其直径回转而成。母线上任意一点的回转轨迹都是垂直于轴线的圆，如图 3.14 所示。

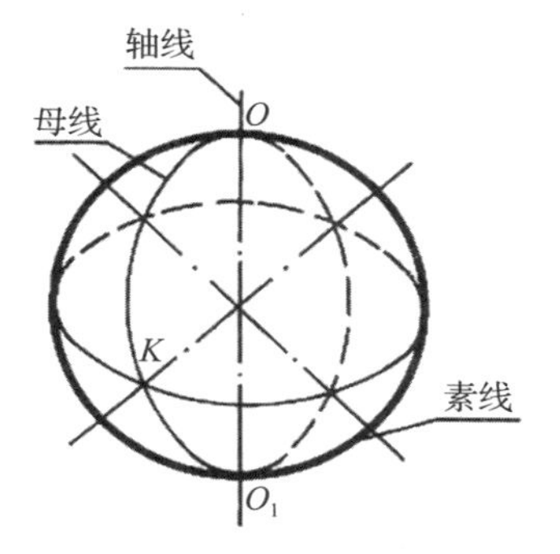

图 3.14　圆球

（2）圆球的投影。

1）投影分析。

圆球的三面投影都是与球直径相等的圆，分别是球面上三个对应方向轮廓素线圆的投影，如图 3.15 所示。

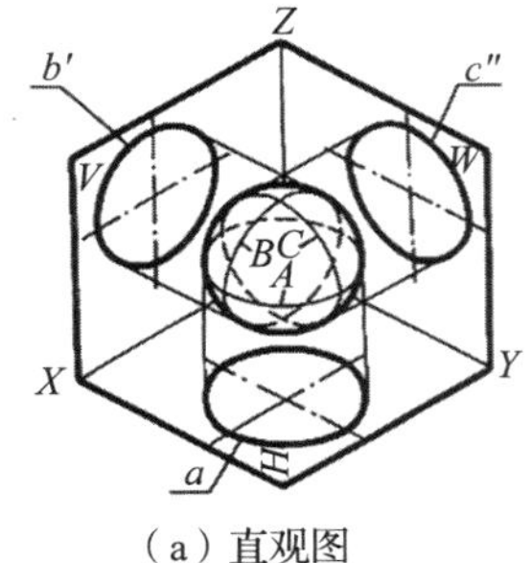

（a）直观图

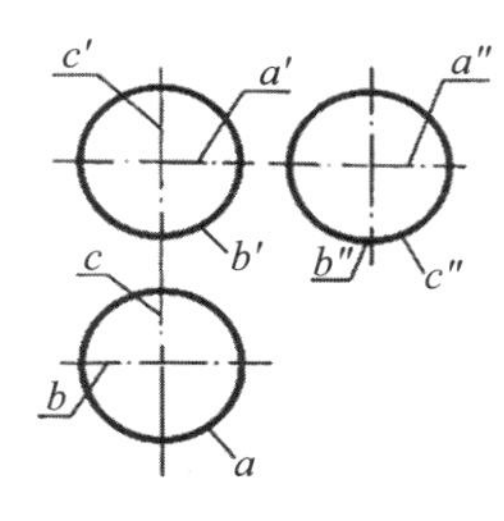

（b）投影图

图 3.15　圆球的投影

圆球的水平投影圆 a 是球面上与 H 面平行的最大圆 A 的投影，也是水平投影中可见的上半球和不可见的下半球的分界圆，其正面投影 a' 和侧面投影 a'' 不必画出。

正面投影圆 b' 是球面上与 V 面平行的最大圆 B 的投影，也是正面投影中可见的前半球和不可见的后半球的分界圆，其水平投影 b 和侧面投影 b'' 不必画出。

侧面投影圆 c'' 是球面上与 W 面平行的最大圆 C 的投影，也是侧面投影中可见的左半球和不可见的右半球的分界圆，其正面投影 c' 和水平投影 c 不必画出。

2）圆球的投影图。

作图步骤如下：

①用细点画线画出三面投影的中心线。

②分别作三面投影中的圆轮廓线，它们的直径与球的直径相等。

（3）圆球表面上点的投影。

因为圆球的三面投影都没有积聚性，且球表面上不能作直线，所以可利用辅助圆法。但是在圆球表面上过任意一点可以作无数个圆，为方便作图，通常选择过球面上已知点作平行于投影面的辅助圆作图。球面上点的可见性判断方法与圆锥相同。

例 3.6 已知球面上 K 点的正面投影 k'，求作 K 点其余两面投影，如图 3.16（a）所示。

分析：根据 k' 的位置和可见性，可判定 K 点在前半球面的右上部。过 K 点在球面上作平行于 H 面或 W 面的辅助圆，再利用辅助圆的各个投影上求出 K 点的相应投影。

作法一：作平行于 H 面的辅助圆求点的投影的步骤，如图 3.16（b）所示。

1）在 V 面上过 k' 作水平线交圆于 1′、2′ 两点，此水平线是辅助圆的积聚性投影。

2）根据 V 面上 1′、2′ 两点的投影位置，在 H 面上作辅助圆的水平投影，即以 O 为圆心，1′2′ 为直径画圆。

3）过 k' 点作 X 轴垂线，在辅助圆的 H 面上求得 k 点的投影，再根据 k' 点和 k 点求得 k'' 点。

4）由于 K 点位于球面右、上、前部，因此其水平投影 k 可见，侧面投影 k'' 不可见。

作法二：作平行于 W 面的辅助圆求点的投影的步骤，如图 3.16（c）所示。

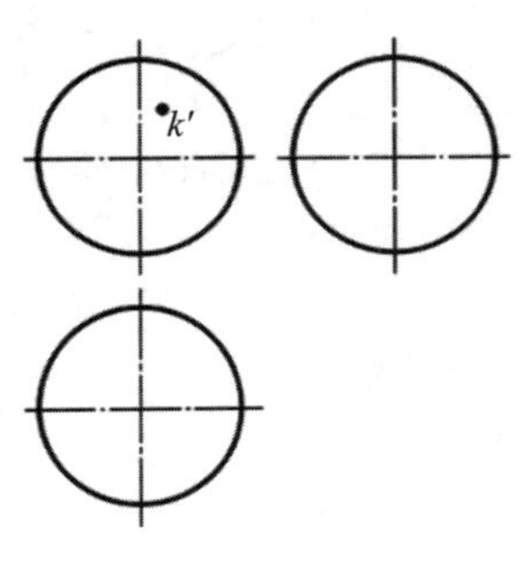

（a）已知条件

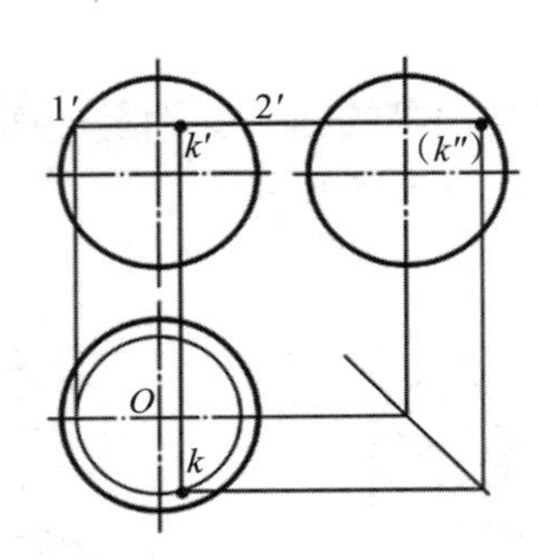

（b）作水平面辅助圆取点

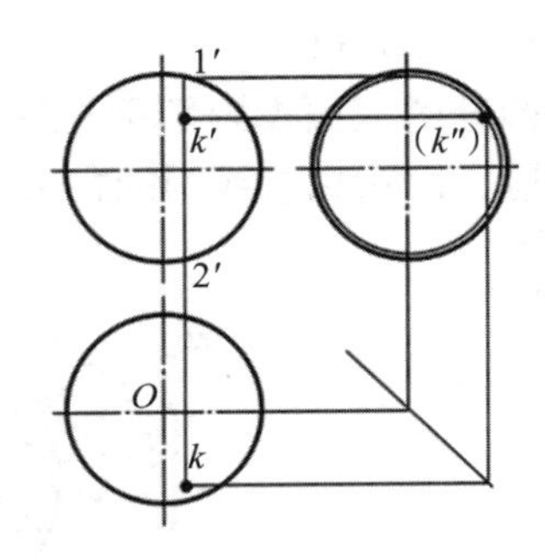

（c）作侧平面辅助圆取点

图 3.16 圆球表面上点的投影

1）在 V 面上过 k' 作侧平线交圆于 1′、2′ 两点，该侧平线是辅助圆的积聚性投影。

2）根据 V 面 1′、2′ 两点的投影位置，在 W 面上作辅助圆的水平投影，即以 O 为圆心，1′2′ 为直径画圆。

3）过 k' 点作 Z 轴垂线，在辅助圆的 W 面上求得 k'' 点的投影，再根据 k' 和 k'' 点求得 k 点。

4）由于 K 点位于球面右、上、前部，因此其水平投影 k 可见，侧面投影 k'' 不可见。

4. 圆环

（1）圆环的形成及投影。

圆环由圆环面围成，而圆环面由圆母线绕与之共面但不通过圆心的轴线 OO_1 旋转而成。以母线圆中的圆弧 ABC 形成的圆环面为外环面，圆弧 ADC 形成的圆环面为内环面，如图 3.17（a）所示。

在圆环的三面投影图中，一面投影为直径不等的三个同心圆，其中直径最大和最小的轮廓线圆是环面上的最大圆和最小圆的投影，点画线圆是母线圆心轨迹的投影；其余两面投影为长圆形，且内环面用虚线表示，如图 3.17（b）所示。

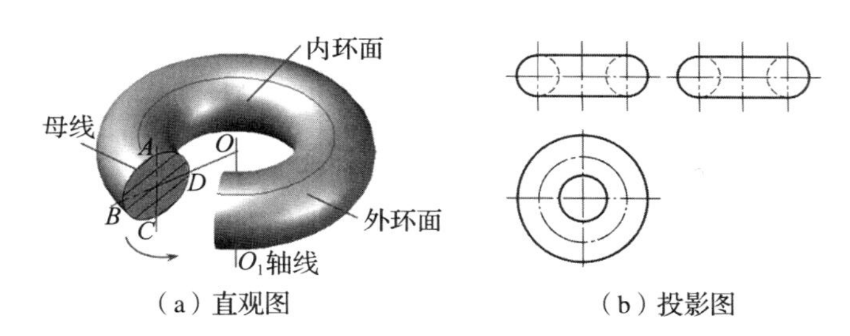

（a）直观图　　（b）投影图

图 3.17　圆环的形成及投影

（2）圆环表面上点的投影。

圆环表面上特殊点的投影可直接求作，一般位置点的投影则通过作辅助圆的方法求作。

例 3.7　已知圆环表面上 M 点和 K 点的正面投影 m' 点和 k' 点，求作它们的其余两面投影，如图 3.18（a）所示。

1）对 M 点的分析：根据 m' 点的位置及其可见性，得出 M 点是属于特殊位置的点，在直径最大的轮廓线圆上，可直接求作。具体作图过程如图 3.18（b）所示。

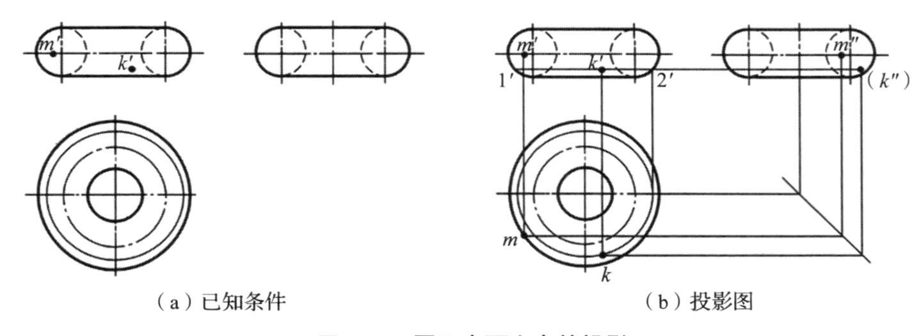

（a）已知条件　　（b）投影图

图 3.18　圆环表面上点的投影

作图步骤如下：

①过 m' 作 X 轴垂线交 H 面投影图中圆环的最大轮廓素线于 m 点，再根据 m' 和 m 点求作 m'' 点。

② M 点位于圆环表面前半个外环面的最大轮廓线圆上，同时又位于左半个外环面前侧的最大轮廓线圆上，所以 M 点的三面投影都是可见的。

2）对 K 点的分析：根据 k' 点的位置及可见性，得出圆环表面上 K 点位于前半个外环面的下侧和右半个外环面的后侧，因此要利用辅助圆法求作其余两面上点的投影。具体作图过程如图 3.18（b）所示。

作图步骤如下：

①在 V 面投影图中过 k' 点作水平圆的积聚性投影，交圆环的轮廓素线于 1′、2′ 点。

②在 H 面投影图中作该水平圆的水平投影，即可求得 k 点；再根据 k' 点和 k 点求作 k'' 点。

③ K 点的 V 面投影 k 点是可见的，而 H 面投影 k'' 点是不可见的。

3.2 立体的截交线

第 14 讲
截交线

3.2.1 平面立体的截交线

1. 截交线的概念

在工程上立体被截平面截去一部分或几部分，截平面与立体表面的交线称为截交线。

如图 3.19 所示的立体被平面截为两部分，截断立体的平面称为截平面；立体被截断后的部分称为截断体；立体被截切后的断面称为截断面；截平面与立体表面的交线称为截交线。

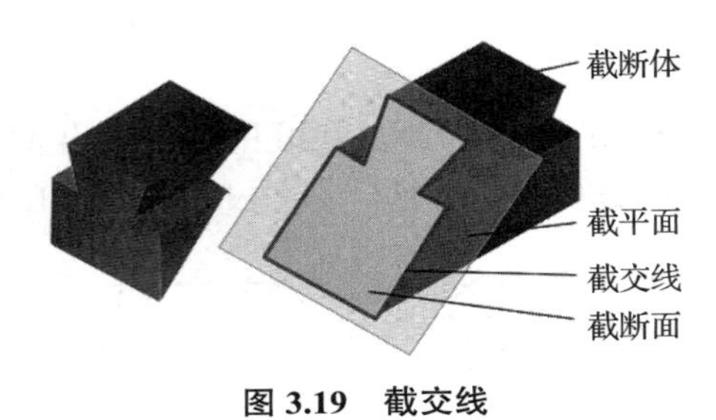

图 3.19　截交线

2. 截交线的基本性质

（1）共有性。

截交线是截平面与立体表面的共有线，截交线上的点是截平面与立体表面的共有点。

（2）封闭性。

因为立体具有一定的范围，所以截交线一般为封闭的平面图形。

根据截交线性质求截交线，先求出截平面与立体表面的一系列共有点，再依次连接各点。可利用投影的积聚性直接作图，也可通过作辅助线的方法作图。

立体被平面截切后产生的截交线形状，取决于被截立体的形状及截平面与立体的相对位置，而截交线投影的形状取决于截平面与投影面的相对位置，如图 3.20 所示。

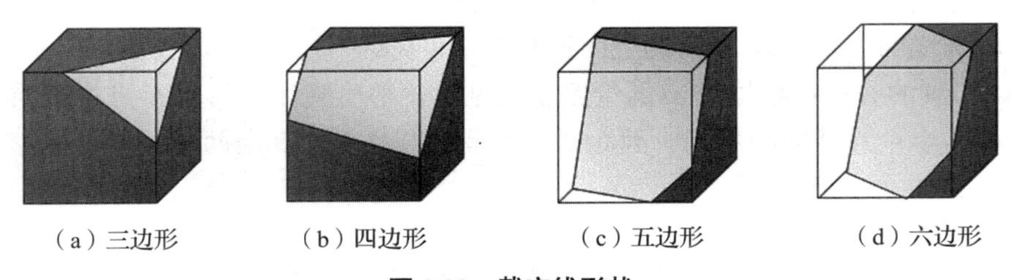

（a）三边形　（b）四边形　（c）五边形　（d）六边形

图 3.20　截交线形状

3. 棱柱的截交线

求棱柱的截交线实际上就是求截平面与棱柱表面的一系列共有点。

例 3.8 已知正六棱柱的截切位置，试求作正六棱柱的截交线，并完成三面投影图，如图 3.21（a）所示。

分析：根据投影图可知，截平面为一正垂面，截交线的形状是一个六边形，六边形上的六个顶点是六条侧棱与截平面的交线。

截交线的正面投影积聚为直线，且与截平面的正面投影重影；截交线的水平投影是正六边形，且与棱柱的水平投影重影；截交线的侧面投影为与其类似的六边形。

作图步骤：

（1）根据截交线的正面投影 a'、b'、c'、d'、(e')、(f') 及水平投影 a、b、c、d、e、f，即可求得侧面投影 a''、b''、c''、d''、e''、f''，再依次连接各点即可得到截交线的侧面投影。

（2）由于棱柱的左、上部被截切掉，所以截交线的侧面投影均为可见。

（3）D 点所在的侧棱，其侧面投影不可见，画成虚线，而 D 点所在的侧棱在 A 点以下的部分与可见的 A 点所在的侧棱的投影重影，画成粗实线。

作图结果如图 3.21（b）所示。

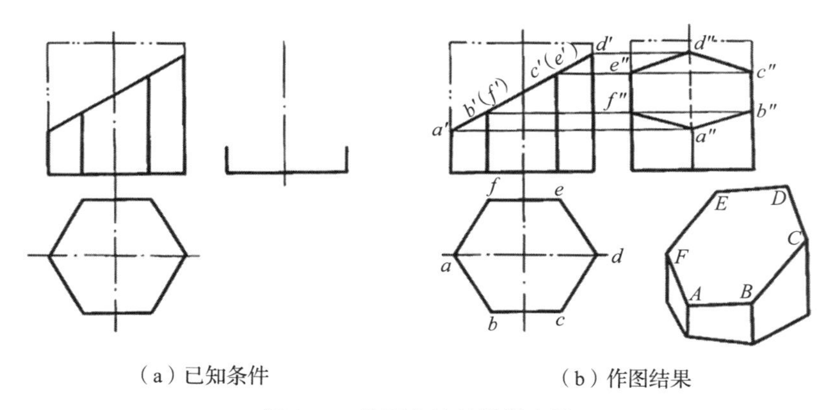

（a）已知条件　　（b）作图结果

图 3.21　作正六棱柱的截交线

4. 棱锥的截交线

棱锥的截交线是平面多边形，棱面与截平面的交点是多边形的顶点，多边形的边是棱锥表面与截平面的交线。若特殊位置平面与棱锥相交时，产生的截交线与截平面有积聚性的投影，可直接求得截交线，根据实际情况也可用辅助线法求截交线。

例 3.9 求作正三棱锥的截交线，如图 3.22（a）所示。

分析：截平面与三棱锥的棱线相交，产生的截交线为三角形。截平面为正垂面，截交线的正面投影具有积聚性，水平投影、侧面投影分别为类似形。

作图步骤：

（1）截平面在 H 面上的投影具有积聚性，可找出截交线 3 个顶点的正面投影 1′、2′、3′，其中Ⅰ、Ⅱ、Ⅲ点分别位于棱线 SC、SA、SB 上。

（2）根据点的投影规律，先作水平投影 1、3 点，再作侧面投影 1″、3″ 点；同理可先作侧面投影 2″ 点，再作水平投影 2 点，也可用辅助线法求Ⅱ点的水平投影。

（3）依次连接 1、2、3 点和 1″、2″、3″ 点，得到截交线的水平投影和侧面投影。由于棱锥被切去的是左、上部分，所以截交线的水平投影和侧面投影均可见。

（4）补全各棱线的投影，完成作图，结果如图 3.22（b）所示。

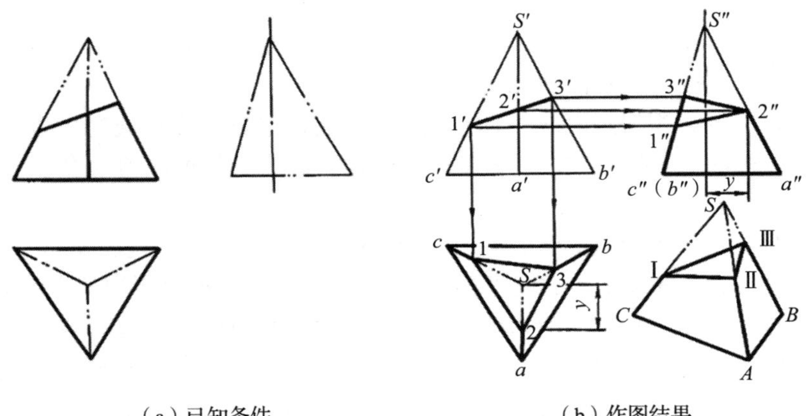

（a）已知条件　　　　（b）作图结果

图 3.22　作正三棱锥的截交线

例 3.10　已知切口的正面投影，完成正三棱锥其余两面投影图，如图 3.23（a）所示。

分析：正三棱锥切口是被三个截平面切割所得，其中两个截平面为侧平面，一个截平面为水平面，可以根据积聚性和辅助平面法求得各截交线。

作图步骤：

（1）根据棱面 *SAC* 在侧面的积聚性，求得切口侧平面的顶点 1″（2″）的投影。

（2）作水平截平面的位置辅助平面，求得水平投影图中其与各棱线的交点 *d*、*e*、5。5 点是特殊位置的点，可直接作其侧面投影 5″ 点；水平投影 6、7、3、4 点可直接由其正面投影作投射线得到。侧面投影 6″、（7″）点在棱线 *s″a″*（*c″*）上，侧面投影 3″、（4″）点根据点的投影规律即可求得。

（3）依次连接切口的各面投影，其中在 3″ 点和 6″ 点之间的线段为不可见的，画成虚线，整理轮廓线，完成作图，结果如图 3.23（b）所示。

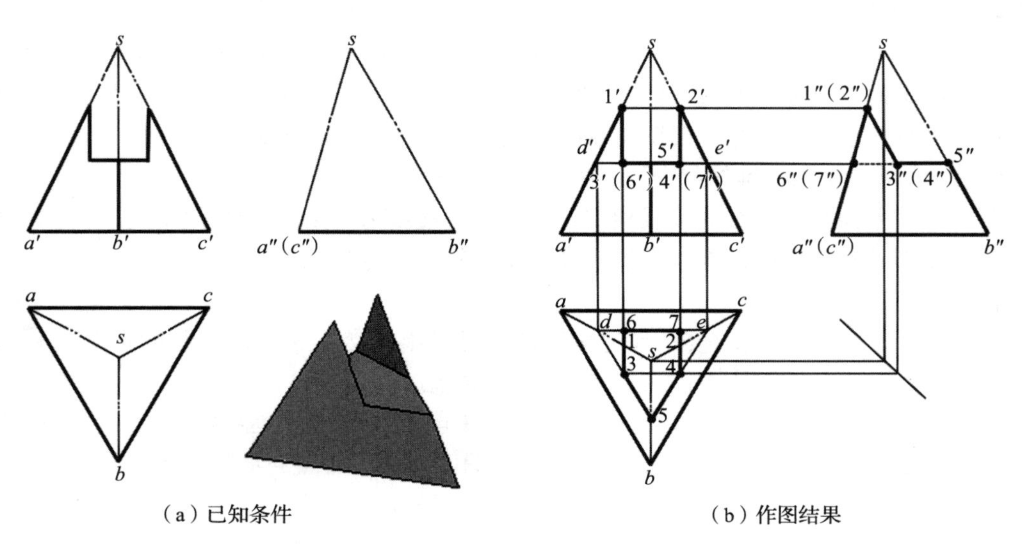

（a）已知条件　　　　（b）作图结果

图 3.23　带切口的正三棱锥

3.2.2 回转体的截交线

1. 圆柱的截交线

圆柱被平面截切后的截交线形状取决于截平面与轴线的相互位置关系，截平面与圆柱轴线的相对位置有三种情况，即平行、垂直和倾斜，产生的截交线分别为两平行直线、圆和椭圆，如表 3.1 所示。

表 3.1 圆柱的截交线

截平面位置	与轴线平行	与轴线垂直	与轴线倾斜
直观图	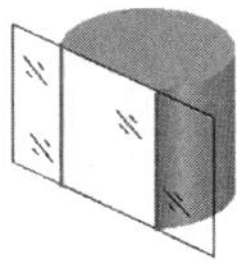	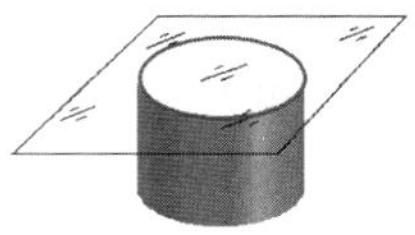	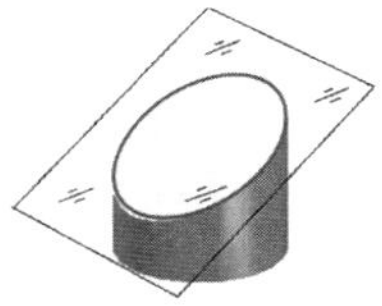
投影图	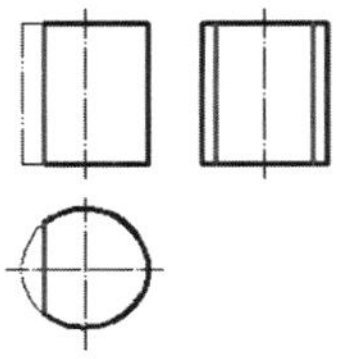	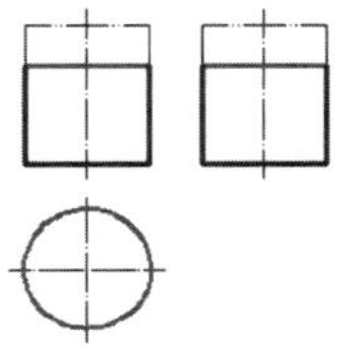	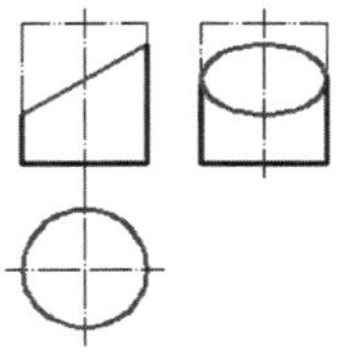
截交线	两平行直线	圆	椭圆

例 3.11 圆柱被截平面切割，画出截交线，如图 3.24（a）所示。

分析：截平面为正垂面，圆柱被斜切，故截交线是椭圆。截平面为正垂面，截交线在 V 面的投影积聚为一直线；截交线在 H 面上的投影与圆柱面的水平投影重合并积聚在圆周上；截交线在 W 面上的投影为椭圆。

作图的方法是先求特殊位置点，再求一般位置点，最后判断可见性并整理图形。

特殊位置点是指位于回转体轮廓素线上的点和极限点（截交线上的最前、最后、最上、最下、最左、最右点），这些点有时是互相重合的，它们对于确定截交线的范围、判断可见性及精确作图十分重要，应最先求出。

求一般位置点是为了精准作图，可在截交线上的对应位置求取等距离的一般位置点，点的多少可根据作图要求而定。

作图步骤如下：

（1）截交线上Ⅰ、Ⅱ点既是最高点和最低点，也是最左点和最右点，而Ⅲ、Ⅳ点则是最前点和最后点。根据正面投影 1′、2′、3′、（4′）和水平投影 1、2、3、4 可求出侧面投影 1″、2″、3″、4″。

（2）在特殊位置点之间确定 A、B、C、D 四个一般位置点，先在正面投影上确定出 a'（d'）和 b'（c'），再根据立体表面取点的方法作水平投影 a、b、c、d 四个点，最后求侧面投影 a''、b''、c''、d''。

（3）判断可见性并光滑连接各点。由于圆柱被切去的是左、上部分，所以其截交线的侧面投影均可见。

作图结果如图 3.24（b）所示。

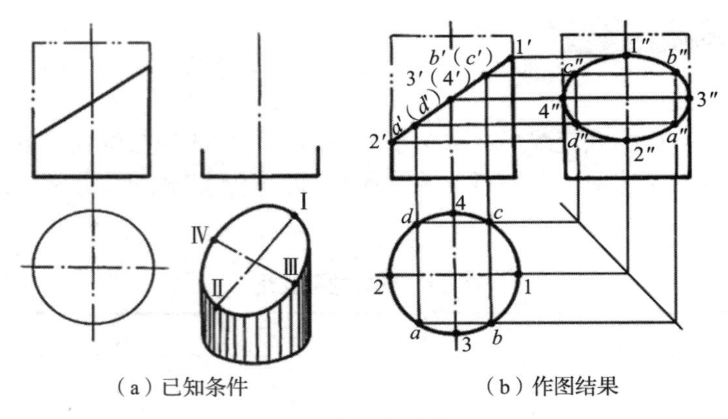

（a）已知条件　　（b）作图结果

图 3.24　作圆柱的截交线

2. 圆锥的截交线

圆锥被平面截切后的截交线形状取决于截平面与轴线的相互位置关系，截平面与圆锥轴线的相对位置有五种情况，即与轴线垂直、与轴线倾斜、与一条素线平行、与轴线平行和过锥顶，产生的截交线分别为圆、椭圆、抛物线、双曲线和两相交直线，如表 3.2 所示。

表 3.2　圆锥的截交线

截平面位置	与轴线垂直	与轴线倾斜	与一条素线平行	与轴线平行	过锥顶
直观图	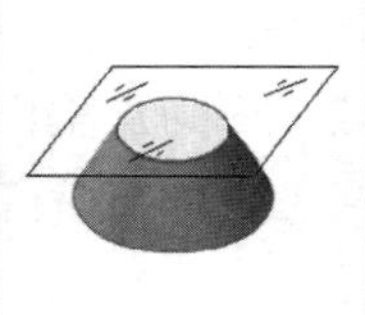	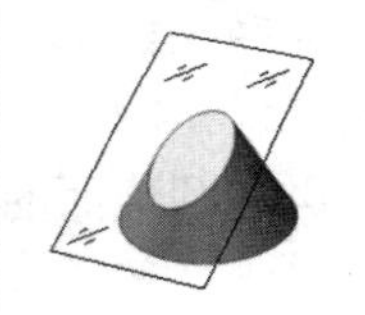	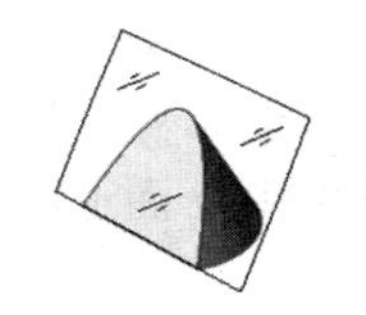	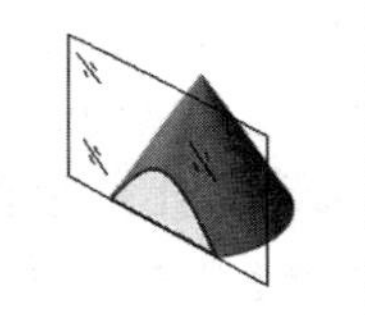	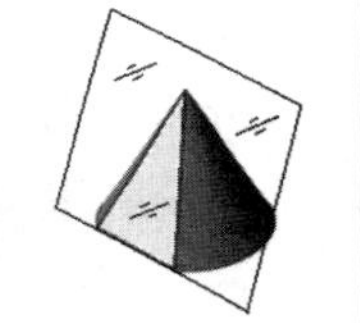
投影图	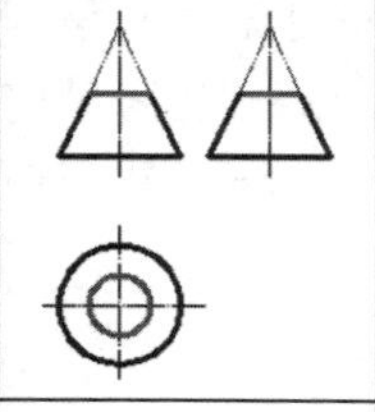	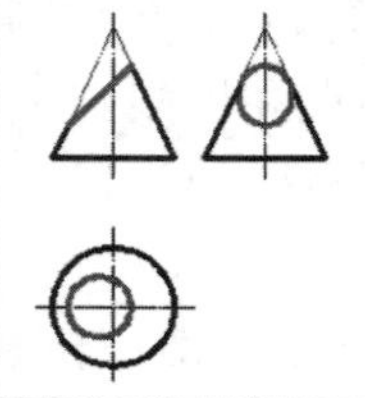	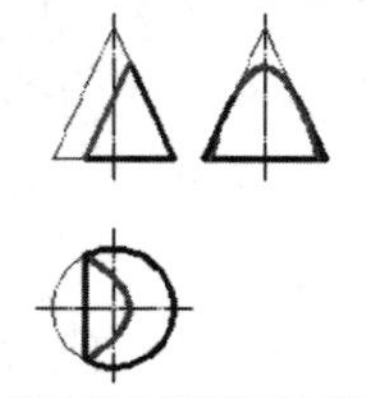	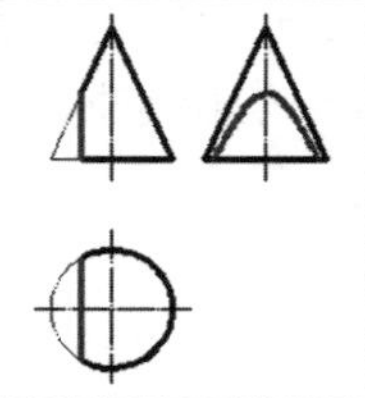	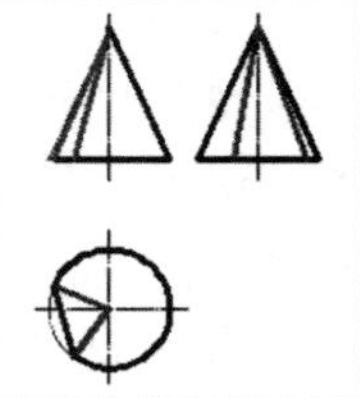
截交线	圆	椭圆	抛物线	双曲线	两相交直线

例 3.12　求作被正平面截切的圆锥的截交线，如图 3.25（a）所示。

分析：截平面与圆锥面的轴线平行，截交线是双曲线。截平面的水平投影积聚为直线并与圆锥面的水平投影重影，故只求反映实形的正面投影双曲线即可。

作图步骤如下：

（1）求特殊位置点，即截交线上的最高点Ⅰ、最左点Ⅱ和最右点Ⅲ，Ⅱ、Ⅲ也是最低点，位于底圆上。先在侧面投影图中确定 1″、2″、3″ 点的位置，再确定水平投影图中的 1、2、3 点的位置，最后确定其正面投影图中各点的位置。

（2）求一般位置点，即截交线上的Ⅳ、Ⅴ、Ⅵ、Ⅶ点，可过锥顶在锥面上作辅助素线，也可用作辅助圆的方法。

（3）判断可见性并光滑连接各点，整理轮廓线。由于被切去的是圆锥的前半部分，所以截交线的正面投影均可见，依次连接各点，即为截交线的正面投影。

作图结果如图 3.25（b）所示。

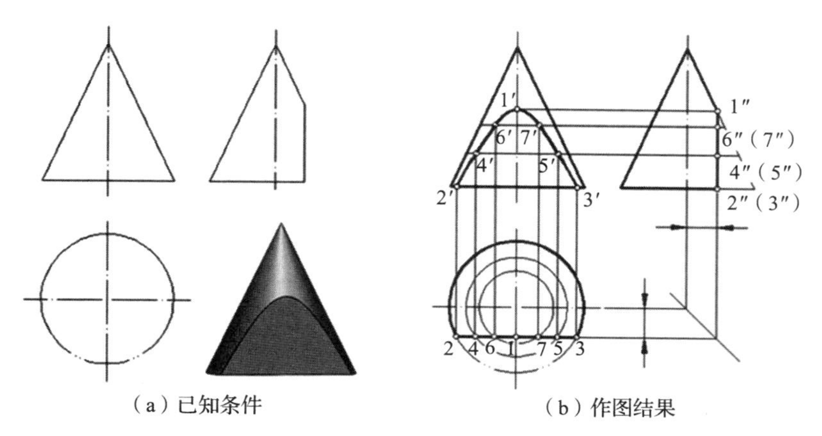

（a）已知条件　　（b）作图结果

图 3.25　作被正平面截切的圆锥的截交线

3. 圆球的截交线

截平面与圆球相交，无论相对位置如何，截交线都是圆。当截平面平行于投影面时，截交线在该投影面上的投影为圆的实形，在其他两投影面上的投影积聚为直线，如图 3.26 所示；当截平面垂直于一投影面且与另外两投影面倾斜（与投影面的夹角不等于 45°）时，截交线在该投影面上的投影积聚为直线，另外两面投影为椭圆。

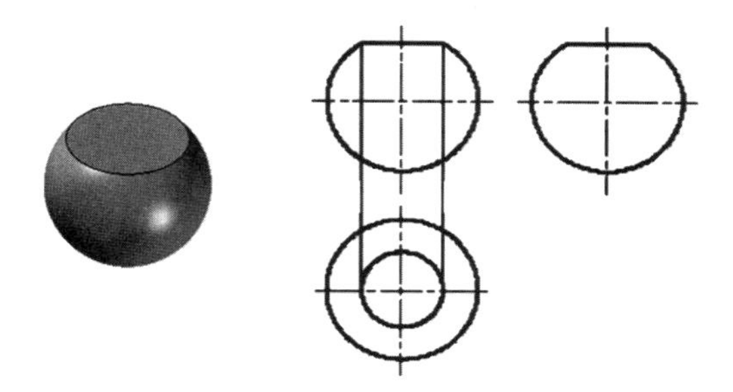

图 3.26　水平面截切球的截交线

例 3.13　圆球被正垂面截切，求作其截交线，如图 3.27（a）所示。

分析：正垂面截切球面的截交线为圆，其正面投影积聚为一条直线；由于截平面倾斜于 *H* 面和 *W* 面，所以其水平投影和侧面投影均为椭圆。

作图步骤如下：

（1）求特殊位置点 *M*、*N*、Ⅴ、Ⅵ，它们分别是圆球三个方向轮廓素线圆上的点，其中点 *M*、*N* 分别是最低点、最高点，也是最左点和最右点。根据点 *M*、*N*、Ⅴ、Ⅵ的正面投影 *m′*、*n′*、5′、(6′) 点可求出其水平投影 *m*、*n*、5、6 及侧面投影 *m″*、*n″*、5″、6″。

直线 *m′n′* 上的中心点 1′、(2′) 是截交线圆直径的水平投影，可直接标出，再过 1′、(2′) 作水平圆，求得其余两面投影 1、2 和 1″、2″。

（2）求一般位置点Ⅲ、Ⅳ、*A*、*B*，在圆球的正面投影上任取 3′、(4′)、*a′*、(*b′*)，通过作水平圆，求得其余两面投影 3、4、a、b 和 3″、4″、a''、b''。

（3）判断可见性并光滑连接各点。由于被切去的是圆球的左、上部分，所以截交线的水平投影和侧面投影均可见，最后依次连接各点的同面投影，即得截交线的投影。

作图结果如图 3.27（b）所示。

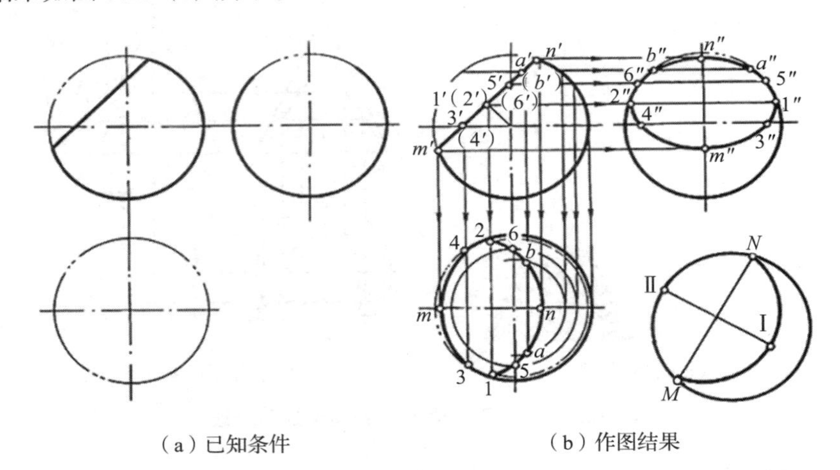

（a）已知条件　　（b）作图结果

图 3.27　作圆球的截交线

3.3 立体的相贯线

第 15 讲
相贯线

3.3.1　相贯线的概述

1. 相贯线的概念

相交两立体表面产生的交线称为相贯线，如图 3.28 所示。相贯线的形状取决于两相交立体的形状、大小及相对位置。

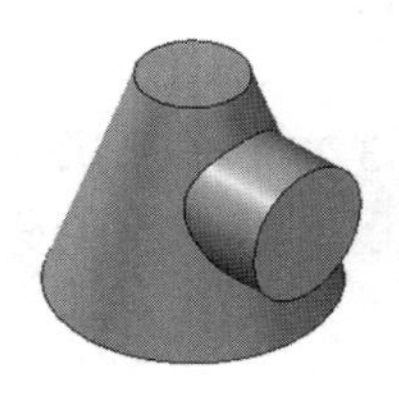
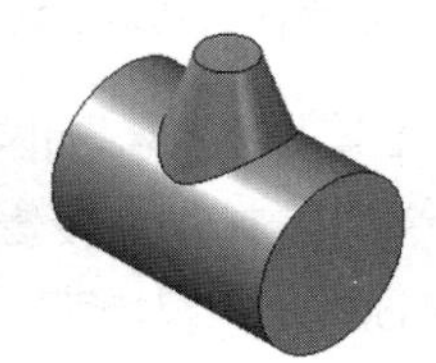
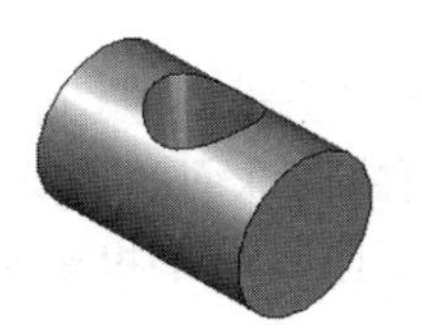

图 3.28　相贯线

2. 相贯线的分类

根据立体几何性质，相贯线主要分为平面立体与平面立体相交、平面立体与曲面立体相交、曲面立体与曲面立体相交和多个立体相交等类型，如图 3.29 所示。

平面立体与平面立体相交其相贯线由若干段封闭的空间直线构成；平面立体与曲面立体相交其相贯线由若干段平面直线和曲线构成；曲面立体与曲面立体相交其相贯线由封闭

（a）平面立体与平面立体相交

（b）平面立体与曲面立体相交

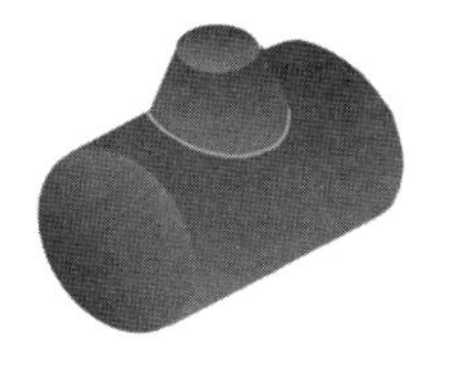

（c）曲面立体与曲面立体相交

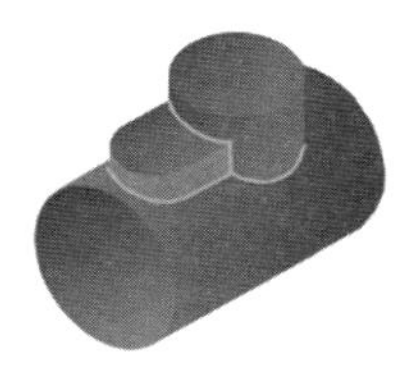

（d）多个立体相交

图 3.29　相贯线的分类

的空间曲线构成；多个立体相交其相贯线由多段空间直线或曲线构成。

3. 两立体表面相交的形式

两立体表面相交有两立体的外表面相交、一个立体的外表面与另一个立体的内表面相交、两立体的内表面相交三种形式，其相贯线的形状和画法是相同的，如表 3.3 所示。

表 3.3　立体表面相交有三种形式

相交形式	两外表面相交	外表面与内表面相交	两内表面相交
立体图	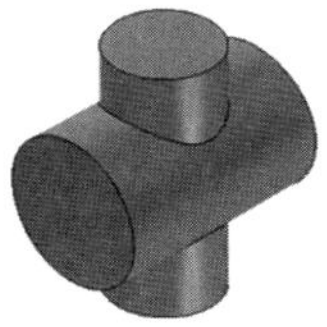	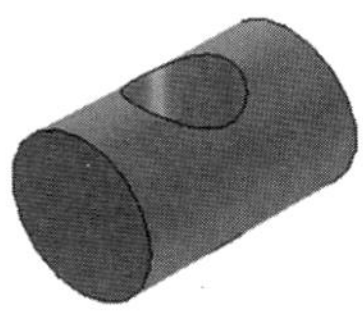	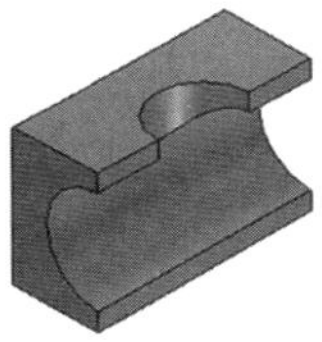
投影图	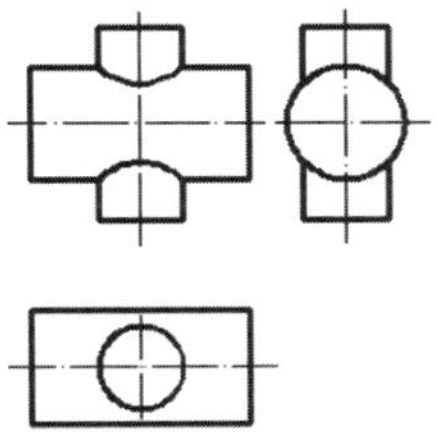	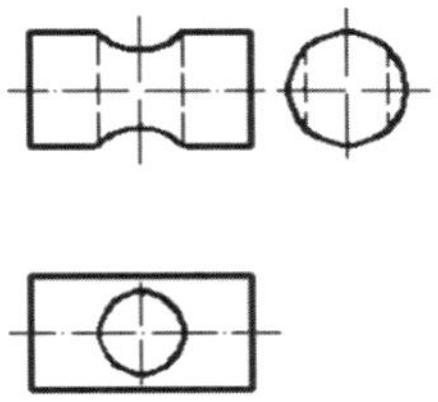	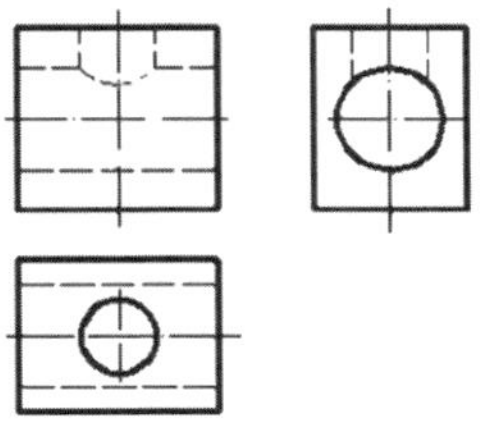

4. 相贯线的基本性质

（1）表面性：相贯线位于两立体的表面上。

（2）共有性：相贯线是两立体表面的共有线，也是两立体表面的分界线，相贯线上的点一定是两相交立体表面的共有点。

（3）封闭性：相贯线一般是封闭的空间曲线，特殊情况下可以是平面曲线或直线段。

求作相贯线实质是找出相交的两立体表面的若干共有点的投影，可利用投影的积聚性和辅助平面法。

相贯线可见性判断的原则是：相贯线同时位于两个立体的可见表面上时其投影是可见的，否则是不可见的。

3.3.2　平面立体与平面立体的相贯线

求作两平面立体的相贯线实质上是求一个形体各侧面与另一个形体各侧面的交线，也可以求一个形体各侧棱与另一形体表面的交线，再把位于两个形体上同一侧面上的两点依次连接起来，因此可归结为平面与平面立体相交的截交线问题。

3.3.3 平面立体与曲面立体的相贯线

1. 平面立体与曲面立体的相贯线分析

平面立体与曲面立体相交时，其相贯线是由若干段平面曲线或平面曲线和直线组成。各段平面曲线或直线是平面立体上各侧面截切曲面所得的截交线，每一段平面曲线或直线的转折点是平面立体的侧棱与曲面立体表面的交点。

2. 作图方法

求平面立体与曲面立体的相贯线的实质是求平面立体各侧面与曲面立体回转面的截交线。首先，分析各侧面与回转体表面的相对位置，确定交线的形状；其次，求出各侧面与回转体表面的截交线；最后，连接各段交线并判断可见性。

例 3.14 已知三棱柱与圆柱相交的两面投影，求作正面投影，如图 3.30（a）所示。

分析：三棱柱的三个侧面与圆柱面相交，相贯线由三条截交线组成。其中，后侧面交线为直线，两个前侧面交线为椭圆弧。

作图步骤：

（1）画出两立体正面投影的轮廓草图。

（2）作后侧面的交线 AB，AB 为虚线。

（3）作前侧面的交线椭圆弧，先作特殊点 C、E、F，再作中间点，然后光滑连接椭圆弧（其中 $a'e'$、$f'b'$ 段不可见），如图 3.30（b）和 3.30（c）所示。A、C、B 为棱线的终点，E、F 为圆柱轮廓线的终点。

（4）整理轮廓线，完成作图，如图 3.30（d）所示。

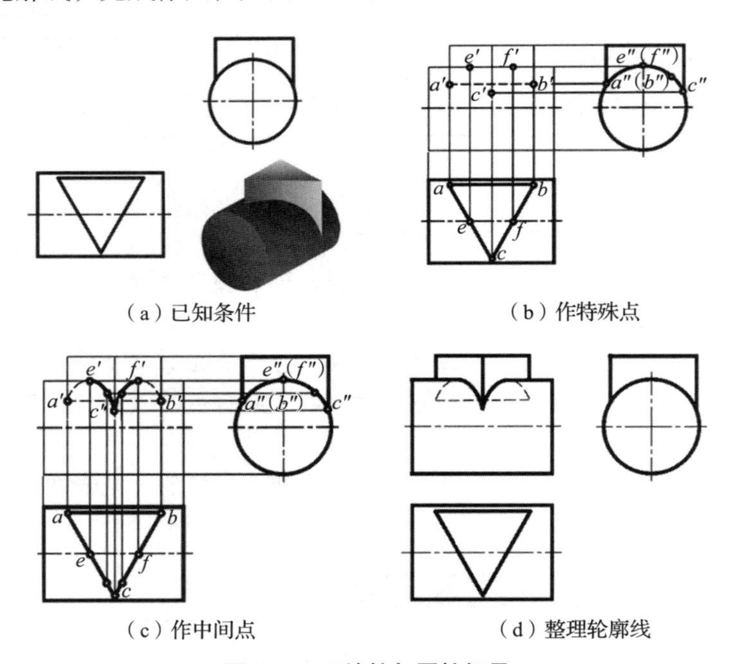

（a）已知条件　（b）作特殊点

（c）作中间点　（d）整理轮廓线

图 3.30 三棱柱与圆柱相贯

3.3.4 曲面立体与曲面立体的相贯线

1. 相贯线的特点

在一般情况下，相贯线为空间曲线，但在特殊情况下为平面曲线或直线。

（1）相贯线与回转体直径的大小有关系。以两圆柱正交为例，其相贯线总是向着直径较大的圆柱体的轴线弯曲，如表 3.4 所示。当两圆柱直径相等且轴线正交时，相贯线为椭圆，该椭圆垂直于投影面时在该面上的投影积聚为直线。

表 3.4　两正交圆柱直径不同时的相贯线

圆柱直径关系	圆柱 1 直径大于圆柱 2 直径	圆柱 1 直径等于圆柱 2 直径	圆柱 1 直径小于圆柱 2 直径
相贯线的特点	上下各一条空间曲线	两个相互垂直的椭圆	左右各一条空间曲线
立体图	1　2	1　2	1　2
投影图			

（2）当相交的两个回转体具有公共轴线时，相贯线为垂直于公共轴线的圆。如图 3.31 所示，圆柱分别与圆球和圆台同轴相交，相贯线都是水平圆，圆的正面投影积聚成直线，水平投影为反映实形的圆。

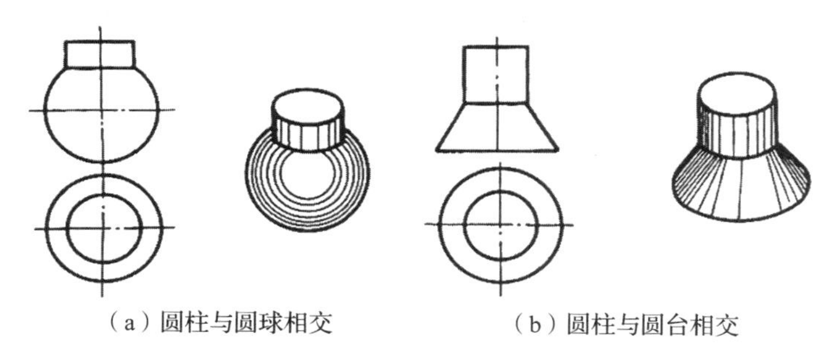

（a）圆柱与圆球相交　　（b）圆柱与圆台相交

图 3.31　相贯线为圆

2. 两圆柱正交的相贯线

两圆柱正交是指两圆柱的轴线垂直相交。如果其中一个圆柱的轴线垂直于投影面，则圆柱在该投影面上的投影具有积聚性，而相贯线的投影必然落在圆柱的积聚投影上，可利用形体表面上取点的方法作相贯线的其他投影。

例 3.15 求作两正交圆柱的相贯线，如图 3.32（a）所示。

分析：两圆柱体正交，轴线分别垂直于 *H* 面和 *W* 面，相贯线是前后及左右分别对称的封闭空间曲线；相贯线的水平投影和侧面投影均已知，水平投影积聚在小圆上，侧面投影积聚在大圆上方的圆弧上。因为两圆柱前后对称相贯，所以相贯线后半部分的正面投影与其前半部分的正面投影重影。

作图步骤如下：

（1）求特殊位置点。Ⅰ、Ⅲ点是相贯线上的最左、最右点，也是最高点，在两圆柱正面投影的轮廓素线上。Ⅱ、Ⅳ点是相贯线上最前、最后点，也是最低点，在小圆柱侧面投影的轮廓素线上。根据水平投影和侧面投影求出正面投影 1′、2′、3′、（4′）点。

（2）求一般位置点。在相贯线的水平投影上，确定左右、前后对称点 *A*、*B*、*C*、*D* 的水平投影 *a*、*b*、*c*、*d*，同时求出侧面投影上的点 *a*″、*b*″、*c*″、*d*″，再根据投影关系求其正面投影 *a*′、*b*′、*c*′、*d*′。

（3）判断可见性并光滑连接各点。相贯线正面投影在两个圆柱的可见表面上，所以 1′、*a*′、2′、*b*′、3′ 段的相贯线可见，而 1′、（*d*′）、（4′）、（*c*′）、3′ 段的相贯线不可见，且与前半段相贯线的投影重影。依次光滑连接所求各点的正面投影，即得相贯线的正面投影，如图 3.32（b）所示。

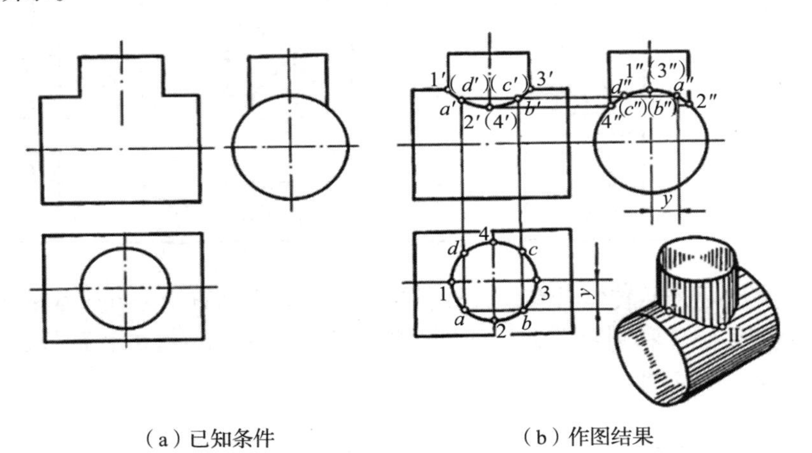

（a）已知条件　　（b）作图结果

图 3.32　两圆柱正交的相贯线

两圆柱正交并且直径相差较大时，其相贯线的投影可采用近似画法，即以两圆柱中较大圆柱的半径为半径画弧即可，如图 3.33 所示。

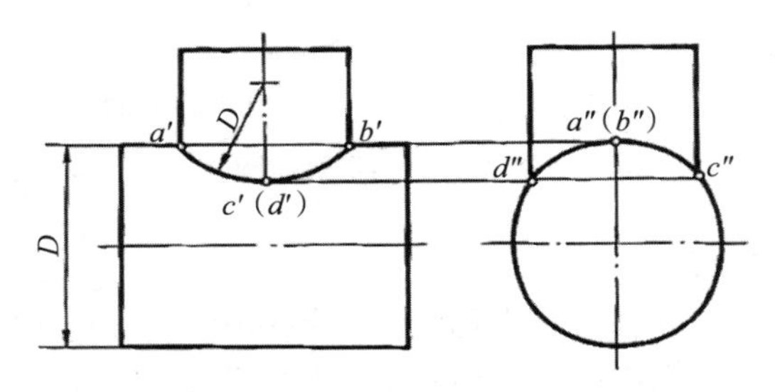

图 3.33　相贯线的近似画法

注意：当两圆柱的直径相近时，不宜采用这种方法。

3. 圆锥与圆柱正交的相贯线

求作圆锥与圆柱正交的相贯线常使用辅助平面法，如图 3.34（a）所示。通常选择投影面的平行面或垂直面为辅助平面，使该面与两回转面交线的投影均为最简单的图形，即为直线段或圆。每一辅助平面截切该相贯体后所得的两组截交线的交点就是两回转体表面及截平面的共有点，即相贯线上的点。用多个辅助平面连续截切该相贯体，可求得相贯线上一系列点的投影，将其连接成光滑的曲线，即可得相贯线。

例 3.16 求圆锥与圆柱正交的相贯线，如图 3.34（b）所示。

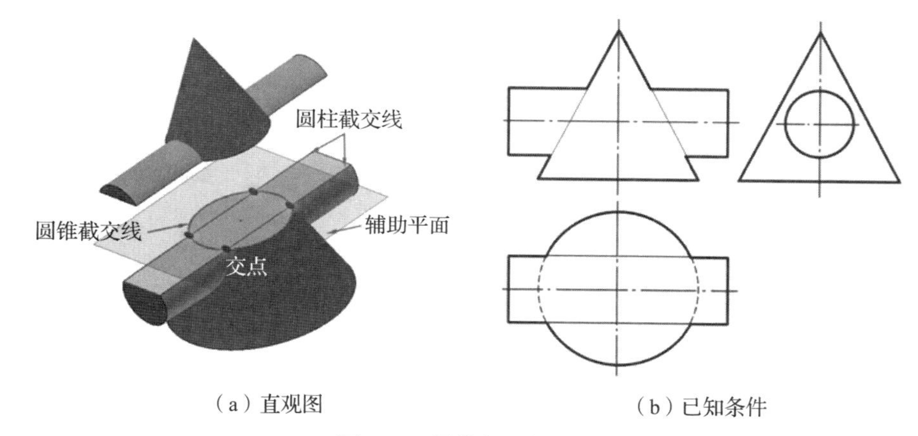

（a）直观图　（b）已知条件

图 3.34 圆锥与圆柱正交

分析：相贯线在侧面的投影是已知的，只求作相贯线在正平面和水平面上的投影即可。选用水平面作为辅助平面，其与圆柱面的交线为两平行的直线段，与圆锥面的交线为圆，两组截交线的交点如图 3.34（a）所示，这 4 个交点即为相贯线上的点。

作图步骤：

（1）求特殊位置点。Ⅰ、Ⅲ点是相贯线上的最高点和最低点，在圆柱和圆锥正面投影的轮廓素线上，可根据侧面投影直接求出正面投影 1′、3′ 点和水平投影 1、3 点；Ⅱ、Ⅴ点是相贯线上最前点和最后点，在圆柱侧面投影的轮廓素线上，作辅助面 P_W 求出水平面投影 2、4 点和正面投影 2′、（4′）点，如图 3.35（a）所示。

（2）求一般位置点。在相贯线的侧面投影图中定出前后对称点 A_1、A_2 和 B_1、B_2 的位置，分别作辅助面 R_W、Q_W 求出水平投影 a_1、a_2、b_1、b_2 点和正面投影 a_1'、（a_2'）、b_1'、（b_2'）点，如图 3.35（b）所示。

（3）判断正面投影的可见性。相贯线的正面投影在圆柱和圆锥的可见表面上，因此 1′、b_1'（b_2'）、2′（4′）、a_1'（a_2'）、3′ 段相贯线可见，与此相对的另一段相贯线不可见，但它们的正面投影重影，依次光滑连接所求各点的正面投影，即可得相贯线的正面投影，如图 3.35（c）所示。

（4）判断水平投影的可见性。以 2、4 点为界，2、4 右侧的点可见，2、4 左侧的点不可见，依次光滑连接所求各点的水平投影，即可得相贯线的水平投影，如图 3.35（c）所示。

（5）同理求得右侧的相贯线，整理轮廓线，完成作图，如图 3.35（d）所示。

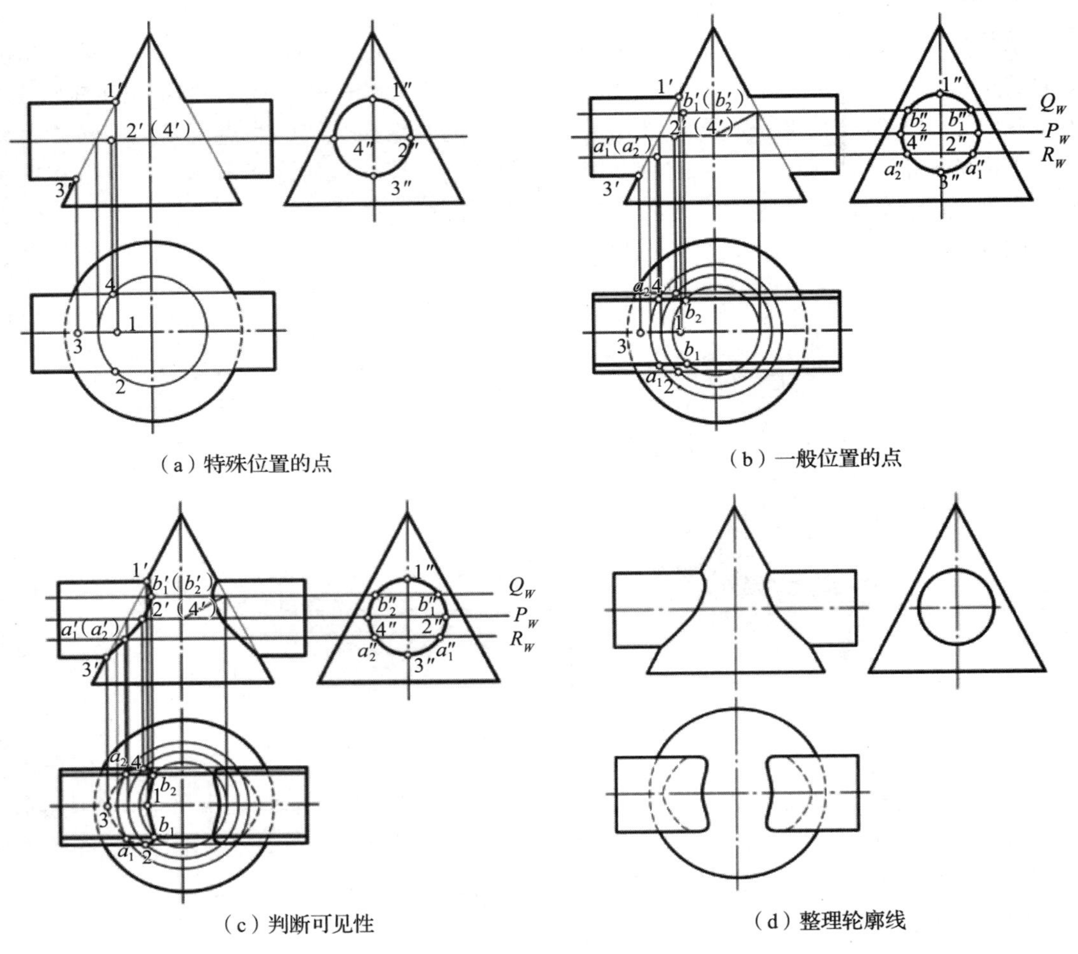

（a）特殊位置的点　　（b）一般位置的点

（c）判断可见性　　（d）整理轮廓线

图 3.35　圆锥与圆柱正交的相贯线

3.3.5　多个形体相交的相贯线

多个形体相交是指三个或三个以上的立体相交，又称为组合相贯，如图 3.36 所示。组合相贯线由若干条相贯线组合而成，结合处的点称为结合点。

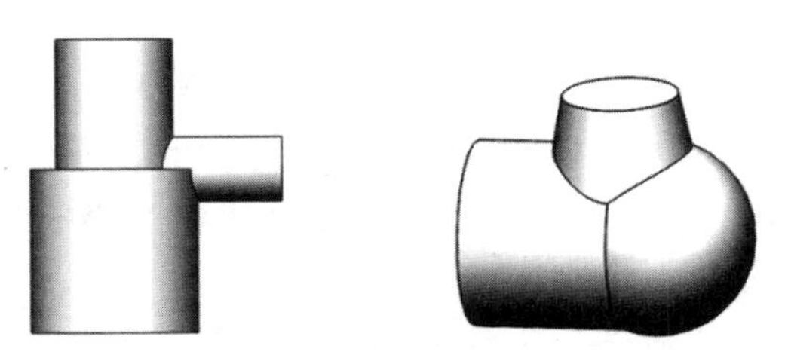

图 3.36　多个形体相交

处理组合相贯线时，先分析形体构成，即形体由哪几个基本体组成和它们的相互位置关系，再分析哪几个基本体相交，最后分析相交的表面有哪些，交线的形状如何。

例 3.17 求作多个形体相交的相贯线的正面投影图，如图 3.37（a）所示。

分析：形体由三个圆柱体组成，圆柱体 1 与圆柱体 2 的一部分表面相交，产生的相贯线是空间曲线，积聚在圆柱体 2 的表面上；圆柱体 1 与圆柱体 3 相交，产生的相贯线有两段，一段与圆柱体 3 的最前和最后的最大轮廓素线重合，另一段为空间曲线，积聚在圆柱体 3 的表面上；圆柱体 2 和圆柱体 3 相交，由于两个圆柱的直径大小相等，因而产生的相贯线是椭圆，其正面投影为一斜直线。

作图步骤：

（1）根据两面投影图，作圆柱体 2 与圆柱体 3 的相贯线。

（2）根据两面投影图，作圆柱体 1 与圆柱体 3 的相贯线。

（3）判断可见性，光滑连接各点，整理轮廓线。

最终作图结果如图 3.37（b）所示。

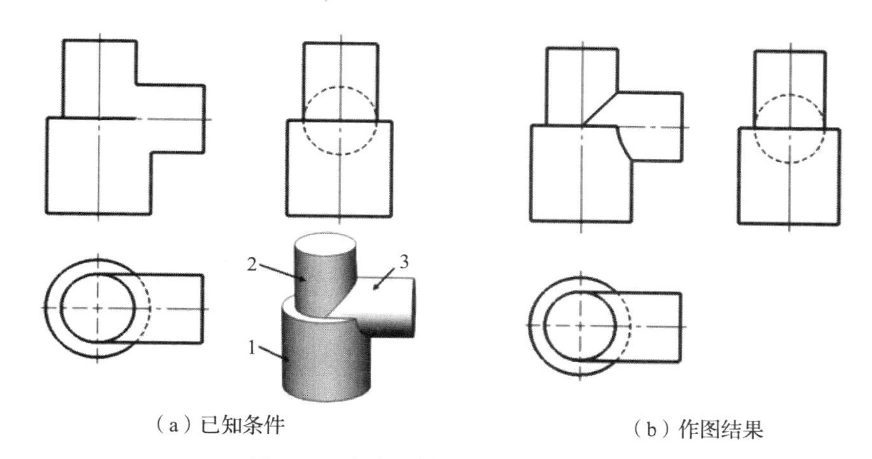

（a）已知条件　　（b）作图结果

图 3.37　多个形体相交的相贯线作法

3.3.6 相贯线的过渡线画法

根据锻件和铸件的工艺要求，在零件表面相交处常用一个曲面光滑地过渡，这个过渡曲面称为圆角。由于圆角的存在，零件表面的相贯线不是很明显，为了区分不同形体的表面，仍需画出这些交线，这些交线称为过渡线。

根据《机械制图　图样画法　图线》（GB/T 4457.4—2002）规定，绘制过渡线时可见过渡线应用细实线绘制，相交的两端与轮廓线不相交，应空出 2 ～ 3mm 的间隙。过渡线的画法与相贯线的画法一样，但是过渡线不与圆角的轮廓素线接触，只画到两立体表面轮廓素线的交点处。过渡线的投影和面的投影重合时，按面的投影绘制；当过渡线的投影和面的投影不重合时，过渡线按其理论交线绘制。

如三通管为铸件，外表面未经切削加工，外表面的交线应画成过渡线，而内孔是经过切削加工的，孔壁的交线应画成相贯线。

铸件内外表面未经切削加工时的过渡线画法，如图 3.38（a）所示；铸件相切时的过渡线画法，应在相切处断开，如图 3.38（b）所示。

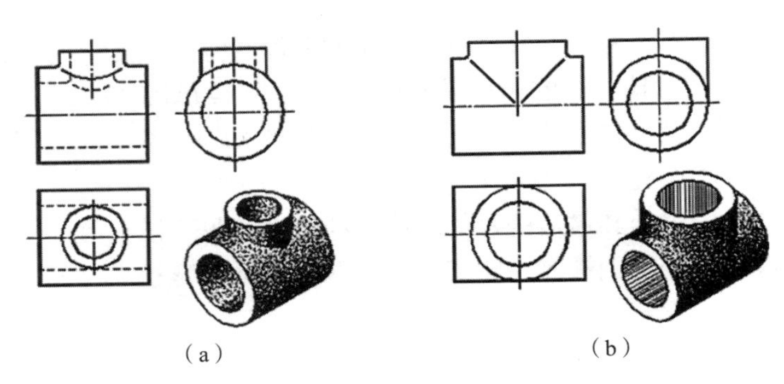

图 3.38　过渡线的画法

如图 3.39（a）所示为几种常见结构的过渡线画法。如图 3.39（a）所示为圆柱与肋板组合且相交时过渡线的画法，如图 3.39（b）所示为圆柱与肋板组合且相切时过渡线的画法，如图 3.39（c）所示为 L 形板与肋板相交时过渡线的画法，其过渡线弯向与铸造圆角弯向一致。

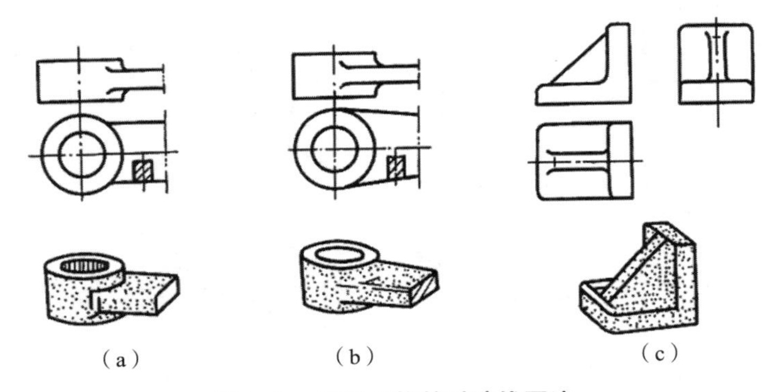

图 3.39　常见结构的过渡线画法

3.4 基本体的尺寸标注

基本体是形状规则且简单的立体，如棱柱、棱锥、圆柱、圆锥、圆球等，其形状由投影图来表示，真实大小则根据投影图上所标注的尺寸来确定。标注基本体尺寸时要注出长、宽、高三个方向的尺寸。

第 13 讲
基本体的尺寸
标注 1

3.4.1 平面立体和回转体的尺寸注法

1. 平面立体

平面立体一般应注出其底面尺寸和高度尺寸，如图 3.40（a）所示。对于底面为正多边形的平面立体，可标注其外接圆直径，如图 3.40（b）所示。对于底面为正方形的平面立体，其底面用尺寸 15×15 或□ 15 形式标注，如

图 3.40（c）所示。正六棱柱的底面可标注其对边距，如图 3.40（d）所示。

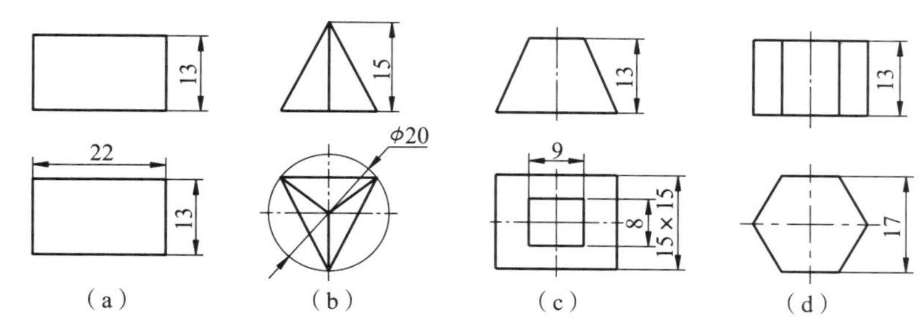

图 3.40　平面立体的尺寸注法

2. 回转体

标注回转体尺寸时，一般应注出其直径（径向）尺寸和轴向尺寸，如图 3.41 所示。圆柱、圆锥、圆台在直径数字前加注符号“ϕ”，而圆球在直径数字前加注符号“Sϕ”。

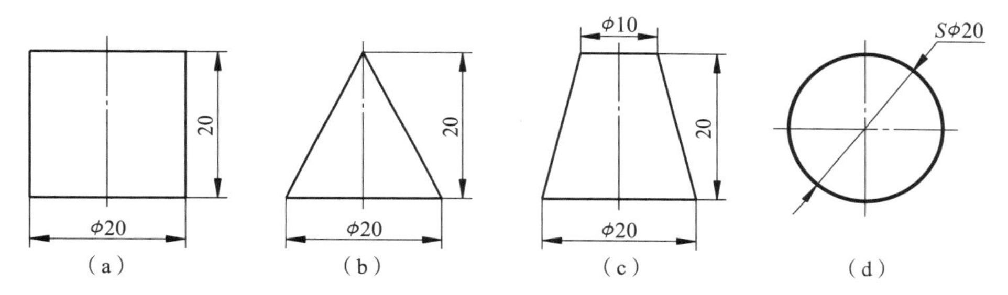

图 3.41　回转体的尺寸注法

3.4.2　具有特殊特征基本体的尺寸标注

**第 16 讲
基本体的尺寸
标注 2**

1. 斜面和切口的基本体

除标注基本体的尺寸外，还要标注确定斜面和切口平面位置的尺寸，如图 3.42 所示。切口交线由切平面位置确定，不需要注其尺寸，若注尺寸则属于错误尺寸，如图 3.42（b）、图 3.42（c）中打“ × ”的尺寸。

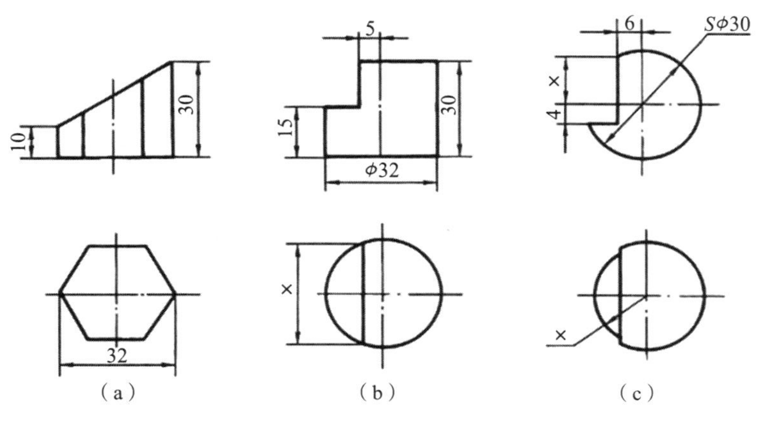

图 3.42　斜面和切口的标注

2. 凹槽和穿孔的基本体

除注出基本体的尺寸外，还须注出槽和孔的大小和位置尺寸，如图 3.43 所示。

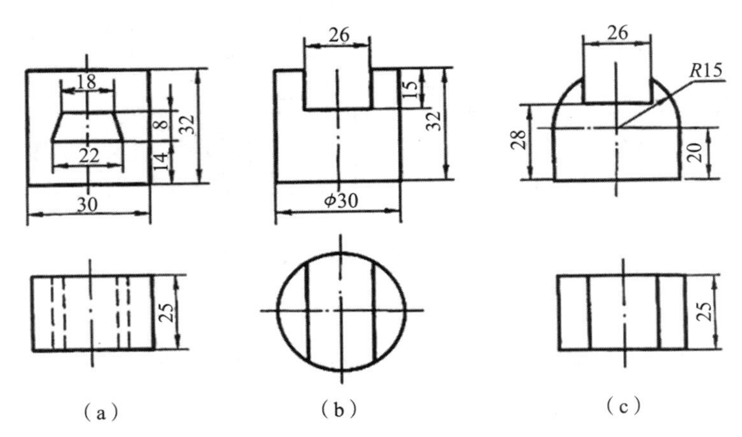

图 3.43　带凹槽和穿孔的基本体尺寸注法

思考题

1. 什么是基本体？
2. 简要说明在平面立体表面上取点的方法，以及判断点的投影可见性的方法。
3. 简要说明在回转体表面上取点的方法，以及判断点的投影可见性的方法。
4. 截交线的性质是什么？
5. 求截交线的方法有哪些？
6. 分析截平面的截切位置对圆柱与圆锥截交线的影响。
7. 影响相贯线形状的因素有哪些？
8. 怎样判断相贯线投影的可见性？
9. 组合相贯线的分析方法是什么？
10. 画过渡线应注意哪些问题？

单元 4　轴测图

学习目标

1. 了解轴测图投影的基本知识，掌握轴测图的投影特性。
2. 掌握正等轴测图和斜二测图的作图方法。

学习重点与难点

学习重点：轴测图的投影特性，轴测图的分类。
学习难点：正等轴测图与斜二测图作图方法。

本章主要讲述轴测图的基本知识，主要介绍正等轴测图和斜二测图的作图方法。

4.1　轴测图的基本知识

轴测图是一种单面投影图，在一个投影面上能同时反映出物体在三个坐标面中的形状，并且形象、逼真，富有立体感。轴测图一般不能反映出物体各表面的实形，度量性差，作图较复杂。因此，在工程上常把轴测图作为辅助图样，用以说明机器的结构、安装、使用等情况，在设计中常用轴测图帮助构思、想象物体的形状，以弥补正投影图的不足。国家标准《机械制图　轴测图》（GB/T 4458.3—2013）中对轴测图作了相应的规定。

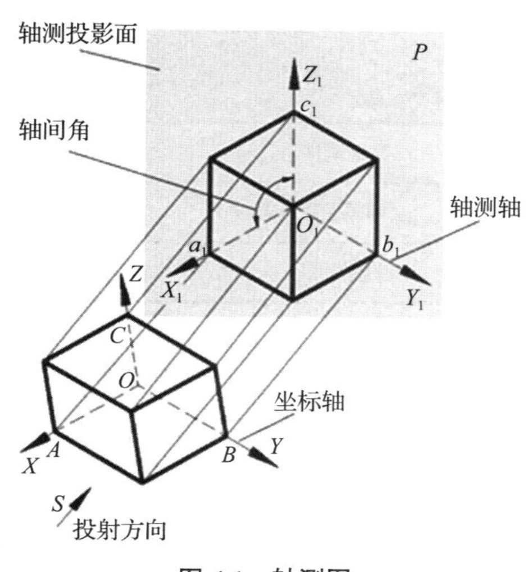

图 4.1　轴测图

1. 轴测图的形成与概念

将物体连同其参考的直角坐标系，沿不平行于坐标平面的投射方向 S，用平行投影法将物体及坐标系投射到单一投影面 P 上所得到的图形称为轴测投影图，简称轴测图，如图 4.1 所示。

直角坐标系中坐标轴 OX、OY、OZ 的轴测图为 O_1X_1，O_1Y_1、O_1Z_1，称为轴测轴，简称为 X_1 轴、Y_1 轴、Z_1 轴。两根轴测轴之间的夹角称为轴间角。

轴测轴上的单位长度与相应坐标轴上的单位长度的比值，分别称为 X_1、Y_1、Z_1 轴的轴向伸缩系数，分别用 p_1、q_1、r_1 表示，$p_1=O_1X_1/OX$、$q_1=O_1Y_1/OY$、$r_1=O_1Z_1/OZ$。

为便于作图，轴向伸缩系数采用简单的数值，简化后的系数称为简化系数，分别用 p、q、r 表示。

2. 轴测图的投影特性

由立体几何证明，与投射方向不一致的两平行直线段，其平行投影仍保持平行，且各线段的平行投影与原线段的长度比相等。

由此可得轴测图投影的特点：

（1）平行性。

1）空间几何形体上平行于坐标轴的直线段，其轴测投影与相应的轴测轴平行。

2）空间几何形体上相互平行的线段，其轴测投影也相互平行。

（2）等比性。

1）空间几何形体上相互平行的线段，其轴测投影长度比等于原线段的长度比。

2）空间几何形体上平行于坐标轴的直线段，其轴测投影与原线段的长度比即为该轴测轴的轴向伸缩系数或简化系数。

因此，当空间的几何形体在直角坐标系中的位置确定后，就可按选定的轴向伸缩系数或简化系数以及轴间角作轴测图。画轴测图时，物体上与坐标轴平行的线段的尺寸可以沿轴向直接量取。

3. 轴测图的分类

轴测图分为正轴测图和斜轴测图两大类。当投影方向垂直于轴测投影面时，称为正轴测图，采用的是正投影法；当投影方向倾斜于轴测投影面时，称为斜轴测图，采用的是斜投影法。根据投影法和轴向伸缩系数的不同，轴测图的分类如表 4.1 所示。

表 4.1　轴测图的分类

按投影法分 / 按轴向伸缩系数分	正轴测图	斜轴测图
等轴测图 $p=q=r$	正等轴测图（简称正等测）	斜等轴测图（简称斜等测）
二等轴测图 $p=q\neq r$	正二等轴测图（简称正二测）	斜二等轴测图（简称斜二测）
三等轴测图 $p\neq q\neq r$	正三等轴测图（简称正三测）	斜三等轴测图（简称斜三测）

工程上用得较多的是正等测和斜二测，所以主要介绍这两种轴测图的画法。

绘制物体的轴测图时，应先确定轴测图的类型，再确定各轴向伸缩系数和轴间角。为使绘制的轴测图具有更强的立体感，在轴测图中物体的可见轮廓用粗实线画出，不可见的轮廓线不需要画出，必要时可用虚线画出。

4.2 正等轴测图

1. 轴间角和轴向伸缩系数

如图 4.2（a）所示，正等轴测图的轴间角都是 120°，各轴向伸缩系数都相等，即 $p_1=q_1=r_1\approx 0.82$。为作图简便，常采用简化系数，即 $p=q=r=1$。采用简化系数作图时沿各轴向的所有尺寸用真实长度量取。

第 17 讲
轴测图——
正等测

由于画出的图形沿各轴向的长度都分别放大了 1/0.82 约 1.22 倍，因此图形与用各轴向伸缩系数 0.82 画出的轴测图是相似图形，形状没有改变。通常直接用简化系数画正等测，作图方法如图 4.2（b）所示。

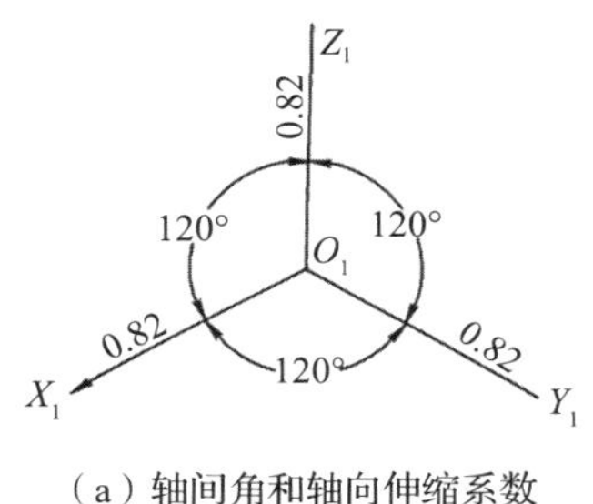

（a）轴间角和轴向伸缩系数

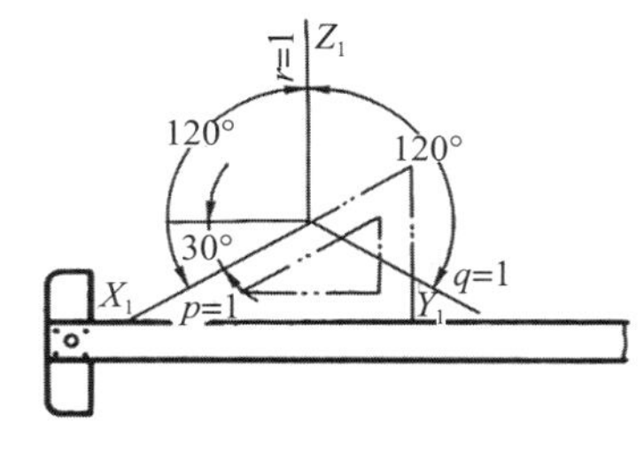

（b）作图方法

图 4.2　正等轴测图规定

2. 平面立体的正等测画法

画轴测图常用坐标法、叠加法和切割法等，坐标法是最基本的方法，其他方法都是根据物体的特点对坐标法的灵活运用。

（1）坐标法。

先建立坐标系，将平面体各顶点按坐标画出其轴测投影，再将相关的点连成线。

例 4.1　已知长方体的三视图，画出正等轴测图，如图 4.3（a）所示。

分析：形体是直棱柱体，图中所示为长方体的三视图。图形的上下两个底面完全相同，绘制时先用特征面法画出底面，再由底面的四个顶点画出四条侧棱。根据视图中侧棱的高度，截取上底面的四个顶点，连接各顶点画出棱线。

作图步骤：

1）确定三面投影图的原点和坐标轴的位置，设定右侧后下方的棱角为原点，x、y、z 轴是过原点的三条棱线，如图 4.3（b）所示。

2）用 30° 三角板画出三根轴测轴，在 x 轴上量取物体的长 a，在 y 轴上量取宽 b，然后在 x_1 轴上截取长 a 并作 y_1 轴的平行线，在 y_1 轴上截取长 b 并作 x_1 轴的平行线，画出物体底面的形状，如图 4.3（c）所示。

3）由长方体底面各端点画 z_1 轴的平行线，在各线上量取物体的高度 h，得到长方体顶面各端点，如图 4.3（c）所示连接各点并擦去多余的棱线，即得物体顶面、正面和侧面的形状。

4）擦去多余的线条，加粗可见轮廓线，即得长方体正等轴测图，如图 4.3（d）所示。

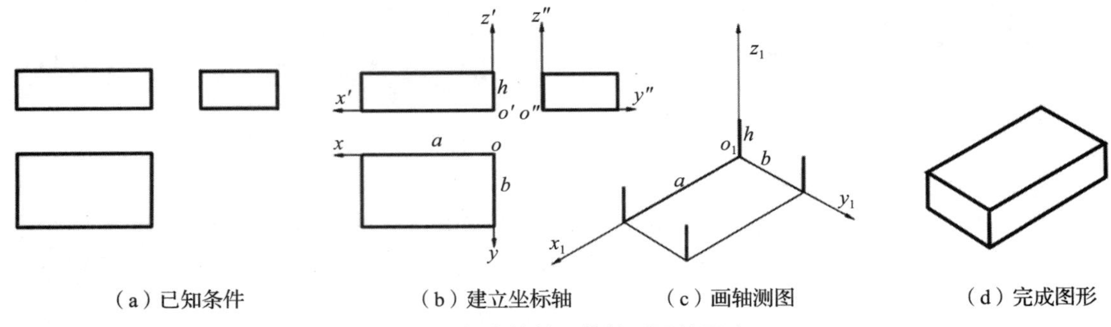

（a）已知条件　（b）建立坐标轴　（c）画轴测图　（d）完成图形

图 4.3　长方体的正等轴测图的画法

（2）叠加法。

叠加法是将物体分成几个简单的组成部分，再将各部分的轴测图按照相对位置叠加起来，并画出各表面之间的连接关系，最终得到物体轴测图的方法。

例 4.2　用叠加法作组合体的正等轴测图，如图 4.4（a）所示。

分析：组合体由一块底板、一块立板和三块肋板组成，底板与水平投影面平行，取底板后侧的底边中心 O 为原点确定坐标轴，用坐标法作轴测图。

作图步骤：

1）画出轴测轴 X_1、Y_1、Z_1，分别在相应的轴测轴上量取底板的长、宽和高，作底板的轴测图，如图 4.4（b）所示。

2）同理作立板和肋板的轴测图，如图 4.4（c）、4.4（d）所示。

3）擦去多余的线条，加粗可见轮廓线，即得正等轴测图，如图 4.4（e）所示。

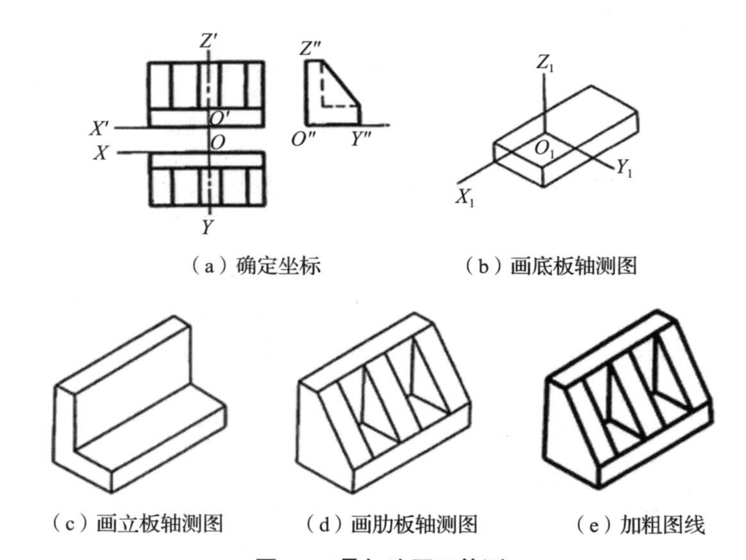

（a）确定坐标　（b）画底板轴测图

（c）画立板轴测图　（d）画肋板轴测图　（e）加粗图线

图 4.4　叠加法画正等测

（3）切割法。

绘制由切割基本体而形成的简单形体的轴测图时，先画出基本体的轴测图，再切割得到形体的轴测图，这种方法称为切割法，其适用于带切口的基本体的轴测图绘制。

例 4.3　用切割法作角铁的正等轴测图，如图 4.5（a）所示。

作图步骤：

1）根据角铁的长 a、宽 b、高 c，画出四棱柱的正等轴测图，如图 4.5（b）所示。

2）根据切口长 a_1 和高 c_1，画出左上方的小长方体，如图 4.5（c）所示。

3）擦去多余的线条，加粗可见轮廓线即得角铁的正等轴测图，如图 4.5（d）所示。

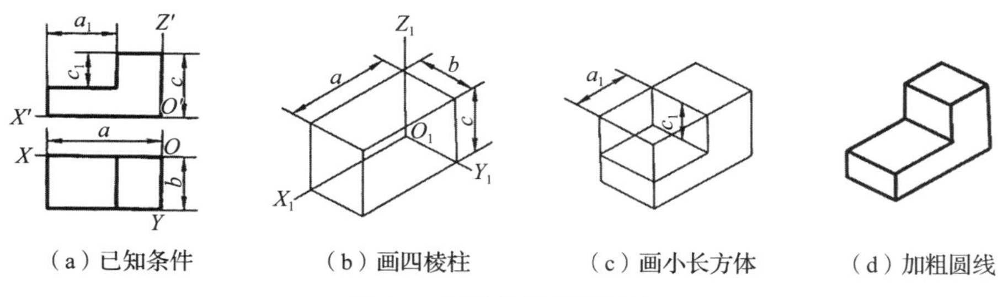

（a）已知条件　（b）画四棱柱　（c）画小长方体　（d）加粗圆线

图 4.5　角铁的正等测画法

3. 回转体的正等测画法

平行于坐标面的圆的正等轴测投影均为椭圆，即水平面椭圆、正面椭圆、侧面椭圆，其外切菱形的方向有所不同。作圆的正等轴测投影图时，可使用如图 4.6（a）所示的轴向伸缩系数 0.82 作图，通常会使用简化轴向伸缩系数 1 作图。立方体表面上三个内切圆的正等轴测图如图 4.6（b）所示，可用四心法画出。

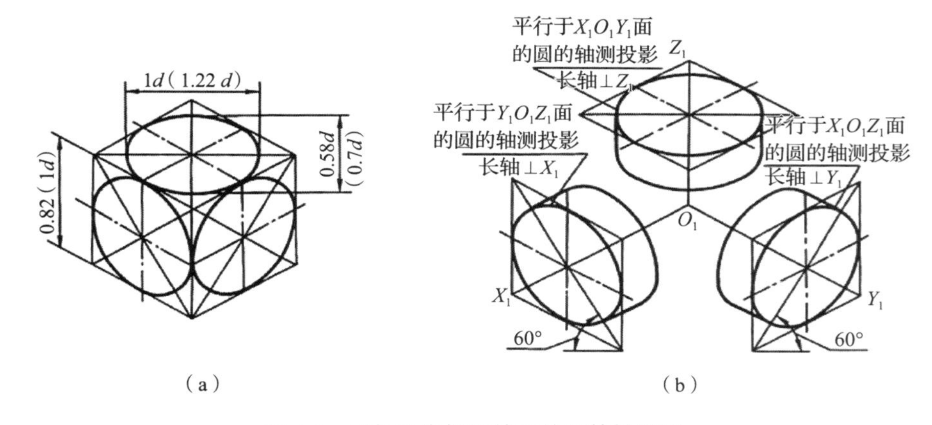

（a）　（b）

图 4.6　平行于坐标面的圆的正等轴测图

例 4.4　已知圆柱体的两面投影，画出圆柱体的正等轴测图，如图 4.7（a）所示。

分析：由已知条件可知，圆柱的顶圆和底圆都平行于 H 面，正等轴测图均为椭圆。可分别作顶面和底面的椭圆，再作两椭圆的轮廓素线，即得圆柱的正等轴测图。

作图步骤：

（1）建立坐标系，画出圆的外切正方形，如图 4.7（b）所示。

（2）画轴测轴，作顶圆的轴测投影椭圆，如图 4.7（c）所示。

（3）将轴测轴向下平移圆柱的高度，作底圆的轴测投影椭圆并作两椭圆的公切线，如图 4.7（d）所示。

（4）擦去多余的线条，加粗可见轮廓线，即得圆柱体的正等轴测图，如图 4.7（e）所示。

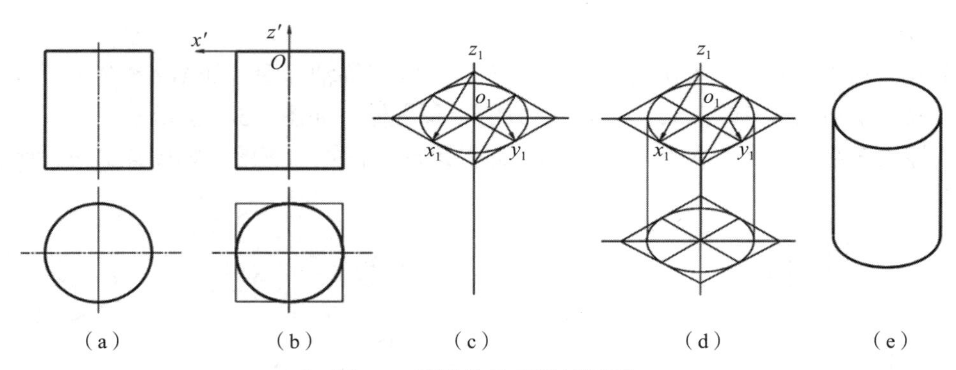

图 4.7　圆柱体的正等轴测图

为简化绘图，用移心法作圆柱体的正等轴测图。圆柱体的两个端面完全相同，上端面可见、下端面不可见，在画完上端面轴测图后，将组成上端面椭圆的四段圆弧的圆心和切点向下平移圆柱体的高度，直接画出下端面的椭圆，如图 4.8 所示。由于后段圆弧在下端面是不可见的，其圆心和切点可不下移。

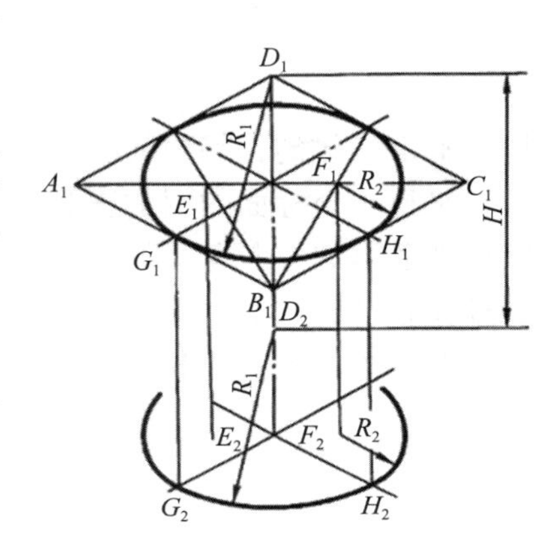

图 4.8　移心法作圆柱体

4. 圆角正等测图的画法

圆角是零件中出现最多的工艺结构之一，常采用简化画法。

圆角正等轴测图的画法如下：

（1）在水平投影图中定出圆弧切点及圆弧半径 R，如图 4.9（a）所示。

（2）作长方形的正等轴测图，在对应边上截取 R 长度，得到 A_1、B_1、C_1、D_1 切点，过切点分别作相应边的垂线，垂线的交点 O_1、O_2 即为圆心，如图 4.9（b）所示。

（3）分别以 O_1、O_2 为圆心，O_1A_1、O_2D_1 为半径画弧 $\overset{\frown}{A_1B_1}$、$\overset{\frown}{C_1D_1}$，再将圆心和切点向下平移距离 H，画弧 $\overset{\frown}{A_2B_2}$、$\overset{\frown}{C_2D_2}$，最后作弧 $\overset{\frown}{C_1D_2}$、$\overset{\frown}{C_2D_2}$ 的公切线，如图 4.9（c）所示。

（4）擦去多余的线条，加粗可见轮廓线，即得圆角的正等轴测图。

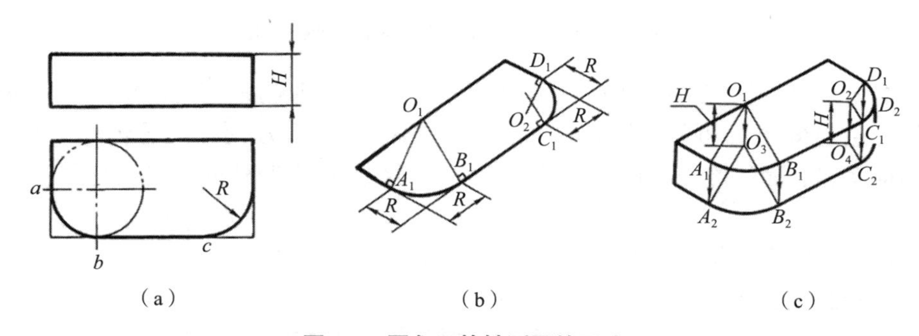

图 4.9　圆角正等轴测图的画法

例 4.5　作支架的正等轴测图，如图 4.10 所示。

分析：支架由底板、立板两个部分组成。底板上有两个圆孔和两个圆角，其轴测投

影均为 $X_1O_1Y_1$ 平面上的椭圆；立板上半部分为半圆柱，含一个圆孔，其轴测投影均为 $X_1O_1Z_1$ 平面上的椭圆。

作图步骤：

（1）建立空间直角坐标轴并作轴测轴，画出长方体的底板和立板，如图 4.11（a）、图 4.11（b）所示。

（2）画立板的半圆柱和圆孔，如图 4.11（c）所示。

（3）画底板的两圆孔，因板厚而孔小，所以底板底面的椭圆是看不到的，不用画，如图 4.11（d）所示。

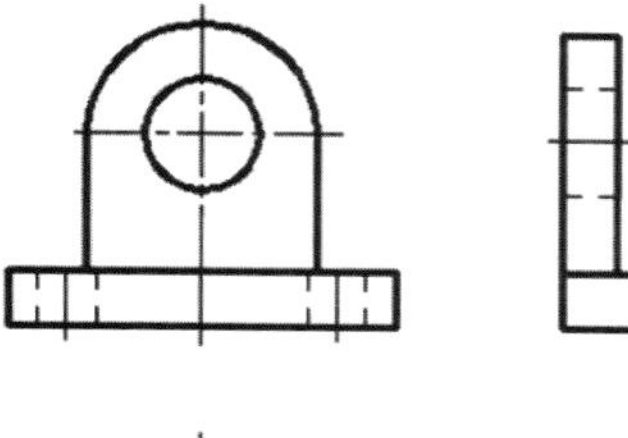
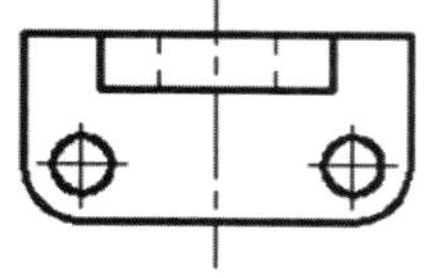

图 4.10　支架的三面投影图

（4）画底板两圆角，采用作四分之一椭圆的方法。在底板上面的顶点处分别量取圆角半径的长度得到图 4.11（e）中的四个切点，过切点作相应各边的垂线得交点 O_5、O_6，即两圆弧的圆心，以 O_5、O_6 为圆心，以到各边距离为半径画弧；底面两弧可采用移心法画出，沿 O_1Z_1 轴方向下平移板厚得圆心 O_7、O_8，画弧并作右侧两圆弧的公切线，如图 4.11（e）所示。

（5）擦去多余的线条，加粗可见轮廓线，即得支架的正等轴测图，如图 4.11（f）所示。

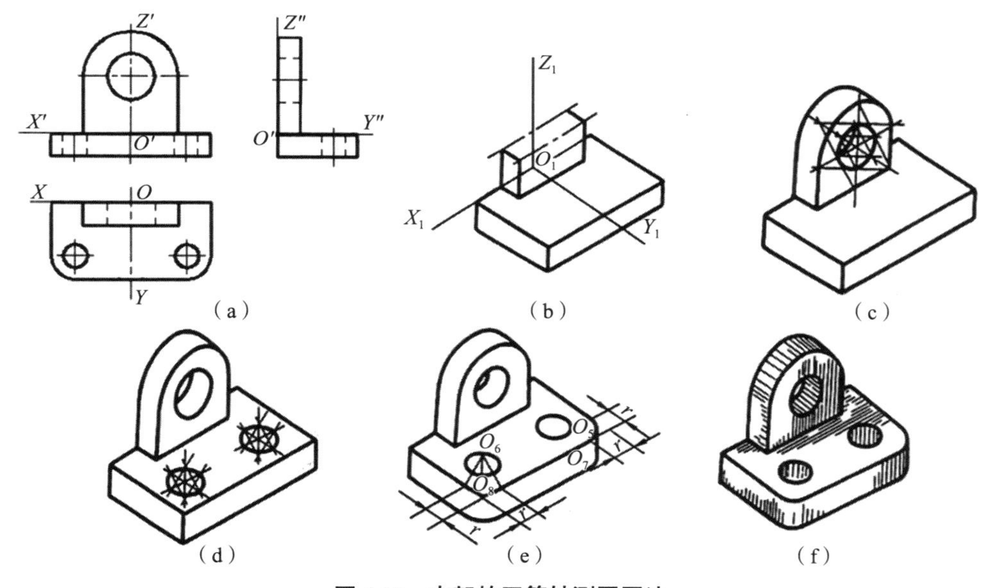

图 4.11　支架的正等轴测图画法

4.3 斜二等轴测图

1. 斜二等轴测图的轴间角和轴向伸缩系数

当物体上两个坐标轴 OX 和 OZ 与轴测投影面平行，而投影方向与轴测投影面倾斜时得到的轴测图称为斜二等轴测图，简称斜二测。

第 18 讲
轴测图——
斜二测

因为坐标面 XOZ 与轴测投影面平行，所以 $OX//O_1X_1$、$OZ//O_1Z_1$，即 $\angle X_1O_1Z_1=90°$，轴测轴 O_1X_1 和 O_1Z_1 的轴向伸缩系数相等，如图 4.12 所示。

在国家标准《机械制图　轴测图》中，对斜二测的轴间角和轴向伸缩系数的规定为：$\angle X_1O_1Y_1=90°$，$\angle X_1O_1Y_1=\angle Y_1O_1Z_1=135°$；$p_1=r_1=1$，$q_1=0.5$，如图 4.13 所示。

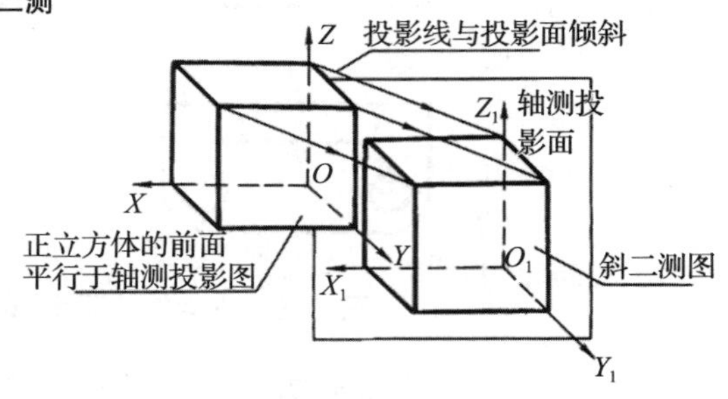

图 4.12　斜二测的形成

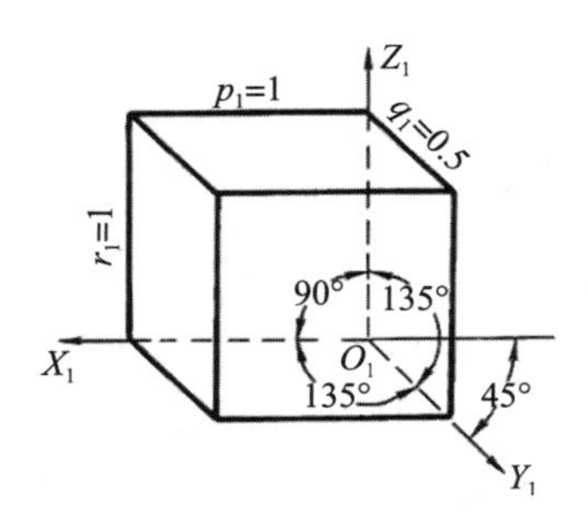

图 4.13　斜二测规定

2. 平面立体的斜二测画法

画平面立体斜二测的基本步骤：

（1）画出坐标原点和轴测轴。

（2）沿 X 轴量出长度，沿 Y 轴量出宽度并取其 1/2，分别过所得点作相应轴的平行线，即可求得立体的底面图形。

（3）再过底面各点作 Z 轴的平行线，其高度为立体的高，连接各最高点即得立体的顶面图形。

（4）擦去多余作图线，并加深可见轮廓线。

例 4.6　作正四棱锥台的斜二测图，锥台的最大边为 b，高为 h，如图 4.14（a）所示。

作图步骤：

（1）作轴测轴 X_1、Y_1、Z_1，在 X_1 轴上量取 $O_11=O_13=b/2$；在 Y_1 轴上量取 $O_12=O_14=b/4$。过 1、2、3、4 点作 X_1、Y_1 轴的平行线得四边形，完成底面的斜二测图，如图 4.14（b）所示。

（2）在 Z_1 轴上量取高 h，同理可作四棱台顶面的斜二测图，如图 4.14（c）所示。

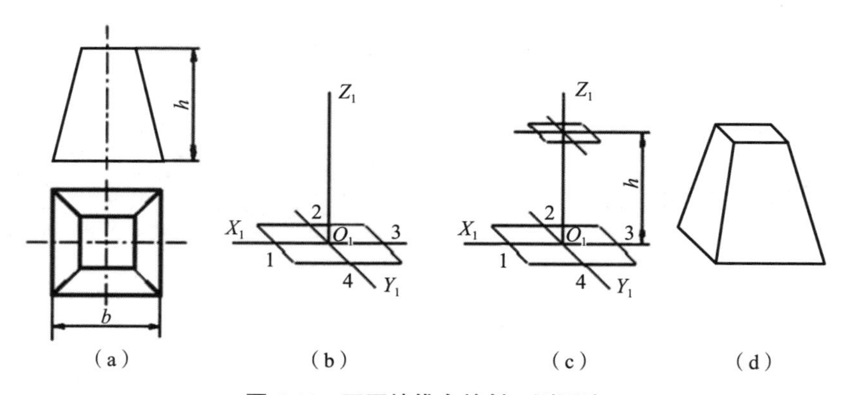

图 4.14　正四棱锥台的斜二测画法

（3）连接对应顶面和底面的顶点，画出棱线，擦去多余的线条，加深可见轮廓线，如图 4.14（d）所示。

3.平行于坐标面的圆的斜二测画法

斜二测的特点是物体上的一个坐标面平行于轴测投影面。平行于该坐标面的图形，其轴测投影反映实形。当物体在某一方向有较多的圆或表面形状复杂时，采用斜二测画法较为方便。

平行于坐标面 *XOZ* 的圆的斜二测反映实形，平行于坐标面 *XOY*、*YOZ* 的圆的斜二测均为椭圆，其形状相同，长短轴的方向不同，如图 4.15 所示，*d* 为圆的直径。

例 4.7 作法兰盘的斜二测图，如图 4.16（a）所示。

分析：法兰盘具有同轴圆柱体的结构，前后方向分布有很多圆。为方便作图，将法兰盘的前、后端面放置在平行于坐标面 *XOZ* 的位置。以小圆柱体后端面的圆心为原点，确定坐标轴，如图 4.16（a）所示。

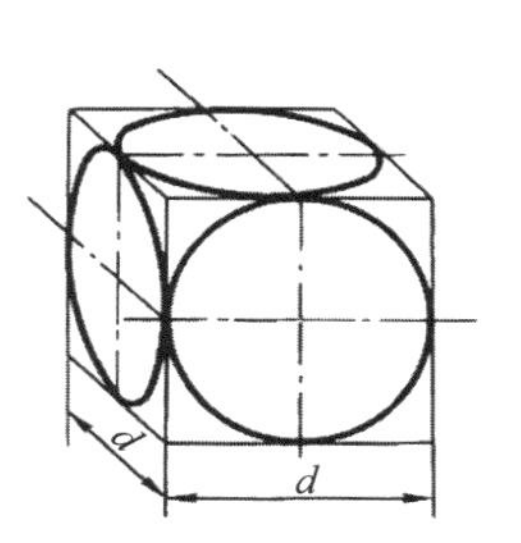

图 4.15 圆的斜二测

作图步骤：

（1）作斜二测的轴测轴，如图 4.16（b）所示。

（2）画圆板和圆柱，如图 4.16（c）、图 4.16（d）所示。

（3）画圆板上四个圆孔及圆柱上圆孔，如图 4.16（e）所示。

（4）加深可见轮廓线，完成斜二测图，如图 4.16（f）所示。

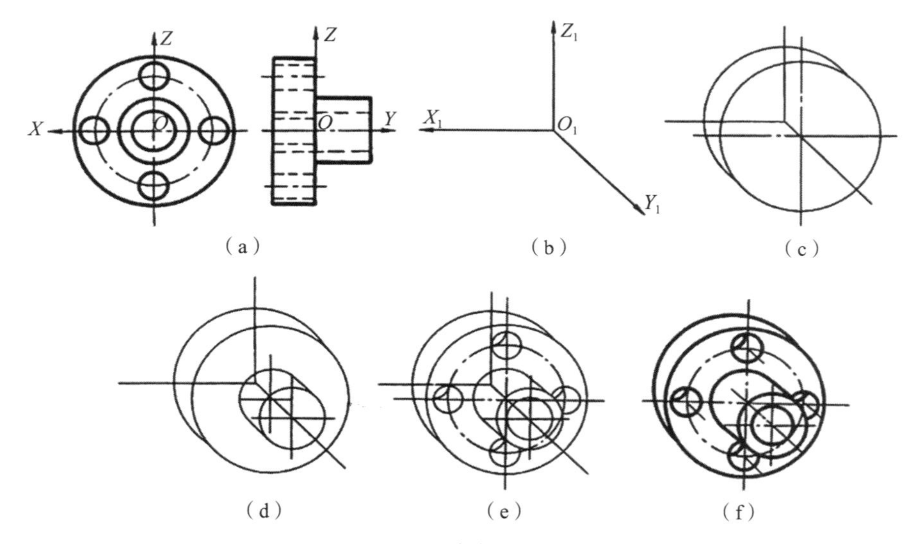

图 4.16 法兰盘斜二测的画法

思考题

1.什么是轴测图？

2. 轴测图的作用是什么？

3. 轴测图的投影特性是什么？

4. 轴测图分为哪两大类？

5. 正等测的轴间角、各轴向伸缩系数及简化伸缩系数分别为何值？

6. 画轴测图常用的方法有哪些？

7. 简述平行于坐标面的圆的正等测近似椭圆的画法？

8. 斜二测的轴间角和各轴向伸缩系数分别为何值？

9. 平行于一个坐标面的圆的斜二测仍为圆吗？它们的大小相等吗？

10. 当物体上具有平行于两个或三个坐标面的圆时，选用哪一种轴测图较为合适？

11. 当物体上具有较多的平行于坐标面 *XOZ* 的圆或曲线时，选用哪一种轴测图作图较方便？

单元 5　组合体三视图

学习目标

1. 掌握三视图的形成过程与投影关系。
2. 掌握组合体的表面连接方式与视图的画法。
3. 掌握组合体尺寸标注与读图的要领和方法。
4. 具备绘制、识读组合体三视图及标注尺寸的能力。

学习重点与难点

学习重点：组合体的表面连接方式、三视图画法、尺寸标注。

学习难点：识读组合体三视图。

本章主要讲述组合体三视图的形成过程与投影关系，组合体的表面连接方式，三视图的画法与识读方法，三视图的尺寸标注等内容。

5.1 三视图

根据有关标准和规定，用正投影法绘制出的物体的投影图称为视图。将物体置于三投影面体系中，按正投影法分别向三个投影面投射，可得到物体的三面投影，称为三面视图，简称三视图。

5.1.1 三视图的形成

1. 三投影面体系的建立

三面投影是点、线、面、体等几何元素在三投影面体系（*V*、*H*、*W*）中的投影。三投影面体系由三个相互垂直相交的投影平面组成，如图 5.1 所示。

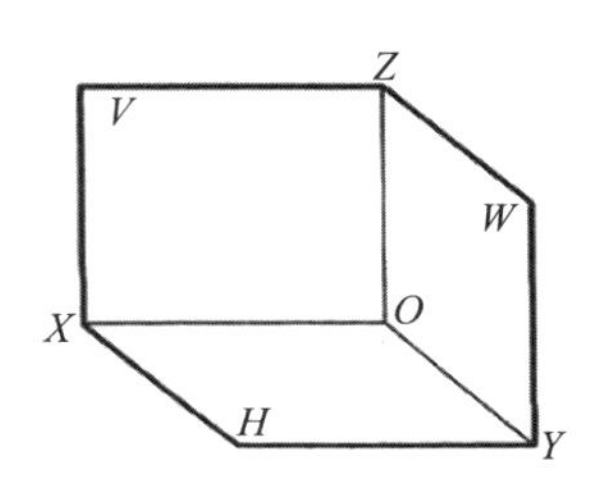

图 5.1　三投影面体系

三个投影面两两相交的交线 *OX*、*OY*、*OZ* 称为投影轴，三个投影轴相互垂直且交于 *O* 点，*O* 点称为原点。

2. 物体的三面投影

正面投影是将物体从前向后投射，在 V 面上得到的投影称为主视图；水平投影是将物体从上向下投射，在 H 面上得到的投影称为俯视图；侧面投影是将物体从左向右投射，在 W 面上得到的投影称为左视图，如图 5.2（a）所示。

为便于画图，将三个互相垂直的投影面展开，V 面保持不动，H 面绕 OX 轴向下旋转 90°，W 面绕 OZ 轴向右旋转 90°，使 H、W 面与 V 面重合为一个平面。展开后主视图、俯视图和左视图的相对位置，如图 5.2（b）所示。

当投影面展开时，OY 轴被分为两处，随 H 面旋转的轴用 OY_H 表示，随 W 面旋转的轴用 OY_w 表示。在画三视图时不必画出投影面的边框线和投影轴，如图 5.2（c）所示。

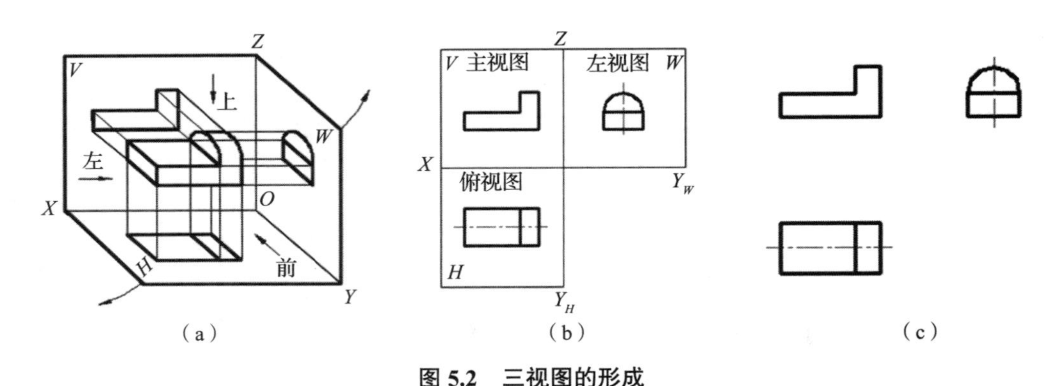

图 5.2　三视图的形成

5.1.2 三视图的投影关系

1. 三视图的位置关系

由投影面的展开过程可知，三视图之间的位置关系以主视图为准，俯视图在主视图的正下方，左视图在主视图的正右方。绘制三视图时需按以上位置配置三视图，不能随意变动。

2. 三视图与物体的方位关系

主视图反映了物体的上、下和左、右位置关系；俯视图反映了物体的前、后和左、右位置关系；左视图反映了物体的上、下和前、后位置关系。

在看图和画图时以主视图为准，俯视图、左视图远离主视图的一侧表示物体的前面，靠近主视图的一侧表示物体的后面，如图 5.3 所示。

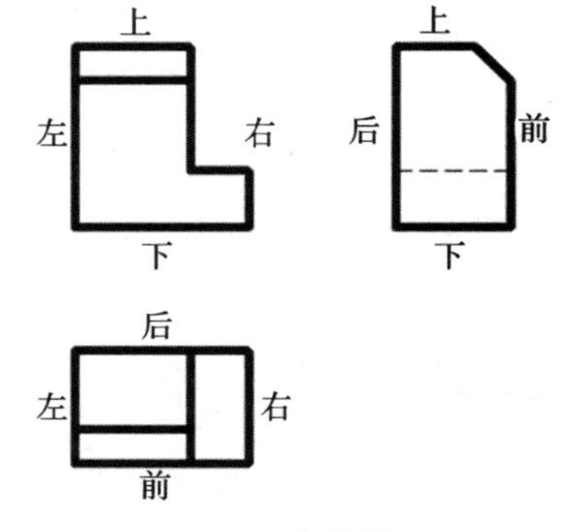

图 5.3　方位关系

3. 三视图的投影关系

由三视图形成的过程可知，主视图和俯视图反映了物体的长度，主视图和左视图反映了物体的高度，俯视图和左视图反映了物体的宽度。由此得出三个视图之间的投影关系：主、俯视图长对正；主、左视图高平齐；俯、左视图宽相等。无论是整个物体还是物体的局部，都要符合投影关系，投影关系也称为视图之间的三等关系，如图 5.4 所示。

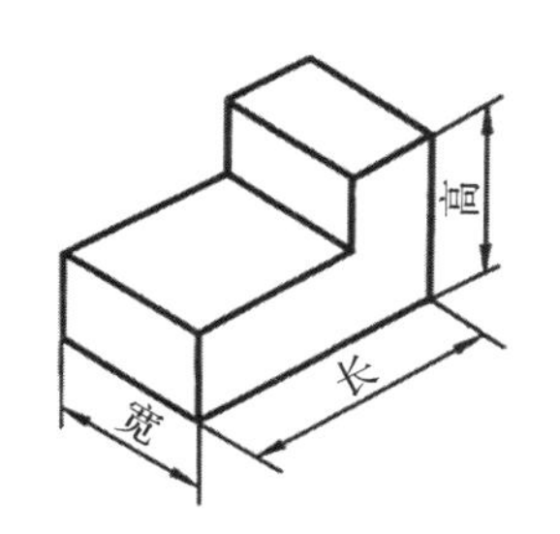

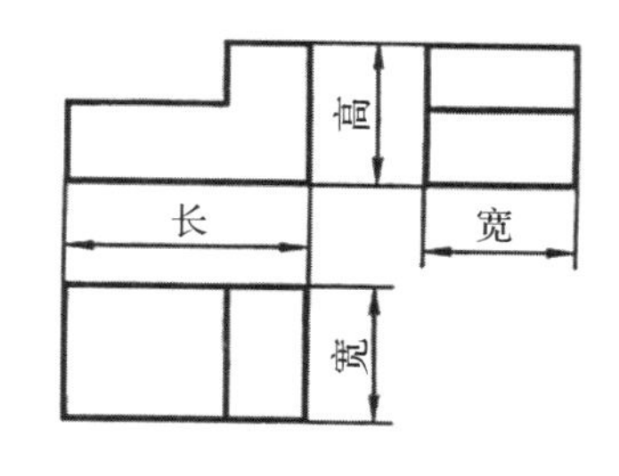

图 5.4 投影关系

5.2 组合体表面连接方式

由两个或两个以上的基本体按照一定的方式组成的物体称为组合体。由于组合体形体通常比较复杂，常采用形体分析法分析组合体的表面连接方式。形体分析法是指假设把组合体分解为若干个基本形体，分析各基本形体的形状，并确定各组成部分间的组合方式和相对位置关系，从而产生对整个形体形状的完整概念。

第 19 讲 组合体的形体分析

5.2.1 组合体的组合形式

虽然组合体的形状有简有繁、千差万别，但是就其组合方式来说，主要有叠加型、切割型和综合型三种基本组合方式。

1. 叠加型

由几个简单形体叠加而成的组合体称为叠加型组合体。如图 5.5（a）所示为叠加型组合体的组合形式，其可看成由六棱柱与圆柱叠加而成。

2. 切割型

一个基本体被切去某些部分后形成的组合体称为切割型组合体。如图 5.5（b）所示的组合体可以看成是由一个六棱柱中间切去一个圆柱体而形成的。

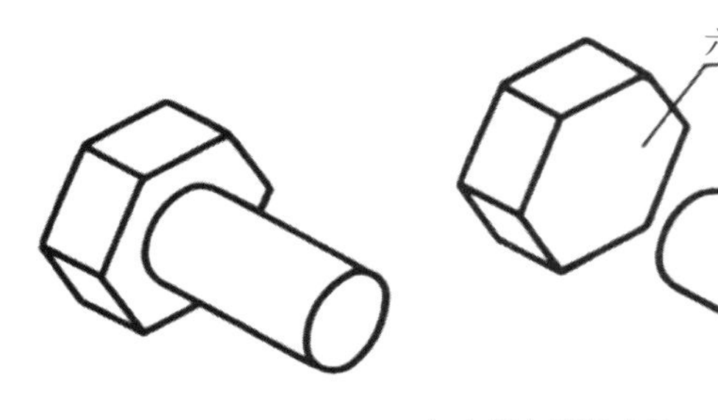

（a）叠加型组合体

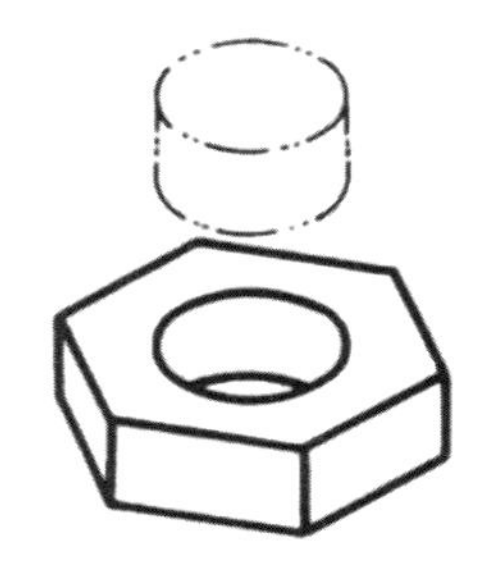

（b）切割型组合体

图 5.5 组合体的组合形式

3. 综合型

既有“叠加”，又有“切割”而形成的组合体称为综合型组合体，它是一种常见的组合体类型。

5.2.2 组合体的表面连接关系

1. 不平齐

两形体表面不平齐时两表面投影的分界处应用粗实线隔开，如图 5.6 所示。

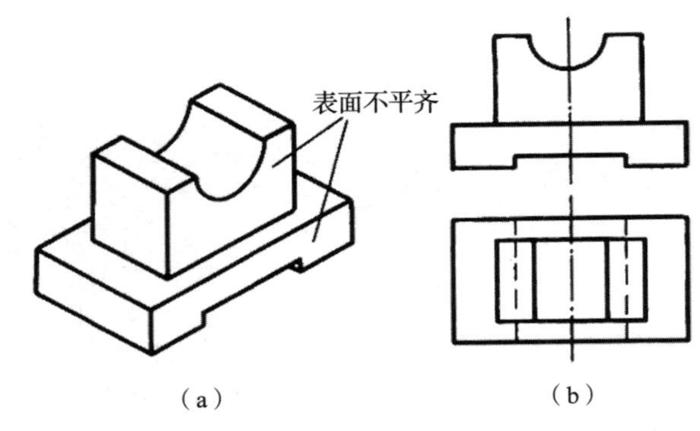

图 5.6　表面不平齐

2. 平齐

两形体表面平齐时构成一个完整的平面，画图时不可用线隔开，如图 5.7 所示。

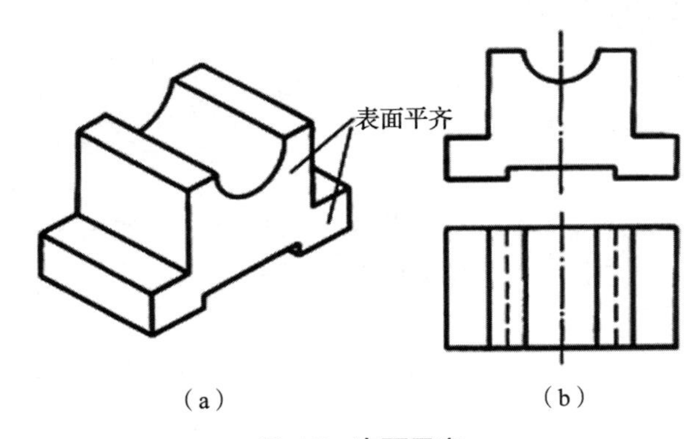

图 5.7　表面平齐

3. 相切

两个形体相切时表面光滑连接，相切处无分界线，在视图上不应该画线。如图 5.8 所示的组合体由耳板和圆筒组成，耳板前、后面与圆柱面相切，无交线，故主、左视图相切处不画线，耳板上表面的投影根据三等关系画至切点处。

4. 相交

两形体表面相交时相交处有分界线，在视图上应画出表面交线的投影。如图 5.9 所示的组合体，其耳板前、后侧面与圆柱面相交，产生交线，故主、左视图应按三等关系画出表面交线的投影。

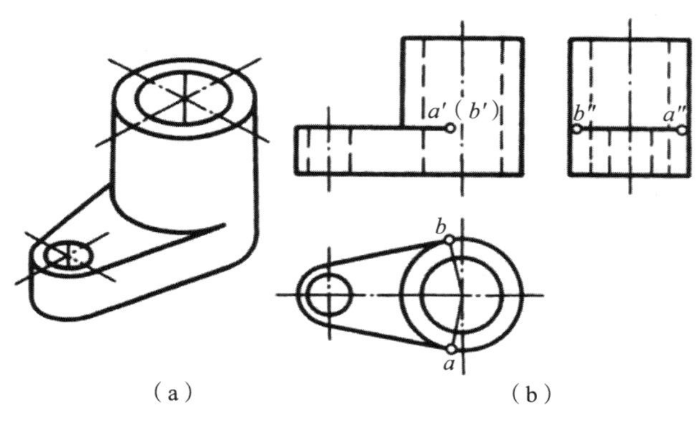

（a）　　（b）

图 5.8　表面相切画法

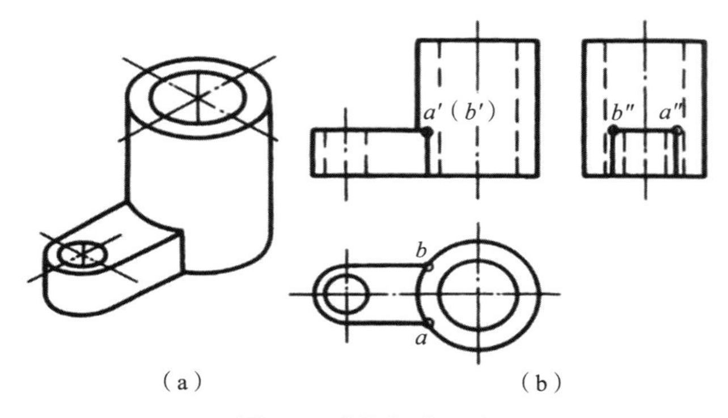

（a）　　（b）

图 5.9　表面相交画法

画组合体三视图时，可以通过形体分析，搞清各组成部分的组合形式及表面连接关系，正确画出组合体三视图。

5.3 组合体三视图的画法

任何复杂的机器零件，都可以认为由若干个基本几何体所组成。按照组合体的结构特点和组成部分的相对位置，划分为若干个基本几何体，再分析各基本几何体之间的特点和画法，然后将它们组合在一起画出视图或想象形状。下面主要介绍组合体三视图的画法。

**第 20 讲
组合体三视图
画法**

5.3.1 叠加型组合体三视图的画法

轴承座在机械工程中应用的场合比较多，主要用来固定和支撑轴承。以如图 5.10 所示的轴承座为例，说明叠加型组合体三视图的画法。

1. 形体分析

画图之前，应先对组合体进行形体分析，了解组合体的形体组成，分析各组成部分的

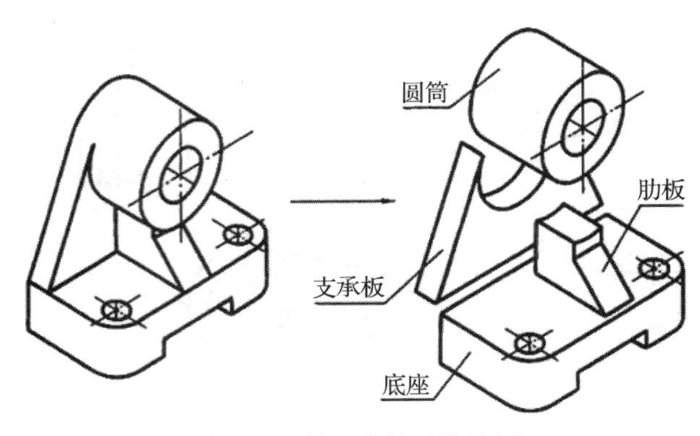

图 5.10　轴承座的形体分析

结构特点、相对位置、组合形式以及各形体之间的表面连接关系，从而对该组合体的形体特点有一个整体的把握。

假设把轴承座分解成底座、圆筒、支承板、肋板四个形体。底座是一个四棱柱，在四棱柱中分割形成一个凹槽、两个带圆弧面及两个圆孔。支承板与肋板放在底座的上面，圆筒放在支承板与肋板上面，各形体左右对称且中心面重合。底座、支承板与圆筒的后面平齐，支承板的左、右侧面与圆筒相切，肋板在支承板的前面与圆筒相交，交线由圆弧和直线组成。

2. 三视图的画法

（1）确定投射方向。

选择反映组合体各组成部分形状和相对位置比较明显的方向作为主视图的投射方向，使平行于物体的主要平面上的投影为实形；同时也要考虑组合体的自然安放位置，并要兼顾另外两个视图表达的清晰性，虚线要尽量少。

如图 5.11 所示为轴承座主视图的选择，在箭头所指的各投射方向中，选择 *A* 向作为主视图的投射方向。选定主视图后，俯视图和左视图也就确定了。

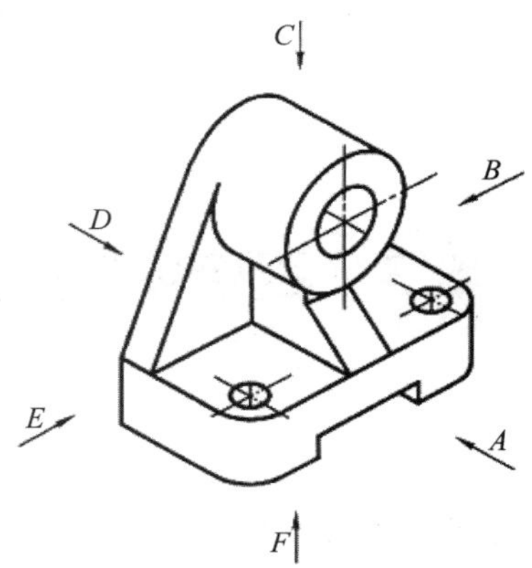

图 5.11　主视图的选择

（2）选比例和确定图幅大小。

确定主视图的投射方向后，再根据实物的大小和复杂程度，选择比例和确定图幅大小。比例的选择要使图形表达清晰，尽可能选用 1∶1 的比例。图幅大小的选择，应充分考虑到绘图所占的面积、标注尺寸的空间及标题栏大小和位置。

（3）作图步骤。

轴承座可看作是叠加型组合体，根据形体分析法，逐个绘制出各基本形体的投影。绘制时应从反映形状特征和位置特征最明显的视图入手，利用三等关系画出两面投影，可避免多线、漏线，还能提高画图效率。切忌画完一个视图再画另一个视图。

画图步骤如下：

1）布置视图：绘制作图基准线，即对称中心线、主要回转体的轴线、底面基准线及重要端面的位置线，如图 5.12（a）所示。

2）画底座：因为底座的水平投影反映实形，所以先画俯视图中底座的外形、圆和凹槽部分，再根据三等关系画出另外两个视图的投影，如图 5.12（b）所示。画图时遵循先画主要部分、后画次要部分，先画大形体、后画小形体的规律。

3）画圆筒：因为圆筒的正面投影反映实形，所以先画主视图中圆筒的外形，再画出另外两个视图的投影，如图 5.12（c）所示。画图时遵循先画圆和圆弧，再画直线的规律。

4）画支承板：因为支承板的正面投影不仅反映实形还体现了圆筒相切的位置，所以先画主视图中支承板的外形，再画另外两个视图的投影，如图 5.12（d）所示。

5）画肋板：先画主视图中肋板的外形，再画出另外两个视图的投影，如图 5.12（e）所示。画图时遵循先画出可见部分，后画不可见部分规律。

6）检查与描深：底稿完成后，认真检查各形体之间表面连接关系及衔接处图线的变化。确认无误后，加深图线，如图 5.12（f）所示。

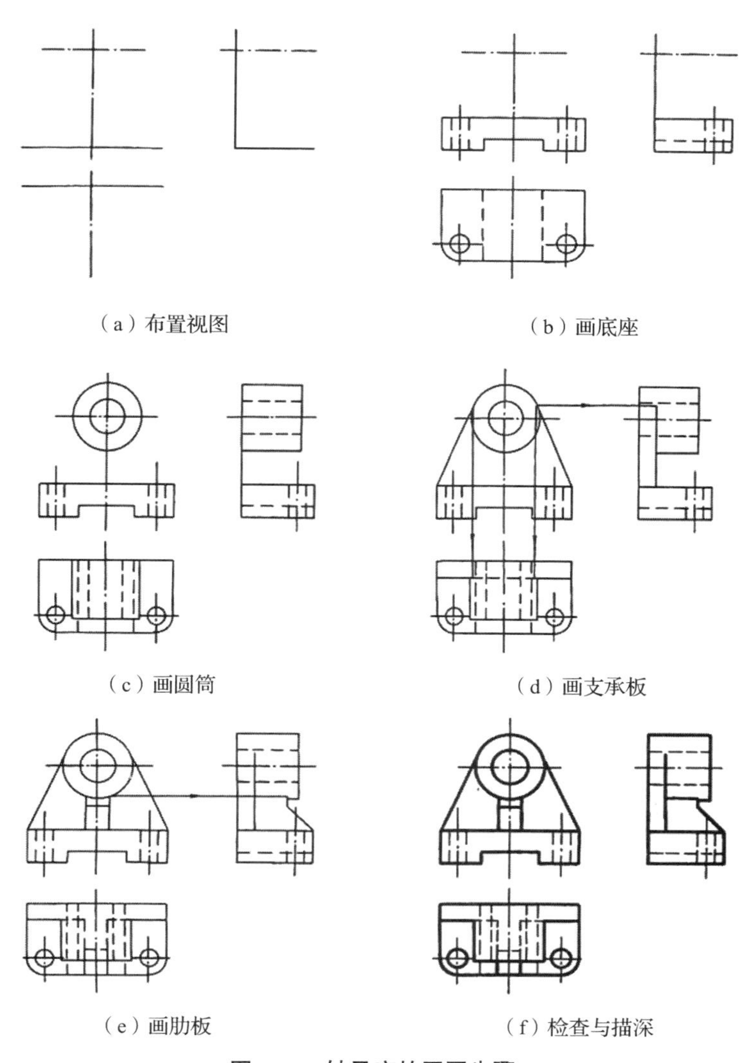

图 5.12　轴承座的画图步骤

5.3.2 切割型组合体三视图的画法

1. 形体分析

切割型组合体可看作一个基本体被切去某些部分后形成的。如图 5.13 所示的组合体可看成是一个四棱柱切去 *A*、*B*、*C*、*D* 几部分后形成的，形体 *A* 为四棱柱，形体 *B* 为四棱台，形体 *C* 为两个相同的四棱柱，形体 *D* 为三棱柱。

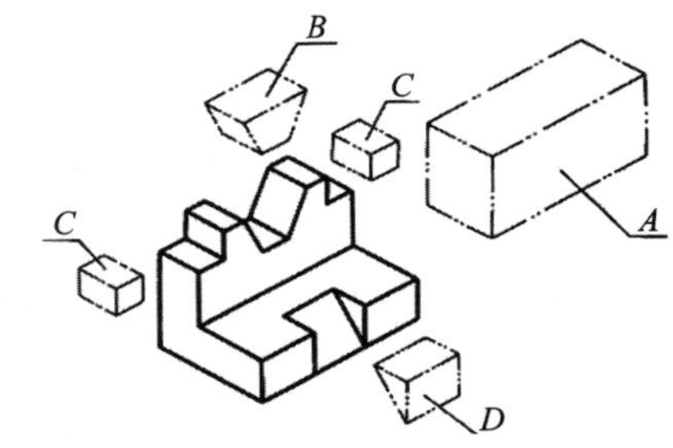

图 5.13 切割型组合体的形体分析

2. 三视图的画法

先画出切割前完整基本体的三视图，再按照切割过程逐个画出被切去部分的三视图。绘图时从反映形状特征明显的视图入手，通过三等关系画出其他两面投影。

画图步骤（见图 5.14）如下：

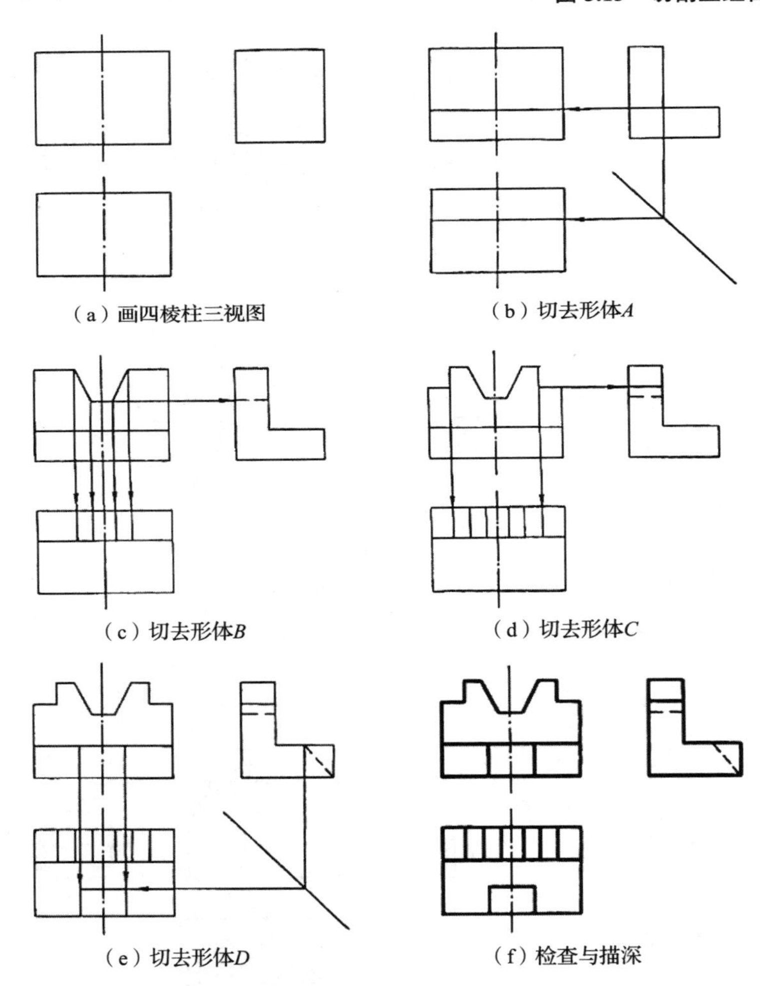

图 5.14 切割型组合体的画图步骤

（1）画四棱柱三视图。

布置视图，绘制作图基准线，画出切割前四棱柱的三视图，如图 5.14（a）所示。

（2）切去形体 *A*。

因为侧面投影图反映了切去形体 *A* 的实形，所以先画出切去形体 *A* 的侧视图，再作另外两个视图，如图 5.14（b）所示。

（3）切去形体 *B*。

正面投影图反映了切去形体 *B* 的实形，因此要先画出切去形体 *B* 的主视图，再作另外两个视图，如图 5.14（c）所示。

（4）切去形体 *C*。

切去形体 *C* 的作法与切去形体 *B* 的作法相同，如图 5.14（d）所示。

（5）切去形体 *D*。

先画出主视图的投影，再作侧视图的投影，最后作俯视图的投影，如图 5.14（e）所示。

（6）检查与描深。

底稿完成后，认真检查各形体之间表面连接关系及衔接处图线的变化。确认无误后，加深图线，如图 5.14（f）所示。

5.4 组合体尺寸标注

5.4.1 组合体的尺寸种类

第 22 讲
组合体尺寸标注

1. 尺寸基准

标注尺寸的起点称为尺寸基准。组合体具有长、宽、高三个方向，每个方向至少应有一个尺寸基准。一般选择组合体的对称平面、底面、重要端面及回转体的轴线等为尺寸基准，同时要考虑测量的方便性。

如图 5.15（a）所示为组合体的尺寸基准，底座的右端面、组合体前后对称平面及底座的底面分别作为长、宽、高三个方向的尺寸基准。选定基准后组合体的主要尺寸应从基准出发进行标注。

如图 5.15（b）所示，以长度方向尺寸基准为起点标注的尺寸有 5、26、32，以宽度方向尺寸基准为起点标注的尺寸有 18、24，以高度方向尺寸基准为起点标注的尺寸有 7、22、31。

2. 定位尺寸

确定组合体各组成部分之间相对位置的尺寸称为定位尺寸。如图 5.15（b）所示，俯视图中的 26、12 分别是底座上两圆孔长度和宽度方向的定位尺寸，即加工时钻孔的位置；左视图中的 22 是立板上的圆孔轴线在高度方向的定位尺寸。当形体的对称面与组合体的对称平面重合或形体之间的接触面平齐时，其位置可直接确定，不需注出定位尺寸，如立板和底座右侧面是平齐的。

3. 定形尺寸

确定组合体各组成部分大小的尺寸称为定形尺寸。长、宽、高、直径等尺寸不同，形状也不同。如图 5.15 所示的组合体由底座、立板和肋板三个形体组成，各部分的定形尺寸如图 5.15（c）所示，包括底座的长 32、宽 24、高 7，两圆孔直径 $\phi6$，圆弧半径 $R6$；立板的长 5、宽 11、18，高 6、24，圆孔直径 $\phi9$；肋板的长 11、宽 4、高 8。

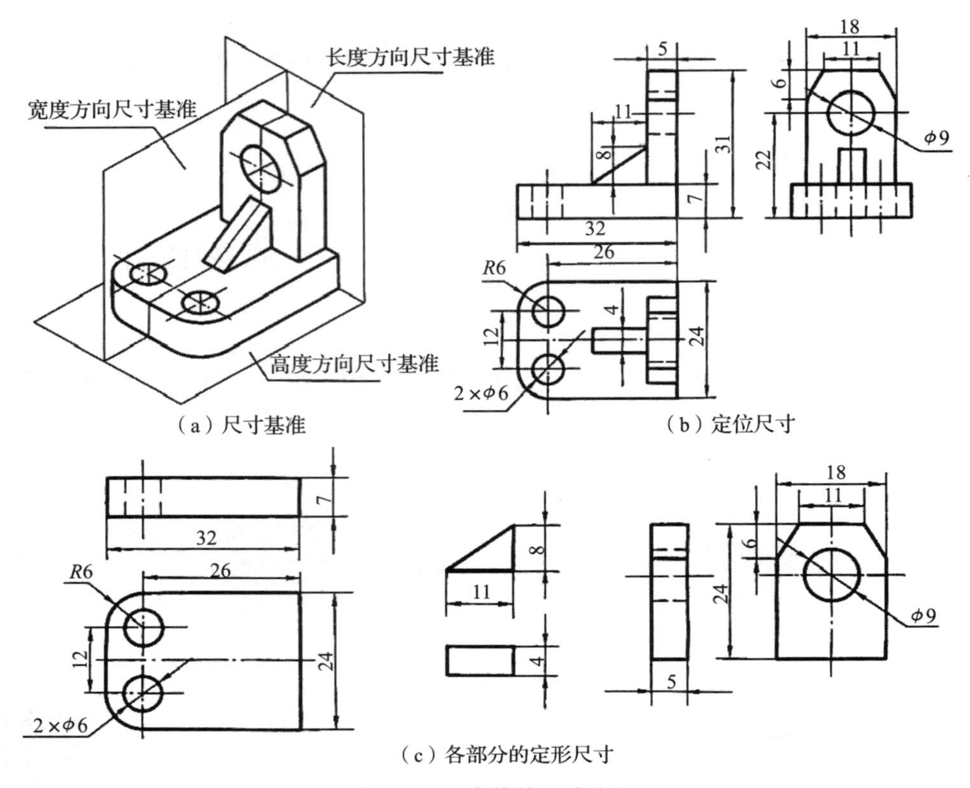

（c）各部分的定形尺寸

图 5.15　组合体的尺寸分析

4. 总体尺寸

确定组合体外形大小的总长、总宽、总高尺寸称为总体尺寸。如图 5.15（b）所示的底座尺寸 32 和 24 既是定形尺寸也是组合体的总长和总宽尺寸，31 为总高尺寸。当标注了组合体的总体尺寸之后，某些定形尺寸可以省略，如标注了总高尺寸 31，则立板的高度尺寸 24 就可以省略不注。

组合体中含有回转体时，通常将总体尺寸注到回转体的轴线位置，而不直接注出总体尺寸，否则会出现重复尺寸，如图 5.16 所示。

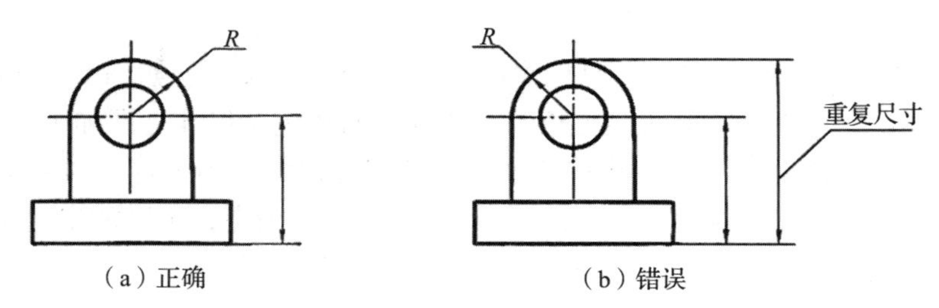

图 5.16　总体尺寸

5.4.2 组合体的尺寸标注

1. 尺寸标注的基本要求

（1）正确标注尺寸应符合国家标准规定。

（2）完整标注的尺寸应能完全确定物体的形状和大小，既不重复，也不遗漏。

（3）尺寸布置要清晰，便于标注和读图。

为便于读图，尺寸标注应注意的事项如下：

1）保证图形清晰，尽量将尺寸注在视图外面。相邻视图的尺寸最好注在两视图之间，如图 5.15（b）所示的 26、32、24、7、31、22、6。

2）同一形体上的定形尺寸和定位尺寸要尽量集中，并标注在反映形体形状特征和位置特征较为明显的视图上。如图 5.15（b）所示，底座的定形尺寸 24、*R*6 及底座上圆孔的定形尺寸 ϕ6 和定位尺寸 12、26 均集中标注在俯视图上；肋板的定形尺寸长 11、高 18 集中标注在主视图上；立板的定形尺寸 11、18、6 和立板上圆孔的定形尺寸 ϕ9、定位尺寸 22 集中标注在侧视图上。

3）圆柱、圆锥的直径一般标注在非圆视图上，圆弧半径应标注在投影为圆弧的视图上，如图 5.17（a）所示的 ϕ12、ϕ15 和 *R*10，而图 5.17（b）中的 *R*10 为错误注法。

4）尺寸尽量避免标注在虚线上，如图 5.17（a）所示的孔径 ϕ7 标注在侧视图上，而不是主视图虚线处。

5）同方向上平行且并列的尺寸，小尺寸在内，大尺寸在外，各尺寸间隔均匀，依次向外分布，避免尺寸界限与尺寸线相交而影响读图，如图 5.17（a）所示的 ϕ12 和 ϕ15。同一方向串联尺寸，箭头应首尾相连，排在同一直线上，如图 5.17（a）所示的 10 和 8。

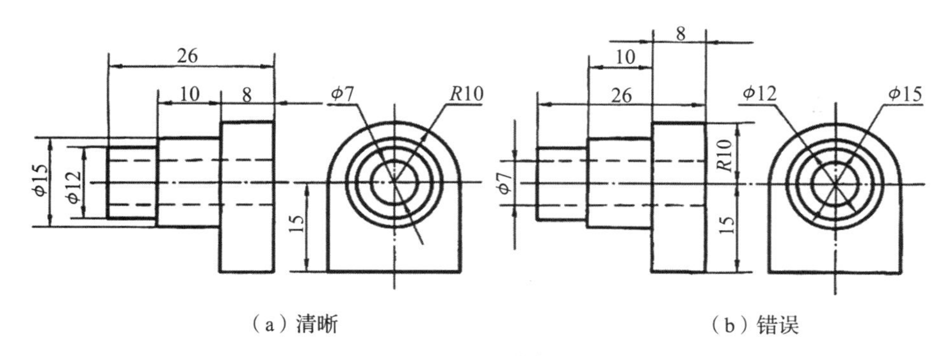

（a）清晰　　（b）错误

图 5.17　尺寸布置

2. 尺寸标注的方法与步骤

标注组合体的尺寸时先进行形体分析，选择尺寸基准，再依次注出定形尺寸、定位尺寸及总体尺寸，最后核对、调整所标注的尺寸。

下面以轴承座尺寸标注为例，说明标注步骤。

（1）对轴承座进行形体分析，如图 5.10 所示。

（2）确定尺寸基准，选择底座底面为高度方向尺寸基准，轴承座的后端面为宽度方向尺寸基准，轴承座对称中心线所在的面为长度方向的尺寸基准，如图 5.18（a）所示。

（3）标注每个形体的定形尺寸和定位尺寸，如图 5.18（b）、图 5.18（c）所示。

（4）标注总体尺寸并核对检查，如图 5.18（d）所示。

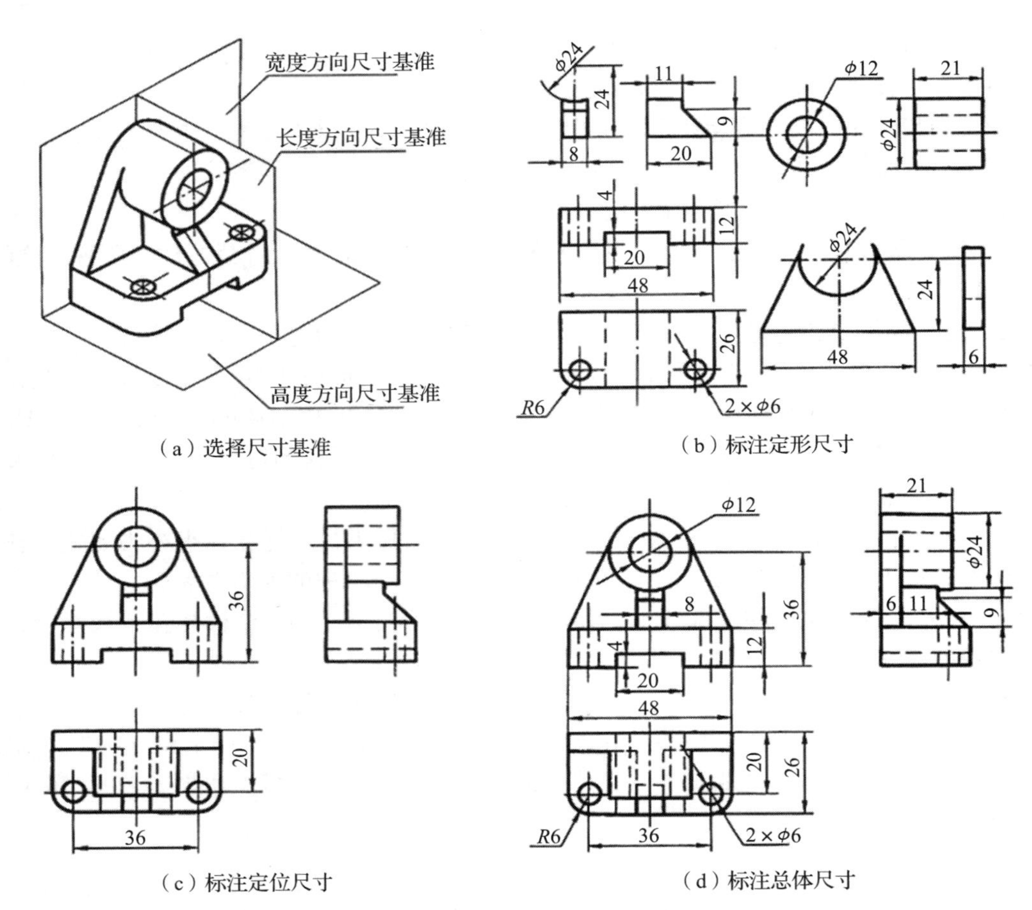

（a）选择尺寸基准　（b）标注定形尺寸

（c）标注定位尺寸　（d）标注总体尺寸

图 5.18　轴承座尺寸标注步骤

5.5 组合体视图的识读

画图是运用正投影法将物体画成视图来表达物体形状的过程，读图是根据组合体的视图想象出空间形体的形状和结构的过程。读图以画图的投影理论为指导，所以掌握读图的基本要领和基本方法是非常重要的。

第 21 讲 组合体三视图的识读

5.5.1 读图的基本要领

1. 将几个视图联系起来进行分析

每个视图都是从物体的某一个方向投射得到的图形，一个视图不能确定物体的形状和基本体间的相对位置。在看组合体视图时只看其中一个视图或者两个视图是不全面的，必须将几个视图联系起来综合分析。

（1）一个视图相同的组合体。

如图 5.19 所示的一组视图中，虽然主视图相同，但是俯视图不同，所表达的物体形状也就不同。

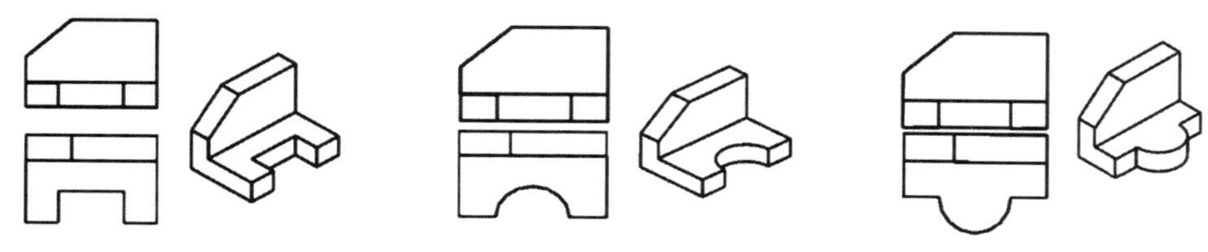

图 5.19　主视图相同的物体

（2）两个视图相同的组合体。

如图 5.20 所示，主、俯视图虽然完全一样，但是联系左视图时就会发现物体的形状有所不同，所表示的物体分别是长方体经过不同的切割得到的。

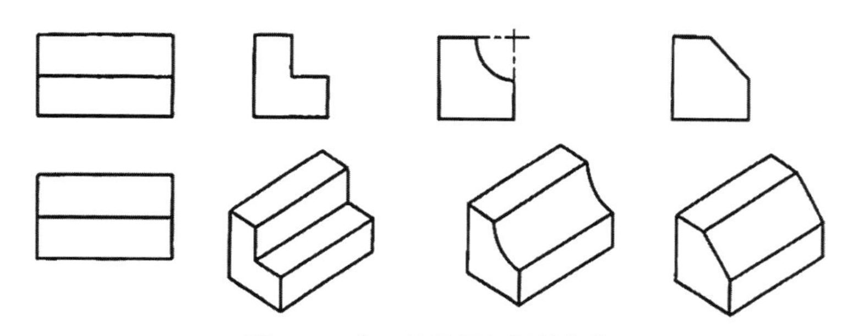

图 5.20　主、俯视图相同的物体

2. 分析视图中图线及线框的空间含义

（1）视图中每条图线的含义，如图 5.21 所示。

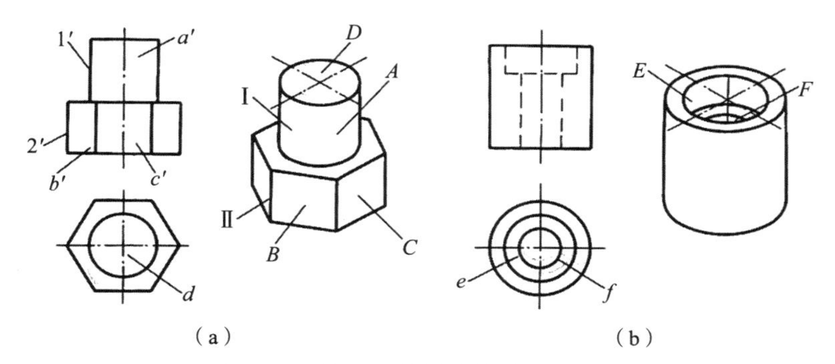

图 5.21　视图中图线及线框的空间含义

1）表示两表面交线的投影，如主视图中的 2′ 表示六棱柱两侧面的交线Ⅱ。

2）表示回转体上转向轮廓线的投影，如主视图中的 1′ 表示圆柱面的最左轮廓素线Ⅰ。

3）表示具有积聚性的投影，如俯视图中六边形的边和圆，分别表示六个侧面和圆柱面的积聚性投影。

（2）视图中每个封闭线框的含义，如图 5.21 所示。

1）一个封闭线框表示物体的一个表面（平面或曲面）的投影，如主视图中的线框 a' 表示圆柱面 A，线框 b'、c' 分别表示六棱柱的 B、C 两个侧面。

2）相邻的两个封闭线框表示物体位置不同的两个面的投影，如主视图中的线框 b'、c' 分别表示六棱柱两个相交的表面 B、C。

3）视图中一个大的线框内所包含的各个小线框，表示在大的平面（或曲面）体上凸、凹的各个小平面（或曲面）体的投影。如图 5.21（a）中俯视图上的线框 d 表示六棱柱上凸起的圆柱，图 5.21（b）中的线框 e、f 表示圆柱体凹槽及圆柱孔。

3. 抓住形状特征视图想形状

最能反映物体形状特征的视图称为形状特征视图。如图 5.22（a）所示，根据主、左视图只能判断该物体大致是一个长方体，不能明确虚线的含义。如果将主、俯视图结合起来看，即使不看左视图，也能想象出物体的形状是圆头的长方体，其上钻有三个圆孔，所以俯视图是该物体的形状特征视图。

用同样的分析方法，如图 5.22（b）所示物体的形状特征视图是主视图，如图 5.22（c）所示物体的形状特征视图是左视图。读图时应抓住物体的形状特征视图，想象物体的形状。

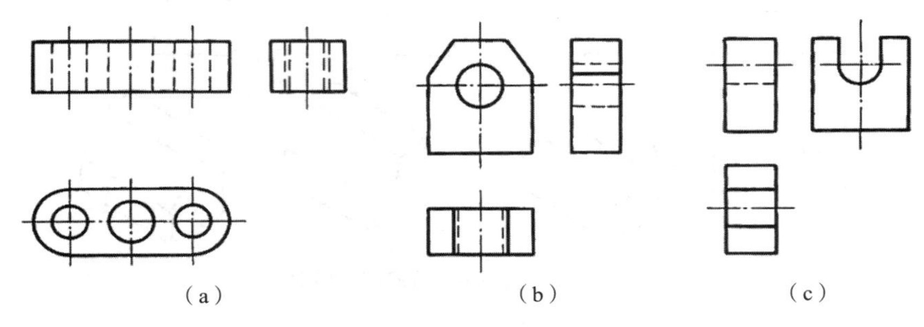

图 5.22　形状特征视图

4. 抓住位置特征视图想位置

反映各形体之间相对位置最为明显的视图称为位置特征视图。如图 5.23（a）所示，通过主视图只能搞清楚形体Ⅰ、Ⅱ的上、下及左、右位置，需结合俯视图才能看出Ⅰ、Ⅱ两个形体必然是一个凸一个凹，却无法判别凸凹是哪一部分，物体可能产生的两种形状如图 5.23（b）或图 5.23（c）所示。

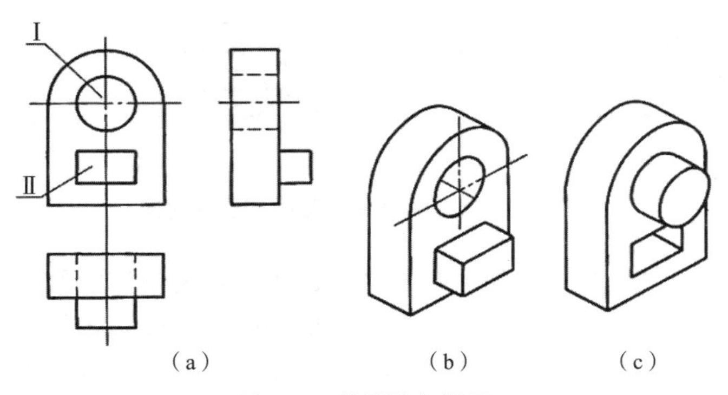

图 5.23　位置特征视图

只有结合左视图，才能确定物体的前后位置关系，形体Ⅰ是凹的，形体Ⅱ是凸的，物体形状如图 5.23（b）所示，因此左视图是该物体的位置特征视图。看图时应抓住物体的位置特征视图，想象形体之间的相对位置。

5.5.2 读图的基本方法

1. 形体分析法

（1）分析视图抓特征。

从特征明显的视图入手，按线框把视图分成几部分，在空间意义上即把形体分成几部分。一般情况下，物体各组成部分的特征并非集中在同一个视图上，有时需要结合其他视图进行分析。通常情况下主视图反映物体的形状特征比较多，可以将物体的各组成部分“分离”出来，分析其形状特征和基本形体间相对位置的特征。

如图 5.24 所示，俯视图反映了形体Ⅰ的形状特征，左视图反映了形体Ⅱ的形状特征，它们之间的相对位置则在主视图中得到体现，因此可将物体分解成两部分。

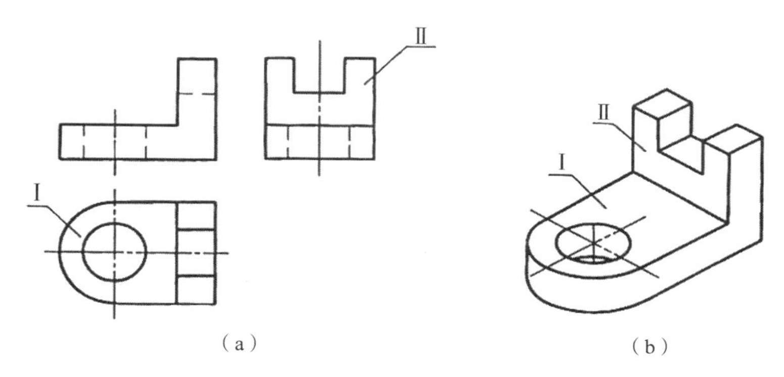

图 5.24　分析视图抓特征

（2）对应投影想形状。

从体现特征的视图出发，依据三等关系，在其他视图中找出对应投影，经过分析并想象出每部分的形状。

（3）按位置想整体。

从物体的位置特征视图入手，根据三视图搞清楚各部分的相对位置、组合形式和表面连接关系等，综合想出物体的完整形状。

例 5.1　读轴承座的三视图。

1）主视图反映形体Ⅰ、Ⅱ的形状特征，左视图反映形体Ⅲ的形状特征，可将轴承座大致分为三个部分，如图 5.25（a）所示。

2）从主视图出发分析形体Ⅰ，根据三等关系找出其他视图中的对应投影，可知形体Ⅰ为长方体上部切掉一个半圆柱，如图 5.25（b）所示。

3）同样的分析方法分析形体Ⅱ，可知形体Ⅱ为两个三棱柱，如图 5.25（c）所示。

4）从侧视图出发分析形体Ⅲ，根据三等关系找出其他视图中的对应投影，可知形体Ⅲ为 L 形板并钻有两个圆柱通孔，如图 5.25（d）所示。

5）综合分析三视图，可知长方体Ⅰ在 L 形板Ⅲ上方，二者的左右对称平面重合；三棱柱Ⅱ在长方体Ⅰ左右两侧；三个形体后面均平齐，其相对位置如图 5.25（e）所示，最终图形如图 5.25（f）所示。

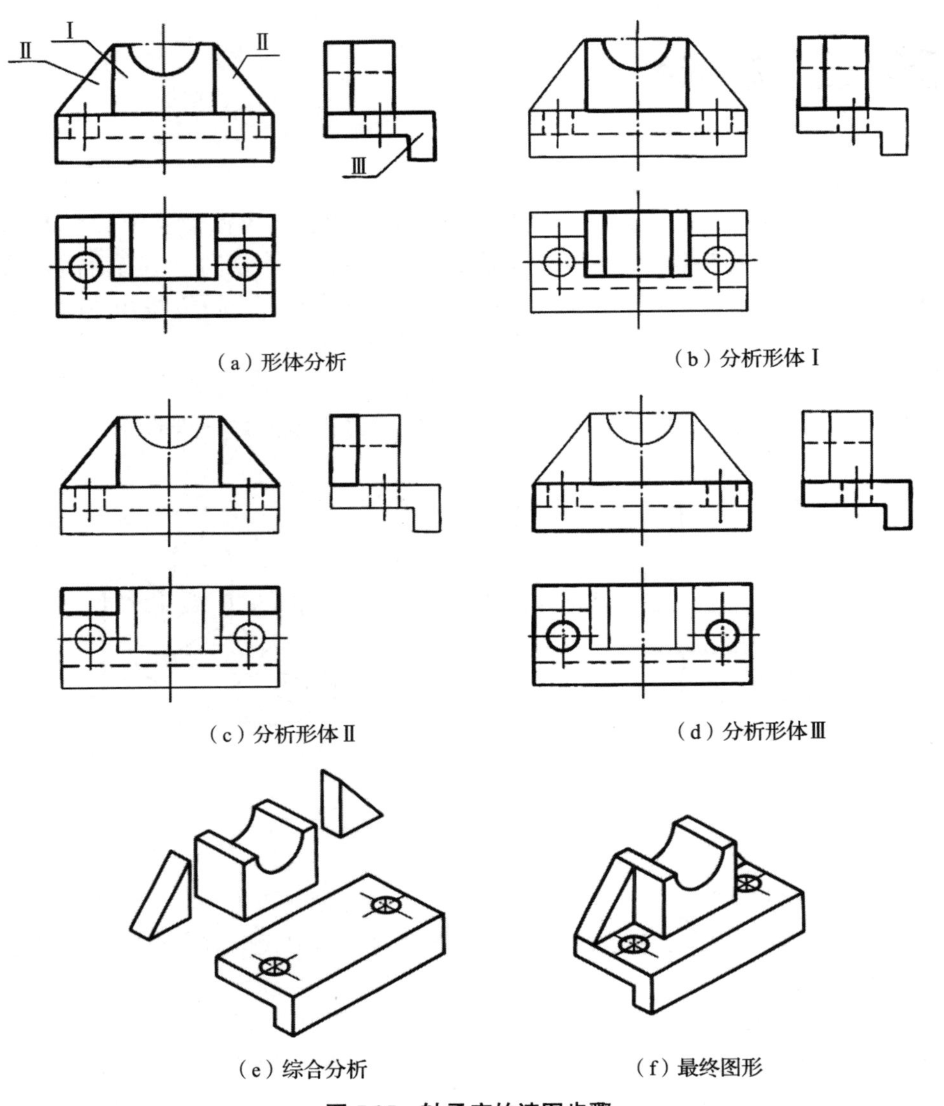

（a）形体分析　（b）分析形体Ⅰ

（c）分析形体Ⅱ　（d）分析形体Ⅲ

（e）综合分析　（f）最终图形

图 5.25　轴承座的读图步骤

因此，采用形体分析法能解决读图时出现的大多数问题，对于局部复杂的投影需借助线面分析法逐一分析线、面来认识物体。

2. 线面分析法

通过对形体上各线、面形状和位置的分析想象出形体结构的读图方法称为线面分析法，常用于切割体的读图。

线面分析法与形体分析法的区别是：形体分析法是从“体”的角度去分析并识读投影图，线面分析法则是从“线”和“面”的角度去分析和读图的。因此，运用线面分析法必须熟练掌握各种线、面的投影特点，以及视图中线框和图线所代表的含义。

以如图 5.26 所示的组合体三视图为例说明采用线面分析法读图的步骤。

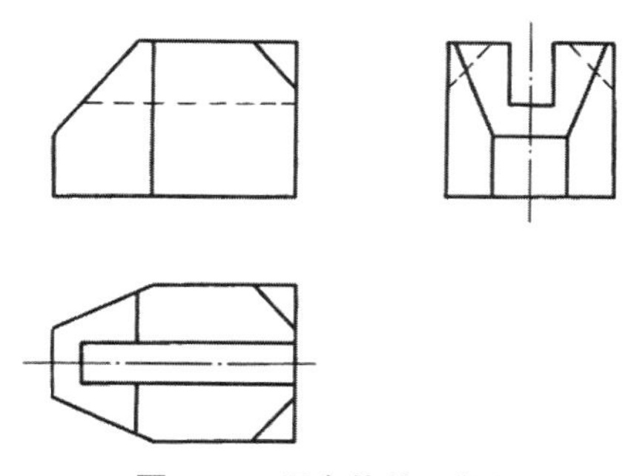

图 5.26 组合体的三视图

（1）确定组合体的形状。

主、俯视图是缺角的矩形，左视图是含有凹槽的矩形，所以该物体的原始形状为长方体。

（2）分析切平面的空间位置。

视图上有明显的切口位置特征，说明物体被特殊位置的平面切割，以此分析被切平面的空间位置。

如图 5.26 所示，主视图左上方的缺角是被正垂面切出的；俯视图左端的前、后缺角是被铅垂面切出的；左视图上方中间的凹槽是被正平面和水平面切出的；三个视图右上方的斜线有待于通过线面分析方法进行深入分析。

（3）读懂切平面的几何形状。

对于一般位置平面，采用点、线的投影分析法。对于特殊位置平面，一般从具有积聚性投影的视图入手，利用三等关系，在其他视图中找出对应的投影，想象出被切平面的几何形状。

如图 5.27（a）所示，主视图中的斜线 p' 是正垂面的积聚性投影，根据正垂面的投影特点即垂直于正面而倾斜于水平面和侧面，在俯视图及左视图中分别找出具有相似性的投影即八边形。

如图 5.27（b）所示，俯视图中的斜线 q 是铅垂面的积聚性投影，根据铅垂面的投影特点即垂直于水平面而倾斜于正面和侧面，在主视图及左视图中分别找出具有相似性的投影即五边形。

如图 5.27（c）所示，左视图中的直线 m'' 是正平面的积聚性投影，根据正平面的投影特点和三等关系，其水平投影也为一直线，再对应出正面投影为梯形。

如图 5.27（d）所示，左视图中的直线 n'' 是水平面的积聚性投影，根据水平面的投影特点和三等关系，其正面投影也为一直线，再对应出水平投影为四边形。

如图 5.27（e）所示，主视图中右上方的斜线，借助点的投影分析，在三个视图都能找出相似的三角形，得知该切面为一般位置平面，且在物体的右上方，前、后对称地切出两个角。

（4）想象出整体形状。

搞清楚各面的空间位置及几何形状之后，还要对各被切平面之间的相对位置及细节作进一步的分析，综合想象出物体完整的形状，如图 5.27（f）所示。

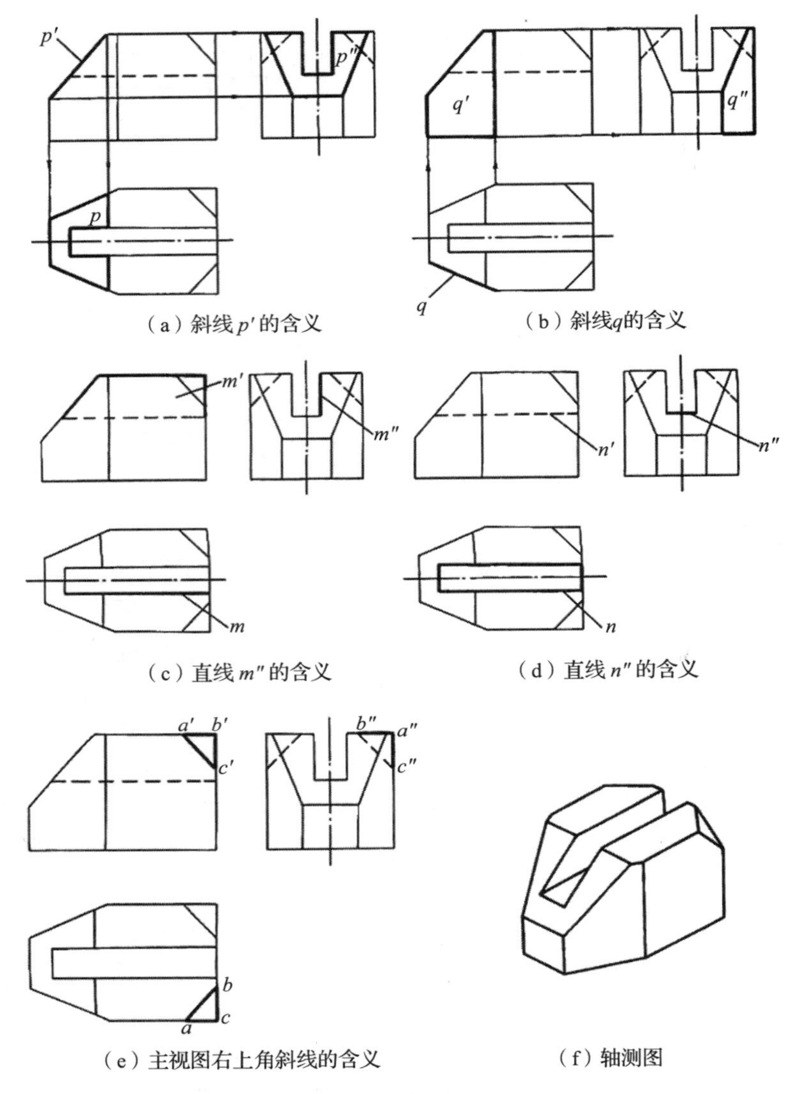

（a）斜线 p′ 的含义　（b）斜线q的含义

（c）直线 m″ 的含义　（d）直线 n″ 的含义

（e）主视图右上角斜线的含义　（f）轴测图

图 5.27　组合体的线面分析

通过以上分析可知，读图时以形体分析法为主，分析物体的大致形状与结构，以线面分析法为辅，分析视图中难以看懂的图线与线框，要将两者有机地结合在一起。

5.5.3 补画视图举例

由已知的两个视图补画第三个视图，或补画视图中所缺的图线，是提升读图和画图能力及检验是否看懂视图的一种有效手段，也是培养空间想象能力的有效途径。

1. 补画视图中的漏线

补画视图中的漏线，可利用形体分析法和线面分析法，在已知视图的基础上补全图中遗漏的图线，使视图表达完整、正确。

常见的漏线类型如下：

（1）某结构在视图上的投影线。

（2）两形体被切割时产生的交线。

（3）两形体不共面叠加时的分界。

（4）两形体相贯时产生的交线。

例 5.2 已知支座的三视图，补画主、左视图中的缺线，如图 5.28（a）所示。

分析：支座可以看成由底板Ⅰ和圆柱体Ⅱ两部分组成。

作图步骤：

（1）从俯视图中可知，圆柱底板Ⅰ的前后各有一方槽，中间有一圆孔，所以需补画出在主视图与左视图中相对应的图线，如图 5.28（b）所示。

（2）从俯、左视图中可知，圆柱Ⅱ前后分别有一个正平面的切口，需补全主视图中的切口图线；又因圆柱体Ⅱ有一通孔，所以必须补画出左视图中的通孔虚线，如图 5.28（c）所示。

（3）补画完成，全面检查物体的形状，查漏补缺，去掉多余的图线，确认无误，描深图线，如图 5.28（d）所示。

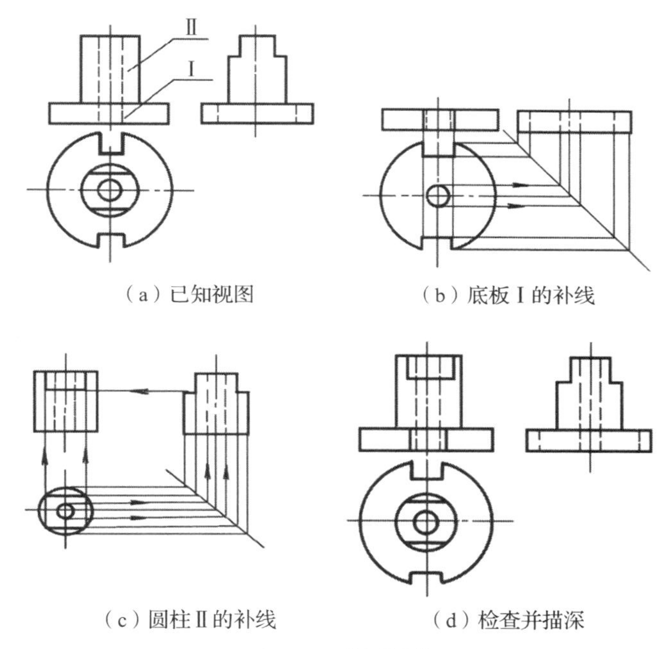

（a）已知视图　（b）底板Ⅰ的补线

（c）圆柱Ⅱ的补线　（d）检查并描深

图 5.28　补画漏线

2. 补画第三视图

补画第三视图实质是读图与画图的综合训练，主要方法是形体分析法。由已知的两个视图补画第三视图时需根据每一封闭线框的对应投影，按照基本几何体的投影特性想出已知线框的空间形体，从而补画出第三视图投影。对于搞不清的部分，可以运用线面分析法，补画出其中的线条或线框，从而正确补画第三视图。

补图的一般顺序是先画外形、再画内腔，先画叠加部分、再画挖切部分，从而完成整个物体的第三视图。

例 5.3 已知主视图和俯视图，补画左视图，如图 5.29（a）所示。

分析：由主、俯视图可知物体由三部分组成，Ⅰ为半圆头的 L 形底板，并有凹槽、圆孔；Ⅱ为圆筒；Ⅲ为带圆孔的拱形柱。形体Ⅱ在形体Ⅰ之上，并与形体Ⅰ上的圆孔同轴，形体Ⅲ在形体Ⅱ左上方并且与之相交，三个形体的前后对称中心面重合。

作图步骤：

（1）利用三等关系，作圆头的 L 形底板Ⅰ的左视图，如图 5.29（b）所示。

（2）利用三等关系，作圆筒Ⅱ的左视图，如图 5.29（c）所示。

（3）利用三等关系，作带圆孔的拱形柱Ⅲ的左视图，如图 5.29（d）所示。

（4）全面检查，查漏补缺，去掉多余的图线，确认无误，描深图线。

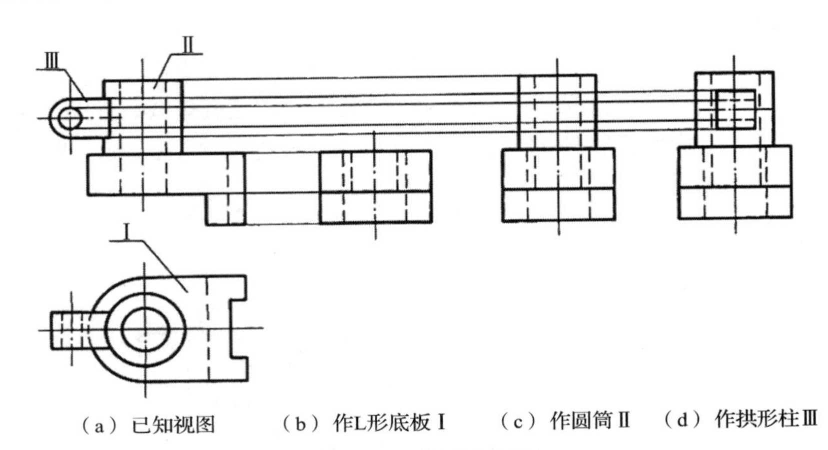

（a）已知视图　（b）作L形底板Ⅰ　（c）作圆筒Ⅱ　（d）作拱形柱Ⅲ

图 5.29　补画左视图

思考题

1. 三视图是如何形成的？
2. 三视图之间的位置关系是怎样的？
3. 三视图间的投影关系及方位关系是什么？
4. 组合体的表面连接关系有哪些？画图时应注意哪些问题？
5. 什么是组合体的形体分析法？
6. 如何确定主视图的投射方向？
7. 简述绘制组合体三视图的方法与步骤。
8. 叠加型组合体与切割型组合体的画法有什么不同？
9. 组合体的尺寸种类有哪些？
10. 组合体尺寸标注的基本要求是什么？
11. 读图的基本要领是什么？
12. 简述用形体分析法读图的方法与步骤。
13. 简述用线面分析法读图的方法与步骤。
14. 如何补画漏线？
15. 如何补画第三视图？

单元 6　机件常用的表达方法

学习目标

1. 掌握机件外形的表达方法。
2. 掌握机件内形的表达方法。
3. 掌握机件断面形状的表达方法。
4. 掌握机件局部放大图的表达方法。
5. 掌握简化画法，了解第三角投影法。

学习重点与难点

学习重点： 视图、向视图、局部视图、剖视图、局部放大图的画法。
学习难点： 斜视图、剖视图、断面图的表达。

本章主要讲述机件的各种常用表达方法，如视图、剖视图、断面图的形成和规定画法等。根据机件的特点，选用适当的表达方法，完整、清晰地表示机件形状，力求制图简便。

6.1 机件外形的表达

视图主要用来表达机件的外部结构形状，一般只画出机件的可见部分，必要时才用虚线表达不可见部分。画视图时用粗实线画出机件的可见轮廓，用虚线画出机件的不可见轮廓。

视图分为基本视图、向视图、斜视图、局部视图和旋转视图。

第 23 讲　视图

6.1.1 基本视图

1. 六个基本视图的形成

将物体置于正六面体中，以正六面体的六个面为基本投影面，用正投影法分别向六个基本投影面投射得到的六个视图称为基本视图，分别为主视图、俯视图、左视图、右视图、仰视图、后视图。

六个基本投影面的展开方法：正立面保持不动，其他投影面按箭头方向展开与正立面成同一平面，如图 6.1 所示。

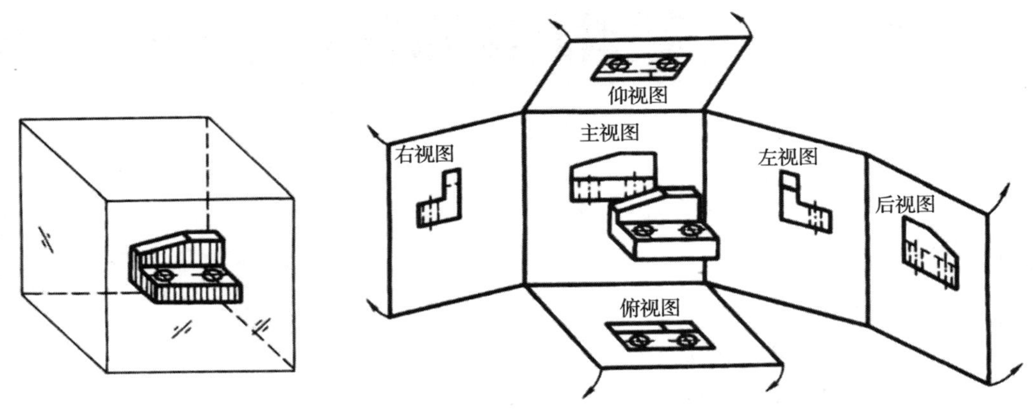

图 6.1　六个基本视图的形成

2. 六个基本视图的配置和投影规律

（1）六个基本视图的配置。

主视图是由前向后投射所得的视图；右视图是由右向左投射所得的视图；俯视图是由上向下投射所得的视图；仰视图是由下向上投射所得的视图；左视图是由左向右投射所得的视图；后视图是由后向前投射所得的视图。

展开后各基本视图的配置关系，如图 6.2 所示。

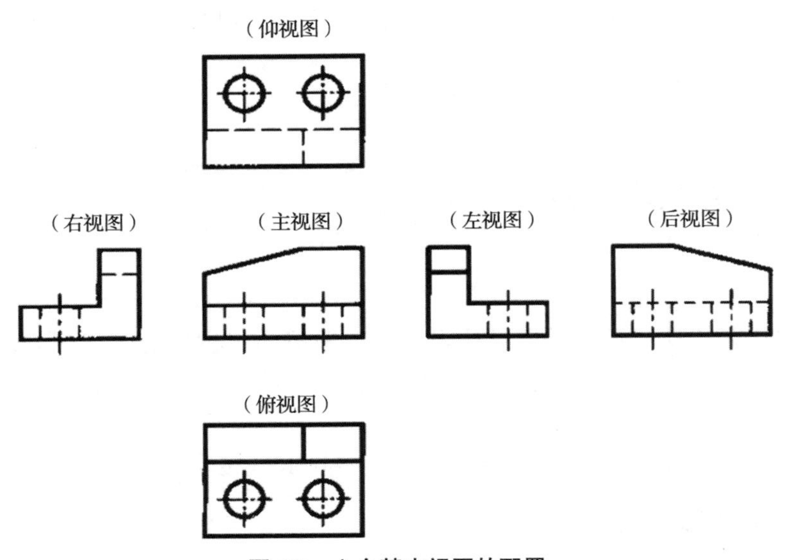

图 6.2　六个基本视图的配置

（2）六个基本视图的投影规律。

六个基本视图之间保持“长对正、高平齐、宽相等”的投影规律，即主、俯、仰、后四个视图等长，主、左、右、后四个视图等高，俯、仰、左、右四个视图等宽。

绘图时根据机件的复杂程度和结构特点选择基本视图，不必将六个基本视图全部绘出。在完整、清晰地表达机件形状和结构的前提下，使视图数量最少，力求绘图简便。

6.1.2 向视图

向视图可以自由配置。基本视图不能按规定的位置进行配置时，可用向视图表达。向视图必须进行标注，在图的上方标注大写拉丁字母“*X*”，用箭头指明投射方向并标注相同的字母。

如图 6.3 所示，主视图上有 *A*、*B*、*C*、*D* 四个投射方向，在 *C* 向视图中还有一个 *E* 的投射方向，共计 *A*、*B*、*C*、*D*、*E* 五个向视图。

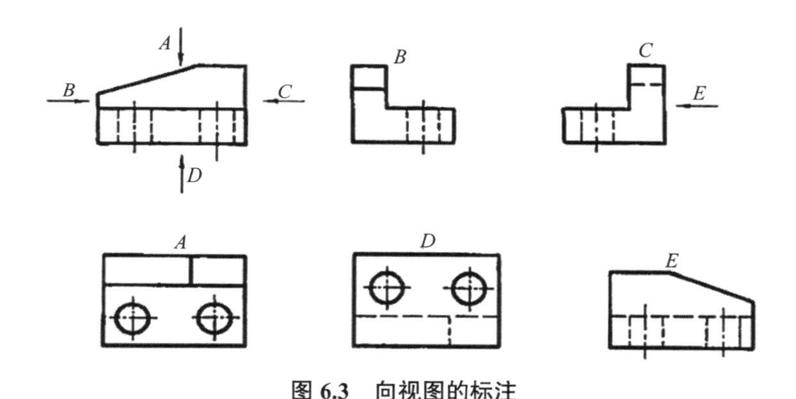

图 6.3　向视图的标注

6.1.3 局部视图

1. 局部视图的定义

局部视图是将机件的某一部分向基本投影面投射得到的视图，常用于表达机件上局部结构的形状，使表达的局部重点突出，形状清晰。

2. 局部视图的表达形式

如图 6.4 所示，画出主、俯两个基本视图后，两侧的凸台和一侧的肋板厚度没有表达清楚，因此要画出 *A* 向和 *B* 向局部视图来表达这两部分的结构。

局部视图常用的两种表达形式如下：

（1）*A* 向视图表达的只是机件某一部分的形状，故需要用波浪线画出断裂边界。

（2）*B* 向视图的外形轮廓呈封闭状态，所表达的局部结构完整，波浪线可省略不画。

3. 局部视图的配置与标注

画局部视图时需要在视图的上方标注名称“ × ”，用箭头标明投射方向，并标注同样的字母。

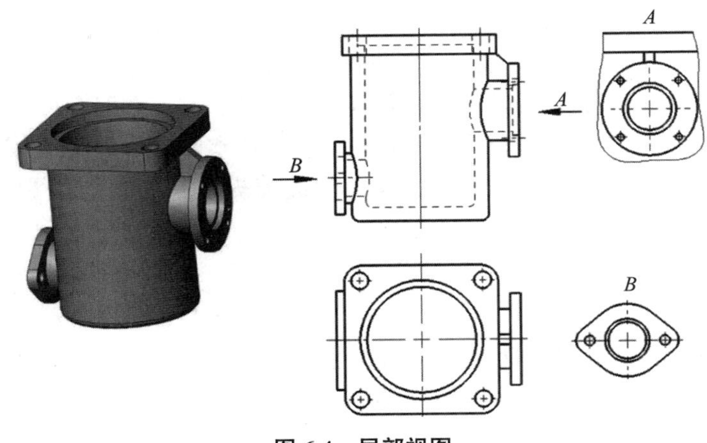

图 6.4　局部视图

为方便看图，局部视图应尽量配置在箭头所指的方向，并与原有视图保持投影关系。有时为了合理布图，也可把局部视图布置在其他适当位置，如图 6.4 所示的 *B* 向视图。

当局部视图按投影关系配置，中间又没有其他图形隔开时，可省略标注。如图 6.5 所示的 *A*、*B* 向视图可省略标注。

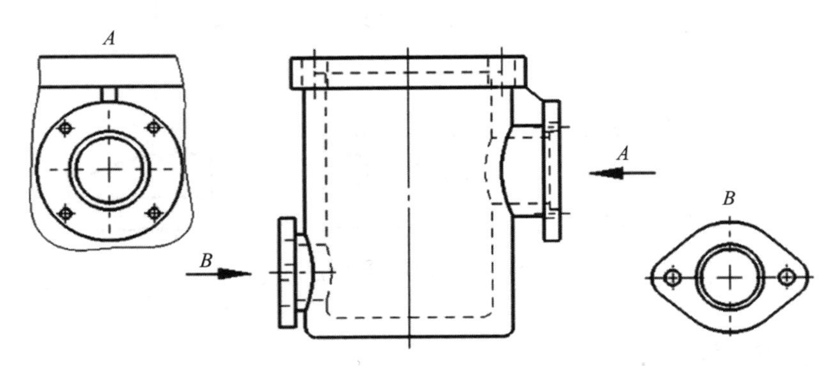

图 6.5　按投影关系配置局部视图

6.1.4 斜视图

1. 斜视图的定义

斜视图是将机件向不平行于任何基本投影面的平面投射所得的视图。斜视图的表达形式和配置关系要符合国家标准规定。如图 6.6 所示的机件，其右上方具有倾斜结构，俯、左视图均不反映实形，给画图和看图带来困难，也不便于标注尺寸，因此可采用斜视图画法。作一个 V_1 投影面，使之平行于机件的倾斜部分，按箭头所示的投影方向在 V_1 投影面上作倾斜部分的投影图，此投影图为斜视图。

2. 斜视图的表达形式

（1）斜视图常用于表达机件上倾斜部分的实形，故机件的其余部分不必全部画出，其断裂边界可用双折线或波浪线断开，如图 6.7 所示。如需要转正，应标注（× ↶ 或 ↷ ×），且旋转角不大于 45°。

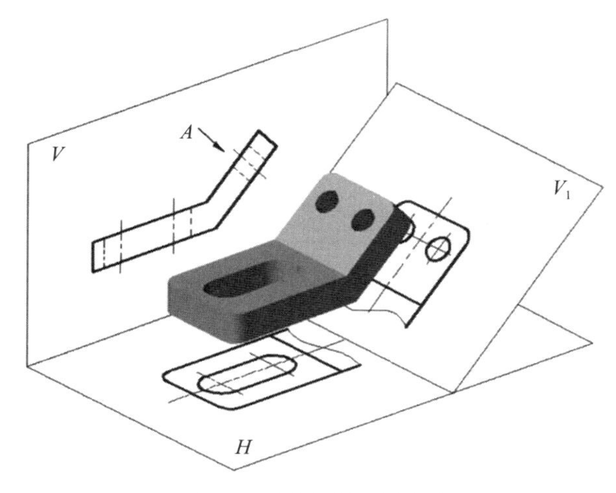

图 6.6　斜视图的投影面

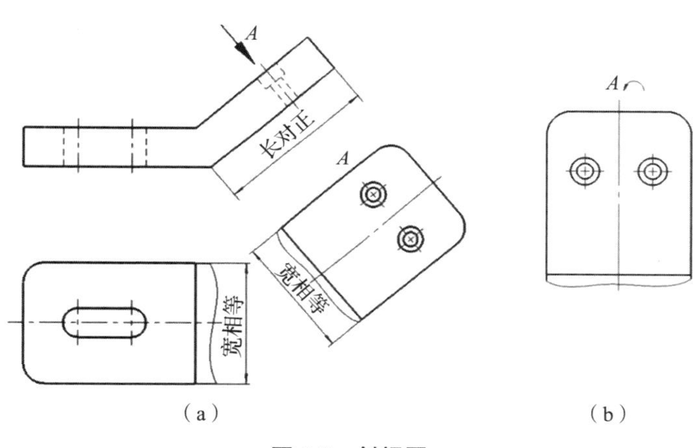

图 6.7　斜视图

（2）斜视图的外形轮廓呈封闭状态，所表达的局部结构完整，波浪线可省略不画，如图 6.8 所示。

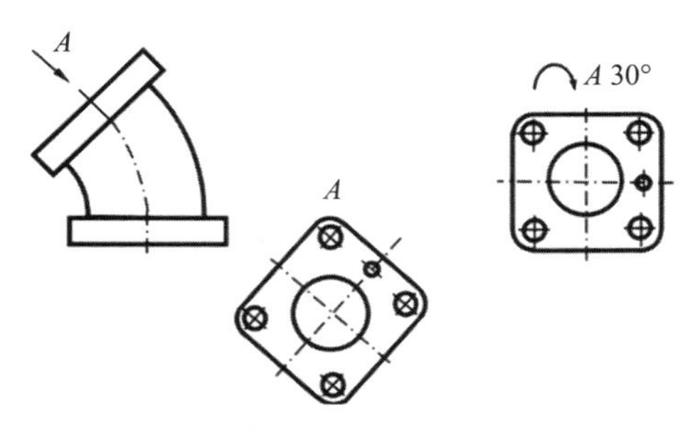

图 6.8　斜视图的外形轮廓完整

3.斜视图的配置与标注

斜视图常按向视图的配置形式配置并标注，必要时允许斜视图旋转配置，此时在斜视图上方需标注旋转符号，旋转符号的箭头端要标注视图名称。视图名称采用大写拉丁字母，也允许将旋转角度标注在字母之后，如图 6.8 所示。

旋转符号的尺寸和比例要符合机械制图的标准规定，如图 6.9 所示。

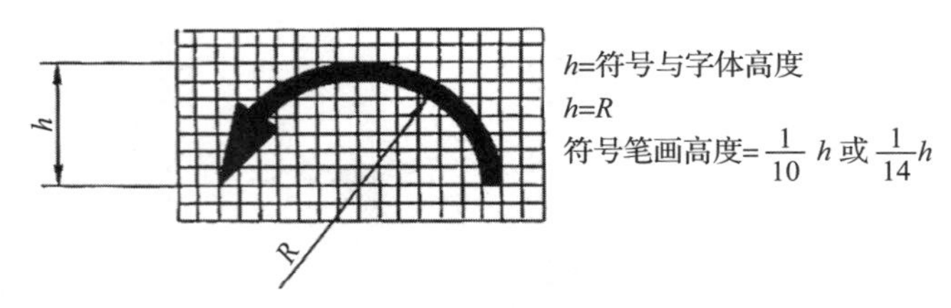

图 6.9　旋转符号的尺寸和比例

6.2 机件内形的表达

根据剖视图的国家标准《机械制图　图样画法　剖视图和断面图》（GB/T 4458.6—2002），当机件内部的结构形状较复杂时视图中会出现较多的虚线，这会影响视图的清晰度，使看图困难，不便于画图和标注尺寸。为清楚地表达机件内部的结构形状，常采用剖视图表达。

第 24 讲
剖视图

6.2.1 剖视图的形成及画法

1. 剖视图的形成

假设用剖切面（平面或曲面）剖开机件，将观察者和剖切面之间的部分移去，其余部分向投影面完全投射所得的图形称为剖视图，简称剖视。剖切面与物体的接触部分称为剖面区域。

如图 6.10 所示，剖切面通过机件的孔且平行于投影面，剖切后在视图中清楚地反映出

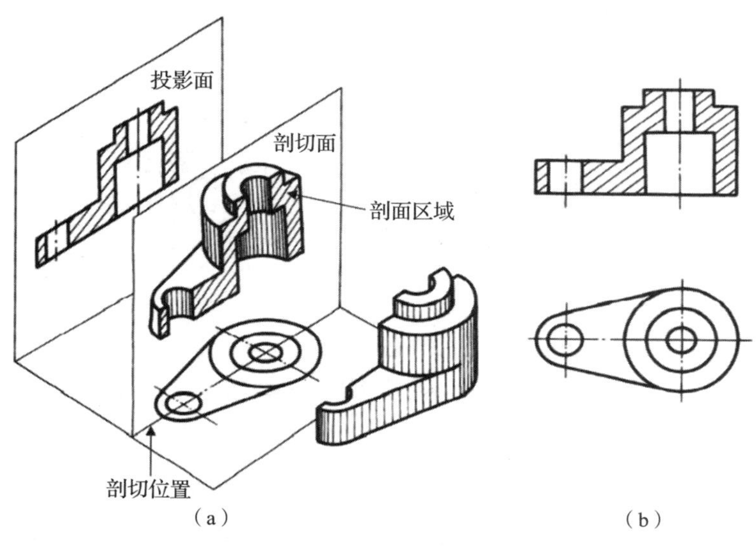

图 6.10　剖视图的形成

台阶孔的直径和深度。剖切后原来不可见的内部结构变成可见的，层次分明，清晰易懂。

2. 剖视图的画法

（1）确定剖切面的位置。

一般用平面剖切机件，平面应通过内部孔、槽等结构的对称面或轴线，且平行或垂直于某一投影面，以使剖切后的孔、槽的投影反映实形。在确定剖切面的位置时要避免产生不完整的结构要素。

（2）画轮廓线的投影。

剖视图中不仅要画出剖切面与机件实体相交的截面轮廓线的投影，还必须画出剖切面与机件接触部分的投影，即剖面区域的投影。

（3）画剖面符号。

在画剖视图时为了区分机件的剖切部分和非剖切部分，在剖切部分即剖面区域中要画出剖面符号。机件的材料不同其剖面符号也不同，当不需在剖面区域中表示材料的类别时可采用通用剖面线。

通用剖面线的画法规定如下：

1）在同一金属材料的零件图中，各剖视图的剖面线应画成间隔相等、方向相同且与主要轮廓线成 45° 的相互平行的细实线。必要时剖面线也可画成与主要轮廓线夹角成适当角度的平行细实线，如图 6.11 所示。

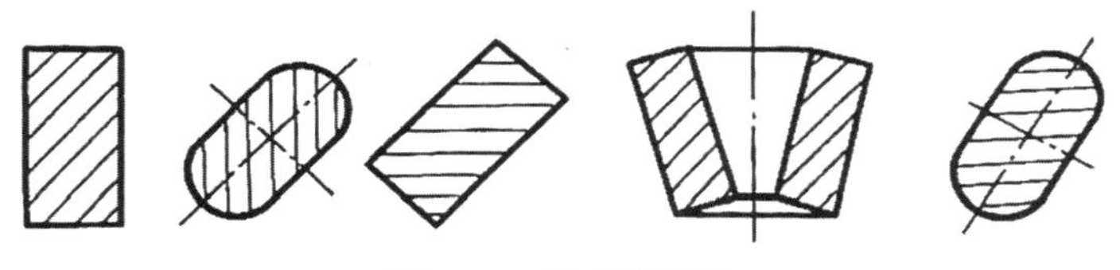

图 6.11　绘制剖面线

2）同一物体的各个剖面区域，剖面线画法应一致。相邻物体的剖面线必须以不同的方向或以不同的间隔画出，如图 6.12 所示。在保证剖面线最小间隔为 0.9mm 的前提下，间隔可按剖面区域的大小进行选择。

3）当同一物体在两平行面上的剖切图紧靠在一起时，剖面线应相同，如图 6.13 所示。

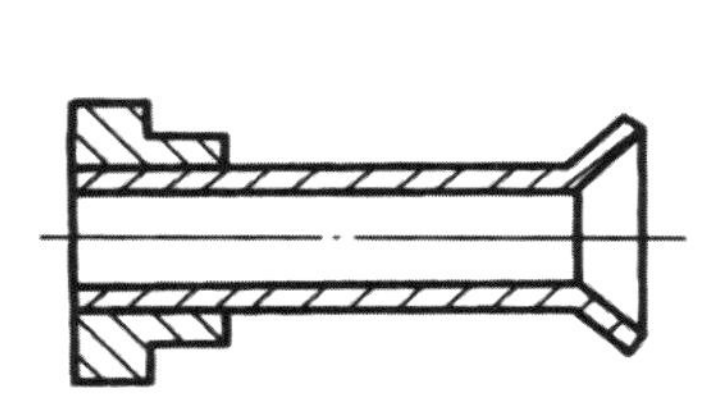

图 6.12　相邻物体的剖面线画法

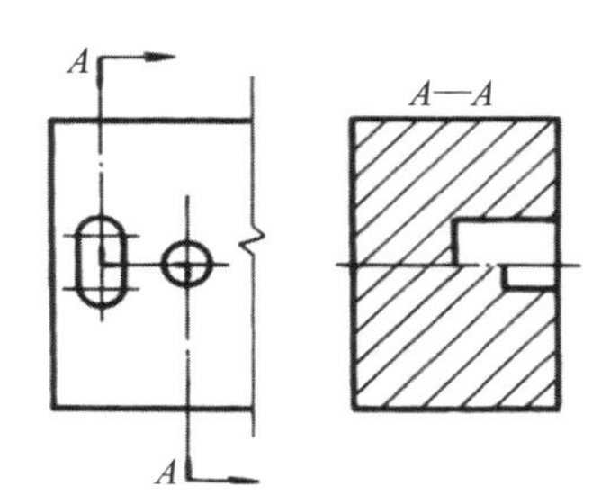

图 6.13　两平行面剖切同一物体时的剖面线画法

4）允许沿着大面积剖面区域的轮廓画出部分剖面线，如图 6.14 所示。

5）在剖面区域内标注有数字、字母时，剖面线必须断开，如图 6.15 所示。

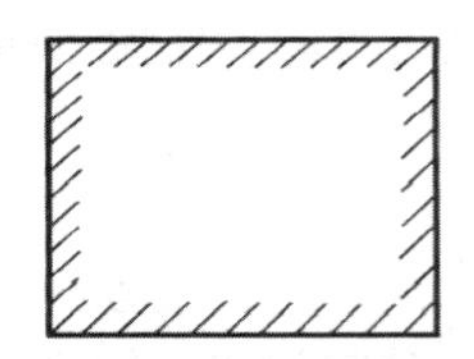

图 6.14　大面积剖面区域的剖面线画法

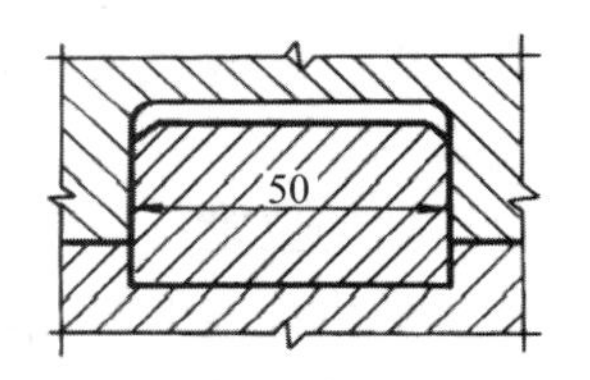

图 6.15　剖面线必须断开的画法

需要在剖面区域中表示材料的类别时应采用特定的剖面符号表示。特定剖面符号由相应的标准确定，必要时也可用图例的方式说明。

特定剖面符号的分类，如图 6.16 所示。

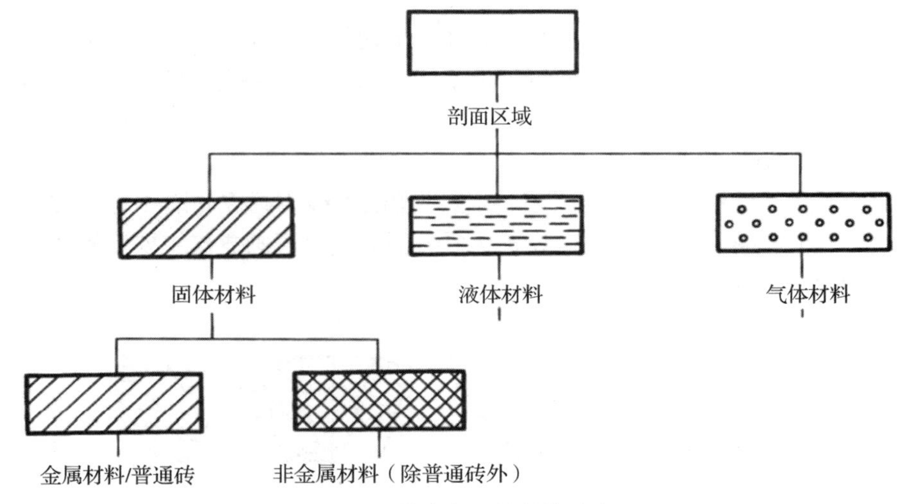

图 6.16　特定剖面符号的分类

国家标准《机械制图　剖面区域的表示法》（GB/T 4457.5—2013）中规定的各种材料的剖面符号，如表 6.1 所示。

表 6.1　各种材料的剖面符号

材料	剖面符号	材料	剖面符号
金属材料（已有规定的剖面符号者除外）		木质胶合板（不分层数）	
线圈绕组元件		基础周围的泥土	
转子、电枢、变压器和电抗器等的叠钢片		混凝土	
非金属材料（已有规定的剖面符号者除外）		钢筋混凝土	

续表

材料		剖面符号	材料	剖面符号
型砂、填砂、粉末冶金、砂轮、陶瓷刀片、硬质合金刀片等			砖	
玻璃及供观察用的其他透明材料			格网（筛网、过滤网等）	
木材	纵断面		液体	
	横断面			

3. 剖视图的标注

机械制图国家标准（GB/T 4458.6—2002）规定了剖视图的标注内容及规则。

（1）剖切符号。

剖切符号是剖切面起、止和转折位置的符号，是表示剖切平面位置的图线，用粗短画线表示（线宽 $1d \sim 1.5d$，长 5 ～ 10mm），细实线箭头表示投射方向，箭头应画在剖切位置线的两端，如图 6.17（a）所示。

（2）剖切线。

剖切线位于两剖切符号之间，是表示剖切面位置的线，即剖切面与投影面的交线，用点画线表示。在剖视图中剖切线可以省略不画，如图 6.17（b）所示。

（3）剖视图名称。

剖视图名称用相同的大写拉丁字母或阿拉伯数字依次注写在剖切符号的附近，一律水平书写，在相应视图的上方或下方注出相同的字母或数字，中间加一横线，形式为“×—×”。如图 6.18 所示为 *A*—*A* 和 *B*—*B* 剖视图。

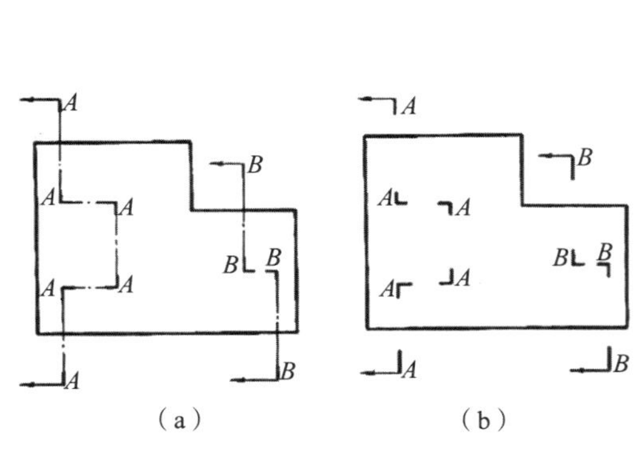

图 6.17　剖视图的标注

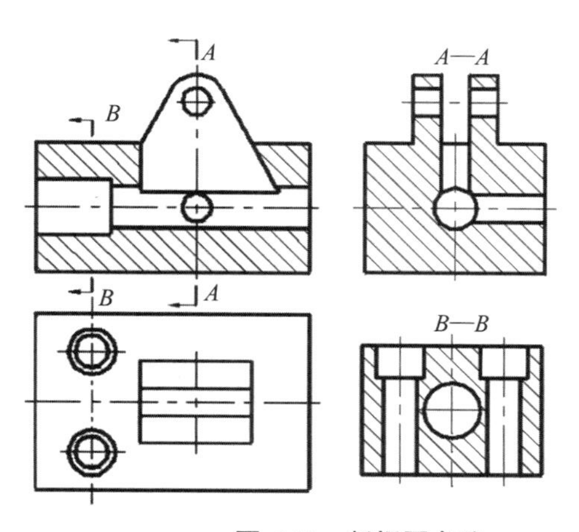

图 6.18　剖视图名称

4. 剖视图的配置

（1）剖视图应尽量配置在基本视图的位置，如图 6.19 所示的 *A—A* 视图。

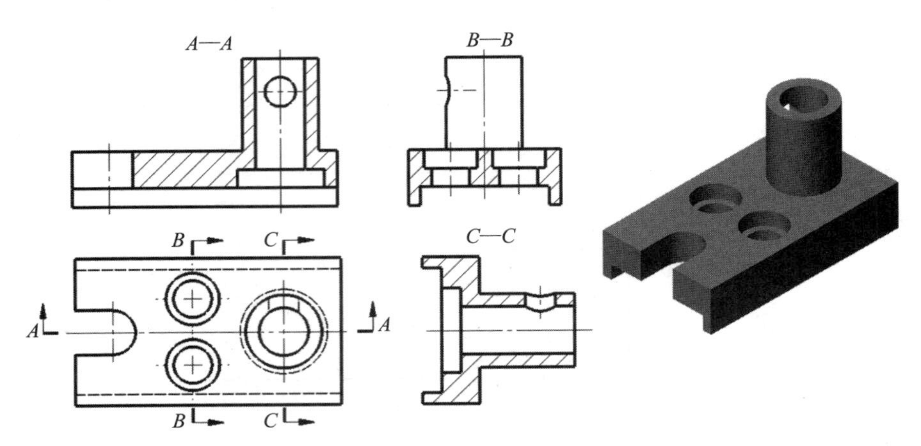

图 6.19　剖视图的配置

（2）当无法配置在基本视图位置时，可按投影关系配置在与剖切符号相对应的位置，如图 6.19 所示的 *C—C* 视图；必要时允许配置在其他位置，如图 6.19 所示的 *B—B* 视图。

（3）剖视图按投影关系配置，中间又没有其他图形隔开时可省略箭头，如图 6.20 所示。

（4）单一剖切平面通过机件的对称平面，且剖视图按投影关系配置，中间又没有其他图形隔开时可省略标注，如图 6.19 所示的 *A—A* 视图。

5. 画剖视图的注意事项

（1）剖视图是假设将机件剖开后画出的，其他视图仍应按完整机件画出。

（2）在选择剖切面时，应使剖切面平行于投影面，且尽量通过机件的对称平面或内部孔、槽等结构的轴线，使内部结构表达清楚。

（3）在剖视图中已经表达清楚的结构，在其他视图中的虚线可省略不画。对无法表达清楚的机件形状结构，虚线一定要保留，如图 6.21 所示。

图 6.20　剖视图标注省略箭头图例　　　　图 6.21　不能省略的虚线

（4）画剖视图时应将剖切面与投影面之间的机件部分的可见轮廓线全部画出，不得遗漏。

6.2.2 剖视图的种类

根据被剖切范围的不同，剖视图可分为全剖视图、半剖视图、局部剖视图三种。

1. 全剖视图

用剖切面完全地剖开机件所得的剖视图称为全剖视图，如图 6.21 所示为主视图的全剖视图。当机件的外部形状简单，内部结构较复杂时，选择通过机件前后对称平面的面为剖切面，将机件完全剖开后向某一个面的平行面投射可得到全剖视图。

全剖视图主要用于表达外形简单或外形在其他视图中已表示清楚，而内部形状复杂的不对称机件或外形简单的对称机件。

2. 半剖视图

机件具有对称平面时，向垂直于对称平面的投影面上投射所得的图形，以对称中心线为界，一半画成剖视图，另一半画成视图，这种表达形式称为半剖视图。

半剖视图能同时反映出机件的内外结构形状，主要用于内外形状都需要表示的对称机件。当机件的形状基本对称，且不对称部分已另有视图表达时，也可画成半剖视图，如图 6.22 所示。

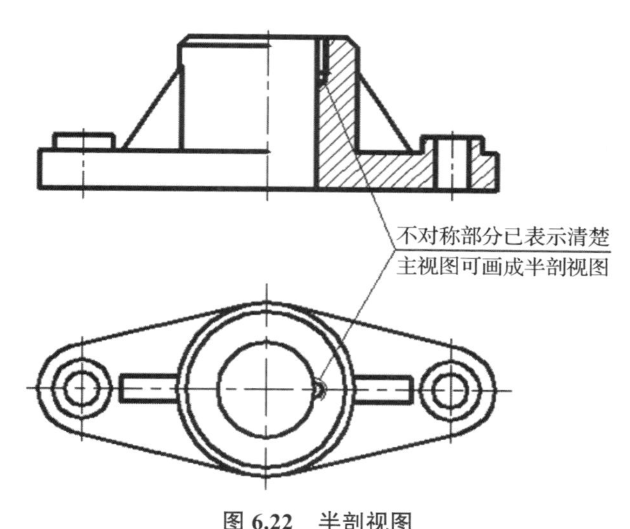

图 6.22 半剖视图

画半剖视图时需要注意的问题如下：

（1）在半剖视图中，一半剖视图与另一半视图的分界线是机件的对称中心线，需用细点画线画出。如图 6.22 所示，主视图半剖视图的分界线是对称中心线。

（2）采用半剖视图表时，表达机件内部形状结构的虚线在半个视图中可以省略，对于孔和槽等需用细点画线表示其中心位置。

（3）半剖视图的标注方法同全剖视图。

3. 局部剖视图

用剖切面局部地剖开机件所得的剖视图称为局部剖视图。局部剖视图的表达方法灵活，用剖视的部分表达机件的内部结构，不剖的部分表达机件的外部形状，常用于需要表达内形的零件，如轴、连杆、手柄等实心零件。

如图 6.23 所示，主视图有两处局部剖，表达了两处孔的内部结构，俯视图有一处局部剖，表达了凸台内孔的结构。

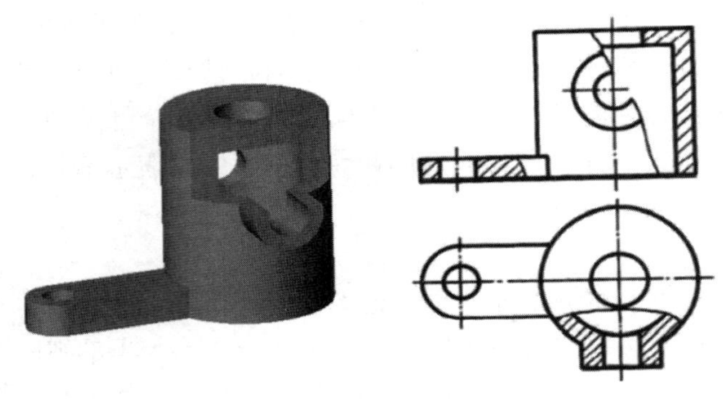

图 6.23 局部剖视图

局部剖视图还用于不宜采用全剖视图和半剖视图的机件，在一个视图中不宜过多使用局部剖，否则会使图形显得凌乱，影响视图清晰度。

当机件的轮廓线与对称中心线重合，且不宜采用半剖视图时可用局部剖视图。例如，图 6.24（a）中的外轮廓线与对称中心线重合，图 6.24（b）中的内轮廓线与对称中心线重合，因此主视图适合采用局部剖视图。

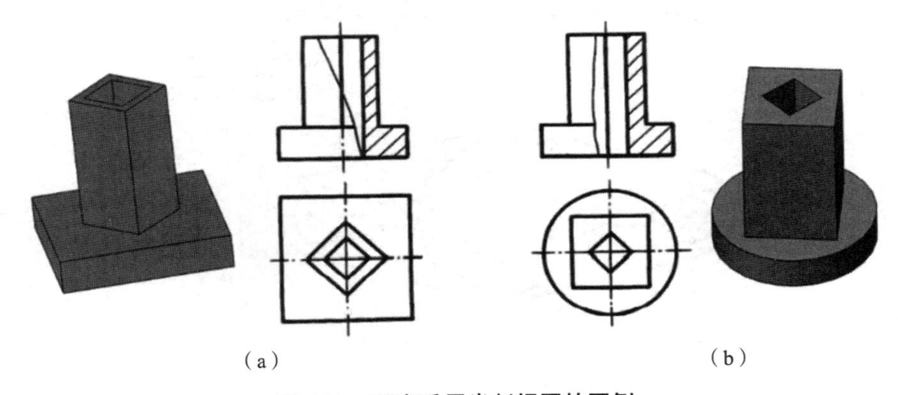

图 6.24 不宜采用半剖视图的图例

画局部剖视图时需要注意的问题如下：

（1）局部剖视图用波浪线表示剖视部分与视图部分的分界线。波浪线应画在机件的实体上，不能超出实体轮廓线，不能与图样上其他图线重合，也不能画在机件的中空处。如图 6.25 所示为波浪线的错误画法。

（2）剖切面的位置与剖切范围应根据机件表达的需要而定，可大于图形的一半，也可小于图形的一半。

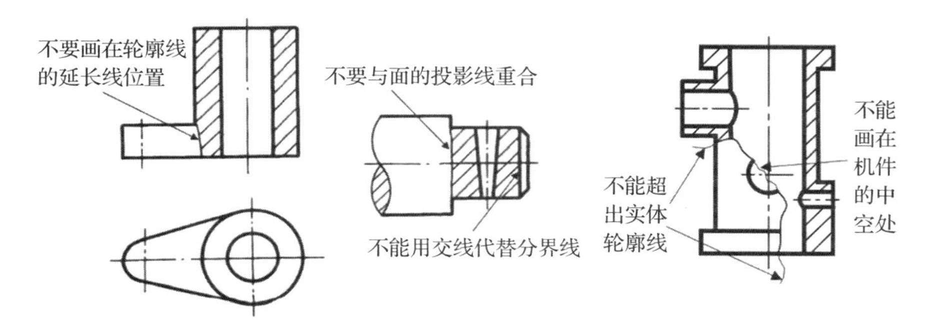

图 6.25　波浪线的错误画法

（3）当被剖切结构是回转体时，可将该结构的回转轴线作为局部剖视图中剖视图与视图的分界线，如图 6.26 所示。

（4）局部剖视图的标注方法与全剖视图基本相同，当单一剖切面的剖切位置明显时局部剖视图的标注可省略。

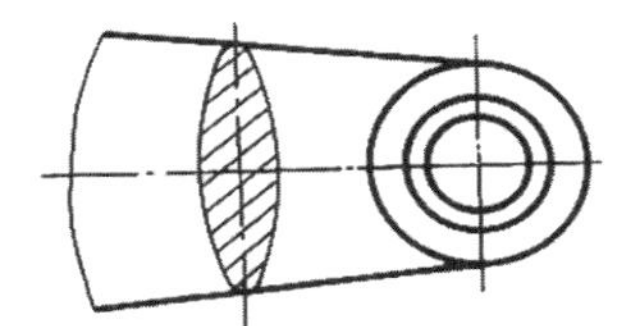

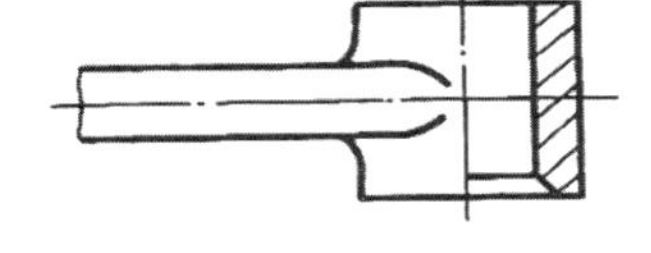

图 6.26　以轴线作为局部剖视图的分界线

6.2.3 剖切面的种类

画剖视图时根据机件内部结构的特点和表达的需要，选用不同的剖切面和剖切方法。

1. 单一剖切面

单一剖切面是用一个与某一基本投影面相平行的平面或曲面剖开机件的方法。如图 6.21 所示的全剖视图、如图 6.22 所示的半剖视图、如图 6.23 所示的局部剖视图都是用单一剖的方法获得的。

2. 几个平行的剖切面

用几个平行的剖切面剖开机件的方法称为阶梯剖，如图 6.27 所示。

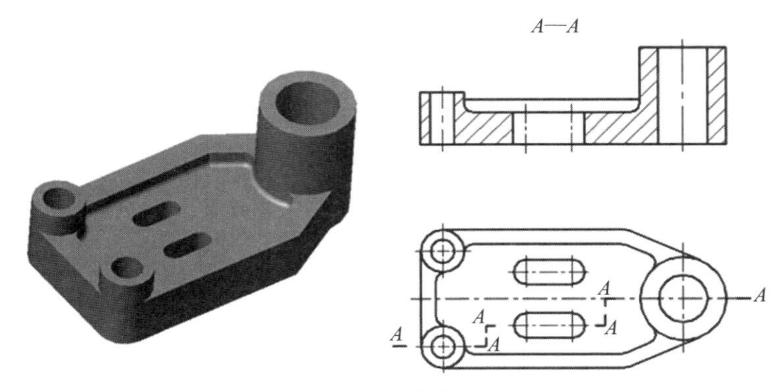

图 6.27　阶梯剖

当机件上有较多孔、槽，且轴线或对称面不在同一平面内，用一个剖切面不可能把机件的内部形状完全表达清楚时可采用阶梯剖。

采用几个平行的剖切面画剖视图时应注意：

（1）在剖视图中不要画出各剖切面转折处分界面的投影。如图 6.28 所示，剖切面转折处是不产生投射线的，不应画线。

（2）要正确地选择剖切面的位置，在剖视图内避免不完整要素的出现。如图 6.28 所示的孔的结构不完整，应调整剖切面的位置，保证孔结构的完整性。

（3）当机件上的两个要素在图形上具有公共对称中心线或轴线时，可各画一半，且应以对称中心线或轴线为界，如图 6.29 所示。

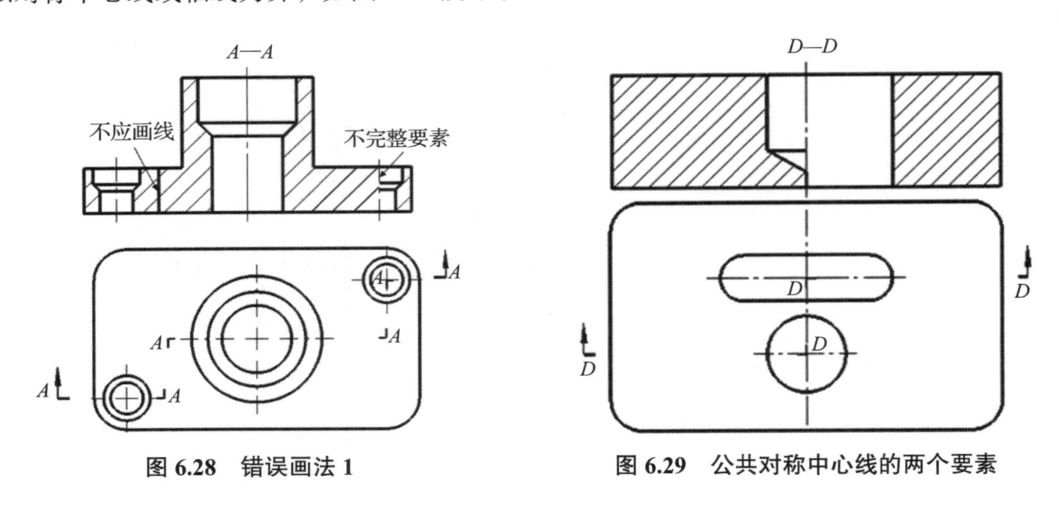

图 6.28 错误画法 1

图 6.29 公共对称中心线的两个要素

（4）剖切符号的转折处不要与视图中的轮廓线重合，如图 6.30 所示的两处剖切位置都与圆的轮廓线重合，这是不允许的。

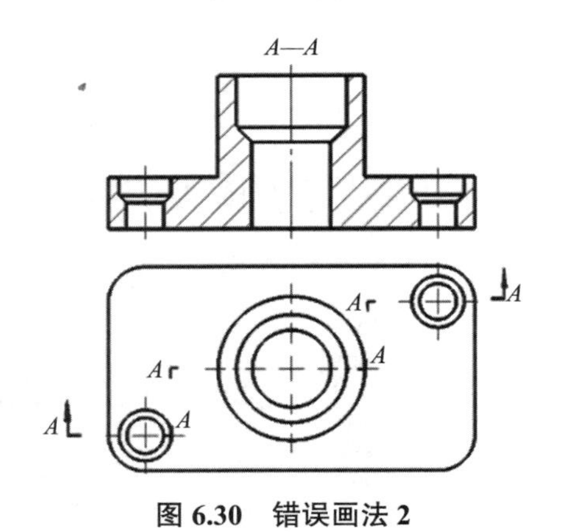

图 6.30 错误画法 2

3. 两个相交的剖切面

使用两个相交的剖切面时必须保证它们的交线垂直于某一基本投影面。先假设按剖切位置剖开机件，把被剖切面剖开的结构及有关部分旋转到与选定的基本投影面平行的位置，再进行投射得到的视图称为旋转剖视图。

如果机件内部的结构形状仅用一个剖切面不能完全表达，且机件具有明显的主体回转轴时可采用旋转剖，如图 6.31 所示。

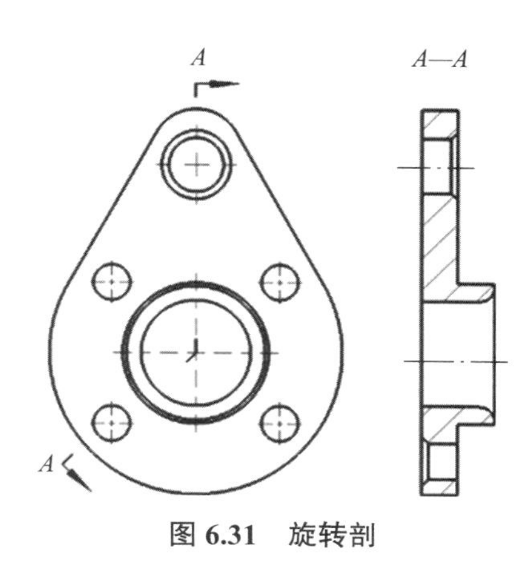

图 6.31　旋转剖

画旋转剖视图时需要注意的问题如下：

（1）用旋转剖画出的剖视图，必须按规定在剖视图的上方标注名称，并在相应视图上用剖切符号和字母标注剖切位置，用箭头指明投射方向。当按投影关系配置，且中间无其他图形隔开时允许省略箭头。

（2）用旋转剖画剖视图时，在剖切面后的其他结构一般仍按原来位置投射，如图 6.32 所示的小油孔投影。

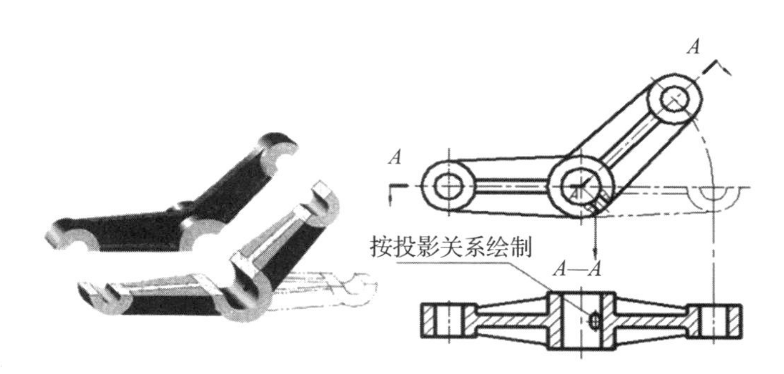

图 6.32　旋转剖后其他结构的投影

（3）当剖切后产生不完整要素时，应将此部分按不剖绘制，如图 6.33 所示的臂板。

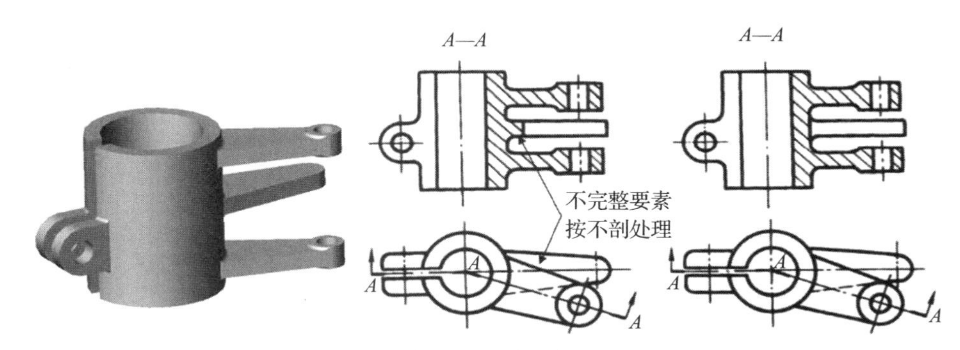

图 6.33　产生不完整要素的旋转剖

（4）对于机件的肋、轮辐及薄壁等，若纵向剖切，则都不画剖面符号，用粗实线将它们与邻接部分分开；若横向剖切，则按剖视绘制，如图 6.34 所示。

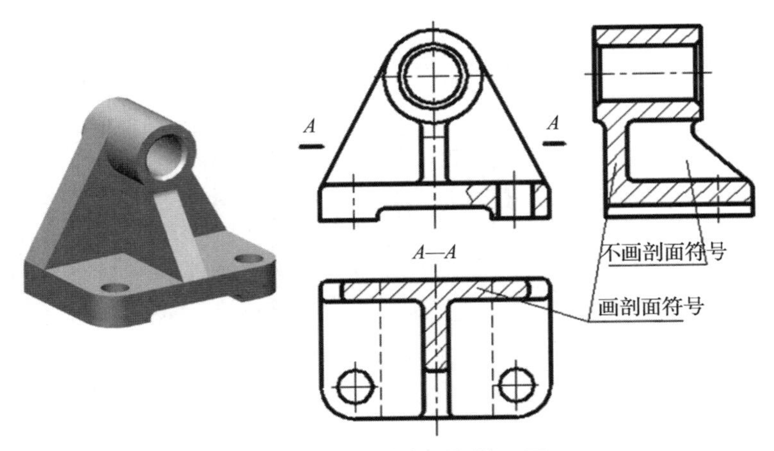

图 6.34　纵、横向剖切的不同

（5）当零件回转体上均匀分布的肋、轮辐、孔等结构不处于剖切面上时，可将这些结构旋转到剖切面上画出，如图 6.35 所示。

（6）两组或两组以上相交的剖切面，其剖切符号相交处用大写字母“*O*”标注，如图 6.36 所示。

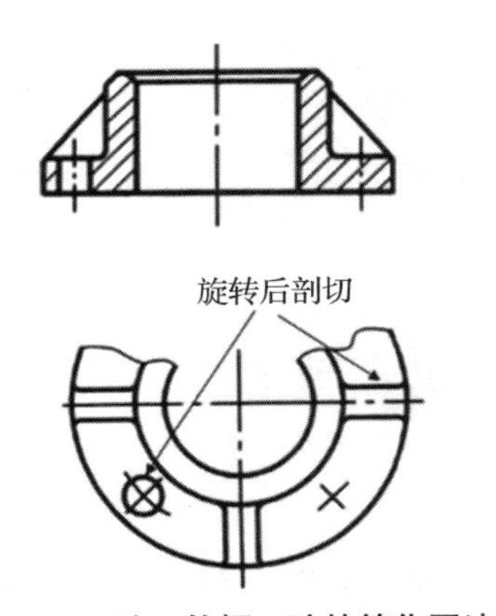

图 6.35　肋、轮辐、孔的简化画法

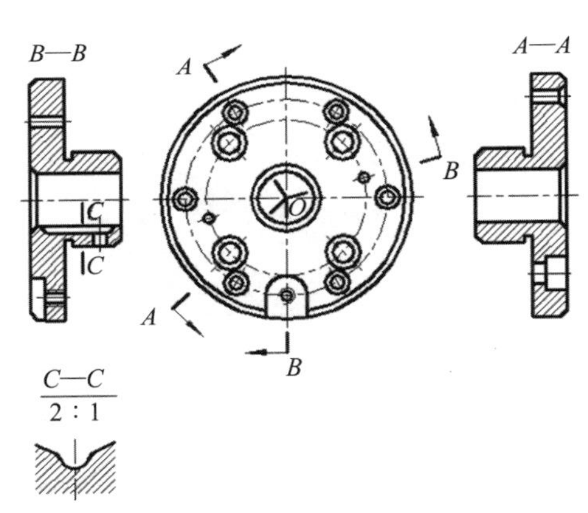

图 6.36　多组剖切平面相交时的标注

6.3　机件断面形状的表达

第 25 讲
断面图

6.3.1　断面图的定义

根据断面图的国家标准（GB/T 4458.6—2002）规定，假设用剖切面将机件的某处切断，仅画出剖切面与机件接触部分的图形，这种表达形式称为断面图，简称断面，如图 6.37（a)、图 6.37（b）所示。

断面图常用来表达机件上某些结构的断面，如键槽、小孔、轮辐及型材、杆件的断面形状，其比视图清晰、比剖视图简便。

断面图与剖视图的区别：断面图只画出断面的投影，而剖视图除画出断面投影外，还要画出断面后面机件留下部分的投影，如图 6.37（c）所示为剖视图。

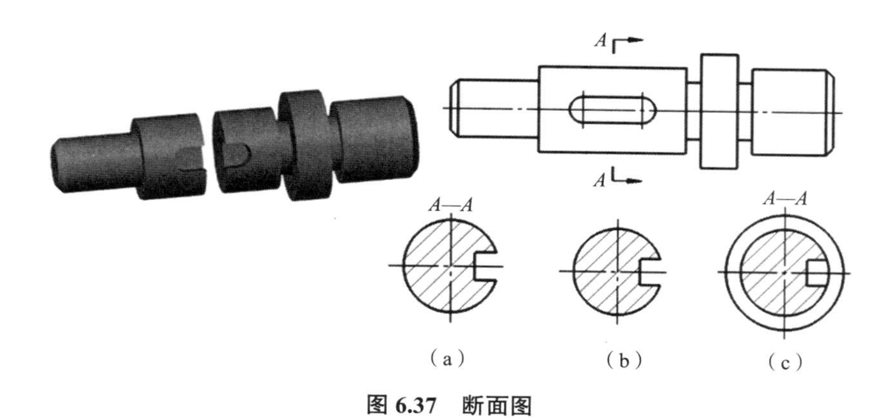

图 6.37　断面图

6.3.2　断面图的种类

断面图分为移出断面图和重合断面图两种。

1. 移出断面图

移出断面图是画在视图外面的断面图，其轮廓线用粗实线绘制，如图 6.37（a）所示。断面图适用于单一剖切面、几个平行的剖切面、两个相交的剖切面和组合的剖切面剖切的情况。

移出断面图的画法规定如下：

（1）移出断面图用剖切符号表示剖切位置，箭头表示投射方向，并标注字母；在断面图的上方用同样的字母标出相应的名称“×—×”，如图 6.37（a）所示。

（2）由两个或多个相交的剖切面剖切所得的移出断面图，中间一般应用波浪线断开，剖切面应与被剖切部分的主要轮廓垂直，如图 6.38 所示。

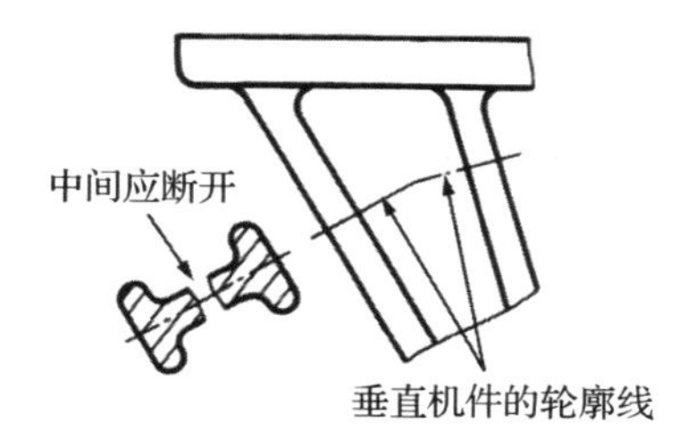

图 6.38　两个相交剖切平面剖切时移出断面图的画法

（3）对称移出断面图配置在剖切延长线上，可不必标注，如图 6.39（a）所示；不对称移出断面图配置在剖切延长线上，可省略字母，如图 6.39（b）所示。

（4）对称移出断面图不配置在剖切延长线上时，可省略箭头，需标注字母，如图 6.40（a）所示；不对称移出断面图没有配置在剖切延长线上时，需进行完整标注，如图 6.40（b）所示。

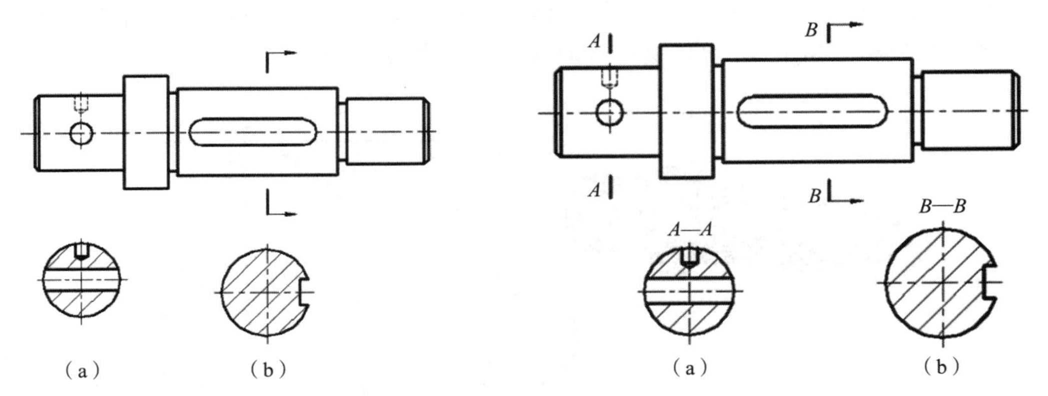

图 6.39　断面图在剖切延长线上的配置　　图 6.40　断面图不在剖切延长线上的配置

（5）断面图形对称时可画在视图中断处，用细点画线表示，剖切符号和字母可省略标注，如图 6.41 所示。

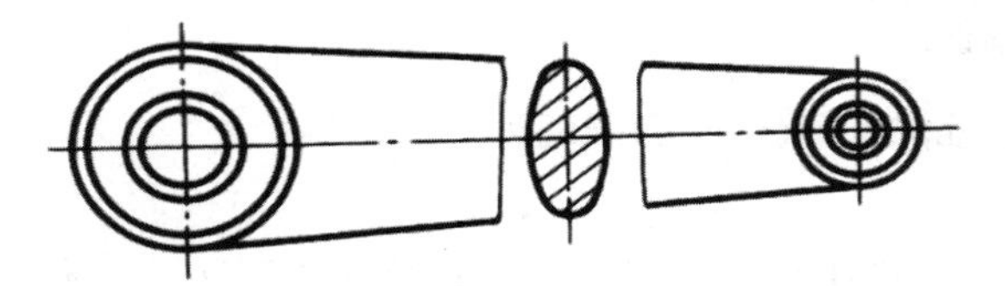

图 6.41　画在视图中断处的移出断面图

（6）当剖切面通过回转而形成的孔或凹坑的轴线时，这些结构需按剖视图要求绘制，如图 6.42（a）所示；当剖切面通过非圆孔，导致出现完全分离的断面时，这些结构按剖视图要求绘制，如图 6.42（b）所示。

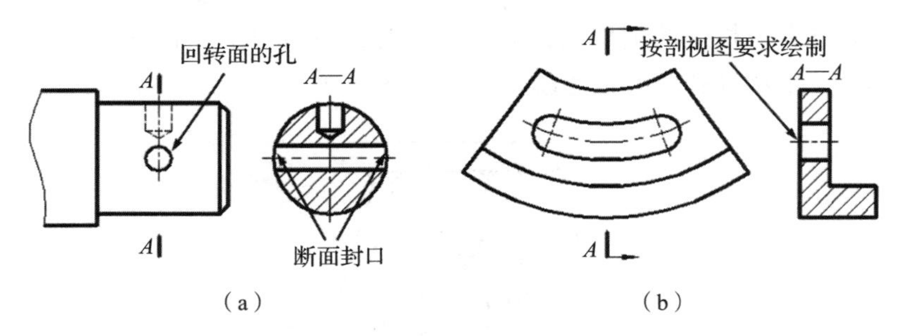

图 6.42　孔和非圆孔的断面图绘制

2. 重合断面图

重合断面图是图形应画在视图之内的断面图，其断面轮廓线用细实线绘制，并加剖面符号。

画重合断面图的规定如下：

（1）配置在剖切符号上的不对称的重合断面图，需标注剖切面位置及投射方向，不必标注字母，如图 6.43（a）所示。

（2）对称的重合断面图省略标注，如图 6.43（b）、图 6.43（c）所示。

（3）视图中的轮廓线与重合断面图重叠时，视图中的轮廓线仍应连续画出，不可断开，如图 6.43（c）所示。

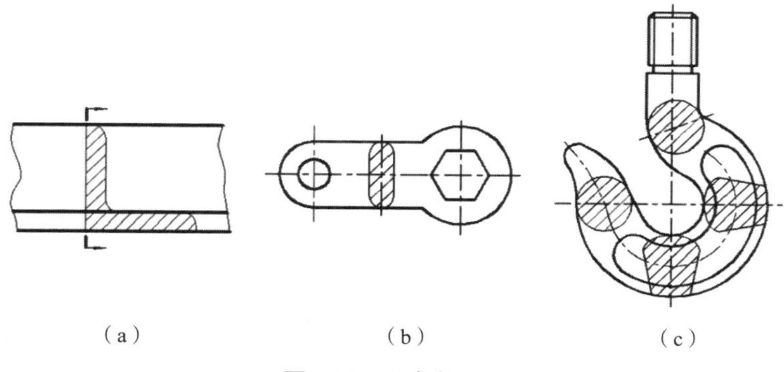

图 6.43　重合断面图

6.4　局部放大图

为使作图简便和图形清晰，《机械制图　图样画法　视图》（GB/T 4458.1—2002）规定了局部放大图的表达方法。

6.4.1　局部放大图的定义

局部放大图是将机件的部分结构用大于原图形的比例所画出的图形。如图 6.44 所示Ⅰ、Ⅱ两处图，由于轴的细小结构没有表达清楚，又没有必要将图形全部放大，可根据机件的结构大小选择一定的比例画出图形。因此，当机件上某些细小结构在视图中表达不清或不便于标注尺寸和技术要求时，常采用局部放大图。

第 26 讲
局部放大图

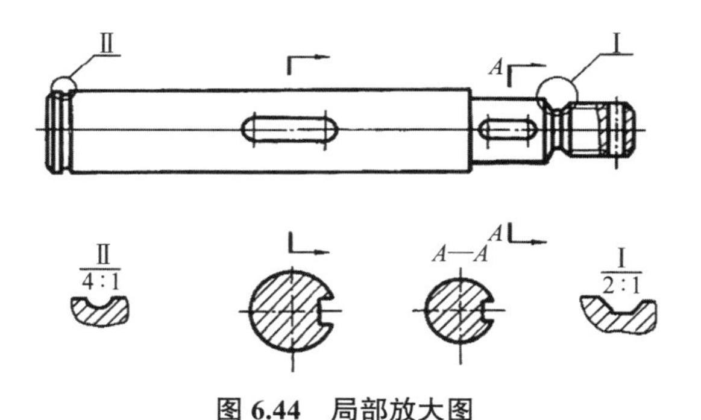

图 6.44　局部放大图

6.4.2 局部放大图的画法

1. 局部放大图的画法

局部放大图可画成视图、剖视图、断面图的形式，与被放大部位的表达形式无关，也与原图采用的比例无关。

为方便读图，局部放大图应尽量配置在被放大部位的附近，必要时可用几个图形来表达同一放大部分的结构，如图 6.45 所示的 *A*—*A* 剖视图中采用了局部放大图。

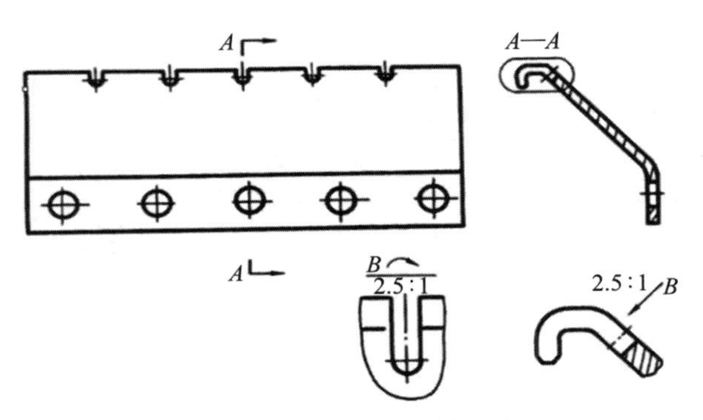

图 6.45 局部放大图的画法

当同一机件上不同部位局部放大图相同或对称时，只需画出一个局部放大图。局部放大图应和被放大部分的投影方向一致，若为剖视图和断面图时，其剖面线的方向和间隔应与原图相同。

2. 局部放大图的标注

（1）画局部放大图时，除螺纹牙型、齿轮和链轮的齿形外，应用细实线圈出被放大的部位，如图 6.44 所示的Ⅰ、Ⅱ局部放大图，如图 6.45 所示的 *A*—*A* 剖视图。

（2）当同一机件上有几个需放大的部位时，必须用罗马数字依次标明被放大的部位，并在局部放大图的上方标注相应的罗马数字和采用的比例。如图 6.44 所示，Ⅰ、Ⅱ局部放大图中放大比例分别为 2∶1 和 4∶1，罗马数字和放大比例用横线隔开，写成分数的形式。

（3）当机件上被放大的部位仅有一个时，在局部放大图的上方只需注明采用的比例，如图 6.46 所示。

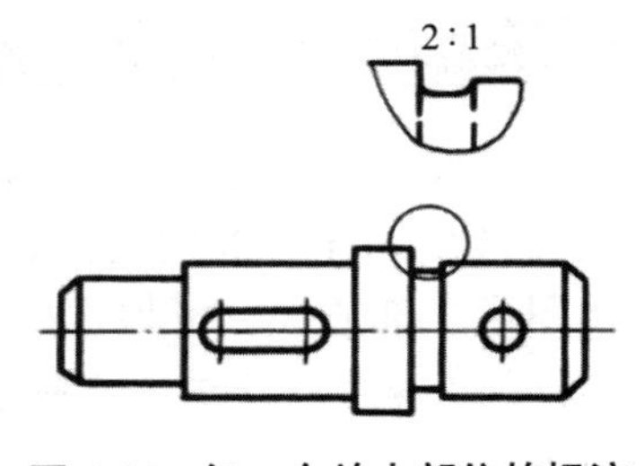

图 6.46 仅一个放大部位的标注

6.5 简化画法

简化画法是指包括规定画法、省略画法、示意画法等在内的图示方法。

规定画法是标准中规定的某些特定的表达对象所采用的特殊图示方法，如机械图样中对螺纹、齿轮的表达。省略画法是通过省略重复投影、重复要素、重复图形等来简化图样的图示方法。示意画法是用规定符号和较形象的图线绘制图样的表意性图示方法，如滚动轴承、弹簧的示意画法等。

第 27 讲
简化画法

下面介绍《技术制图 简化表示法 第1部分：图样画法》(GB/T 16675.1—2012）中规定的常用简化画法。

1. 相同结构的简化画法

当机件具有若干相同结构的槽、齿等，并按一定规律分布时，只需画出几个完整的结构，再用细实线连接其余结构的顶部和底部，并在零件图中注明结构的总数，如图 6.47（a）所示。

2. 多孔且直径相同的简化画法

对于机件上若干直径相同且成规律分布的孔，如圆孔、螺孔、沉孔等，可仅画出一个或几个，其余用点画线表示中心位置并注明孔的总数，如图 6.47（b）所示。

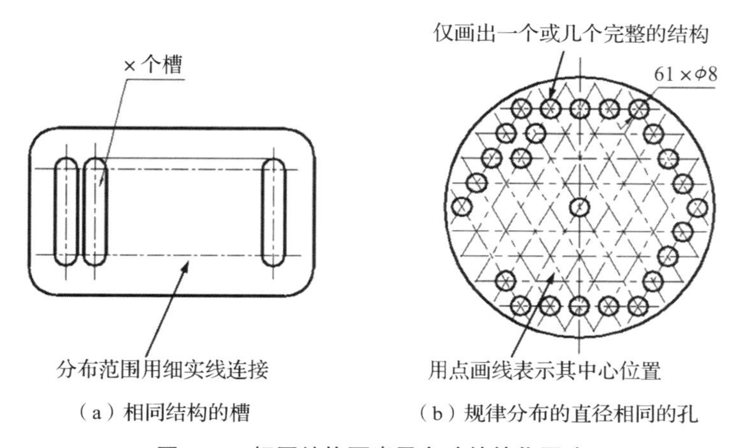

（a）相同结构的槽　（b）规律分布的直径相同的孔

图 6.47　相同结构要素及多孔的简化画法

3. 对称机件的简化画法

在不致引起误解的情况下，对称机件的视图可只画一半或四分之一，并在对称中心线的两端画出两条与其垂直的平行细实线，如图 6.48 所示。两条平行细实线称为对称符号，线长为 6 ～ 10mm，间距为 2 ～ 3mm。

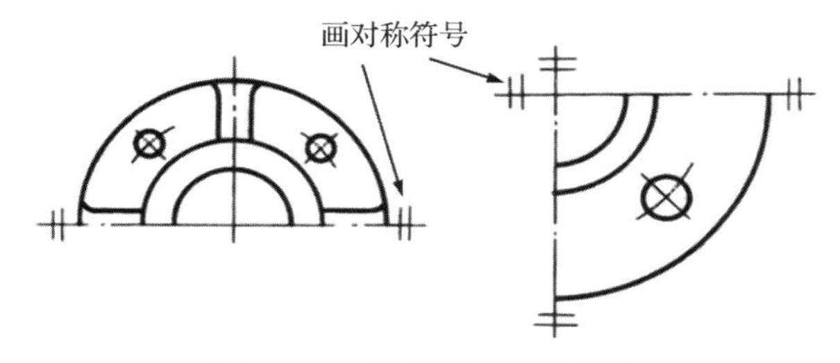

图 6.48　对称机件的简化画法

4. 网状物和滚花的画法

对于机件上的网状物、编织物或滚花部分，可在轮廓线附近用细实线局部画出的表达方法，并在零件图或技术要求中注明这些结构的具体要求，如图 6.49 所示。

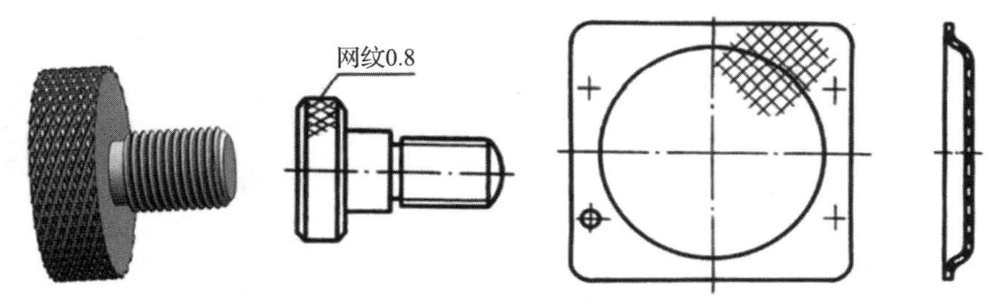

图 6.49 网状物及滚花的示意画法

5. 较小平面的画法

当回转体零件上的平面不能在图形中充分表达时，可用两条相交的细实线表示这些平面，这种表示法常用于较小的平面。表示外部平面和内部平面的符号是相同的，如图 6.50 和图 6.51 所示。

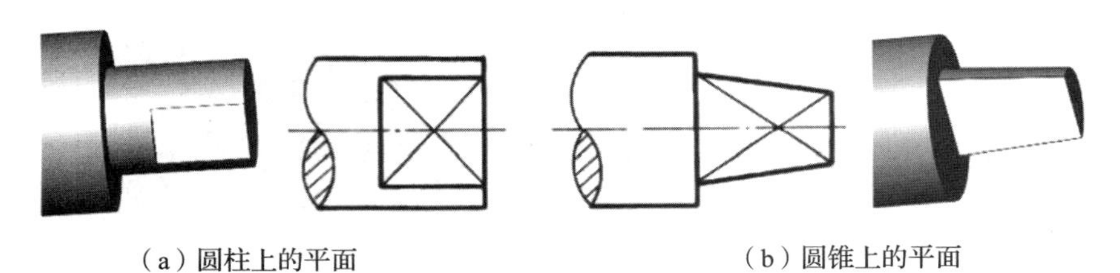

（a）圆柱上的平面 （b）圆锥上的平面

图 6.50 小平面的表示法

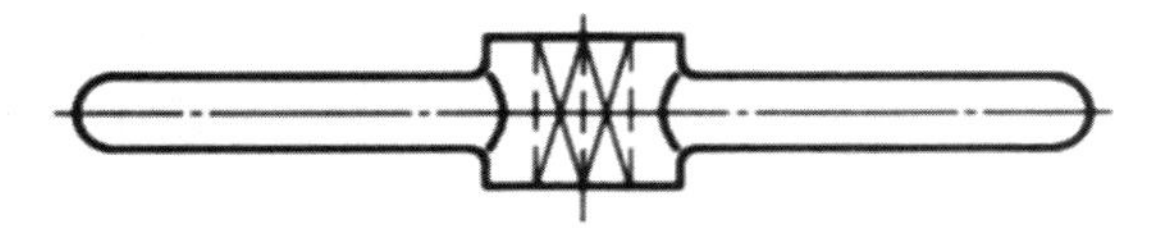

图 6.51 孔内小平面的表示法

6. 断裂画法

当较长机件如轴、杆、型材等，沿长度方向的形状一致或按一定规律变化时，可断开后缩短绘制，尺寸应按实际长度标注，如图 6.52 所示。

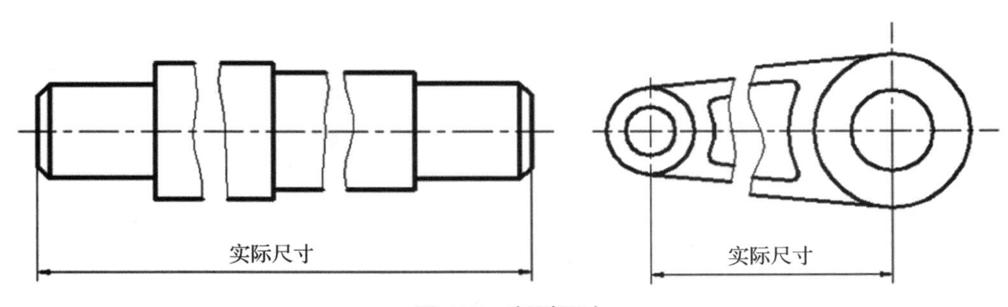

图 6.52 断裂画法

7. 较小结构的省略画法

（1）机件上较小的结构，在一个图形上已表示清楚时，其他图形可简化或省略。如

图 6.53 所示，两个俯视图上省略了某些交线。

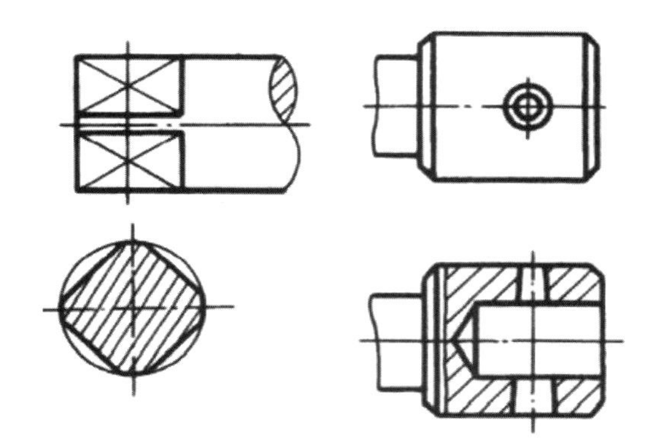

图 6.53　较小结构的省略画法

（2）小圆角和小倒角的简化画法，需要标注和说明，如图 6.54 所示。

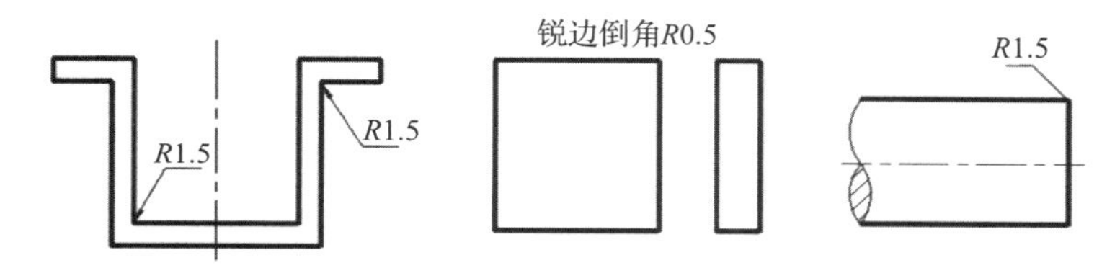

图 6.54　小圆角和小倒角的简化画法

8. 倾斜角度的简化画法

（1）与投影面倾斜角度小于或等于 30° 的圆或圆弧，其投影可用圆或圆弧代替，如图 6.55 所示。

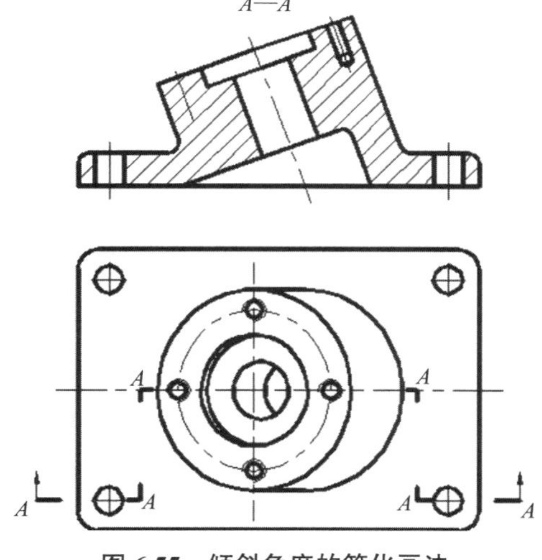

图 6.55　倾斜角度的简化画法

（2）为了在铸造时便于模型从砂型中取出，在铸件的内外壁上常设计模型斜度。这种类型的斜度和锥度等属于较小的结构，如在一个视图中已表达清楚，其他视图可按小端画出，如图 6.56 所示。

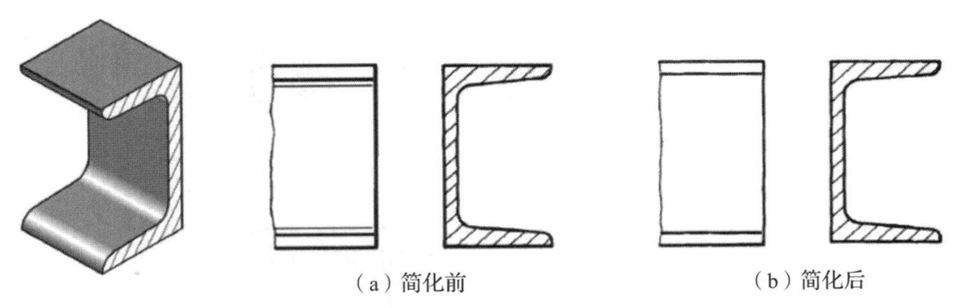

（a）简化前　　（b）简化后

图 6.56　斜度不大时的简化画法

9. 过渡线、相贯线的简化画法

铸造和锻造的机件表面处交线大多不明显，常用圆弧过渡表示。为了表示相交表面的分界，画图时仍按没有过渡圆弧的情况绘制交线，即用过渡线画出，但过渡线两端不应与零件的轮廓线相交，如图 6.57（a）、图 6.57（b）所示。

在不致引起误解的情况下，图中的过渡线、相贯线可简化，如用圆弧或直线代替非圆曲线，如图 6.57（c）所示。

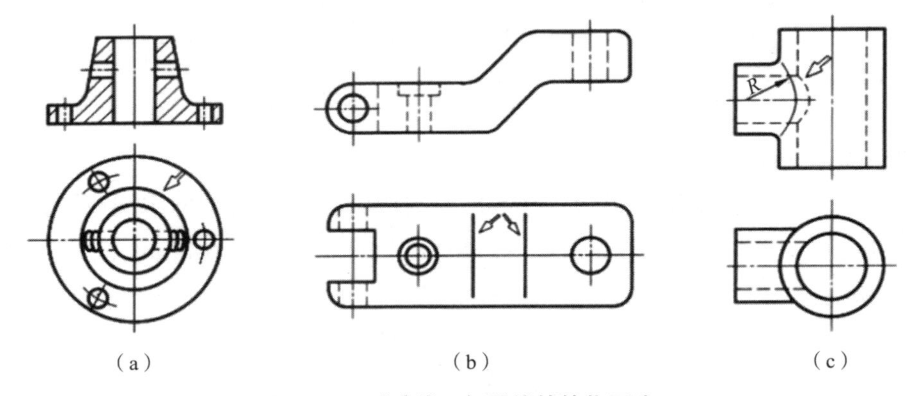

（a）　（b）　（c）

图 6.57　过渡线、相贯线的简化画法

10. 圆柱形法兰上孔的简化画法

圆柱形法兰和其他类似机件上均匀分布的孔的绘制方法如图 6.58 所示。

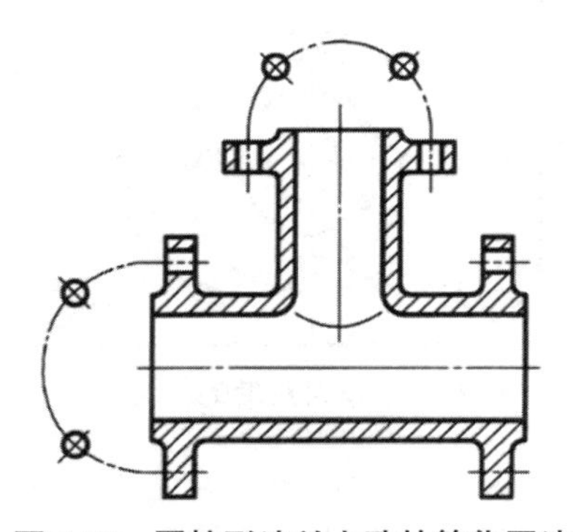

图 6.58　圆柱形法兰上孔的简化画法

6.6 案例分析

绘制机械图样时应根据机件的具体情况综合选择视图、剖视图、断面图等表达方法，确定表达方案。对于一个机件可先制订出几个表达方案，通过分析与比较确定一个最佳方案。

确定表达方案的原则是：在正确、完整、清晰地表达机件形状结构的前提下，力求视图数量恰当、绘图简单、读图方便。选择的每个视图都有一定的表达重点，且要注意彼此间的联系和分工。

如图 6.59 所示的座体图，为了看清其内部结构，选择相应的剖视图进行表达，下面进行具体分析并选择相应表达方法。

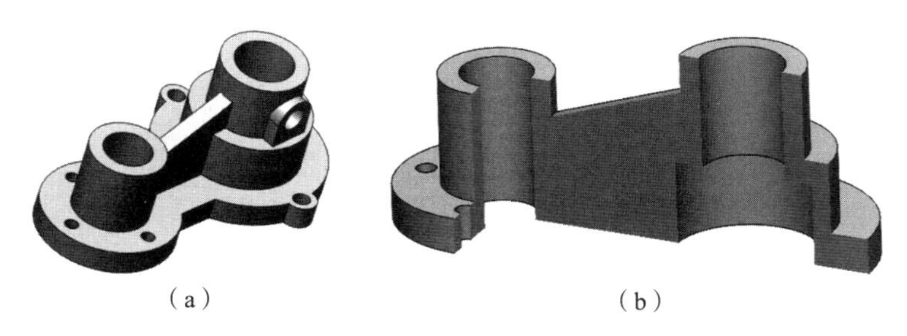

（a）　（b）

图 6.59　座体图

1. 形体分析

从座体图看，机件外部结构由底盘、圆柱体、肋等组成，内部结构由大小不同的圆柱孔组成。底座上有不同直径的圆柱通孔，座体上有不同直径的圆柱体和圆柱通孔，前端有一凸起的圆柱及圆柱孔，两圆柱体之间有肋连接。

2. 主视图的选择

主视图主要反映座体的结构特征和位置特征。从座体图可以看出，机件外形层次分明，内部结构主要由孔组成，同时前后结构属于基本对称结构，左右结构不对称，因此主视图采用全剖以表达座体中间空腔部分的深度，如图 6.60 所示。

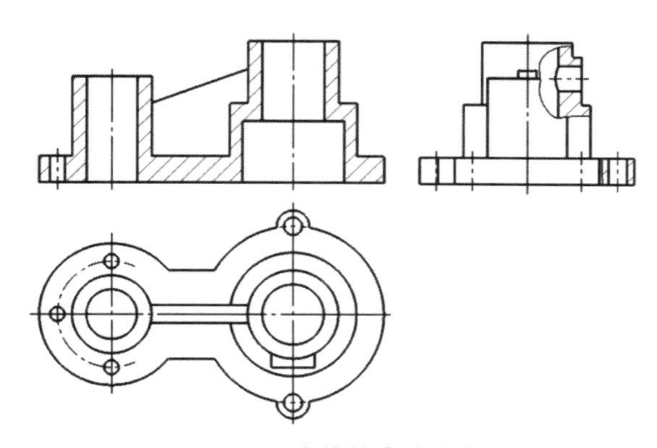

图 6.60　座体的表达方案

3. 其他视图的选择

为表达座体前后端孔的深度、前端凸台及内部的结构，根据座体前后基本对称的特点，左视图采用半剖或局部剖。若左视图半剖，可一次性将孔的深度、凸台及内部结构表达清楚；若左视图局部剖，则可以有针对性地对结构不清楚的地方进行表达，如图 6.60 所示的左视图采用了两处局部剖。

俯视图主要表达座体上端圆柱体、凸台结构、底板形状及各个安装螺栓孔的位置。

座体采用了主、左、俯三个视图，已能将机件的外形和内部结构表达得非常清晰、完整，因此不需再用其他图形表示。

6.7 第三角投影法简介

第 28 讲
第三角投影

国家标准《技术制图　投影法》(GB/T 14692—2008）规定，我国采用第一角画法布置六个基本视图。必要时（如按合同规定等），允许使用第三角画法。国际上如美国、英国、日本等国家均采用第三角画法。随着各国之间技术交流的不断发展，学习和掌握第三角画法是十分必要的。

1. 第三角画法的形成

两个互相垂直的投影面 V、H 面，把空间分为四部分，每个部分称为一个分角，如图 6.61 所示。

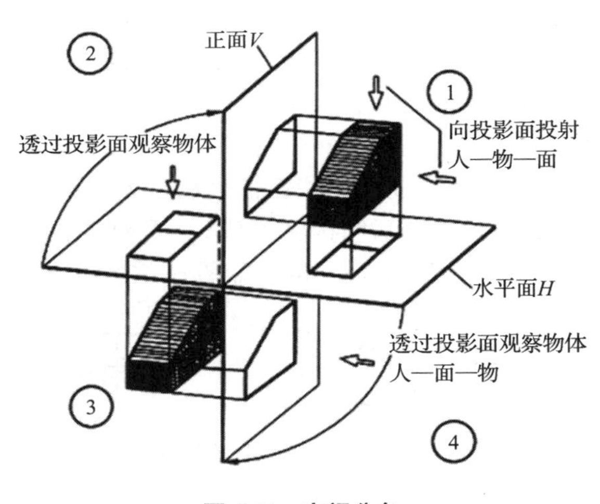

图 6.61　空间分角

把机件放在水平面之上、垂直面之前进行投射，并保持“人—物—面”的相互位置关系得到的投影称为第一角投影。

把机件放在水平面之下、垂直面之后（第三角）进行投射，并保持“人—面—物”的相互位置关系得到的投影称为第三角投影。采用第三角投影法画视图，如同隔着玻璃观察物体，在玻璃上描绘它的形状。

两种视角画法的位置关系是不同的，第一角画法的位置关系是“观察者—机件—投影面”，第三角画法的位置关系是“观察者—投影面—机件”。

2. 第三角画法中的六个基本视图

将机件置于正六面体中，用正投影法分别向六个基本投影面投射得到六个基本视图。其中，主视图表示由前向后投射在正平面（V面）上的投影，仰视图表示由上向下投射在水平面（H面）上的投影，右视图表示由右向左投射在侧平面（W面）W面上的投影。除上述视图外，还有后视图（由后向前投射）、俯视图（由下向上投射）、左视图（由左向右投射）。

当六个基本投影面展开时，正立面保持不动，其他各投影面的展开方法如图6.62所示。

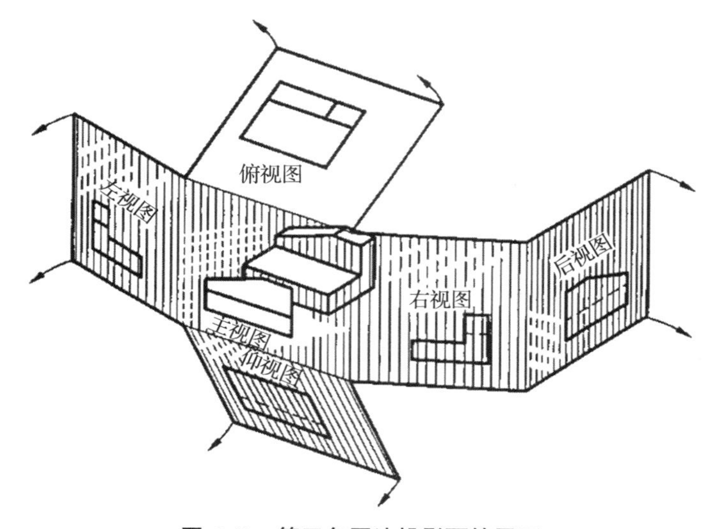

图6.62 第三角画法投影面的展开

展开后各视图的配置关系，如图6.63所示，一律不用标注视图名称。

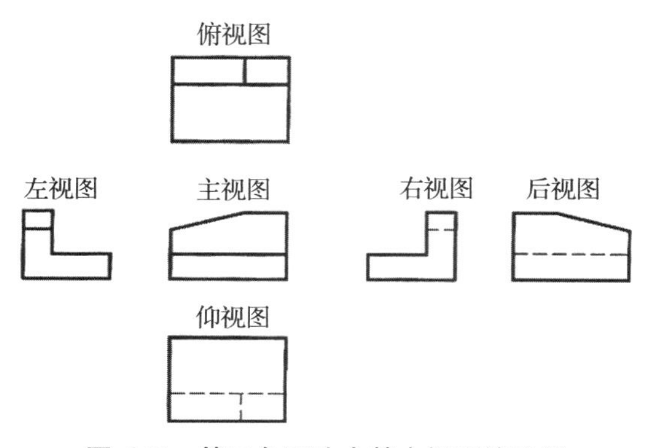

图6.63 第三角画法中基本视图的配置

两种视角画法的视图放置位置不同，情况如下：

第一角视图：左视图放右边，右视图放左边，俯视图放下面，仰视图放上面；

第三角视图：左视图放左边，右视图放右边，俯视图放上面，仰视图放下面。

第三角画法采用正投影法，因此各视图之间保持对应的投影关系，符合主、俯视图长对正，主、右视图高平齐，俯、右视图宽相等的“三等”投影规律。

3. 第三角画法的标记

采用第三角画法时，必须在图样中画出第三角投影的识别符号，如图 6.64 所示。

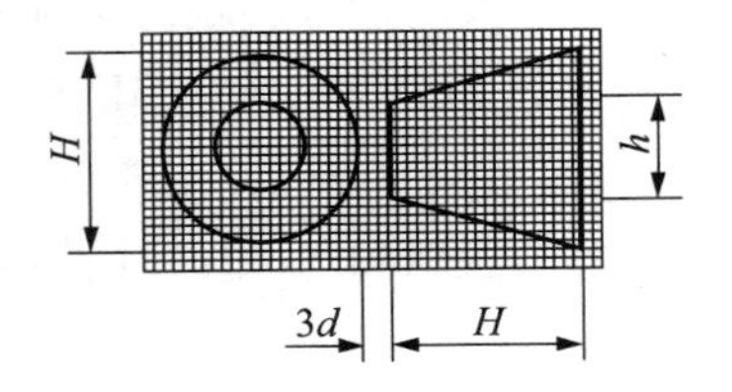

h=图中尺寸字体高度（H=2h）
d为图中粗实线宽度

图 6.64　投影法识别符号

思考题

1. 如何配置六个基本视图？
2. 向视图的配置要求及标注是什么？
3. 什么是局部视图？局部视图的配置要求与标注是什么？
4. 什么是斜视图？斜视图的配置要求与标注是什么？
5. 什么是剖视图？剖视图的画法有哪些规定？
6. 剖视图的标注内容及规则有哪些？
7. 剖视图的种类有哪些？分别适用于哪些情况？
8. 什么是局部剖视图？画局部剖视图时应注意哪些问题？
9. 剖切面的种类有哪些？
10. 什么是阶梯剖？画图时应注意哪些问题？
11. 什么是旋转剖？画图时应注意哪些问题？
12. 断面图与剖视图的区别是什么？
13. 断面图的种类有哪些？它们的画法有哪些规定？
14. 什么是局部放大图？其画法及标注有哪些规定？
15. 什么是简化画法？为何要采用简化画法？
16. 常用的简化画法有哪些？

单元 7　标准件和常用件

学习目标

1. 掌握螺纹的规定画法和标注方法。
2. 掌握常用螺纹紧固件的画法及装配画法。
3. 掌握直齿圆柱齿轮及其啮合的规定画法。
4. 掌握键、销、滚动轴承、弹簧的画法。

学习重点与难点

学习重点：螺纹的画法和标注，键、销、滚动轴承、弹簧的画法。
学习难点：螺纹紧固件的画法和标注，齿轮及其啮合的画法。

本章主要讲述螺纹、键与销、轴承的规定画法，螺纹紧固件的标记，常用件中齿轮、弹簧的规定画法等。

7.1 螺纹

在机器或部件中，有些零件的结构、尺寸、画法等已经完全标准化，这类零件称为标准件，如螺纹紧固件、键、滚动轴承等。有些零件的结构和参数实行了部分标准化，这类零件称为常用件，如齿轮、蜗轮、蜗杆等。

第 29 讲　螺纹

由于标准件和常用件在机器中广泛应用，一般由专门工厂成批或大量生产。依据绘图和读图的需要，对形状比较复杂的结构要素如螺纹、齿轮轮齿等，不必按其真实投影绘制。

7.1.1 螺纹的基本知识

1. 螺纹的形成、要素和结构

具有特定截面的连续凸起部分绕圆柱或圆锥母体作螺旋运动得到的螺旋体称为螺纹。螺纹按母体形状分为圆柱螺纹和圆锥螺纹。在柱体表面上的螺纹为外螺纹，如螺钉；在圆柱或圆锥孔内表面上的螺纹称为内螺纹，如螺母。螺纹按截面形状（牙型）分为三角形螺纹、矩形螺纹、梯形螺纹、锯齿形螺纹及其他特殊形状的螺纹。

螺纹的加工方法如下：

（1）在车床上车削内外螺纹，如图 7.1（a）、图 7.1（b）所示。

（2）使用板牙进行套丝，加工外螺纹，如图 7.1（c）所示。

（3）加工不通的螺孔，先用钻头钻出光孔，再用丝锥攻螺纹，如图 7.1（d）所示。

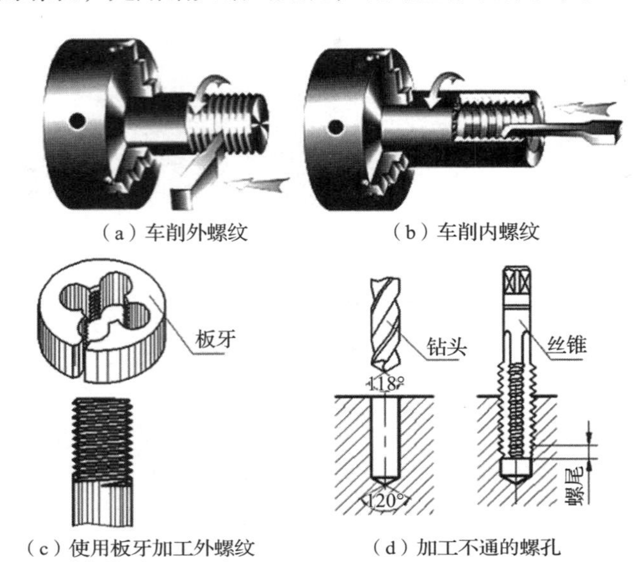

图 7.1　螺纹的加工方法

除此之外，还有一些其他的加工方法，如铣削螺纹、磨削加工螺纹和滚压加工螺纹等。

2. 螺纹的要素

螺纹的要素包括牙型、直径、线数、螺距、旋向等，内外螺纹配对使用时螺纹要素必须一致，否则无法配合使用。

（1）牙型。

沿螺纹轴线剖切时螺纹牙齿轮廓的剖面形状称为牙型。螺纹的牙型有三角形、梯形、锯齿形和矩形等，如图 7.2 所示。螺纹牙型不同，用途也不同。

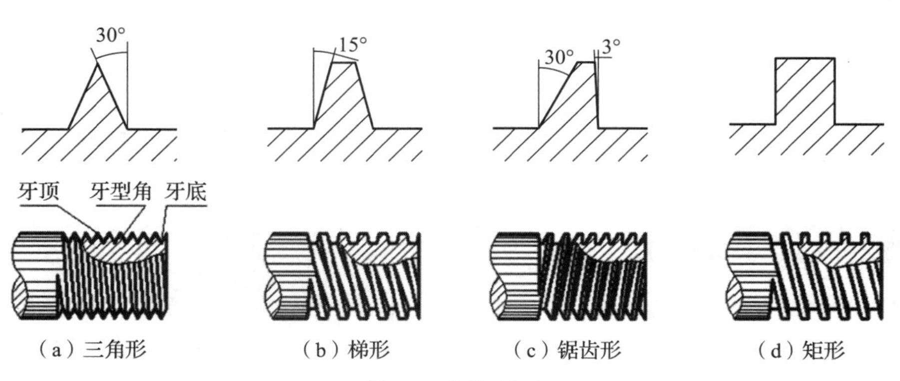

图 7.2　螺纹牙型

（2）螺纹直径。

螺纹直径的参数有大径、中径和小径。

大径是与外螺纹牙顶或内螺纹牙底相重合的假想圆柱面的直径，也称为公称直径，“D”表示内螺纹的大径、“d”表示外螺纹的大径。

小径是与外螺纹牙底或内螺纹牙顶相重合的假想圆柱面的直径，“D_1”表示内螺纹的小径、“d_1”表示外螺纹的小径。

中径在大径与小径之间，是母线通过牙型沟槽宽度和凸起宽度相等的假想圆柱面的直径，“D_2”表示内螺纹的中径、“d_2”表示外螺纹的中径。

各种螺纹直径的名称及标注，如图 7.3 所示。

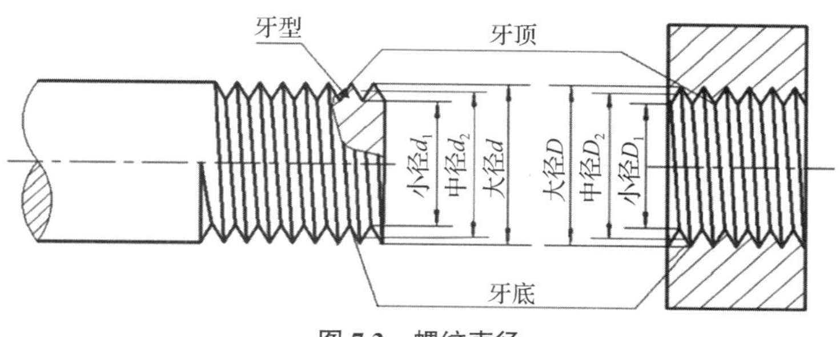

图 7.3　螺纹直径

（3）螺距与导程。

螺距是相邻两牙在中径线上对应两点之间的轴向距离，用字母 P 表示。

导程是同一螺旋线上相邻两牙在中径线上对应两点之间的轴向距离称为导程，用字母 L 表示。导程与螺距的关系为 $L=nP$。

（4）线数（n）。

螺纹有单线和多线两种类型，沿一条螺旋线形成的螺纹为单线螺纹；沿轴向等距分布的两条或两条以上的螺旋线形成的螺纹为多线螺纹，如图 7.4 所示。

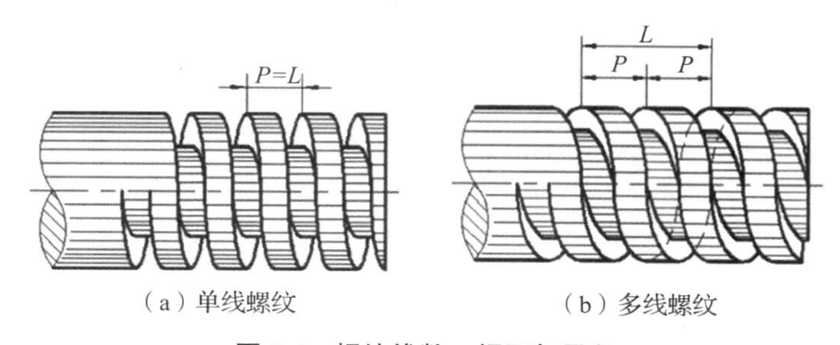

（a）单线螺纹　　（b）多线螺纹

图 7.4　螺纹线数、螺距与导程

（5）螺纹旋向。

螺纹分为右旋和左旋两种形式，按顺时针方向旋进的螺纹称为右旋螺纹，按逆时针方向旋进的螺纹称为左旋螺纹。

判别的方法是将螺杆轴线铅垂放置，面对螺纹，若螺纹自左向右升起则为右旋螺纹，反之则为左旋螺纹，如图 7.5 所示。常用的螺纹多为右旋螺纹。

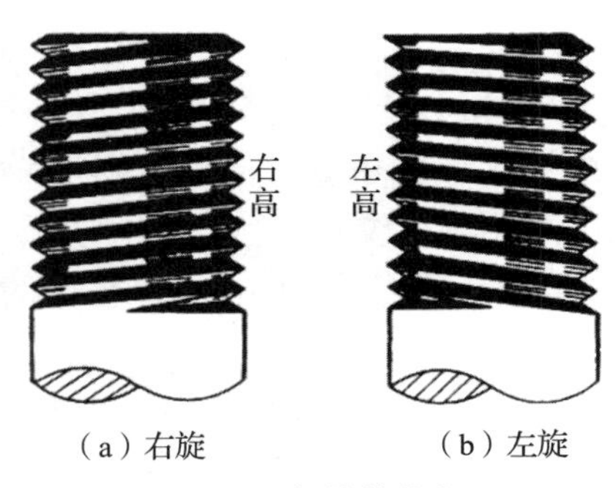

（a）右旋　　（b）左旋

图 7.5　螺纹的旋向

在螺纹的要素中，牙型、大径和螺距是决定螺纹结构规格的最基本要素，称为螺纹三要素。

螺纹分为标准螺纹、特殊螺纹和非标准螺纹。标准螺纹是指螺纹三要素符合国家标准的螺纹；特殊螺纹是指牙型符合标准，直径或螺距不符合标准的螺纹；非标准螺纹是指牙型不符合标准的螺纹。

3. 螺纹的结构

完整的螺纹包含倒角和倒圆、收尾、退刀槽等结构，如图 7.6 所示。

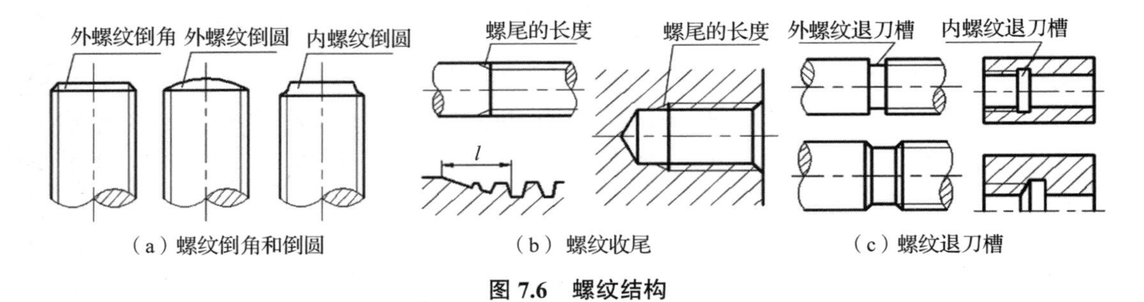

（a）螺纹倒角和倒圆　　（b）螺纹收尾　　（c）螺纹退刀槽

图 7.6　螺纹结构

（1）螺纹倒角和倒圆。

为便于装配和防止螺纹起始圈损坏，常在螺纹的起始处加工倒角、倒圆等形式，如图 7.6（a）所示。

（2）螺纹收尾。

车削螺纹时刀具从接近螺纹末尾处起要逐渐离开工件，因此螺纹收尾部分的牙型是不完整的，螺纹的这段不完整牙型的收尾部分称为螺尾。螺尾的牙底用与轴线成 30° 的细实线绘制，如图 7.6（b）所示。

（3）螺纹退刀槽。

为避免产生螺尾，可预先在螺纹末尾处加工出退刀槽，再车削螺纹，如图 7.6（c）所示。

7.1.2　螺纹的规定画法

1. 外螺纹画法

螺纹的牙顶（大径）及螺纹终止线用粗实线表示；牙底（小径）用细实线表示，小径近似画成大径的 0.85 倍，并画入螺杆的倒角或倒圆部分。

在垂直于螺纹轴线的投影面视图中，表示牙底的细实线圆只画约3/4圈，且螺杆上的倒角或倒圆省略不画，如图7.7（a）所示。

在外螺纹剖视图中，剖面线画到粗实线，螺纹终止线画到牙底（小径），用粗实线表示，如图7.7（b）所示。

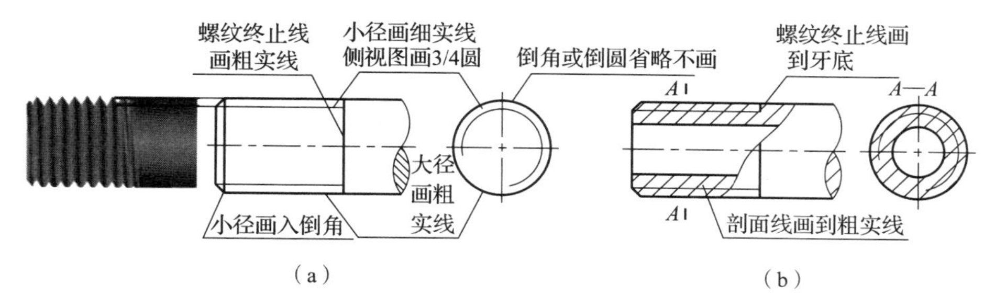

图7.7　外螺纹画法

2. 内螺纹画法

内螺纹一般画成剖视图，牙顶（小径）及螺纹终止线用粗实线表示；牙底（大径）用细实线表示，剖面线画到粗实线。不作剖视时所有图线均用虚线绘制。

在垂直于螺纹轴线的投影面视图中，小径圆用粗实线表示，大径圆用细实线表示，只画3/4圈，且螺孔上的倒角或倒圆省略不画，如图7.8所示。绘制不通的螺孔时应分别画出钻孔深度与螺纹部分的深度。

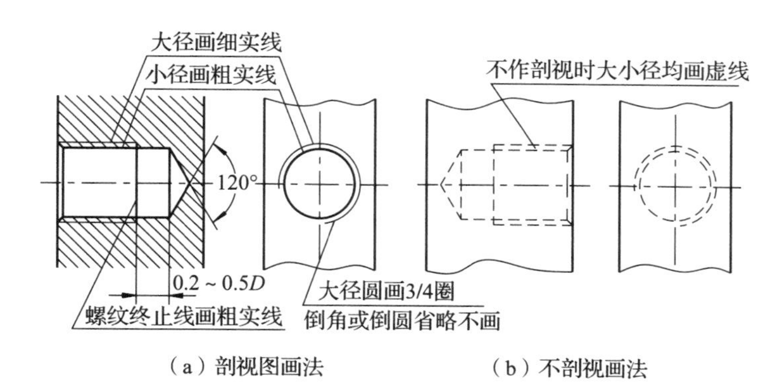

图7.8　内螺纹画法

3. 螺孔相贯线画法

当两螺孔相贯或螺孔与光孔相贯时，只在钻孔与钻孔相交处画出相贯线，如图7.9所示。

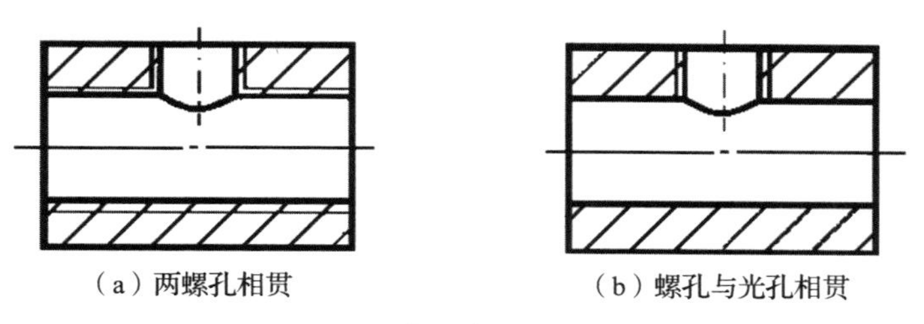

图7.9　螺孔相贯线画法

4. 螺纹连接画法

用剖视图表示一对内外螺纹连接时，连接（旋合）部分按外螺纹绘制，其余部分按各自的规定画法绘制，如图 7.10 所示。表示内、外螺纹大、小径的粗细实线必须分别对齐，且与倒角大小无关。

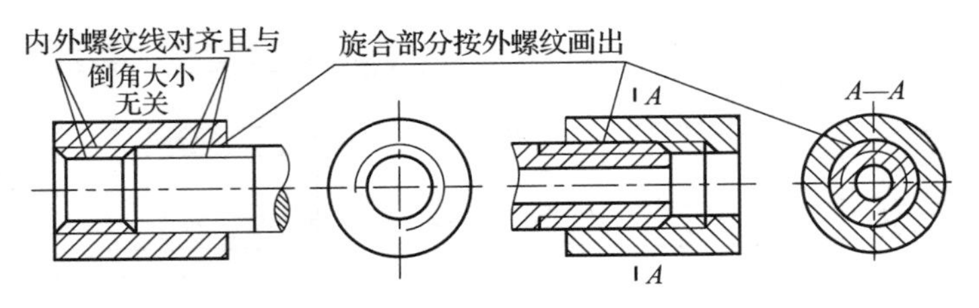

图 7.10　内外螺纹连接画法

5. 螺纹牙型的表示方法

当需要表示牙型时，可采用局部剖视图或局部放大图。如图 7.11（a）所示为外螺纹的局部剖视图；如图 7.11（b）所示为内螺纹的剖视图，牙底（大径）线要断开；如图 7.11（c）所示为牙型的局部放大图。

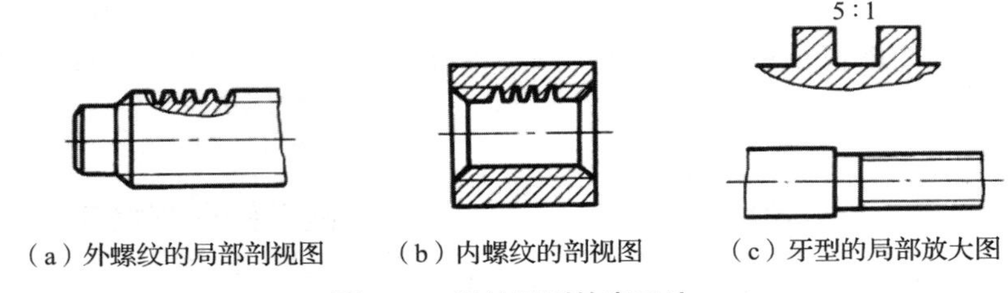

（a）外螺纹的局部剖视图　（b）内螺纹的剖视图　（c）牙型的局部放大图

图 7.11　螺纹牙型的表示法

7.1.3 常用螺纹种类及标记

1. 常用螺纹种类

螺纹按用途分为连接螺纹和传动螺纹两类，前者起连接作用，后者用来传递动力。

（1）连接螺纹。

常见的连接螺纹有粗牙普通螺纹、细牙普通螺纹和管螺纹三种标准螺纹，它们的牙型皆为三角形。

普通螺纹的牙型为等边三角形，牙型角为 60°。内外螺纹旋合后留有径向间隙，外螺纹牙根允许有较大的圆角，以减小应力集中。

同一公称直径的螺纹按螺距大小分为粗牙和细牙两种类型。细牙螺纹比粗牙螺纹的螺距小，螺纹升角小，自锁性好，抗剪切强度高，但因其牙细不耐磨，容易滑扣，所以连接螺纹多用粗牙。细牙螺纹常用于细小零件，薄壁管件或受冲击振动和变载荷的连接中，它也可作微调机构的调整螺纹用。

管螺纹的牙型为等腰三角形，牙型角为 55°，公称直径以英寸（1in=25.4mm）为单位，螺距以每英寸螺纹长度中有几个牙来表示。管螺纹多用于管件和薄壁零件，其螺距和螺纹高度均较小。

（2）传动螺纹。

常见的传动螺纹有梯形螺纹和锯齿形螺纹。

梯形螺纹的牙型为等腰梯形，牙型角为 30°。连接时，内外螺纹以锥面贴紧不易松动，工艺较好，牙根强度高，对中性好。梯形螺纹主要用作传动螺纹。

锯齿形螺纹的牙型为不等腰梯形，工作面的牙型侧角为 3°，非工作面的牙型侧角为 30°。外螺纹牙根有较大的圆角，以减小应力集中。内外螺纹旋合后，大径无间隙便于对中。锯齿形螺纹兼具矩形螺纹传动效率高和梯形螺纹牙根强度高的特点，多用作单向受力的传动螺纹。

2. 常用螺纹的标记

（1）普通螺纹的标记。

螺纹按规定画出后，还需要在图上标出牙型、公称直径、螺距、线数和旋向等要素，因此需要用标注代号或标记的方式说明。

普通螺纹的标记格式为：

螺纹代号 - 公差带代号 - 旋合长度代号

螺纹代号包括螺纹的特征代号、公称直径、螺距和旋向。特征代号用 M 表示，公称直径是指螺纹的大径。

粗牙普通螺纹不标螺距，单线、右旋螺纹较为常用，其线数和旋向可省略标注。粗牙普通螺纹的螺距数值可通过查阅标准获得，如 M16 表示普通粗牙螺纹。

细牙普通螺纹必须标注螺距数值，如 M16 × 1.25 表示细牙普通螺纹，螺距值为 1.25。

螺纹公差带代号用来说明螺纹加工精度，数字表示公差等级，字母表示偏差代号，小写字母表示外螺纹，大写字母表示内螺纹。其中还包括中径和顶径公差带代号，当两者相同时，只标注一个代号，两者不同时应分别标注。

螺纹的旋合长度是指两个相互旋合的内外螺纹沿轴线方向旋合部分的长度，它是衡量螺纹质量的重要指标。旋合长度分短、中、长，分别用 S、N、L 表示，中等旋合长度可不标注。

螺纹代号、公差带代号、旋合长度代号三者之间一定要用短横符号“-”分开。

如图 7.12 所示的普通螺纹标记含义如下：

M10 × 1.5-5g6g-S 表示细牙普通外螺纹，大径为 10mm，螺距 1.5mm，右旋，中径公差带为 5g，顶径公差带为 6g，短旋合长度。

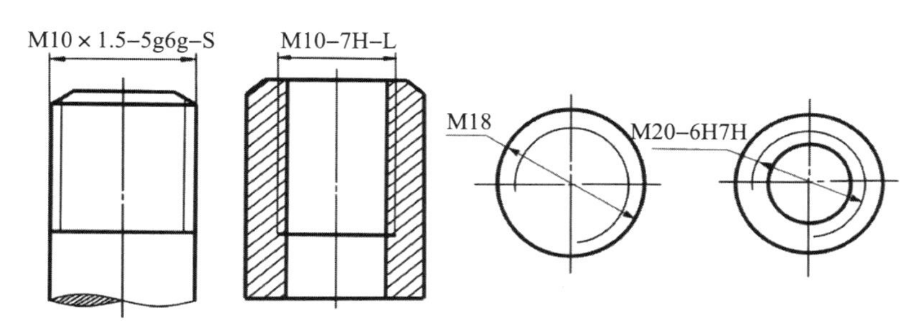

图 7.12　普通螺纹的标记

M10-7H-L 表示粗牙普通内螺纹，大径为 10mm，中径和顶径公差带代号为 7H，长旋合长度。

M18 表示粗牙普通外螺纹。

M20-6H7H 表示粗牙普通内螺纹，中径和顶径公差带代号为 7H，中等旋合长度。

（2）管螺纹的标记。

1）非螺纹密封的管螺纹。

对于非螺纹密封的管螺纹，连接时内、外螺纹均为圆柱管螺纹，标记格式为：

螺纹特征代号	尺寸代号	公差等级代号	选项

螺纹特征代号用 G 表示；尺寸代号有 1/8、1/2、1、1½ 等；外螺纹的公差等级代号分 A、B 两级，内螺纹不标注；左旋螺纹在公差等级代号后加“LH”，右旋不标注。

如图 7.13 所示的管螺纹标记含义如下：

G3/4A 表示外螺纹，尺寸代号为 3/4，公差等级代号为 A。

G1½LH 表示内螺纹，尺寸代号为 1½，左旋螺纹。

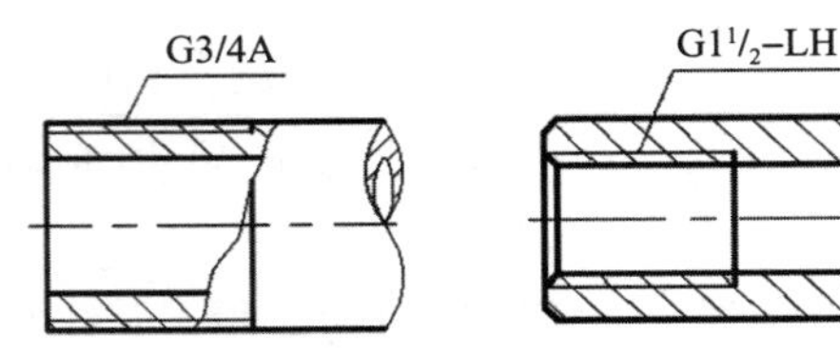

图 7.13 非螺纹密封的管螺纹标记

2）用螺纹密封的管螺纹。

用螺纹密封的管螺纹，包括圆锥内螺纹与圆锥外螺纹连接、圆柱内螺纹与圆锥外螺纹连接两种型式。标记格式为：

螺纹特征代号	尺寸代号	旋向

其中圆锥内螺纹、圆柱内螺纹、圆锥外螺纹的特征代号分别用 Rc、Rp、R 表示，尺寸代号有 1/8、1/4、1/2、1 等，左旋螺纹在尺寸后加“LH”。

如图 7.14 所示的管螺纹标记含义如下：

Rc1½ 表示圆锥内螺纹，尺寸代号为 1½，右旋。

Rp1½-LH 表示圆柱内螺纹，尺寸代号为 1½，左旋。

R1½-LH 表示圆锥外螺纹，尺寸代号为 1½，左旋。

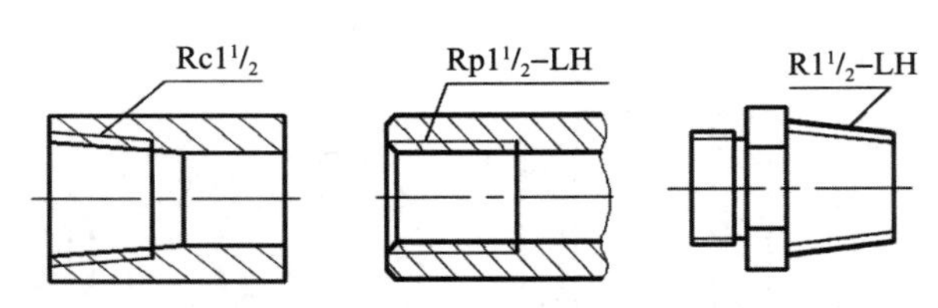

图 7.14 用螺纹密封的管螺纹标记

（3）梯形和锯齿形螺纹标记。

梯形和锯齿形螺纹的标记格式为：

螺纹特征代号　公称直径 × 螺距　旋向－中径公差带－旋合长度

梯形螺纹特征代号用 Tr 表示，锯齿形螺纹特征代号用 B 表示；多线螺纹螺距处标注“导程（螺距）”；左旋螺纹用“LH”表示，右旋螺纹不标注；这两种螺纹只标注中径公差带；旋合长度有中等旋合长度（N）和长旋合长度（L）两种，中等旋合长度不标注。

梯形螺纹公称直径指外螺纹大径。实际上内螺纹大径大于外螺纹大径，但标注内螺纹代号时要标注公称直径。

如图 7.15 所示的梯形螺纹标记含义如下：

Tr24 × 6（P3）LH 表示公称直径为 24mm，导程为 6mm，螺距为 3mm 的多线左旋梯形外螺纹。

Tr40 × 7−7H 表示公称直径为 40mm，螺距为 7mm 的单线右旋梯形内螺纹，中径公差带为 7H，中等旋合长度。

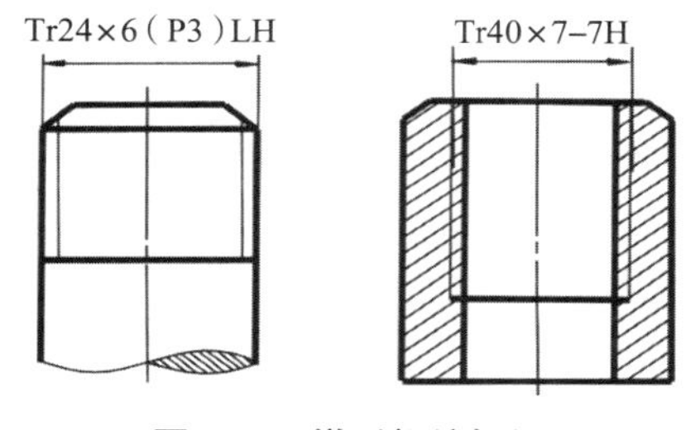

图 7.15　梯形螺纹标记

各种常用螺纹的标注方式，如表 7.1 所示。

表 7.1　常用螺纹的标注方式　　单位：mm

类别	牙型图	特征代号	标注示例	含义
普通螺纹	60°	M	M16−6g	粗牙普通螺纹，大径 16，螺距 2，右旋，中径公差带代号 6g，中等旋合长度
			M16×1−6H−S	细牙普通螺纹，大径 16，螺距 1，右旋，螺纹中径和小径的公差带代号均为 6H，短旋合长度
梯形螺纹	30°	Tr	Tr20×4−7H	梯形螺纹，公称直径为 20，螺距为 4，中径公差带代号为 7H

续表

类别	牙型图	特征代号	标注示例	含义
锯齿形螺纹	30° 3°	B	B32×6LH–7e	锯齿形螺纹，大径32，单线，螺距6，左旋，中径公差带号7e
非螺纹密封的管螺纹	55°	G	$G1^1/_2A$ (φ1") G1	非螺纹密封的管螺纹，尺寸代号1½，外螺纹公差等级代号为A 非螺纹密封的管螺纹，尺寸代号1，内螺纹
用螺纹密封的管螺纹		R R_c R_p	$R_c3/4$ R3/4	用螺纹密封的管螺纹，尺寸代号3/4，内、外均为圆锥螺纹

7.2 常用螺纹紧固件

第 30 讲
常用螺纹紧固件

螺纹紧固件是具有内螺纹或外螺纹的零件，一般会作为紧固件使用，方便多个组件的组合。常见的螺纹紧固件有螺栓、螺柱、螺钉、螺母和垫圈等，其他的如螺帽、螺纹插件、螺纹杆等。

7.2.1 常用的螺纹紧固件及标记

国家标准《紧固件标记方法》（GB/T 1237—2000）规定了紧固件的标记方法。常用的螺纹紧固件的结构和尺寸均已标准化，由专门的标准件厂成批生产。标记组成如下：

名称	标准编号	型式	规格精度	其他要求	力学性能等或材料及热处理	表面处理

如螺柱 GB/T 898—88 M10×50，表示两端都为粗牙普通螺纹，d=10mm，L=50mm，性能等级为 4.8 级，不经表面处理，B 型、b_m=1.25d 的双头螺柱。根据螺纹紧固件的标记可在相应的标准中查出形状和尺寸。

常用的螺纹紧固件的标记，如表 7.2 所示。

表 7.2 常用的螺纹紧固件的标记

名称	图例	标记
六角头螺栓	M12 50	螺栓 GB/T 5782—2016 M12×50

续表

名称	图例	标记
开槽沉头螺钉	M10 50	螺钉 GB/T 68—2016 M10×50
螺柱	M10 50	螺柱 GB/T 898—88 M10×50
六角螺母	M12	螺母 GB/T 6170—2015 M12
垫圈	ϕ15	垫圈 GB/T 97.1—2002 14-140HV

7.2.2 螺栓连接

螺栓连接由螺栓、螺母、垫圈等组成，用于连接两个不太厚并能钻成通孔的零件。

1. 单个螺纹紧固件的比例画法

绘制单个螺纹紧固件时可根据公称直径查询有关标准，得出各部分的尺寸。在绘制螺栓、螺母和垫圈时，通常按螺栓螺纹规格 d、螺母的螺纹规格 D 及垫圈的公称尺寸 d 进行比例折算，得出各部分尺寸，按近似画法画出，如图 7.16 和图 7.17 所示为单个螺纹紧固件的近似画法。

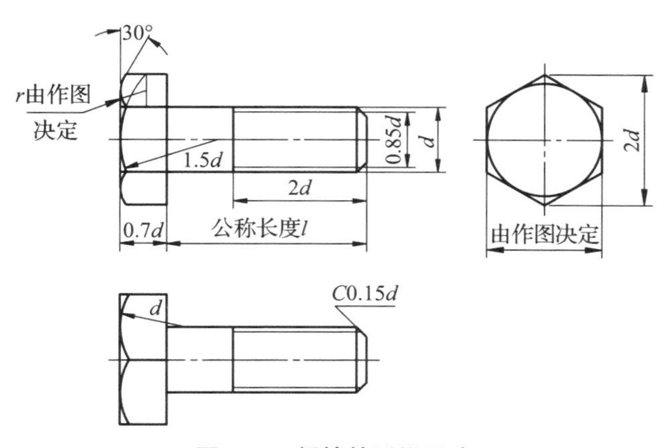

图 7.16 螺栓的近似画法

螺栓的公称长度 l，应查阅垫圈、螺母尺寸规格得出 h、m_{max}，再加上被连接零件的厚度（δ_1、δ_2）等，经计算后选定。综上所述可得螺栓公称长度为：$l=\delta_1+\delta_2+h+m_{max}+a$。

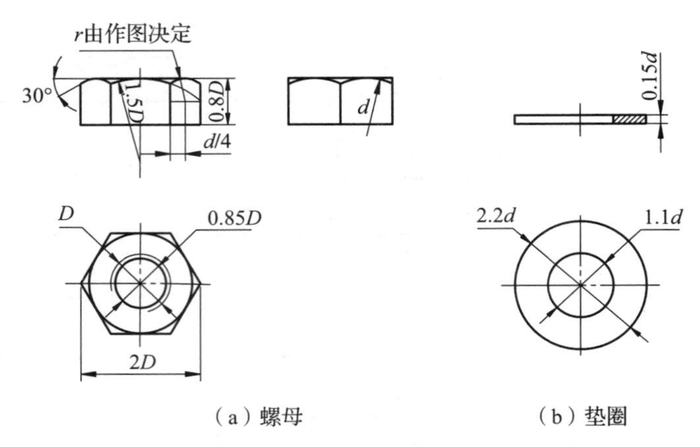

（a）螺母　　（b）垫圈

图 7.17　螺母和垫圈的近似画法

其中 a 是螺栓伸出螺母的长度，一般取 0.3d 左右，d 是螺栓的螺纹规格即公称直径。根据螺栓的公称长度公式计算数值，再从标准规定的长度系列中选取合适的值。

2. 螺栓连接的画法

当螺栓穿入被连接的两零件的通孔中时，需先套上垫圈以增加支撑和防止擦伤零件表面，再拧紧螺母。螺栓连接是一种可拆卸的紧固方式，如图 7.18 所示。

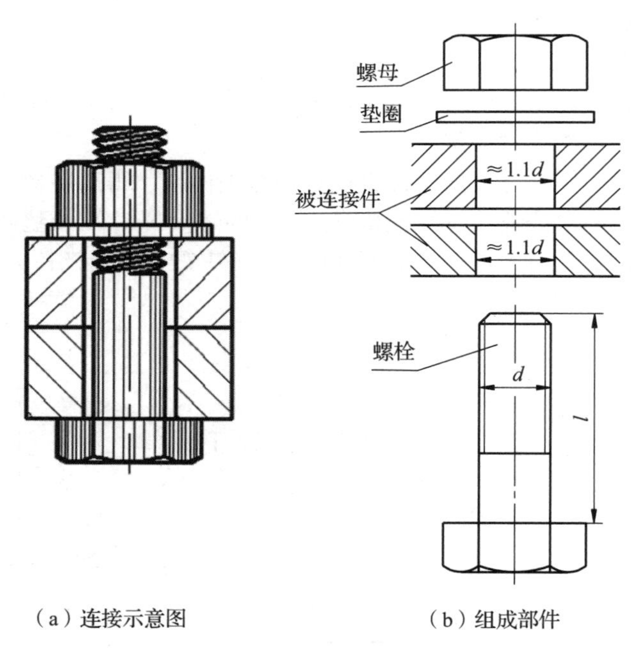

（a）连接示意图　　（b）组成部件

图 7.18　螺栓连接

螺栓连接的比例画法，如图 7.19 所示。螺栓连接的简化画法主要是指省略倒角的画法，如图 7.20 所示。

绘制时应遵守的基本规定如下：

（1）两零件的接触面只画一条线，相邻不接触表面画两条线。

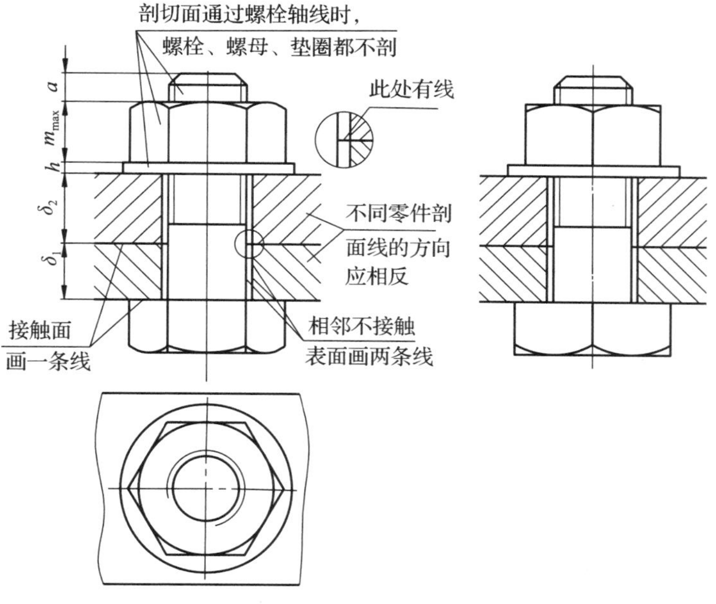

图 7.19 螺栓连接的比例画法

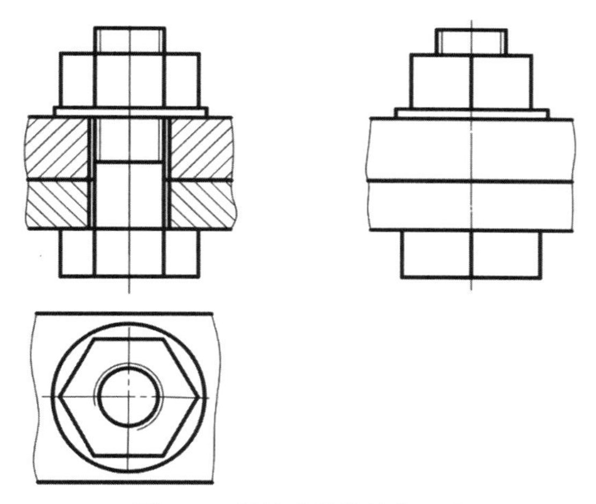

图 7.20 螺栓连接的简化画法

（2）在剖视图中不同零件的剖面线方向应相反，或方向一致但间隔不等。

（3）剖切平面通过标准件（螺栓、螺钉、螺母、垫圈等）和实心件（如球、轴等）的轴线时，零件按不剖绘制，只画外形，需要时可采用局部剖视。

7.2.3 双头螺柱连接

1. 双头螺柱连接的各组成部分

当被连接的两个零件中有一个较厚，不易钻成通孔时可将其制成螺孔，另一零件上加工出通孔。连接时将螺柱穿过通孔旋入螺孔拧紧，用螺母在另一端紧固。双头螺柱连接的各组成部分如图 7.21 所示。

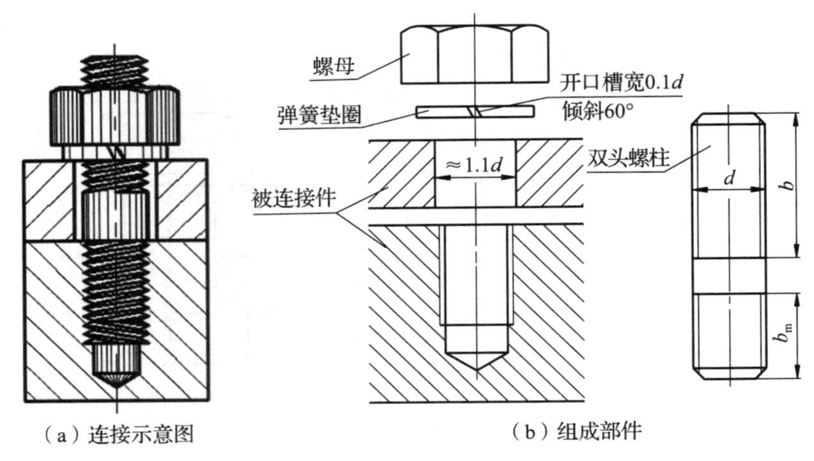

图 7.21　双头螺柱连接

2. 双头螺柱连接的画法

在画图时螺柱的旋入端须完全旋入螺孔，旋入端的螺纹终止线应与两个被连接零件接触面平齐，螺纹孔的深度应大于旋入端的长度，如图 7.22 所示。

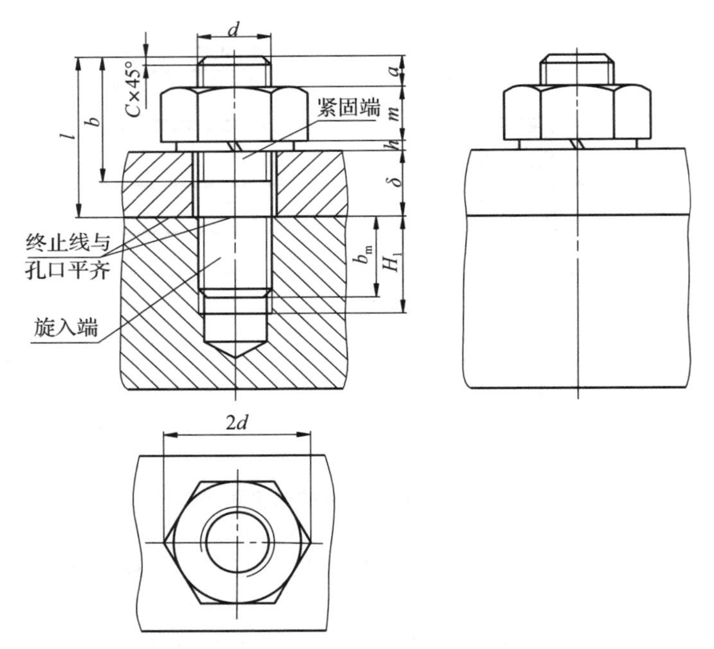

图 7.22　双头螺柱连接的画法

螺柱连接的参数说明：

◇螺孔深度为 H_1，旋入端的长度为 b_m（由被连接件的材料决定），$H_1=b_m+0.5d$。

◇垫圈的厚度为 h，$h=0.15d$。

◇螺母的厚度为 m，$m=0.8d$。

◇螺柱伸出端的长度为 a，$a=(0.2\sim0.3)d$。

◇紧固端的长度为 L，$L=\delta+h+m+a$，计算后查有关标准取标准值。

7.2.4 螺钉连接

螺钉按用途可分为连接螺钉和紧定螺钉两种，一般用在不经常拆卸且受力不大的地方。通常在较厚的零件上制出螺孔，另一零件上加工出通孔，连接时需将螺钉穿过通孔并旋入螺孔拧紧。

螺钉的螺纹终止线应在螺孔顶面以上，螺钉头部的一字槽在端视图中应画成 45° 方向。对于不通的螺孔可以不画出钻孔深度，仅按螺纹深度画出，如图 7.23 所示。

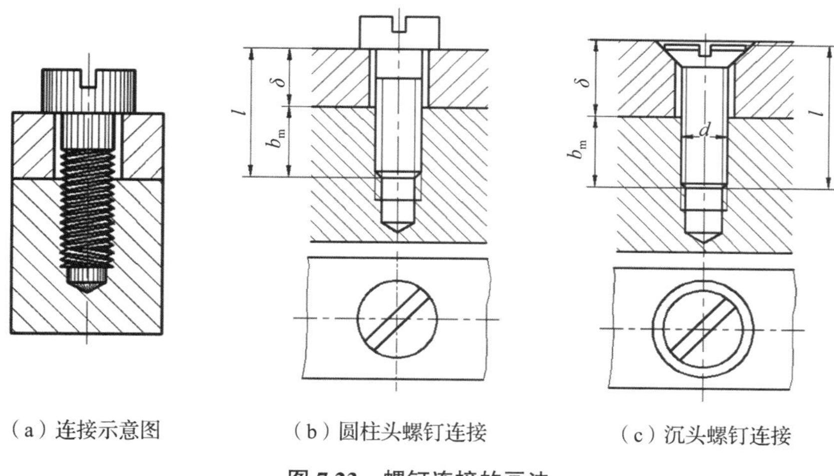

（a）连接示意图　（b）圆柱头螺钉连接　（c）沉头螺钉连接

图 7.23　螺钉连接的画法

7.3 齿轮

齿轮是广泛用于机器或部件中的传动零件，可用来传递动力，改变转速和回转方向。圆柱齿轮通常用于平行两轴之间的传动，圆锥齿轮用于相交两轴之间的传动，蜗杆与蜗轮用于交叉两轴之间的传动，这几种是常见的齿轮传动形式，如图 7.24 所示。

第 31 讲　齿轮

（a）圆柱齿轮　（b）圆锥齿轮　（c）蜗杆与蜗轮

图 7.24　常见的齿轮传动形式

7.3.1 圆柱齿轮

圆柱齿轮有直齿、斜齿和人字齿等类型，是应用最广的一种齿轮。

1. 直齿圆柱齿轮各部分的名称和代号

直齿圆柱齿轮各部分名称，如图 7.25 所示。

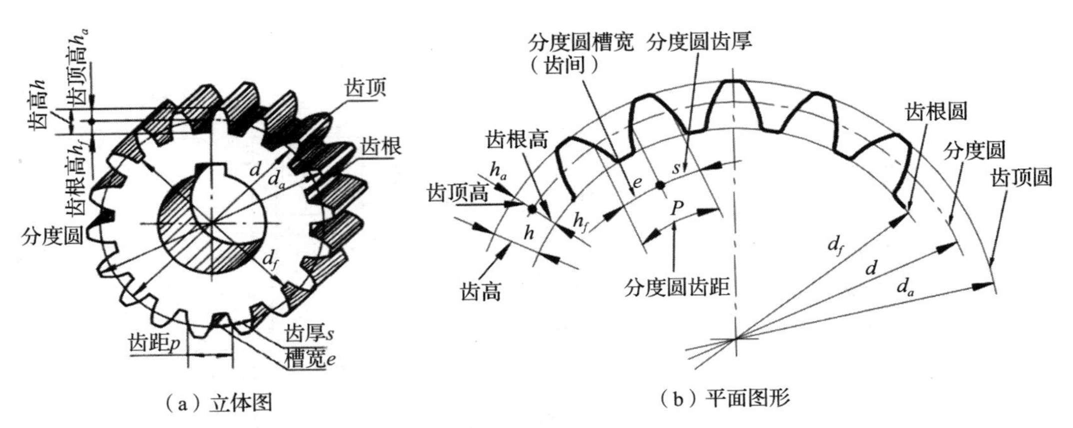

（a）立体图　　（b）平面图形

图 7.25　直齿圆柱齿轮各部分名称

（1）齿顶圆。

齿轮的齿顶圆柱面与端平面（垂直于齿轮轴线的平面）的交线称为齿顶圆，直径用 d_a 表示。

（2）齿根圆。

齿轮的齿根圆柱面与端平面的交线称为齿根圆，直径用 d_f 表示。

（3）分度圆。

在齿顶圆和齿根圆之间，取一个作为计算齿轮各部分几何尺寸的基准的圆，这个圆称为分度圆，直径用 d 表示。

（4）齿顶高、齿根高、齿高。

齿顶圆与分度圆之间的径向距离称为齿顶高，用 h_a 表示。

分度圆与齿根圆之间的径向距离称为齿根高，用 h_f 表示。

齿顶圆与齿根圆之间的径向距离称为齿高，用 h 表示，$h=h_a+h_f$。

（5）齿距、齿厚、槽宽。

对分度圆而言，两个相邻轮齿齿廓对应点之间的弧长称为齿距，用 p 表示。

每个轮齿齿廓在分度圆上的弧长称为齿厚，用 s 表示。

每个齿槽在分度圆上的弧长称为槽宽，用 e 表示。

（6）节圆、中心距、压力角。

如图 7.26 所示，当一对齿轮啮合时，齿廓在连心线 O_1O_2 上的接触点 C 称为节点。分别以 O_1、O_2 为圆心，O_1C、O_2C 为半径作相切的两圆，这两个圆称为节圆，直径用 d_1、d_2 表示。标准齿轮的节圆和分度圆是重合的。

中心距指连接两齿轮中心连线 O_1O_2 的距离，用 a 表示。在节点 C 处，两齿廓曲线的公法线（齿廓的受力方向）与两节圆的内公切线（节点 C 处的瞬时运动方向）所夹的锐角

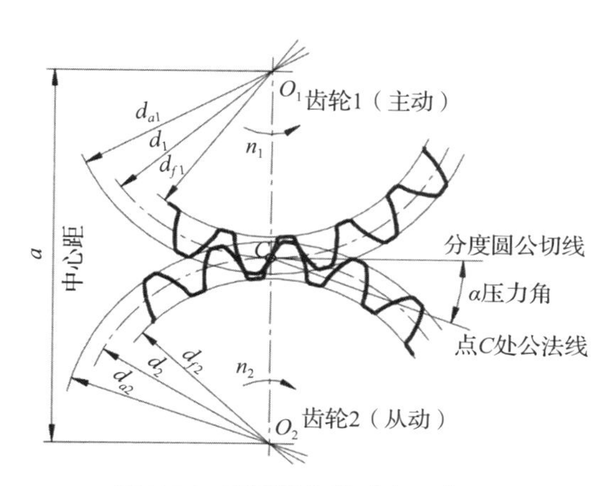

图 7.26　两圆柱齿轮啮合示意图

为压力角，我国标准压力角为 20°。

（7）模数。

若以 z 表示齿轮的齿数，则分度圆周长为 $\pi d=z\rho$

$$d=zp/\pi$$

令　　$m=p/\pi$

则　　$d=mz$

其中，m 表示齿轮的模数，单位为 mm。

模数是设计与制造齿轮的重要参数，代表了轮齿的大小。模数值越大，表示轮齿的承载能力越大。齿轮传动中只有模数相等的一对齿轮才能互相啮合。

为设计和制造方便，国家规定了统一的标准模数系列，如表 7.3 所示。

表 7.3　模数（GB/T 1357—2008）　　单位：mm

第一系列	1　1.25　1.5　2 2.5　3　4　5　6　8　10　12　16　20　25　32　40　50
第二系列	1.125　1.375　1.75　2.25　2.75　3.5　4.5　5.5　（6.5）　7　9 11　14　18　22　28　30　36　45

注：在选用模数时，应优先选用第一系列，其次选用第二系列，括号内的模数尽可能不选用。

设计齿轮时，当标准直齿轮的基本参数 m 和 z 确定之后，其他各部分的尺寸均可用公式计算出来，如表 7.4 所示。

表 7.4　标准直齿圆柱齿轮基本尺寸的计算（基本参数 m，z）

名称	计算公式	名称	计算公式
模数 m	$m=d/\pi$	分度圆直径 d	$d=mz$
齿顶高 h_a	$h_a=m$	齿顶圆直径 d_a	$d_a=d+2h_a=m(z+2)$
齿根高 h_f	$h_f=1.25m$	齿根圆直径 d_f	$d_f=d-2h_f=m(z-2.5)$
齿高 h	$h=h_a+h_f=2.25m$	中心距 a	$a=(d_1+d_2)/2=m(z_1+z_2)/2$

2. 圆柱齿轮的规定画法

（1）单个圆柱齿轮的规定画法。

根据规定，一般用两个视图来表示单个齿轮，平行于齿轮轴线的投影面的视图常画成全剖视图或半剖视图，如图 7.27 所示。齿顶圆和齿顶线用粗实线绘制，分度圆和分度线用细点画线绘制，齿根圆和齿根线用细实线绘制，也可省略不画。

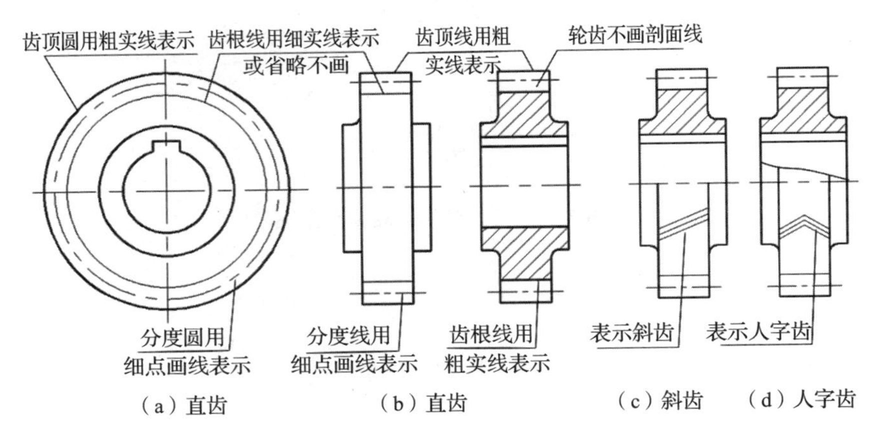

图 7.27 单个圆柱齿轮的规定画法

在剖视图中，齿根线用粗实线绘制。当剖切面通过齿轮轴线时轮齿一律按不剖处理。

（2）直齿圆柱齿轮的啮合画法。

根据规定，在垂直于齿轮轴线投影面的视图中，啮合区内的齿顶圆均用粗实线绘制。在平行于齿轮轴线投影面的外形视图中，不画啮合区内的齿顶线，节线用粗实线画出，其他处的节线仍用点画线绘制，如图 7.28（a）所示。相切的两分度圆用点画线画出，两齿根圆省略不画，如图 7.28（b）所示。

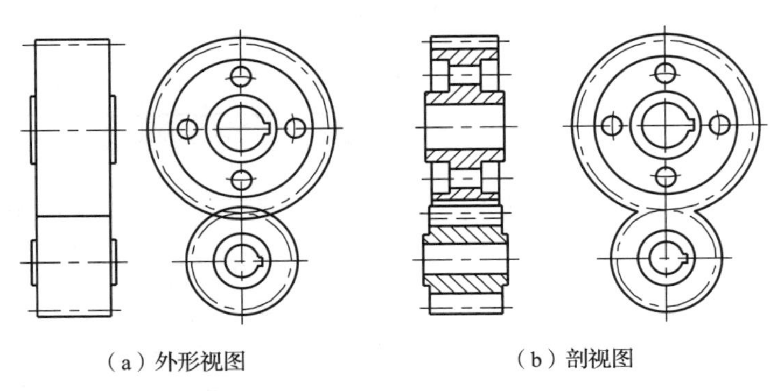

图 7.28 直齿圆柱齿轮的啮合画法

在剖视图中的啮合区内，将一个齿轮的轮齿用粗实线绘制，另一个齿轮的轮齿被遮挡的部分用虚线绘制，如图 7.29 所示。

直齿圆柱齿轮的工作图，如图 7.30 所示。

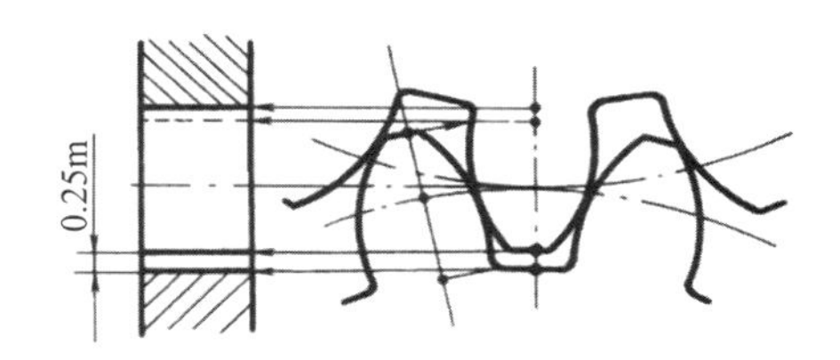

图 7.29 圆柱齿轮啮合区及剖视画法

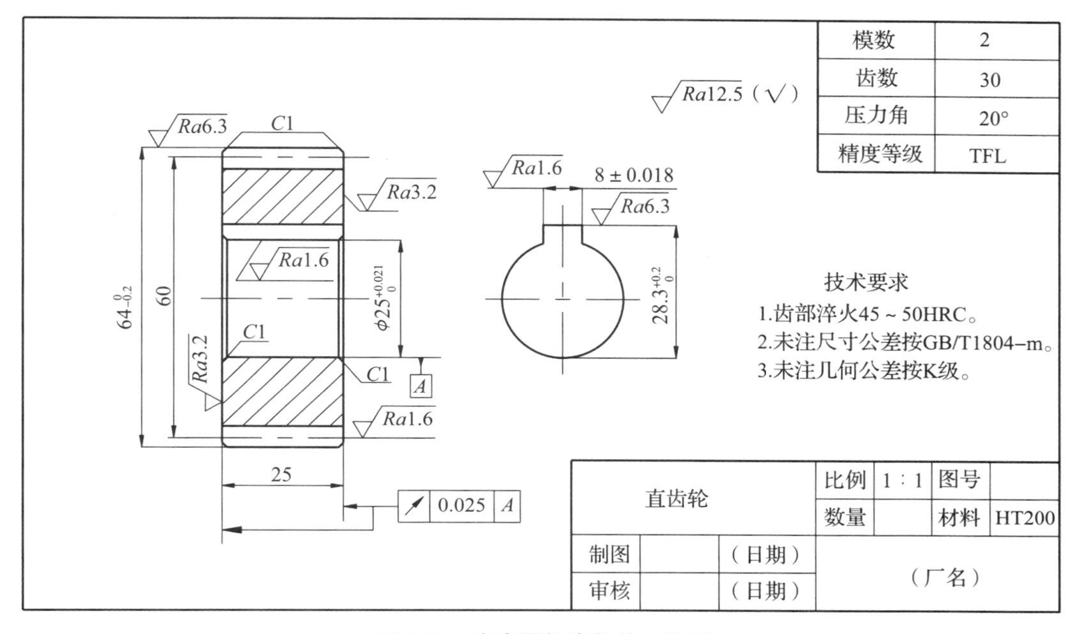

图 7.30 直齿圆柱齿轮的工作图

7.3.2 圆锥齿轮

1. 圆锥齿轮的传动形式和各部分名称

(1)圆锥齿轮的传动形式。

圆锥齿轮通常用于垂直相交两轴之间的传动，因为轮齿位于圆锥面上，所以圆锥齿轮的轮齿一端大、另一端小，齿厚是逐渐变化的，直径和模数也随着齿厚的变化而变化。

为方便计算和制造，国家标准规定以大端的模数为准，它决定了轮齿的有关尺寸。一对圆锥齿轮啮合必须有相同的模数。

(2)单个圆锥齿轮各部分名称。

以直齿圆锥齿轮为例，其各部分名称如图 7.31 所示。齿顶圆锥（顶锥）直径 d_a、齿根圆锥（根锥）直径 d_f、分度圆锥（分锥）直径 d、锥距 R（分度圆锥锥顶到大端的距离）、背锥面（背锥）、前锥面（前锥）、分度圆锥角 δ、齿高 h、齿顶高 h_a、齿根高 h_f 等。

圆锥齿轮各部分几何要素的尺寸与模数 m、齿数 z 及分度圆锥角 δ 有关，如表 7.5 所示。

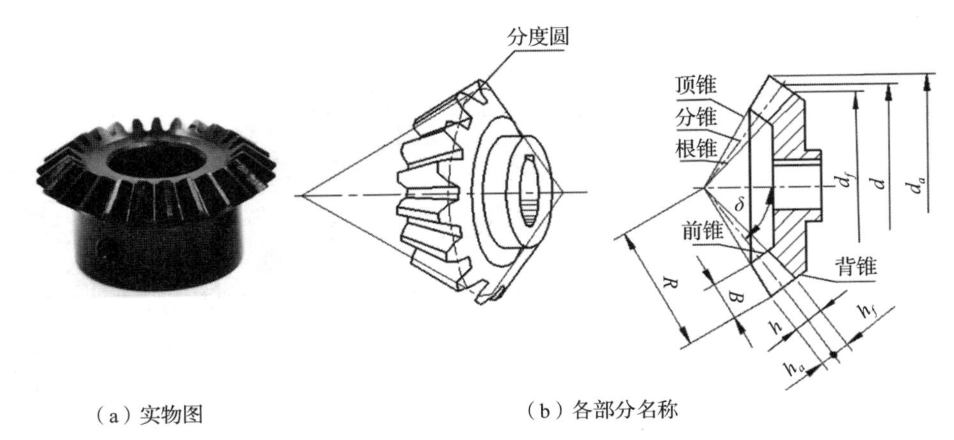

图 7.31　直齿圆锥齿轮的各部分名称

表 7.5　圆锥齿轮基本尺寸的计算（基本参数 m，z，δ）

名称	计算公式	名称	计算公式
模数 m	$m=d/\pi$	分度圆直径 d	$d=mz$
齿顶高 h_a	$h_a=m$	齿顶圆直径 d_a	$d_a=m(z+2\cos\delta)$
齿根高 h_f	$h_f=1.2m$	齿根圆直径 d_f	$d_f=m(z-2.4\cos\delta)$
齿高 h	$h=h_a+h_f=2.2m$	齿顶角 θ_a	$\tan\theta_a=(2\sin\delta)/z$
齿宽 B	$B\leqslant R/3$	齿根角 θ_f	$\tan\theta_f=(2.4\sin\delta)/z$

2. 圆锥齿轮的规定画法

（1）单个圆锥齿轮的规定画法。

单个圆锥齿轮的规定画法与圆柱齿轮的规定画法基本相同，一般用主、左两个视图表示，如图 7.32 所示。主视图画成剖视图，左视图中投影为圆，用粗实线表示齿轮大端和小端的齿顶圆，用点画线表示大端的分度圆，齿根圆省略不画。在剖视图中齿根线用粗实线绘制，当剖切面通过齿轮轴线时轮齿一律按不剖处理。

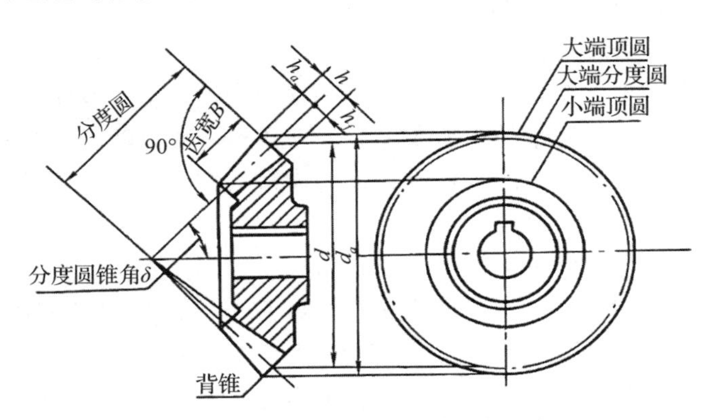

图 7.32　单个圆锥齿轮的规定画法

画图时应根据分度圆锥角，先画出分度圆锥的分度线，再根据分度圆半径量出大端的位置，依据齿顶高、齿根高找出大端齿顶和齿根的位置，分别向分度圆锥锥顶连线得到顶锥（齿顶圆锥）和根锥（齿根圆锥）。最后根据齿宽量出分度圆上小端的位置，作分度线的垂直线，其他的次要结构根据需要设计。

（2）圆锥齿轮的啮合画法。

圆锥齿轮的啮合画法如图 7.33 所示，主视图画成剖视图，两齿轮的节圆锥面相切，节线重合并画成点画线。啮合区的一个齿轮的齿顶线画成粗实线，另一个齿轮的齿顶线画成虚线或省略不画；左视图画成外形视图。对标准齿轮来说，节圆和分度圆是一致的。

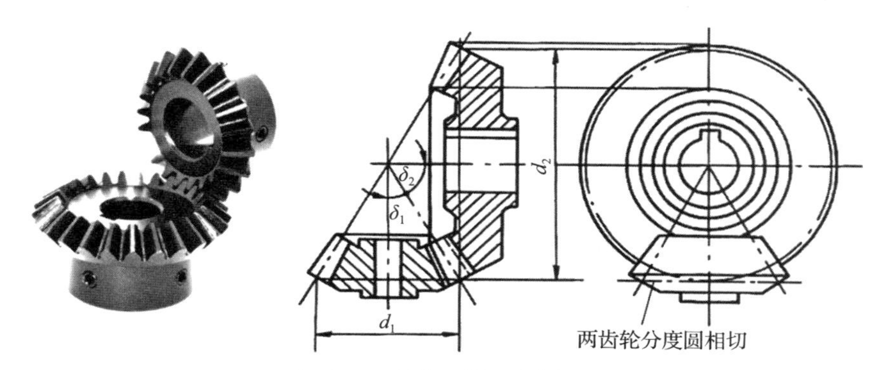

图 7.33 圆锥齿轮的啮合画法

轴线为垂直相交的两圆锥齿轮啮合时，两节圆锥角 δ_1 和 δ_2 之和为 90°，尺寸关系如下：

$\tan\delta_1=z_1/z_2$

$\tan\delta_2=z_1/z_2$ 或 $\delta_2=90°-\delta_1$

3. 圆锥齿轮的零件图

圆锥齿轮的零件图，如图 7.34 所示。

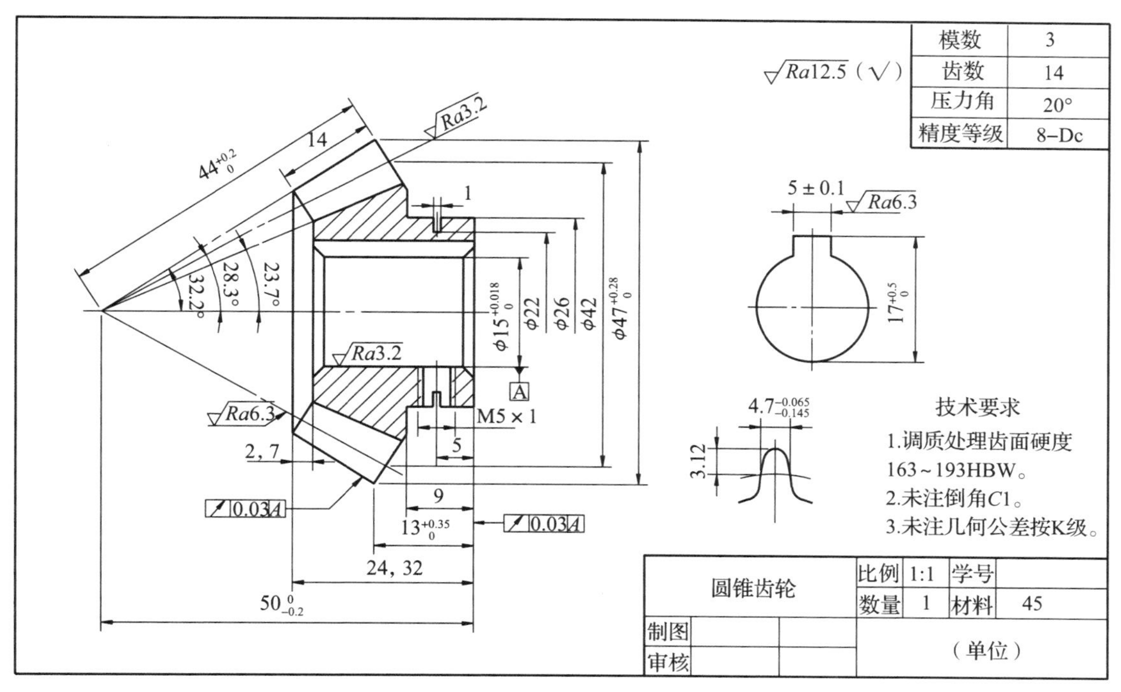

图 7.34 圆锥齿轮的零件图

7.3.3 蜗杆和蜗轮

1. 蜗杆和蜗轮基本内容

（1）蜗杆和蜗轮的传动形式。

蜗杆是具有一个或几个螺旋齿，并且与蜗轮啮合而组成交错轴齿轮副的齿轮。在传动中蜗杆为主动，蜗轮为从动。蜗杆和蜗轮的传动比大，结构紧凑，但效率低。蜗杆的齿数（即头数）z_1 相当于螺杆上螺纹的线数。

蜗杆常用单头或双头，传动时蜗杆旋转一圈，蜗轮只转过一个齿或两个齿，因此可得到比较大的传动比，公式为 $i=z_2/z_1$（z_2 为蜗轮齿数）。

蜗杆和蜗轮的轮齿是螺旋形的，蜗轮的齿顶面和齿根面常制成圆环面。啮合的蜗杆和蜗轮的模数相同，且蜗轮的螺旋角和蜗杆的螺旋线升角大小相等、方向相同。

（2）蜗杆和蜗轮各部分几何要素代号和规定画法。

蜗杆和蜗轮各部分几何要素的代号和规定画法与圆柱齿轮的基本相同。

1）蜗杆各部分几何要素代号和规定画法。

在投影为圆的视图中，只画出分度圆和齿顶圆，不画齿根圆。在投影为非圆的视图中，齿形用局部剖视图或局部放大图表示，齿根线用细实线绘制或省略不画。

如图 7.35 所示，P_x 表示蜗杆的轴向齿距；h_a 表示蜗杆的齿顶高；h_f 表示蜗杆的齿根高；h 表示蜗杆的全齿高。

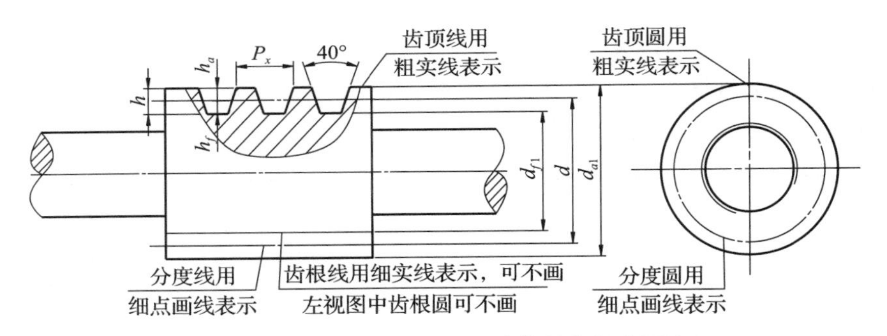

图 7.35 蜗杆各部分几何要素代号和规定画法

2）蜗轮各部分几何要素代号和规定画法。

在投影为圆的视图中，只画出最大的顶圆和分度圆，喉圆和齿根圆省略不画。投影为圆的视图可用表达键槽轴孔的局部视图取代。在投影为非圆的视图中，常用全剖视或半剖视，相啮合的蜗杆轴线位置画出细点画线圆和对称中心线，标注有关尺寸和中心距。

如图 7.36 所示，d_{ae} 表示蜗轮齿顶的最外圆直径，即齿顶圆柱面的直径；d_{a2} 表示蜗轮的齿顶圆环面的内圆（喉圆）的直径。

2. 蜗杆和蜗轮啮合的规定画法

蜗杆和蜗轮啮合画法有两种形式，一种是画成外形图，另一种是画成剖视图，如图 7.37 所示。在外形图中，主视图中的蜗轮被蜗杆遮住的部分不必画出，左视图中的蜗轮分度圆和蜗杆分度线要相切。在剖视图中，主视图中的蜗轮的齿根线需要画出，左视图中齿顶圆可省略不画。

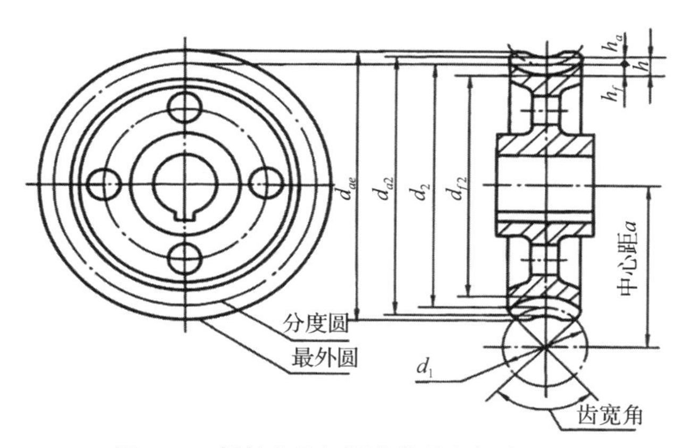

图 7.36 蜗轮各几何要素代号和规定画法

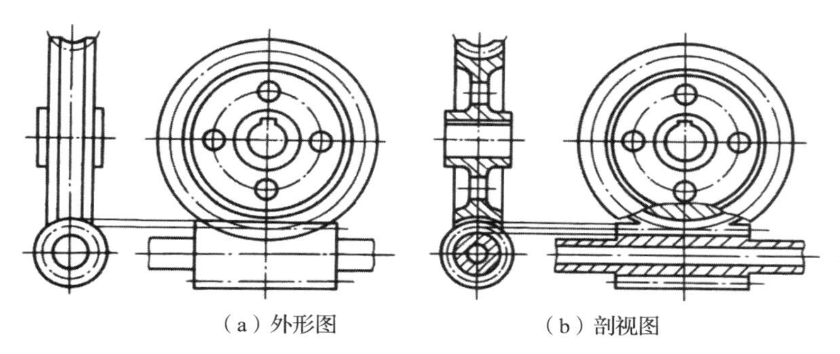

图 7.37 蜗杆和蜗轮的啮合画法

3. 蜗杆和蜗轮的零件图

（1）蜗杆的零件图，如图 7.38 所示。

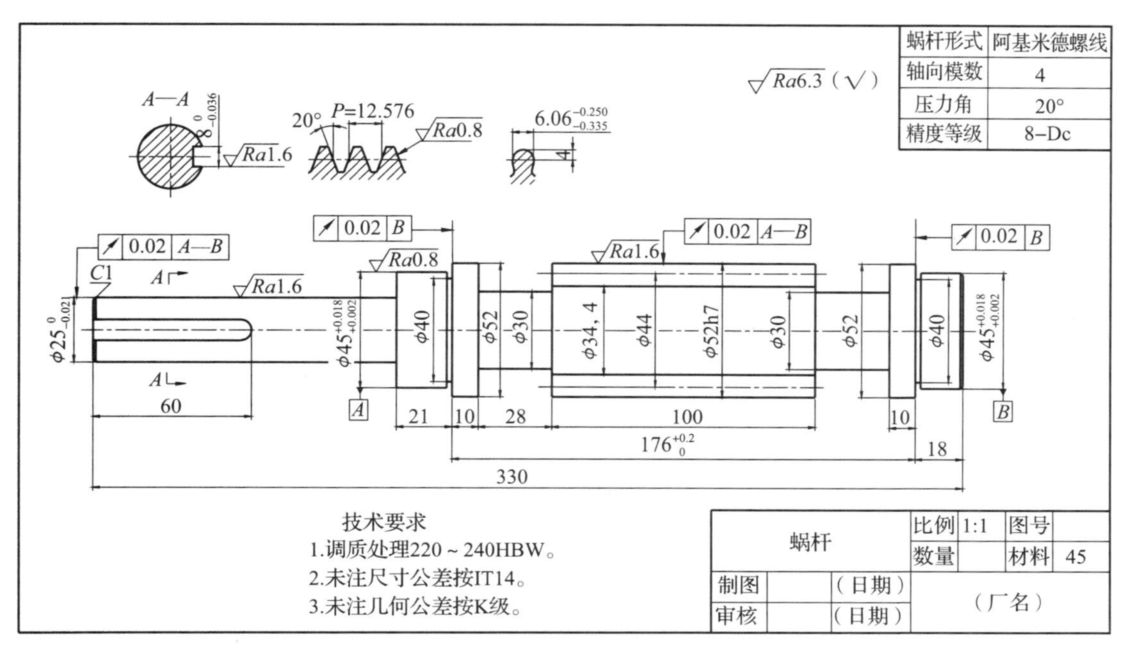

蜗杆形式	阿基米德螺线
轴向模数	4
压力角	20°
精度等级	8-Dc

蜗杆		比例	1:1	图号	
		数量		材料	45
制图	（日期）	（厂名）			
审核	（日期）				

图 7.38 蜗杆零件图

（2）蜗轮的零件图，如图 7.39 所示。

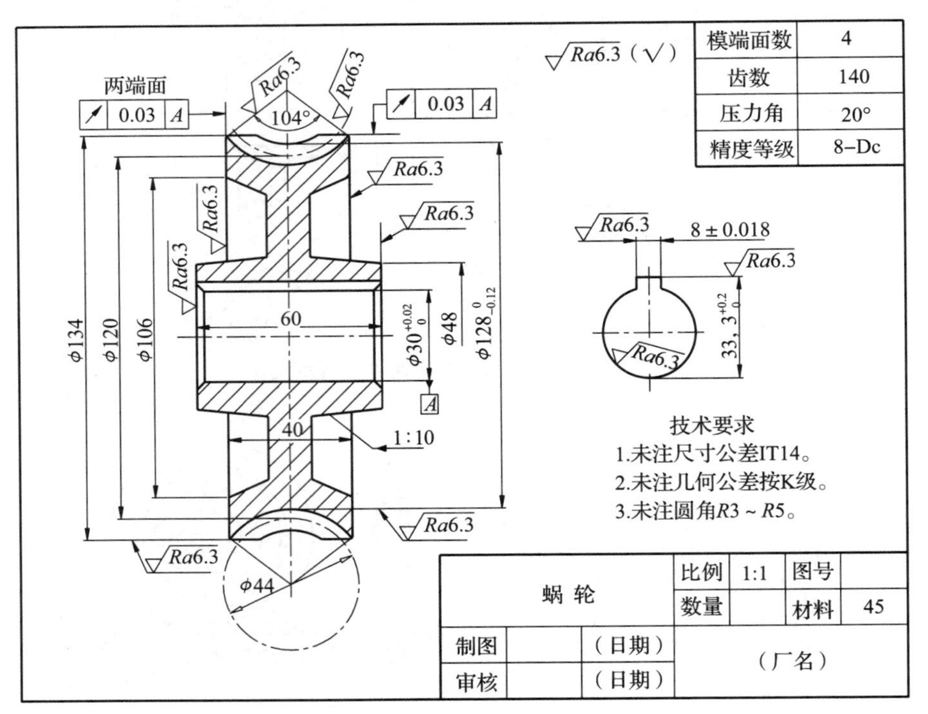

图 7.39　蜗轮的零件图

7.4 键与销

第 32 讲
键与销

7.4.1 键

键是机器上常用的标准件，用来连接轴和装在轴上的零件（如齿轮、带轮等），起传递转矩的作用。

1. 常用键的种类与标记

常用键的种类有普通平键、半圆键和钩头型楔键等。普通平键按构造分为圆头（A 型）、平头（B 型）及单圆头（C 型）三种。

常用键的结构形式如图 7.40 所示。

A 型平键的轴槽用端铣刀加工，键在槽中固定良好，轴上的键槽应力集中较大。

B 型平键常用螺钉固定。

C 型平键常用于轴端与毂类零件的连接，与 A 型平键一样，其圆头部分的侧面与键槽并不接触，未能充分利用。

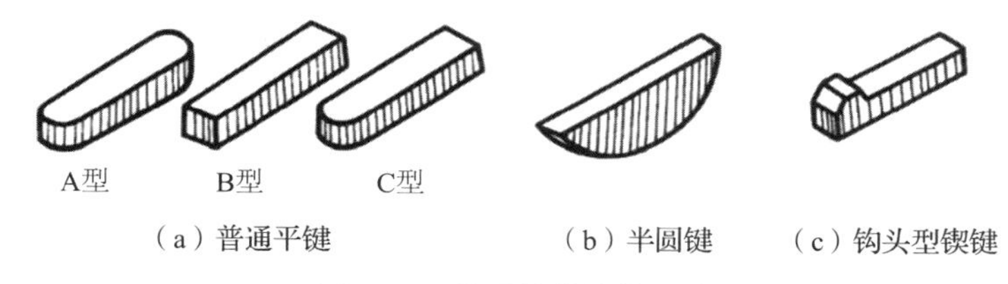

（a）普通平键　　（b）半圆键　　（c）钩头型锲键

图 7.40　常用键的结构形式

常用键的型式和标记如表 7.6 所示，选用时根据轴的直径大小，查键的标准，从而得到键的尺寸。

表 7.6　常用键的型式与标记

名称	型式	标准号	标记
普通平键		GB/T 1096—2003	GB/T 1096 键 16 × 10 × 100 表示：b=16mm，h=10mm，L=100mm 的 A 型普通平键（A 型键可不标出 A）
半圆键		GB/T 1009.1—2003	GB/T 1009.1 键 6 × 10 × 25 表示：b=6mm，h=10mm，d_1=25mm 的普通型半圆键
钩头型楔键		GB/T 1565—2003	GB/T 1565 键 18 × 100 表示：b=18mm，h=11mm，L=100mm 的钩头型楔键

2. 键连接的画法

普通平键和半圆键的两个侧面是工作面，键与键槽侧面之间不应留间隙，接触面画一条线。键顶面是非工作面，其与轮毂的键槽顶面之间应留有间隙。沿键的对称面纵向剖切时，键按不剖绘制。

平键连接的画法，如图 7.41 所示，相关尺寸根据轴径 d 查阅标准。

半圆键连接的画法，如图 7.42 所示，相关尺寸根据轴径 d 查阅标准。

钩头型楔键的顶面有 1 : 100 的斜度，连接时将键打入键槽。键的顶面和底面为工作面，画图时上、下表面与键槽之间不留间隙，而键的两个侧面为非工作面，与键槽之间应留有间隙。钩头型楔键连接的画法，如图 7.43 所示，相关尺寸根据轴径 d 查阅标准。

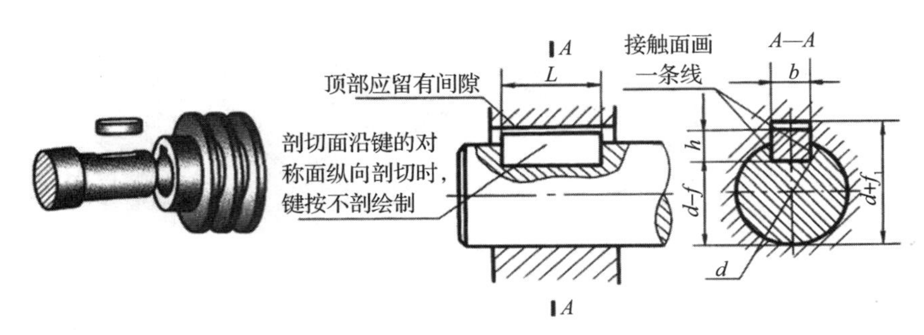

图 7.41　平键连接的画法

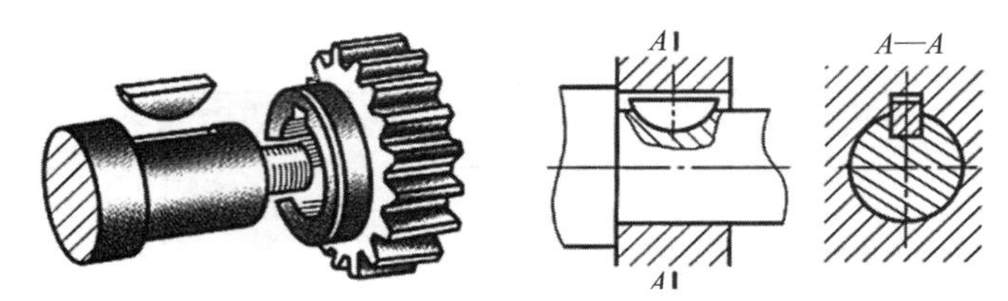

图 7.42　半圆键连接的画法

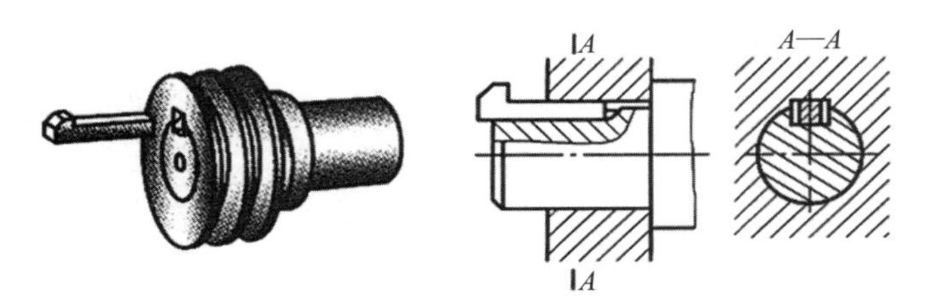

图 7.43　钩头型楔键连接的画法

3. 键槽的画法和标注

轴和轮毂的键槽画法和标注如图 7.44 所示，键槽的深度、宽度可根据孔的直径 d 查阅标准。

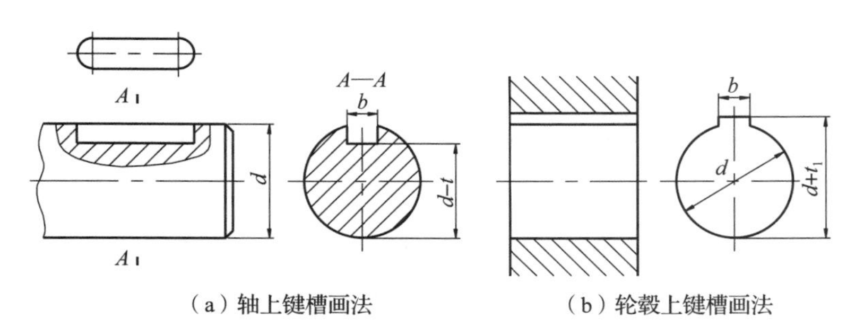

（a）轴上键槽画法　　（b）轮毂上键槽画法

图 7.44　键槽的画法和标注

7.4.2　销

销是标准件，主要用于确定零件之间的相互位置，起定位的作用，传递的扭矩不大。当销用于轴和轮毂或其他零件上时主要起连接作用。

1. 销的种类与标记

（1）根据销的用途不同，分为定位销、联接销、安全销。

（2）根据销的结构形式不同，分为圆柱销、圆锥销、开口销等。

1）圆柱销有 A、B、C、D 四种型式，多次装拆后会降低定位精度和连接的稳固性，用于传递载荷不大、不经常拆卸的场合，如图 7.45（a）所示。

2）圆锥销的锥度为 1∶50，用于定位和连接，适用于经常拆卸的场合，便于安装且定位精度高，如图 7.45（b）所示。

3）开口销具有工作可靠、拆卸方便的特点，用于锁定其他紧固件，如图 7.45（c）所示。

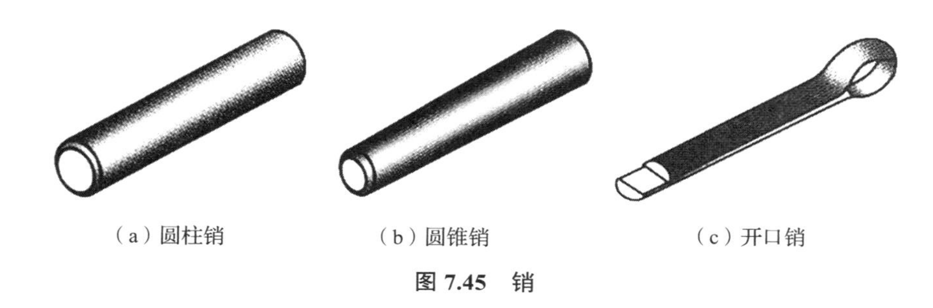

（a）圆柱销　（b）圆锥销　（c）开口销

图 7.45　销

常用销的型式和标记如表 7.7 所示。

表 7.7　常用销的型式和标记

名称	型式	标准号	标记
圆柱销	≈15°　c　c　d　l	GB/T 119.2—2000	销 GB/T 119.2 B8 × 30 公称直径 d=8mm，公称长度 l=30mm，材料为 35 钢，热处理硬度，28 ～ 38HRC，表面氧化处理的 B 型圆柱销
圆锥销	1∶50　端面 6.3　d　r_1≈d　r_2　a　a　l	GB/T 117—2000	销 GB/T 117 10 × 60 公称直径 d=10mm，公称长度 l=60mm，材料为 35 钢，热处理硬度，28 ～ 38HRC、表面氧化处理的 A 型圆锥销
开口销	b　l　a　c　d	GB/T 91—2000	销 GB/T 91 12 × 50 公称直径 d=12mm，公称长度 l=50mm，材料为低碳钢，不经表面处理的开口销

2. 销连接的画法

销连接指在两被连接件上配置出销孔，再用销将它们装配在一起所形成的连接。销的装配要求较高，销孔需要配作。

销连接的画法，如图 7.46 所示。

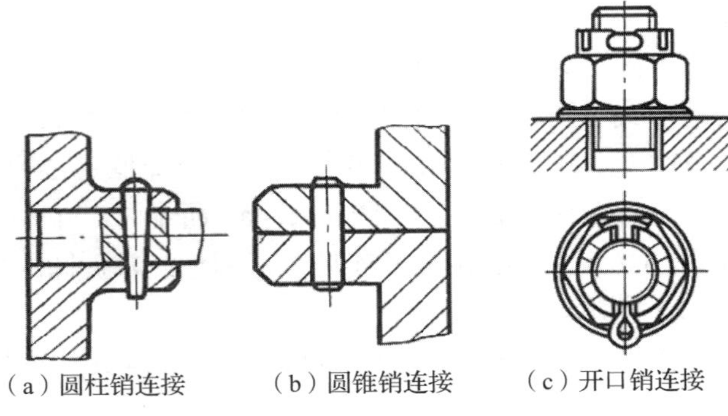

（a）圆柱销连接　（b）圆锥销连接　（c）开口销连接

图 7.46　销连接的画法

7.5 滚动轴承

第 33 讲
滚动轴承

滚动轴承是标准件，用来支承旋转轴。由于其结构紧凑、摩擦力小，具有较小的起动摩擦力矩和较小的摩擦力矩，因而能在较大的载荷、转速及较高精度范围内工作，容易满足不同要求，是现代机器中广泛采用的标准件。

7.5.1 滚动轴承的类型与代号

1. 滚动轴承的类型

滚动轴承一般由外圈、内圈（或上圈、下圈）、滚动体和隔离圈（保持架）所组成。

滚动轴承的种类很多，常用的有以下三种：

（1）深沟球轴承适用于承受径向载荷，如图 7.47（a）所示。

（2）推力球轴承用来承受轴向载荷，如图 7.47（b）所示。

（3）圆锥滚子轴承用于同时承受轴向和径向载荷，如图 7.47（c）所示。

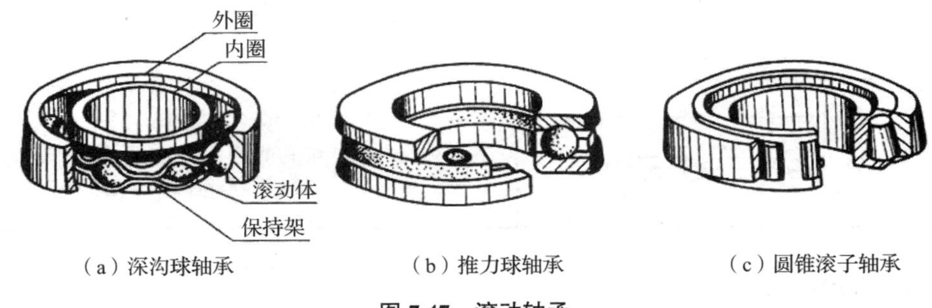

（a）深沟球轴承　（b）推力球轴承　（c）圆锥滚子轴承

图 7.47　滚动轴承

2. 滚动轴承的代号

国家标准《滚动轴承代号方法》(GB/T 272—2017）中规定了滚动轴承的代号、滚动轴承的代号打印在轴承端面上，以便识别。

滚动轴承代号是由字母加数字来表示滚动轴承的结构、尺寸、公差等级、技术性能等特征的产品符号，它由基本代号、前置代号和后置代号构成，排列方式为：

前置代号	基本代号	后置代号

（1）基本代号。

基本代号表示轴承的基本类型、结构和尺寸，是轴承代号的基础，由轴承类型代号、尺寸系列代号、内径代号构成，排列方式为：

轴承类型代号	尺寸系列代号	内径代号

1）轴承类型代号。

轴承类型代号用数字或字母表示，如表 7.8 所示。

表 7.8　轴承类型代号

代号	0	1	2	3	4	5	6	7	8	N	U	QJ
轴承类型	双列角接触轴承	调心球轴承	调心滚子轴承和推力调心滚子轴承	圆锥滚子轴承	双列深沟球轴承	推力球轴承	深沟球轴承	角接触轴承	推力圆柱滚子轴承	圆柱滚子轴承	外球面球轴承	四点接触球轴承

2）尺寸系列代号。

尺寸系列代号由轴承的宽（高）度系列代号和直径系列代号组合而成，用两位阿拉伯数字来表示，用于区别内径相同而宽度和外径不同的轴承，具体代号需查阅标准。

3）内径代号。

内径代号表示轴承的公称内径，一般用两位阿拉伯数字表示。

代号数字为 00、01、02、03 时，分别表示轴内径 d 为 10mm、12mm、15mm、17mm。

代号数字为 04 ～ 96 时，代号数字乘 5，表示轴承内径尺寸。

轴承公称内径为 1 ～ 9mm 时，用内径毫米数直接表示。

轴承公称内径为 22mm、28mm、32mm、500mm，或大于 500mm 时，用内径毫米数直接表示，但与尺寸系列代号之间用“/”分开。

轴承基本代号的含义举例：

①轴承 6207。

6 表示轴承类型代号为深沟球轴承。

2 表示尺寸代号 02，宽度系列代号 0 省略，直径系列代号为 2。

07 表示内径代号 07，轴承公称内径为 d=35mm。

②轴承 62/22。

6 表示轴承类型代号为深沟球轴承。

2 表示尺寸代号 02，宽度系列代号 0 省略，直径系列代号为 2。

/ 表示用轴承公称内径毫米数直接表示。

22 表示内径代号 22，轴承公称内径为 d=22mm。

③轴承 30316。

3 表示轴承类型代号为圆锥滚子轴承。

03 表示尺寸代号 03，宽度系列代号 0，直径系列代号为 3。

16 表示内径代号 16，轴承公称内径为 d=80mm。

（2）前置和后置代号。

前置代号用字母表示，后置代号用字母或字母加数字表示。前置和后置代号是轴承在结构形状、尺寸、公差、技术要求等有改变时，在其基本代号左右添加的代号。

轴承前置和后置代号含义举例：

1）轴承 K81107。

K 表示前置代号，为滚子和保持架组件。

8 表示轴承类型代号，为推力圆柱滚子轴承。

11 表示尺寸代号为 11，宽度系列代号 1，直径系列代号为 1。

07 表示内径代号，轴承公称内径为 d=35mm。

2）轴承 6210NR。

6 表示轴承类型代号为深沟球轴承。

2 表示尺寸代号为 02，宽度系列代号 0 省略，直径系列代号为 2。

10 表示内径代号，轴承公称内径为 d=50mm。

NR 表示后置代号，轴承外圈上有止动槽，并带止动环。

7.5.2 滚动轴承的画法

滚动轴承须按使用要求选用，不需要画出单个轴承。在装配图中采用规定画法和特征画法，各部分尺寸查标准可得。无论采用哪一种画法，在同一图样中只采用一种画法。《机械制图　滚动轴承表示法》（GB/T 4459.7—2017）中规定了滚动轴承的规定画法和特征画法，如表 7.9 所示。

表 7.9　滚动轴承的特征画法及规定画法

轴承名称	深沟球轴承	推力球轴承	圆锥滚子轴承
规定画法	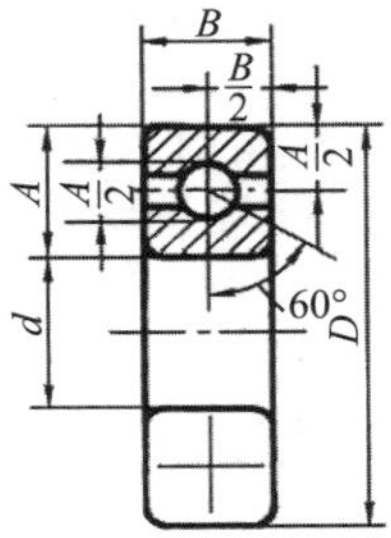	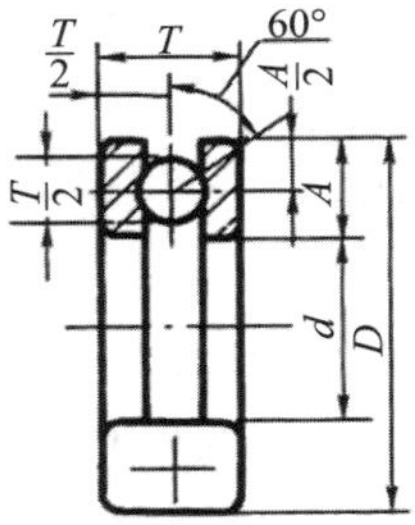	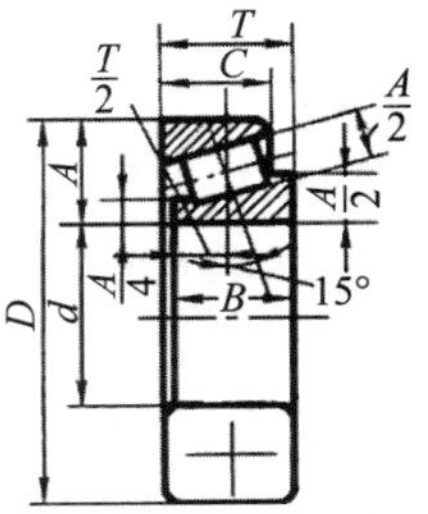
特征画法	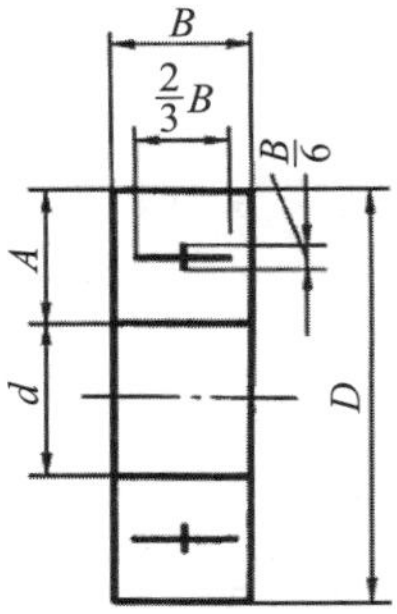	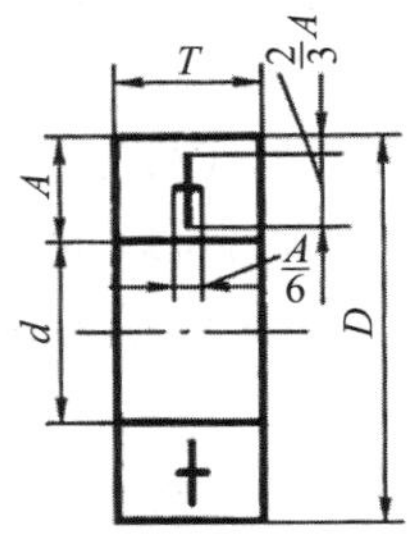	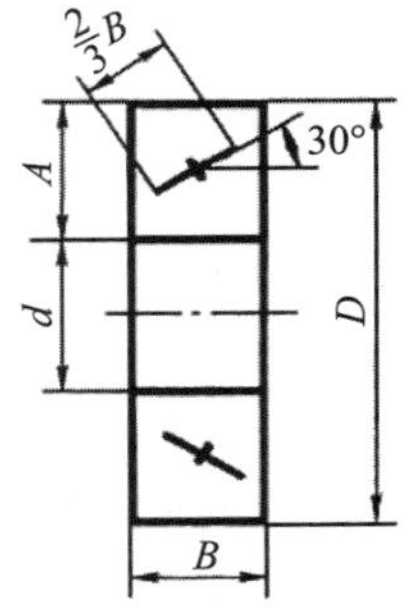

1. 规定画法

规定画法较详细地表示出滚动轴承的主要结构。通常在轴线的一侧按比例画法绘制，其中外径 D、内径 d、宽度 B 等为实际尺寸，可参阅标准查尺寸，而另一侧采用矩形线框及位于线框中央正立的十字形符号表示。各种符号、矩形线框和轮廓线均用粗实线绘制。

2. 特征画法

特征画法较形象地表示出滚动轴承的结构特征。在剖视图中采用矩形线框及在线框内画出滚动轴承结构要素符号的形式表示。

7.6 弹簧

弹簧是用来减振、夹紧、测力和储存能量的常用零件。其种类多、用途广，常见的有圆柱螺旋弹簧、平面涡卷弹簧、板弹簧和片弹簧。本节主要介绍圆柱螺旋弹簧的画法，其他种类的画法请参考《机械制图　弹簧表示法》（GB/T 4459.4—2003）规定。

根据用途不同，圆柱螺旋弹簧分为压缩弹簧、拉伸弹簧和扭转弹簧，如图 7.48 所示。

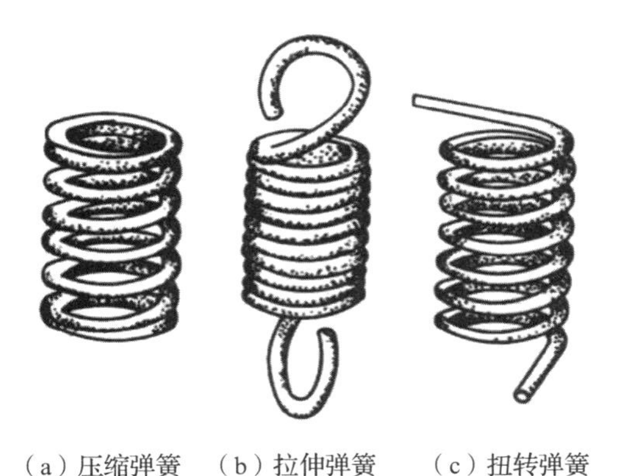

第 34 讲　弹簧

（a）压缩弹簧　（b）拉伸弹簧　（c）扭转弹簧

图 7.48　圆柱螺旋弹簧

7.6.1 圆柱螺旋压缩弹簧

1. 圆柱螺旋压缩弹簧的尺寸

圆柱螺旋压缩弹簧的尺寸如图 7.49 所示。

（1）弹簧丝直径 d。

（2）弹簧直径。

弹簧中径 D，即弹簧的规格直径。

弹簧内径 D_1，$D_1=D-d$。

弹簧外径 D_2，$D_2=D+d$。

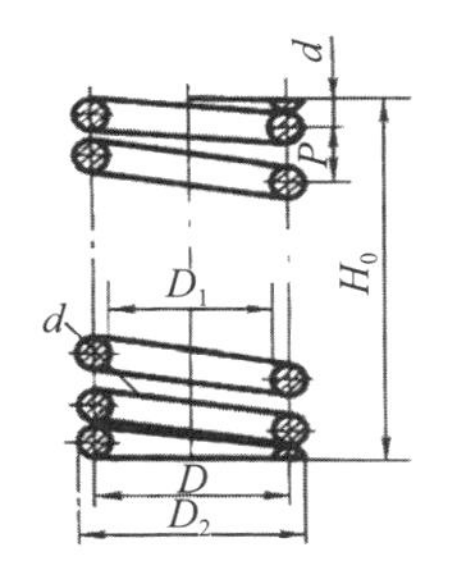

图 7.49　圆柱螺旋压缩弹簧的尺寸

（3）节距 p。

除支承圈外，相邻两圈沿轴向的距离，一般 $p \approx \frac{D}{3} - \frac{D}{2}$。

（4）支承圈数 n_2、有效圈数 n 和总圈数 n_1。

为了使压缩弹簧工作时受力均匀，保证轴线垂直于支承端面，通常将弹簧两端并紧且磨平，并紧的这部分圈数仅起支承作用，叫作支承圈。支承圈数有 1.5 圈、2 圈和 2.5 圈三种，其中 2.5 圈用得较多，即两端各并紧 1/2 圈、磨平 3/4 圈。

有效圈数是压缩弹簧除支承圈外，具有相同节距的圈数。

总圈数是有效圈数与支承圈数之和，即 $n_1=n+n_2$。

（5）自由高度（或长度）H_0。

弹簧在不受外力时的高度：$H_0=np+(n_2-0.5)d$。

（6）弹簧展开长度 L。

制造时弹簧丝的长度：$L \approx n_1\pi\sqrt{(\pi D)^2+p^2}$。

2. 圆柱螺旋压缩弹簧的标记

根据国家标准《普通圆柱螺旋压缩弹簧尺寸及参数（两端圈并紧磨平或制扁）》（GB/T 2089—2009）规定，圆柱螺旋压缩弹簧的标记格式为：

类型代号	$d \times D \times H_0$	精度代号	旋向代号	标准号

例如，YA 1.2×8×40 左 GB/T 2089 表示 YA 型弹簧，材料直径为 1.2mm，弹簧中径为 8mm，自由高度为 40mm，精度等级为 2 级，左旋的两端圈并紧磨平的冷卷压缩弹簧。

7.6.2 圆柱螺旋弹簧图样

1. 圆柱螺旋弹簧的规定画法

（1）在平行于弹簧轴线投影的视图中，各圈的轮廓应画成直线，以代替螺旋线。对于压缩弹簧，如果要求两端并紧且磨平，不论支承圈数多少和末端贴紧情况如何，均按表 7.10 中形式绘制。

表 7.10 圆柱螺旋弹簧视图、剖视图和示意图

名称	视图与参数	剖视图和示意图
圆柱螺旋压缩弹簧	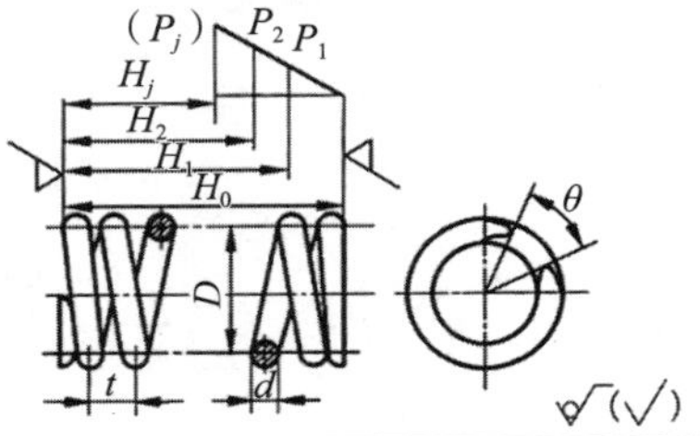	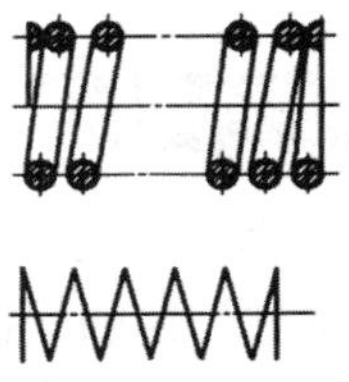
圆柱螺旋拉伸弹簧	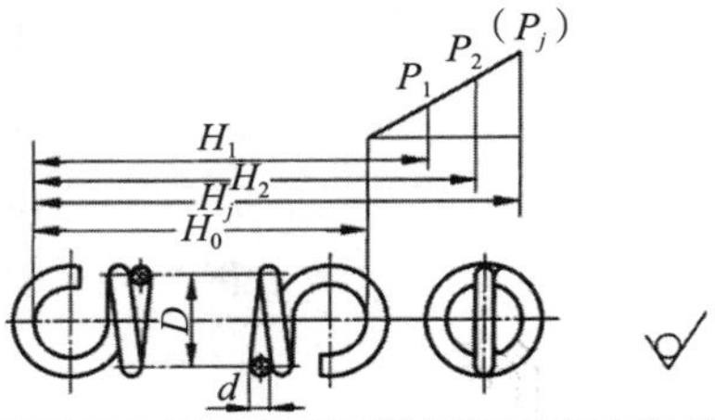	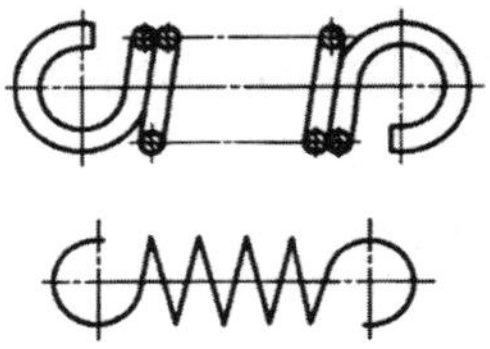

续表

名称	视图与参数	剖视图和示意图
圆柱螺旋扭转弹簧	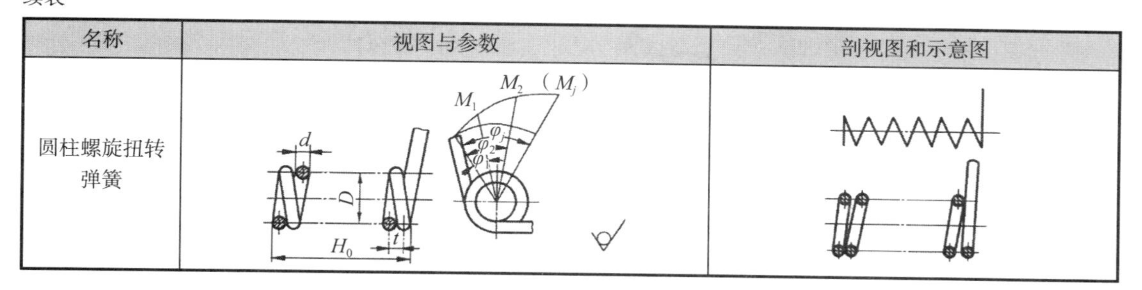	

（2）有效圈数在 4 圈以上的螺旋弹簧，中间部分可省略，用点画线通过弹簧丝将断面中心连起来，并允许适当缩短图形的长度，如图 7.50 所示。

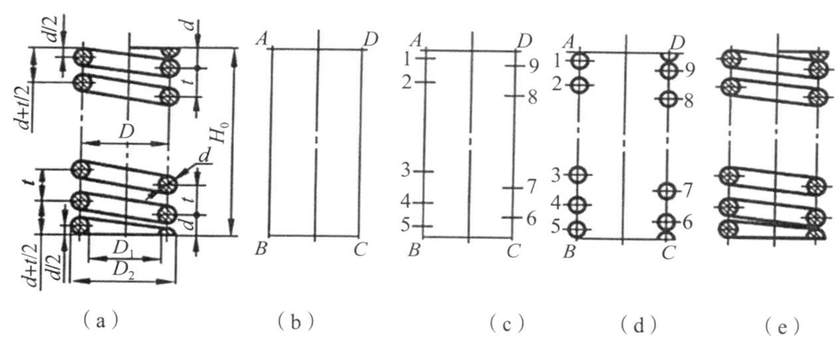

图 7.50　螺旋压缩弹簧的画法

（3）在绘图时螺旋弹簧均可画成右旋，对于左旋弹簧无论画成左旋还是右旋，一律要加注“左旋”字样。

（4）在装配图中弹簧中间各圈采取省略画法时，弹簧后面被挡住的零件轮廓不必画出，可见部分应从弹簧的外轮廓线或弹簧钢丝断面的中心线画起，如图 7.51 所示。

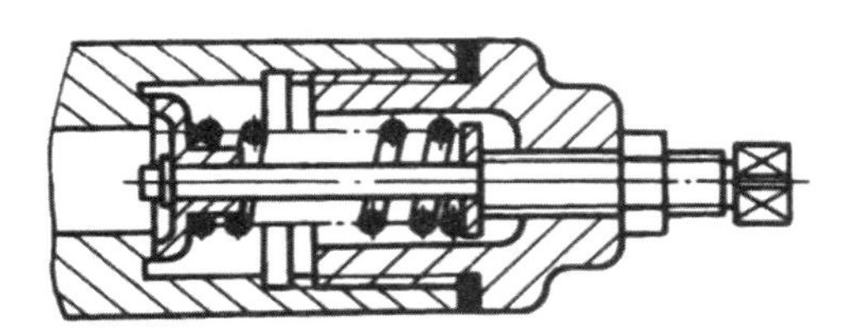

图 7.51　装配图的画法

（5）当弹簧被剖切，簧丝直径在图上小于 2mm 时，其剖面可涂黑表示，如图 7.52（a）所示，也可用示意图画法。当型材直径或厚度在图形上等于或小于 2mm 的螺旋弹簧时，允许用示意图画法，如图 7.52（b）所示。

2. 圆柱螺旋压缩弹簧的零件图

圆柱螺旋压缩弹簧的零件图中除视图和应注的尺寸外，还要用图解法表明弹簧的负荷与高度之间的关系，其中 P_1 表示弹簧的预加载荷，P_2 表示弹簧的最大载荷，P_j 表示弹簧的允许极限载荷，如图 7.53 所示。

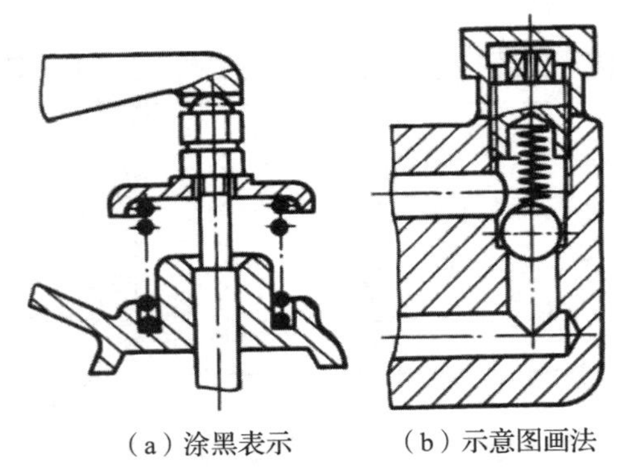

（a）涂黑表示　　（b）示意图画法

图 7.52　簧丝直径 <2mm 的画法

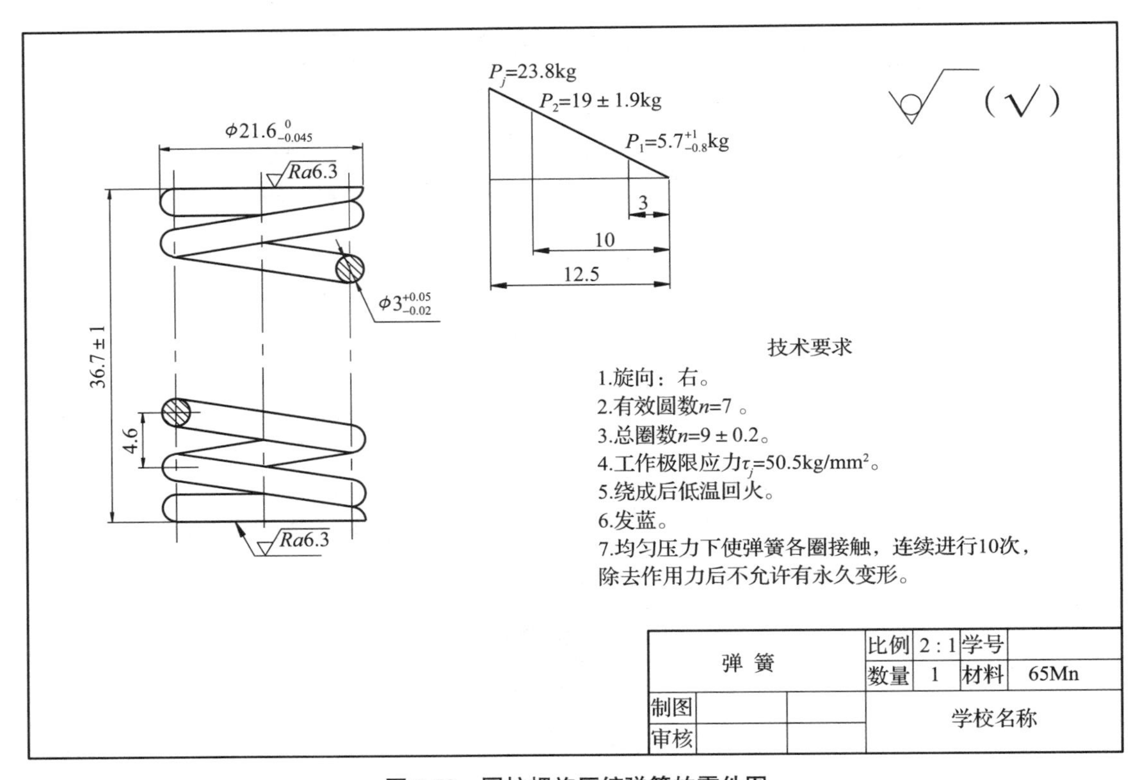

图 7.53　圆柱螺旋压缩弹簧的零件图

思考题

1. 螺纹的几何要素有哪些？
2. 完整的螺纹包含哪些结构？
3. 螺纹的规定画法有哪些？
4. 试查出 M10 的粗牙普通螺纹的小径和螺距分别是多少。
5. 试分别说明 M16×1-6H-S、Tr20×4-7H、B32X6LH-7e、G1A、Rc 等代号的含义。

6. 常用螺纹紧固件有哪些？其规定标记包括哪些内容？
7. 用比例画法画螺栓连接图时，如何确定各部分的尺寸？画图时应注意哪些方面？
8. 齿轮模数有什么意义？
9. 如何绘制单个圆柱齿轮和两啮合圆柱齿轮？
10. 键和销各有什么用途？其连接画法各有何特点？
11. 常用的圆柱螺旋压缩弹簧的规定画法有哪些？

单元 8 零件图

学习目标

1. 学习零件视图的选择方法及表达分析方法。
2. 掌握绘制和阅读零件图的方法。
3. 掌握零件图的尺寸标注方法。
4. 熟悉零件图中的尺寸公差、形位公差及表面粗糙度。
5. 掌握测绘零件的方法。

学习重点与难点

学习重点：绘制和阅读零件图，零件图的尺寸标注，零件测绘。
学习难点：零件图的技术要求。

本章主要讲述零件视图的选择方法及表达分析方法，零件图中的尺寸标注及常见结构的要求，零件图的技术要求和零件材料，读零件图的方法和零件测绘的方法。

8.1 零件图的作用与内容

第 35 讲
零件图的概述与选择

1. 零件图的作用

机器是由许多零件按一定的装配关系和技术要求装配而成的，零件根据零件图进行制造和检验。零件图用来表示零件的结构形状、大小和技术要求，是指导生产准备、加工制造和检验的重要技术文件。在机器或部件中，除标准件外，其余零件均应绘制零件图。

2. 零件图包含的内容

以如图 8.1 所示的齿轮轴零件图为例，介绍一张完整的零件图应具有的内容。

（1）一组视图：完整、清晰地表达零件的结构和外部形状。

（2）完整尺寸：正确、完整、清晰、合理地表达零件各部分的大小及相对位置关系。

（3）技术要求：表示或说明零件在加工、检验过程中的要求，常用符号或文字来表

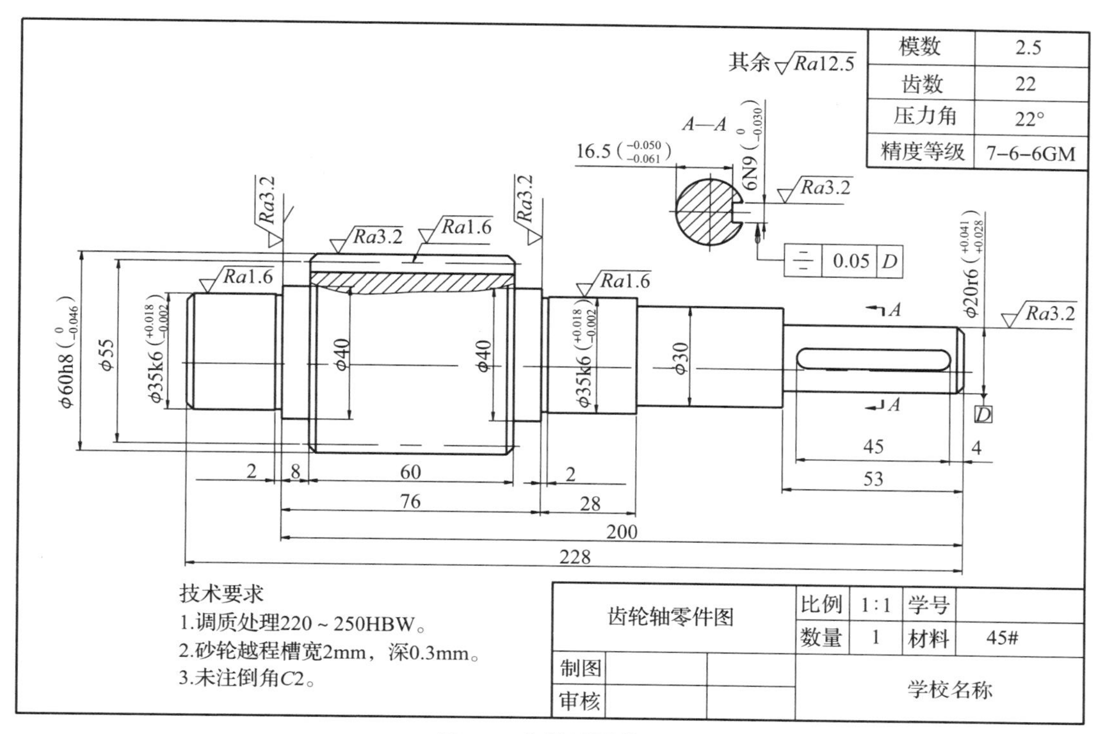

图 8.1　齿轮轴零件图

示，如尺寸公差、形状和位置公差、表面粗糙度、材料、热处理、硬度及其他要求。

（4）标题栏：填写零件名称、材料、数量、画图比例、制图人员的签名及单位名称等，学校教学用的零件图一般使用简易标题栏。

8.2 零件视图的选择

零件的视图必须使零件上每一部分的结构形状和位置都表达完整、正确、清晰，并符合设计和制造的要求，便于画图和读图。

在画零件图时，要选用合适的视图表达形式方法，数量要恰当，以完全、正确地表达清楚零件的结构形状和相对位置关系为原则。每个视图应有它的表达重点，尽量避免使用虚线表达机件的轮廓。

8.2.1 主视图的选择原则

主视图是表达零件最主要的视图，绘图时先确定主视图，再确定其他视图。选择主视图时应遵循的原则：

1. 形状特征原则

选择主视图投射方向时，应考虑形体特征原则，即选择的投射方向能明显地反映零件

的形状和结构特征，以及各组成部分之间的相互关系。

如图 8.2 所示的轴套零件，可分别用 *A*、*B*、*C* 方向作为主视图的投射方向。通过比较得出，选择 *A* 和 *B* 方向都能反映轴的主要形状特征，从看图习惯来讲，*A* 方向更好，一个全剖主视图就能把所有的特征都表达清楚。

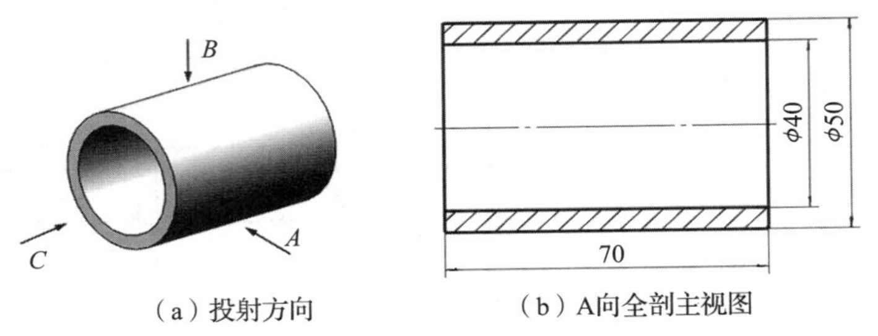

图 8.2　轴套视图的投影方向

2. 加工位置原则

主视图的选择应尽量符合零件的主要加工位置，即零件在主要工序中的装夹位置，便于加工时读图操作，提高生产效率。

轴、套、圆盘类零件的主要加工方法是车削，有些重要表面还要在磨床上进一步加工。为便于工人对照图样进行加工，按照零件在车床和磨床上加工时所处的位置绘制主视图，如图 8.3 所示。

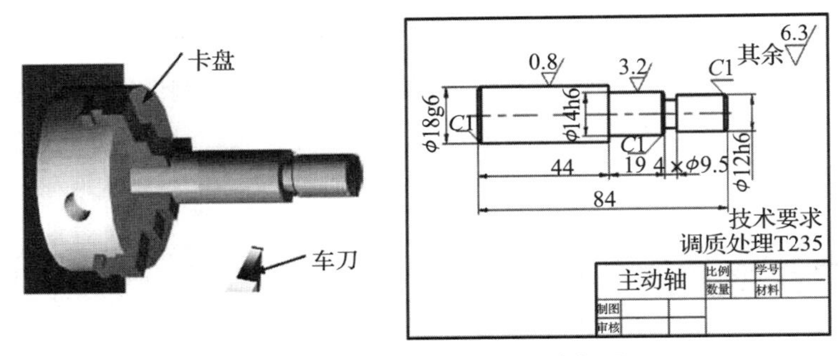

图 8.3　按轴的装夹位置绘制主视图

3. 工作位置原则

按照零件在机器中工作的位置绘制主视图，以便把零件和整个机器的工作状态联系起来，这一原则又称为安装位置原则。有些零件需要经过多种工序加工，且各工序的加工位置往往不同，故主视图应选择工作位置，以便与装配图对照起来读图，想象出零件在部件中的位置和作用，如图 8.4 所示。

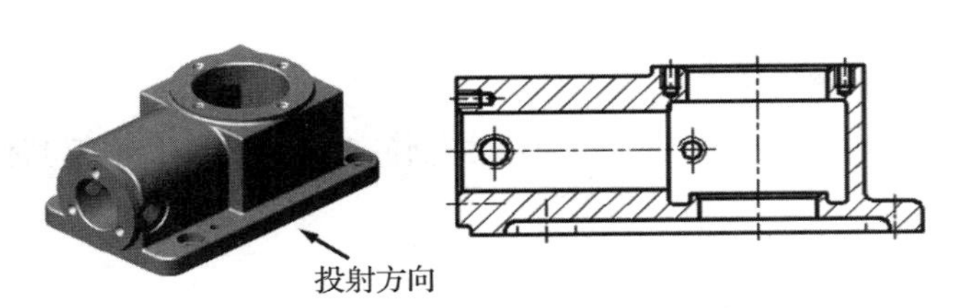

图 8.4　按箱体工作位置绘制主视图

8.2.2 其他视图的选择

一般在选择好主视图后，还应选择合适数量的其他视图与之配合，这样才能将零件的结构形状完整清晰地表达出来。应优先考虑选用左、俯视图，再考虑选用其他视图。在保证充分表达零件结构形状的前提下，尽可能使零件的视图数量为最少。

其他视图主要用于补充表达主视图尚未表达清楚的结构，因此在选择时需要考虑以下几点：

（1）根据零件结构的复杂程度，使所选的其他视图都有一个表达的重点，具有独立存在的意义。按便于画图和易于读图的原则，采用适当的视图数量，完整、清楚地表达零件的内、外结构形状。

（2）优先考虑采用基本视图及在基本视图上作剖视图。采用局部视图或斜视图时应尽可能按投影关系配置并配置在相关视图附近。

（3）合理地布置视图位置，既使图样清晰匀称，图幅充分利用，又便于读图。

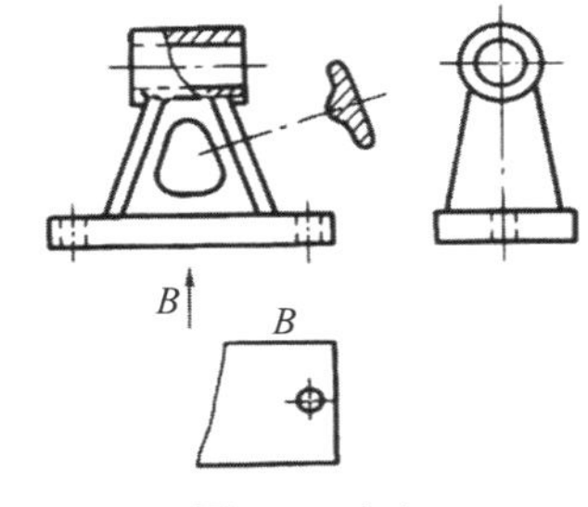

图 8.5 支架

如图 8.5 所示的支架，主视图确定后，为了表达支撑部分的结构形状，选用左视图，并在主视图上采用移出断面图表示截面形状。另外，为了表达底座的形状，采用 *B* 向局部视图或画成 *B* 向视图。

对于简单的轴、套、球类零件，一般只用一个视图就能把其结构形状表达清楚。但是对于较复杂的零件，一个视图很难把整个零件的结构形状表达完全。在实际绘图过程中，要根据零件的具体结构形状选用视图，避免视图过多，增加不必要的绘图工作量且使读图烦琐。

8.3 典型零件的表达分析

根据零件的功能和结构特点，大致可分轴套类零件、轮盘类零件、叉架类零件和箱体类零件四种类型。下面介绍零件的结构特点和表达方法。

第 36 讲
常见零件的
表达方法

8.3.1 轴套类零件

轴套类零件主要包括各种轴、丝杆、套筒、衬套等，如图 8.6 所示。

1. 结构特点

轴套类零件由多数位于同一轴线上数段直径不同的回转体组成，其轴向尺寸一般比径向尺寸大。轴套类零件上常有键槽、销孔、螺纹、退刀槽、越程槽、顶尖孔（中心孔）、油槽、倒角、圆角、锥度等结构。以螺杆以例，其上有倒角、锥销孔、螺纹、退刀槽等结构如图 8.7 所示。

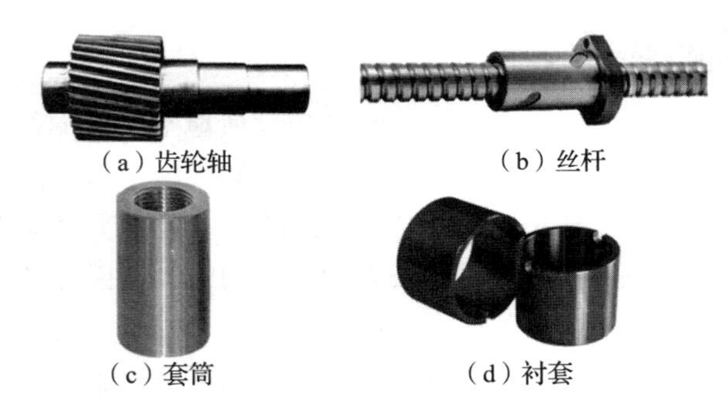

（a）齿轮轴　　（b）丝杆

（c）套筒　　（d）衬套

图 8.6　轴套类零件

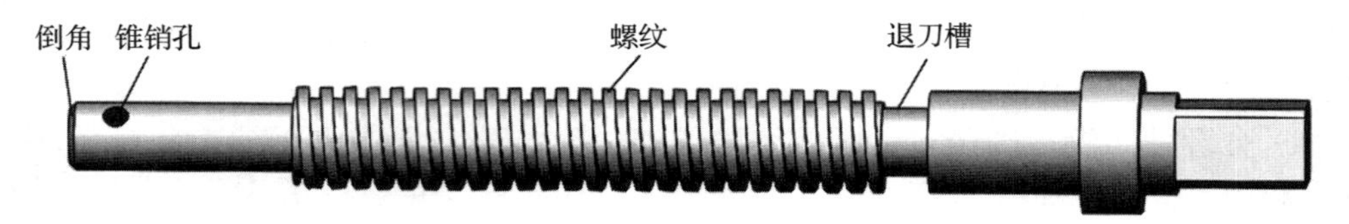

图 8.7　螺杆

2. 表达方法。

轴套类零件通常使用车床和磨床加工，为便于操作人员对照图样加工，常按照如下要求进行表达。

（1）选择主视图时，应按形状特征原则和加工位置原则将轴线水平放置，键槽朝前，以此作为主视图的投射方向。

（2）采用断面图、局部剖视图、局部视图等，表达主视图中键槽、花键或孔等的结构形状。

（3）用局部放大图表达零件上细小的结构形状和尺寸。

如图 8.8 所示螺杆的零件图，主视图选定后，用一个移出断面图、一个局部放大图和一个局部剖视图，分别表达螺杆的截面形状、螺纹的牙型和锥销孔的内部形状，这样该螺杆的结构形状就完全表达清楚了。

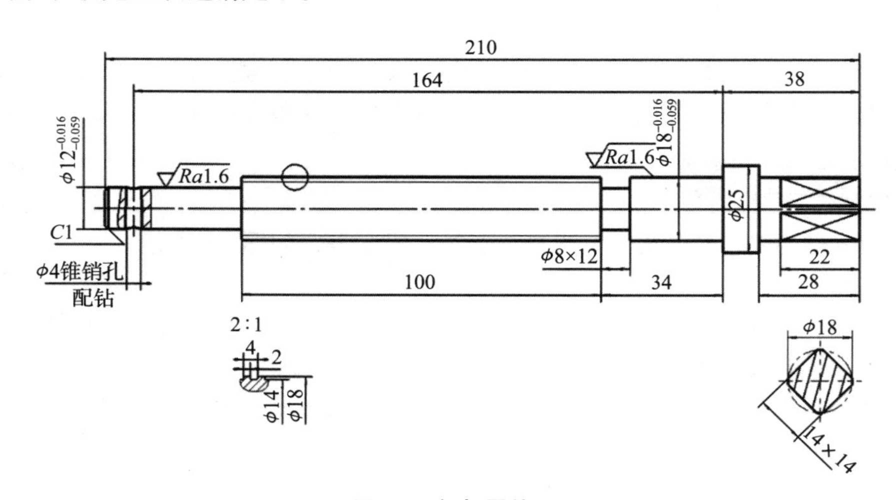

图 8.8　螺杆零件图

（4）对于形状简单而轴向尺寸较长的部分，常断开后缩短绘制。

（5）空心套类的零件中多存在内部结构，一般采用全剖、半剖或局部剖绘制，如图 8.9 所示。

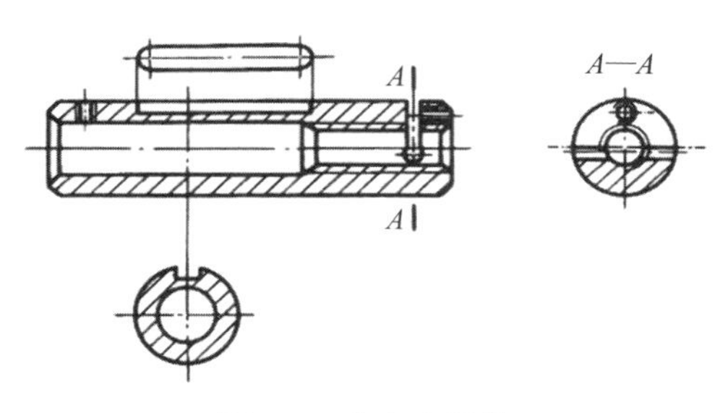

图 8.9　空心套零件

8.3.2 轮盘类零件

轮盘类零件包括齿轮、带轮、法兰盘、手轮、飞轮、端盖等，如图 8.10 所示。

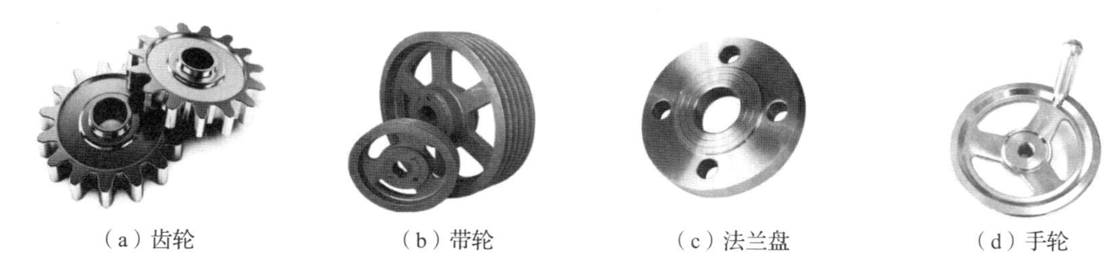

（a）齿轮　（b）带轮　（c）法兰盘　（d）手轮

图 8.10　轮盘类零件

1. 结构特点

轮盘类零件的主体一般也为回转体，但区别于轴套类零件，轮盘类零件轴向尺寸小而径向尺寸较大。零件上常有退刀槽、凸台、凹坑、倒角、圆角、轮齿、轮辐、筋板、螺孔、键槽和作定位或连接用的孔等结构。

2. 表达方法

轮盘类零件的多数表面使用车床加工，主视图应按形状特征原则和加工位置原则摆放。

（1）选择垂直于轴线的方向作为主视图的投射方向，主视图轴线水平放置。

（2）一般采用两个基本视图，主视图常用剖视图表达内部结构；另一视图为左视图或右视图，用于表达零件外形轮廓上的凸缘、孔、肋、轮辐等的数目和分布情况。

（3）未表达清楚的局部结构，常用局部视图、局部剖视图、断面图和局部放大图等表达。

如图 8.11 所示的法兰盘，选主、左两个基本视图表达。主视图采用 *A*—*A* 旋转剖，并用了 *B*—*B* 局部斜剖视图和局部放大图来表达。

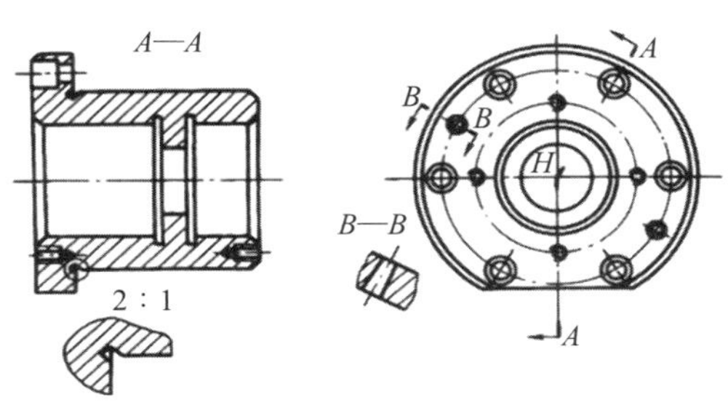

图 8.11　法兰盘

如图 8.12所示的手轮零件图，选择了主、

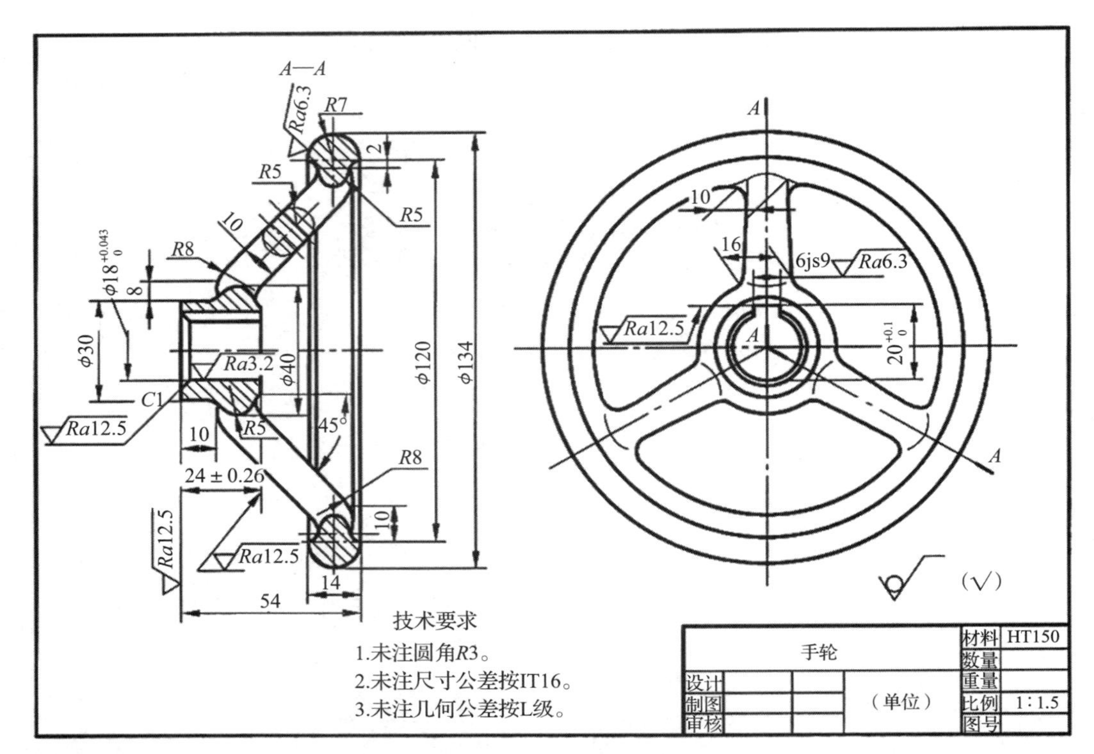

图 8.12　手轮零件图

左两个基本视图。选择主视图时使轴线水平放置，采用全剖视图表达内、外轮毂和轮辐及轮缘的结构形状，并用一个重合断面图表达轮辐横断面的形状。左视图表达轮辐间的相对位置及宽度、键槽的形状等。也可以用一个移出断面图和一个局部放大图，表达轮辐的断面形状和轮辐与轮缘的连接情况。

8.3.3 叉架类零件

叉架类零件包括各种拨叉、连杆、摇杆、支架、支座等，如图 8.13 所示。

1. 结构特点

叉架类零件结构形状比较复杂，分为工作部分和连接部分。工作部分指该零件与其他零件配合或连接的套筒、叉口、支承板、底板等。连接部分是将该零件各工作部分连接起来的薄板、筋板、杆体等。零件上常具有铸造或锻造圆角、拔模斜度、凸台、凹坑、销孔等结构。

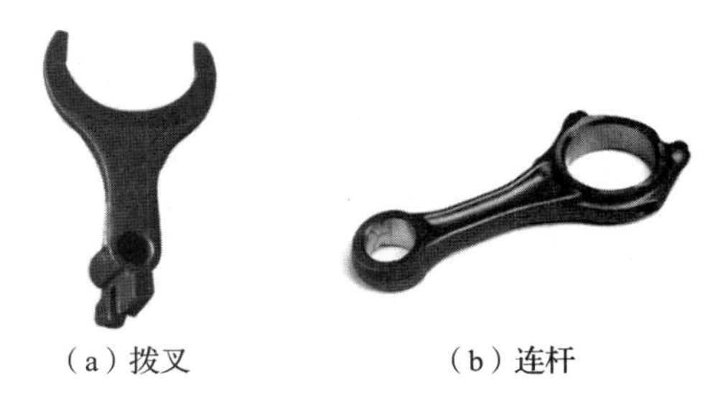

（a）拨叉　　（b）连杆

图 8.13　叉架类零件

2. 表达方法

这类零件工作位置有固定和不固定之分，加工位置多变，一般用下列表达方法。

（1）选择最能反映零件形状特征的方向作为主视图的投射方向，选择自然摆放位置或便于画图的位置作为零件的摆放位置。

（2）由于叉架类零件常带有倾斜或弯曲部分及筋板等结构，除主视图外，一般还需 1 ～ 2 个基本视图才能将零件的主要结构表达清楚。

（3）零件上的凹坑、凸台等结构，常用局部视图或局部剖视图表达。

（4）零件上的筋板、杆体等连接结构，常用断面图表示其断面形状。

（5）零件上的倾斜结构，一般用斜视图表达。

如图 8.14 所示的铣床拨叉，用来拨动变速齿轮。主视图和左视图表达了拨叉的工作部分（上部叉口和下部套筒）和连接部分（中部薄板和筋板）的结构形状以及相互位置关系，另外只用了一个移出断面图表达筋板的断面形状。

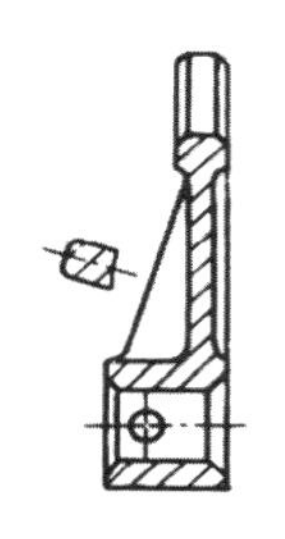

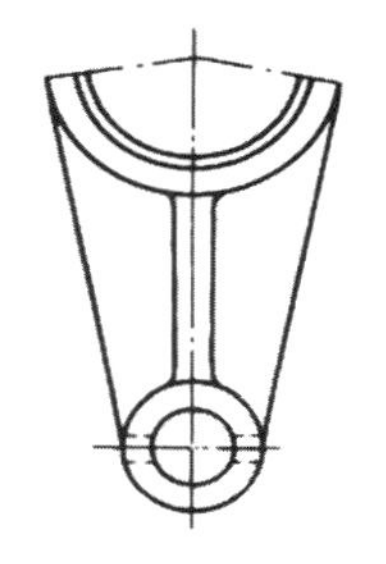

图 8.14 铣床拨叉

如图 8.15 所示的支架零件图，其主视图以工作位置放置，表达了相互垂直的安装面、T 形筋、支承结构的孔以及夹紧用的螺孔等结构；左视图主要表达了支架各部分前后的相对位置、安装板的形状和安装孔的位置以及工作部分 ϕ16mm 孔等；螺纹夹紧部分的外形结构，采用 *A* 向局部视图；用移出断面图表达了 T 形筋的断面形状。

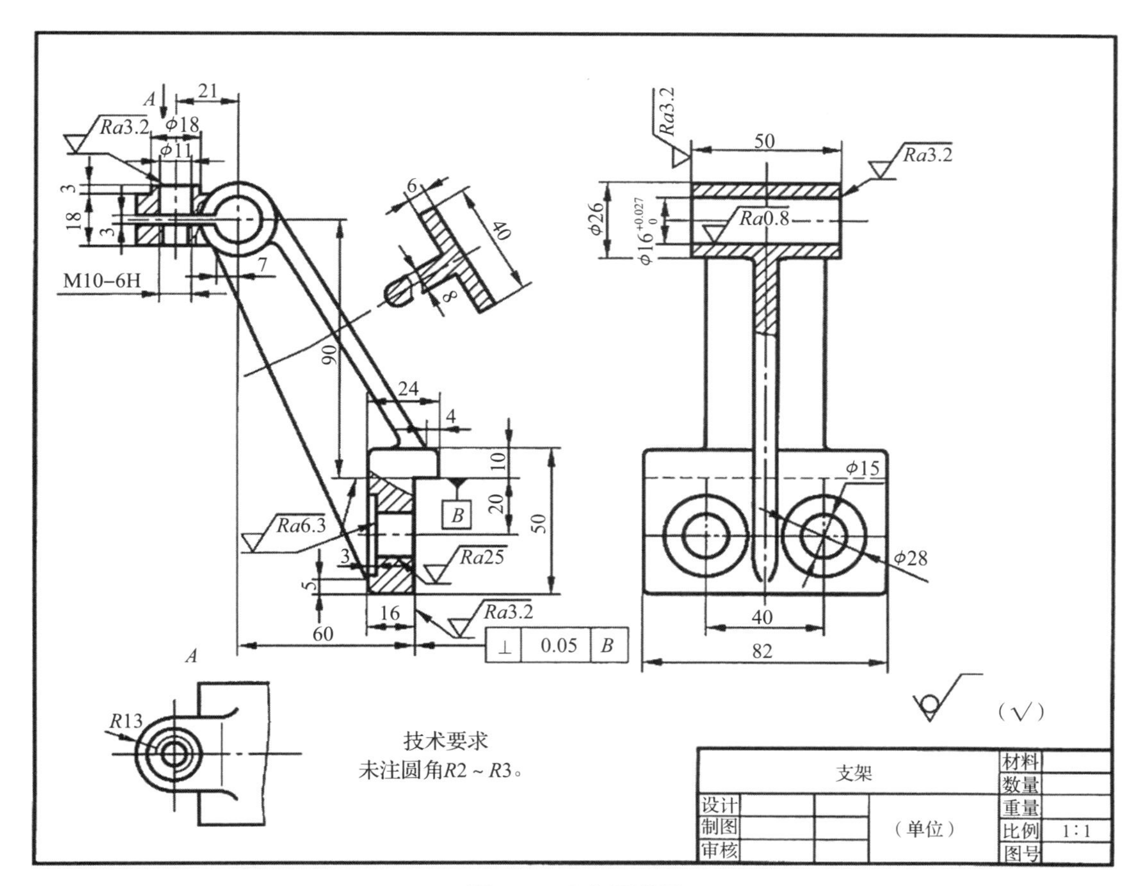

图 8.15 支架零件图

8.3.4 箱体类零件

箱体类零件包括箱体、外壳、座体等，如图 8.16 所示。

1. 结构特点

箱体类零件起支承和包容其他零件的作用，结构形状往往比较复杂，多为铸件。箱体类零件的内部需安装各种零件，有容纳运动零件和储存润滑液的内腔，壁部厚薄较均匀。为了安装轴、密封盖、轴承盖、油杯、油塞等零件，壳壁上常设计有凸台、凹坑、沟槽、螺孔等结构。

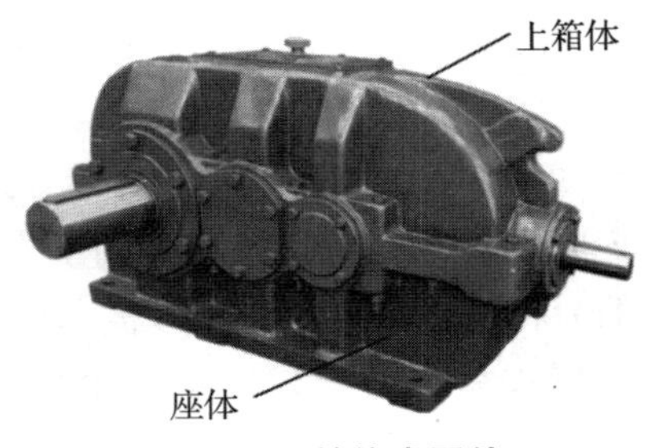

图 8.16 箱体类零件

2. 表达方法

（1）以最能反映其形状特征和结构间相对位置的一面作为主视图的投射方向，主视图以自然安放位置或工作位置为摆放位置。

（2）箱体类零件的侧面结构比较复杂，除主视图外，一般还需要两个或两个以上的基本视图，在基本视图上常采用局部剖视图或通过对称平面作剖视图的形式表达外形及内部结构形状。

（3）箱体上的一些局部结构常采用局部视图、局部放大图、斜视图、断面图等进行表达。

如图 8.17 所示，选择自然安放位置作为主视图的投射方向。主视图和左视图分别采用几个互相平行的剖切面和单一剖切面的全剖视图，用于表达三个轴孔的相对位置。主视图上的虚线表示用来安装油标、螺塞的螺孔。俯视图主要表达顶部和底部的结构形状及各孔的相对位置。*B—B* 局部剖视图表达轴孔内部凸台的形状。*C* 向局部视图表达两孔左端面的形状和螺孔位置。*D* 向局部视图表达底板安装孔处凸台形状。*E* 向局部视图表达轴孔端面凸台形状和螺孔位置。选用这样一组视图，便可把箱体的全部形状表达清楚。

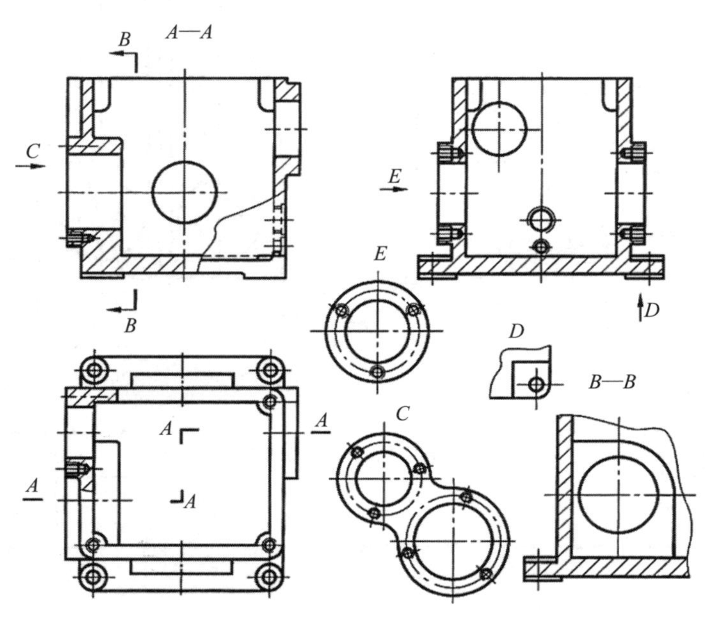

图 8.17 箱体的表达方法

8.4 零件上的常见结构

零件的结构形状除需满足设计要求外，还应考虑加工、装配和使用方便及节省材料等方面。因此在设计零件时，应注意零件结构的合理性，以免给生产带来困难。

8.4.1 铸件对零件结构的要求

1. 铸造圆角

为防止砂型尖角脱落和避免铸件冷却收缩时在尖角处产生缩孔或开裂，铸件毛坯的两表面相交处应做成圆角，称为铸造圆角，如图 8.18 所示。圆角有助于金属的流动，减少涡流，有利于成形，同时又避免尖角处因应力集中而开裂。

（a）产生裂纹

（b）产生缩孔

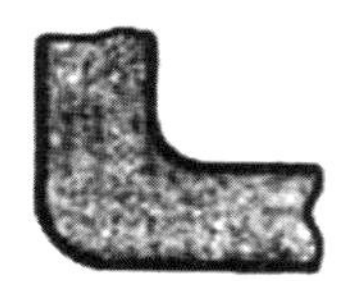
（c）正确

图 8.18　铸造圆角

铸造圆角半径一般取 3 ～ 5mm，或取壁厚的 0.2 ～ 0.4 倍，具体尺寸可通过查相关手册获得。铸件经机械加工后，铸造圆角被切除，零件图不再产生圆角，如图 8.19（a）所示。只有两个表面都未经机械加工时才画出圆角，如图 8.19（b）所示。

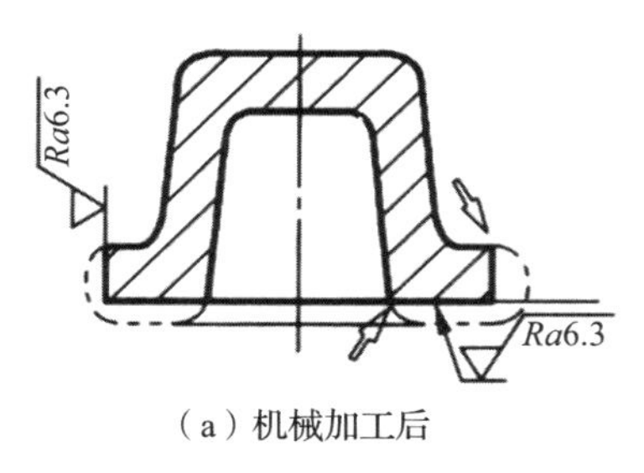

（a）机械加工后

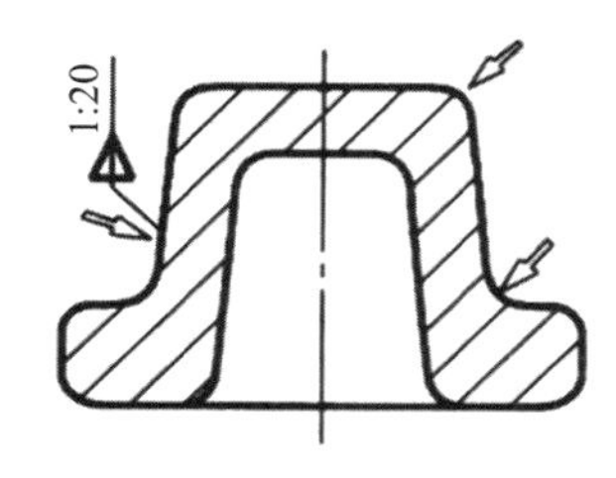

（b）未经机械加工

图 8.19　铸造圆角

2. 拔模斜度

为便于从砂型中取出木模或金属模，铸件的内外壁沿脱模方向设计成一定的斜度，称为拔模斜度，如图 8.19（b）所示。拔模斜度的大小因造型工艺和模型的种类不同而有所差别，一般取 0.5° ～ 3°，拔模斜度的大小，可通过查相关手册获得。

零件图上的拔模斜度若无特殊要求时可不画出，不加任何标注，若有需要可以在技术要求中说明。

3. 铸件壁厚要均匀

设计零件时应使铸件壁厚尽量保持均匀，不同壁厚之间要逐渐过渡，否则铸件在浇注时会因冷却凝固的速度不同，而在壁厚突变的地方产生裂纹，导致铸件质量下降，如图 8.20 所示。

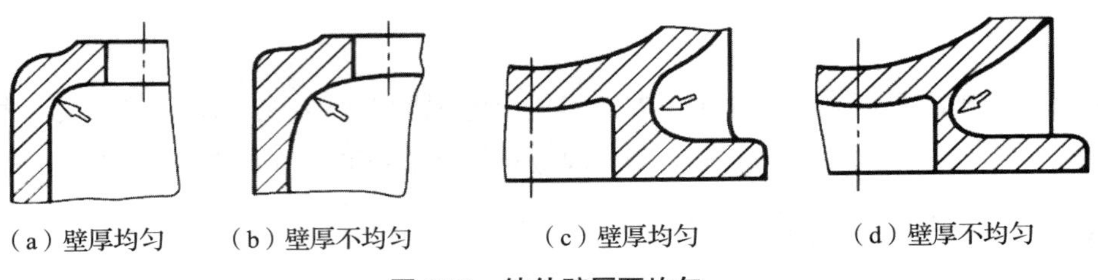

图 8.20　铸件壁厚要均匀

铸件壁厚不同时要逐渐过渡，如图 8.21（a）所示，防止产生如图 8.21（b）所示的缺陷。

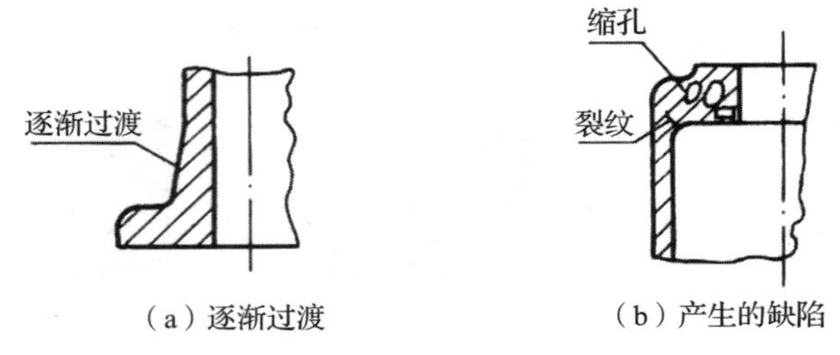

图 8.21　逐渐过渡与产生的缺陷

8.4.2　机械加工对零件结构的要求

铸件、锻件及各种轧制件，一般要在金属切削机床上进行切削加工，以获得图样上所要求的尺寸、形状和表面质量。

切削加工对零件结构的要求包括以下几个方面。

1. 加工倒角

为操作安全和装配方便，常在轴端、孔口和棱角等地方加工倒角，避免产生尖角而带来不便。常见的是 45° 倒角、30° 倒角，如图 8.22 所示。

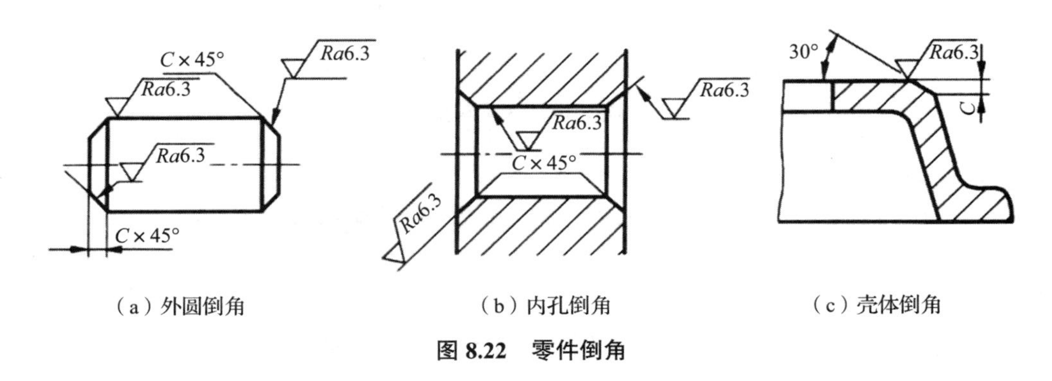

图 8.22　零件倒角

2. 设计凸台、凹坑或台阶孔

零件与零件接触的表面一般都要进行切削加工。为减少加工表面或将表面粗糙度不同的表面分开，常在零件上设计出凸台、凹坑或台阶孔，如图 8.23 所示。

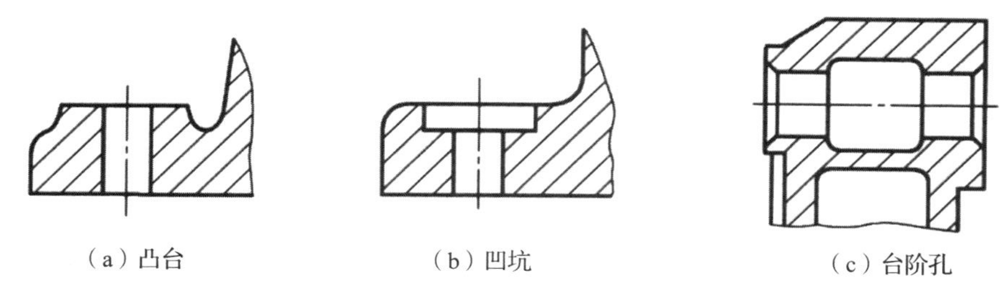

（a）凸台　（b）凹坑　（c）台阶孔

图 8.23　零件上的凸台、凹坑和台阶孔

3. 减少加工面积

为降低加工费用，保证零件良好接触，应尽量减少加工面积。对零件的底面，常采用减少加工面的形式，这样既可节省材料又能增加装配结合面的稳定性，常见的形式如图 8.24 所示。

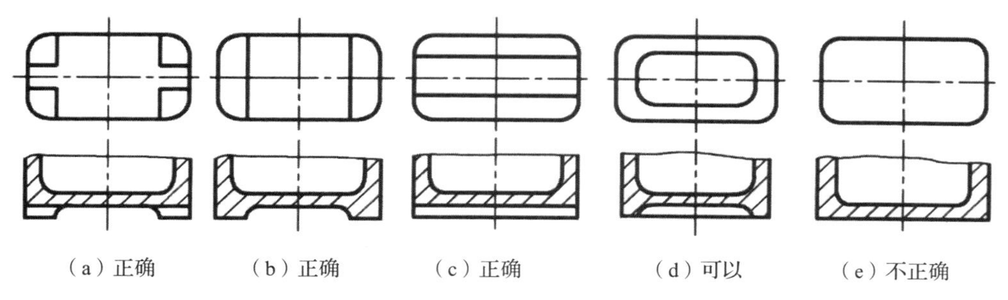

（a）正确　（b）正确　（c）正确　（d）可以　（e）不正确

图 8.24　减少加工面积

4. 加工退刀槽与越程槽

为了彻底加工零件表面，有时要在零件上加工出退刀槽、越程槽，以使刀具能顺利地进入或退出加工表面，如图 8.25 所示。

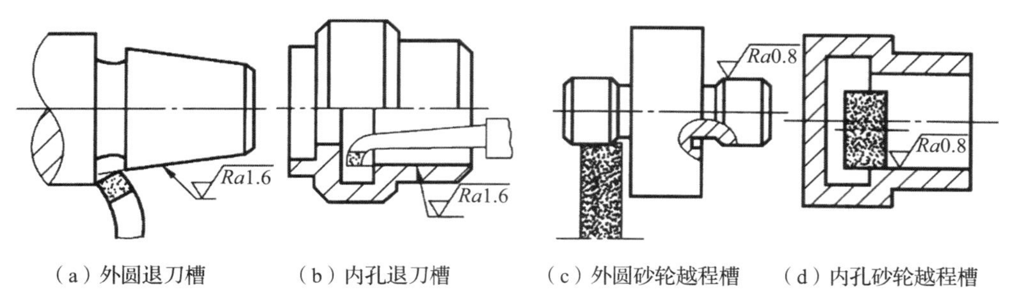

（a）外圆退刀槽　（b）内孔退刀槽　（c）外圆砂轮越程槽　（d）内孔砂轮越程槽

图 8.25　退刀槽和越程槽

退刀槽与越程槽在机械加工中的结构是一样的，都是在轴的根部和孔的底部做出的环形沟槽。区别在于，退刀槽是在车床加工中，如车削内孔、车削螺纹时，为便于加工到毛坯底部并退出刀具，常在待加工面的末端预先制出的退刀空槽。越程槽是在磨削时，为方便退出砂轮或砂带而沿圆周方向开的槽。

退刀槽与越程槽的作用：一是保证加工到位，二是保证装配时相邻零件的端面靠紧。

5. 钻孔

用钻头钻孔时应尽量使钻头的轴线垂直于被钻孔的零件表面，保证钻孔准确和避免折断钻头。加工时不应有半悬空的孔，否则钻头不易钻入且定位不准，甚至折断钻头。当需在斜面上钻孔时，应当在孔端预制出与钻头垂直的凸台面、凹坑面或小平面。另外，要保证钻孔的空间位置足够，便于钻孔，如图 8.26 所示。

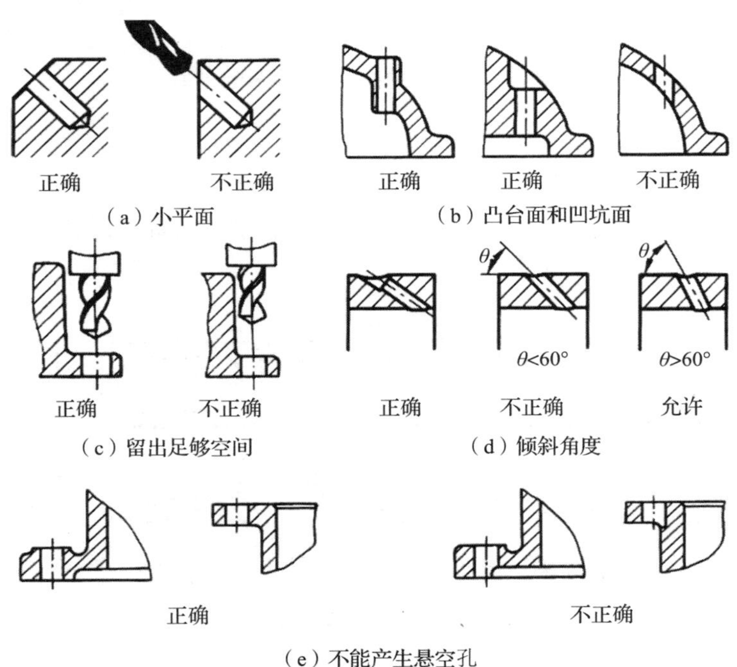

图 8.26 钻孔

8.5 零件图的尺寸标注

第 37 讲
零件图尺寸标注

零件图用于表示零件的结构形状，零件各组成部分的大小和相对位置根据视图所标注的尺寸数值来确定。零件图的尺寸是加工和检验零件的重要依据，是零件图的重要内容之一。尺寸标注要正确、完整、清晰、合理，符合机械制图标准，否则会给零件制造带来困难。

8.5.1 合理标注尺寸

合理标注尺寸是要求图样上所标注的尺寸既要符合零件的设计要求，又要符合生产实际，便于加工和测量，并有利于装配。要做到合理标注尺寸，需要具备机械设计和工艺方面的知识，并进行大量生产实践。

标注尺寸需要的基本知识包含以下几个方面。

1. 正确选择尺寸基准

零件的尺寸基准是指零件装配到机器上或在加工、装夹、测量和检验时，用以确定其位置的一些面、线或点，如图 8.27 所示。

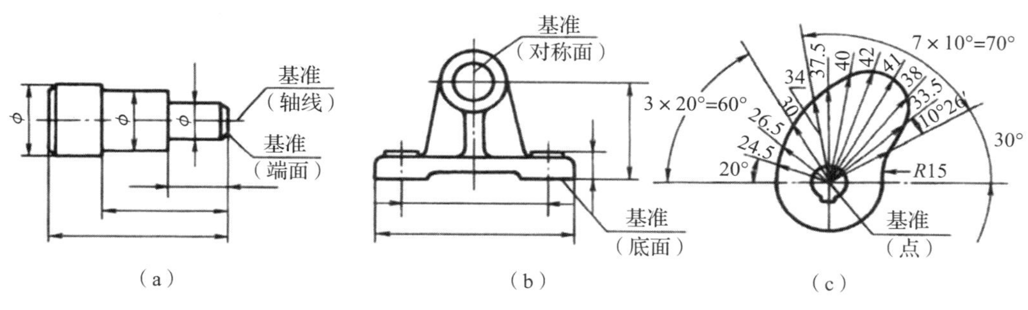

图 8.27　零件的尺寸基准

根据基准的作用不同，一般分为设计基准和工艺基准两类。

（1）设计基准。

从设计角度考虑，为满足零件在机器或部件中对其结构、性能的特定要求而选定的基准称为设计基准。

对如图 8.28 所示的轴承座，从设计的角度分析，一根轴需要两个支承，则要求两个轴承孔的轴线应处于同一轴线上，且与基面平行，以保证轴承孔的轴线距底面等高。因此，在标注轴承支承孔 $\phi160^{+0.027}_{0}$ 高度方向的尺寸 40 ± 0.02 时，应以轴承座的底面 B 为基准，该尺寸为孔的定位尺寸。

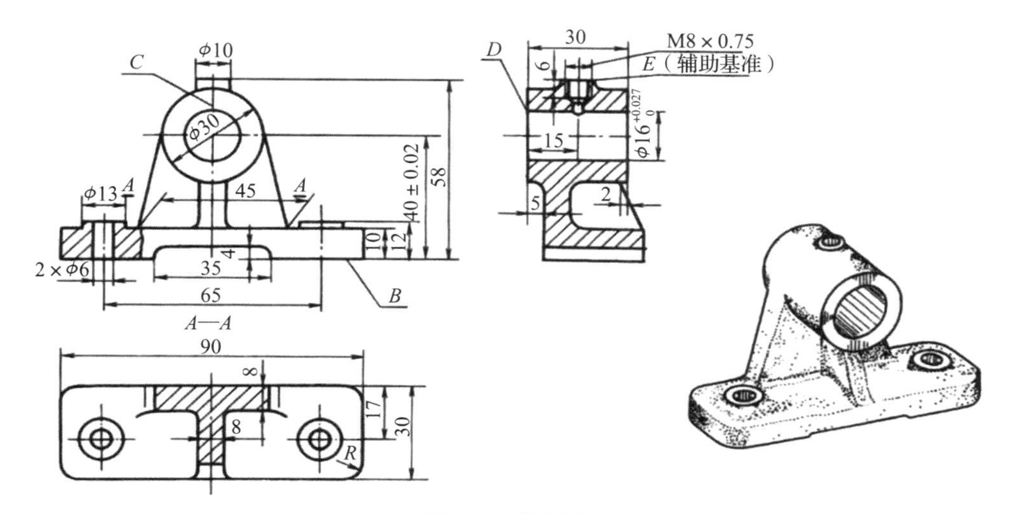

图 8.28　轴承座

为了保证底板两个螺栓通孔之间的距离及它们与轴承孔间的对称关系，在标注两通孔长度方向的定位尺寸 65 时，应以轴承座的对称平面 C 为基准，底面 B 和对称面 C 为轴承座的设计基准。

对称平面 C 是轴承座长度方向的尺寸基准，底面 B 是轴承座高度方向的尺寸基准，端面 D 是轴承座宽度方向的尺寸基准。

（2）工艺基准。

工艺基准是为了便于加工、测量和装配零件而选定的一些基准。

对于如图 8.29 所示的轴，在车床上车削外圆时，车刀是以小轴的右端面 F 为基准进行尺寸定位的，以方便工人在加工时测量，所以在标注尺寸时轴向以端面 F 为工艺基准。

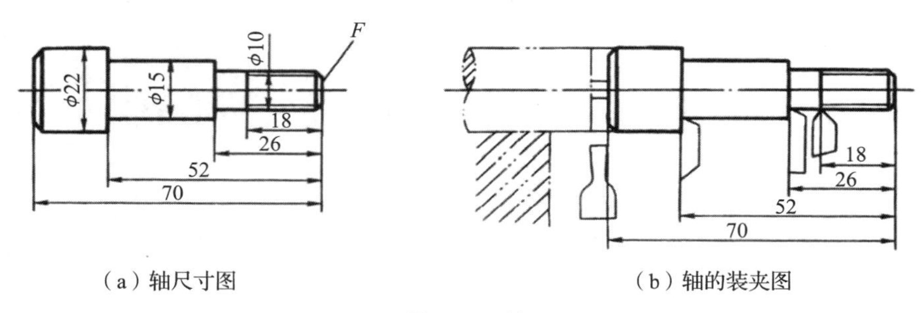

（a）轴尺寸图　　（b）轴的装夹图

图 8.29　轴

对于如图 8.30 所示的法兰盘，在车床上加工时以法兰盘左端面 E 为定位面，端面 E 是该法兰盘的轴向工艺基准。

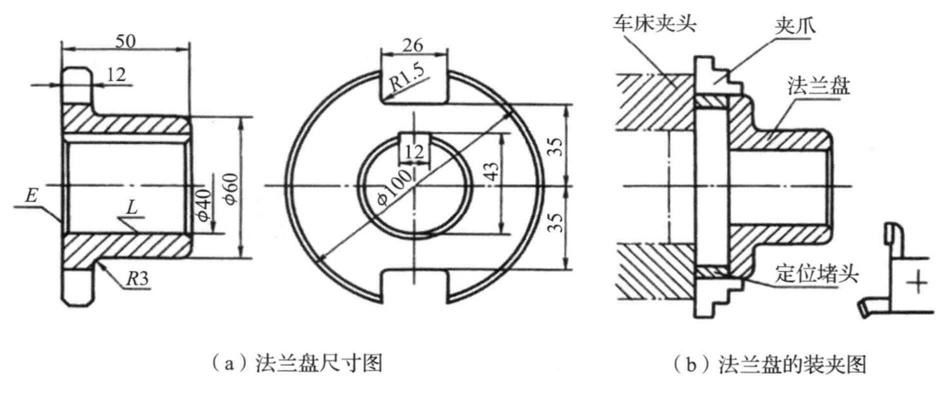

（a）法兰盘尺寸图　　（b）法兰盘的装夹图

图 8.30　法兰盘

从设计基准标注尺寸，可以满足设计要求，保证零件的功能要求，而从工艺基准标注尺寸，便于加工和测量。实际上有些尺寸基准既是设计基准也是工艺基准，二者并不矛盾。

选择零件的尺寸基准时，尽量使设计基准与工艺基准重合，以减少尺寸误差，保证产品质量。如图 8.28 所示轴承座的底面 B，既是设计基准也是工艺基准。

为满足设计和制造要求，零件上某一方向的尺寸，往往不能都从一个基准注出。如图 8.28 所示，轴承座高度方向的尺寸以底面 B 为基准注出，为了加工和测量方便，螺孔深度 6 则以 E 为辅助基准进行标注。因此零件的某个方向可能会出现两个或两个以上的基准，在同方向的多个基准中，一般只有一个是主要基准，其他为次要基准或辅助基准。辅助基准与主要基准之间应有联系尺寸，如图 8.28 所示的 58 就是 E 与 B 的联系尺寸。

2. 重要尺寸直接注出

为保证产品质量，重要尺寸必须从设计基准直接注出，影响零件产品性能、工作精度和互换性的尺寸都是重要尺寸。在制造中任何一个尺寸都不可能加工得绝对准确，总是有误差的。

如图 8.31 所示，轴承孔的中心高度尺寸是重要尺寸。图 8.31（a）中尺寸 *A* 需从设计基准即轴承座底面直接注出，而不能标注为图 8.31（b）中 *B* 和 *C* 的形式。否则中心高 *A* 将受到尺寸 *B* 和尺寸 *C* 加工误差的影响，误差太大则不能满足设计要求。

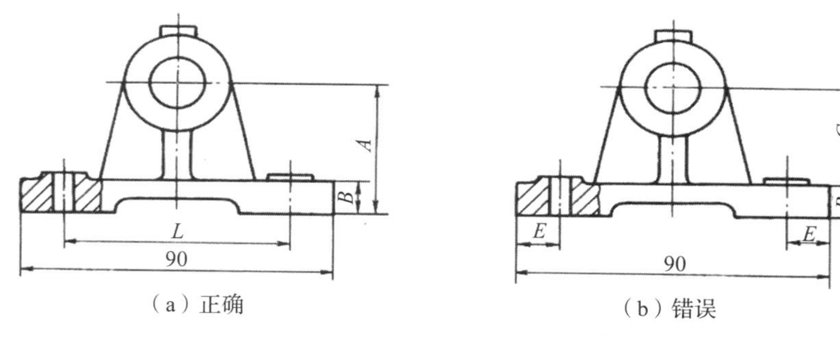

（a）正确　（b）错误

图 8.31　重要尺寸的标注

同理，轴承座上的两个安装孔的中心距 *L*，直接注出，如图 8.31（a）所示；若按如图 8.31（b）所示分别标注尺寸 *E*，则中心距 *L* 将常受到尺寸 90 和两个尺寸 *E* 的制造误差的影响。

如图 8.32（a）所示，用一根轴和一个圆柱销把三块板连接起来。轴上销孔的定位尺寸是一个重要尺寸，以该轴肩左端面 *E* 为基准直接注出尺寸 25.5，如图 8.32（b）所示。若按如图 8.32（c）所示标注尺寸，则必须提高尺寸 32 和尺寸 6.5 的加工精度才能保证装配要求，这会给加工带来难度。

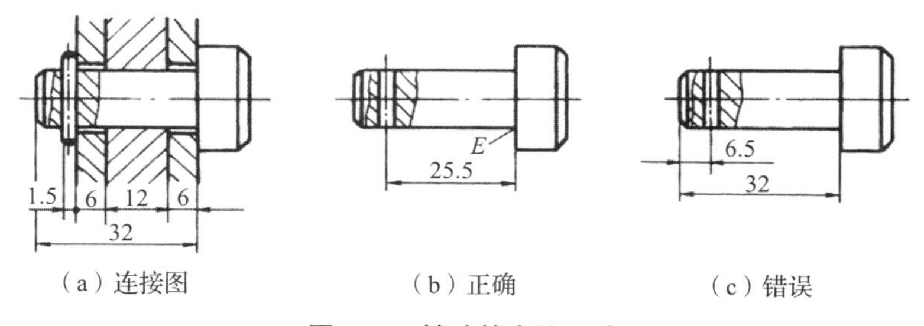

（a）连接图　（b）正确　（c）错误

图 8.32　销孔的定位尺寸

3. 避免封闭尺寸链

一组首尾相连的链状尺寸称为尺寸链，组成尺寸链的每一个尺寸称为尺寸链的环。如图 8.33（a）所示，*A*、*B*、*C*、*D* 尺寸就组成一个尺寸链。

从加工的角度来看，在一个尺寸链中，总有一个尺寸是其他尺寸都加工完后自然得到的。如加工完尺寸 *A*、*B* 和 *D* 后，尺寸 *C* 就自然得到了，于是这个尺寸就称为尺寸链的封闭环。

如果尺寸链中所有各环都注上尺寸，这样的尺寸链称为封闭尺寸链。

通常是将尺寸链中最不重要的尺寸作为封闭环，不注写尺寸，如图 8.33（b）所示。这样使该尺寸链中其他尺寸的制造误差都集中到这个封闭环上，从而保证主要尺寸的精度。

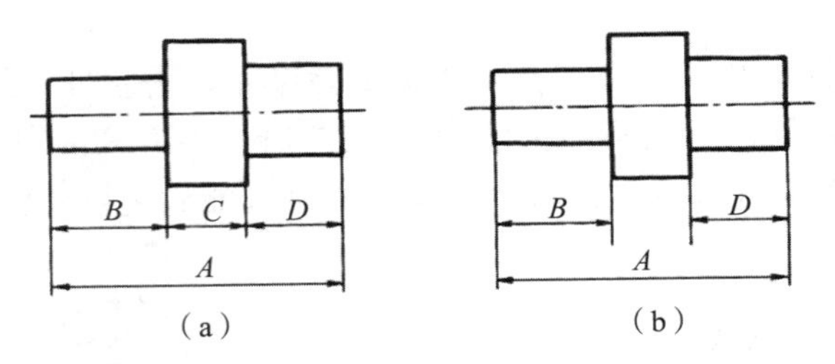

图 8.33 尺寸链

在零件图上，有时为了使工人在加工时不必计算而直接给出毛坯或零件轮廓大小的参考值，常以参考尺寸的形式注出，如图 8.34 所示的“（50）”。

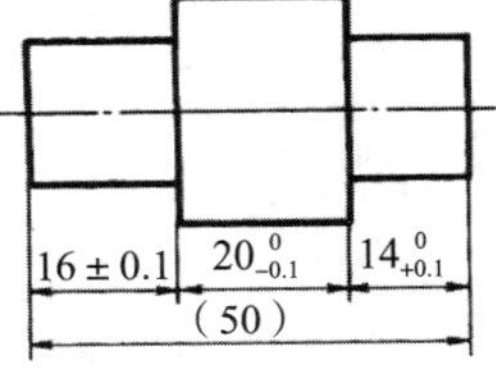

图 8.34 参考尺寸

4. 从工艺基准标注尺寸

零件的主要尺寸应从设计基准直接注出，其他尺寸则考虑按加工顺序从工艺基准标注尺寸，以便于工人读图、加工和测量，减少差错。

如图 8.35 所示的零件为传动轴，从结构要求分析，轴的其中一段长度尺寸 $32^{0}_{-0.05}$ 是重要尺寸，应从设计基准即轴肩右端面直接标注。为保证弹簧挡圈能轴向压紧齿轮，要求该尺寸比齿轮宽度尺寸 $32^{+0.05}_{0}$ 要略小一点。其他轴向尺寸在结构上没有多大特殊要求，可考虑按加工顺序从工艺基准标注尺寸。

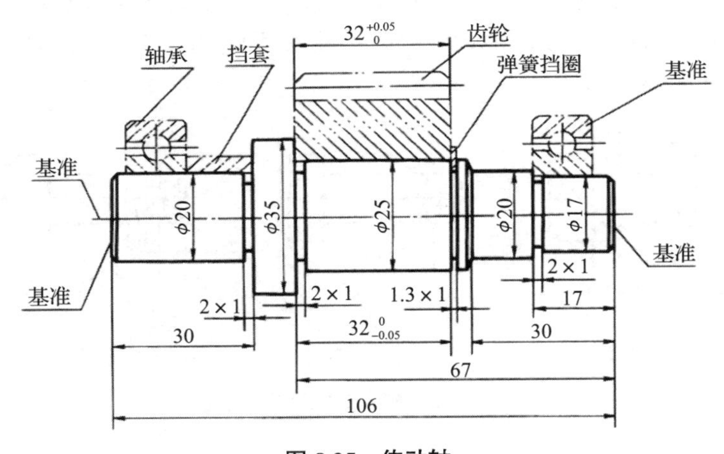

图 8.35 传动轴

5. 测量方便

图 8.36（a）中所注的各尺寸测量不方便，不能直接测量；图 8.36（b）中所注的各尺寸测量比较方便，能直接测量。

如图 8.37 所示为套筒轴向尺寸标注，图 8.37（a）中的尺寸 *A* 的测量比较困难，当孔很小时根本无法直接测量；图 8.37（b）中的标注方法便于测量。

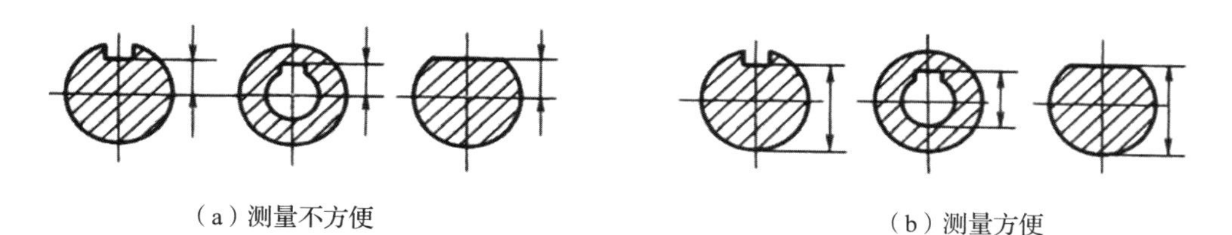

（a）测量不方便　　（b）测量方便

图 8.36　测量尺寸

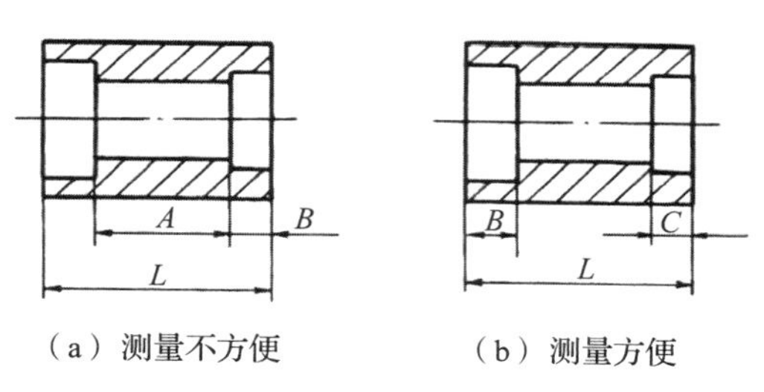

（a）测量不方便　　（b）测量方便

图 8.37　套筒的轴向尺寸标注

6. 关联零件间的尺寸应协调

关联零件间的尺寸必须协调，只有这样组装时才能顺利装配并满足设计要求。

在标注关联尺寸时，所选的基准应一致，相配合的基本尺寸应相同，能直接注出。

如图 8.38（a）所示，零件 2 和零件 1 槽的配合，要求两个零件右端面保持平齐，并满足尺寸 8 的配合。

如图 8.38（b）所示为正确的标注，选择的基准都是零件 1 和 2 右侧端面。

如图 8.38（c）所示为错误的标注，若零件 1 和 2 没有关联性，这种尺寸注法是可以的。而实际中零件 1 和 2 需要满足装配关系，若配合部分的基本尺寸 8 没有直接注出，则会产生误差积累，保证不了配合要求，甚至不能装配。

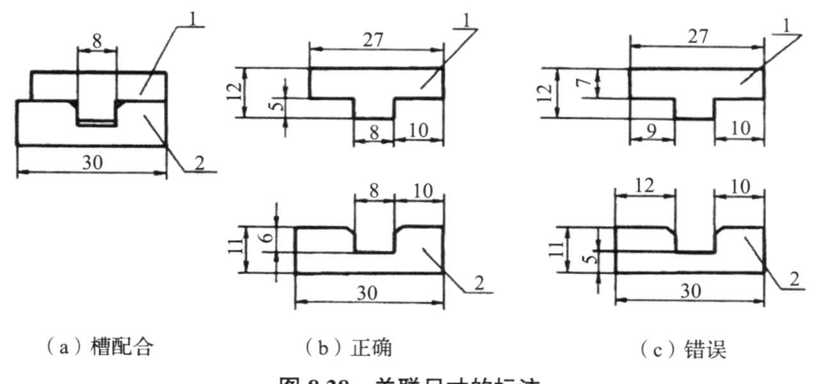

（a）槽配合　　（b）正确　　（c）错误

图 8.38　关联尺寸的标注

7. 加工面与非加工面间要有尺寸联系

在铸造或锻造零件上标注尺寸时，应注意同一方向的加工表面只应有一个以非加工面作基准标注的尺寸。

如图 8.39（a）所示，壳体上的两个非加工面，经过铸造或锻造工序已完成，再加工底面时以两个非加工面为基准标注，就不能同时保证尺寸 8 和 21，所以这种注法是错误的。

如图 8.39（b）所示，以一个非加工面为基准标注，加工底面时先保证尺寸 8，再加工顶面，最后加工尺寸 14 的结构，也不能同时保证尺寸 35 和 14 的要求，所以该注法是错误的。

如图 8.39（c）所示，尺寸 13 已在毛坯制造时完成，以一个非加工面为基准标注尺寸 8，完成底面的加工，再以底面为基准面加工顶面，能保证加工要求，所以该注法是正确的。

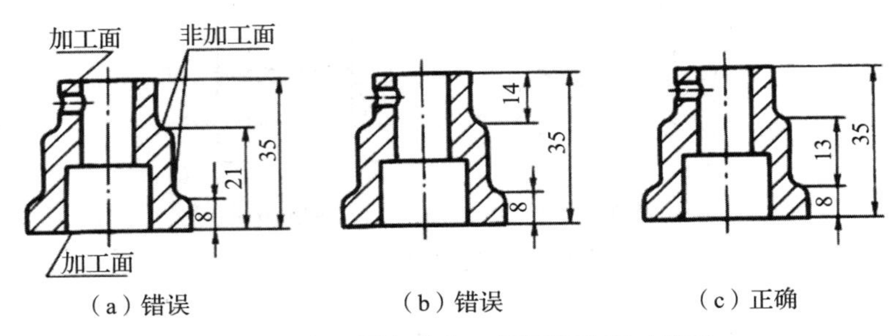

图 8.39　加工面与非加工面间要有尺寸联系

8.5.2　尺寸标注清晰

零件图上标的尺寸要清晰，便于查找，应注意以下几点。

1. 零件的内外结构尺寸分开标注

如图 8.40 所示，外部结构的轴向尺寸全部标注在视图的上方，内部结构的轴向尺寸全部标注在视图的下方。

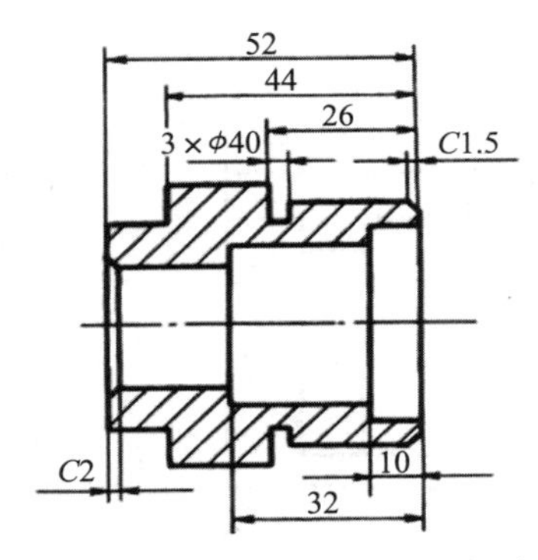

图 8.40　内外结构尺寸分开标注

2. 不同工种的尺寸分开标注

如图 8.41 所示，键槽需要铣削加工，轴向尺寸全部标注在视图的上方；轴的外形需要车削加工，轴向尺寸全部标注在视图的下方。

3. 集中标注尺寸

零件上某一结构，在同工序中要保证的尺寸，应尽量集中标注在一个或两个表示结构最清晰的视图中。避免分散标注，以免读图时浪费时间，如图 8.42 所示。

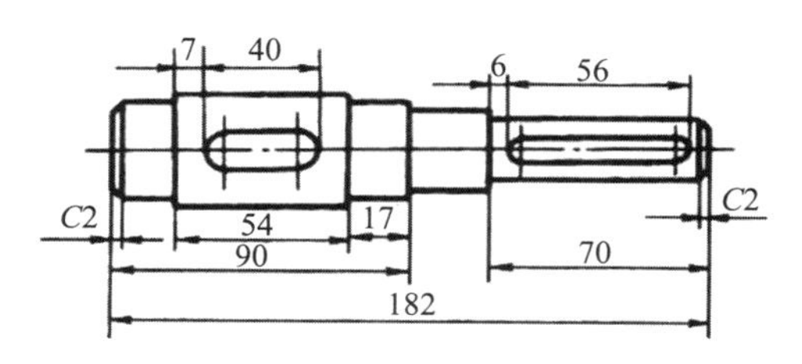

图 8.41　不同工种的尺寸分开标注

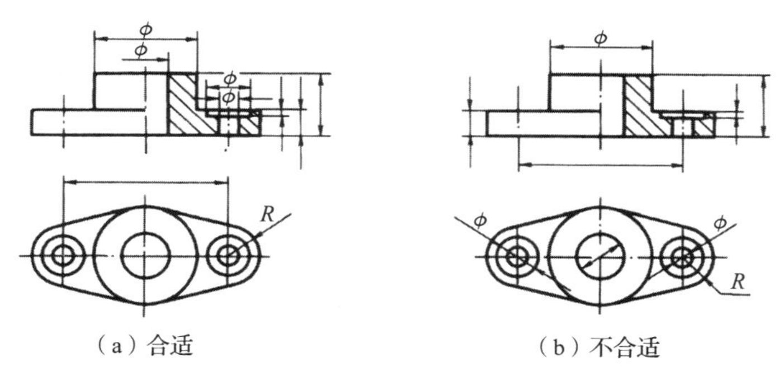

图 8.42　集中标注尺寸

8.5.3 常见结构的尺寸注法

零件上常见结构的尺寸标注应符合设计、制造和检验等要求，使标注的尺寸正确、合理。

1. 零件上常见孔的尺寸注法

国家标准《技术制图　简化表示法　第 2 部分：尺寸注法》（GB/T 16675.2—2012）中规定了各类孔的尺寸标注，常采用简化的旁注法标注尺寸。标注时指引线从装配时的装入端或孔的圆形视图的中心引出，指引线的基准线上方应注写主孔尺寸，下方应注写辅助孔等内容，如沉孔尺寸等，如表 8.1 所示。

表 8.1　零件上常见孔的尺寸注法

类型		普通注法	旁注法	说明
光孔	一般孔	$4\times\phi5$ 10	$4\times\phi5$ ↧10 $4\times\phi5$ ↧10	$4\times\phi5$ 表示四个孔的直径均为 $\phi5$。三种注法均正确（下同）
	精加工孔	$4\times\phi5^{+0.012}_{0}$ 10 12	$4\times\phi5^{+0.012}_{0}$ ↧10 $4\times\phi5^{+0.012}_{0}$ ↧10	钻孔深为 12，钻孔后需精加工至 $\phi5^{+0.012}_{0}$，精加工深度为 10
	锥销孔	锥销孔 $\phi5$	锥销孔 $\phi5$ 配作 锥销孔 $\phi5$ 配作	$\phi5$ 是与锥销孔相配的圆锥销小头直径，为公称直径。 锥销孔通常是相邻两零件装配在一起时加工的

续表

类型		普通注法	旁注法	说明
锪孔	锥形锪孔	90° φ13 6×φ7	6×φ7 ⌵φ13×90° 6×φ7 ⌵φ13×90°	6×φ7 表示 6 个孔的直径均为 φ7。锥形部分大端直径为 φ13，锥角为 90°
	柱形锪孔	φ12 4.5 4×φ6.4	4×φ6.4 ⌴φ12↧4.5 4×φ6.4 ⌴φ12↧4.5	四个柱形锪孔的小孔直径为 φ6.4，大孔直径为 φ12，深度为 4.5
螺孔	通孔	3×M6–7H	3×M6–7H 3×M6–7H	3×M6–7H 表示 3 个直径为 φ6，螺纹中径、顶径公差带为 7H 的螺孔
	不通孔	3×M6–7H 10	3×M6–7H↧10 3×M6–7H↧10	指螺孔的有效深度为 10，钻孔深度以螺孔有效深度为准，也可查相关手册确定
		3×M6 10 12	3×M6↧10 孔↧12 3×M6↧10 孔↧12	需要注出钻孔深度时，应明确标注出钻孔深度尺寸

对于钻孔结构，由于钻头端部是一个顶角接近 120° 的圆锥面，因而加工不通孔时末端便形成了与钻头顶角相同的圆锥面，在零件图上，该部分一般不标注尺寸，也不记入孔深，如图 8.43（a）所示。用不同直径的钻头加工形成的阶梯孔，也应在过渡处画成顶角为 120° 的圆锥面，如图 8.43（b）所示。

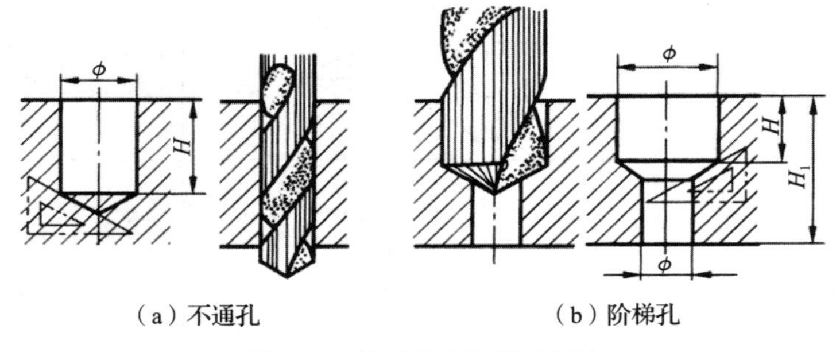

（a）不通孔　　（b）阶梯孔

图 8.43　钻孔结构及尺寸标注

2. 键槽、退刀槽和倒角等的尺寸注法

键是标准件，键槽的尺寸应与装配在一起的键相对应。退刀槽的尺寸应单独标注，槽

的宽度由切刀的宽度决定，如表 8.2 所示。

表 8.2 键槽、退刀槽和倒角等的尺寸注法

类型		尺寸注法	说明
键槽	普通平键	L, A, A—A, D−t, b	普通平键的键槽需要标注槽的长度 L，宽度 b 及槽的深度 $D-t$
	半圆键	A, A—A, φ, b, D−t	半圆键的键槽需要标注槽的直径 ϕ、宽度 b 及槽的深度 $D-t$
退刀槽	螺纹退刀槽	b×a, D, b	退刀槽与越程槽可按“槽宽 × 直径”或“槽宽 × 槽深”的形式注写。 “槽宽 × 直径”表示槽深的基准是中心线；“槽宽 × 槽深”表示槽深的基准是轮廓线。 在没有尺寸精度要求的前提下，两种标注都可以，不必考虑基准问题
砂轮越程槽	磨内圆及端面	2∶1, 45°, R0.5, 45°, b, a, b, a	
倒角	外角倒角	C×45°, C×45°	沿倒角边标注 $C\times45°$ 或者沿尺寸轴向宽度标注 $C\times45°$，45° 表示倒角边与轴向的夹角
	内角倒角	C×45°, C, 30°	

8.6 零件图的技术要求

第 38 讲
零件图的技术要求

零件图上的技术要求是零件在设计、加工和使用中应达到的技术性能指标，主要包括表面结构、极限与配合、几何公差、热处理以及其他有关制造的要求，如图 8.44 所示。

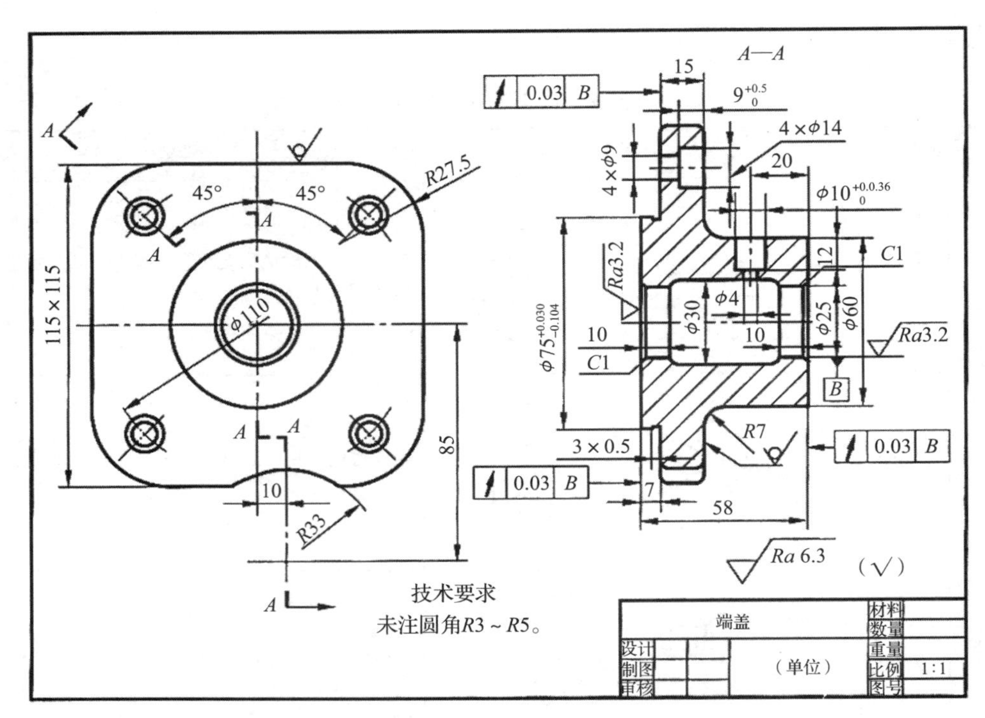

图 8.44　端盖零件图

8.6.1　公差、偏差和配合

国家标准《产品几何技术规范（GPS） 线性尺寸公差 ISO 代号体系　第 1 部分：公差、偏差和配合的基础》（GB/T 1800.1—2020）规定了公差、偏差和配合的相关内容。

1. 互换性

在机械制造业中，零部件的互换性是指在同一规格的一批零部件中，任取其一，不经选择、修配或调整，就能装到机器上并能达到规定的功能要求。如果自行车的某个零件坏了，在五金商店就能买到相同规格的零件来更换，恢复自行车的功能。像这类零件，同一规格的都可以互相替换，因此是具有互换性的零部件。

为满足互换性的要求，同一规格的零件（或部件）的几何参数做得完全一致是最理想的，但由于存在加工误差，在实践中是做不到的。实际上，只要同一规格的零件或部件的几何参数保持在一定的范围内，就能达到互换性的目的，这种允许变动的范围称为公差。

在机器制造业中，遵循互换性原则，在设计、制造和维修等方面都具有十分重要意义。

2. 公差与偏差

（1）公差与偏差的有关术语和定义。

1）公称尺寸是设计给定的尺寸，可以是一个整数或一个小数值，如图 8.45（a）所示的 φ35 是轴和孔的公称尺寸，孔的公称尺寸用 L 表示，轴的公称尺寸 l 表示。

2）实际尺寸是零件制成后通过测量获得的某一孔或轴的尺寸。

3）极限尺寸是一个孔或轴允许尺寸变化的两个极限值，分为上极限尺寸和下极限尺寸。上极限尺寸是孔或轴允许的最大尺寸，分别用 L_{max}、l_{max} 表示；下极限尺寸是孔或轴允许的最小尺寸，分别用 L_{min}、l_{min} 表示。如图 8.45（b）所示孔的尺寸 $\phi35^{+0.025}_{0}$，其上极限尺寸 L_{max}=35.025，下极限尺寸 L_{min}=35；轴的尺寸 $\phi35^{-0.025}_{-0.050}$，其上极限尺寸 l_{max}=34.975，下极限尺寸 l_{min}=34.950。

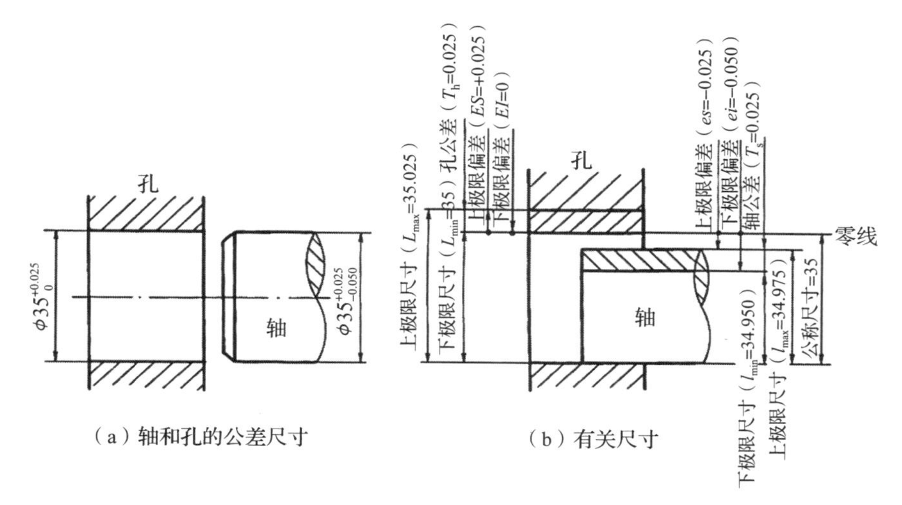

图 8.45　公差、偏差与配合图解

4）极限偏差是指某一尺寸（实际尺寸、极限尺寸等）减其公称尺寸所得的代数差，可以为正、负或零。

上极限偏差是上极限尺寸减公称尺寸所得的代数差，轴的上极限偏差用 *es* 表示，孔的上极限偏差用 *ES* 表示。

下极限偏差是下极限尺寸减公称尺寸所得的代数差，轴的下极限偏差用 *ei* 表示，孔的下极限偏差用 *EI* 表示。

如图 8.45（b）所示，孔的上极限偏差 $ES=L_{max}-L$=35.025−35=+0.025，孔的下极限偏差 $EI=L_{min}-L$=35−35=0；轴的上极限偏差 $es=l_{max}-l$=34.975−35=−0.025，轴的下极限偏差 $ei=l_{min}-l$=34.950−35=−0.050。

5）尺寸公差简称公差，用 T 表示，是允许尺寸的变动量，通过上极限尺寸减下极限尺寸或上极限偏差减下极限偏差得到，孔公差用 T_h 表示，轴公差用 T_s 表示。

由于上极限尺寸总是大于下极限尺寸，上极限偏差总是大于下极限偏差，因而二者的代数差值总为正值，一般将正号省略，取绝对值。

如图 8.45（b）所示孔的尺寸 $\phi35^{+0.025}_{0}$，孔公差 T_h=35.025−35=0.025 或 T_h=+0.025−0=0.025；轴的尺寸 $\phi35^{-0.025}_{-0.050}$，轴公差 T_s=34.975−34.950=0.025 或 T_s=−0.025−（−0.050）=0.025。

（2）公差带与公差带图。

1）零线。

零线是在公差、偏差与配合图解中表示公称尺寸的一条直线，以其为基准确定偏差和公差。通常零线沿水平方向绘制，正偏差位于其上，负偏差位于其下，如图 8.45（b）所示。

2）公差带。

在图中由代表上极限偏差和下极限偏差，或上极限尺寸和下极限尺寸的两条直线所限定的一个区域称为公差带，表示公称尺寸的一条直线称为零线，如图 8.46 所示。

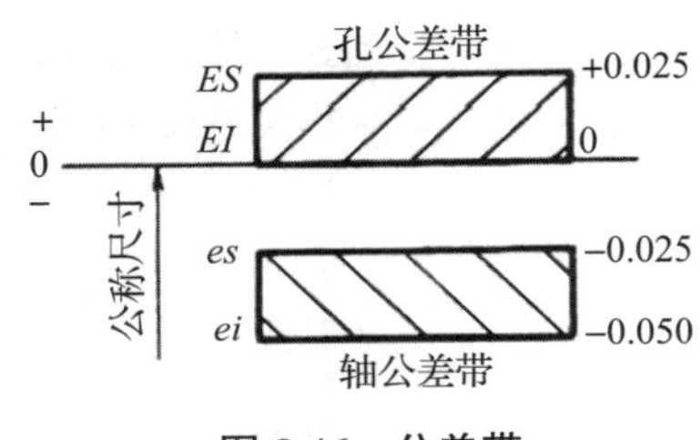

图 8.46　公差带

（3）标准公差（IT）。

标准公差是国家标准《产品几何技术规范（GPS） 线性尺寸公差 ISO 代号体系　第 2 部分：标准公差带代号和孔、轴的极限偏差表》（GB/T 1800.2—2020）中所规定的任一公差。标准公差等级共 20 级，等级代号由国际公差符号 IT 和阿拉伯数字组成，用 IT01，IT0，IT1，…，IT18 表示，如 IT6 的含义为 6 级标准公差，如表 8.3 所示。

表 8.3　标准公差数值

公称尺寸/mm		标准公差等级																			
		IT01	IT0	IT1	IT2	IT3	IT4	IT5	IT6	IT7	IT8	IT9	IT10	IT11	IT12	IT13	IT14	IT15	IT16	IT17	IT18
大于	至	标准公差值																			
		μm													mm						
—	3	0.3	0.5	0.8	1.2	2	3	4	6	10	14	25	40	60	0.1	0.14	0.25	0.4	0.6	1	1.4
3	6	0.4	0.6	1	1.5	2.5	4	5	8	12	18	30	48	75	0.12	0.18	0.3	0.48	0.75	1.2	1.8
6	10	0.4	0.6	1	1.5	2.5	4	6	9	15	22	36	58	90	0.15	0.22	0.36	0.58	0.9	1.5	2.2
10	18	0.5	0.8	1.2	2	3	5	8	11	18	27	43	70	110	0.18	0.27	0.43	0.7	1.1	1.8	2.7
18	30	0.6	1	1.5	2.5	4	6	9	13	21	33	52	84	130	0.21	0.33	0.52	0.84	1.3	2.1	3.3
30	50	0.6	1	1.5	2.5	4	7	11	16	25	39	62	100	160	0.25	0.39	0.62	1	1.6	2.5	3.9
50	80	0.8	1.2	2	3	5	8	13	19	30	46	74	120	190	0.3	0.46	0.74	1.2	1.9	3	4.6
80	120	1	1.5	2.5	4	6	10	15	22	35	54	87	140	220	0.35	0.54	0.87	1.4	2.2	3.5	5.4
120	180	1.2	2	3.5	5	8	12	18	25	40	63	100	160	250	0.4	0.63	1	1.6	2.5	4	6.3
180	250	2	3	4.5	7	10	14	20	29	46	72	115	185	290	0.46	0.72	1.15	1.85	2.9	4.6	7.2
250	315	2.5	4	6	8	12	16	23	32	52	81	130	210	320	0.52	0.81	1.3	2.1	3.2	5.2	8.1
315	400	3	5	7	9	13	18	25	36	57	89	140	230	360	0.57	0.89	1.4	2.3	3.6	5.7	8.9
400	500	4	6	8	10	15	20	27	40	63	97	155	250	400	0.63	0.97	1.55	2.5	4	6.3	9.7

注：公差尺寸小于或等于 1mm 时，无 IT14 ～ IT18。

在同一尺寸段内，随着公差等级数字的增大，尺寸的精确程度将依次降低，公差数值依次加大。标准公差与代表基本偏差的字母一起组成公差带时省略 IT 字母，如 h5。

（4）基本偏差。

基本偏差是确定公差带相对零线位置的极限偏差，可以是上极限偏差或下极限偏差，一般是靠近零线的那个偏差。

如图 8.46 所示的孔公差带的基本偏差为下极限偏差 0，轴公差带的基本偏差为上极限偏差 -0.025。国家标准对孔和轴分别规定了 28 个基本偏差，大写字母表示孔的基本偏差，小写字母表示轴的基本偏差。

如图 8.47 所示为基本偏差系列示意图，孔的基本偏差代号用大写字母 A、…、ZC 表示，其中 A ～ H 为下极限偏差且为正值，H 的下极限偏差为 0，K ～ ZC 为上极限偏差。轴的基本偏差代号用小写字母 a、…、zc 表示，其中 a ～ h 为上极限偏差且为负值，h 的上极限偏差为 0，k ～ zc 为下极限偏差。孔、轴各 28 个，基本偏差 H 代表基准孔，h 代表基准轴。

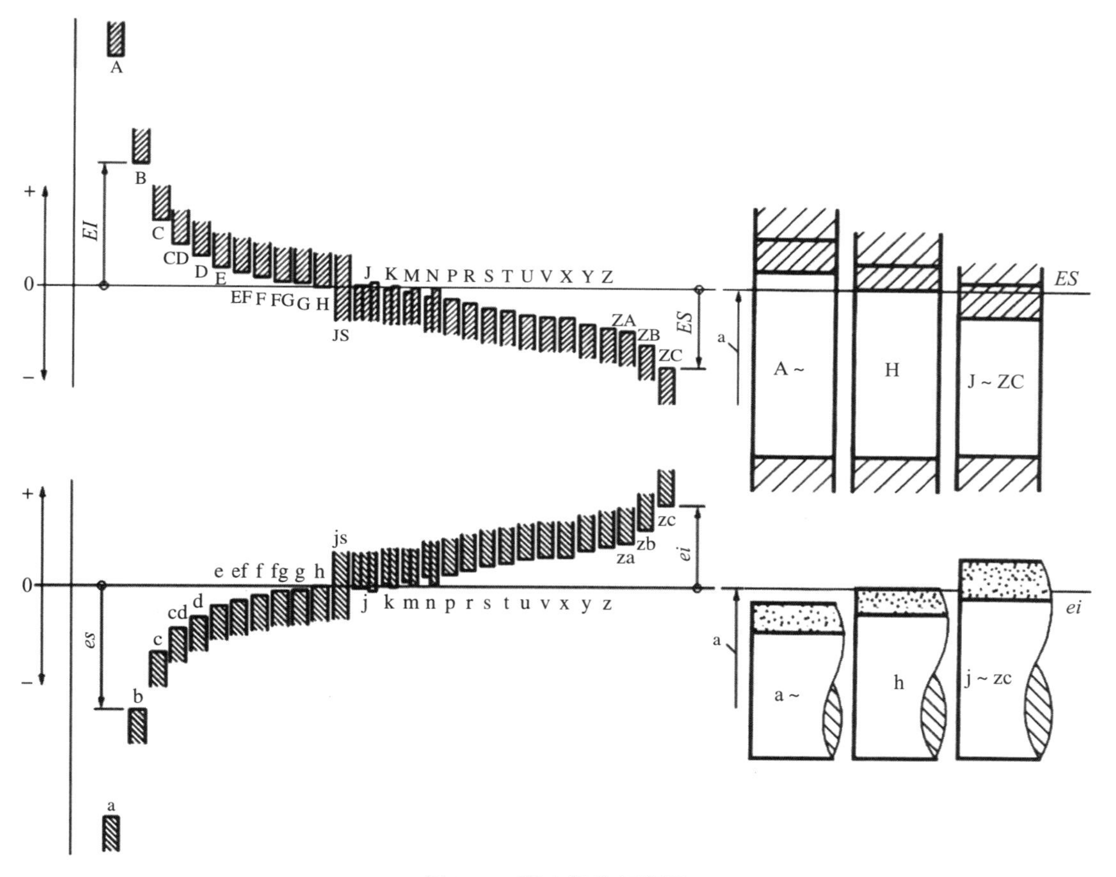

图 8.47　基本偏差示意图

（5）标准公差数值、基本偏差数值表应用。

根据尺寸公差的定义，基本偏差和标准公差的计算公式为：

$ES=EI+\mathrm{IT}$ 或 $EI=ES-\mathrm{IT}$

$ei=es-\mathrm{IT}$ 或 $es=ei+\mathrm{IT}$

根据孔或轴的公称尺寸、基本偏差代号及公差等级，可从相关标准中查得标准公差及基本偏差数值，并计算出上、下极限偏差数值及极限尺寸。

例 8.1　已知孔尺寸为 ϕ40H7，试确定孔的上、下极限偏差及极限尺寸。

H7 表示孔轴配合时采用基孔制配合。从表 8.3 中查得 IT7 的标准公差值为 0.025mm，

下极限偏差 EI 为 0，则上极限偏差 $ES=EI+IT=+0.025$mm。

上极限尺寸 =40+0.025=40.025mm

下极限尺寸 =40+0=40mm

例 8.2 已知轴尺寸为 ϕ50f7，试确定轴的上、下极限偏差及极限尺寸。

从表 8.3 中查得 IT7 的标准公差值为 0.025mm，从相关标准中查得上极限偏差 es 为 −0.025mm，则下极限偏差 $ei=es-\text{IT}=-0.050$mm。

上极限尺寸 =50−0.025=49.975mm

下极限尺寸 =50−0.050=49.950mm

3. 零件的配合

公称尺寸相同的相互结合的孔和轴公差带之间的关系称为配合。配合的前提必须是孔和轴公称尺寸相同，二者公差带之间的关系确定了孔、轴装配后的配合性质。根据零件配合程度，分为间隙配合、过盈配合和过渡配合三类。

在机器中由于零件的作用和工作情况不同，对相互结合两零件装配后松紧程度的要求也不一样。图 8.48（a）中的轴直接装入孔座中，要求自由转动且不打晃；图 8.48（b）中的衬套装在座孔中要紧固，不得松动；图 8.48（c）中的衬套装在座孔中，既要紧固，也要容易装入，且要比图 8.48（b）的配合松一些。

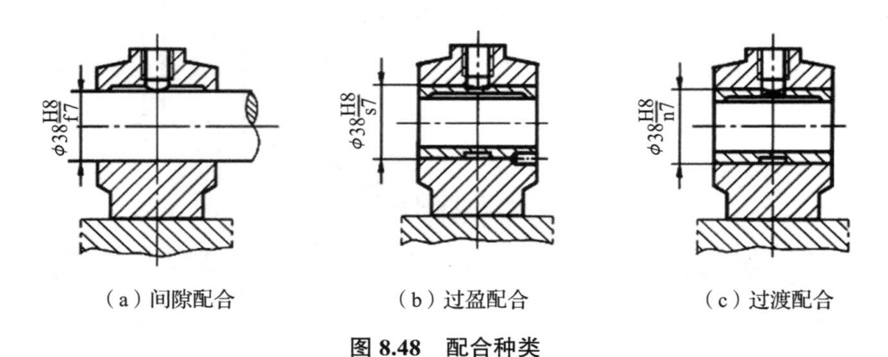

（a）间隙配合　（b）过盈配合　（c）过渡配合

图 8.48　配合种类

（1）间隙配合。

间隙是指当轴的直径小于孔的直径时，孔和轴的尺寸之差。具有间隙的配合称为间隙配合。间隙配合时，孔公差带在轴公差带之上，如图 8.49 所示。

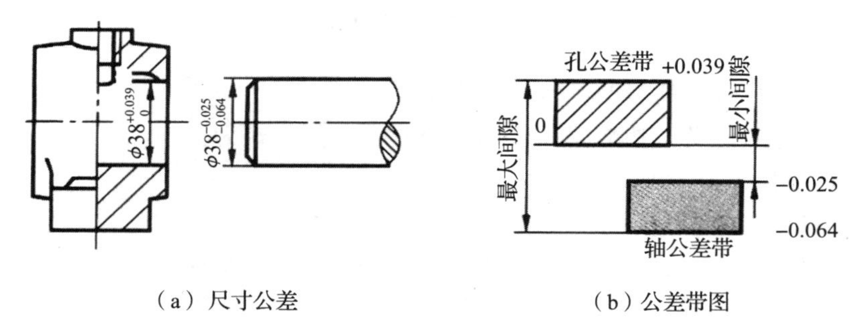

（a）尺寸公差　（b）公差带图

图 8.49　间隙配合

（2）过盈配合。

过盈是指当轴的直径大于孔的直径时，相配孔和轴的尺寸之差。过盈配合是指具有过盈的配合。过盈配合时，孔的公差带在轴的公差带之下，如图 8.50 所示。

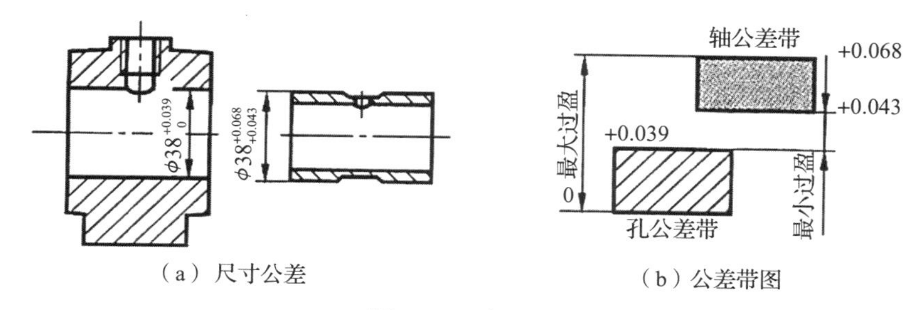

（a）尺寸公差　　（b）公差带图

图 8.50　过盈配合

（3）过渡配合。

具有间隙或过盈的配合称为过渡配合。过渡配合时，孔的公差带与轴的公差带相互交叠，如图 8.51 所示。

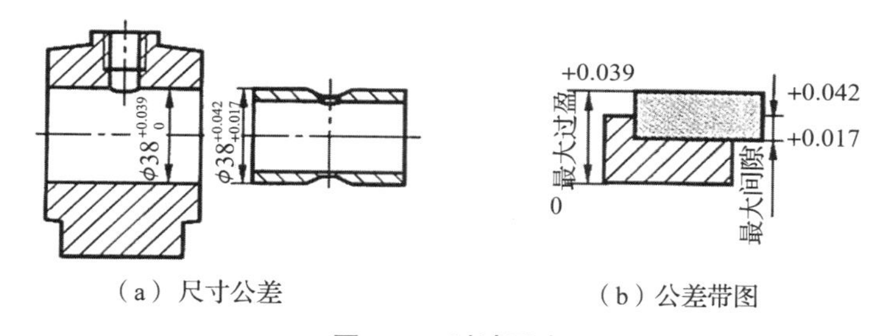

（a）尺寸公差　　（b）公差带图

图 8.51　过渡配合

根据过渡配合时轴和孔的配合尺寸，孔和轴公差带的位置关系有三种情况，如图 8.52 所示。

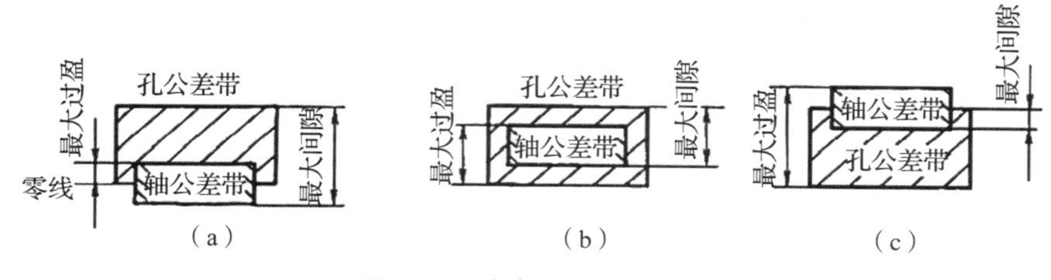

图 8.52　过渡配合三种情况

（4）ISD 配合制。

由线性尺寸公差 ISD 代号体系确定公差的孔和轴组成的一种配合制度称为 ISD 配合制。国家标准（GB/T 1800.1—2020）规定了基孔制配合和基轴制配合两种形式。

1）基孔制配合。

孔的基本偏差为零的公差带，与不同基本偏差的轴的公差带形成的各种配合（间隙、过渡或过盈），如图 8.53 所示。基孔制配合的孔为基准孔，基准孔的下极限偏差为零，

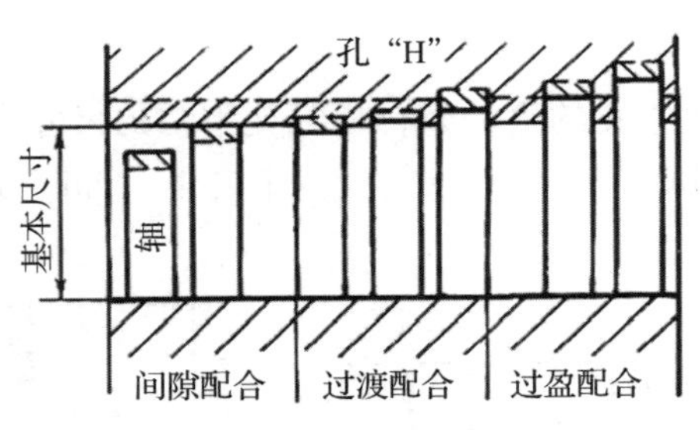

图 8.53　基孔制配合

上极限偏差为正值，基准孔的基本偏差代号为“H”。在基孔制配合中，轴的基本偏差 a ～ h 用于间隙配合，j ～ zc 用于过渡配合和过盈配合。

2）基轴制配合。

轴的基本偏差为零的公差带，与不同基本偏差的孔的公差带形成的各种配合（间隙、过渡或过盈），如图 8.54 所示。基轴制配合的轴为基准轴，基准轴的上极限偏差为零，下极限偏差为负值，基准轴的基本偏差代号为“h”。在基轴制配合中，孔的基本偏差 A ～ H 用于间隙配合，J ～ ZC 用于过渡配合和过盈配合。

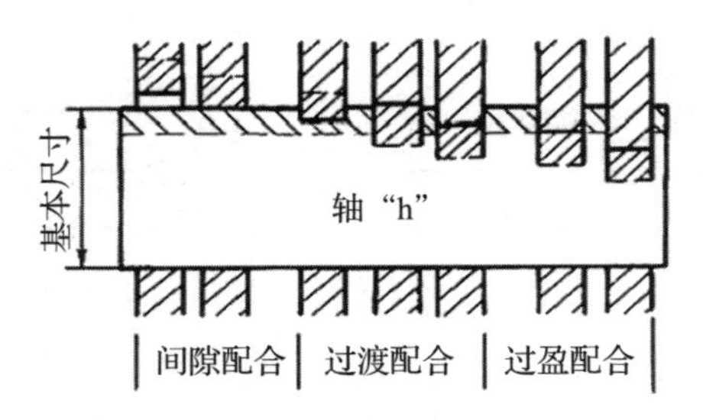

图 8.54　基轴制配合

在一般情况下，优先选用基孔制配合。如有特殊要求，允许将任一孔、轴公差带组成配合。基孔制配合的优先配合如表 8.4 所示，基轴制配合的优先配合如表 8.5 所示。

表 8.4　基孔制配合的优先配合

基准孔	轴公差带代号																	
	间隙配合							过渡配合				过盈配合						
H6						g5	h5	js5	k5	m5		n5	p5					
H7					f6	**g6**	**h6**	**js6**	**k6**	m6	**n6**		**p6**	**r6**	**s6**	t6	u6	x6
H8				e7	**f7**		**h7**	js7	k7	m7					s7		u7	
			d8	**e8**	f8		h8											
H9			d8	**e8**	f8		h8											
H10	b9	c9	**d9**	e9			**h9**											
H11	**b11**	**c11**	d10				h10											

表 8.5 基轴制配合的优先配合

基准轴	孔公差带代号																	
	间隙配合							过渡配合				过盈配合						
h5						G5	H6	JS6	K6	M6		N6	P6					
h6					F7	**G7**	**H7**	**JS7**	**K7**	M7	**N7**		**P7**	**R7**	**S7**	T7	U7	X7
h7				E8	**F8**		**H8**											
h8			D9	**E9**	F9		**H9**											
h9				E8	**F8**		**H8**											
			D9	**E9**	F9		**H9**											
	B11	C10	**D10**				H10											

4. 尺寸公差与配合的标注

《机械制图 尺寸公差与配合注法》（GB/T 4458.5—2003）规定了尺寸公差与配合的标注原则。

（1）在零件图的标注。

零件图中的重要尺寸，应标注出极限偏差或公差带代号。孔、轴的公差带代号由基本偏差代号与公差等级代号组成，公差带代号的含义如图 8.55 所示。

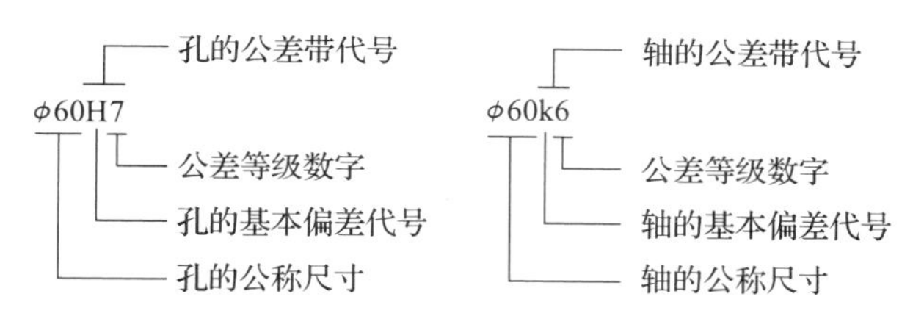

图 8.55 公差带代号的含义

在零件图中标注孔、轴的尺寸公差的三种形式：

1）在孔或轴的公称尺寸的右边注出公差带代号，如图 8.56 所示。这种形式多用于大批量生产的零件图。

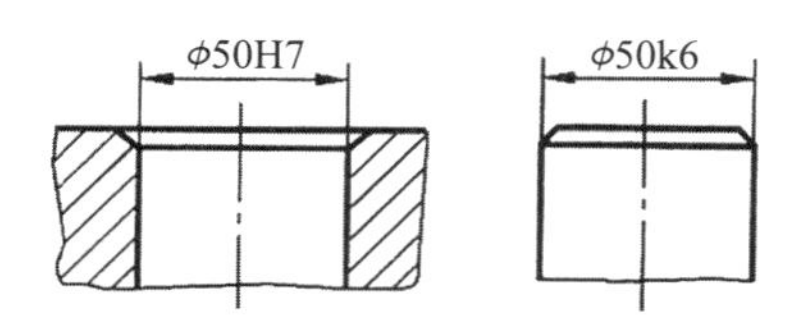

图 8.56 标注孔与轴的公差代号

2）在孔或轴的公称尺寸的右边，标注公差带的极限偏差数值。这种形式多用于中小批量生产的零件图。上、下极限偏差的绝对值不同时，偏差数字用比公称尺寸数字小一号的字体书写。

上极限偏差或下极限偏差为零时，必须注出数字“0”，与另一偏差的整数个位对齐，如图 8.57（a）所示；上、下极限偏差的小数点必须对齐，小数点后的位数必须相同，如图 8.57（b）所示；上、下极限偏差值相等、符号相反时，偏差数值只注写一次，并在偏差值与公称尺寸之间注写符号“±”，且两者数字高度相同，如图 8.57（c）所示。

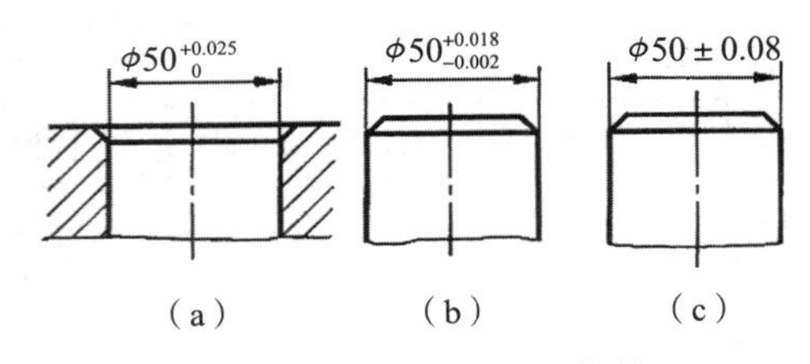

图 8.57　标注极限偏差数值

3）在孔或轴公称尺寸的右边同时注出公差带代号和相应的极限偏差数值，此时偏差数值应加上圆括号，如图 8.58 所示。

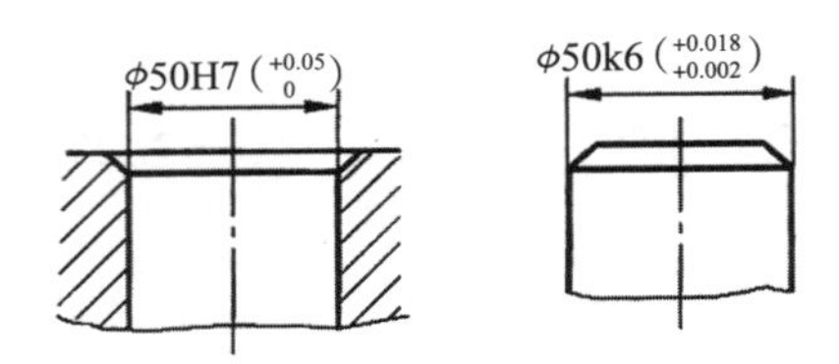

图 8.58　标注公差带代号和极限偏差数值

（2）在装配图中的标注。

在装配图中一般标注配合代号，也可标注极限偏差。

配合代号由两个相互配合的孔或轴的公差带代号组成，写成分数形式，分子为孔的公差带代号，分母为轴的公差带代号，如图 8.59（a）所示。必要时也允许按照如图 8.59（b）或图 8.59（c）所示的形式标注。

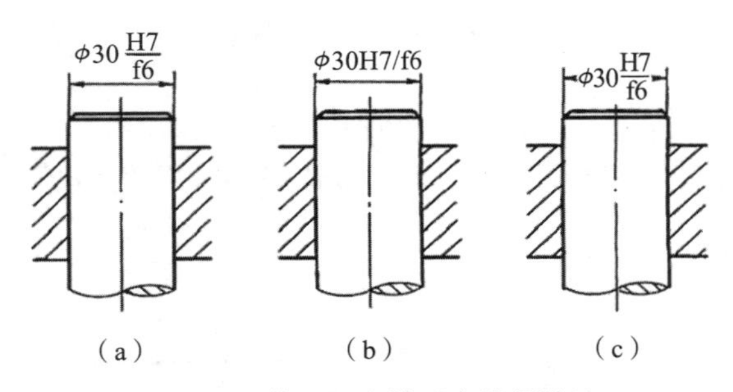

图 8.59　装配图上的配合代号注法

例如，ϕ30H7/f6 的含义是公称尺寸 ϕ30mm，基孔制配合，基准孔的基本偏差为 H，公差等级为 7 级，与其配合的轴的基本偏差为 k，公差等级为 6 级，两者为过渡配合。

在装配图中标注配合零件的极限偏差时，孔的公称尺寸和极限偏差注写在尺寸线的上方，轴的公称尺寸和极限偏差注写在尺寸线的下方，如图 8.60 所示。

零件（孔或轴）与标准件配合时，可以只标注该零件的公差带代号，如图 8.61 所示。

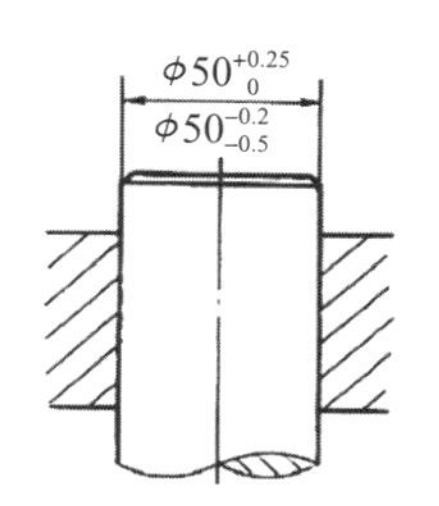

图 8.60　配合零件的极限偏差注法

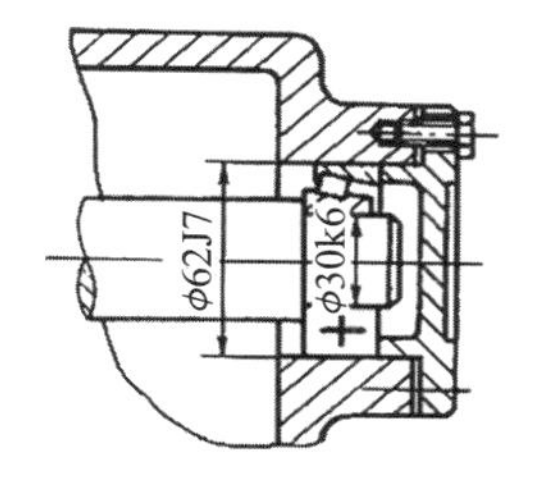

图 8.61　零件与标准件配合时的标注

5. 一般公差

在零件图上只标注公称尺寸而不标注极限偏差的尺寸称为未注公差尺寸，主要用于某些非配合尺寸。

未注公差尺寸同样是有公差要求的，国家标准《一般公差　未注公差的线性和角度尺寸的公差》（GB/T 1804—2000）规定了极限偏差数值，如表 8.6 和表 8.7 所示。这类公差称为一般公差，一般公差是普通工艺条件下的经济加工精度。

表 8.6　线性尺寸的极限偏差数值表　　单位：mm

公差等级	尺寸分段							
	0.5 ～ 3	>3 ～ 6	>6 ～ 30	>30 ～ 120	>120 ～ 400	>400 ～ 1 000	>1 000 ～ 2 000	>2 000 ～ 4 000
f（精密级）	± 0.05	± 0.05	± 0.1	± 0.15	± 0.2	± 0.3	± 0.5	—
m（中等级）	± 0.1	± 0.1	± 0.2	± 0.3	± 0.5	± 0.8	± 1.2	± 2
c（粗糙级）	± 0.2	± 0.3	± 0.5	± 0.8	± 1.2	± 2	± 3	± 4
v（最粗级）	—	± 0.5	± 1	± 1.5	± 2.5	± 4	± 6	± 8

表 8.7　倒圆半径与倒角高度尺寸的极限偏差数值表　　单位：mm

公差等级	尺寸分段			
	0.5 ～ 3	>3 ～ 6	>6 ～ 30	>30
f（精密级）	± 0.2	± 0.5	± 1	± 2
m（中等级）				
c（粗糙级）	± 0.4	± 1	± 2	± 4
v（最粗级）				

注：倒圆半径与倒角高度的含义参见《零件倒圆与倒角》（GB/T 6403.4—2008）。

未注公差尺寸在图形上不注明公差，目的是突出标注公差的重要尺寸，以保证图样清晰，但需要在技术要求中进行说明。

当某零件图上线性尺寸未注公差选用“中等级”时，应在零件图的技术要求中说明：“线性尺寸的未注公差为 GB/T 1804—m”。

8.6.2 几何公差

1. 几何公差的基本概念

零件在加工后形成的各种误差是客观存在的，不仅存在尺寸误差，其构成要素的几何形状以及要素与要素之间的相对位置也会产生误差。

如图 8.62 所示，台阶轴加工后的各实际尺寸虽然都在尺寸公差范围内，但可能会出现鼓形、锥形、弯曲、正截面不圆等形状，在实际要素和理想要素之间就有一个变动量，即形状误差。

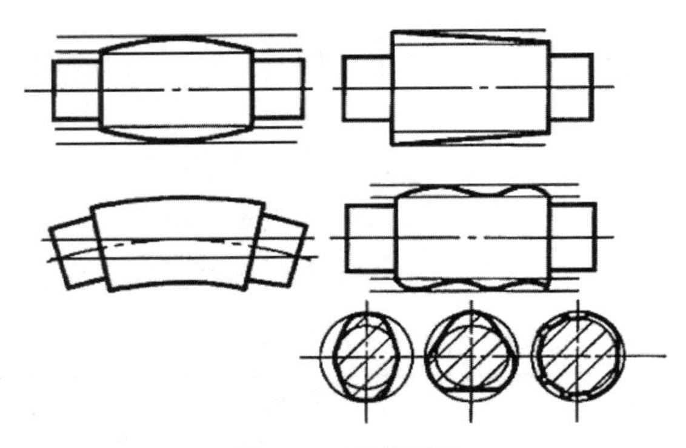

图 8.62　形状误差

如图 8.63 所示，轴加工后各段圆柱的轴线可能不在同一条轴线上，实际要素与理想要素在位置上也有一个变动量，即位置误差。

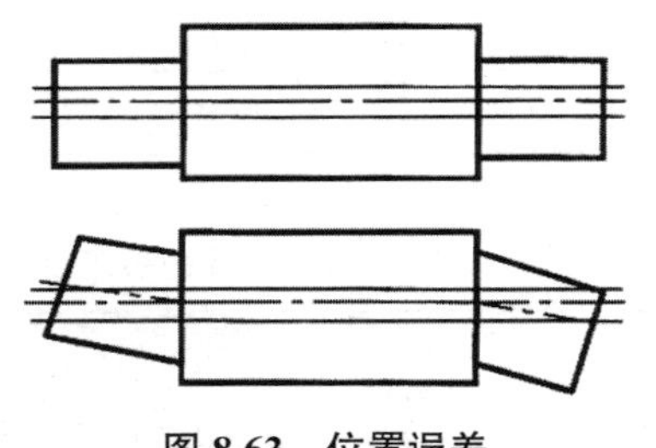

图 8.63　位置误差

在设计零件时须对零件的形状、位置误差予以合理的限制，国家标准《产品几何技术规范（GPS） 几何公差　形状、方向、位置和跳动公差标注》（GB/T 1182—2018）对几何公差作了经济合理的规定。

（1）零件上的实际几何要素的形状与理想几何要素的形状之间的误差称为形状误差。

（2）零件上各几何要素之间实际相对位置与理想相对位置之间的误差称为位置误差。

（3）形状误差与位置误差简称几何误差。

（4）形位误差的允许变动量称为几何公差，也称为形位公差。

2. 几何公差特征项目

（1）几何公差特征项目符号。

几何公差分为形状公差、方向公差、位置公差和跳动公差 4 大类，包含 14 个特征项目，如表 8.8 所示。

表 8.8　几何公差特征项目符号

公差类型	几何特征	符号	有无基准
形状公差	直线度	—	无
	平面度	▱	无
	圆度	○	无
	圆柱度	⌭	无
	线轮廓度	⌒	无
	面轮廓度	⌓	无
方向公差	平行度	//	有
	垂直度	⊥	有
	倾斜度	∠	有
	线轮廓度	⌒	有
	面轮廓度	⌓	有
位置公差	位置度	⌖	有或无
	同心度（用于中心点）	◎	有
	同轴度（用于轴线）	◎	有
	对称度	⌯	有
	线轮廓度	⌒	有
	面轮廓度	⌓	有
跳动公差	圆跳动	↗	有
	全跳动	⌰	有

（2）公差带形状。

公差带的形状由被测要素的几何特征和设计要求决定，也由所选几何公差特征项目决定。常用的公差带形状有 8 种形式，如表 8.9 所示。

表 8.9　公差带形状

序号	公差带区域	公差带形状	应用
1	圆内的区域	φt	平面内点的位置度
2	圆球面内的区域	Sφt	空间内点的位置度
3	两平行直线之间的区域	t	给定平面上的直线度
4	两平行面之间的区域	t	平面度
5	圆柱面内的区域	φt	任意方向上的直线度
6	两等距曲线之间的区域	t	线轮廓度

续表

序号	公差带区域	公差带形状	应用
7	两等距曲面之间的区域		面轮廓度
8	两同心圆之间的区域		圆度
8	两同轴圆柱面之间的区域		圆柱度

3. 几何公差的标注

在图样中几何公差一般要用框格标注。几何公差框格中不仅表达几何公差的特征项目、基准代号和其他符号，还要正确给出公差带的大小、形状等内容。

（1）几何公差框格。

1）几何公差框格的形式。

几何公差框格由两格或多格组成，框格中的内容从左向右依次填写，如图 8.64 所示。第一格填写几何公差项目的符号；第二格填写几何公差数值和有关附加符号，如公差带是圆形或圆柱形的，则在公差值前加注“ϕ”，球形的则加注“Sϕ”等；第三格及以后的各框格填写基准符号及有关附加符号。

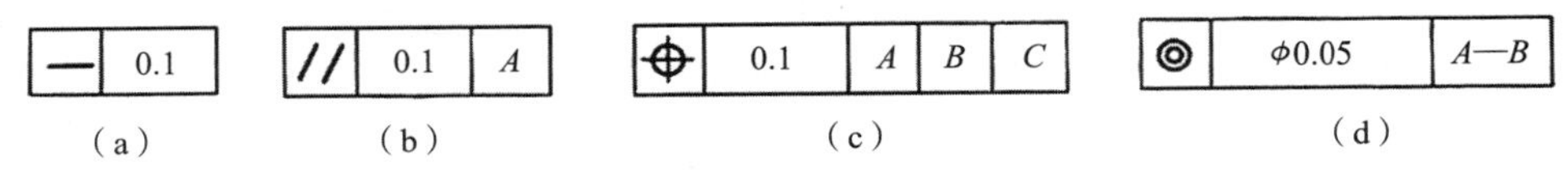

图 8.64　几何公差框格形式

2）框格绘制的比例。

框格的高度应是框格内所书写字体高度的两倍。框格的宽度：第一格等于框格的高度；第二格应与标注内容的长度相适应；第三格及以后各框格应与有关字母的宽度相适应。

框格中的竖线与标注内容之间的距离应至少为线条宽度 d 的两倍；框格高度 H 为字体高度 h 的两倍，且不得小于 0.7mm，如图 8.65 所示。

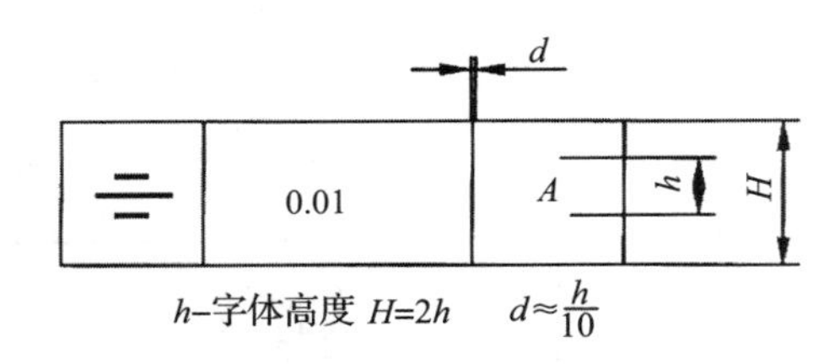

图 8.65　框格的绘制比例

（2）被测要素的标注。

被测要素是指图样上给出了几何公差要求的要素，它是被检测的对象。被测要素的箭头指引线将几何公差框格与被测要素相连。标注被测要素时可参照以下几种形式。

1）被测要素为轮廓要素的标注。

轮廓要素是由一个或几个表面形成的要素，如构成零件外形的点、线、面等。

当被测要素为轮廓线或表面时，将指引线箭头置于被测要素的轮廓线或轮廓线的延长线上，但必须与尺寸线明显地错开，不得与尺寸线重合，如图 8.66 所示。

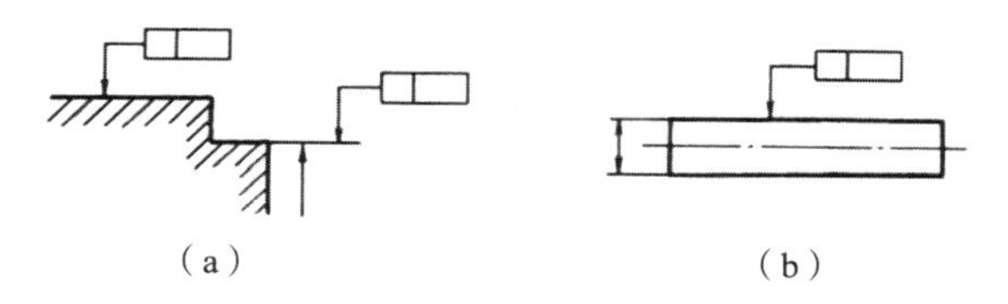

图 8.66　被测要素为轮廓要素的标注形式

当被测要素为实际表面时，箭头指向带点的参考线上，该点在实际表面上，如图 8.67 所示。

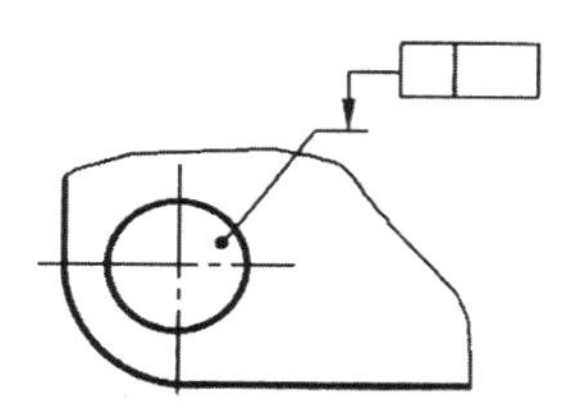

图 8.67　被测要素为实际表面的标注形式

2）被测要素为中心要素的标注。

中心要素是指对称轮廓要素的中心点、中心线、中心面或回转表面的轴线，如球心、轴线、对称中心线等。

当被测要素为轴线、中心平面时，带箭头的指引线应与尺寸线的延长线重合，如图 8.68（a）所示。指引线的箭头可以代替尺寸线箭头，如图 8.68（b）、图 8.68（c）所示。

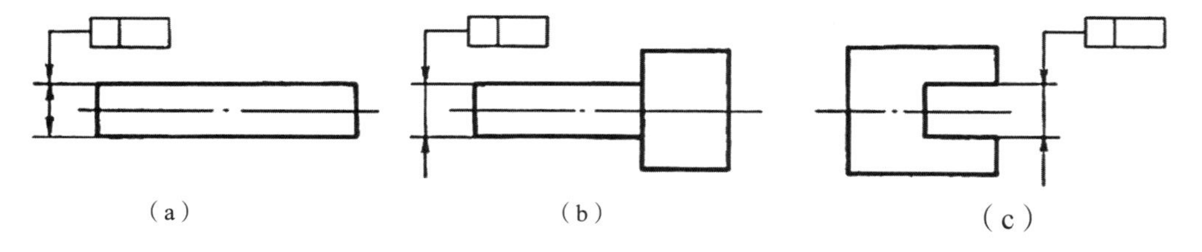

图 8.68　被测要素为中心要素的标注形式一

当被测要素为圆锥面的轴线时，指引线箭头应与该圆锥面的任一直径尺寸线对齐，如图 8.69（a）所示。在不致引起误解的情况下，也可与锥体大径（或小径）的尺寸线对齐，如图 8.69（b）所示。

当被测要素为中心孔的角度时，框格指引线应与角度尺寸线对齐，如图 8.70 所示。

（3）基准要素的标注。

基准要素是用来确定被测要素方向或位置的要素，在图样上用基准符号标出。

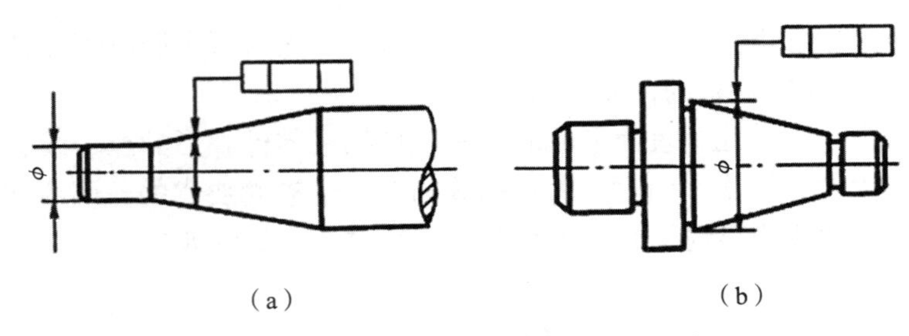

图 8.69 被测要素为中心要素的标注形式二

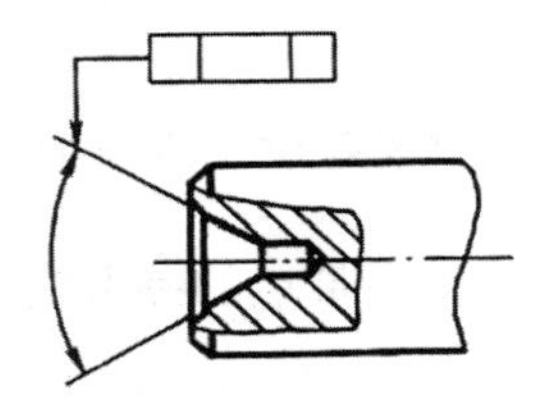

图 8.70 被测要素为中心要素的标注形式三

1）基准符号。

基准符号表示相对于被测要素的基准。基准符号的规定是与被测要素相关的基准用一个字母表示，表示基准的字母标注在基准方格内，与一个涂黑的或者空白的三角形相连，如图 8.71 所示。涂黑的和空白的基准三角形的含义相同。无论基准符号在图样中的方向如何，方格内的字母都应水平书写。

基准符号放置在轮廓线或者延长线上，也可放置在平面的引出线上，并且一定要与这些线接触。基准字母用大写字母表示。为不致引起误解，字母 *E*、*I*、*J*、*M*、*O*、*P*、*L*、*R*、*F* 不用作基准字母。

基准符号的绘制比例，如图 8.72 所示。字高度为 h 时，符号的宽度 H=2h，其中，h 的取值可以是 2.5、3.5、5、7、10、14、20。

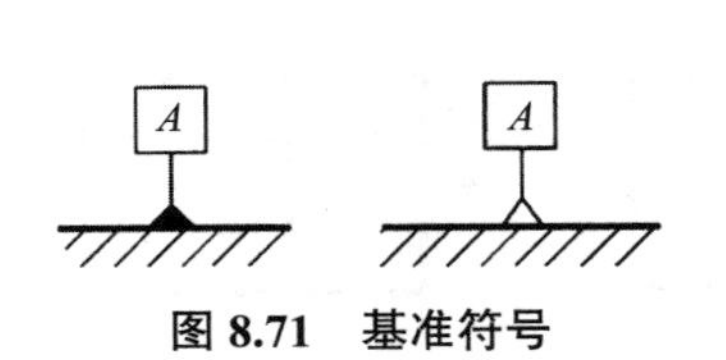

图 8.71 基准符号

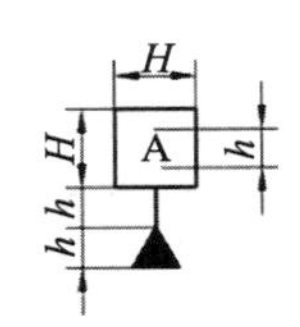

图 8.72 基准符号的绘制比例

2）轮廓要素作为基准时的标注。

当所选基准为轮廓要素时，基准代号的连线不得与尺寸线对齐，应错开一定距离，如图 8.73 所示。

当受视图的限制时，轮廓要素基准代号的标注方法如图 8.74 所示。

3）中心要素作为基准时的标注。

当中心要素作为基准时，基准代号的连线应与相应基准要素的尺寸线对齐，如图 8.75 所示。

基准符号与尺寸线箭头重叠时，基准符号可以代替尺寸线箭头，如图 8.76 所示。

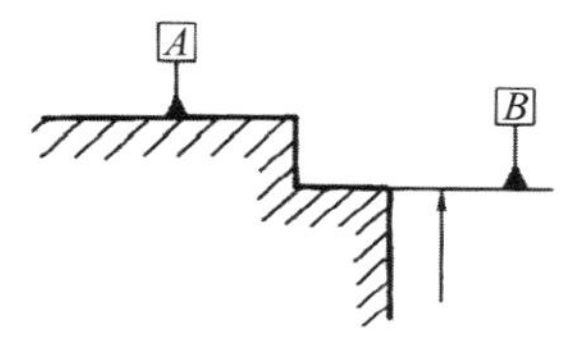

图 8.73　基准要素为轮廓要素的标注一

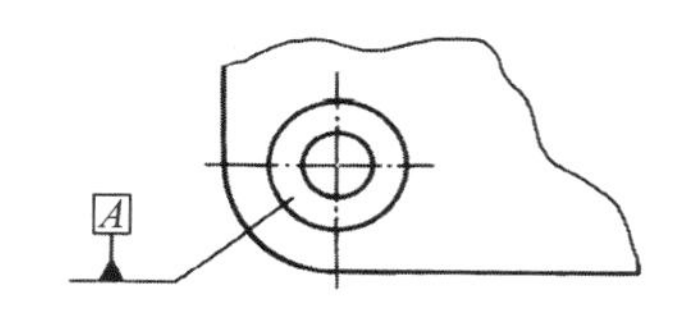

图 8.74　基准要素为轮廓要素的标注二

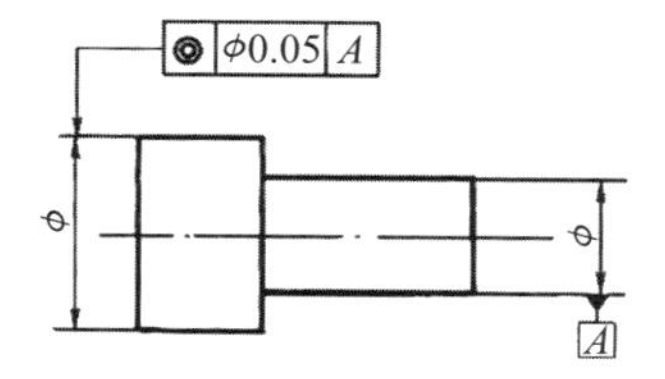

图 8.75　基准要素为中心要素时的标注

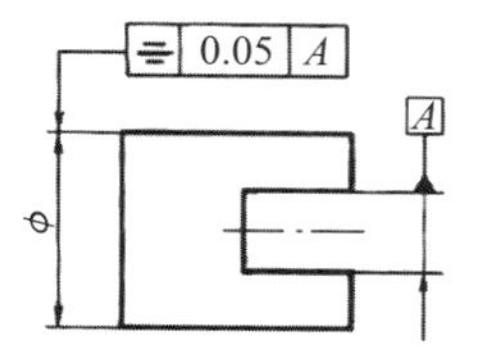

图 8.76　基准符号代替尺寸线箭头

当两个或两个以上中心要素构成一个单一基准时，标注方法如图 8.77 所示。

4）任选基准的注法。

有些零件因为结构的需要，两个表面的形状相似以至于无法区别，所以标注形位公差时就不容易具体指定哪个面为基准。这时无论取哪一个表面为基准来检测另一表面，都应满足几何公差的要求，这种情况为任选基准，其标注方法如图 8.78 所示。

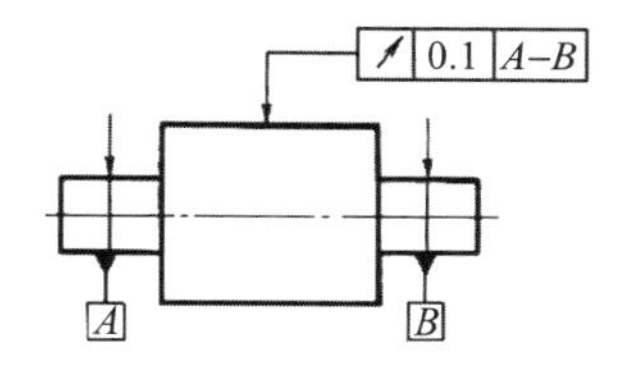

图 8.77　一组中心要素作为单一基准时的标注

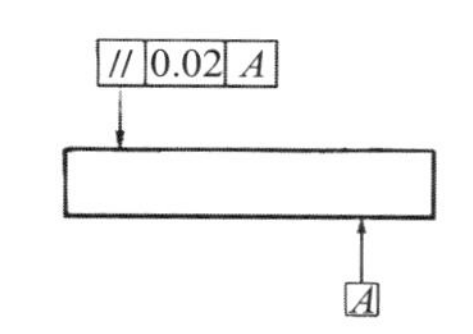

图 8.78　任选基准的标注

（4）限制范围的标注方法。

1）对同一被测要素的全部或被测要素内的任一部分有几何公差要求时，标注形式如图 8.79 所示。被测要素全长的直线度误差值不得大于 0.1mm，如图 8.79（b）所示，同时该被测要素任一为 100mm 的局部长度的直线度误差值不得大于 0.05mm，如图 8.79 所示的标注中分母代表被测长度，分子代表允许的最大误差值。

2）当对部分被测要素而不是整个被测要素有公差要求时，标注形式如图 8.80 所示，图中的点画线为粗点画线。

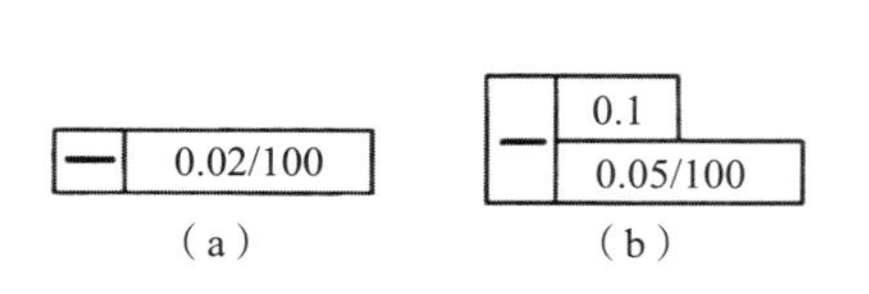

图 8.79　限制范围标注方法

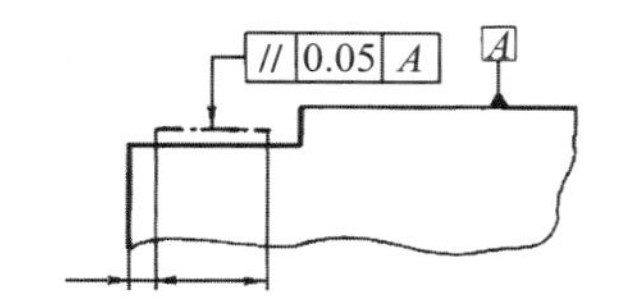

图 8.80　局部限制的标注方法一

3）公差框格所控制的对象，仅为整个表面上一个直径为 d 的小圆面，其平面度误差值不得大于 0.1mm。该圆周用粗点画线绘制，如图 8.81 所示。

4）若被测要素的某一部分为基准，则该部分应用粗点画线表示并加注尺寸和标注方法，如图 8.82 所示。

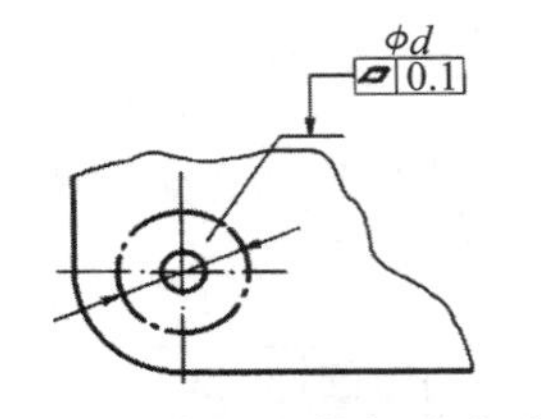

图 8.81 局部限制的标注方法二

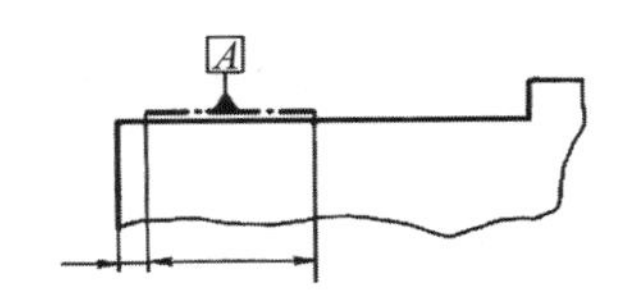

图 8.82 被测要素局部作为基准的标注方法

（5）其他规定注法。

1）当几个不共面的表面，有同一数值的公差带要求时，标注方法如图 8.83 所示。其中 *A* 为被测表面代号，短横线用粗实线画出。

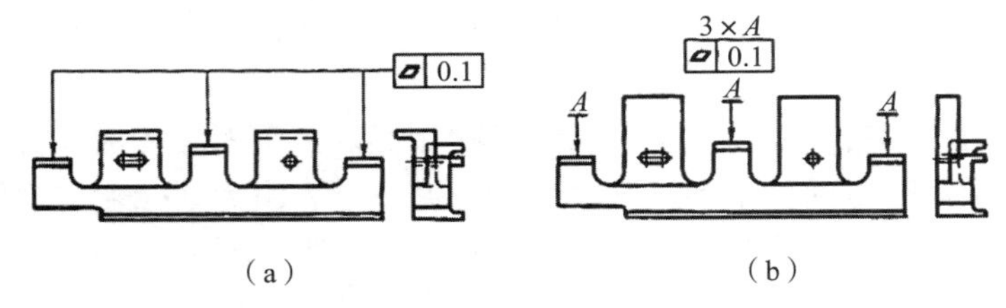

图 8.83 有相同公差要求的几个不共面的注法

2）用同一公差带控制几个共面或共线的被测要素时，应在公差框格上方注明“共面”或“共线”字样，如图 8.84 所示。*A* 为被测表面代号，短横线用粗实线绘制。

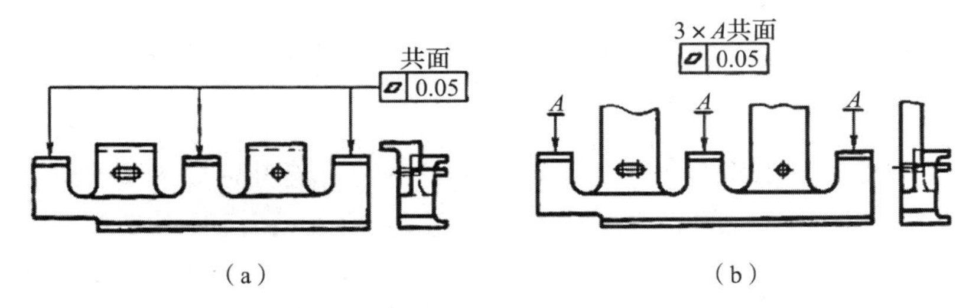

图 8.84 几个共面或共线的被测表面具有相同公差带的注法

3）当同一要素有多项公差特征项目的要求时，标注方法如图 8.85 所示。

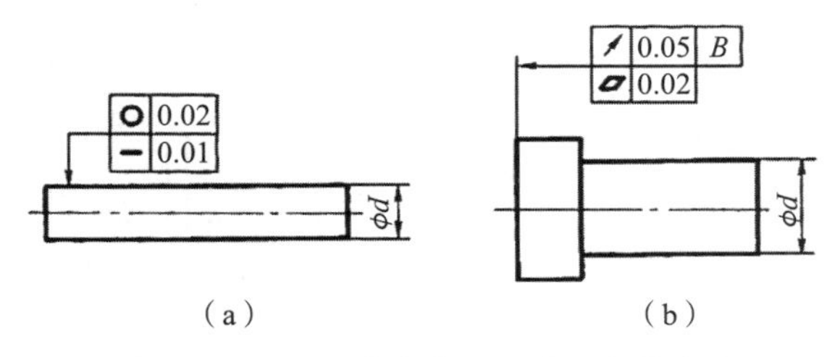

图 8.85 同一要素有多项公差要求的注法

4.识读图样上标注的几何公差

例 8.3 试说明如图 8.86 所示的几何公差的含义。

（1）ϕ100h6 外圆对孔 ϕ45P7 的轴线的径向圆跳动公差为 0.025mm。

（2）ϕ100h6 外圆的圆度公差为 0.004mm。

（3）零件上箭头所指两端面之间的平行度公差为 0.01mm。

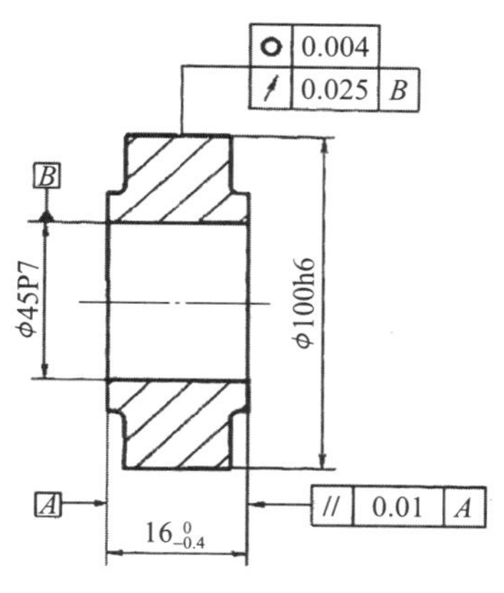

图 8.86 几何公差识读

8.6.3 零件的表面结构

1. 表面结构的基本概念

零件表面经过加工后，看起来很光滑，经放大观察其表面却凹凸不平，由一些微小间距和微小峰谷组成，如图 8.87 所示。产生的主要原因是切削过程中刀具和零件表面的摩擦，切削分裂时工件表面金属的塑性变形，以及加工系统的高频振动或锻压、冲压、铸造等系统本身的粗糙度。

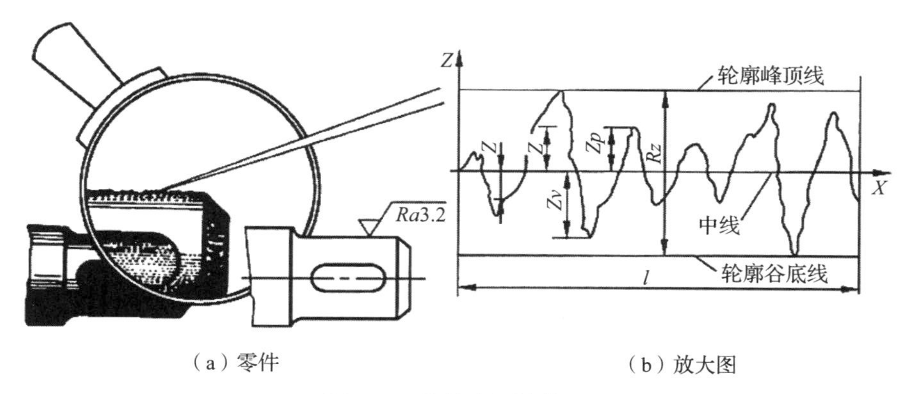

图 8.87 零件表面结构图

零件表面质量对零件的使用性能和使用寿命影响很大，因此在保证零件尺寸、形状和位置精度的同时，不能忽视表面质量的影响，特别是对于转速高、密封性能要求好的部件。

实际表面的轮廓是由粗糙度轮廓（*R* 轮廓）、波纹度轮廓（*W* 轮廓）和原始轮廓（*P* 轮廓）构成的，各种轮廓所具有的特性都与零件的表面结构密切相关。

（1）粗糙度轮廓。

粗糙度轮廓是指加工后零件表面轮廓中具有较小间距和谷峰的那部分，其所具有的微观几何特性称为表面粗糙度。一般由加工方法和（或）其他因素形成。

（2）波纹度轮廓。

波纹度轮廓是表面轮廓中不平度比粗糙度轮廓不平度大得多的那部分。由间距较大的、随机的或接近周期形式的成分构成的表面不平度称为表面波纹度。一般由工件表面加工时机床、工件和刀具系统的振动引起。

（3）原始轮廓。

原始轮廓是忽略了粗糙度轮廓和波纹度轮廓之后的总的轮廓，其具有宏观几何形状特征，一般由机床、夹具等本身所具有的形状误差引起。

零件的表面结构是粗糙度轮廓、波纹度轮廓和原始轮廓的统称。通过不同的测量与计算方法得出的一系列参数，是评定零件表面质量和保证表面功能的重要技术指标。

2. 表面结构参数、判断规则及选用

（1）表面结构参数

国家标准《产品几何技术规范（GPS） 表面结构 轮廓法 表面粗糙度参数及其数值》（GB/T 1031—2009）规定了两项评定粗糙度轮廓的参数，轮廓算术平均偏差（*Ra*）和轮廓最大高度（*Rz*）。

1）轮廓算术平均偏差 *Ra*。

在一个取样长度 *lr* 内，纵坐标值 $Z(X)$ 绝对值的算术平均值为 *Ra*，如图 8.88 所示。*Ra* 数值愈小，零件表面愈平整光滑；*Ra* 的数值愈大，零件表面愈粗糙。*Ra* 数值可近似表示为：

$$Ra=\frac{1}{lr}\int_{0}^{lr}|Z(X)|\mathrm{d}X$$

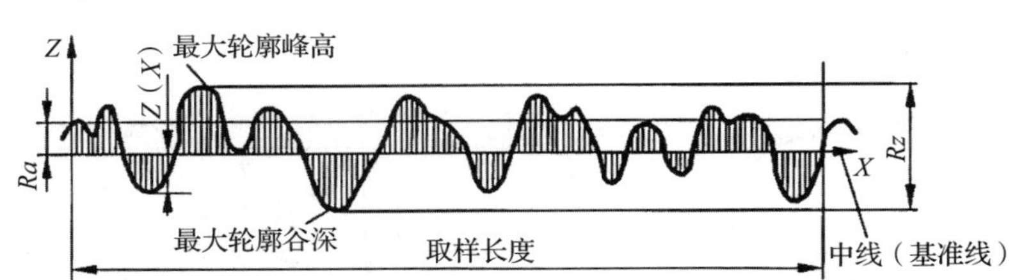

图 8.88 轮廓算术平均偏差 *Ra* 和轮廓最大高度 *Rz*

2）轮廓最大高度 *Rz*。

在一个取样长度内，最大轮廓峰高和最大轮廓谷深之和的高度为 *Rz*，如图 8.88 所示。

3）取样长度和评定长度。

为使表面粗糙度的测量结果达到一定的精确度，通常在 *X* 轴方向上选取一段适当长度进行测量，这段长度就称为取样长度。

在每一取样长度内的测得值往往不相等，一般取几个连续的取样长度进行测量，并以它们的平均值作为测定的参数值。在这段 *X* 轴方向上用于评定轮廓参数值的一个或几个取样长度称为评定长度。

当参数代号后未注明评定长度时，评定长度默认为5个取样长度，否则应注明个数。如 *Ra*1.6、*Ra*31.6、*Rz*13.2 分别表示5个、3个、1个取样长度。

（2）极限值判断规则。

1）16%规则。

16%规则是指被测表面的全部参数中，超过极限值的个数不多于总个数的16%时，该表面是合格的。当给定上限值时，超过极限值是指大于上限值；当给定下限值时，超过极限值是指小于下限值。

2）最大规则。

最大规则是指被检验的整个表面上，测得的参数值一个也不应超过给定的极限值。

16%规则是所有表面结构要求标注的默认规则，当参数代号后未注写“max”字样时，均默认为遵守16%规则，如 *Ra*1.6；反之则遵守最大规则，如 *Ra* max1.6。

参数 *Ra* 的数值规定，如表8.10和表8.11所示，应优先选用表8.10中的数值。

表8.10　*Ra* 值　　单位：μm

Ra	0.12 0.025 0.05 0.1	0.2 0.4 0.8 1.6	3.2 6.3 12.5 25	50 100

表8.11　*Ra* 补充系列值　　单位：μm

Ra	0.008 0.010 0.016 0.020 0.032 0.040 0.063	0.080 0.125 0.160 0.25 0.32 0.50 0.63	1.00 1.25 2.0 2.5 4.0 5.0 8.0	10.0 16.0 20 32 40 63 80

（3）表面粗糙度的选用。

表面粗糙度的选用既要满足零件表面的功能要求，又要考虑经济合理性。

在满足零件功能要求的前提下，应尽量选用较大的表面粗糙度，以降低加工成本。零件的工作表面、配合表面、密封表面等，对表面平整光滑程度要求高，表面粗糙度应取小些。对于非工作表面、非配合表面、尺寸精度低的表面，其 *Ra* 值与加工方法的关系，如表8.12所示。

表8.12　表面粗糙度的选用表

国际标注	*Ra*/μm	表面形状特征		获得表面的加工方法	应用举例
N12	50	明显可见刀痕	粗糙面	粗车、粗铣、粗刨、钻孔、锯断以及铸、锻、轧制等。	多用于粗加工的配合表面，如机座底面、轴的端面、键槽非工作面以及铸、锻件不可接触的面等
N11	25	可见刀痕			
N10	12.5	微见痕迹			

续表

国际标注	*Ra*/μm	表面形状特征		获得表面的加工方法	应用举例
N9	6.3	可见加工痕迹	半光面	精车、精铣、精刨、铰孔、刮研、拉削等。	较重要的接触面和一般配合表面，如键槽和键的工作表面、轴套及齿轮端面、定位销的压入孔表面
N8	3.2	微见加工痕迹			
N7	1.6	看不见加工痕迹			
N6	0.8	可辨加工痕迹的方向	光面	研磨、精铰、抛光、冷拉、拉刀加工等。	要求较高的接触面和配合表面，如齿轮工作面、轴承的重要表面、圆锥销孔等
N5	0.4	微辨加工痕迹的方向			
N4	0.2	不可辨加工痕迹的方向			
N3	0.1	暗光泽面	最光面	精磨、抛光、研磨、超级精密加工等。	高精度的配合表面，如要求密封性能好的表面、精密量具的工作表面等
N2	0.05	亮光泽面			
N1	0.25	镜状光泽面			

3. 表面粗糙度的符号和代号及标注方法

国家标准《产品几何技术规范（GPS） 技术产品文件中表面结构的表示法》(GB/T 131—2006）规定了表面粗糙度的符号、代号及在图样上的标注方法。

（1）表面粗糙度的符号和代号。

1）表面粗糙度符号及含义。

表面粗糙度的所有符号都是在基本符号的基础上变化而得的，如表 8.13 所示。

表 8.13 表面粗糙度符号及含义

符号	意义及说明
	基本符号，表示表面可用任何方法获得，仅用于简化代号标注，没有补充说明时不能单独使用，如表面处理、局部热处理状况等
	基本符号加一短画线，表示用去除材料的方法获得的表面，如车、铣、抛光、腐蚀、电火花加工等
	基本符号加一小圆，表示用不去除材料的方法获得的表面，如铸、锻、冲压变形、粉末冶金等，或者用于保持原供应状况的表面
	完整符号，当要求标注表面结构特征的补充信息时，在图形符号的长边上加一横线
	在某个视图上构成封闭轮廓的各表面有相同的表面结构要求时，应在完整图形符号上加一圆圈，并标注在图样中工件的封闭轮廓线上

2）表面粗糙度符号的画法。

表面粗糙度的基本符号的画法和尺寸，如图 8.89 所示。其中 H_1、H_2、d' 的具体尺寸，如表 8.14 所示。

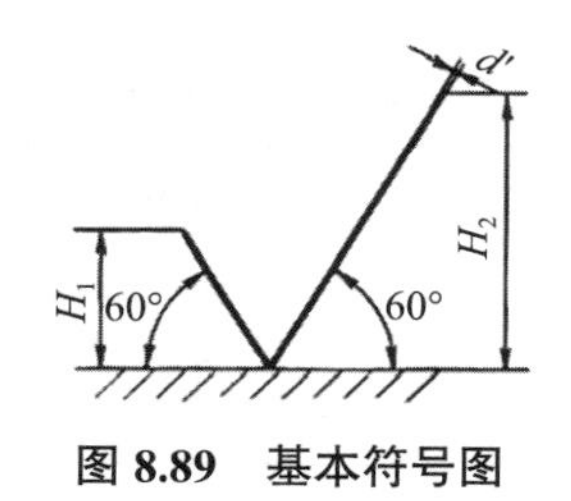

图 8.89 基本符号图

表 8.14　表面粗糙度符号尺寸　　　单位：mm

视图轮廓线的线宽 b	0.35	0.5	0.7	1	1.4	2	2.8
数字与字母高度 h	2.5	3.5	5	7	10	14	20
符号的线宽 d' 字母线宽 b	0.25	0.35	0.5	0.7	1	1.4	2
高度 H_1	3.5	5	7	10	14	20	28
高度 H_2（最小值）	7.5	10.5	15	21	30	42	60

3）表面粗糙度完整符号。

为明确表面结构的要求，除标注表面结构参数和数值外，必要时应标注补充要求。

补充要求包括传输带、取样长度、加工工艺、表面纹理及方向、加工余量等。在完整符号中，对表面结构的单一要求和补充要求应注写在指定位置。表面结构参数代号及其后的参数值应写在符号长边的横线下面，为避免引起误解，在参数代号和极限值间应插入空格。

如图 8.90 所示，符号长边的水平线长度取决于其上、下所标注的内容长度。在 a、b、d 和 e 区域中的所有字母的高度应该等于 h；区域 c 中的字可以是大写字母、小写字母或汉字，高度可以大于 h，以便写出小写字母的尾部。

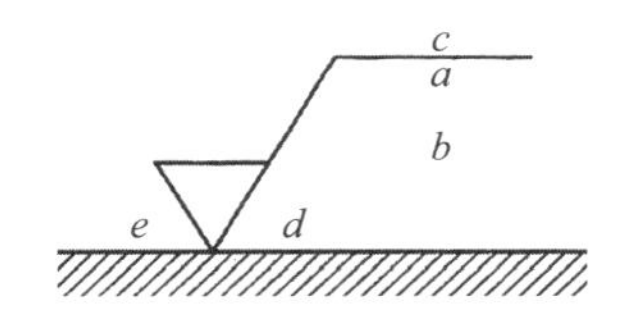

图 8.90　表面粗糙度各项规定符号及注写位置

a—第一个表面粗糙度（单一）要求，单位 μm；

b—第二个表面粗糙度要求，单位 μm；

c—加工方法，车、铣、表面处理、涂层或其他加工工艺要求等；

d—表面纹理和纹理方向；

e—加工余量数值，以毫米为单位，根据需要标注。

4）表面粗糙度代号的注法。

只标注参数代号和一个参数值时，参数的单向极限默认为参数的上限值。若为参数的单向下限值，则参数代号前应加注 L，如 L*Ra*3.2。

参数的双向极限是在完整符号中表示双向极限时应标注的极限代号。上限值在上方，参数代号前应加注 U；下限值在下方，参数代号前应加注 L。若同一参数有双向极限要求，在不致引起歧义的情况下，可不加注 U 和 L。上、下极限值可采用不同的参数代号表达，如表 8.15 所示。

表 8.15　表面粗糙度代号的标注形式

代号	意义	代号	意义
√*Ra*3.2	用任何方法获得的表面粗糙度，*Ra* 的上限值为 3.2μm	▽/*Ra*max3.2	用任何方法获得的表面粗糙度，*Ra* 的最大值为 3.2μm

续表

代号	意义	代号	意义
$\sqrt{Ra3.2}$	用去除材料的方法获得的表面粗糙度，Ra 的上限值为 3.2μm	$\sqrt{Ramax3.2}$	用去除材料的方法获得的表面粗糙度，Ra 的最大值为 3.2μm
$\sqrt{Ra3.2}$（不去除材料）	用不去除材料的方法获得的表面粗糙度，Ra 的上限值为 3.2μm	$\sqrt{Ramax3.2}$（不去除材料）	用不去除材料的方法获得的表面粗糙度，Ra 的最大值为 3.2μm
U 3.2 L Ra1.6	用去除材料的方法获得的表面粗糙度，Rz 的值为 3.2μm，Ra 的下限值为 1.6μm	U Ramax3.2 L Ra1.6	用去除材料的方法获得的表面粗糙度，Ra 的上限值为 3.2μm，Ra 的下限值为 1.6μm

若需要表示镀（涂）覆或其他表面处理后的表面粗糙度，则其标注方法如图 8.91（a）所示。若需要表示镀覆前的表面粗糙度，则应另加说明，如图 8.91（b）所示。若同时要求表示镀（涂）覆前及镀（涂）覆后的表面粗糙度，则其标注方法如图 8.91（c）所示。

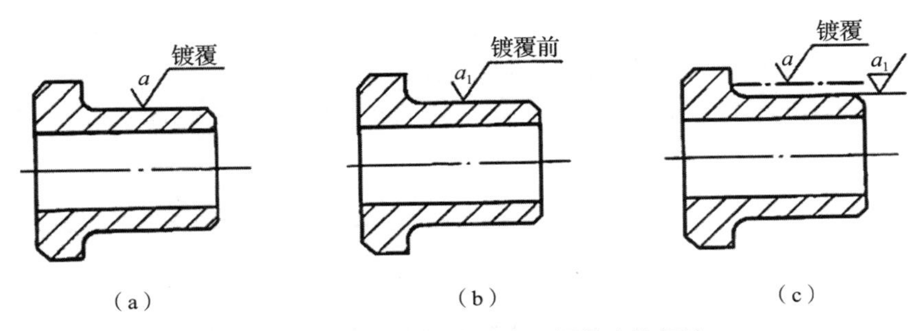

图 8.91　镀（涂）覆前后表面粗糙度的标注

（2）表面粗糙度在零件图中的标注。

对每一个表面一般只标注一次表面粗糙度，尽可能注在相应的尺寸及其公差的同一视图上。除非另有说明，所标注的表面粗糙度是对完工零件表面的要求。

1）表面粗糙度的标注规则。

①表面粗糙度的注写和读取方向应与尺寸的注写和读取方向一致，如图 8.92 所示。

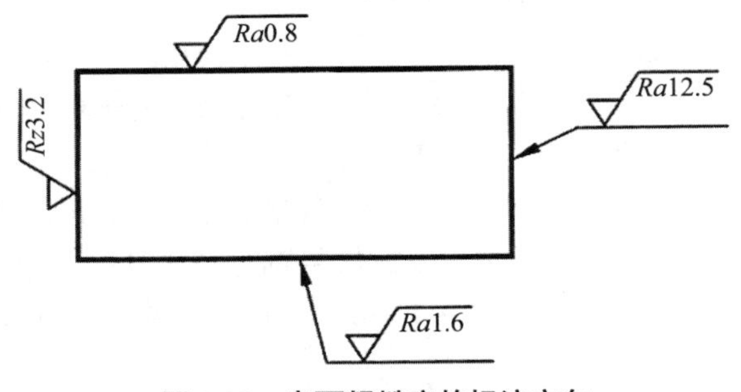

图 8.92　表面粗糙度的标注方向

②表面粗糙度可标注在可见轮廓线、尺寸界线、引出线或它们的延长线上，符号的尖端应从材料外指向表面，尽可能靠近有关的尺寸线。

③圆柱和棱柱表面的表面粗糙度只标注一次，如图 8.93（a）所示；如果每个棱柱表

面有不同的表面粗糙度，则应分别单独标注，如图 8.93（b）所示。

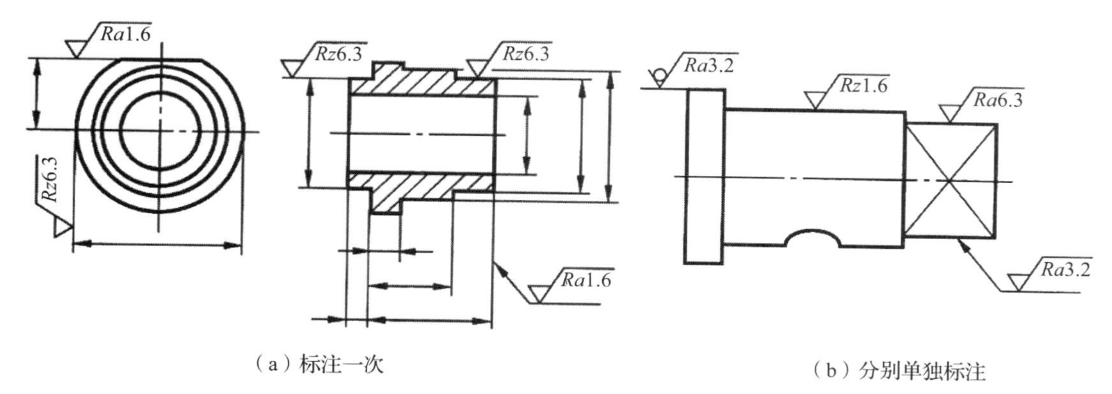

（a）标注一次　　（b）分别单独标注

图 8.93　表面粗糙度的标注要求

④表面结构存在角度时，表面粗糙度的标注样式如图 8.94 所示。

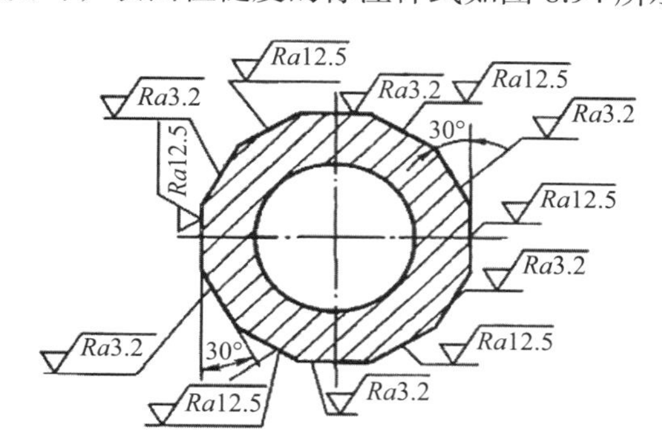

图 8.94　表面粗糙度的符号及数字方向

⑤当位置狭小或不便标注时，表面粗糙度的符号、代号可引出标注，如图 8.95 所示。

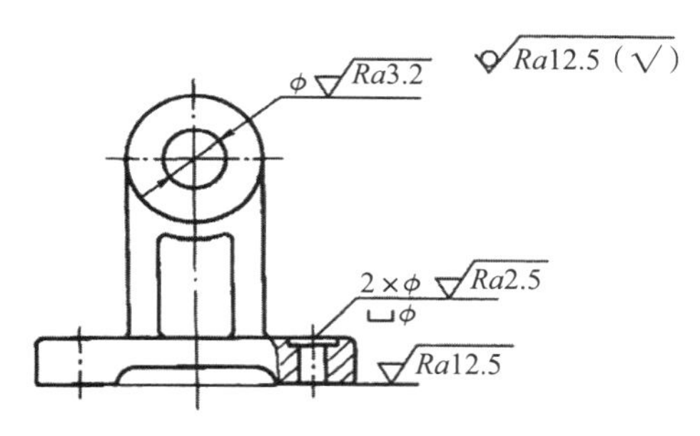

图 8.95　表面粗糙度的引出标注

2）统一标注。

零件的多数表面有相同的表面粗糙度，可统一标注在图样的右上角，并注“其余”两字。表面粗糙度符号后面应有圆括号，在圆括号内给出无任何其他标注的基本符号或者给出不同的表面粗糙度要求，如图 8.96（a）所示。各表面的表面粗糙度要求都相同时的标注形式，如图 8.96（b）所示。

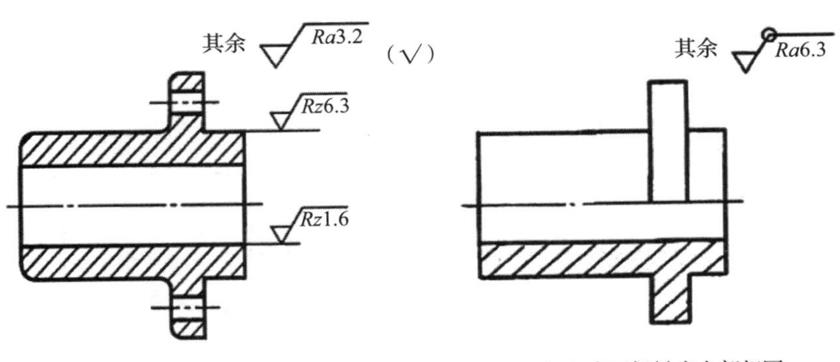

（a）多数表面粗糙度相同　　（b）表面粗糙度全部相同

图 8.96　统一标注

3）简化注法。

零件表面粗糙度的标注位置受到限制或表面具有相同的表面粗糙度时，可采用简化注法。将带字母的完整符号，以等式的形式注在图形或标题栏附近，以说明简化符号、代号的意义，如图 8.97 所示。

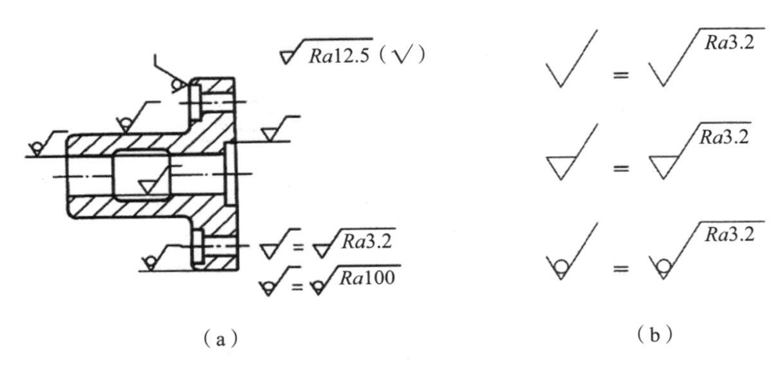

（a）　　（b）

图 8.97　简化注法一

中心孔的工作表面、键槽工作表面、圆角、倒角的表面粗糙度的简化注法，如图 8.98 所示。

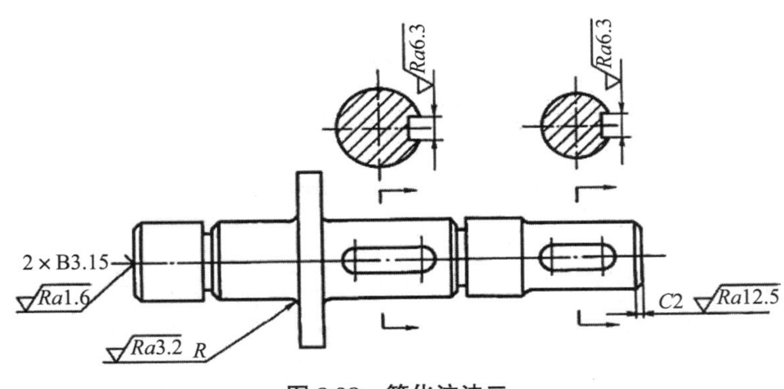

图 8.98　简化注法二

4）其他规定标注。

零件上重复要素及连续表面（如孔、槽、齿等）的表面粗糙度注法如图 8.99 所示。

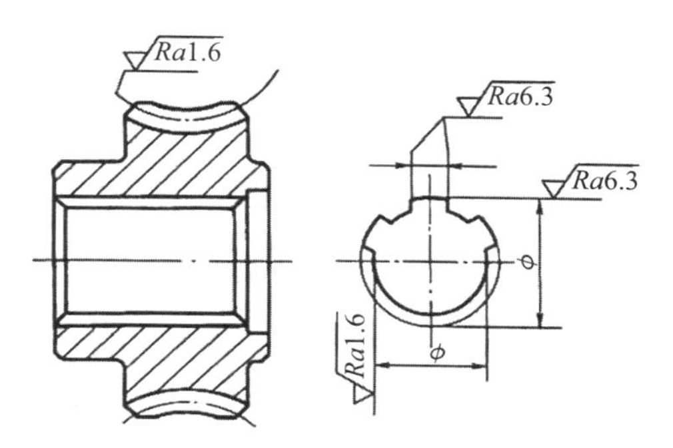

图 8.99　重复要素的表面粗糙度标注

不连续的同一表面的表面粗糙度符号、代号只标注一次，如图 8.100 所示。

同一表面上有不同的表面粗糙度要求时，须用细实线画出分界线，并注出相应的表面粗糙度和尺寸，如图 8.101 所示。

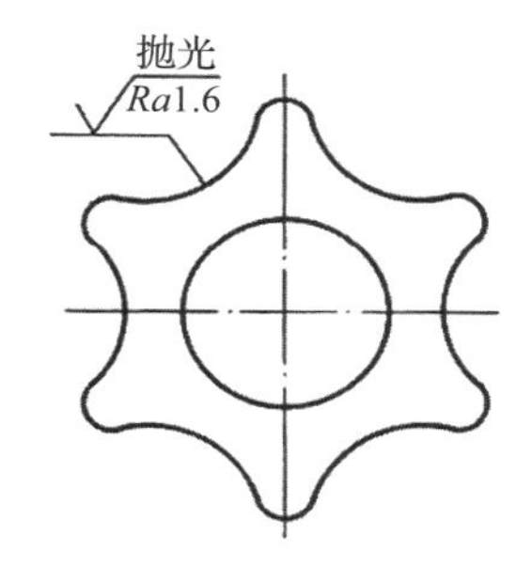

图 8.100　不连续的同一表面的表面粗糙度注法

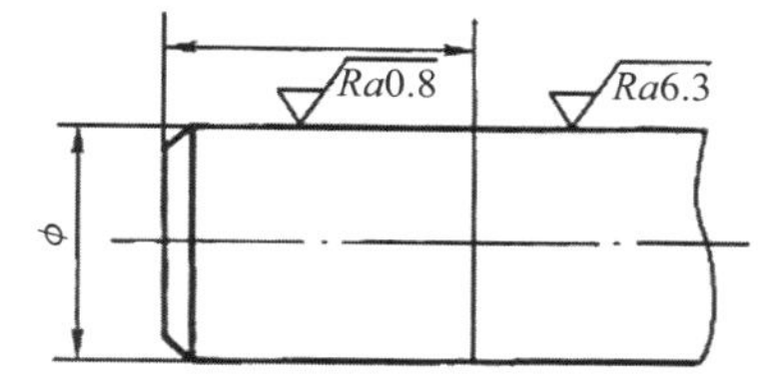

图 8.101　同一表面上有不同表面粗糙度要求的注法

齿轮、渐开线花键、螺纹等工作表面没有画出齿（牙）形时，表面粗糙度标注如图 8.102 所示。

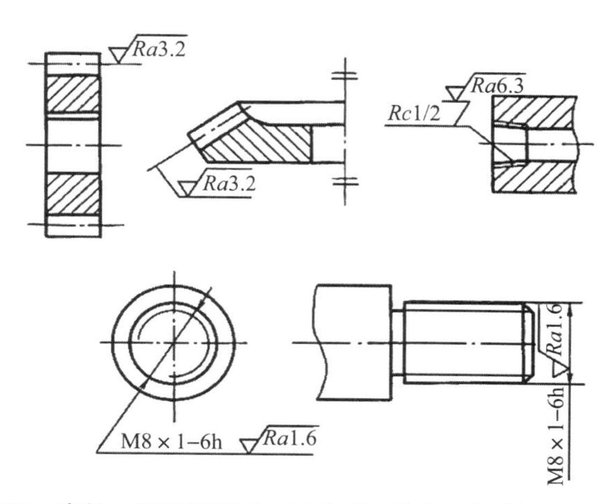

图 8.102　齿轮、渐开线花键、螺纹等工作表面的表面粗糙度注法

8.6.4 零件材料

零件图中，应将所选用的零件材料的名称或代（牌）号填写在标题栏内。

在机械制造业中所用的零件材料一般有金属材料和非金属材料两类，金属材料用得最多。

选用零件材料时根据使用性能及要求，并兼顾经济性，选择性能与零件要求相适应的材料。

8.6.5 表面处理及热处理

国家标准《金属热处理工艺　术语》（GB/T 7232—2012）对表面处理和热处理作了相应的规定。

表面处理是为改善零件表面性能的各种处理方式，如渗碳淬火、表面镀涂等。通过表面处理，可以提高零件表面的硬度、耐磨性、抗蚀性、美观性等。热处理是改变整个零件材料的金相组织，以提高或改善材料力学性能的处理方法，如淬火、退火、回火、正火、调质等。零件对力学性能的要求不同，所采用的热处理方法也应不同，需根据零件的性能要求及零件的材料性质来确定。

表面处理及热处理的要求可直接注在图上，如图 8.103（a）、图 8.103（b）所示。也可以用文字注写在技术要求的文字项目内，如图 8.103（c）所示。

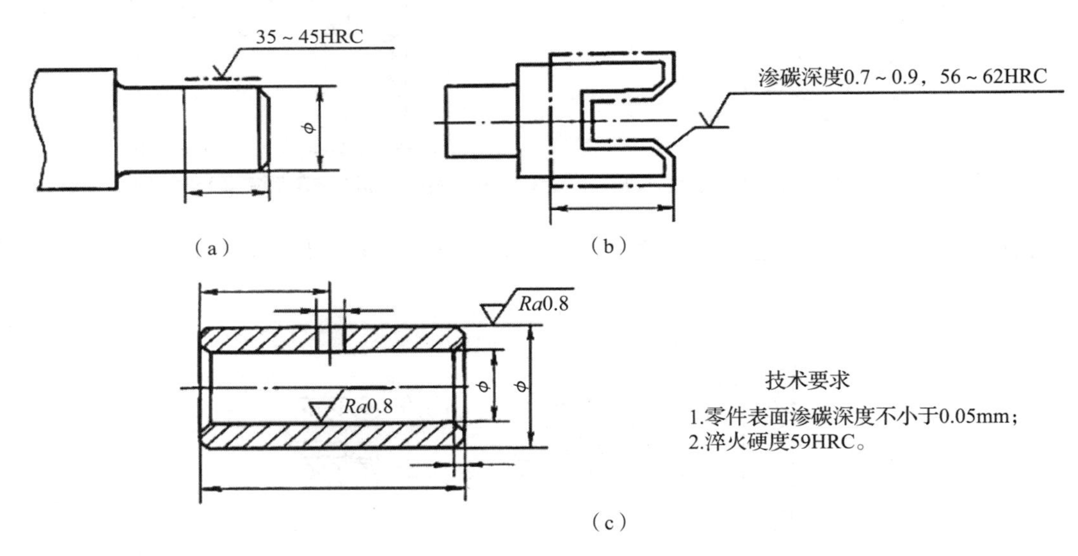

图 8.103　表面处理和热处理的标注

对零件的特殊加工、检查、试验、结构要素的统一要求及其他说明，应根据需要进行注写，一般用文字注写在技术要求的文字项目内。

8.7 读零件图

在零件设计、生产、安装和维修机器设备时，要进行技术交流、阅读零件图等，因此工程技术人员必须具备读零件图的能力。

读零件图的目的是弄清零件图所表达的零件结构形状、尺寸和技术要求等内容，以确定加工方法、工序以及测量和检验的方法。

第 39 讲
零件的结构
要求与识读

1. 看标题栏

从标题栏内可以了解零件的名称、材料、比例等，初步得知零件的用途和形体特征。

2. 具体分析

（1）分析表达方案。

分析零件图的视图布局，找出主视图、其他基本视图和辅助视图所在的位置。如根据剖视、断面的剖切方法和位置，分析剖视、断面的表达目的和作用。

（2）分析零件结构。

先从主视图出发，联系其他视图，利用投影关系进行分析。再采用形体分析法逐个弄清零件各部分的结构形状。最后对某些难于看懂的结构，可运用线面分析法进行投影分析，弄清它们的结构形状和相互位置关系，想象出整个零件的结构形状。此外，结合零件结构的功能，可以使分析变得更加容易。

（3）分析尺寸。

先找出零件长、宽、高三个方向的尺寸基准，从基准出发，搞清楚主要尺寸。再用形体分析法找出各部分的定形尺寸和定位尺寸，同时检查是否有多余的尺寸和遗漏的尺寸，是否符合设计和工艺要求。

（4）分析技术要求。

分析零件的尺寸公差、几何公差、表面粗糙度和其他技术要求等，搞清楚零件的尺寸公差要求和表面质量要求。区分加工与不加工的表面，以便考虑相应的加工策略。

3. 归纳总结

综合前面的分析，系统地思考图形、尺寸和技术要求等，并参阅相关资料，对零件整体结构、尺寸大小及作用等有一个全面的认识。

在读零件图的过程中，上述步骤要同时进行。对于较复杂的零件图，往往要参考有关技术资料，如装配图、相关零件的零件图及说明书等。

例 8.4 读齿轮轴零件图，如图 8.104 所示。

（1）看标题栏。

从标题栏可知，该零件是齿轮轴，用来传递动力和运动，材料为 45 号钢，属于轴类零件。

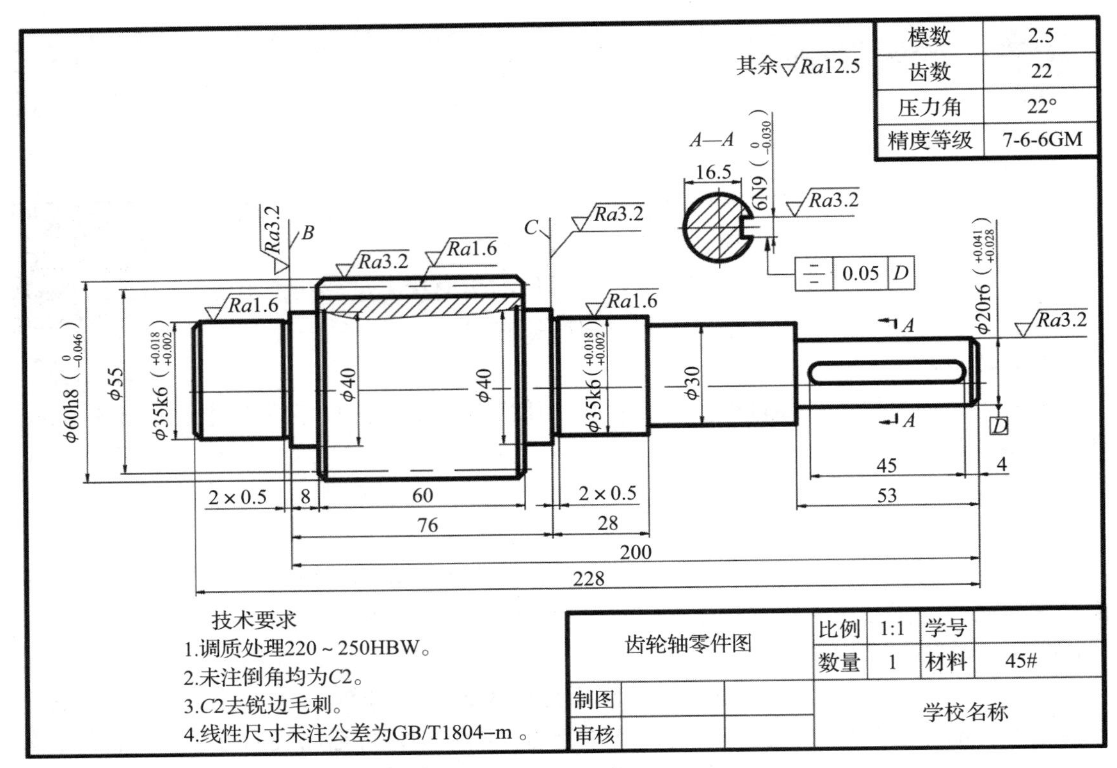

图 8.104　齿轮轴零件图

（2）具体分析。

1）分析表达方案和零件结构。

该齿轮轴零件图由主视图和移出断面图组成，轮齿处作了局部剖。从主视图来看，已将齿轮轴的主要结构表达清楚了。齿轮轴由几段不同直径的回转体组成，最大直径的圆柱处加工为轮齿，最右端的圆柱处有一键槽，零件两端及轮齿两端有倒角，*C*、*D* 两端面处是砂轮越程槽。移出断面图用于表达键槽深度和相关的标注。

2）分析尺寸。

在齿轮轴中 ϕ35k6 的两段轴是用来安装滚动轴承的，ϕ20r6 轴段是用来安装联轴器的。为使传动平稳，各轴段应同轴，故径向尺寸的基准为齿轮轴的轴线。端面 *B* 用于安装挡油环及实现轴承的轴向定位，因此端面 *B* 为长度方向的主要尺寸基准，并以此为基准标注了长度尺寸 2、8、76。端面 *C* 为长度方向的第一辅助尺寸基准，长度尺寸 2、28 是以此为基准进行标注的。齿轮轴的右端面为长度方向尺寸的另一辅助基准，以此为基准标注了长度尺寸 4、53、200 等。

轴向的一些重要尺寸，如键槽长度 45、齿轮宽度 6 等已直接注出。

3）分析技术要求。

轴承配合一般都是过渡配合，在特殊情况下可选过盈配合。在齿轮轴零件图中 ϕ35 和 ϕ20 的轴径处有尺寸配合要求，尺寸精度较高，为 k6 级，可查阅轴的优先配合公差带确定，相配合的孔的公差，极限偏差数值可查阅轴的极限偏差表。

此处的表面粗糙度要求也较高，分别为 *Ra*1.6 和 *Ra*3.2，表面粗糙度通过相应的加工方法获得；键槽的尺寸精度要求为 9 级公差，属于正常连接，同时还对键槽提出了对称度的要求。另外，对热处理、倒角、未注尺寸公差等提出了 4 项文字说明要求。

4）轮齿参数分析。

齿轮轴的轮齿参数放置在零件图右上角的表格内，主要包括模数、齿数、压力角和精度等级。可以根据模数和齿数，计算出配套齿轮的直径大小，了解齿轮的加工精度等级。

5）加工工艺分析。

齿轮轴属于短轴类的零件，材料为 45 号钢，调质处理 220 ～ 250HBW。一般的工艺过程是毛坯下料、粗车、调质处理、精车齿坯至尺寸、加工键槽、滚齿、磨齿、检验成品。调质处理目的是提高齿轮轴的韧性和刚度，小齿轮 300HBW 以下；加工键槽要在铣床上进行铣削或磨床上进行磨削加工；滚齿在滚齿机上加工。

（3）归纳总结。

通过分析齿轮轴零件图，对其作用、结构形状、尺寸大小、主要加工方法及加工中的主要技术指标要求有了较清楚的认识，从而可得出对齿轮轴的总体印象。

例 8.5 读泵体零件图，如图 8.105 所示。

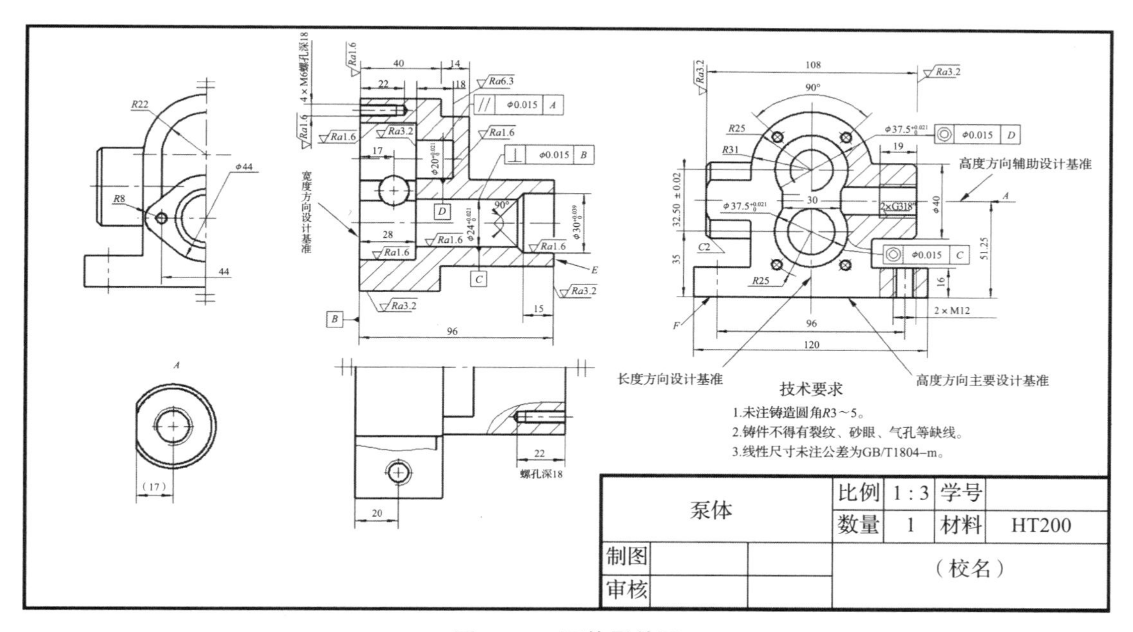

图 8.105　泵体零件图

（1）概括了解。

从标题栏中可知零件为泵体，是齿轮油泵的箱体。材料为灰铸铁，是铸造件。图形比例为 1：3，零件实物的线性尺寸为图形的 3 倍。

（2）详细分析。

1）分析表达方案和形体结构。

零件的表达方案为：选用 2 个基本视图、2 个对称视图、1 个向视图和 3 处局部剖视图。

主视图为全剖视图，表达了泵体的内部结构；左视图采用局部剖，既表达泵体的内部结构又表达外部结构；根据泵体结构的对称性，右视图采用简化画法，只画一半，表达从左向右看的泵体外部结构；俯视图也采用简化画法，表达从上往下看的泵体外部结构，同时还采用两个局部剖，分别表达螺孔的内部结构；向视图 *A* 表达出油孔的外部结构。

泵体内部有安装齿轮的内腔，主视图中尺寸 ϕ24 的孔是安装主传动齿轮轴的位置，与其平行的 ϕ20 孔是安装从动齿轮的位置。从左视图的两个 ϕ37.5 的孔，可看出齿轮型腔的最大运行空间，从而判断齿轮的宽度一定小于主视图的尺寸 28，如图 8.106 所示。

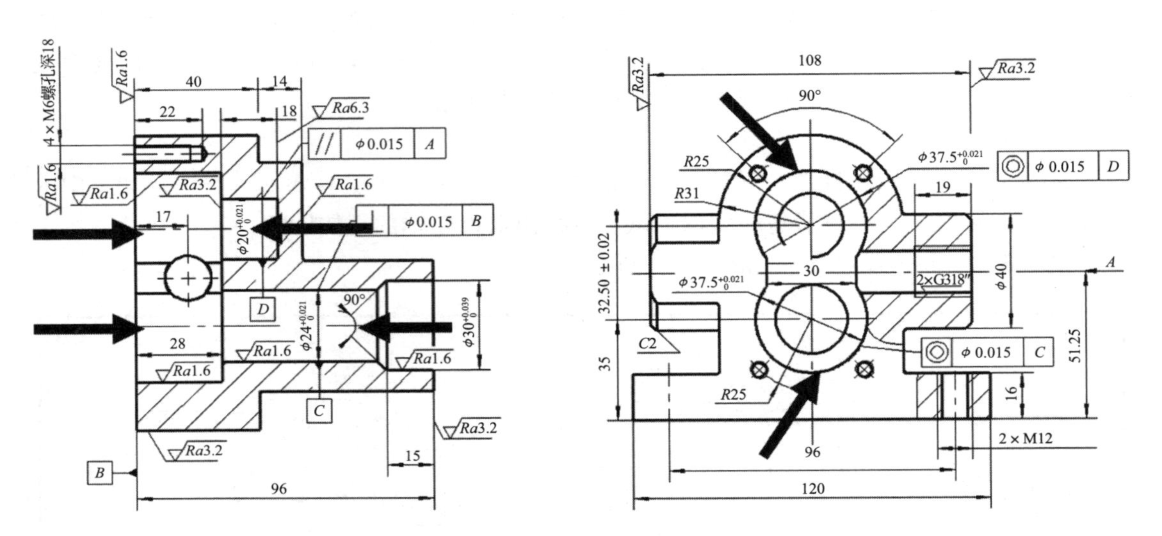

图 8.106　泵体内腔的投影分析

另外，齿轮泵左右各有一个 ϕ40 的圆柱凸台，向视图 *A* 表达了其外形。凸台内部有一个孔，分别为出油孔和进油孔，在油孔端部分别为深度 19 的 G3/8″ 管螺纹。油孔在各个视图中的位置，如图 8.107 所示。

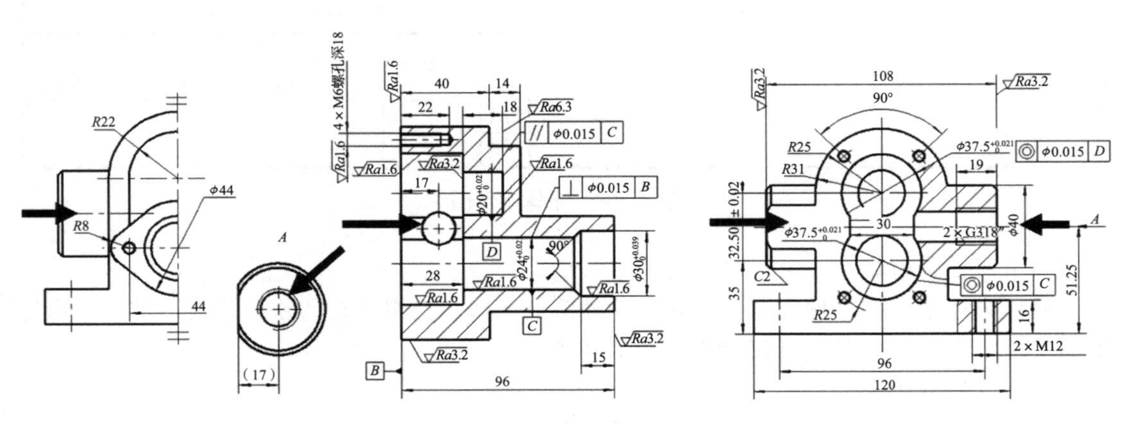

图 8.107　泵体油孔的投影分析

由此能够想象出泵体的结构形状，其他部分结构形状比较简单，读者可自行分析。

通过以上分析，把各部分综合在一起想象，得出对整个泵体结构形状的总体印象，如图 8.108 所示。

2）分析尺寸。

从图 8.105 中可知，泵体宽度方向的主要基准（设计基准）是零件的左侧平面，长度方向的主要基准（设计基准）是通过安装齿轮轴的孔轴线的对称平面，高度方向的主要基准（设计基准）是泵体的底平面 F。

图 8.108　泵体模型图

除此之外，各个方向还有辅助基准，如平面 E、A 等。为了保证齿轮和齿轮轴正确啮合，齿轮轴和齿轮轴承的中心距 32.50mm ± 0.02mm、齿轮轴承孔端面至泵体左侧平面的距离 28mm、安装齿轮轴承的孔 $\phi20^{+0.021}_{0}$ 以及安装齿轮轴的孔 $\phi24^{+0.021}_{0}$ 都是重要尺寸。有关各组成部分的定形和定位尺寸，请自行分析。

3）分析技术要求。

图上标注的公差框格包含两类，一类是方向公差，图中有平行度公差和垂直度公差，另一类是位置公差分别是同轴度公差，下面逐一分析。

框格 $\boxed{//\,|\,\phi0.015\,|\,A}$ 属于方向公差，由框格中的内容可知，孔 $\phi20^{+0.021}_{0}$ 和 $\phi24^{+0.021}_{0}$ 轴线的平行度公差为 $\phi0.015$mm。框格 $\boxed{\perp\,|\,\phi0.015\,|\,B}$ 属于方向公差，表明孔 $\phi24^{+0.021}_{0}$ 的轴线对基准面 B 的垂直度公差为 $\phi0.015$mm。

框格 $\boxed{\circledcirc\,|\,\phi0.015\,|\,C}$ 属于位置公差，表明型腔孔 $\phi37.5^{+0.021}_{0}$ 的轴线相对于孔 $\phi24^{+0.021}_{0}$ 的轴线的同轴度公差为 $\phi0.015$mm。框格 $\boxed{\circledcirc\,|\,\phi0.015\,|\,D}$ 属于位置公差，表明型腔孔 $\phi37.5^{+0.021}_{0}$ 的轴线相对于孔 $\phi20^{+0.021}_{0}$ 的轴线的同轴度公差为 $\phi0.015$mm。

齿轮的轴承孔用以安装轴承，型腔内是两齿轮的运动空间，长度方向的设计基准面需要与泵的端盖进行固定，所以这些都是重要的加工面，尺寸精度和表面粗糙度要求都比较高，如型腔孔 $\phi37.5^{+0.021}_{0}$，其表面粗糙度为 $\sqrt{Ra1.6}$。

根据以上分析进行归纳总结，把零件的结构形状、尺寸、技术要求等综合起来考虑，就能形成对泵体的全面认识。

8.8 零件测绘

零件测绘是对已有的零件进行分析，目测估计图形与实物的比例，测量并标注尺寸和技术要求，徒手画出零件草图，再参考有关资料整理绘制出零件图的过程。零件测绘对推广先进技术、改造现有设备、技术革新、修配零件等都有重要作用，是工程技术人员必须掌握的技能。

测绘零件大多在车间现场进行，由于场地和时间限制，只能用少数简单的绘图工具，徒手绘出图形，应努力做到线型明显清晰、内容完整、投影关系正确、比例匀称、字迹工整。

8.8.1 测绘准备

1. 常用量具

测绘中常用的测量工具有直尺、内卡钳、外卡钳、游标卡尺、内径千分尺、外径千分尺、高度尺、螺纹规、圆弧规、量角器、曲线尺、铅丝和印泥等，如图 8.109 所示。

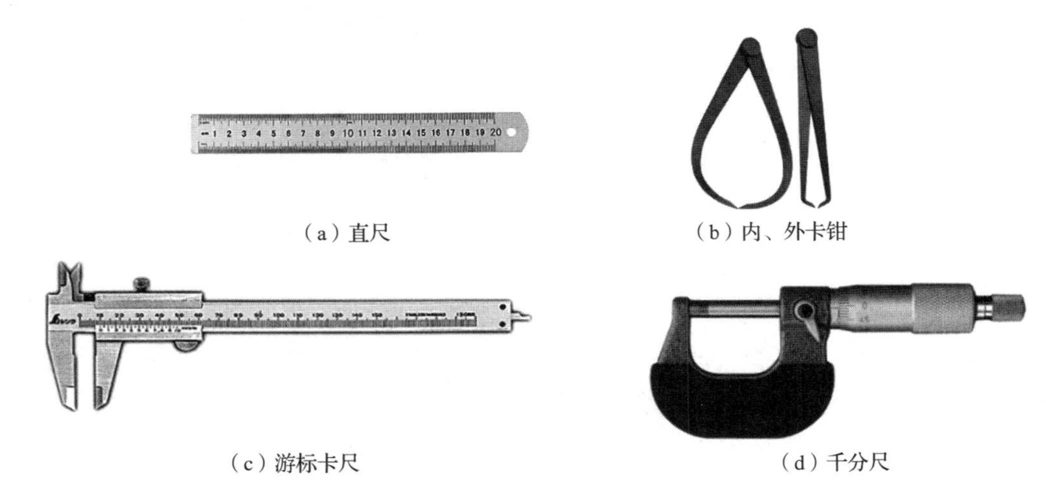

（a）直尺　（b）内、外卡钳

（c）游标卡尺　（d）千分尺

图 8.109　常用量具

对于精度要求不高的尺寸，一般用直尺和内、外卡钳等测量工具；精确度要求较高的尺寸，一般用游标卡尺、千分尺等测量工具；特殊的零件结构，一般要用特殊工具如螺纹规、圆弧规、曲线尺来测量。

2. 常见的测量方法

（1）长度尺寸的测量。

长度尺寸可用直尺或游标卡尺直接测量，如图 8.110 所示。

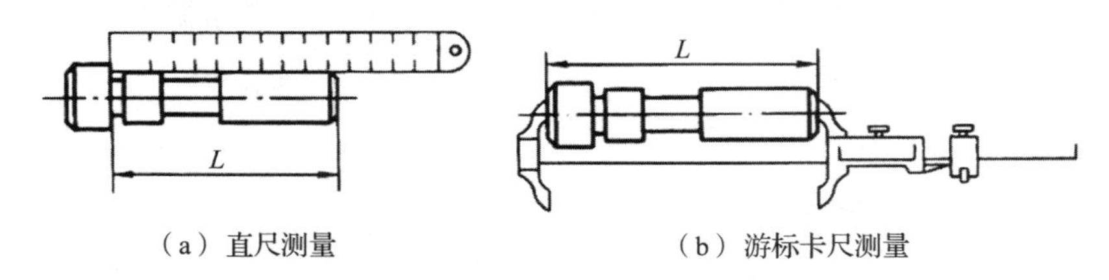

（a）直尺测量　（b）游标卡尺测量

图 8.110　测量长度尺寸

（2）直径的测量。

直径尺寸可用内、外卡钳和直尺配合进行测量，如图 8.111 所示。

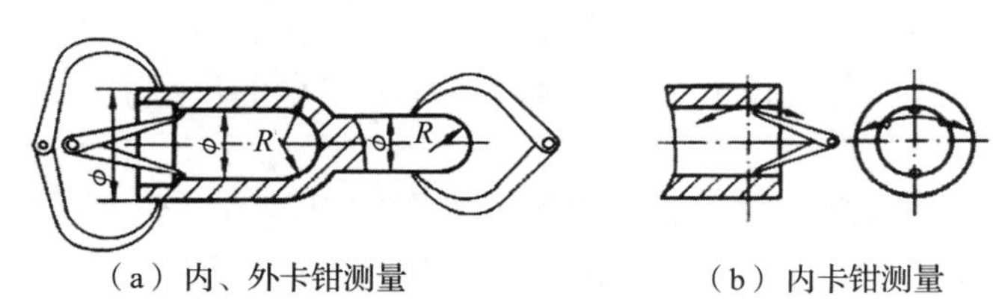

（a）内、外卡钳测量　（b）内卡钳测量

图 8.111　测量直径尺寸

对于精度要求高的直径尺寸，多用游标尺或内、外千分尺测量，如图 8.112 所示。

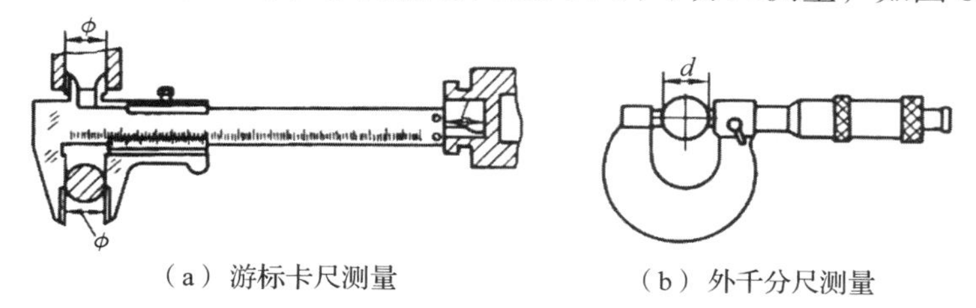

（a）游标卡尺测量　　（b）外千分尺测量

图 8.112　测量精度高的直径尺寸

在测量内径时若孔口的大小不能取出卡钳，则可先在卡钳的两腿上任取 a、b 两点，并量取 a、b 间的距离 L，如图 8.113（a）所示。然后合并钳腿取出卡钳，再将钳腿分开至 a、b 间距离为 L，使用直尺测量钳腿两端点的距离即为被测孔的直径，如图 8.113（b）所示。还可以用内外同值卡钳进行测量，如图 8.113（c）所示。

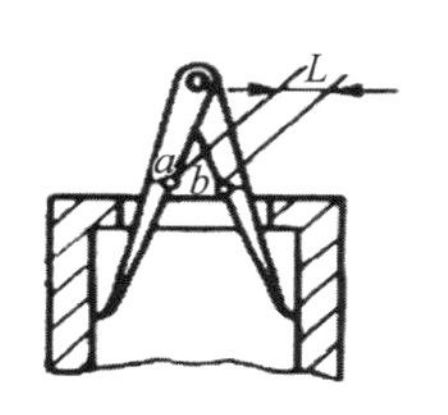

（a）取a、b两点并测量距离L

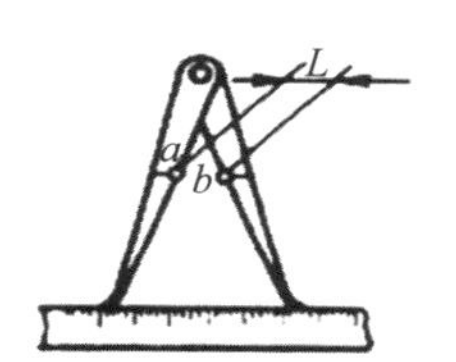

（b）测量钳腿两端点距离

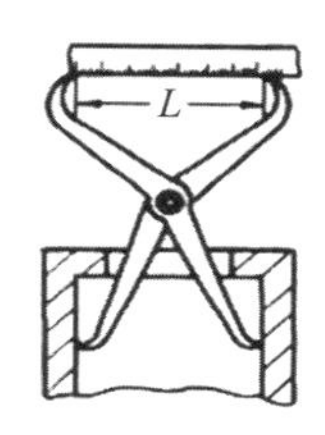

（c）用内外同值卡钳测量

图 8.113　测量内径的特殊方法

（3）壁厚的测量。

如果用卡钳或卡尺不能直接测量壁厚，可采用如图 8.114 所示的方法测量并计算得出壁厚。如图 8.114（a）所示，用内外卡钳配合测量侧边的壁厚，得到 $X=A-B$，也可以用直尺测量高度方向的壁厚，得到 $Y=C-b$。如图 8.114（b）所示，还可以使用外卡钳配合直尺测量壁厚，得到 $X=A-B$。

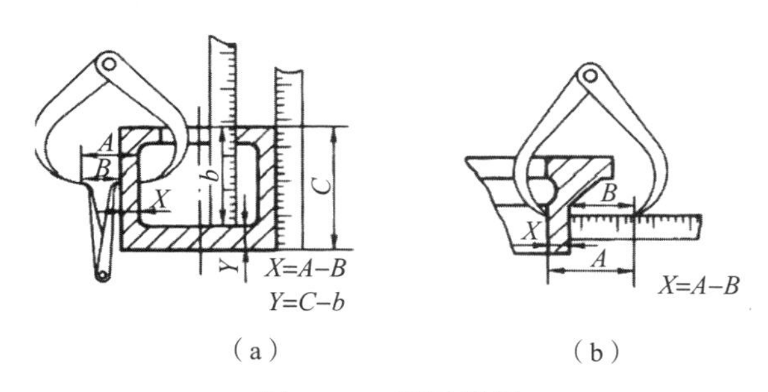

（a）　　（b）

图 8.114　测量壁厚

（4）深度测量。

测量深度尺寸可用游标卡尺或直尺，也可用专用的深度游标卡尺进行测量。

（5）孔距及中心高测量。

孔距及中心高的测量方法，如图 8.115 所示。

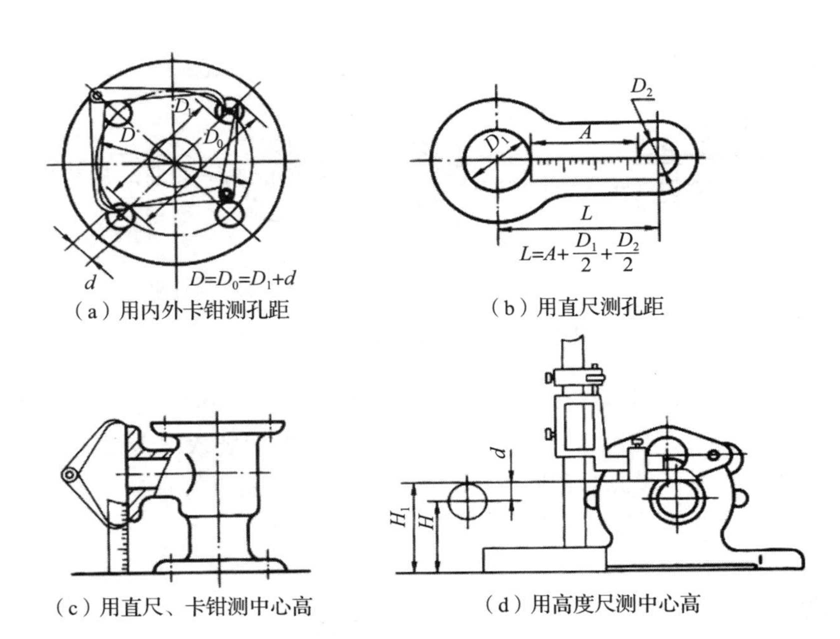

（a）用内外卡钳测孔距　（b）用直尺测孔距

（c）用直尺、卡钳测中心高　（d）用高度尺测中心高

图 8.115　测量孔距及中心高

（6）圆弧与螺距的测量。

用圆弧规测量较小的圆弧，如图 8.116（a）所示。测量大的圆弧，可用拓印法、坐标法等。用螺纹规直接测量螺距，如图 8.116（b）所示，也可用其他方法测量。

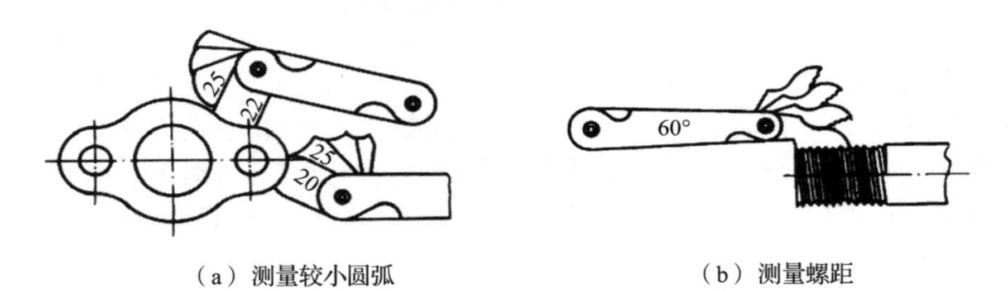

（a）测量较小圆弧　（b）测量螺距

图 8.116　测量圆弧及螺距

（7）角度的测量。

用游标量角器测量角度，如图 8.117 所示。

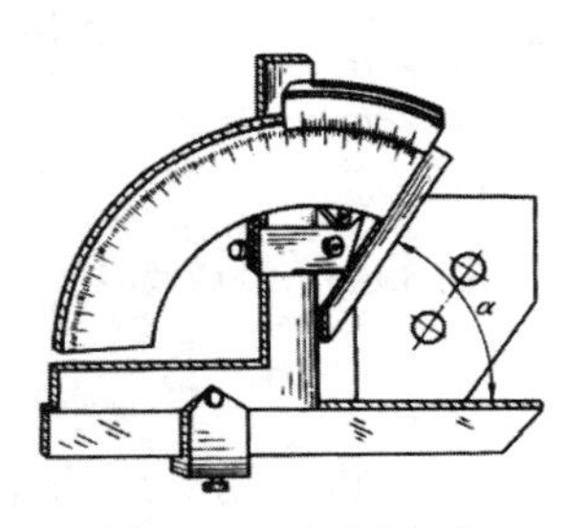

图 8.117　测量角度

（8）曲线与曲面的测量。

测量平面曲线时，可用纸拓印其轮廓，再测量其形状尺寸，如图 8.118（a）所示。

测量曲线回转面的母线时，可用铅丝弯成与曲面相贴的实形，得平面曲线，再测出形状尺寸，如图 8.118（b）所示。

对于一般的曲线和曲面，都可用直尺和三角板定出其上各点的坐标，连接各点作曲线，再测出形状尺寸，如图 8.118（c）所示。

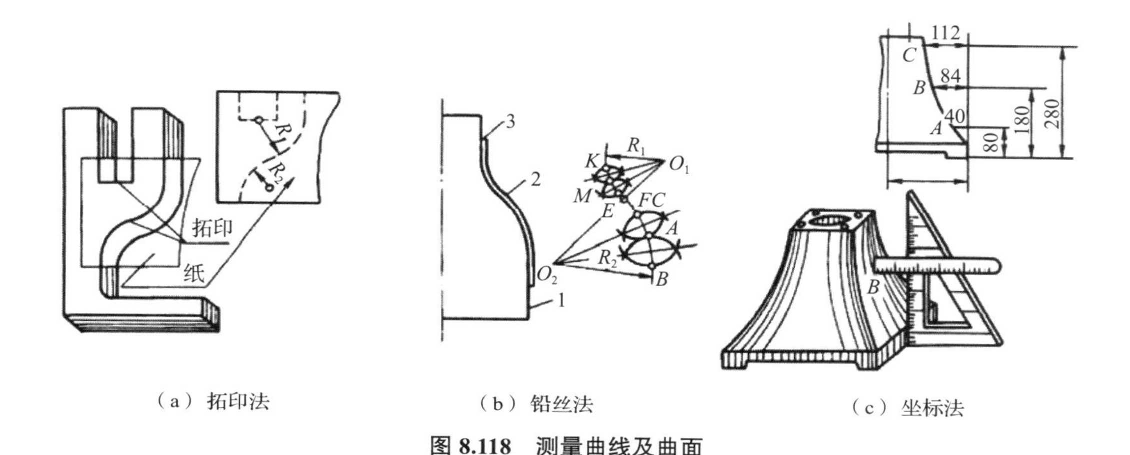

（a）拓印法　（b）铅丝法　（c）坐标法

图 8.118　测量曲线及曲面

8.8.2 画零件草图

1. 分析零件

为把被测零件准确完整地表达出来，应先了解被测零件的类型，分析其在机器中的作用、使用的材料及加工方法。

（1）确定视图表达方案。

关于零件的表达方案，参考前面讲述的内容，选择最佳方案。

（2）目测、手绘零件草图。

确定零件的表达方案后，可画出零件草图。

1）根据零件大小、视图数量、图纸大小，确定适当的比例。

2）根据所选比例，粗略确定各视图应占的图纸面积，作主要视图的作图基准线和中心线。留出标注尺寸和画其他补充视图的地方，如图 8.119（a）所示。

3）详细画出零件的内外结构和形状，如图 8.119（b）所示。

4）检查并加深图线。

5）画出应该标注的全部尺寸界线和尺寸线，如图 8.119（c）所示。

6）集中测量、注写各个尺寸，如图 8.119（d）所示。

7）注写技术要求，需根据实践经验或用样板比较，确定表面粗糙度；查阅资料，确定零件的材料、尺寸公差、几何公差及热处理方式等，如图 8.119（d）所示。

8）最后检查、修改全图并填写标题栏，完成草图，如图 8.119（d）所示。

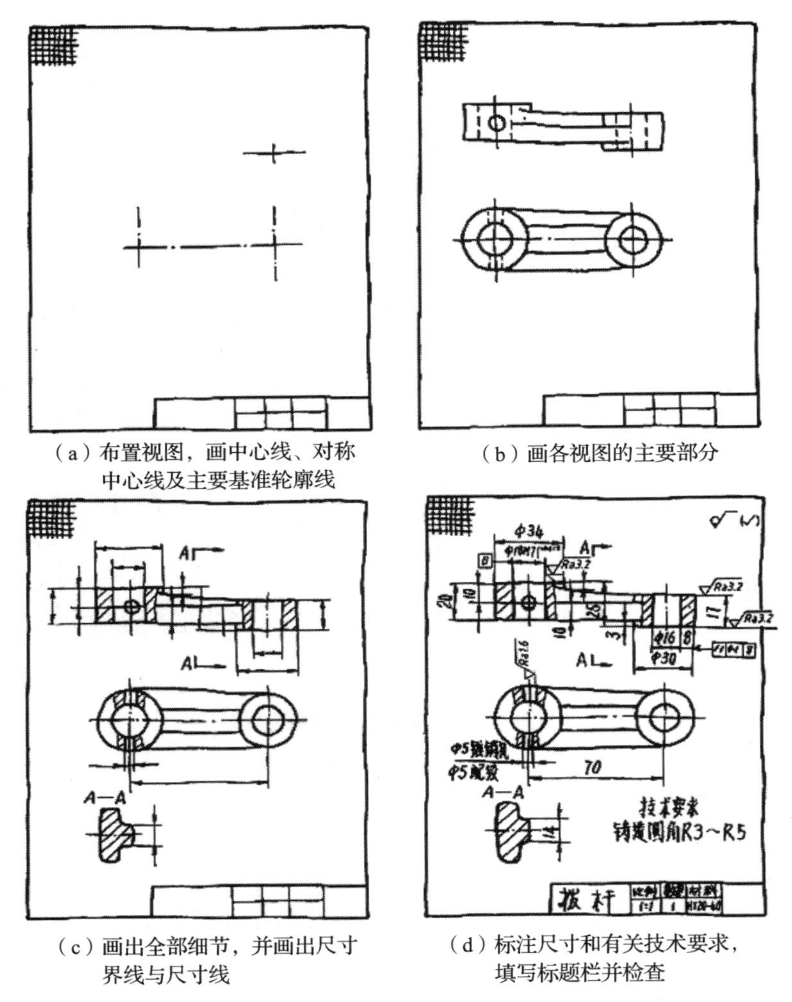

（a）布置视图，画中心线、对称中心线及主要基准轮廓线

（b）画各视图的主要部分

（c）画出全部细节，并画出尺寸界线与尺寸线

（d）标注尺寸和有关技术要求，填写标题栏并检查

图 8.119　零件草图的绘图步骤

2. 画零件工作图

绘制零件草图往往受地点条件的限制，有些问题可能处理得不够完善，因此在画零件工作图时，还需要进一步检查和校对草图，再用仪器或计算机绘图，经批准后，整个零件测绘的工作就结束了。

3. 测绘注意事项

（1）测量尺寸时应正确选择测量基准，以减少测量误差。零件磨损部位的尺寸，应参考与其配合的零件的相关尺寸或参考相关的技术资料予以确定。

（2）零件间相配合结构的基本尺寸必须一致，并应精确测量，查阅有关手册，给出恰当的尺寸偏差。

（3）零件上的非配合尺寸，若测得为小数，应圆整为整数标出。

（4）零件上的截交线和相贯线，不能机械地照实物绘制，这是因为它们常由于制造上的缺陷而被歪曲。画图时要分析它们的形成原因，再用学过的相应方法画出。

（5）重视零件上的一些细小结构，如倒角、圆角、凹坑、凸台和退刀槽、中心孔等。

如是标准结构，在测得尺寸后，应参照相应的标准查出其标准值，注写在图样上。

（6）对于零件上的缺陷，如铸造缩孔、砂眼、加工的疵点、磨损等，不要在图上画出。

（7）技术要求可根据实物并结合有关资料分析确定，如尺寸公差、表面粗糙度、几何公差、热处理和表面处理等。

思考题

1. 一张完整的零件图应具备哪些内容？
2. 零件视图的选择原则有哪些？
3. 根据零件的功能和结构特点，可分为几大类零件？
4. 退刀槽的尺寸标注形式有哪些？
5. 为什么要产生铸造圆角？
6. 拔模斜度的作用是什么？
7. 金属切削加工对零件结构有哪些要求？
8. 配合制有几种形式？
9. 被测要素的标注有哪几种形式？
10. 表面粗糙度符号的画法有哪些规定？

单元 9　装配图

学习目标

1. 了解装配图的作用和内容。
2. 掌握装配图的常用表达方法及视图选择方法。
3. 掌握装配图的规定画法和阅读装配图的基本方法。
4. 熟悉装配部件测绘的方法和步骤。

学习重点与难点

学习重点： 装配图的表达方法、规定画法，装配部件的测绘。
学习难点： 阅读装配图，绘制装配图。

本章主要讲述装配图的内容、表达方法、规定画法、尺寸标注、技术要求，看装配图的方法和步骤，以及由装配图拆画零件图的方法等。

9.1 装配图的作用和内容

装配图是表达机器或部件的图样，主要用于表达机器或部件的工作原理和装配关系。在机器或部件设计过程中，装配图的绘制位于零件图之前，与零件图的表达内容不同，它主要用于机器或部件的装配、调试、安装、维修等场合，是生产中的一种重要的技术文件。

1. 装配图的作用

在机器或部件的设计过程中，一般先设计画出装配图，根据装配图进行零件设计并画出零件图，按零件图制造出零件，最后依据装配图把零件装配成机器或部件。在产品使用时要从装配图上了解产品的结构、性能、工作原理、保养与维修的方法和要求。

2. 装配图的内容

以如图 9.1 所示的机用虎钳装配图为例，介绍一张完整的装配图应具备的内容。

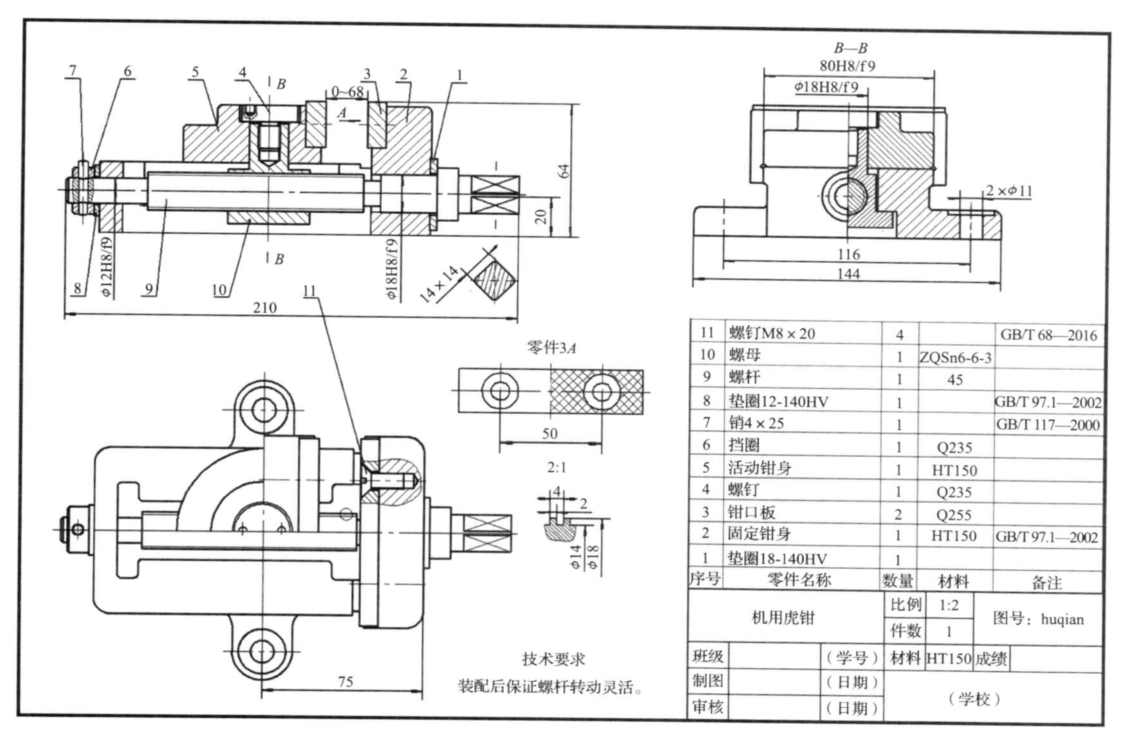

图 9.1　机用虎钳装配图

（1）一组视图。

清楚地表达装配体的装配关系、工作原理、传动路线、连接方式及各个零件的主要结构。

（2）必要的尺寸。

装配体的性能、规格、外形大小以及装配、检验、安装所需的一些尺寸。

（3）技术要求。

用符号或文字表明装配体在装配、检验、调试、验收条件、使用等方面的要求。

（4）零件的序号。

在装配图上必须对零件（或部件）按一定的顺序编排序号，并将有关内容填写到明细栏中。

（5）明细栏。

明细栏中需要注明各种零件的序号、名称、材料、数量、备注等内容，以便读图，并进行图样管理、生产准备和组织工作。

（6）标题栏。

标题栏需要说明机器或部件的名称、图样代号（简称图号）、比例、件数、责任者的签名和日期等内容。

9.2 装配图的表达方法

机器（或部件）同零件一样，都要表达出它们的内、外结构，所用的表达方法与零件的表达方法和选用原则基本相同。由于装配图与零件图在表达对象的重点及使用范围方面有所不同，为清晰、简便地表达出装配体的结构，国家标准规定了装配图的一些特殊表达方法、规定画法和简化画法。

第 40 讲
装配体的表达方案与尺寸标注

9.2.1 装配图的一般表达

在零件图中所采用的基本视图、剖视图、断面图及各种规定画法等，在装配图中同样适用，这些是最基本的表达方法，称为一般表达方法。

9.2.2 装配图的规定画法

为准确地表达零件之间的装配关系，对装配图的画法作了一些规定。

1. 接触面和配合面的画法

两相邻零件的接触面和配合面只画一条轮廓线（粗实线），如图 9.2（a）所示。

当两个公称尺寸不同的零件套装在一起时，即使它们之间的间隙很小，也必须画出有明显间隔的两条轮廓线，如图 9.2（b）所示。

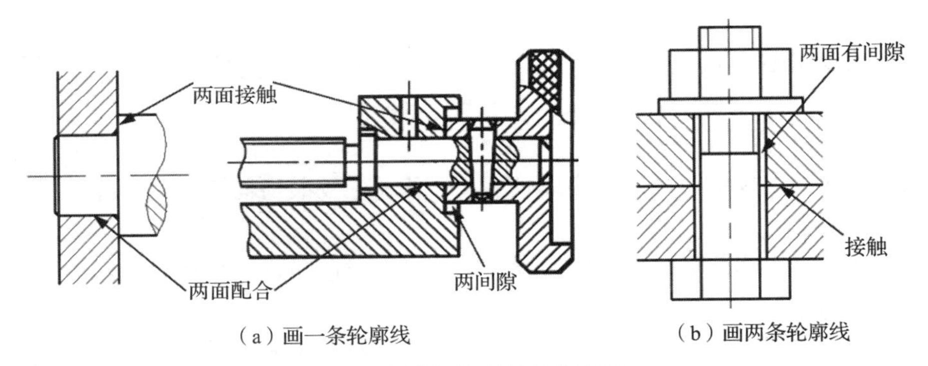

（a）画一条轮廓线　（b）画两条轮廓线

图 9.2　接触面和配合面的画法

2. 紧固件和实心零件的画法

对于在装配图中的紧固件与实心零件（轴、连杆、球、键、销等），在纵向剖切时若剖切平面通过其对称平面或轴线，则均按不剖绘制；需要特别表明实心零件上的凹坑、凹槽、键槽、销孔等结构时，可采用局部剖视图表达，如图 9.3 所示。

3. 剖面线的画法

同一张图样上的同一个零件在各个视图中的剖面线方向、间隔必须一致；两个零件相邻时，剖面符号的倾斜方向应相反；三个零件相邻时，除其中两个零件的剖面符号倾斜方向相反外，对第三个零件应采用不同的剖面符号间隔，并与同方向的剖面符号错开，如图 9.3 所示。

装配图中宽度小于或等于 2mm 的狭小面积的剖面，可用涂黑代替剖面符号，如图 9.3 所示的垫片。

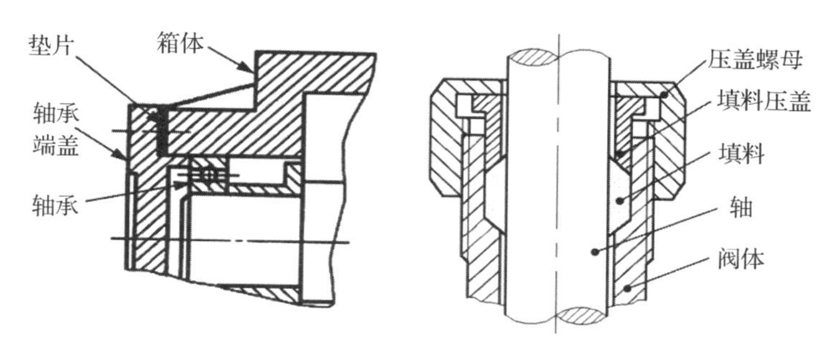

图 9.3 装配图的规定画法

9.2.3 装配图的特殊画法和简化画法

1. 拆卸画法

当某个（或某些）零件在装配图的某一视图上被遮住了需要表达的结构，但在其他视图中已表示清楚时，可设想拆去这个（或这些）零件，然后把其余部分画出来。采用拆卸画法的视图需加以说明，可标注“拆去 × × 零件”等字样，如图 9.4 所示。

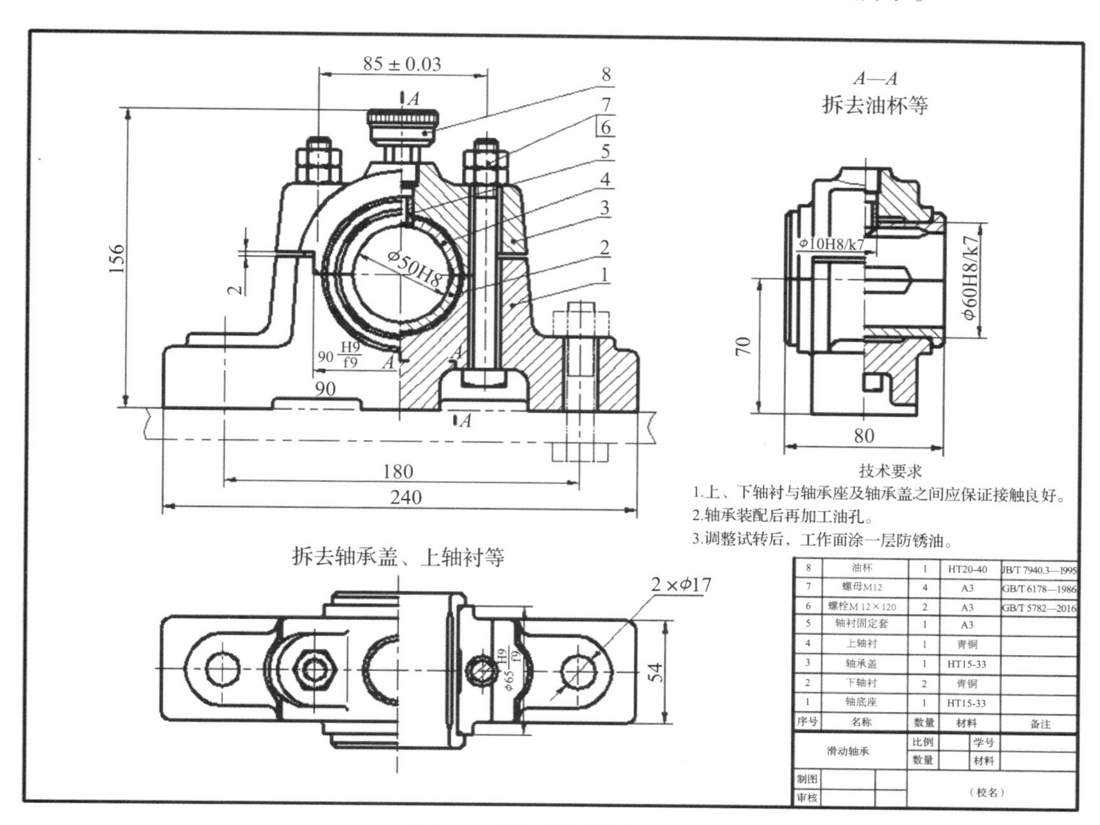

图 9.4 装配图的特殊画法

2. 沿零件结合面剖切的画法

在装配图中，某个零件遮住其他需要表达的部分时，可设想用剖切面沿某些零件的结合面进行剖切，然后将剖切面与观察者之间的零件拿走，画出剖视图。如图 9.4 所示的俯视图是拆去轴承盖和上轴衬等零件后的图样，图中零件的结合面不画剖面线，但被剖切的零件必须画出剖面线。

3. 单独表达某个零件的画法

在装配图中，当某个零件的形状没有表达清楚时，可单独画出某个视图，并在所画视图上方注出该零件的视图名称，在相应视图的附近用箭头指明投射方向，并注上同样的字母或编号，标注方法与局部视图类似，如图 9.5 所示。

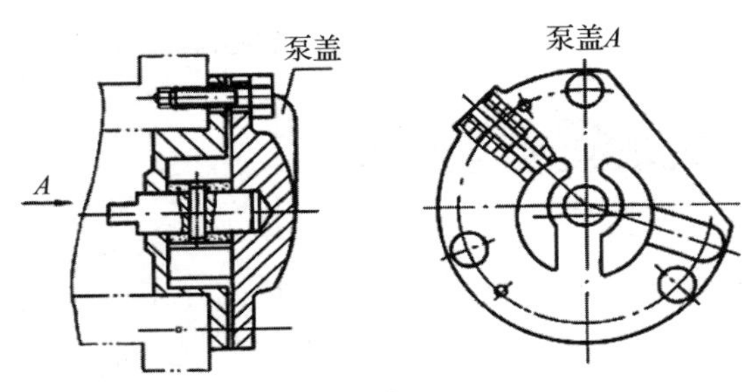

图 9.5　泵盖的单独表达画法

4. 假想画法

（1）在机器（或部件）中，有些零件做往复运动、转动或摆动。为了表示运动零件的极限位置或中间位置，常把它画在一个极限位置上，再用细双点画线画出其余位置的假想投影，以表示零件的另一极限位置，并注上尺寸，如图 9.6 所示。

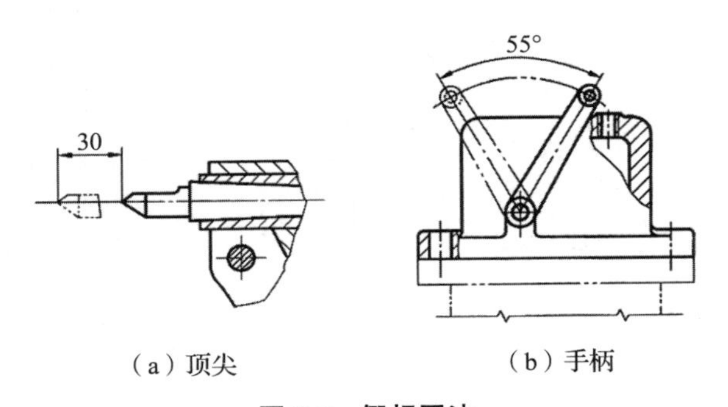

（a）顶尖　　　（b）手柄

图 9.6　假想画法

（2）为表示装配体与其他零（部）件的安装或装配关系，常把与装配体相邻而又不属于该装配体的有关零（部）件的轮廓线用细双点画线画出。如图 9.6（b）所示的画法表示箱体安装在用细双点画线表示的底座零件上。

（3）当需要表达钻具、夹具中所夹持工件的位置情况时，可用双点画线画出所夹持工件的外形轮廓，如图 9.7 所示。

5. 展开画法

为表达传动机构的传动路线和装配关系，可设想按传动顺序沿轴线剖切，再依次将各剖切面展开在一个平面上，画出其剖视图。此时应在展开图的上方注明“×—× 展开”字样，如图 9.8 所示。

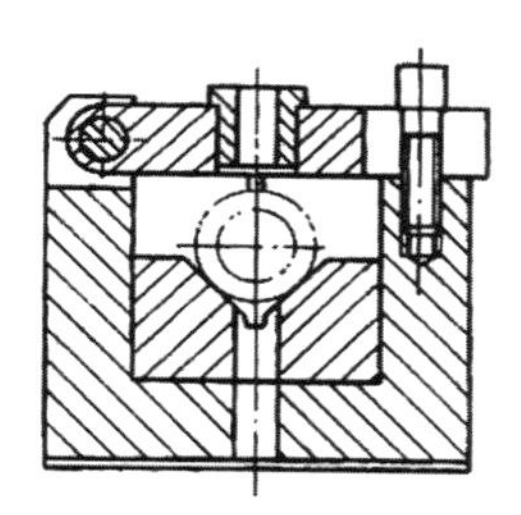

图 9.7 钻具、夹具中夹持工件的表示法

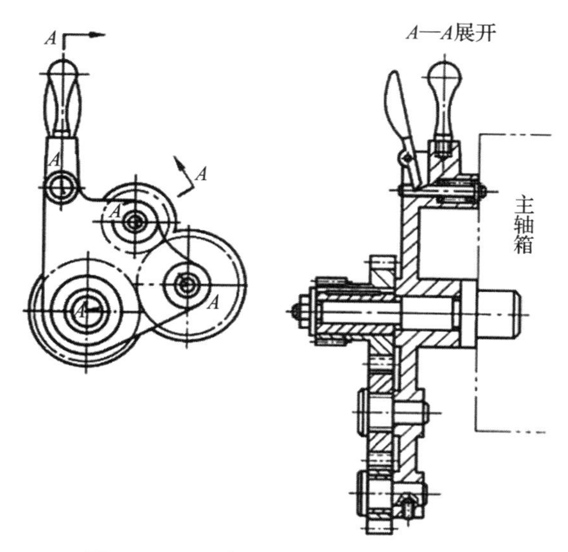

图 9.8 三星齿轮传动机构的展开画法

6. 夸大画法

在装配图中绘制厚度很小的薄片、直径很小的孔、很小的锥度与斜度、尺寸很小的非配合间隙时，可采用夸大画法，不按原比例绘制。例如，图 9.9（a）中垫片的夸大画法，图 9.9（b）中密封垫和轴承之间间隙的画法。

7. 简化和省略画法

（1）在装配图中零件的工艺结构，如小圆角、倒角、退刀槽等可不画出。

（2）在装配图中的螺栓、螺母等可按简化画法画出。

（3）对于装配图中若干相同的零件组，如螺栓、螺母、垫圈等，可只详细地画出一组或几组，其余用点画线表示出装配位置。

（4）装配图中的滚动轴承，可画出一半，另一半按规定示意画法画出。

（5）在装配图中，当剖切面通过的某些组件为标准产品，或该组件已由其他图形表达清楚时，该组件可按不剖绘制，例如图 9.9（c）中的油杯。

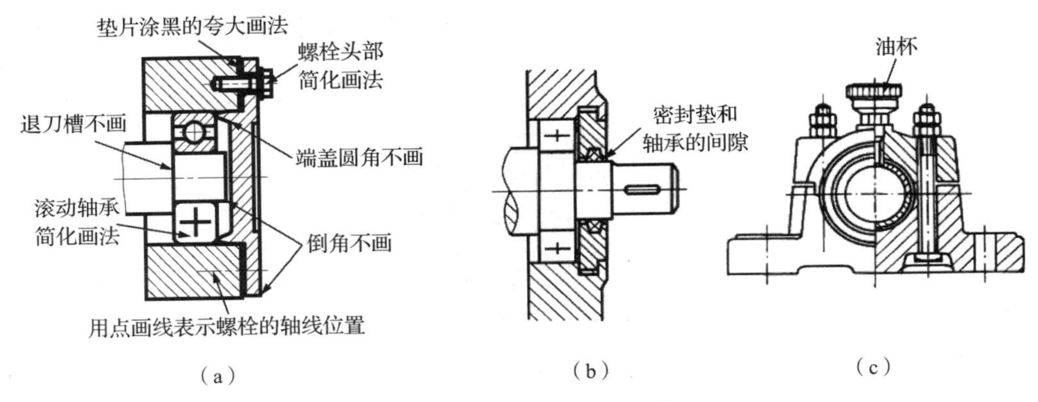

图 9.9　夸大画法和简化画法

9.2.4　装配体的表达方案

画装配图时，必须把装配体的工作原理、传动路线、装配关系、连接方式及零件结构等了解清楚，通过分析和研究，作出较为合理的表达方案。

1. 装配体的视图选择原则

装配图的视图选择原则同零件图一样，都应使所选的每一个视图都有表达的重点内容，具有独立存在的意义。

选择表达方案应遵循的思路：以装配体的工作原理为线索，从装配干线入手，用主视图及其他基本视图来表达对部件功能起决定作用的主要装配干线，兼顾次要装配干线，再辅以其他视图表达基本视图中没有表达清楚的部分，把装配体的工作原理、装配关系等完整清晰地表达出来。

2. 主视图的选择

（1）确定装配体的安放位置。

装配体按工作位置安放，可更方便地了解装配体的情况及与其他机器的装配关系。若装配体的工作位置倾斜，为便于画图，通常将装配体按放正后的位置进行画图。

（2）确定主视图的投影方向。

装配体的位置确定以后，选择能较全面、明显地反映该装配体主要工作原理、装配关系及主要结构的方向作为主视图的投影方向。

（3）主视图的表达方法。

由于多数装配体都有内部结构需要表达，因而主视图多采用剖视图画出，剖视图的类型及范围需要根据装配体内部结构的实际情况决定。

3. 其他视图的选择

主视图确定之后，若部分装配关系、工作原理及主要零件的主要结构未表达清楚，应选择其他基本视图补充表达。若装配体上有一些局部的外部或内部结构需要表达，可选用局部视图、局部剖视图或断面图等补充表达。

4. 装配体表达方案应注意的问题

（1）从装配体的全局出发，综合考虑，尤其是一些复杂的装配体，可能有多种表达方案，需择优选用。

（2）设计过程中装配图的绘制要详细，以便为零件设计提供依据，其重点在于表达装配体中各零件的位置。

（3）装配体的内外结构应用基本视图表达，不宜使用过多的局部视图，以免干扰读图，不容易形成整体概念。

（4）若视图需要剖开绘制时，应从各条装配干线的对称面或轴线处剖开。

（5）装配体中对于工作原理、装配结构、安装定位等方面没有影响的次要结构，可不必在装配图中一一表达，由设计人员自定。

5. 齿轮油泵的装配体表达方案分析

如图 9.10 所示为齿轮油泵装配体，下面对其表达方案进行分析。

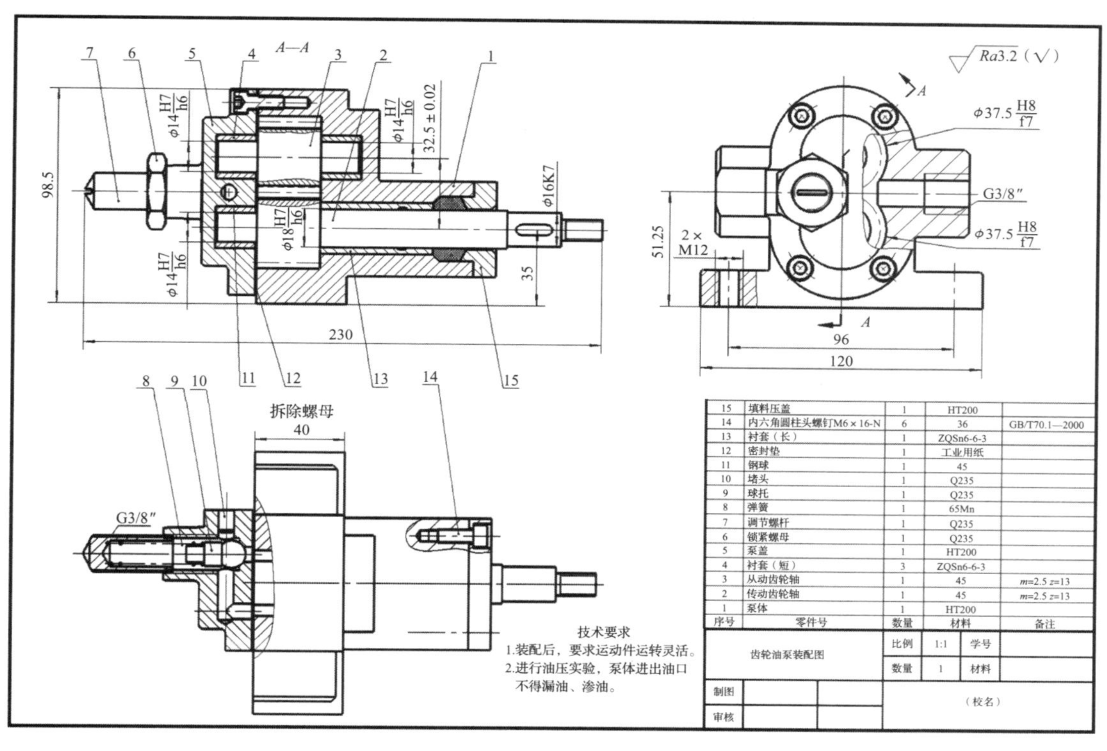

15	填料压盖	1	HT200	
14	内六角圆柱头螺钉M6×16-N	6	36	GB/T70.1—2000
13	衬套（长）	1	ZQSn6-6-3	
12	密封垫	1	工业用纸	
11	钢球	1	45	
10	堵头	1	Q235	
9	球托	1	Q235	
8	弹簧	1	65Mn	
7	调节螺杆	1	Q235	
6	锁紧螺母	1	Q235	
5	泵盖	1	HT200	
4	衬套（短）	3	ZQSn6-6-3	
3	从动齿轮轴	1	45	m=2.5 z=13
2	传动齿轮轴	1	45	m=2.5 z=13
1	泵体	1	HT200	
序号	零件号	数量	材料	备注

齿轮油泵装配图		比例	1:1	学号	
		数量	1	材料	
制图			（校名）		
审核					

图 9.10　齿轮油泵装配体

（1）齿轮油泵的功能。

齿轮油泵的工作是两个齿轮的互相啮合转动，对介质要求不高。一般压力在 6MPa 以下时，流量较大。

齿轮油泵在泵体中装有一对回转齿轮，一个是主动齿轮，一个是被动齿轮。依靠两齿轮的相互啮合，把泵内的整个工作腔分成两个独立的部分，进油口的一侧为吸入腔，出油口的一侧为排出腔。

齿轮油泵在运转时主动齿轮带动被动齿轮旋转，当齿轮从啮合到脱开时在吸入侧就形成局部真空，液体被吸入。被吸入的液体充满齿轮的各个齿谷，随齿轮转动被带到排出侧，齿轮啮合时液体被挤出，形成高压液体并经出油口排出泵外。

齿轮油泵效率较低、压力不太高、流量不大，因而多用于速度中等、作用力不大的简单液压系统中，有时也用作辅助液压泵。一般工程机械、矿山机械、农业机械及机床等行业均可应用。安装时应固定在牢固的地基上，以免管道松动及振动，并用螺栓紧固以免地板变形。

（2）结构分析。

泵体齿轮孔 ϕ37.5H8/f7 的轴线方向为装配主干线，与其相连的有泵体 1、泵盖 5、内六角圆柱头螺钉 14；与泵体相连的有衬套 13、5 和填料压盖 15 等；与泵盖相连的有调节螺杆 7、锁紧螺母 6、弹簧 8 等。

（3）工作原理。

动力源通过键将动力传给传动齿轮轴，传动齿轮轴作顺时针转动，则从动齿轮作逆时针转动，两齿轮的轮齿空隙将油液从进油口沿箭头方向带向出油口。当转速达到一定程度时，出油口便形成高压，压力达到一定数值时，压力油便会克服弹簧的阻力顶开钢球沿着通路流回进油口，起安全保护作用，如图 9.11 所示。

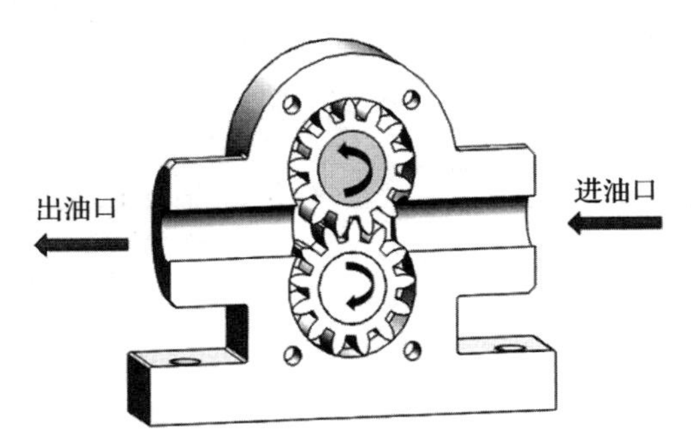

图 9.11　齿轮油泵工作原理

（4）表达分析。

根据装配图的视图选择原则，主视图表达工作位置，表达方案主要采用三个视图。

主视图采用沿装配轴线剖切的画法，将内部的装配关系以及零件之间的相互位置清晰地表达出来，同时也表达出齿轮的啮合情况、填料压盖与泵体间的连接关系、带轮与轴通过键连接的情况。此外，还能表达出泵体安装底板上孔的分布情况。

侧视图表达外形，重点表达齿轮泵各零件的结构外形及进油口和出油口的位置，其进出油口结构采用局部剖视图表达，该局部剖视图同时也表达了齿轮啮合及齿顶圆与泵体内腔配合情况。对泵体底板上的安装孔，也采用局部剖视图来表达，该局部剖视图还表达出连接泵体与泵盖的螺钉的分布位置。

俯视图也表达外形，采用局部剖视图表达起安全保护作用的内部结构，同时表达螺钉的内部结构情况。

通过以上视图基本完整地表达清楚齿轮油泵的各部分结构，这让工程技术人员更清楚该齿轮油泵的总体结构，有利于实际工程的操作。

9.3 装配图的尺寸标注和技术要求

9.3.1 装配图的尺寸标注

在装配图上标注尺寸与在零件图上标注尺寸有所不同，在装配图上不需要注出全部零件的尺寸，一般只注出以下五种必要的尺寸即可。

1. 特征尺寸

特征尺寸是表示装配体性能或规格的尺寸，是设计或选择装配体的依据。该尺寸在装配体设计前就应该确定好，例如图 9.10 中齿轮轴直径尺寸 ϕ14mm 等。

2. 装配尺寸

装配尺寸是表示装配体各零件之间装配关系的尺寸，主要包含以下内容。

（1）配合尺寸是表示两个零件之间配合性质的尺寸，一般用配合代号注出，例如图 9.10 中 ϕ37.5H8/f7 和 ϕ14H7/h6。

（2）相对位置尺寸是相关零件或部件之间较重要的位置尺寸。例如图 9.10 中主要平行轴线之间的距离 32.5mm ± 0.02mm，进出油口位置到底面的距离 51.25mm，主传动轴到底面的距离 35mm。

3. 安装尺寸

安装尺寸是装配体安装时所需要的尺寸，例如图 9.10 中安装孔的定位尺寸 96mm。

4. 外形尺寸

外形尺寸是表示装配体外形轮廓的尺寸，如总长、总宽、总高等，是装配体在包装、运输、安装时所需的尺寸，例如图 9.10 中尺寸 120mm、230mm、98.5mm。

5. 其他重要尺寸

（1）对实现装配体的功能有重要意义的零件结构尺寸，例如图 9.10 中进出油口的螺纹和调节螺杆上的螺纹 G3/8″ 等。

（2）运动件运动范围的极限尺寸，例如图 9.1 中活动钳口与固定钳口的运动范围的极限尺寸 0 ～ 68mm。

根据装配体的具体情况和作用合理地标注装配图的尺寸，并非在每一张装配图上都必须注全上述几类尺寸。有时同一个尺寸，可能兼具几种含义，如图 9.10 所示的尺寸 ϕ16K7 既是规格尺寸，又是配合尺寸。

9.3.2 装配图上技术要求

装配图中的技术要求，需要考虑以下几个方面。

（1）装配后应达到的性能要求，如图 9.10 所示的第 1 条技术要求。

（2）在装配过程中应注意的事项及特殊加工要求，如有的表面需装配后加工，有的孔需要将有关零件装好后配作，等等。

（3）检验、试验方面的要求，如图 9.10 所示的第 2 条技术要求。

（4）使用要求，如对装配体的维护、保养方面的要求及操作使用时应注意的事项等。

技术要求一般注写在明细表的上方或图样下部空白处，如图 9.10 所示。若内容很多，也可另外编写成技术文件，并将其作为图样的附件。

9.4 装配图中零、部件的序号及明细栏

第 41 讲
装配图的零件
序号及工艺结构

为便于读图和进行图样的配套管理以及生产组织工作，《机械制图　装配图中零、部件序号及其编排方法》（GB/T 4458.2—2003）规定了装配图中零、部件的编写序号及明细栏编制要求。

9.4.1　零、部件的序号

1. 序号编写规定

（1）装配图中所有零、部件都必须编写序号，一个部件可只编写一个序号。

（2）装配图中，尺寸规格完全相同的零、部件，只编一个序号，零、部件的数量等在明细栏的相应栏目里填写。如图 9.10 所示的螺钉，其数量有 6 个，但序号只编写了一次。

（3）装配图中零、部件的序号要与明细栏中的序号一致。

2. 序号的标注形式

零、部件序号标注的基本形式如图 9.12 所示，一个完整的零、部件序号应由指引线、水平线（或圆圈）及序号数字三部分组成，具体规定如下：

（1）指引线用细实线绘制，应从可见轮廓内引出，并在可见轮廓内的起始端画一圆点，如图 9.12（a）所示。

（2）水平线或圆圈用细实线绘制，用以注写序号数字，如图 9.12（b）所示。

（3）序号数字在指引线的水平线上或圆圈内注写序号时，其字高比装配图中所注尺寸的数字高度大一号或两号。

（4）不画水平线或圆圈时，可在指引线附近注写序号，序号字高必须比装配图中所标注尺寸的数字高度大两号，如图 9.12（c）所示。

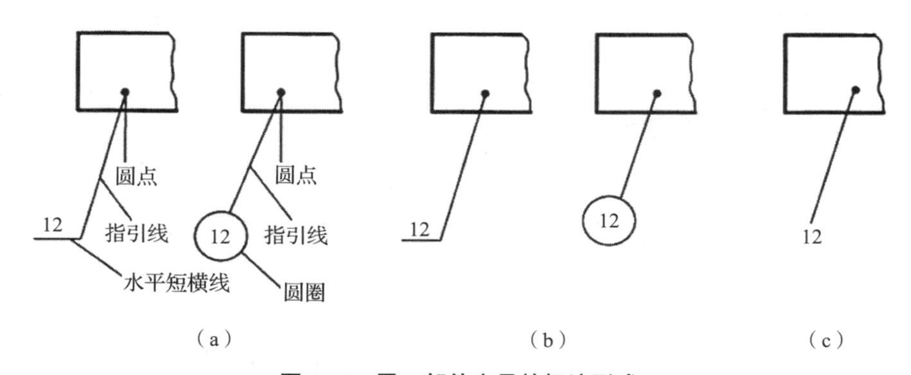

图 9.12　零、部件序号的标注形式

3. 指引线的画法规定

（1）指引线。

如图 9.13（a）所示的 2 部件（很薄的零件或涂黑的断面）内不便画圆点时，可在指引线末端画出箭头，并指向该部分的轮廓。

指引线可以画成折线，但只可折一次，如图 9.13（b）所示。

指引线通过有剖面线的区域时不能相交，且不应与剖面线平行，如图 9.13（c）、图 9.13（d）所示。

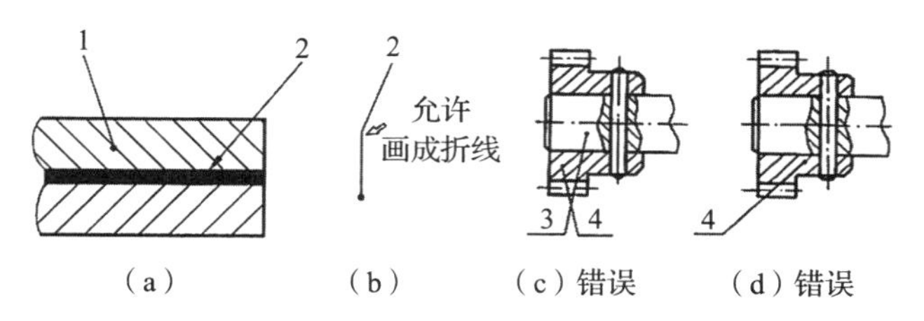

图 9.13 指引线的画法

（2）公共指引线。

一组紧固件及装配关系明确的零件组，可采用公共指引线，其水平线或圆圈要排列整齐，如图 9.14 所示。

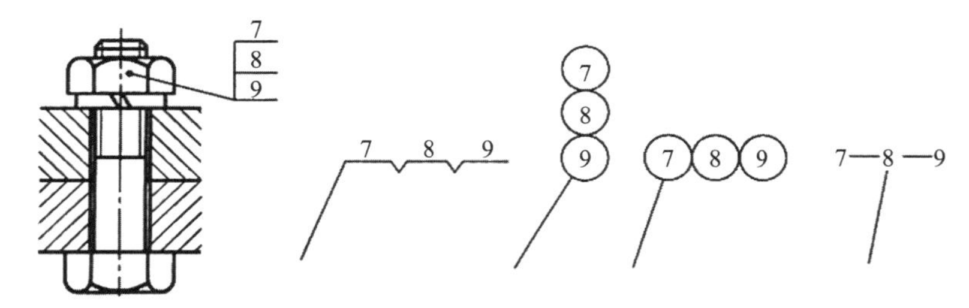

图 9.14 公共指引线的画法

4. 序号的编排方法

同一张装配图中，编注序号的形式应一致，序号按顺时针或逆时针顺序，水平或垂直方向排列整齐，如图 9.15 所示。

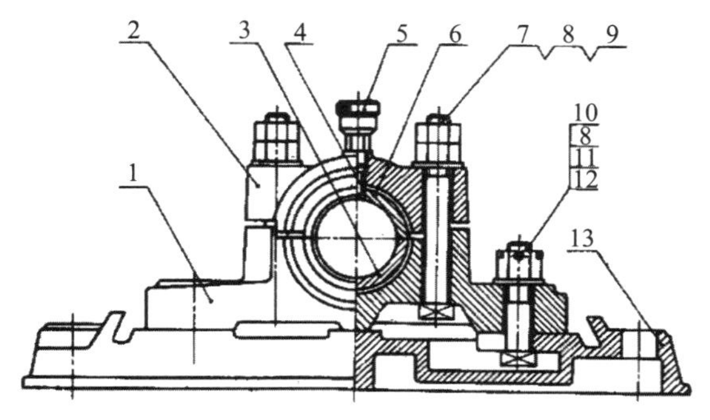

图 9.15 顺时针编号

在一个视图上无法连续编完全部所需序号时，可在其他视图上按上述原则继续编写，如图 9.10 所示。

5. 装配图上的标准化部件

油杯、滚动轴承、电动机等标准件，在图中被当作一个件，只编写一个序号，如图 9.16 中的油杯 8。

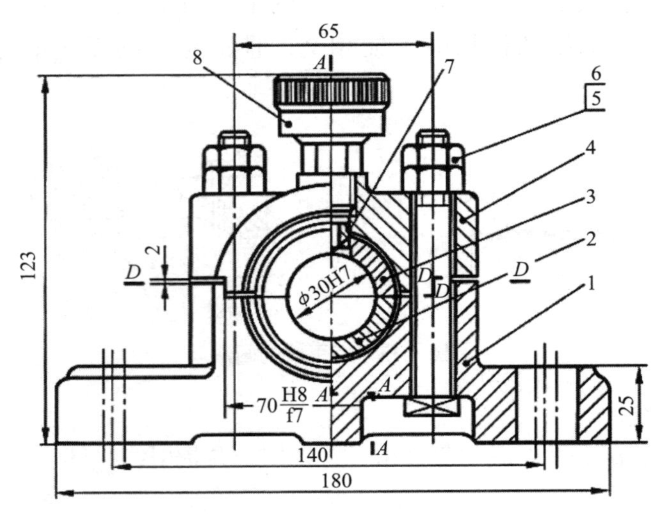

图 9.16　滑动轴承的装配图

9.4.2　明细栏

1. 明细栏的画法

（1）明细栏应紧接在标题栏上方绘制，其格式和尺寸如图 9.17 所示。若标题栏上方位置不够时，其余部分可画在标题栏的左方，如图 9.18 所示。

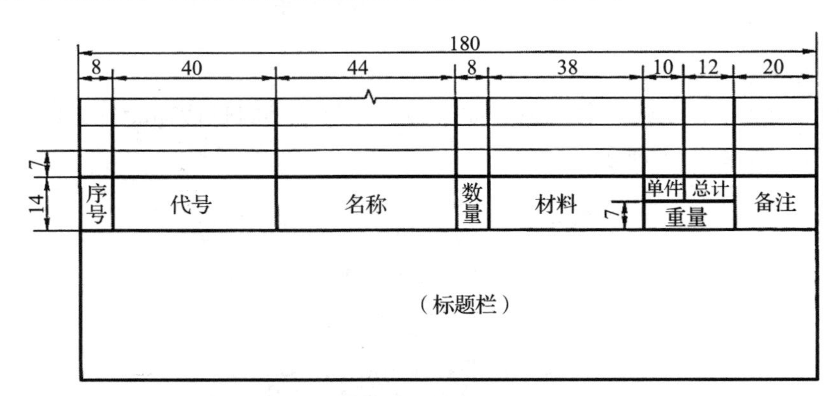

图 9.17　装配图中的标题栏与明细栏

（2）明细栏最上方（最末）的边线一般用细实线绘制。

（3）当装配图中的零、部件较多而位置不够时，可按 A4 幅面单独绘制出明细栏，作为装配图的续页。若一页不够，可连续加页。其格式和要求请查看国家标准《技术制图　明细栏》（GB/T 10609.2—2009）。

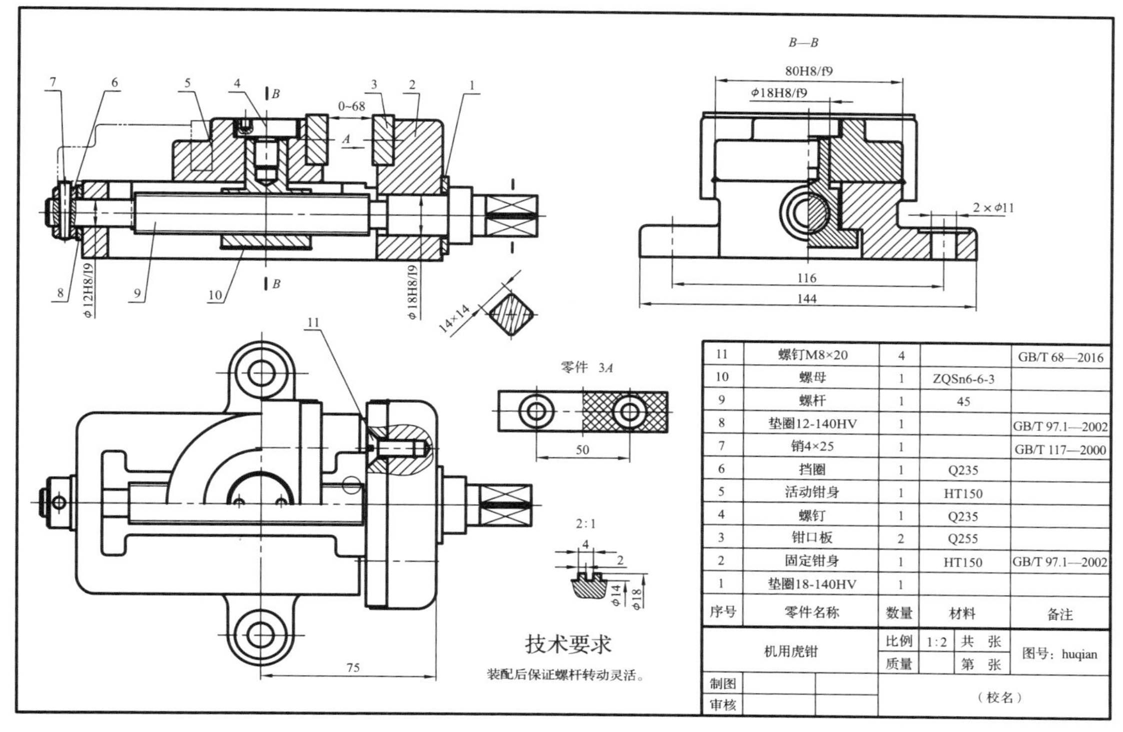

图 9.18　明细栏的绘制

2. 明细栏的填写

（1）在装配图中，明细栏中的序号应按自下而上的顺序填写，以便发现漏编的零件，继续向上填补。如果是单独附页的明细栏，序号应按自上而下的顺序填写。

（2）明细栏中的序号应与装配图上的编号一一对应。

（3）代号栏用来注写图样中相应组成部分的图样代号或标准号。

（4）备注栏中填写附加说明或其他有关内容，如分区代号，常用件的主要参数，齿轮的模数、齿数，弹簧的内径或外径，簧丝直径，等等。

（5）螺栓、螺母、垫圈、键、销等标准件的标记通常分两部分填入明细栏。

9.5 装配工艺结构

零件装配工艺结构的设计既要保证零部件的使用性能，又要考虑零件的加工和装配的可能性。装配工艺结构不合理，不仅会给装配工作带来困难，影响装配质量，还可能使零件的加工工艺及维修复杂化，造成生产上的浪费。下面介绍几种常见的装配结构。

1. 零件间的接触面

（1）装配时两个零件在同一方向上只能有一对接触面。如图 9.19（a）、图 9.19（b）和

图 9.19（c）所示为平面接触，若在同一方向上接触面数量超过一对，则不合理；如图 9.19（d）所示为轴孔配合，其属于圆柱面接触，若在垂直方向上圆柱接触面数量超过一对也是不合理的，给加工带来很大的难度。

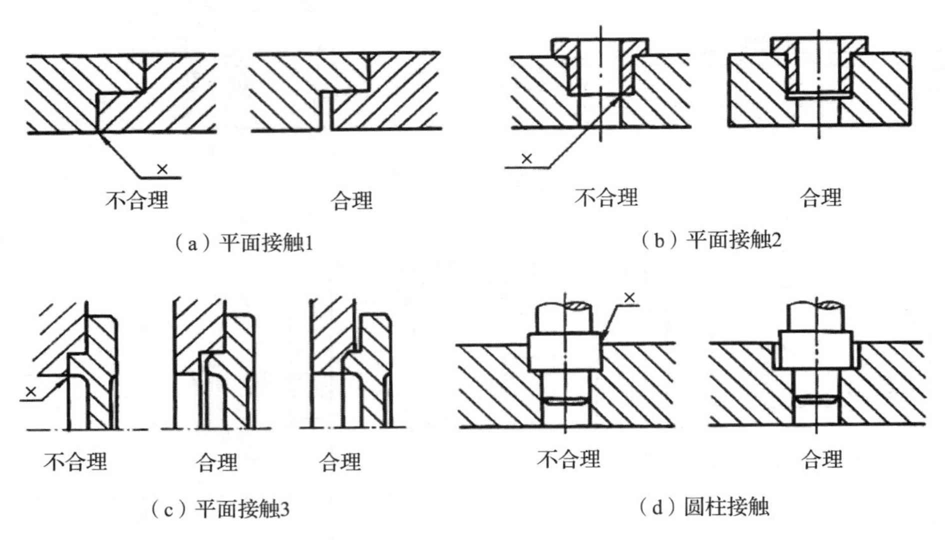

图 9.19　接触面的数量要求

（2）当两个零件有两个互相垂直的表面且要求它们同时接触时，在接触面拐角处，不能都加工成尖角或相同的圆角，需要在孔端倒角或在轴根切槽，以保证两垂直表面都接触良好，如图 9.20 所示。

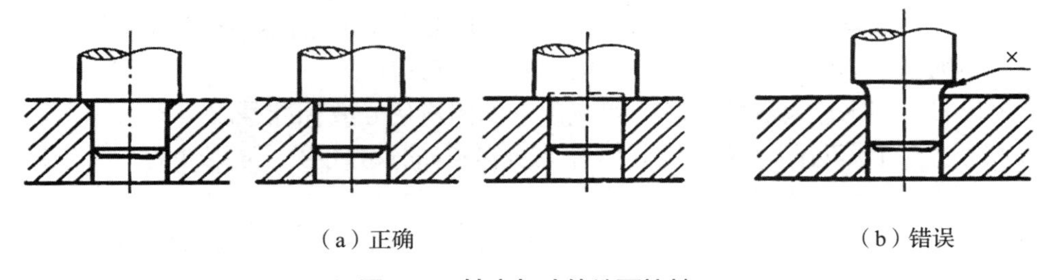

图 9.20　轴肩与孔的端面接触

（3）锥面配合时要求两锥面接触，锥体顶端和锥孔底部之间应留有调整空隙，如图 9.21 所示。

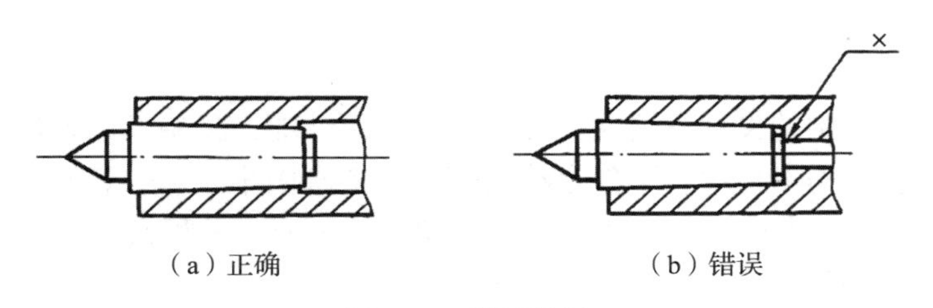

图 9.21　锥面接触

（4）在装配体上，应尽可能合理地减少机械加工的面积，同时也减少零件与零件之间的接触面积，使直线度或平面度的误差变小，保证接触平稳，如图 9.22 所示。

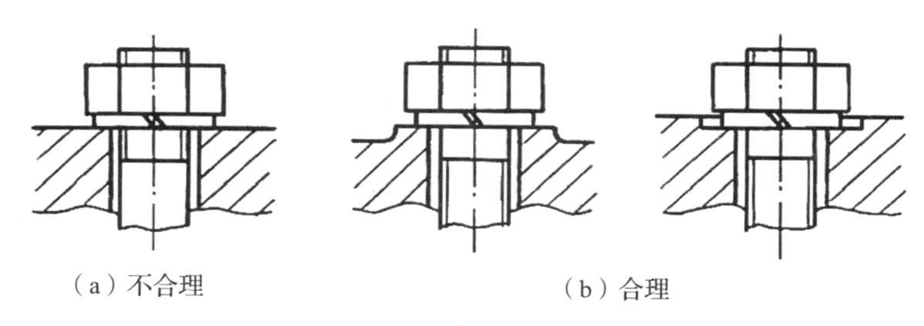

图 9.22　减少加工面积

（5）对于伸出机器壳体之外的旋转轴、滑动杆等，都必须有合理的密封装置，以防止工作介质（液体或气体）沿轴、杆泄漏，或外界灰尘等杂质侵入机器内部。

密封的结构形式有很多，最常见的是在旋转轴（或滑动杆）伸出处的机体或压盖上制出端盖槽，填入毛毡圈，毛毡圈应紧套在轴颈上。而轴承盖上的通孔与轴颈间应有间隙，以免轴旋转时损坏轴颈，如图 9.23 所示。

如图 9.24 所示是在阀（泵）中滑动杆的填料密封装置，通过压盖使填料紧贴住杆（轴）与壳体，以达到密封的作用。画装配图时填料压盖的位置应使填料处于压紧之初的工作状态，同时还要保持有继续调整的余地。

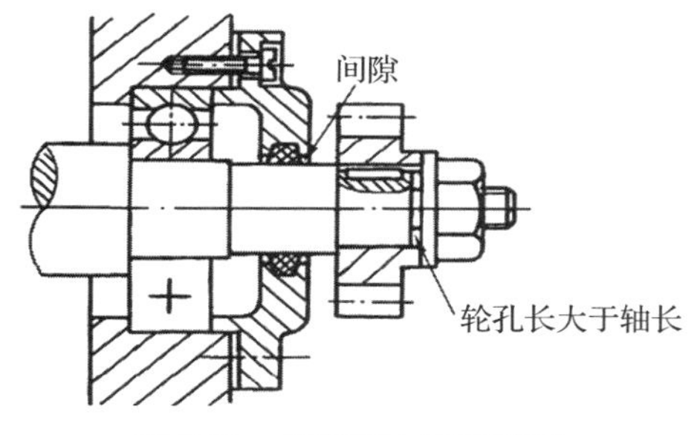

图 9.23　端盖槽内密封装置

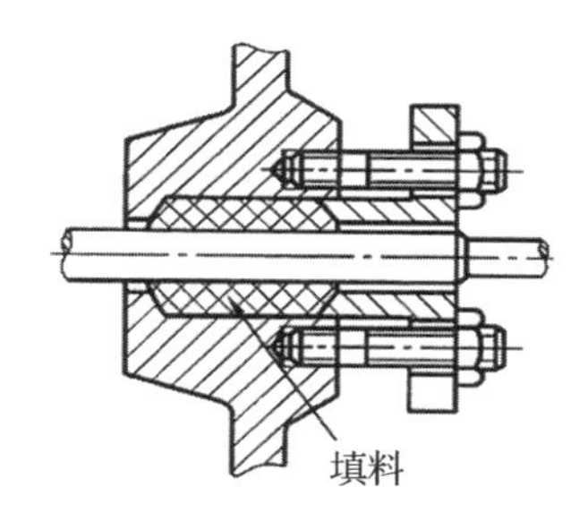

图 9.24　填料密封装置

2. 并紧、定位结构及锁紧装置

（1）并紧与定位结构。

为防止运动时，轴上零件产生轴向移动而发生事故，应有并紧或定位结构。如图 9.23 所示，只有轮孔的长度尺寸大于装套轮的轴的长度尺寸，才能并紧。

如装在轴上的轮系传动件（如齿轮、带轮和滚动轴承）均要求定位，以保证不发生轴向窜动，故轴肩与传动件接触处的结构要合理，如图 9.25 所示。

为使齿轮、轴承紧紧靠在轴肩上，在轴径或轴头根部必须有退刀槽或小圆角，小圆角应小于齿轮或轴承的圆角。另外轴头的长度 L_1 要略小于齿轮轮毂长度 L_2。

如图 9.26（a）所示，轴与内壁的接触面长度 N_1 小于内壁的长度 N_2，且所在轴段两端的轴径也变小，所以此结构是合理的；如图 9.26（b）所示，轴与内壁的接触面长度几乎相等，很难固定住，所示此结构是不合理的。

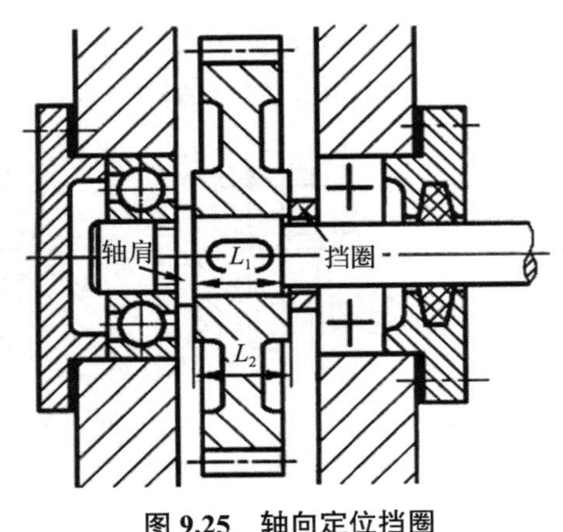

图 9.25　轴向定位挡圈

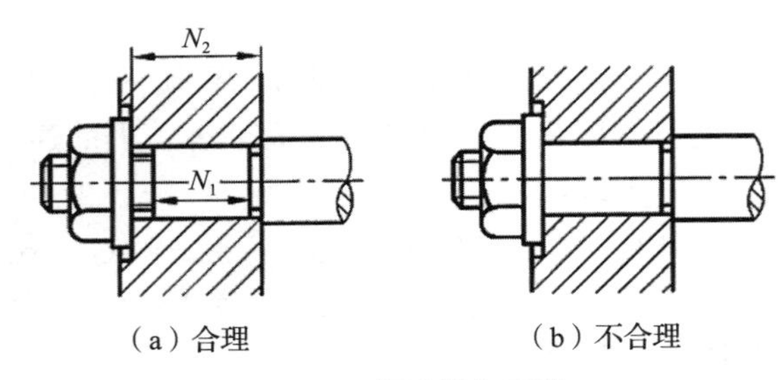

图 9.26　螺母轴向压紧

（2）螺纹连接件的锁紧装置。

机器的运动或振动会导致螺纹连接件产生松脱，造成机器故障或毁坏，因此应采用锁紧装置。

常见的锁紧装置有以下几种。

1）弹簧垫圈。

弹簧垫圈是一种开有斜口、形状扭曲的垫圈，具有较大的变形力。当它被螺母压平后，会使内螺纹与外螺纹之间产生较大的摩擦力，以防止螺母自动松脱，如图 9.27 所示。

2）双螺母。

双螺母锁紧是依靠两螺母在拧紧后产生轴向作用力，使内外螺纹之间的摩擦力增大，防止螺母自动松脱，如图 9.28 所示。

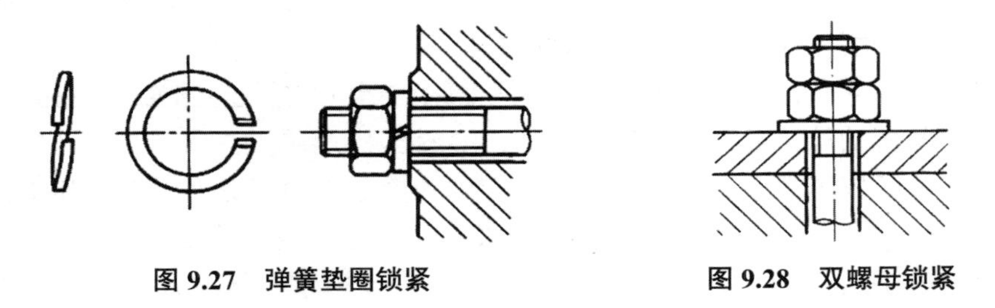

图 9.27　弹簧垫圈锁紧　　　　图 9.28　双螺母锁紧

3）开口销。

开口销俗名弹簧销、安全销，常用优质钢或弹性好的材料制作而成，用于防止螺纹连接松动。螺母拧紧后，把开口销插入螺母槽与螺栓尾部孔内，并将开口销尾部扳开，防止螺母与螺栓相对转动，起到固定作用，如图 9.29 所示。

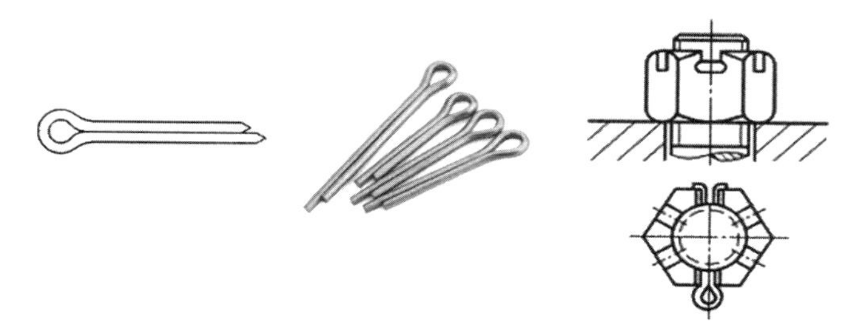

图 9.29 开口销锁紧

4）止动垫片。

止动垫片锁紧是指将螺母拧紧后，用小锤将止动垫片的一边向上敲弯和螺母的一边贴紧，另一边向下敲弯和被连接件的某一侧面贴紧，防止螺母转动而起锁紧作用，如图 9.30 所示，这种结构使用时受环境（被连接件的结构）限制。

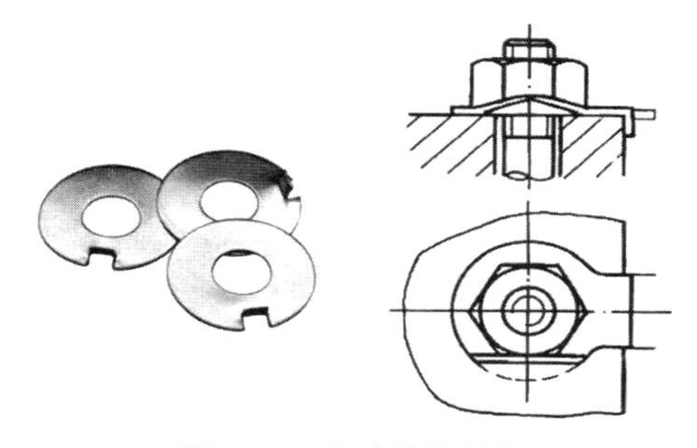

图 9.30 止动垫片锁紧

5）止动垫圈和锁紧圆螺母。

这种锁紧装置常用来固定轴端零件，如图 9.31 所示。使用时轴端应加工一个槽，把垫圈套在轴上，使垫圈内圆上凸起部分卡入轴上的槽，拧紧圆螺母，再把垫圈外圆上某个凸起部分弯入圆螺母外圆槽，从而起锁紧作用。

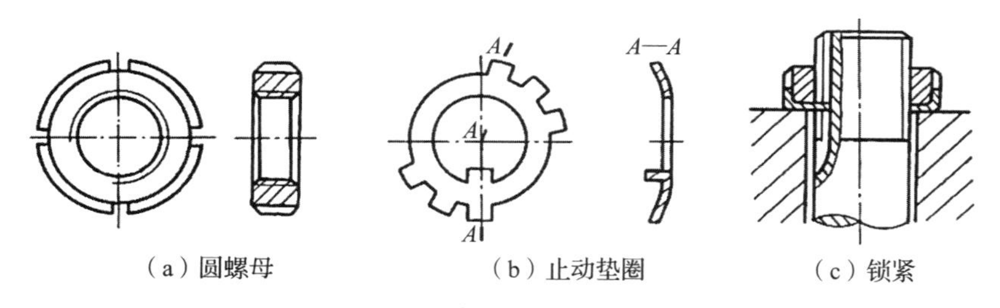

图 9.31 止动垫圈和锁紧圆螺母

3. 便于拆装的结构

（1）轴承的轴向定位。

安装轴承的地方一般有轴肩或孔肩，便于轴承的轴向定位。轴肩或孔肩的径向尺寸应小于轴承内圈或外圈的径向厚度尺寸，便于用拆卸工具拆下滚动轴承，如图 9.32 所示。

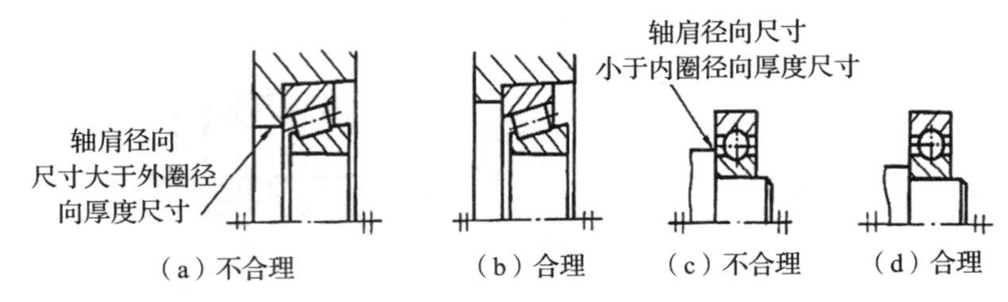

图 9.32　轴承拆装的结构

（2）箱体上的工艺螺孔。

为方便拆下盲孔中的衬套，在箱体上加工几个工艺螺孔，以便用螺钉将衬套顶出，如图 9.33 所示，也可以设计其他便于拆卸的结构。

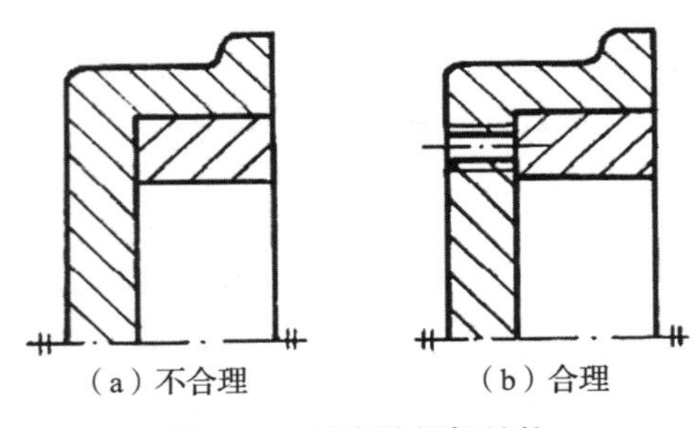

图 9.33　衬套的拆卸结构

（3）装拆空间。

在安排螺钉和螺栓位置时应留出足够的扳手活动空间和螺栓装拆空间，保证装拆的可操作性，如图 9.34 所示。

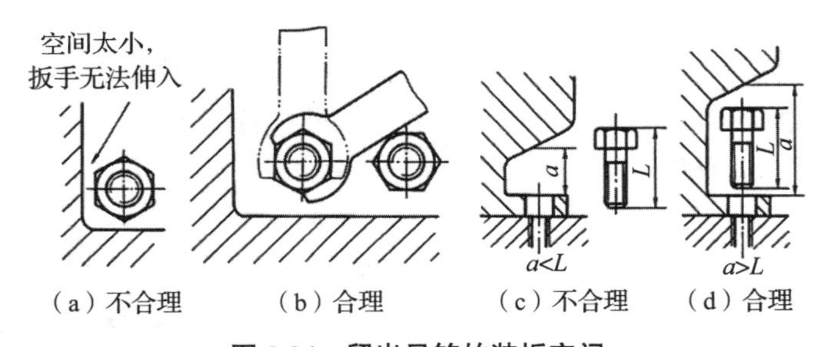

图 9.34　留出足够的装拆空间

9.6 装配体测绘及装配图画法

根据已有的装配体经过测量、计算，绘制出零件图及装配图的过程称为装配体测绘。

在生产中会经常遇到需要测绘的情况，在机器维修中需要更换机器内的某一零件而无备件和图样时，就要对零件进行测绘，画出零件图。技术人员在机器的设计、仿造、改装时也常会遇到装配体零件的测绘问题，因此装配体测绘是工程技术人员应该掌握的基本技能之一。

第 42 讲
装配体测绘与识读

9.6.1 装配体测绘

以如图 9.35 所示的千斤顶为例说明测绘的步骤和方法。

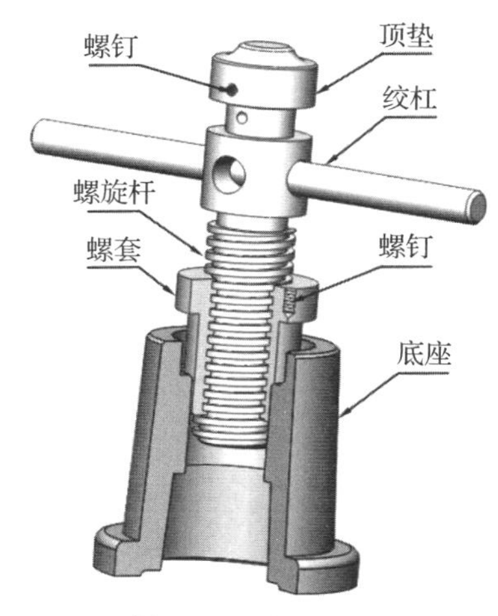

图 9.35 千斤顶图

1. 测绘准备

测绘装配体之前应根据其复杂程度编制测绘计划，准备必要的拆卸工具、量具，如扳手、榔头、改刀、铜棒、钢皮尺、卡尺、细铅丝等，还应准备好标签及绘图用品等。

2. 分析对象

在测绘前要对被测绘的装配体进行分析。采用观察法分析该装配体的整体结构和各零件的工作情况，通过查阅装配体说明书及相关资料，搞清装配体的用途、性能、工作原理、结构及零件间的装配关系等。最后将分析结果落实到纸上，逐一检查与核对分析的正确性。

如图 9.35 所示的千斤顶是支撑和起动重物的机构，属于结构简单的机械式千斤顶。它的工作原理是将绞杠插入螺杆的 $\phi22$ 孔中，以旋转螺杆。螺旋杆和螺套分别具有锯齿形螺纹 B50 × 8。螺套以过渡配合压装于底座中，用一个 M10 × 12 的螺钉将螺套和底座进行紧固，防止螺套转动，螺旋杆与螺套之间是螺纹配合，可通过旋转达到升降的目的。顶垫以 *SR*25 内圆球面与螺旋杆顶部的外圆球面接触，能微量摆动以适应不同情况的接触面。

3. 绘制装配示意图

为便于装配体被拆后仍能顺利装配复原，必须绘制出装配示意图，以记录各零件的名称、数量及在装配体中的相对位置及装配连接关系，同时也为绘制正式的装配图做准备。装配示意图是将装配体看作透明体来画的，在画出其外形轮廓的同时，也要画出内部结构。

装配示意图可参照国家标准《机械制图　机构运动简图用图形符号》（GB/T 4460—2013）绘制，如表 9.1 所示。

表 9.1 常用机构运动简图符号

序号	名称	基本符号	可用符号
1	轴、杆		
2	构件组成部分的永久连接		
3	组成部分与轴（杆）的固定连接		
4	摩擦传动 a. 圆柱轮 b. 圆锥轮		
5	齿轮（不指明齿线） a. 圆柱齿轮 b. 圆锥齿轮		
6	齿条传动一般表示		
7	齿轮传动（不指明齿线） a. 圆柱齿轮 b. 圆锥齿轮 c. 蜗轮与圆柱蜗杆		
8	联轴器一般符号（不指明类型） a. 固定联轴器 b. 可移式联轴器 c. 弹性联轴器		
9	液压离合器一般符号		
10	自动离合器一般符号		
11	制动器一般符号		

续表

序号	名称	基本符号	可用符号
12	带传动一般符号 (不指明类型)	或	
13	螺杆传动整体螺母		
14	向心轴承 a. 普通轴承 b. 滚动轴承		
15	推力轴承 a. 单向 b. 双向 c. 滚动轴承		
16	向心推力轴承 a. 单向 b. 双向 c. 滚动轴承		
17	弹簧 a. 压缩弹簧 b. 拉伸弹簧 c. 扭转弹簧	φ或□	
18	原动机 a. 通用符号(不指明类型) b. 电动机一般符号 c. 装在支架上的电动机		

对于国家标准中没有规定符号的零件,可用简单线条勾出大致轮廓,如图 9.36 所示。

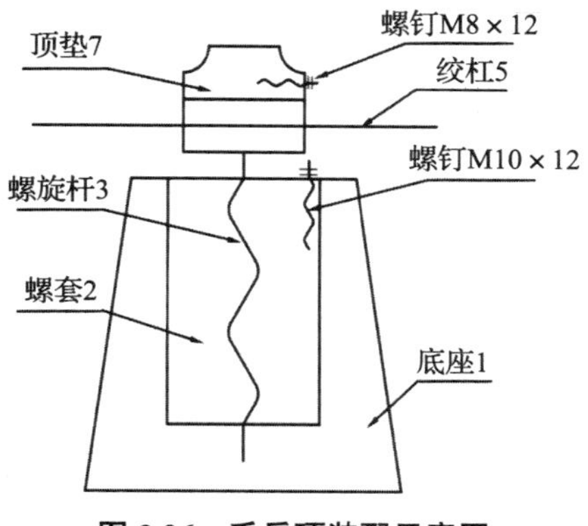

图 9.36　千斤顶装配示意图

在示意图上应编注零件的序号，注明零件的数量。在拆卸零件时按照一定的顺序，在拆卸的每个（组）零件上贴上标签，标签上注明与示意图相对应的序号及名称，并妥善保管。拆卸时不要破坏零件间的配合精度，保存好小零件，如键、销、小弹簧、垫片等，防止丢失。

4. 拆卸零件及分析各零件

（1）千斤顶的拆卸。

千斤顶的拆卸顺序是：逆时针旋转绞杠 5，让螺旋杆 3 旋出螺套 2，拆卸绞杠 5；再旋下 M8 × 12 的螺钉，拆卸顶垫 7；然后旋下 M10 × 12 的螺钉，将螺套取出，此时已将全部零件分离开。

（2）分析各零件。

1）底座 1 的材料是 HT200 牌号的铸铁，基本形体是同轴回转体。在标注各段直径时，只需一个全剖主视图。螺孔 M10–7H 主要起紧固作用，加工精度为 7 级，需要与螺套的螺孔进行配作。

2）螺旋杆 3 的材料是 Q255 的碳素结构钢，其属于轴类零件。采用一个主视图和两个局部剖视图表达其结构，一个局部剖视图表达螺纹牙型，另一个局部剖视图表达绞杠的内部结构。为了方便装配，外螺纹需要在轴的端部进行倒角。

3）绞杠的材料是 Q215 的碳素结构钢，其属于轴类零件，采用一个主视图表达，由于尺寸太长，在主视图中采用断裂的表达方法。

4）螺套的材料是 QAl9–4 铝青铜，为含铁的铝青铜，有高的强度及良好的减磨性和耐蚀性，热态下压力加工性良好。该螺纹与底座上的孔一起组合加工，并注明“配作”。

5）顶垫的材料是 Q275 的碳素结构钢，具有较高的强度、较好的塑性和切削加工性能。采用全剖主视图，充分表达其内部结构。螺孔与 $\phi40$ 和 $\phi64$ 的内外圆柱面相贯，此处均采用简化画法。

5. 绘制零件草图

绘制零件草图时要注意以下几点内容。

（1）零件间有连接关系或配合关系的部分，它们的基本尺寸应相同。只需测出其中一个零件的基本尺寸，即可分别标注在两个零件的对应部分上，以确保尺寸的协调。

（2）虽然不用绘制标准件的零件草图，但要测出其规格尺寸，并根据结构和外形，从标准中查出标准代号，把名称、代号、规格尺寸等填入装配图的明细栏中。

（3）零件的各项技术要求（包括尺寸公差、形状和位置公差、表面粗糙度、材料、热处理要求等）应根据零件在装配体中的位置、作用等因素来确定；也可参考同类产品的图样，用类比的方法来确定。

千斤顶的部分零件草图如图 9.37 所示。

9.6.2 千斤顶装配图画法

零件草图或零件图画好后，还要画出装配图。画装配图的过程是一个检验、校对零件形状、尺寸的过程。零件图或草图中的形状和尺寸若有错误或不妥之处，应及时协调改正，以保证零件之间的装配关系正确地反映在装配图上。

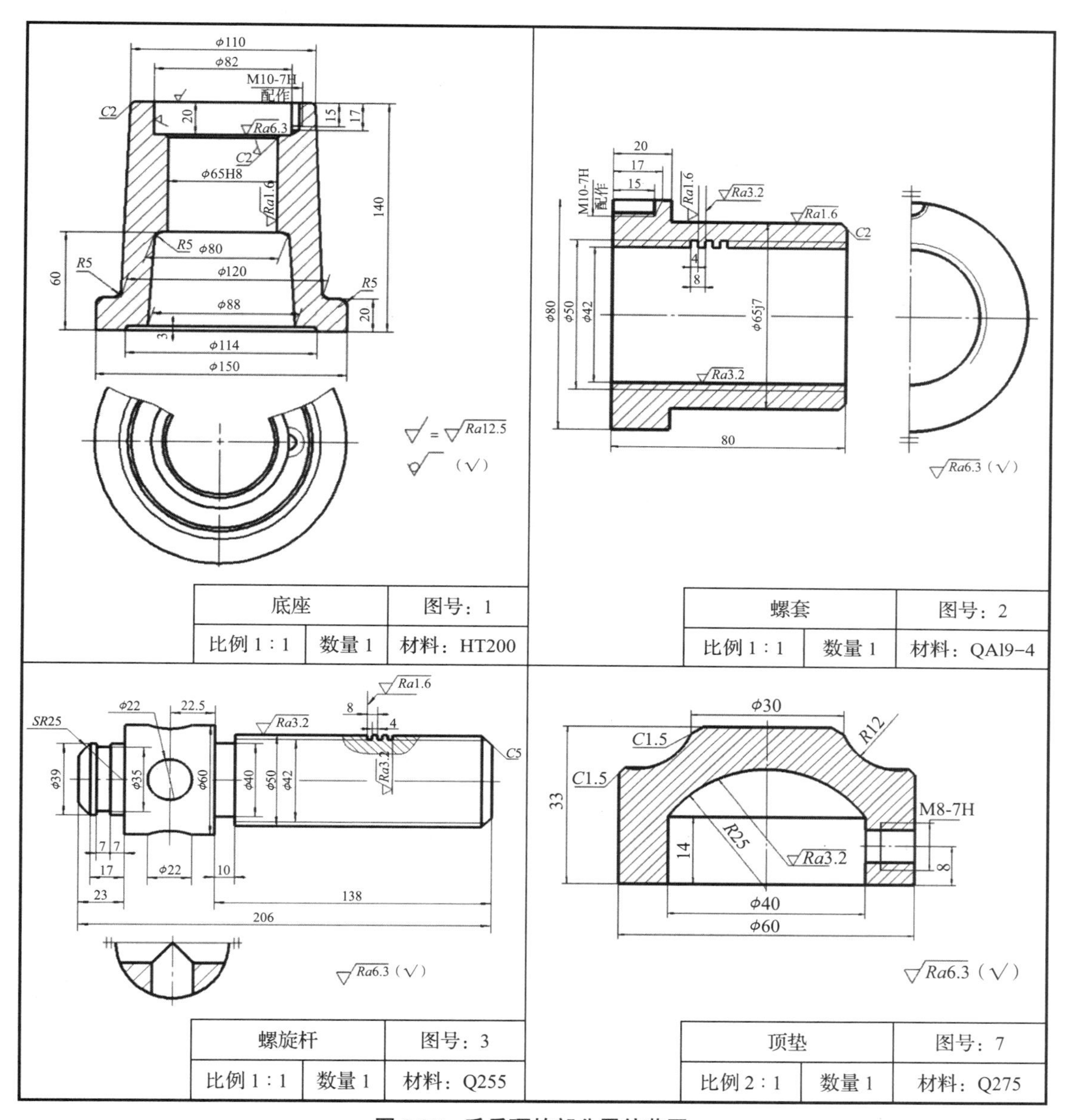

图 9.37　千斤顶的部分零件草图

1. 准备

对零件图或草图资料进行整理、分析，进一步弄清装配体的性能及结构特点，考虑装配体的结构形状。

2. 确定表达方案

根据前面的内容对装配体的装配图表达方案进行合理的选择。

千斤顶的表达方案分析如下：

根据千斤顶的功能要求，为充分表达所有零件间的装配关系，按照工作位置放置时选取一通过千斤顶底座、螺套和螺旋杆等部件轴线的正平面将其剖开，以此作为主视图。

俯视图采用剖视图，沿着主视图 *A*—*A* 位置剖开，这样就表达清楚了底座、螺套和螺旋杆的外形及装配关系。

另外，装配图的细节部分采用局部剖视图、断面视图和向视图表达。主视图采用局部剖视图表达螺纹压型及配合状态；*B*—*B* 断面视图表达螺旋杆与绞杠安装孔内部结构；向视图 *C* 则表达顶垫的顶部形状和结构。

3. 确定比例和图幅

根据装配体的大小及复杂程度选定装配图绘制的比例，为便于读图，一般尽量选用 1 : 1 的比例画图。比例确定后，再根据已确定的视图，考虑标注必要的尺寸、零件序号、标题栏、明细栏和技术要求等所需的图面位置，确定出图幅的大小。

4. 画装配图应注意的事项

（1）正确确定各零件间的相对位置。运动件一般按其中一个极限位置绘制，另一个极限位置需要表达时，可用双点画线画出其轮廓，或者标注运动范围的尺寸，说明其运动的相对位置。螺纹连接件一般按将连接零件压紧的位置绘制。

（2）剖开绘制视图时应先画被剖切到的内部结构，即由内逐层向外画。其他零件被遮住的部分可省略不画。

（3）装配图中各零件的剖面线要按有关规定绘制，这是区分不同零件的重要依据之一。

5. 千斤顶装配图的绘制步骤

（1）视图布局。

根据装配体外形尺寸的大小和所选视图的数量，确定画图比例，选用标准图幅。估算各视图所占面积时，应考虑留出标注尺寸、编写序号、画标题栏和明细栏以及书写技术要求所需要的面积，然后布置视图，画出作图基准线。

作图基准线包括千斤顶装配的主要干线、主要零件的中心线和轴线、对称中心线，如图 9.38 所示。

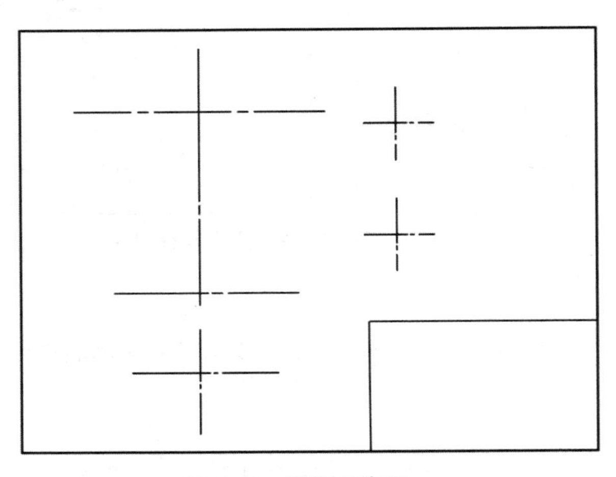

图 9.38　装配图步骤一

（2）画出各零件的主要结构。

绘制各零件的主要结构如图 9.39 所示，画图时应遵循以下原则：

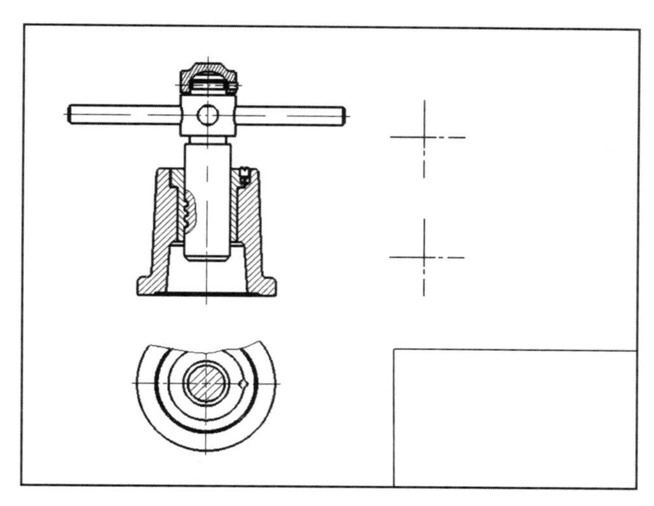

图 9.39　装配图步骤二

1）从主视图画起，将几个视图配合起来，遵循视图绘制的三等关系原则进行绘制。

2）在各基本视图上，一般先画壳体或较大的主要零件的外形轮廓。如先画出底座 1 的两个视图，简单地画出大体形状，再完善细节，被其他零件挡住的地方可先不画。

3）依次画出各装配干线上的零件，要保证各零件之间的正确装配关系。如画完底座 1 后，接着画出装在底座 1 上的螺套 2，再画出与螺套 2 紧密接触的螺旋杆 3，按照装配顺序依次画出其他各零件。

4）画剖视图时尽量从主要轴线开始，沿装配干线由里向外逐个绘制零件，这样可避免将遮挡的不可见零件的轮廓线画上去。如在画主视图时先画螺旋杆 3，然后再画绞杠 5，这样绞杠 5 被螺旋杆 3 挡住的部分就不用画了。

（3）画出装配体的细节部分。

画出 *B*—*B* 断面图和顶垫 7 的向视图 *C* 等细节部分，如图 9.40 所示。

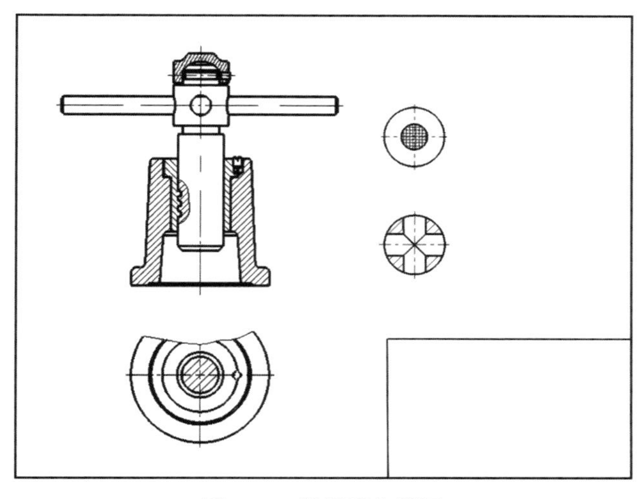

图 9.40　装配图步骤三

（4）完成装配图。

每个零件都画完之后，完善整个底图。检查、修改和校对底图，确保无误后，加深图线，画剖面符号，注写尺寸和技术要求，编写零件序号，填写标题栏和明细栏等，最后检查、修饰图面，如图 9.41 所示。

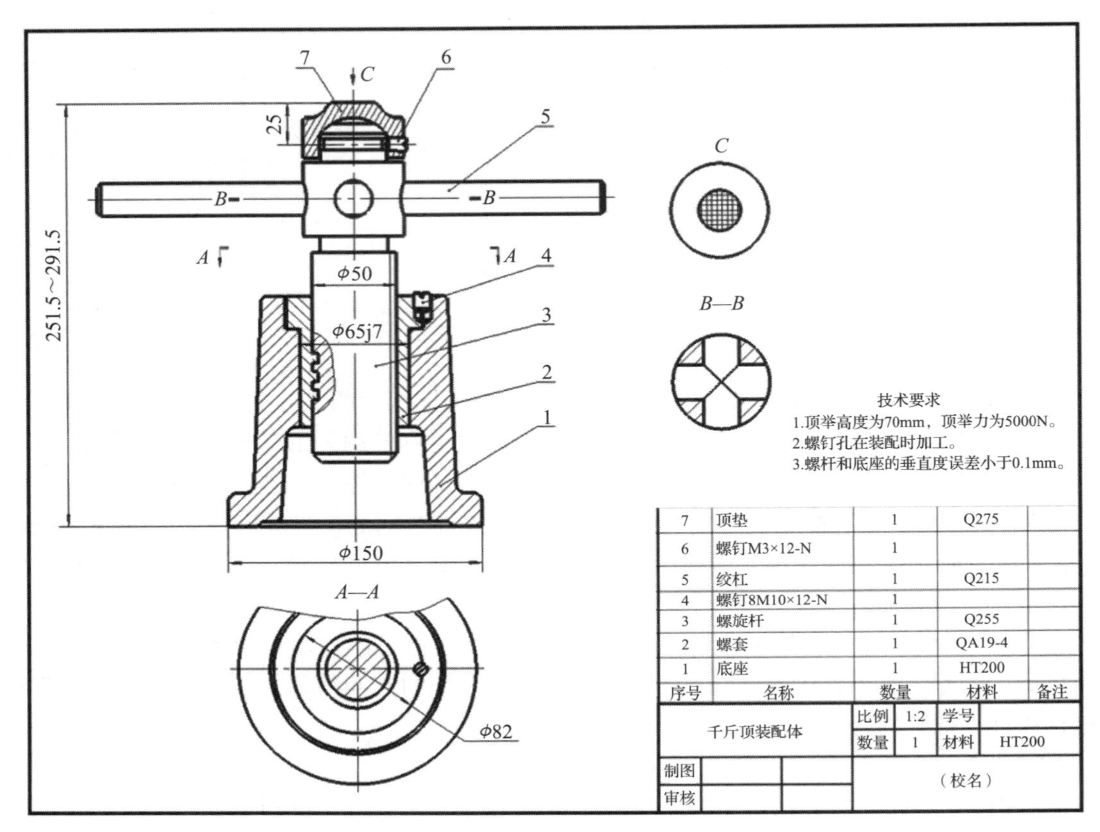

图 9.41　千斤顶装配图

9.7 读装配图和画装配图

在机器或部件的设计、制造、使用和维修过程中，常会遇到读装配图和拆画零件图的问题。

9.7.1 读装配图

1. 读装配图要明确的内容

（1）部件的结构：组成的部件，各零件的定位方式、装配关系。

（2）部件的功能：部件的功用、性能、工作原理以及各零件的作用。

（3）部件的使用：了解部件的使用和调整方法。

（4）零件结构及装拆：了解各零件的结构形状、装拆顺序和方法。

2. 读装配图的步骤

（1）初步了解。

首先，通过标题栏了解装配体的名称和绘图比例。从装配体的名称联系生产实践知识，往往可以知道装配体的大致用途。例如：虎钳，一般是用来夹持工件的；阀，一般是用来控制流量起开关作用的；减速器则在传动系统中起减速作用。

其次，通过明细栏了解零件的名称和数量，并在视图中找出相应零件所在的位置。

最后，浏览视图数量、名称、对应关系以及尺寸和技术要求，初步了解该装配图的表达方法及各视图间的大致对应关系，为进一步读图打下基础。

（2）具体分析。

从传动关系入手，了解装配线，分析部件的工作原理，分析装配体的结构组成情况及润滑、密封情况，分析零件的结构形状。要对照视图，将零件逐一从复杂的装配关系中分离出来，想出其结构形状。分离时可按零件的序号顺序进行，以免遗漏。标准件、常用件比较容易看懂。轴套类、轮盘类和其他简单零件一般通过一个或两个视图就能看懂。对于一些比较复杂的零件，应根据零件序号指引线所指部位，分析出该零件在该视图中的范围及外形，再对照投影关系，找出该零件在其他视图中的位置及外形，进行综合分析，想象出该零件的结构形状。

剖视图中剖面线的方向或间隔的不同及零件间互相遮挡时的可见性规律，在分离零件时起到关键作用。

对照投影关系时借助三角板、分规等工具，能大大提高读图的速度和准确性。零件的运动情况，如运动方向、传动关系及运动范围，可按传动路线逐一进行分析。

（3）归纳总结。

经过前面的分析，对整个装配体有了一个全面的认识，在此基础上还应从以下几方面入手进行归纳总结。

1）装配体的功能是什么？其功能是如何实现的？

2）在工作状态下，装配体中各零件起什么作用？运动零件之间是如何协调运动的？

3）装配体的装配关系、连接方式与配合关系是怎样的？

4）装配体中零件的连接和固定方式是什么？它们是如何进行定位和调整的？

5）装配体有无润滑、密封？它们的实现方式是什么？

6）装配体的拆卸及装配顺序是怎样的？

7）装配体如何使用？应注意什么事项？

8）装配图中各视图的表达重点是什么？图中所注尺寸各属于哪一类？

在实际读图时几个步骤往往是平行或交叉进行的，因此读图时要灵活运用上述方法，反复实践，逐渐掌握其中的规律，提高读图的速度和能力。

9.7.2 读装配图案例

以如图 9.42 所示的蝴蝶阀为例，说明读装配图的方法和步骤。

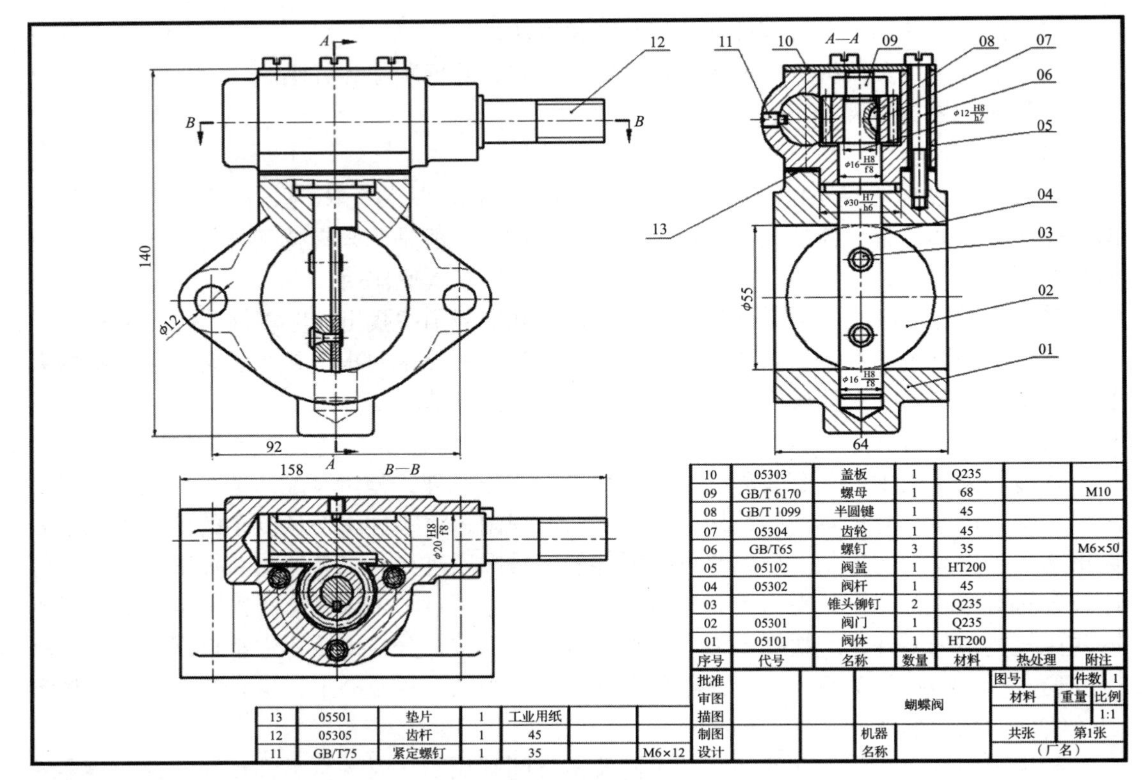

图 9.42　蝴蝶阀装配图

1. 初步了解

从标题栏中得知，部件为蝴蝶阀，用来在管路中控制气、液流，该部件用于石油、石化、化工、冶金、电力等领域。

从明细栏中得知，蝴蝶阀中共有 13 种零件，共计 16 个零件；标准件有 4 种，其余为非标准件。

装配体用以下三个基本视图表达。

主视图：主要表达蝴蝶阀的外形结构，有两处局部剖视图，主要表达阀杆 4 的结构，阀门 2、阀杆 4 和锥头铆钉 3 的连接方式。

左视图：采用 *A—A* 全剖视图，沿阀杆 4 的轴线位置进行剖切，主要表达螺钉 6 的装配关系、阀盖 5 的结构、阀杆 4 的系统装配关系、阀体 1 的结构。

俯视图：采用 *B—B* 全剖视图，沿齿杆 12 的轴线位置进行剖切，主要表达阀体 1 的结构、齿杆 12 和阀盖 5 的形状结构、齿轮 7 和齿杆 12 的装配关系。

通过阀的两条装配干线作了全剖视图，这样绝大多数零件的位置及装配关系就基本上表达清楚了。

2. 具体分析

（1）分析传动关系。

齿杆 12 左右移动带动齿轮 7 转动，再通过半圆键 8 将运动传递给阀杆 4，阀杆 4 带动阀门 2 转动实现开启和关闭。

（2）分析装配关系。

阀杆 4、阀门 2 和齿轮 7 构成阀杆系统的装配线，其中采用铆钉、半圆键、螺母等标准件，以起到紧固和传递力的作用。

齿杆 12 和阀盖 5 构成齿杆系统的装配线，其中为保证齿杆与齿轮正确啮合，采用紧定螺钉嵌入长槽，防止齿杆转动。

阀体及阀盖之间装有密封件，以起到密封的作用。

由图 9.42 可知，该装配体的主要零件为阀体 1、阀门 2、阀杆 4、齿杆 12、盖板 10、阀盖 5，其余零件或是标准件，或是形状结构比较简单的零件，只要稍加观察三个视图，即可将其形状结构和作用分析出来。

装配图标注的几类尺寸：

配合尺寸——ϕ16H8/f8、ϕ20H8/f8、ϕ30H7/f6；

安装尺寸——92；

外形尺寸——140、158、64；

规格尺寸——ϕ55。

3. 归纳总结

（1）蝴蝶阀的安装及工作原理。

通过蝴蝶阀左右两端法兰上的孔，用螺栓即可将蝴蝶阀安装固定在管路上。

蝴蝶阀通过旋转阀杆时带动阀门转动实现开启和关闭，在阀体圆柱形通道内，圆盘形阀门绕着轴线旋转以控制液流。当阀门到达 90° 时流量最大，处于完全开启的状态，可以通过改变阀门的角度来调节介质流量的大小，阀门一般安装于管道的直径方向。蝴蝶阀与阀杆自身是没有锁定能力的，为有效调节流量需装蜗轮减速器，加装蜗轮减速器的蝴蝶阀不但具有自锁能力，而且能改变蝴蝶阀的操作性能，更准确地调节介质流量。

（2）蝴蝶阀的装配结构。

蝴蝶阀的零件间的连接方式均为可拆连接。因该部件工作时不需要作高速运转，故不需要润滑。为防止液体泄漏，在阀体和阀盖处都进行密封。

（3）蝴蝶阀的拆装顺序。

拆卸时可依次拆盖板 10、阀盖 5、齿杆 12、阀杆 4、阀体 1、阀门 2 及垫片 13，将阀解体。装配时和上述顺序相反。

通过上面的读图分析，得出对阀的整体认识，其模型图如图 9.43 所示。

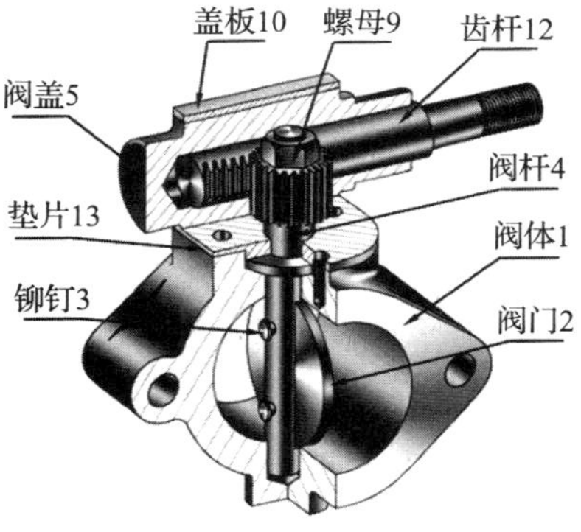

图 9.43　蝴蝶阀模型

9.7.3　由装配图拆画零件图

由装配图拆画零件图是将装配图中的非标准零件从装配图中分离出来画成零件图的过程，是设计过程中的重要环节，也是产品设计加工的重要手段。这一过程必须在全面看懂装配图的基础上，按照零件图的内容和要求进行。

以图 9.42 所示的蝴蝶阀为例，说明拆画零件图的方法与步骤。

1. 零件的分类处理

拆画零件图前，要对装配图中的零件进行分类处理，以明确拆画对象。按零件的不同可分以下几类。

（1）标准件。

大多数标准件属于外购件，故只需列出汇总表，填写标准件的规定标记、材料及数量，不需要拆画其零件图。

（2）借用零件。

借用零件是指借用定型产品中的零件，可利用已有的零件图，不必另行拆画零件图。

（3）特殊零件。

特殊零件是设计时经过特殊考虑和计算所确定的重要零件，如汽轮机的叶片、喷嘴等，应按给出的图样或数据资料拆画零件图。

（4）一般零件。

一般零件是拆画的主要对象，应按照其在装配图中所表达的形状、大小和有关技术要求来拆画零件图。

2. 看懂装配图分离零件

看懂装配图，弄清机器或部件的工作原理、装配关系，以及各零件的主要结构形状和功用，在此基础上将所要拆画的零件从装配图中分离出来。应根据所拆画零件类型选择表达方案，而不能简单地照搬装配图的表达方案。

如图 9.42 所示，蝴蝶阀中的阀体 1，在装配图三个视图中都有表示。从左视图中看出阀体的主体结构为圆柱筒；阀体设有安装孔，因此在主视图中左右有凸起；从俯视图中可看出阀体前后有肋，以增加强度，在主视图中可以观察到前后肋板为带圆角的菱形。上端面的形状可以根据俯视图进行确定，因为阀体的上端面与阀盖结合在一起，所以阀体上端面形状与阀盖端面形状相同。

对于装配图中没有表达完整的零件结构，应根据零件的功用及结构加以补充和完善，并在零件图上完整清晰地表达出来。

（1）从装配图中分离出阀体 1 的轮廓，如图 9.44 所示。

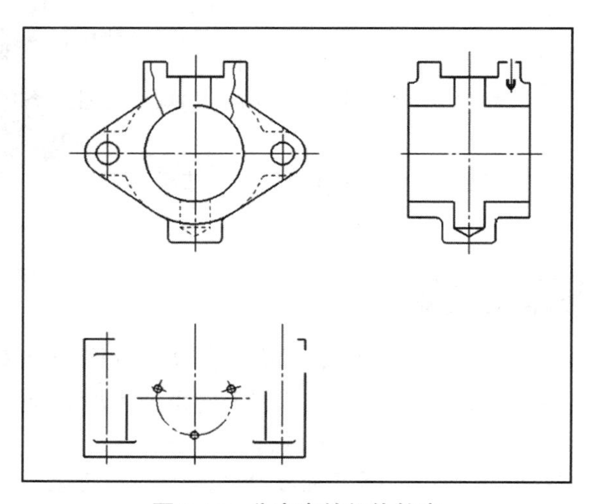

图 9.44　分离出的阀体轮廓

（2）补画缺失的结构轮廓线，如图 9.45 所示。

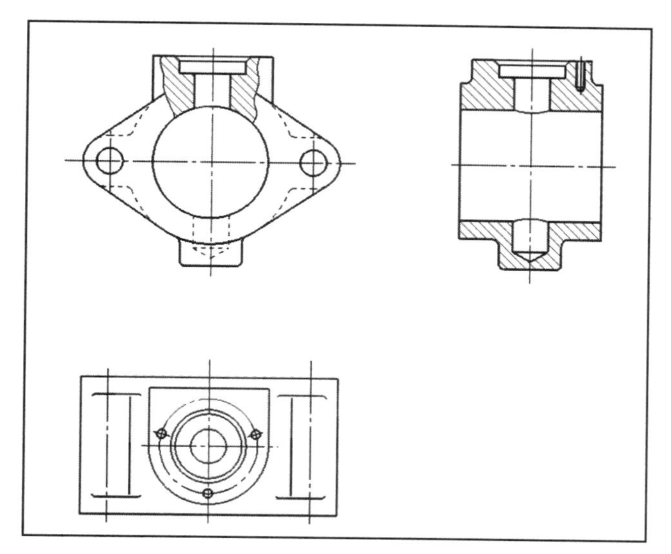

图 9.45　补画轮廓线

3. 零件的视图表达方案

为了更清晰地表达阀体 1 的内部结构，可以将主视图改为半剖视图，俯视图增加局部剖，这样安装孔的内部结构就表达清楚了，如图 9.46 所示。对于装配图中省略的工艺结构，如倒角、退刀槽等，也应根据工艺需要在零件图上表示清楚。如阀体 1 内孔的相贯线，在装配图上未展示出，在零件图上就应画出来。

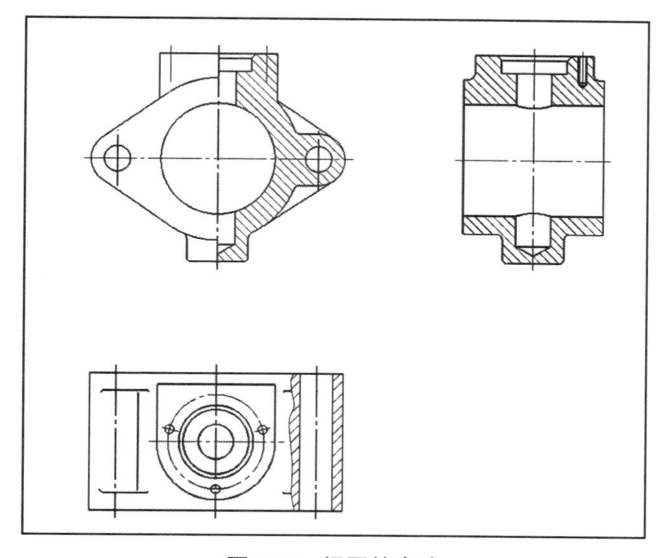

图 9.46　视图的表达

4. 尺寸处理

零件图的尺寸需根据装配图进行处理，方法如下：

（1）抄注在装配图中已标注出的尺寸。

所抄注的尺寸既是装配体设计的依据，也是零件设计的依据。在拆画零件图时，这些尺寸要完全照抄。对于配合尺寸，应根据配合代号，查出偏差数值，标注在零件图上。

如图 9.47 所示，直接抄注的尺寸有孔的定位尺寸 92，孔的大小尺寸 $R12$、$\phi55$，等等。

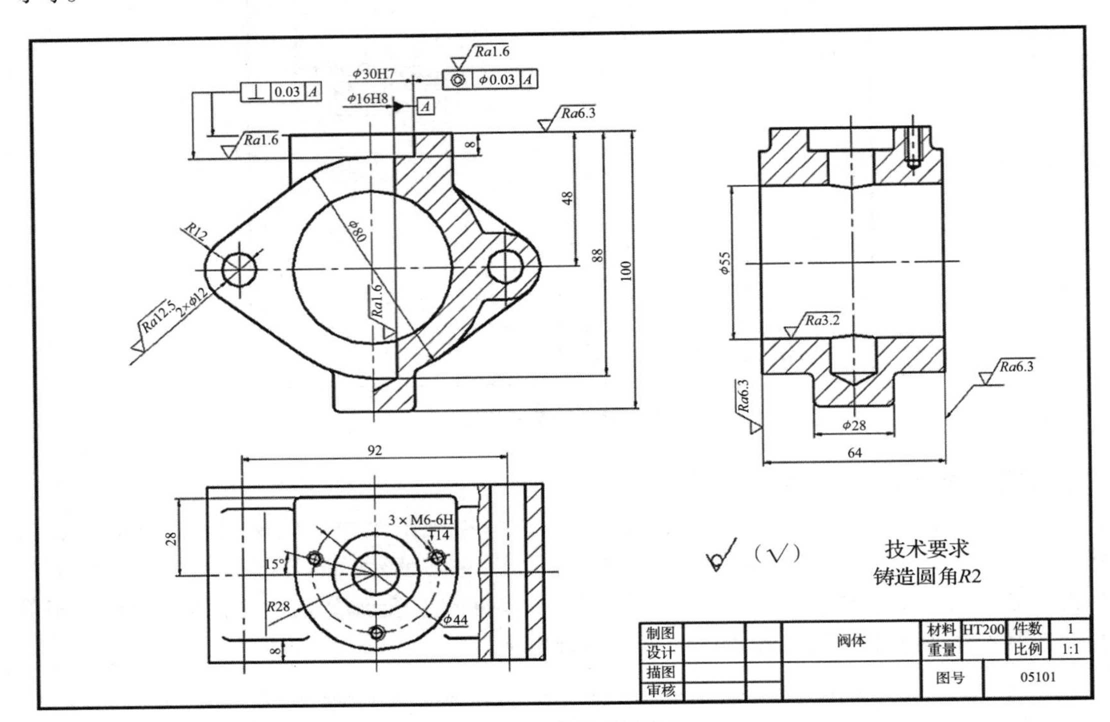

图 9.47　阀体零件图

（2）标准件的尺寸。

根据明细栏的内容查找标准件，如螺栓、螺母、螺钉、键、销等，它们的规格尺寸和标准代号可通过查阅相关标准得到。螺孔直径、螺孔深度、键槽、销孔等尺寸，应根据相配合的标准件尺寸进行确定。倒角、圆角、退刀槽等结构的尺寸，可通过查阅相关标准得到。

例如螺纹孔 3 × M6–6H，孔的大径与螺钉 6 相同，取 M6；精度等级选公差带代号 6H，阀体材料 HT200 为铸铁，螺钉旋入深度 b_m 取 $1.5d$=9。

（3）计算确定的尺寸。

有些零、部件的尺寸应根据装配图所给定的相关尺寸，通过计算进行确定。如齿轮轮齿部分的分度圆、齿顶圆等的尺寸，应根据所给的齿数、模数及有关公式进行计算。

（4）未标注的尺寸。

装配图上未标注的其他尺寸，可从图中用比例尺量得，量取数值一般取整数。如图 9.47 所示的 $\phi44$、$\phi80$、$R28$、100、48 等尺寸，都是量取之后圆整的尺寸数值。

另外，有装配关系的零件的尺寸应相互协调，如配合部分的轴、孔的基本尺寸应相同。其他尺寸，也应相互适应，以保证零件装配或运动时不产生矛盾或发生干涉、咬卡等现象。

5. 对技术要求的处理

对零件的几何公差、表面粗糙度及其他技术要求，可根据装配体的实际情况及零件在装配体的使用要求，参照同类产品及已有的生产经验进行综合确定。

阀体的表达方案、尺寸及技术要求的选取，如图 9.47 所示。如倒角表面粗糙度 12.5、紧固件通孔的表面粗糙度 6.3；其他零件连接不形成配合的表面，如箱体、外壳、端盖等零件端面的表面粗糙度 3.2，不重要的紧固螺纹表面的表面粗糙度 3.2。

思考题

1. 装配图有什么作用？包含的内容有哪些？
2. 装配图有哪些规定画法和特殊画法？
3. 装配图上需要标注哪几类尺寸？
4. 装配图中的技术要求应考虑哪几个方面？
5. 装配图中零、部件的序号编写规定和标注形式有哪些？
6. 如何在装配图中画出明细栏？
7. 常见的装配结构有哪些？
8. 装配体测绘应注意什么问题？
9. 读装配图的方法和步骤有哪些？
10. 拆画装配图的方法和步骤有哪些？

单元 10　CAD 绘图与 SW 建模

学习目标

1. 掌握 AutoCAD 2022 软件的基本操作，设置符合国家标准要求的绘图环境。
2. 掌握绘制图形的方法及标注方法。
3. 掌握绘制轴测图的方法及标注方法。
4. 掌握 SolidWorks 软件三维建模的基本应用。
5. 掌握使用 SolidWorks 生成符合国家标准要求的机械工程图的方法。

学习重点与难点

学习重点：平面图形分析，精确绘图，SolidWorks 草图与建模。

教学难点：使用 AutoCAD 绘制移出断面图、局部放大图和尺寸标注的方法等；使用 SolidWorks 生成工程图的方法及尺寸标注方法等。

本章主要讲述 AutoCAD 的绘图环境，使用 AutoCAD 绘制平面图形、轴测图和零件图的方法等，同时讲述 SolidWorks 三维建模的基本应用及生成符合国家标准的工程图的方法。

10.1　AutoCAD 2022 绘图

10.1.1　绘图环境

在进入绘图工作前，需要熟悉 AutoCAD 2022 的启动方式、工作界面、图形文件的基本操作、命令的输入方法及选择对象的方法等内容，以快速掌握 AutoCAD 的基本操作。

1. AutoCAD 2022 的启动方式及工作界面

（1）AutoCAD 2022 的启动方式。

安装 AutoCAD 2022 后，可双击桌面上 AutoCAD 2022 的快捷图标启动该软件。

（2）AutoCAD 2022 的工作界面。

打开应用程序进入工作界面，如图 10.1 所示。工作界面主要包含标题栏、菜单栏、功能区、文件选项卡、绘图区、命令行窗口、状态栏等。

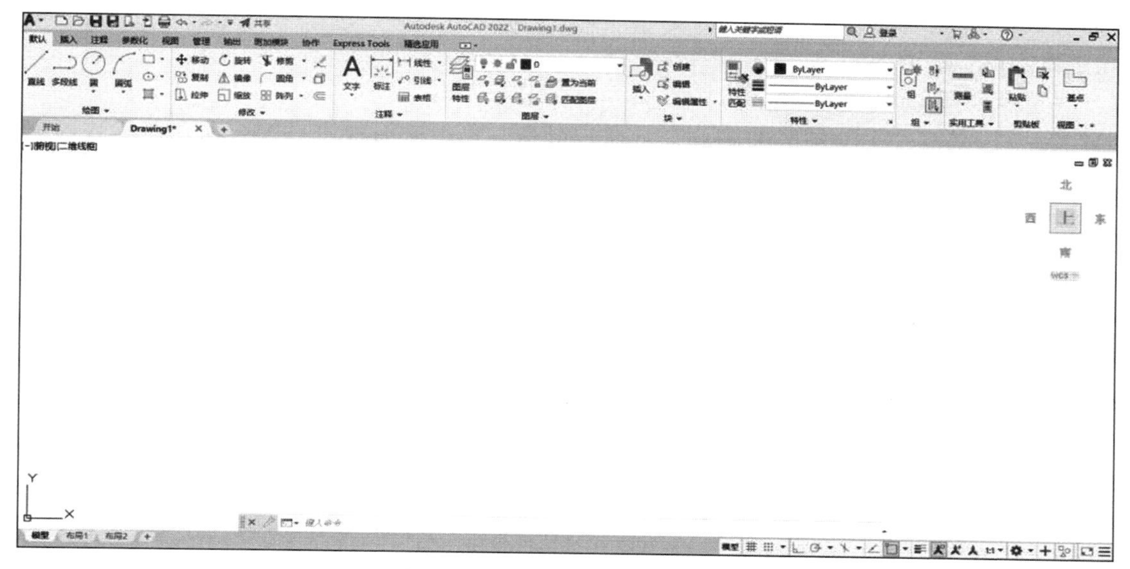

图 10.1　AutoCAD 2022 工作界面

1）标题栏。

单击“菜单浏览器” A▾，可执行创建、打开、保存、输出、发布、打印等图形文件操作命令。快速访问工具栏显示经常使用的工具，可通过自定义工具栏▾将想要使用的工具固定在工作界面中。

2）菜单栏。

菜单栏包括文件、编辑、视图、插入、格式、工具等 12 个子菜单。若菜单命令后有“…”符号，选择后可打开一个对话框；若菜单命令后有“>”符号，选择后能够打开下级菜单。

3）功能区。

功能区包含选项卡和面板，选项卡下有“绘图”“修改”“注释”“图层”等面板，每个面板包含若干工具，如图 10.2 所示。

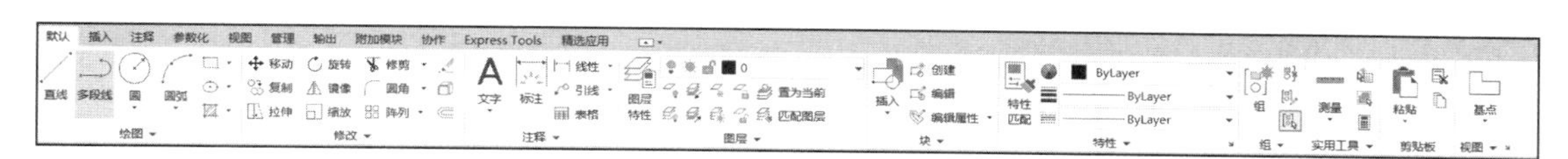

图 10.2　功能区

如图 10.3 所示的“绘图”面板包含用于“直线”“圆”“椭圆”等创建对象的工具。

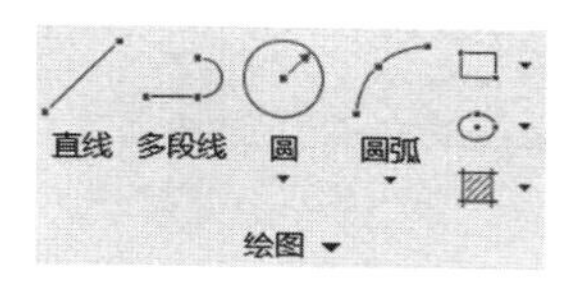

图 10.3　绘图面板

4）文件选项卡。

将鼠标悬停在文件选项卡上时，会看到模型的预览图像和布局，在任何一个文件选项卡上右击均可执行新建、打开、保存和关闭文件等操作。

5）绘图区。

在绘图区创建、编辑和显示图形对象。绘图区的左上角有视口控件、视图控件和视觉样式控件。绘图区的右上角有 ViewCube 控件和导航栏，允许用户旋转图形视图从不同视角查看图形。绘图区的左下角有坐标系图标，显示系统当前的 UCS 图标样式。

6）命令行窗口。

命令行窗口位于绘图区的底部，可通过键盘、菜单或面板工具输入命令、参数等信息。输入命令后按 Enter 键，动态输入状态下在鼠标指针旁显示命令提示符，根据提示进行操作。

7）状态栏。

状态栏在工作界面的底部，显示当前的绘图状态。状态栏的左侧是模型空间和图纸空间选项卡，模型空间是进行绘图工作的空间，图纸空间的布局选项卡允许用户控制绘图区域和比例。状态栏的右侧显示常见绘图帮助、注释释放工具和工作空间自定义工具。系统默认的是“草图与注释”工作空间，可使用工作空间控件切换到“三维基础”“三维建模”工作空间以创建三维模型。单击可自定义状态栏上显示的工具，如图 10.4 所示。

图 10.4　状态栏

2. 图形文件的基本操作

图形文件的基本操作包括新建、打开、保存及另存等。

（1）新建文件。

单击“新建”，新建一个空白文件。新建界面如图 10.5 所示。

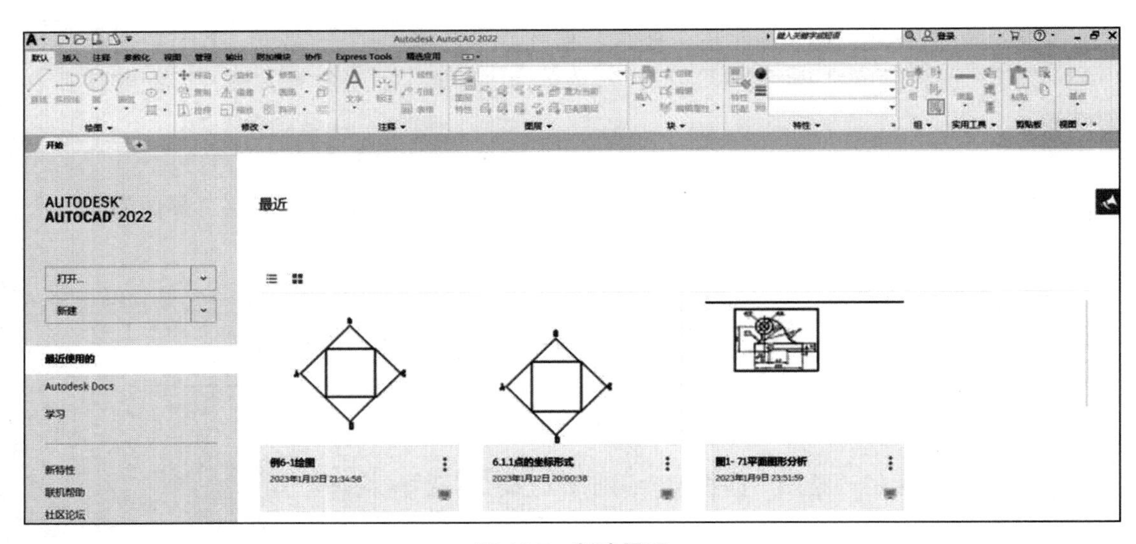

图 10.5　新建界面

在“选择样板”对话框中选择“acadiso.dwt”样板文件，新建公制单位为毫米的绘图环境，如图 10.6 所示。

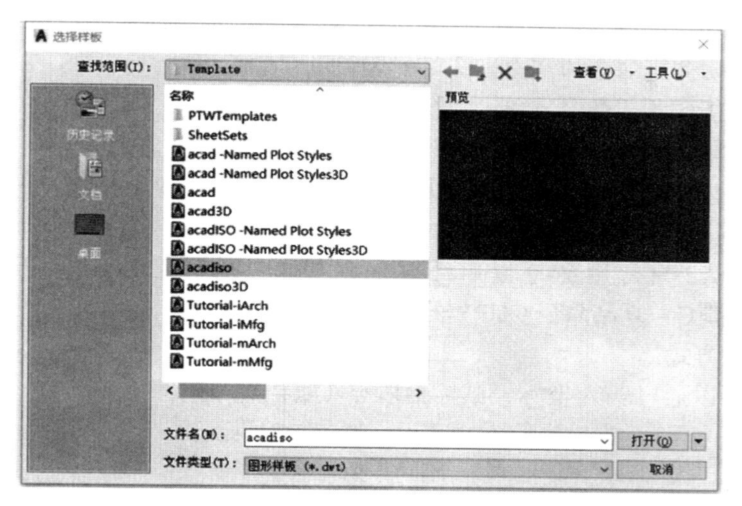

图 10.6 “选择样板”对话框

（2）打开文件。

在“开始”界面中单击“打开文件”，选择所需要打开的图形文件。

在“选择文件”对话框中，单击“查找范围”下拉列表框，根据路径找到需要的文件，单击“打开”或双击文件即可打开文件。

（3）保存文件。

保存新建的文件，单击快速访问工具栏中的“保存”按钮，或单击“另存为”按钮，弹出“图形另存为”对话框，如图 10.7 所示。输入文件名称，指定文件保存路径，单击“保存”按钮。

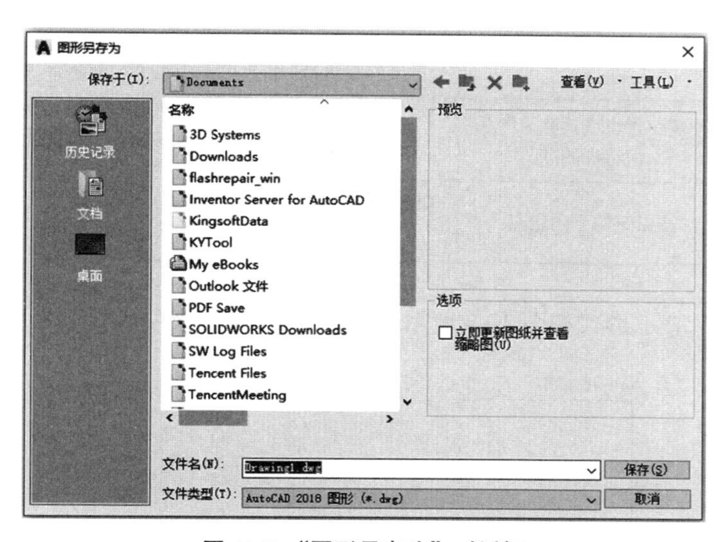

图 10.7 “图形另存为”对话框

（4）退出 AutoCAD 2022。

图形绘制完成并保存后，单击“关闭”。

3. 调用命令的方法

AutoCAD 提供了工具栏、下拉菜单、键盘输入等多种输入或选择命令的方法。以直线命令为例，说明调用命令的常用方法。

（1）通过功能区调用命令，单击“绘图”面板中的“直线”。

（2）通过菜单栏输入命令，执行“绘图”菜单→“直线”命令。

（3）通过键盘输入命令，在命令行中输入“LINE”(快捷键 L)，然后按 Enter 键。

（4）通过快捷菜单执行最近命令，可按键盘上的 Enter 键或空格键。

AutoCAD 2022 为常用命令提供缩写名，如直线命令 LINE 的快捷键 L，圆命令 CIRCLE 的快捷键 C，复制命令 COPY 的快捷键 CO 等。

4. 点的输入方式

点的输入可以通过输入坐标、鼠标拾取点（配合对象追踪捕捉功能）、直接输入距离(配合极轴追踪功能)、动态输入等方式实现，如表 10.1 所示。

表 10.1　点的输入方式

输入方式	表示方法		输入格式	说明
坐标输入	直角坐标	绝对坐标	x, y, z	通过键盘输入 x，y，z 三个数值，确定点的位置。数值之间用逗号隔开
		相对坐标	@x, y, z	@ 表示相对坐标，指当前点相对于前一个作图点的直角坐标增量
	极坐标	绝对坐标	l<θ	l 表示点到坐标原点的距离。 θ 表示点与坐标原点的连线与 x 轴正向之间的夹角
		相对坐标	@l<θ	@ 表示相对坐标，指当前点相对于前一个作图点的极坐标增量
用输入设备在屏幕上拾取	一般位置点		鼠标直接拾取点	当不需要准确定位时，用鼠标移动光标到所需的位置，按下左键就将十字光标所在位置的点坐标输入软件中。当需要精确确定某点的位置时，需要用对象捕捉功能捕捉当前图中的特征点或者准确输入距离
	特殊位置点或具有某种几何特征的点		利用对象捕捉功能	
	按设定的方向定点		利用极轴追踪自动追踪和正交模式等	

点的四种坐标表示形式如图 10.8 所示。

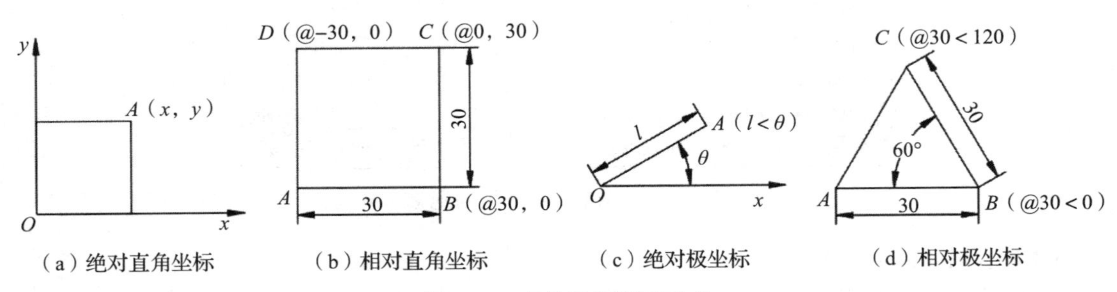

（a）绝对直角坐标　（b）相对直角坐标　（c）绝对极坐标　（d）相对极坐标

图 10.8　点的坐标表示形式

5. 选择对象的方法

对图形进行编辑操作时要选择编辑对象，选择方式有单选、窗口选择、交叉窗口选择、栏选、全选和快速选择等方法。

（1）单选。

在绘图过程中当命令行提示“选择对象”时，绘图窗口中的十字光标变为拾取框，将拾取框移到目标对象上单击即可选中对象。

（2）窗口选择。

窗口选择（W）简称为窗选，操作时将鼠标指针移近目标对象，从左上到右下拾取两点，窗口内的对象被选中，窗口外以及与窗口相交的对象均未选中，如图 10.9 所示。

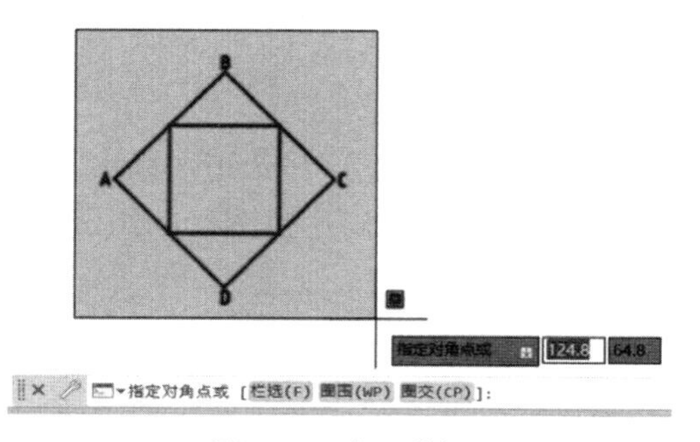

图 10.9　窗口选择

6. 图形显示控制

图形显示控制功能是指通过菜单栏、导航栏、鼠标或滚动条进行操作，以调整绘图区域大小和显示比例。

（1）平移。

平移（PAN）是在不改变图形显示比例的情况下移动图形，方便观察。平移的快捷方法是按住鼠标中键拖动图形，如图 10.10（a）所示；或者在绘图区单击鼠标右键，在快捷菜单中选择平移。退出平移状态时，按 Esc 键或 Enter 键，或单击鼠标右键，在出现的快捷菜单中再次选择平移，如图 10.10（b）所示。

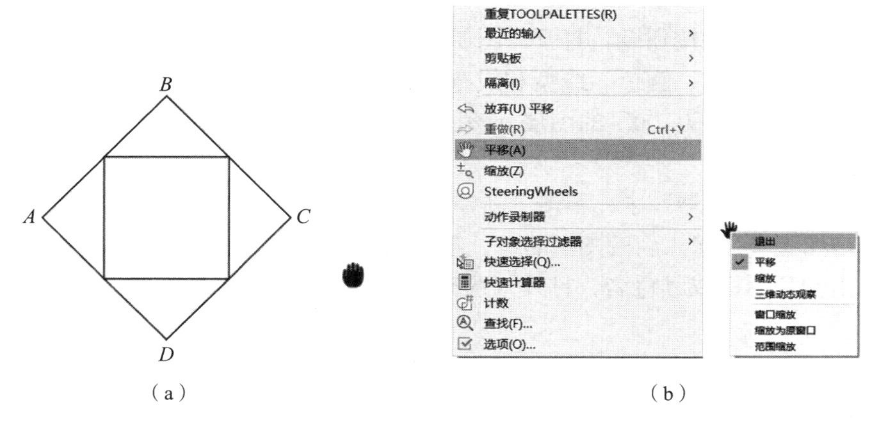

图 10.10　平移

（2）缩放。

用缩放（ZOOM）功能可改变显示范围，放大或缩小绘图区的图形。缩放操作的快捷方法是滚动鼠标中键，双击鼠标中键可满屏显示绘图窗口中的图形。

7. 绘图辅助工具

单击状态栏中相应的按钮，开启或关闭绘图辅助工具，如图 10.11 所示。

图 10.11　绘图辅助工具

（1）栅格与捕捉。

启用显示图形栅格（F7）功能时，绘图区显示矩形栅格，类似于坐标纸。利用栅格可以对齐图形并直观显示图形间的距离。栅格不是图形的组成部分，不能被打印输出。

（2）极轴追踪。

启用极轴追踪（F10）功能时，系统按用户指定的角度限制光标。在系统要求指定一个点时，启用极限追踪功能，按预先设置的极轴增量角显示追踪路径，沿此路径追踪到目标点。

（3）对象捕捉和对象捕捉追踪。

启用对象捕捉（F3）功能时，系统将捕捉到二维参照点。默认情况下，当光标移动到参照点附近时，将显示对象捕捉模式标记。单击状态栏中的“对象捕捉”按钮，可根据需要设置捕捉模式，如图 10.12 所示。

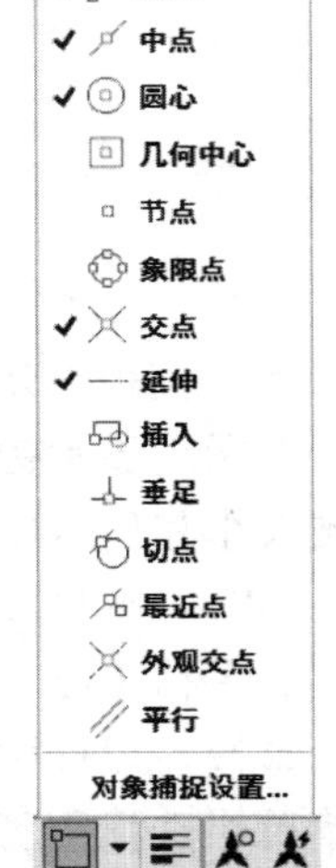

图 10.12　对象捕捉

8. 图层的创建与管理

图层的创建与管理是 AutoCAD 有效管理图形、提高工作效率的重要手段。

（1）新建图层。

单击“图层特性”按钮，打开“图层特性管理器”，根据绘图需要创建并设置图层的特性，如图层的名称、颜色、线型和线宽等，如图 10.13 所示。每创建一个新的图形文件，系统会自动创建名为“0”的图层。该图层不能删除或更名，可以修改其颜色、线型、线宽等特性。

在“图层特性管理器”中，单击“新建图层”按钮，创建新图层。

1）单击图层名，输入新的图层名称，按 Enter 键。

2）单击颜色图标或颜色名，打开“选择颜色”对话框，选择需要的颜色，如图 10.14 所示。

3）单击“线型”，打开“选择线型”对话框，如图 10.15 所示，单击“加载（L)”，打开“加载或重载线型”对话框，选择需要的线型，如图 10.16 所示。

注意：在“选择线型”对话框中需要再次选择已加载的线型，才能完成线型的调用。

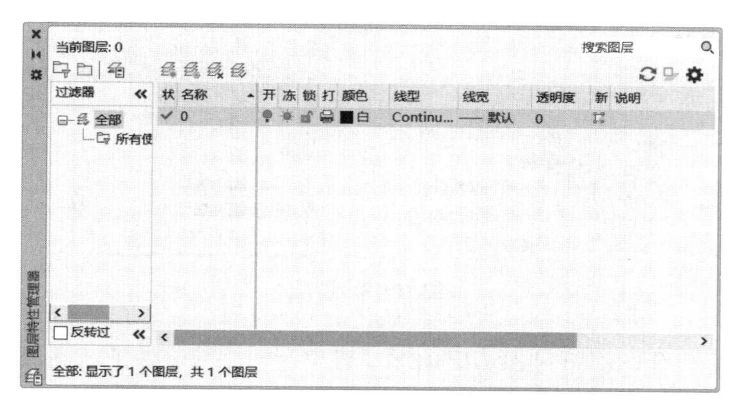

图 10.13　图层特性管理器

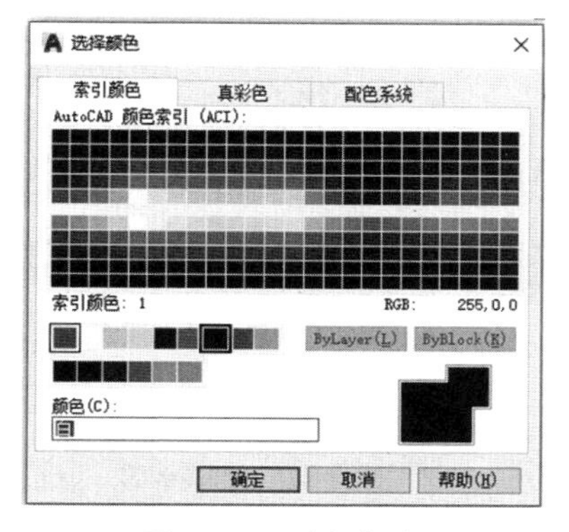

图 10.14　选择颜色

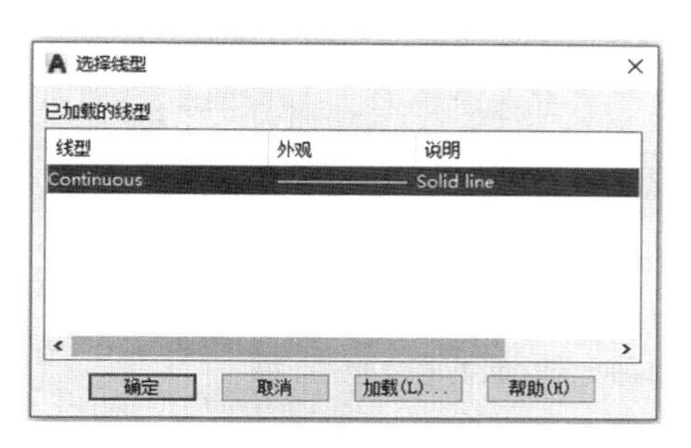

图 10.15　选择线型

4）单击“线宽”，在“线宽”对话框中选择需要的线宽，如图 10.17 所示。一般情况下，粗实线选择 0.5mm 线宽，其他线型选择默认的 0.25mm。

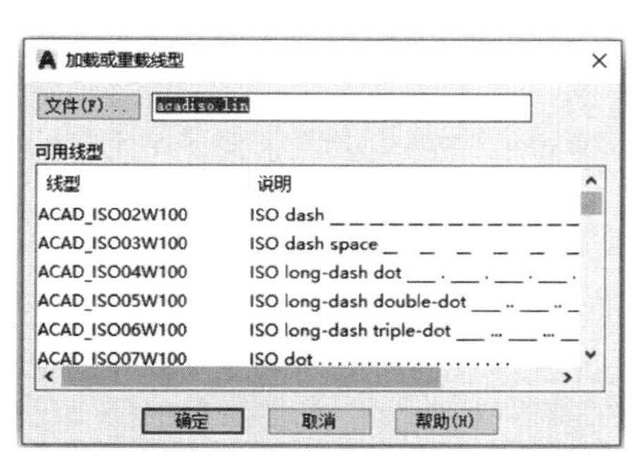

图 10.16　加载或重载线型

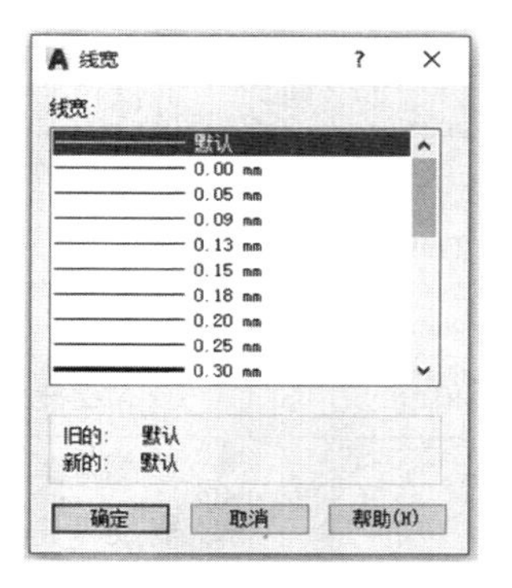

图 10.17　线宽

（2）管理图层。

1）切换图层时单击“图层”面板中的“图层”，如图 10.18 所示。

2）将所需图层置为当前层，需要单击“图层”面板中的“置为当前”，如图 10.18 所示。

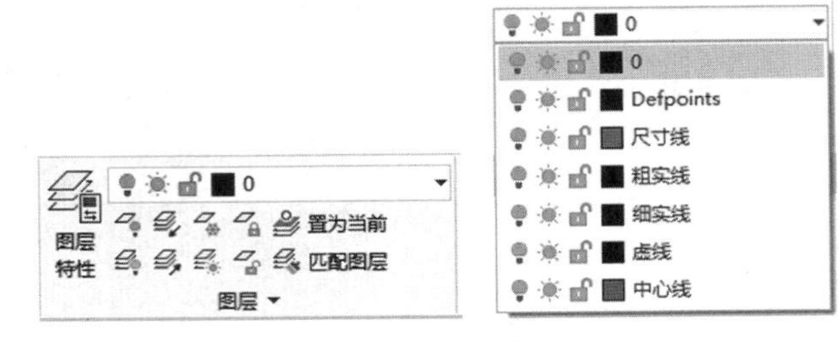

图 10.18　图层

3）改变对象所在图层时可先选中图形，再单击图层列表，或“图层”面板中的“匹配图层”，或“修改”菜单中的“特性匹配”。

10.1.2 绘制平面图形

1. 绘制平面图形的常用命令

常用的绘图命令及其功能如表 10.2 所示；常用的编辑命令及其功能如表 10.3 所示。

表 10.2　常用绘图命令及其功能

命令	功能说明
直线：LINE 或 L	使用 LINE 命令，可以创建一系列连续的直线段。每条线段都是可以单独进行编辑的直线对象
多段线：PLINE 或 PL	多段线是作为单个对象被创建的相互连接的线段序列，可以创建直线段、圆弧段或两者的组合线段，主要用于三维实体建模的拉伸轮廓等
圆：CIRCLE 或 C	CAD 提供了六种画圆的方式，默认方式是指定圆心和半径，对于圆弧连接通常采用相切、相切、半径的方式
圆弧：ARC 或 A	绘制圆弧时可指定圆心、端点、起点、半径、角度、弦长和方向值的各种组合形式。除第一种方法（指定三点绘制圆弧）外，其他方法都是从起点到端点逆时针绘制圆弧
矩形：RECTANG 或 REC	使用此命令，可以指定矩形参数（长度、宽度、旋转角度）并控制角的类型（圆角、倒角或直角），默认生成矩形的方式是指定矩形的两个对角点
正多边形：POLYGON 或 POL	使用此命令创建等边闭合多段线，可绘制边数为 3 ～ 1024 的多边形。方法 1：通过指定正多边形的中心点和外接圆的半径（从正多边形中心到各顶点的距离）或指定正多边形的中心点和内切圆的半径（从正多边形中心到各边中点的距离）。方法 2：通过指定第一条边的端点来定义正多边形
椭圆：ELLIPSE 或 EL	创建椭圆或椭圆弧，椭圆的形状和大小由定义其长轴和短轴的三个点确定
样条曲线：SPLINE 或 SPL	创建样条曲线，使用拟合点或控制点进行定义。默认情况下，拟合点与样条曲线重合，而控制点定义控制框是一种便捷的方法，用来设置样条曲线的形状

表 10.3　常用编辑命令及其功能

命令	功能说明
删除：ERASE 或 E	从图形中删除对象，对于临时被删除的对象可用 OOPS 或 UNDO 命令将其恢复
复制：COPY 或 CO	在指定方向上按指定距离复制对象，大小和方向保持不变

续表

命令	功能说明
镜像：MIRROR 或 MI	绕指定轴翻转对象，创建对称的镜像图像
偏移：OFFSET 或 O	创建同心圆、平行线、等距线等
阵列：ARRAY 或 AR	矩形阵列是将对象副本按行、列和标高的任意组合分布，可以控制行和列的数目以及它们之间的距离；环形阵列是围绕中心点或旋转轴均匀分布对象副本；路径阵列是沿路径或部分路径均匀分布对象副本
移动：MOVE 或 M	在指定方向上按指定距离移动对象，大小和方向保持不变
旋转：ROTATE 或 RO	绕指定基点旋转图形中的对象。要确定旋转的角度或输入角度值，使用光标进行拖动，或者指定参照角度后再指定新角度
缩放：SCALE 或 SC	放大或缩小选定的对象，比例保持不变
修剪：TRIM 或 TR	修剪对象使其与其他对象的边相接。先选择剪切边，按 Enter 键后再选择要修剪的对象
延伸：EXTEND 或 EX	延伸对象使其精确地延伸至其他对象定义的边界，操作方法与修剪命令相同
倒角：CHAMFER 或 CHA	在两个对象之间创建倒角。先设置倒角距离，再选择倒角对象。使用“多个”选项可以对多组对象进行倒角而无须结束命令
圆角：FILLET 或 F	用相切并且具有指定半径的圆弧连接两个对象。先设置圆角半径，再选择要倒圆角的对象。使用“多个”选项可以对多组对象倒圆角而无须结束命令
分解：EXPLODE	可以将多段线、标注、图案填充或块参照等复合对象转变为单个的元素

2. 绘制简单平面图形示例

例 10.1 绘制简单平面图形，不标注尺寸，如图 10.19 所示。

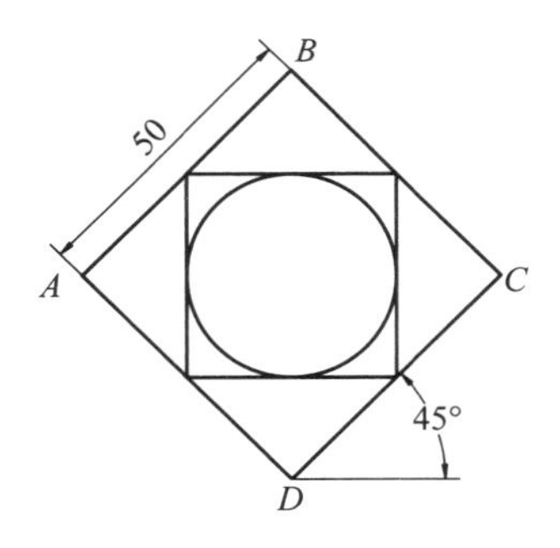

图 10.19 平面图形一

（1）图形分析。

如图 10.19 所示的图形由四条边长为 50mm 的直线段组成，各直线段方向为 45° 的整数倍，连接各线段中点形成正方形，其内部圆为正方形的内切圆。

（2）绘图步骤。

1）设置并启用极轴追踪功能。

单击“极轴追踪”按钮，如图 10.20 所示；再选择“45，90，135，180”选项，单击“正在追踪设置…”，打开“草图设置”对话框，选择“极轴追踪”选项卡，设置增量角角度，作为极轴追踪的角度，如图 10.21 所示。

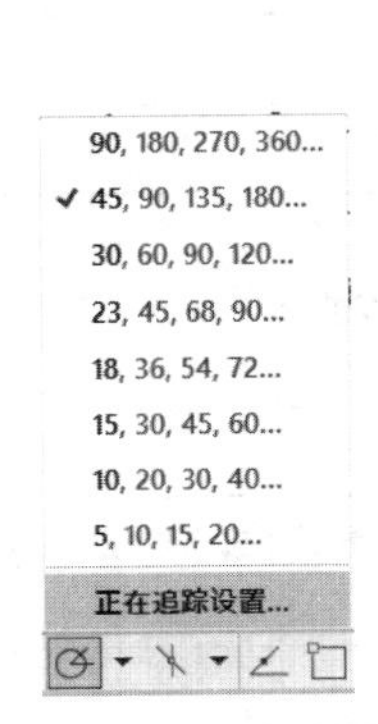

图 10.20　极轴追踪

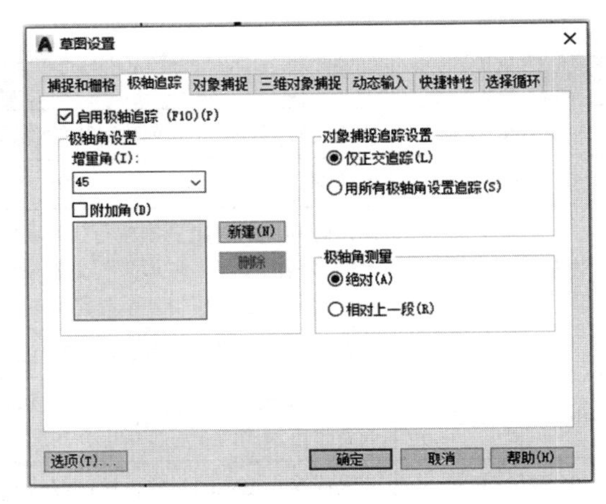

图 10.21　“草图设置”对话框

2）绘制正方形。

单击“直线”，在绘图区单击一点作为起点，移动鼠标指针出现 45° 极轴角时，输入 50 并按 Enter 键；再次移动鼠标出现 135° 极轴角时，输入 50 并按 Enter 键，同理绘制最后一个边，如图 10.22 所示。

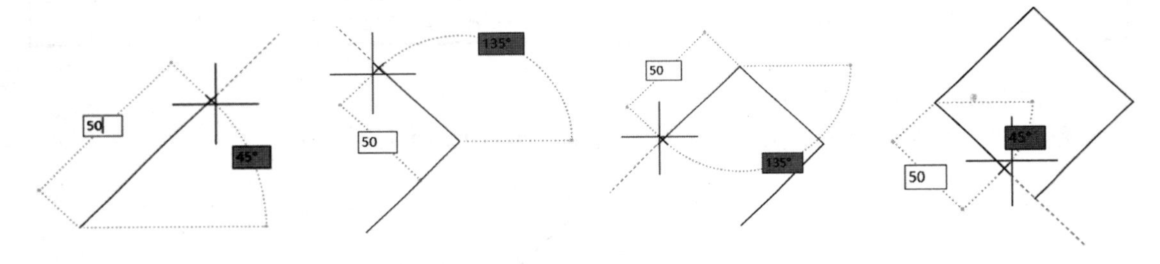

图 10.22　绘制正方形步骤

3）启用并设置对象捕捉功能。

单击“对象捕捉”，在列表中选择“中点”，同时单击“对象捕捉追踪”，显示对象捕捉参照线。

4）绘制内部正方形。

单击“矩形”，捕捉 *AB* 中点为起点，再捕捉 *DC* 中点为终点，完成内部正方形的绘制，如图 10.23 所示。

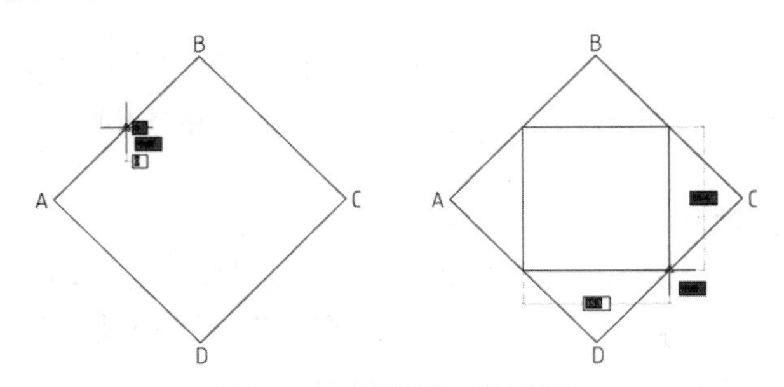

图 10.23　绘制内部正方形

5）单击“圆”，选择“三点（3P)”，依次选择内部正方形的中点完成圆的绘制，如图 10.24 所示。

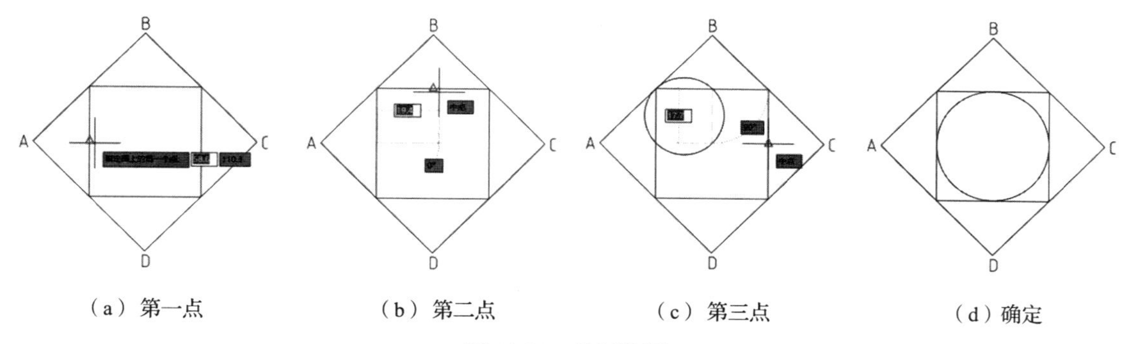

（a）第一点　（b）第二点　（c）第三点　（d）确定

图 10.24　绘制步骤

例 10.2　绘制简单平面图形，不标注尺寸，如图 10.25 所示。

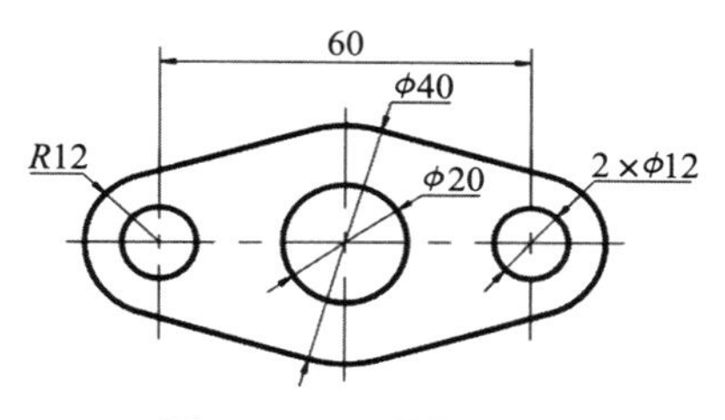

图 10.25　平面图形二

（1）图形分析。

该图形左右对称，由直线和圆组成，且直线和圆相切。ϕ12mm 和 ϕ20mm 的圆是已知定位和定形尺寸的，*R*12mm 和 ϕ40mm 的圆分别是 ϕ12mm 和 ϕ20mm 同心圆。

（2）绘图步骤。

1）创建图层。

根据图形需要创建粗实线、中心线和尺寸线三个图层，如图 10.26 所示。

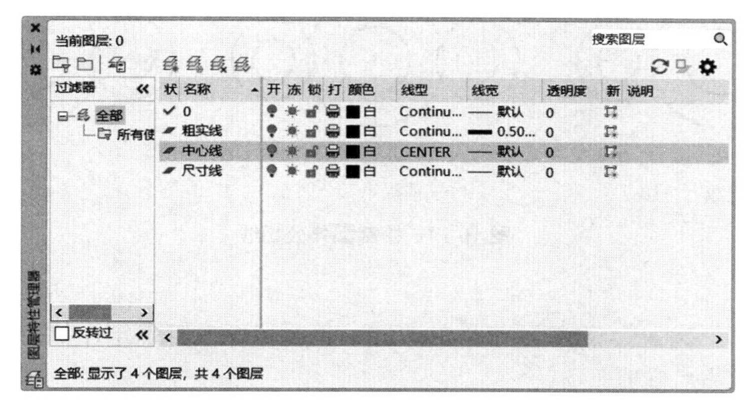

图 10.26　创建图层

2）绘制基准线。

切换图层为中心线层 中心线；单击“直线”，绘制中心线；单击“偏移”，将中心线 *AB* 向左右各偏移 30mm，如图 10.27 所示。

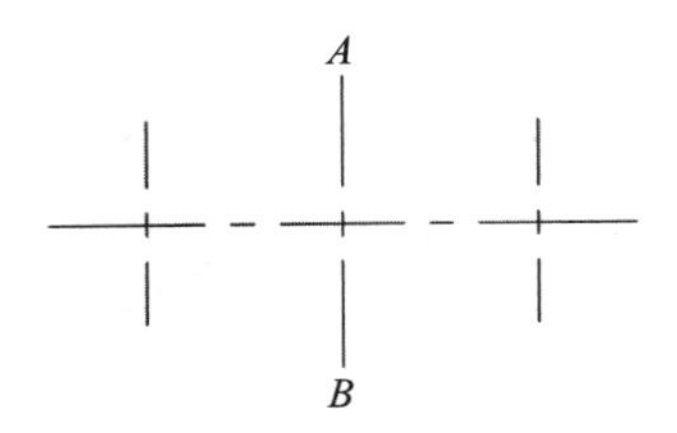

图 10.27　绘制基准线

3）绘制圆。

切换图层为粗实线层；单击“圆”，选择“圆心，半径”方式，捕捉中心线的交点为圆心，分别以 10mm 和 20mm 为半径绘制两个同心圆；再以左、右中心线的交点为圆心，以 6mm 和 12mm 为半径绘制两组同心圆，如图 10.28 所示。

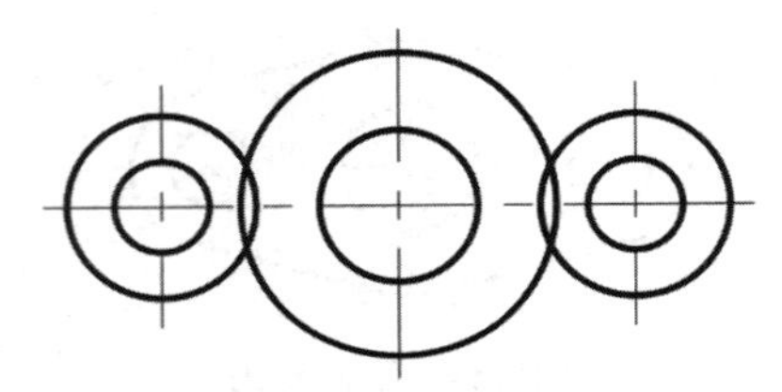

图 10.28　绘制圆

4）绘制圆外公切线。

启用“自动对象捕捉”，设置捕捉模式为“切点”，同时去掉一些其他的设置，避免产生干扰。执行“直线”命令后，用鼠标捕捉第一个圆的切点，再捕捉第二个圆的切点，单击鼠标左键确定，即可完成圆外公切线的绘制，如图 10.29 所示。

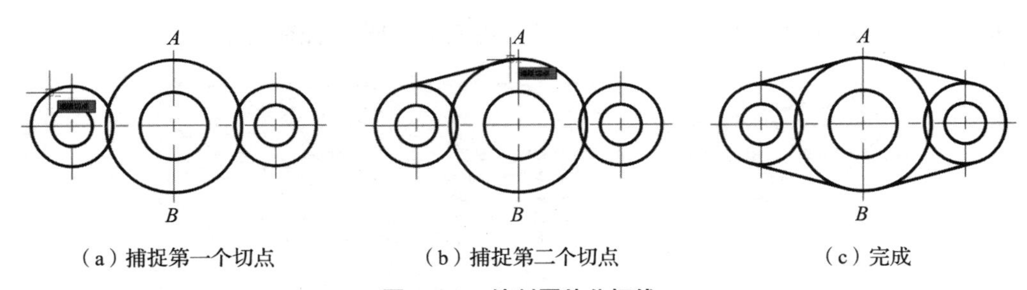

（a）捕捉第一个切点　（b）捕捉第二个切点　（c）完成

图 10.29　绘制圆外公切线

5）修剪。

单击“修剪” 修剪，选择要修剪的边线，单击鼠标左键确定，如图 10.30 所示。有些地方需要放大后再修剪。

3. 绘制吊钩的平面图形

创建 A4 图纸，按 1∶1 的比例绘制吊钩的平面图形并标注尺寸，如图 10.31 所示。

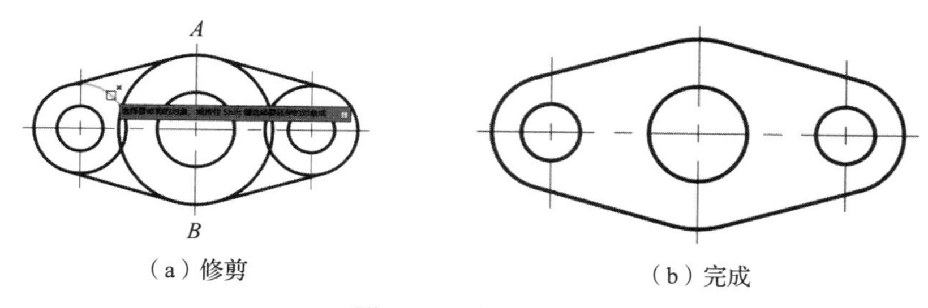

（a）修剪　　（b）完成

图 10.30　修剪图形

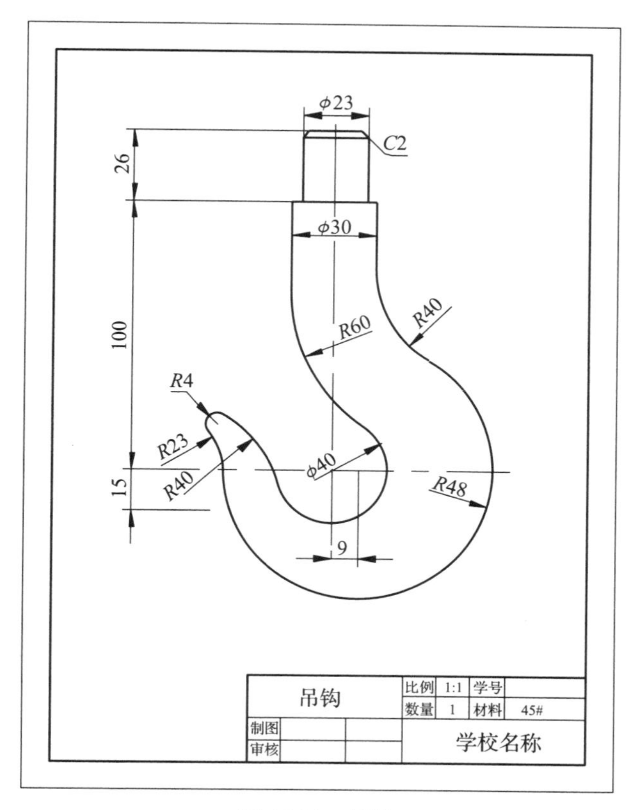

图 10.31　吊钩

（1）分析图形。

吊钩属于较复杂的平面图形，要配合绘图辅助工具，灵活应用基本绘图与修改命令、尺寸标注和文字输入命令才能完成。

（2）设置绘图环境。

1）新建图形文件。

单击“新建”，选择“acadiso.dwt”样板文件，新建一个图形文件，双击鼠标中键可全屏显示。

2）设置 A4 图幅。

在命令行中输入“limits”，根据提示输入左下角坐标“0，0”，右上角坐标为“210，297”。

单击“矩形”，在“指定第一个角点”提示下输入“0，0”，在“指定另一个角点”的提示下输入“210，297”。

绘制图框，单击“偏移”，将矩形向内偏移10mm（不带装订边格式），完成图幅及图框设置。

3）加载线型。

先单击“线型”，打开“线型管理器”对话框，如图10.32所示，再单击“加载”，在“加载或重载线型”对话框中，选Center和Dashed两种线型，并将“全局比例因子”设为0.5。

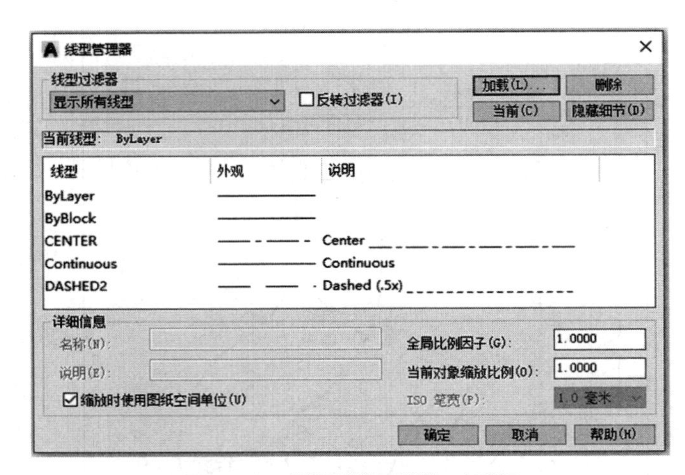

图10.32 “线型管理器”对话框

4）创建图层。

单击“图层特性”，在“图层特性管理器”中新建图层。各图层的特性和应用，如表10.4所示。

表10.4 新建图层特性及应用

图层名	颜色	线型	线宽	应用
粗实线	白	Continuos	0.5	可见轮廓线
细实线	白	Continuos	默认	剖面线、波浪线、文字等
虚线	黄	Dashed	默认	不可见轮廓线
中心线	红	Center	默认	中心线、轴线等
尺寸线	绿	Continuos	默认	标注尺寸

5）设置文字样式。

单击“注释”面板下拉箭头，在如图10.33所示的列表中，单击“文字样式”A，打开“文字样式”对话框，如图10.34所示，将字体设置为“仿宋”，高度设置为3.5，宽度因子设置为0.8，其他设置为默认，单击“应用”。

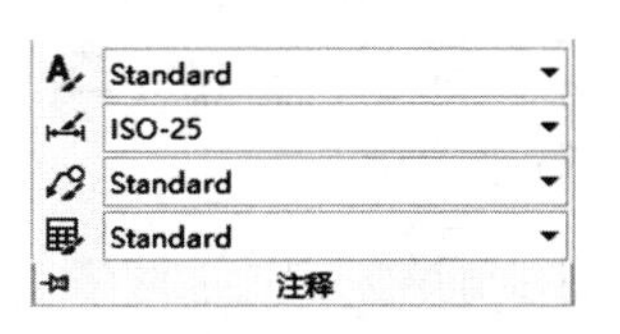

图10.33 注释

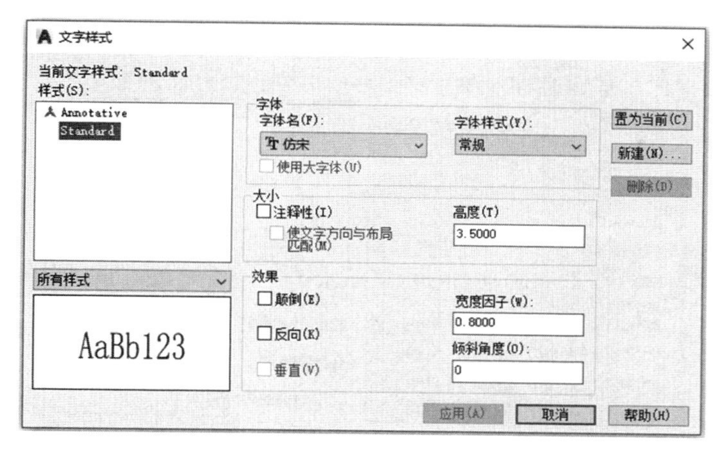

图 10.34 “文字样式”对话框

6）设置尺寸标注样式。

单击“标注样式” ，打开“标注样式管理器”对话框，如图 10.35 所示。

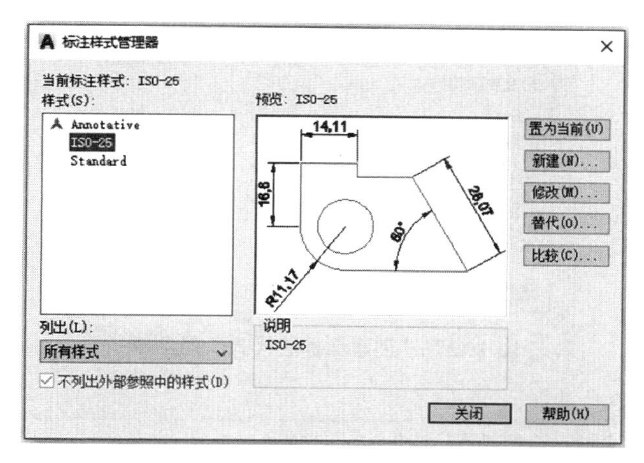

图 10.35 “标注样式管理器”对话框

单击“修改”，打开“修改标注样式：ISO−25”对话框，如图 10.36 所示。选择“线”选项卡，将“起点偏移量”设置为 0；选择“主单位”选项卡，将“逗点”改为“句点”；其他选项卡为默认设置。通过更改控制尺寸线、尺寸界线、箭头和标注文字等外观的相关参数，设置符合国家标准的标注样式。

以“ ISO−25”为基础样式，单击“新建”，打开“创建新标注样式”对话框，新建“副本 ISO−25”标注样式，如图 10.37 所示。单击“继续”，打开“新建标注样式：副本 ISO−25”对话框，选择“文字”选项卡，在“文字对齐”下拉列表框中选择“水平”选项，用于标注角度尺寸及要求文字水平的尺寸，单击“确定”，如图 10.38 所示。

以“ ISO−25”为基础样式，创建新标注样式，新样式名为“ ISO−25 线性直径”，如图 10.39 所示。单击“继续”，打开“新建标注样式：ISO−25 线性直径”对话框，选择“主单位”选项卡，在“前缀”框中输入“ %%c”（生成直径符号 ϕ），用于标注线性直径尺寸，如图 10.40 所示。

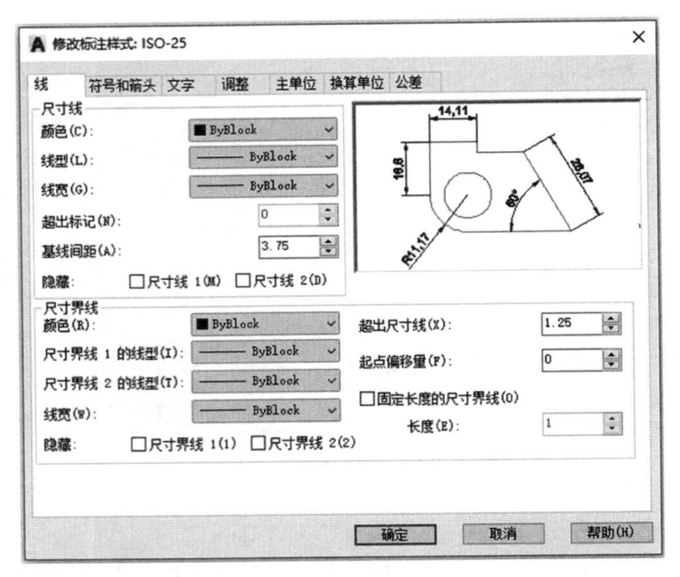

图 10.36 “修改标注样式：ISO−25”对话框

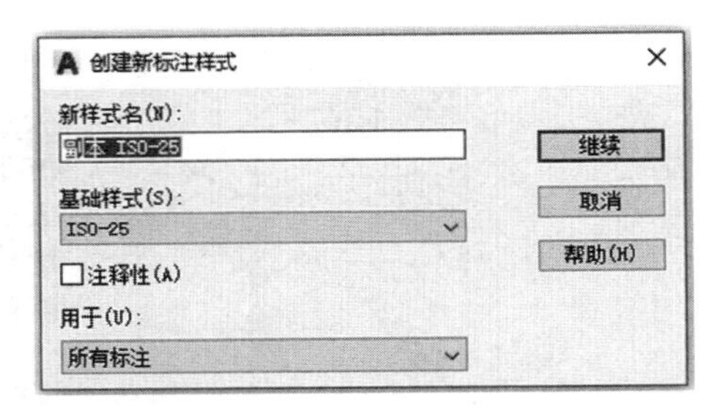

图 10.37 “创建新标注样式”对话框

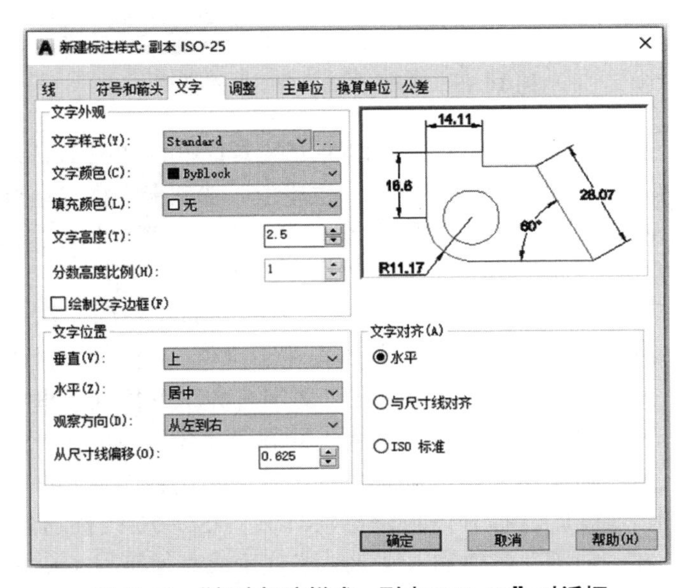

图 10.38 “新建标注样式：副本 ISO−25”对话框

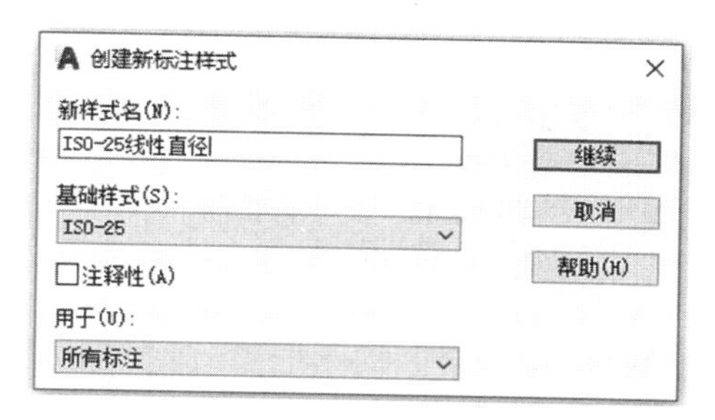

图 10.39　ISO-25 线性直径

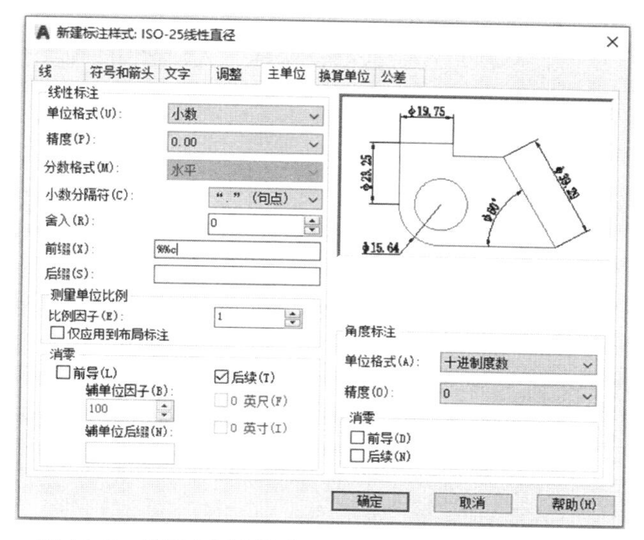

图 10.40　“新建标注样式：ISO-25 线性直径”对话框

7）绘制标题栏。

绘制好的标题栏的样式及尺寸，如图 10.41 所示。

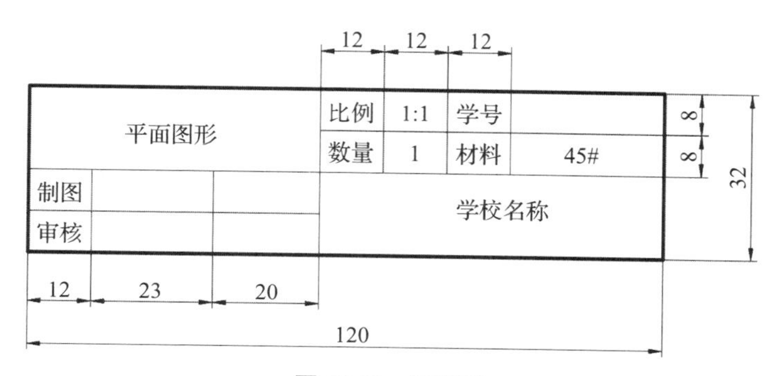

图 10.41　标题栏

填写标题栏时，单击“多行文字”，在绘图区通过指定对角点确定文本框的位置，激活“文字编辑器”选项卡，如图 10.42 所示。设置好文字的样式、格式、段落等属性后，在绘图区的文本框内输入文字即可。

图 10.42　文字编辑器

8）保存为样板文件。

完成上述设置后，将绘制在“0”层上的图框更改到“粗实线线”层，单击“菜单浏览器”，在下拉列表中选择“另存为”，在弹出的“图形另存为”对话框中以“A4 竖”为文件名并选择保存路径，将其保存为图形样板文件（*.dwt）。

9）调用样板文件。

单击“新建”，弹出“选择样板”对话框，选择“A4 竖”样板文件。打开一个绘图环境已完整设置的新文件，可提高绘图效率。

（3）绘制吊钩的步骤。

1）绘制基准线。

单击“图层”列表，选择“中心线”层作为当前层。执行“直线”命令，绘制两条主要基准线。执行“偏移”命令，根据高度方向的定位尺寸 100mm、26mm、15mm 创建水平中心线的平行线，根据长度方向的定位尺寸 9mm 创建竖直中心线的平行线。结果如图 10.43（a）所示。

2）绘制已知线段。

单击“图层”列表，选择“粗实线”层作为当前层。执行“圆”命令，绘制 ϕ40mm 圆和 R48mm 圆。执行“直线”命令，绘制图形上端的直线部分。结果如图 10.43（b）所示。

3）绘制中间线段。

选择“0”层作为当前层，执行“圆”命令，以 ϕ40mm 圆的圆心为圆心、（40+20）mm 为半径绘制辅助圆，与 15mm 水平定位线相交获得交点。切换到“粗实线”层，以交点为圆心、40mm 为半径绘制圆弧。同理，以 R48 圆的圆心为圆心、（48+23）mm 为半径绘制辅助圆，与水平基准线相交获得交点，再以交点为圆心、23mm 为半径绘制圆弧。结果如图 10.43（c）所示。

4）绘制连接圆弧。

执行“圆角”命令，将半径设为 60mm，在左侧直线和 ϕ40mm 圆之间创建 R60mm 圆角。重复“圆角”命令，将半径设为 40mm，在右侧直线和 R48 圆弧之间创建圆角。执行“圆角”命令，将半径设为 4mm，在 R23mm 和 R40mm 两中间圆弧之间创建吊钩钩尖圆角。结果如图 10.43（d）所示。

5）修剪、整理细节。

执行“修剪”命令，依次将多余部分修剪掉，执行“删除”命令删除多余辅助线，如图 10.43（e）所示。

使用夹点编辑对象，调整中心线的长度，整理图形，结果如图 10.43（f）所示。

（4）标注尺寸。

单击“图层”列表，选择“尺寸线”层作为当前层。单击“线性”，标注图中的线性尺寸直径，如图 10.44（a）所示。单击“半径”，标注图中的半径尺寸，单击“直径”，标注图中的直径尺寸，如图 10.44（b）所示。

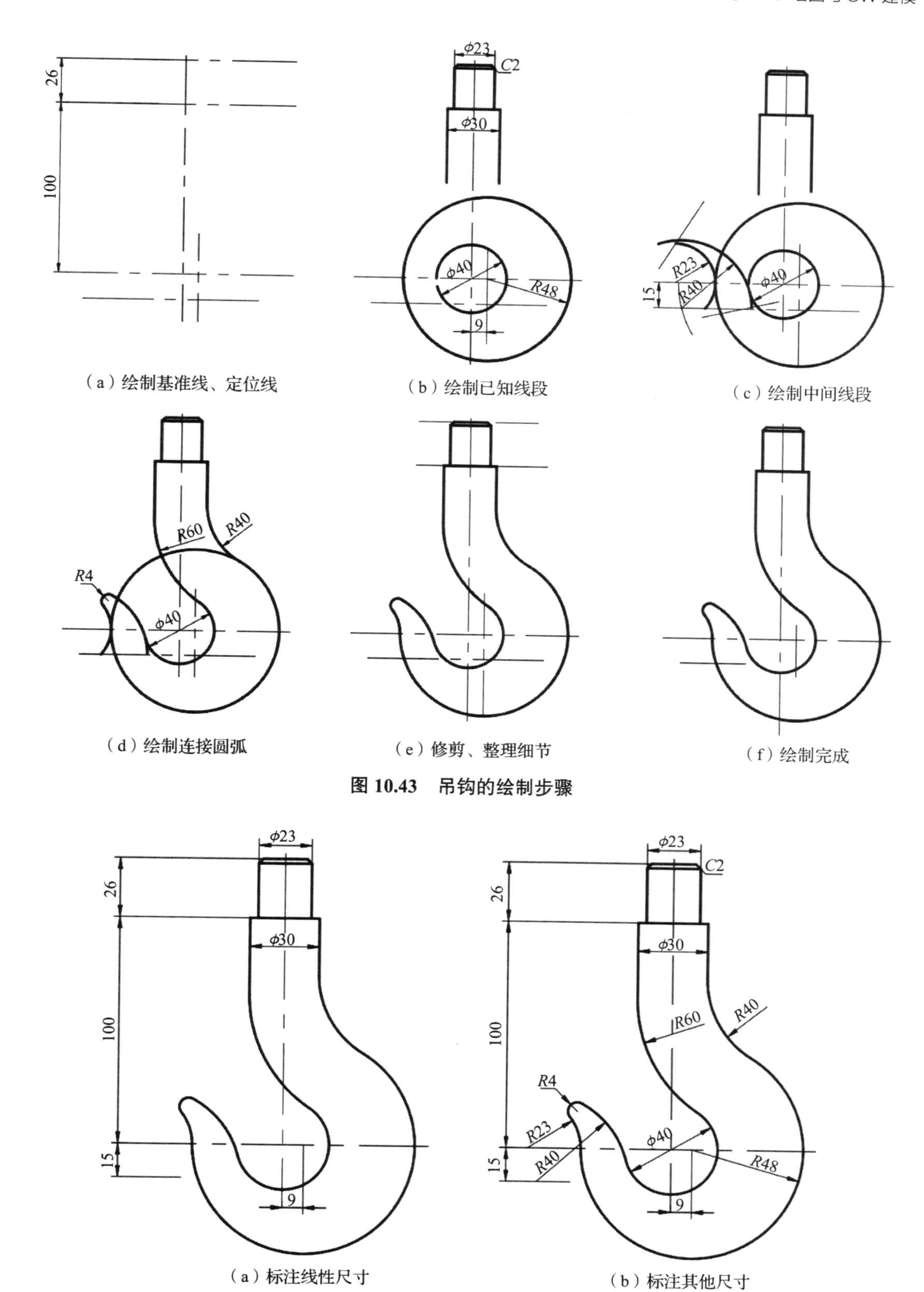

（a）绘制基准线、定位线

（b）绘制已知线段

（c）绘制中间线段

（d）绘制连接圆弧

（e）修剪、整理细节

（f）绘制完成

图 10.43　吊钩的绘制步骤

（a）标注线性尺寸

（b）标注其他尺寸

图 10.44　吊钩的尺寸标注

（5）保存图形文件。

单击“另存为”→“图形”，将吊钩保存于 D 盘根目录下，以“班级 + 姓名”为文件名保存图形文件（*.dwg）。

10.2 绘制轴测图

1. 正等轴测图的环境设置

轴测图是二维图形，其投影原理与基本视图的投影原理相同，只是投影方向有所调整。将“捕捉类型”设置为“等轴测捕捉”，如图 10.45 所示。每按一次 Ctrl+E 组合键或 F5 快捷键，光标在“等轴测平面 俯视”“等轴测平面 左视”“等轴测平面 右视”之间循环变化，如图 10.46 所示。

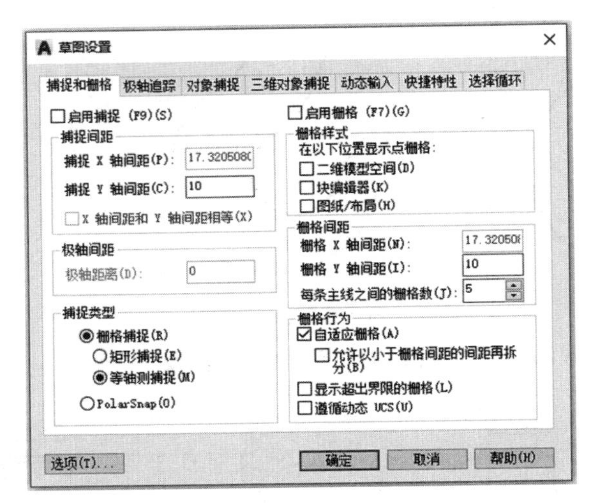

图 10.45 设置等轴测捕捉

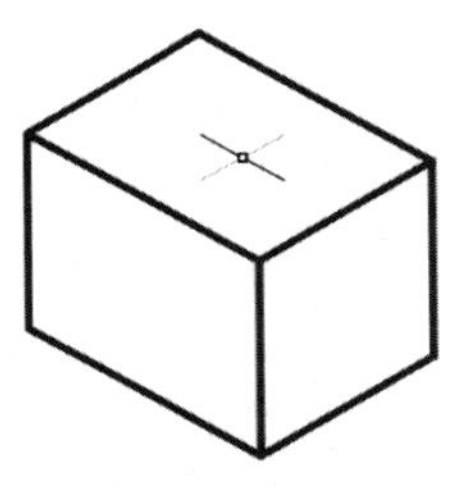

（a）等轴测平面 俯视

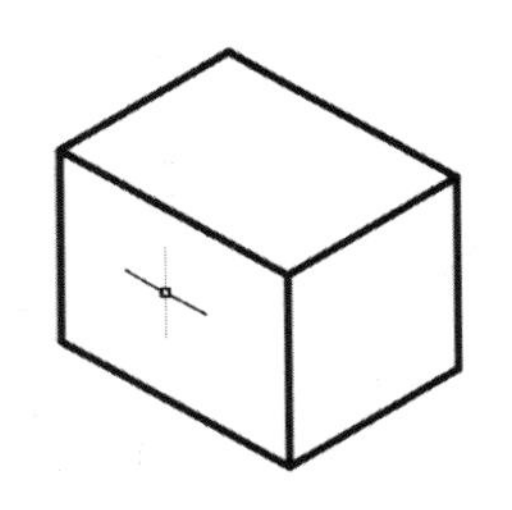

（b）等轴测平面 左视

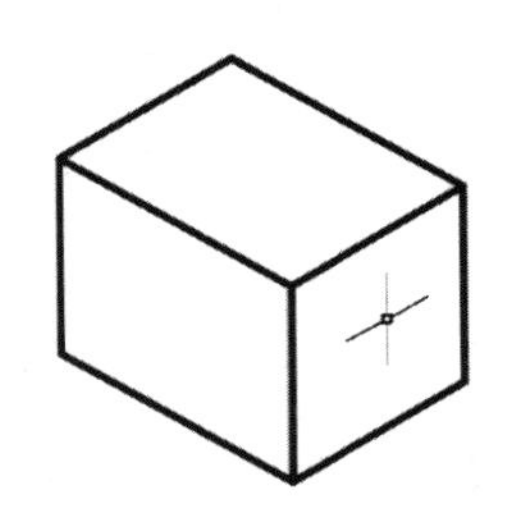

（c）等轴测平面 右视

图 10.46 等轴测捕捉模式

2. 正等轴测图的绘制

正等轴测图包含线段、圆和椭圆等基本几何图形，下面分别介绍它们的绘制方法。

（1）线段的绘制。

正等轴测图的线段有与轴测轴平行和不平行两种类型，与轴测轴平行的线段绘制方法有以下两种。

1）极轴追踪法。

单击状态栏中的“极轴追踪”，选择“正在追踪设置”命令，打开“草图设置”对话框，在“极轴追踪”选项卡中勾选“启用极轴追踪”复选框，将“增量角”设置为 30°，如图 10.47 所示。再单击“确定”，绘制与轴测轴平行的线段。

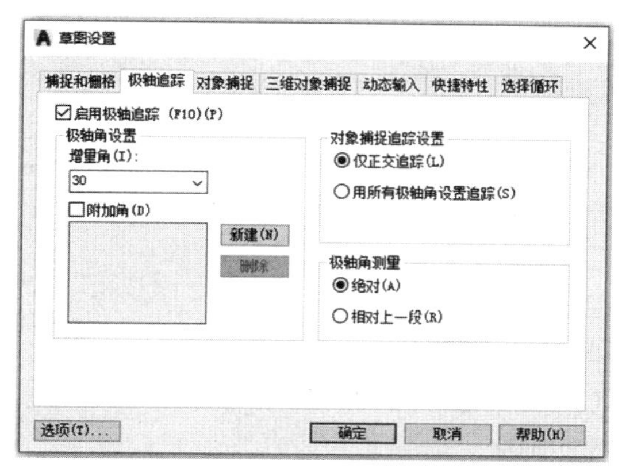

图 10.47　设置增量角

2）正交模式控制法。

使用这种方式绘制直线，需打开正交模式。绘制直线时，光标自动沿 30°、90° 和 150° 方向移动。用此种方法可绘制与轴测轴平行的线段。

绘制与轴测轴不平行的线段时，先关闭正交模式，再找出直线上的两点，连接这两个点。

（2）圆的绘制。

圆的轴测图是椭圆，圆位于不同的轴测面时，椭圆的长轴和短轴的位置是不同的，如图 10.48 所示。

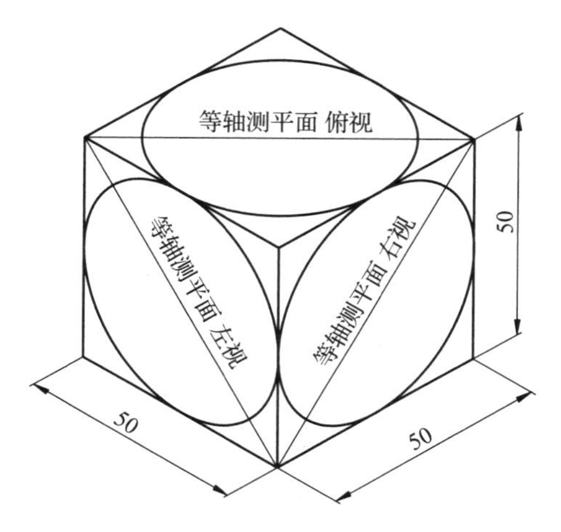

图 10.48　不同轴测面内的轴测圆

1）利用“椭圆”(ELLIPSE) 命令画轴测圆。

①按 F5 或 Ctrl+E 将作图平面切换至 *XOY* 面，在命令行中输入 ELLIPSE，按 Enter 键，提示如下：

指定椭圆轴的端点或［圆弧（A）/ 中心点（C）/ 等轴测圆（I）]：* 输入 I，按 Enter 键 *

指定等轴测圆的圆心：* 捕捉线段中点 *

指定等轴测圆的半径或［直径（D）]：* 输入 25，按 Enter 键 *

②按 F5 或 Ctrl+E 切换至 *XOZ* 面，在命令行中输入 ELLIPSE，按 Enter 键，提示如下：

指定椭圆轴的端点或［圆弧（A）/ 中心点（C）/ 等轴测圆（I）]：* 输入 I，按 Enter 键 *

指定等轴测圆的圆心：<捕捉 关> * 捕捉线段中点 *

指定等轴测圆的半径或［直径（D）]：* 输入 25，按 Enter 键 *

③按 F5 或 Ctrl+E 切换至 *YOZ* 面，在命令行中输入 ELLIPSE，按 Enter 键，提示如下：

指定椭圆轴的端点或［圆弧（A）/ 中心点（C）/ 等轴测圆（I）]：* 输入 I，按 Enter 键 *

指定等轴测圆的圆心：<捕捉 关> * 捕捉线段中点 *

指定等轴测圆的半径或［直径（D）]：* 输入 25，按 Enter 键 *

2）单击“椭圆”画轴测圆。

操作步骤与用“ELLIPSE”命令画轴测圆相同。

（3）轴测面内平行线的画法。

在轴测面内绘制平行线，不能直接用“偏移”(OFFSET) 命令，因为利用“偏移”命令偏移的距离为两线之间的垂直距离，而此时的绘图环境是沿 30° 方向的，距离不是垂直距离。应选择“复制”(COPY) 命令沿轴测轴方向捕捉距离。

3. 轴测图中的文本

轴测面中的文本必须根据各个轴测面的位置特点将文本倾斜某个角度，使文本外观与轴测图协调，否则立体感不强。

（1）轴测面中文本的倾斜规律。

1）在左轴测面（*YOZ* 面）上，文本需采用 −30° 倾斜角。

2）在右轴测面（*XOZ* 面）上，文本需采用 30° 倾斜角。

3）在顶轴测面（*XOY* 面）上，当文本平行于 *X* 轴时，需采用 −30° 倾斜角；当文本平行于 *Y* 轴时，需采用 30° 倾斜角。

各轴测面上的文本效果如图 10.49 所示。

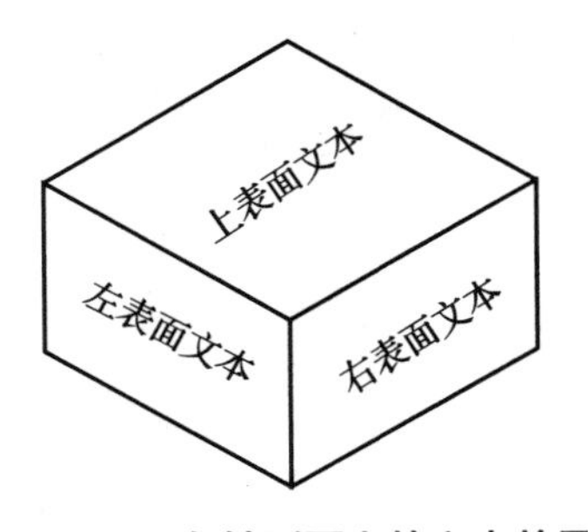

图 10.49　各轴测面上的文本效果

（2）设置文字的倾斜度。

单击“文字样式”，新建“轴测图（–30）”文字样式，设置“倾斜角度”为“–30”；新建“轴测图（30）”文字样式，设置“倾斜角度”为“30”，如图 10.50 所示。单击“应用”，再单击“关闭”。

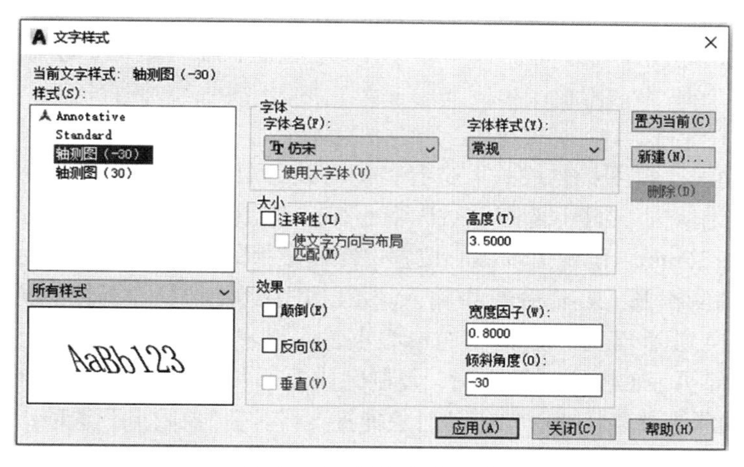

图 10.50　设置文字样式

4. 绘制底座轴测图

按 1∶1 比例绘制座轴测图并标注尺寸，如图 10.51 所示。

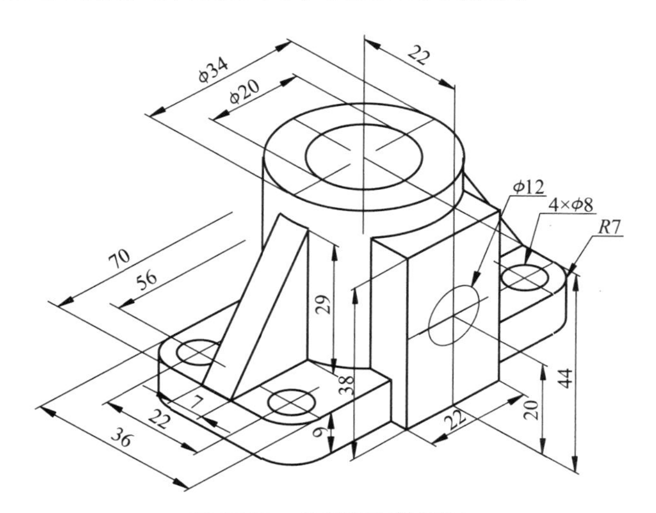

图 10.51　绘制底座轴测图

图形分析：利用形体分析法可得，底座由底板、空心圆柱、前侧方形凸台、两侧筋板组成，从底板开始逐一绘制底座各组成部分，根据投影关系及时修剪、删除不可见线条，整理完成图形。选择对齐标注各方向尺寸，编辑尺寸标注，选择合适的倾斜角度，调整尺寸及文字方向至正确位置。

（1）设置绘图环境。

将“捕捉类型”设置为“等轴测捕捉”，打开正交模式，按 F5 或 Ctrl+E 切换等轴测表面。

（2）绘图步骤。

1）绘制底板。

选择“粗实线”层作为当前层，绘制底面长 70mm、宽 36mm、高 9mm 的长方体。绘制底板上 ϕ8mm 和 R7mm 圆，捕捉正确位置，修剪整理，完成底板上表面的绘制。复制上表面，使其沿 Z 轴方向下移 9mm，修剪删除不可见结构。绘制结果如图 10.52（a）所示。

2）绘制空心圆柱。

①绘制辅助线。打开极轴模式，选择“中心线”层作为当前层，应用“直线”命令，根据结构尺寸绘制空心圆柱下部圆的对称中心线，确定圆心位置，复制对称中心线，使其沿 Z 轴方向上移 35mm，确定上部圆心位置。绘制结果如图 10.52（b）所示。

②绘制等轴测椭圆。在命令行中输入“ELLIPSE”，选择“等轴测圆（I）”选项，按 F5 或 Ctrl+E 切换到 XOY 面，选择圆的中心点为等轴测椭圆中心，分别输入半径 17mm、10mm，完成下部两等轴测椭圆的绘制，复制完成上部两等轴测椭圆的绘制。

③绘制等轴测椭圆外切线。单击“对象捕捉”，勾选“象限点”选项，执行“直线”命令，捕捉等轴测圆象限点，完成等轴测圆两外切线的绘制。绘制结果如图 10.52（b）所示。

3）绘制前侧方形凸台。

①绘制凸台直线。选择“中心线”层作为当前层，应用“直线”命令，捕捉底板下表面中心点，根据结构尺寸沿 Y 轴方向输入距离 22mm，确定凸台底部中心位置，调整方向，沿 X 轴方向输入距离 11mm，依次完成凸台各直线的绘制。凸台与圆柱相交的交线为椭圆弧，绘制该椭圆弧的方法是复制上部 ϕ34mm 等轴测椭圆，使其根据结构尺寸下移 6mm，确定保留部分，修剪整理。

②绘制等轴测椭圆。在命令行中输入“ELLIPSE”，选择“等轴测圆（I）”选项，按 F5 或 Ctrl+E 切换到 XOZ 面，捕捉凸台底部前侧中心位置，沿 Z 轴方向输入距离 20mm，确定等轴测椭圆中心，然后输入半径 6mm，绘制凸台前部等轴测椭圆。

绘制结果如图 10.52（c）所示。

4）绘制两侧肋板。

①复制等轴测椭圆。复制空心圆柱上部 ϕ34mm 等轴测椭圆，使其根据结构尺寸下移 6mm。

②绘制肋板直线。选择“中心线”层作为当前层，应用“直线”命令，捕捉底板上表面 ϕ34mm 等轴测椭圆与 X 轴的交点，使其为起点 A，沿 X 轴方向与底板边线相交确定第二点 B，沿 Y 轴方向输入距离 3.5mm 确定第三点 C，沿 X 轴方向追踪线与底板上表面 ϕ34mm 等轴测椭圆交点确定第四点 D，沿 Z 轴方向输入距离 29mm 与复制得的 ϕ34mm 等轴测椭圆相交确定第五点 E，再捕捉 C 点结束绘制直线。选择直线 CD、DE、EC，将它们的线型改为粗实线。

③绘制肋板直线。选择直线 CD、DE、EC，进行复制，使新复制的直线沿 Y 轴方向向后移动 7mm，完成左侧肋板后部绘制，修剪整理，删除不可见线条。同理绘制右侧肋板结构，结果如图 10.52（d）所示。

④修剪整理，完成图形绘制，如图 10.52（e）所示。

（3）标注尺寸。

1）对齐标注。选择“尺寸线”为当前层，选择“对齐”标注基本体长、宽、高三个方向的尺寸。

2）编辑尺寸标注。执行“标注”→“编辑”命令，选择长度方向尺寸和高度方向尺寸，右键确认选择，输入倾斜角度“-30”，按 Enter 键确认，同理选择宽度方向尺寸，输入倾斜角度“30”，按 Enter 键确认，结果如图 10.52（f）所示。

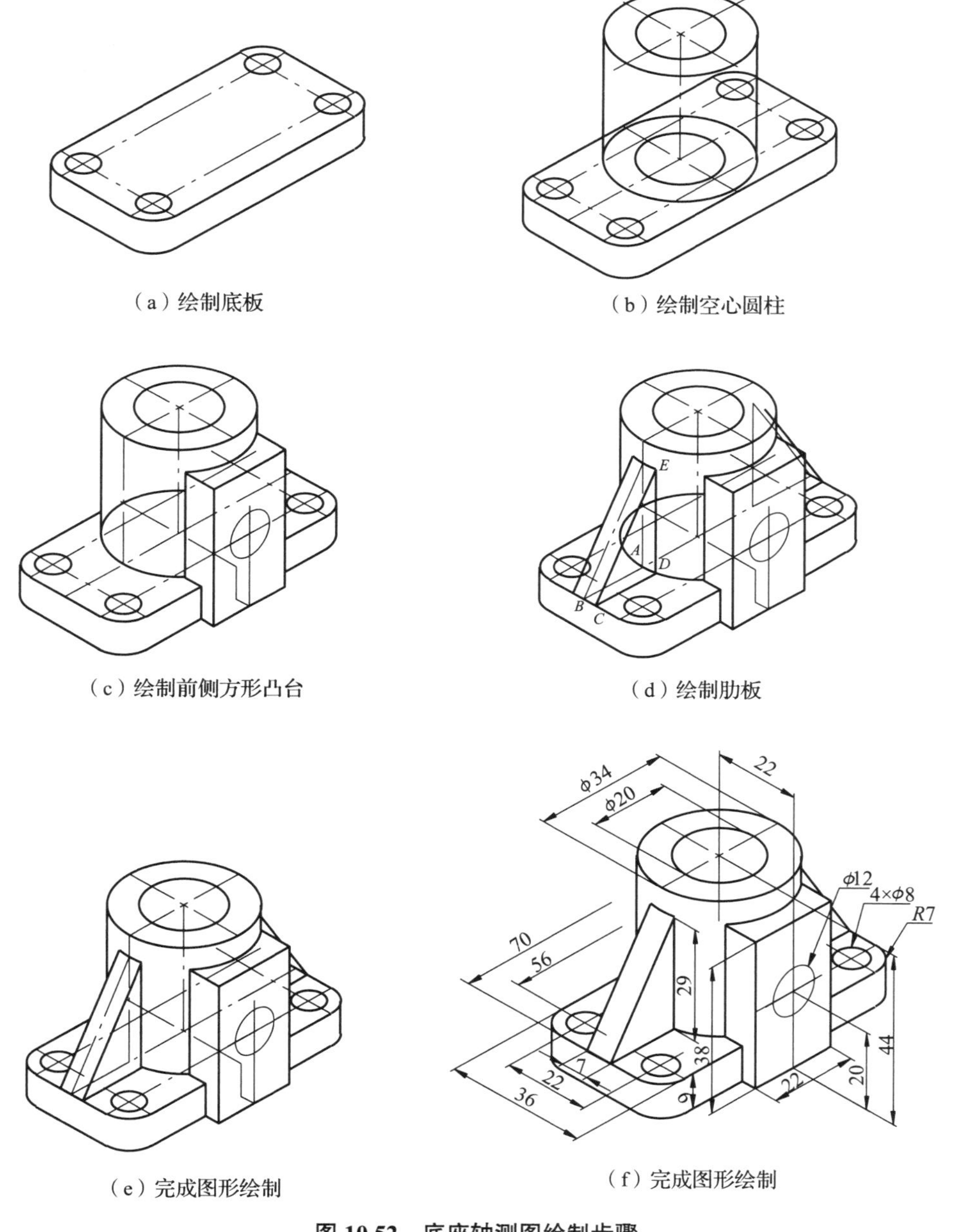

（a）绘制底板

（b）绘制空心圆柱

（c）绘制前侧方形凸台

（d）绘制肋板

（e）完成图形绘制

（f）完成图形绘制

图 10.52　底座轴测图绘制步骤

10.3 绘制泵轴零件图

1. 泵轴零件图

泵轴零件图如图 10.53 所示。可以根据需要调用并完善之前的样板图形，包括标题栏、粗糙度等一些常见的要素。

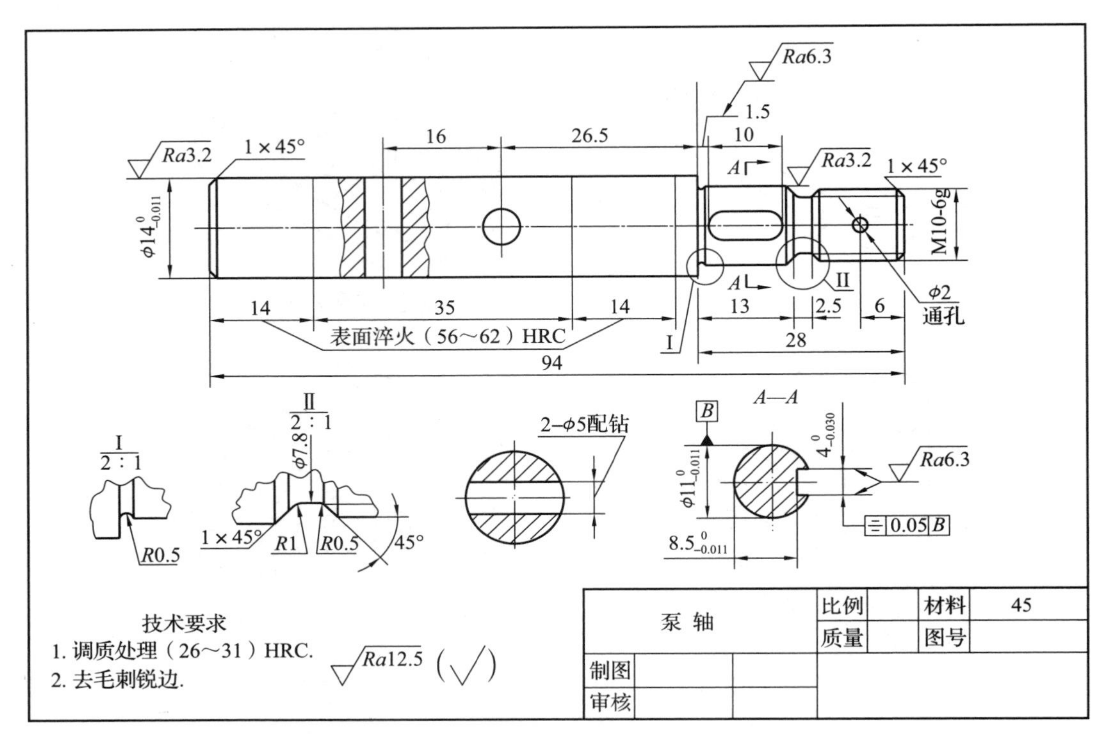

图 10.53 泵轴零件图

2. 创建样板图

（1）选择公制样板。

选择 AutoCAD 2022 默认的公制样板“acadiso.dwt”，缺省区域为 420mm × 297mm。

（2）设置绘图单位和精度。

绘图单位制采用十进制，长度精度为小数点后 2 位，角度精度一般为小数点后 1 位。

设置绘图单位和精度的方法：执行“格式”菜单→“单位”命令，打开“图形单位”对话框，在“长度”选项区→“类型”下拉列表中选择“小数”选项，设置精度为“0.0”；在“角度”选项区→“类型”下拉列表中选择“十进制度数”选项，设置精度为“0”，系统默认逆时针方向为正，单击“确定”。

（3）设置图形界限。

绘制图形时设计者应根据图形的大小和复杂程度选择图纸幅面，下面是设置图形界限的操作方法，如图 10.54 所示。

```
命令: LIMITS
重新设置模型空间界限:
指定左下角点或 [开(ON)/关(OFF)] <0.0000,0.0000>:
LIMITS 指定右上角点 <420.0000,297.0000>:
```

图 10.54 设置图形界限

在命令行中输入 limits，默认左角点为（0，0），按 Enter 键，输入右上角点坐标（420，297），按 Enter 键。

（4）设置图层。

一般情况下设置五个图层，具体设置方法参见 10.1。

（5）设置文字样式。

选择“格式”菜单→“文字样式”命令，打开“文字样式”对话框。单击“新建”，创建文字样式。一般建立“汉字”“西文”两个文字样式，“汉字”选用“仿宋 GB2312”字体，“西文”选用“gbeitc.shx”字体，宽度因子为 1.0。

（6）设置尺寸标注样式。

1）标注基础样式。

机械样式是在系统自带的 ISO–25 的基础上稍作修改得到的样式。操作方法：选择“线”选项卡，将“起点偏移量”设置为 0；选择“符号和箭头”选项卡，在“弧长符号”下拉列表框中选择“标注文字的上方”；选择“主单位”选项卡，在“小数点分隔符”下拉列表框中选择“句点”，其他选项为默认设置。

2）角度。

创建机械样式的子样式，在标注角度时尺寸数字为水平。操作方法选择“文字”选项卡，在“文字对齐”选项区选择“水平”。

3）线性直径。

在标注回转体非圆直径时尺寸数字前加注符号“ ϕ ”。操作方法：选择“主单位”选项卡，在“前缀”文本框中输入“%%c”，其他选项为默认设置。

（7）绘制图框线。

图框线设置为粗实线，执行“绘图菜单”→“矩形”命令，输入边框的左下角坐标“10，10”，按 Enter 键；输入边框的右上角坐标“410，287”，按 Enter 键。

（8）绘制标题栏。

绘制标题栏时，可以将标题栏定义为块，插到图框右下角处。

（9）保存样板图。

选择“文件”菜单→“另存为”命令，在“文件名”文本框中输入“ A4 竖”，单击“保存”。

（10）调用样板文件。

样板文件建立好后，可以在绘图前调用该样板文件，并开始绘图。

3. 图形分析

该零件属于典型轴类零件，其主视图轴线水平且上下对称，采用局部剖视图表达轴的内部结构。采用两个局部放大图表达退刀槽结构；采用两个移出断面图表达键槽及销孔处断面形状。

绘制轴类零件图的基本方法如下：

（1）轴类零件的主视图一般为上下对称的图形，绘图时可先绘制图形的上半部分，再用“镜像”（MIRROR）命令绘制另一部分，从而提高绘图速度。

（2）键槽、退刀槽、中心孔等可利用剖视图、局部视图和局部放大图表示。

（3）标注零件图尺寸时，先设置尺寸标注的样式，再进行标注。

（4）书写技术要求、标题栏等内容时，先设置文本样式。

4. 绘图步骤

（1）调用样板文件。

选择“文件”菜单→“新建”命令，打开“选择样板”对话框，在“名称”列表框中选择“A4 竖”，单击“打开”。

（2）绘制主视图。

1）将“中心线”图层设置为当前图层。

2）打开正交模式，用“直线”命令绘制一条水平中心线（轴线），中心线两端要各比轴长 5mm 以上。

3）将“粗实线”图层设置为当前图层。在距离中心线左端的适当位置，根据零件图绘制尺寸分别为 7mm、66mm、2mm、1mm、0.5mm、12mm、1.6mm、2.5mm、1.1mm、12.5mm、5mm 的线段，如图 10.55 所示。

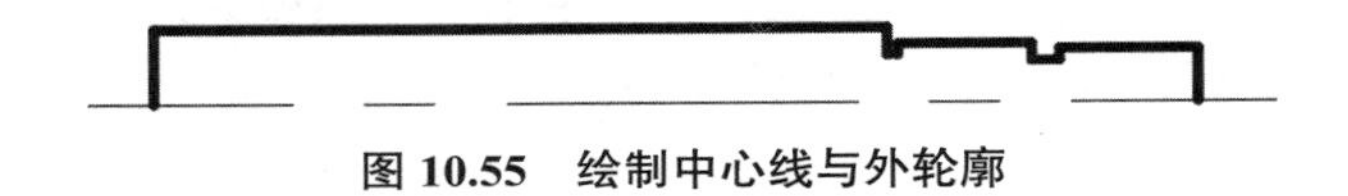

图 10.55　绘制中心线与外轮廓

4）应用“延伸”（EXTEND）命令，将各竖直线延伸至水平中心线处，如图 10.56 所示。

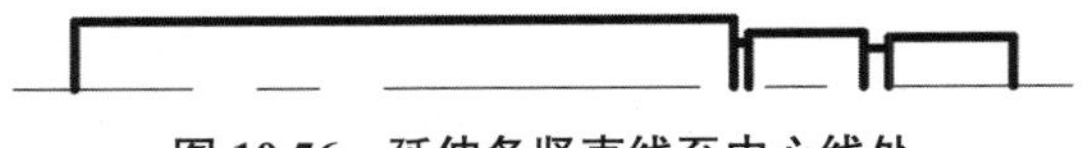

图 10.56　延伸各竖直线至中心线处

5）应用“倒角”（CHAMFER）命令（对边角进行倒角，尺寸为 1×45°；选择“细实线”图层为当前图层），按照比例画法，以 M10 螺纹公称直径的 0.85 倍绘制螺纹小径，再用“镜像”命令绘制出另一半，修剪整理图形，如图 10.57 所示。

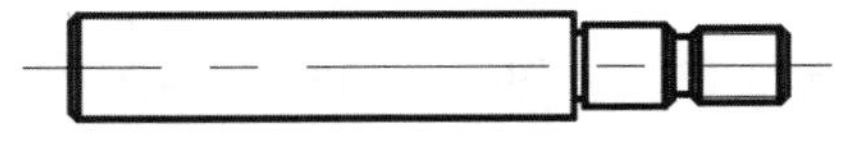

图 10.57　倒角与螺纹镜像

6）选择“粗实线”图层为当前图层，绘制 ϕ2mm、ϕ5mm 圆孔；选择“细实线”图层为当前图层，用“样条曲线”绘制 ϕ5mm 通孔局部剖视图剖切范围，再用“图案填充”填充剖面线，如图 10.58 所示。

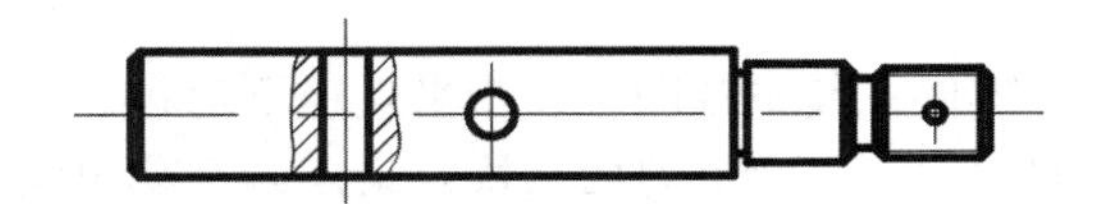

图 10.58　绘制通孔与局部剖视图

7）对退刀槽倒圆角，圆角半径为 0.5mm 和 1mm，如图 10.59 所示。

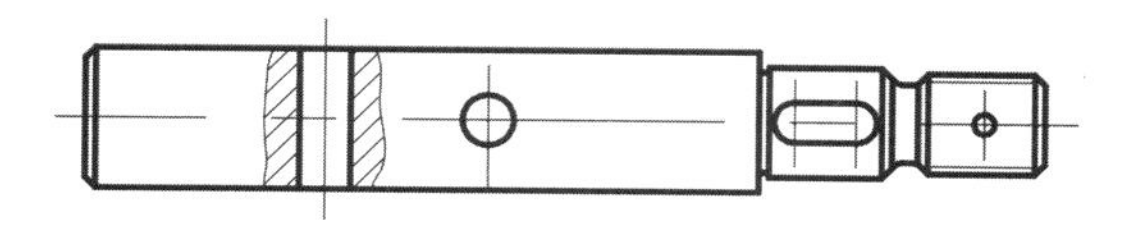

图 10.59　绘制退刀槽处圆角

（3）绘制键槽。

1）将“粗实线”图层设置为当前图层，用“圆”命令借助对象捕捉追踪绘制 ϕ4mm 的两个圆，两圆心在轴中心线上，左圆圆心距离直线 1 的中点 3.5mm，两圆中心距为 6mm，如图 10.60 所示。

2）设置“对象捕捉”模式为“象限点”，用“直线”命令绘制键槽的两条水平线。选择“中心线”图层为当前图层，绘制两圆中心线，再用“修剪”和“删除”命令将多余的线进行修剪处理，如图 10.61 所示。

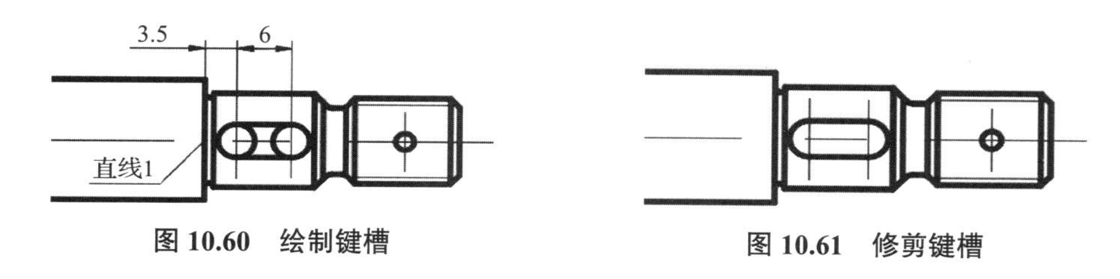

图 10.60　绘制键槽　　图 10.61　修剪键槽

（4）绘制移出断面。

1）绘制键槽移出断面。

①利用“多段线”(PLINE）命令绘制键槽移出断面的剖切符号。

②将“粗实线”图层设置为当前图层，用“圆”命令在剖切符号位置延长线上绘制 ϕ11mm 的圆，再用“直线”命令绘制圆的中心线，并切换至所需图层。

③选择“粗实线”图层为当前图层，用“直线”命令捕捉圆右象限点左侧 2.5mm 的点为直线第一点，再捕捉向上 2mm 的点和向右与圆周相交的点，然后用“镜像”命令绘制另一半，如图 10.62 所示。

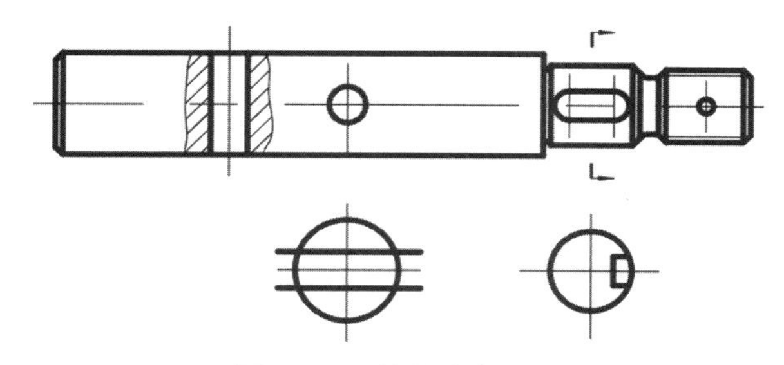

图 10.62　绘制移出断面

2）绘制 ϕ5mm 通孔的移出断面。

用“偏移”命令，选择水平中心线为偏移对象，偏移距离为 2.5mm，绘制偏移辅助线，更换各线至所需图层。用“修剪”和“删除”命令对图形进行修剪处理，如图 10.62 所示。

3）填充剖面线。

用“图案填充”命令填充剖面线。在同一机件的各个剖视图和断面图中，所有剖面线的倾斜方向应一致，间隔要相同，如图 10.63 所示。

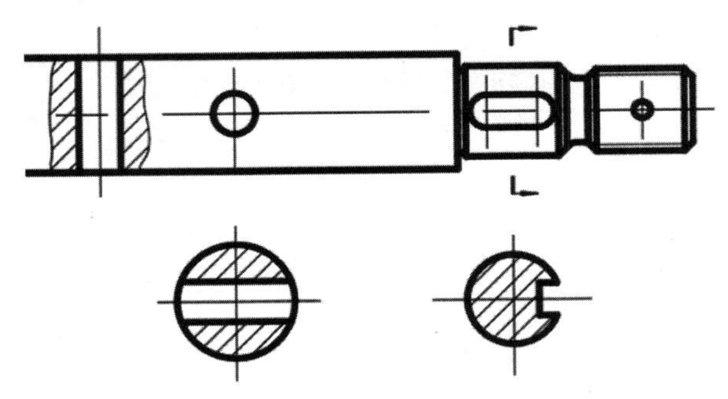

图 10.63　填充剖面线

4）移出断面图的标注。

将“尺寸”图层设置为当前图层，选择“多行文字”（DTEXT）命令，在剖切线开始、结束位置处标字母“*A*”，在移出断面图上方标注相同字母“*A*—*A*”，调整图形位置，如图 10.64 所示。

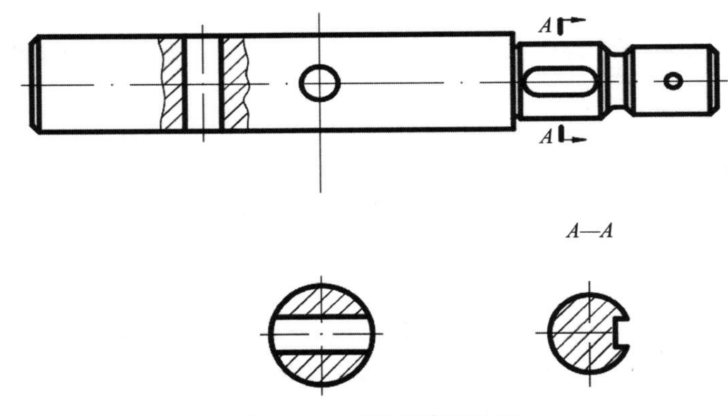

图 10.64　标注移出断面图

（5）绘制局部放大图。

1）将“细实线”图层设置为当前图层，用“圆”命令在主视图中退刀槽局部放大部位绘制两细实线圆。

2）用“复制”(COPY）命令，选择圆及局部放大部分周围图线为复制对象，选择基点位置，复制对象至主视图外左下部位置。

3）用“比例缩放”(SCALE）命令，选择复制的对象为缩放对象，比例因子为 2。

4）选择“细实线”图层为当前图层，用“样条曲线”命令（SPLINE）绘制出比例缩放图形范围。

5）同理绘制另一处局部放大图。

6）用“修剪”和“删除”命令对图形进行修剪处理，再用“移动”（MOVE）命令调整各视图位置，为尺寸及形位公差等标注留下空间，如图 10.65 所示。

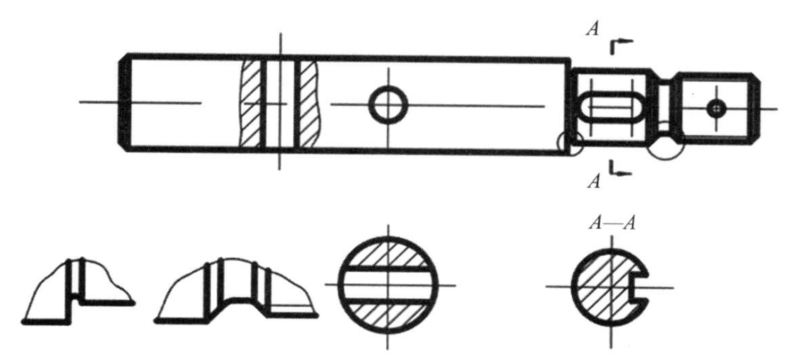

图 10.65 绘制局部放大图

（6）尺寸标注。

零件图需要标注基本尺寸、极限偏差、形位公差、表面粗糙度等。

1）选择机械样式标注基本尺寸，包括零件图径向尺寸、轴向尺寸、尺寸公差。

2）标注极限偏差 $\phi 14_{-0.011}^{\ 0}$，标注基本尺寸 14mm。一种方法是右键单击尺寸“14”，选择“特性”命令，在如图 10.66 所示的对话框中选择“公差”选项卡，设置“显示公差”为极限偏差，“公差下偏差”为“0.011”，“公差上偏差”为“0”，“公差文字高度”为“0.7”，确认即可。另外一种方法是执行“标注”→“线性”命令，在命令行提示下选择“多行文字（M）”选项，弹出“文字编辑器”面板，在蓝色数值“14”前输入“%%C”，则在蓝色数值“14”前出现直径符号“ϕ”，在蓝色数值“14”后输入“0^−0.011”，选中“0^−0.011”，单击“堆叠”按钮即可使该尺寸变为“$\phi 14_{-0.011}^{\ 0}$”的形式，如图 10.67 所示。

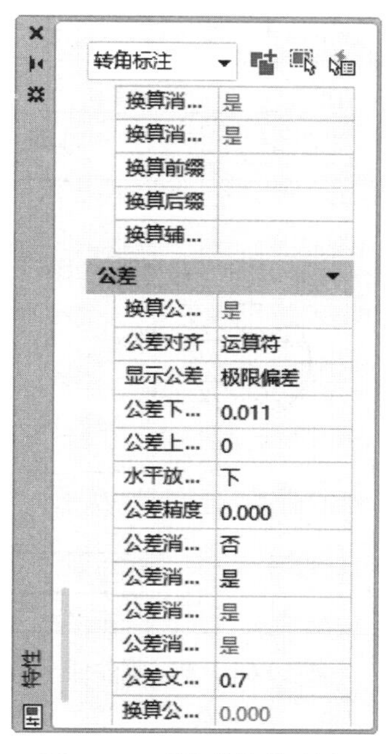

图 10.66 “公差”选项卡

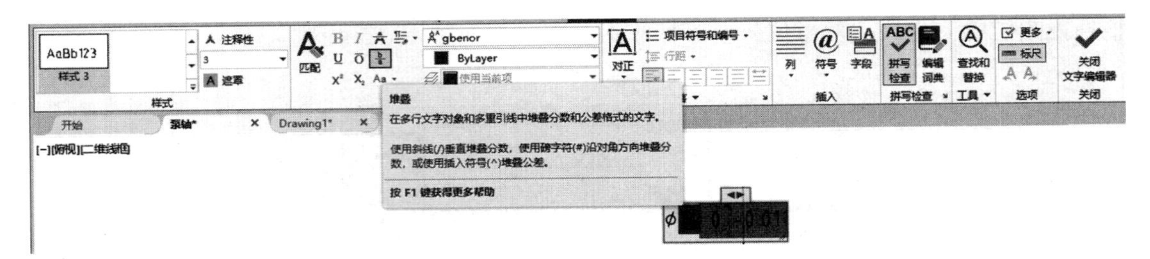

图 10.67 “文字编辑器”面板

3）在命令行中输入“QLEADER”后选择公差项目，标注形位公差。

4）利用“插入块”命令或自行绘制的方法，标注各表面粗糙度及基准符号。

5）新建机械样式（比例缩放 2），设置“主单位”选项卡，比例因子为 0.5，用于标注局部放大图（比例因子为 2）实际尺寸。

（7）文字标注。

将“汉字”文字样式设置为当前样式，用“多行文字”（MTEXT）命令书写技术要求。

（8）保存文件。

整理零件图，最终效果如 10.68 所示，并将其保存到指定文件夹中。

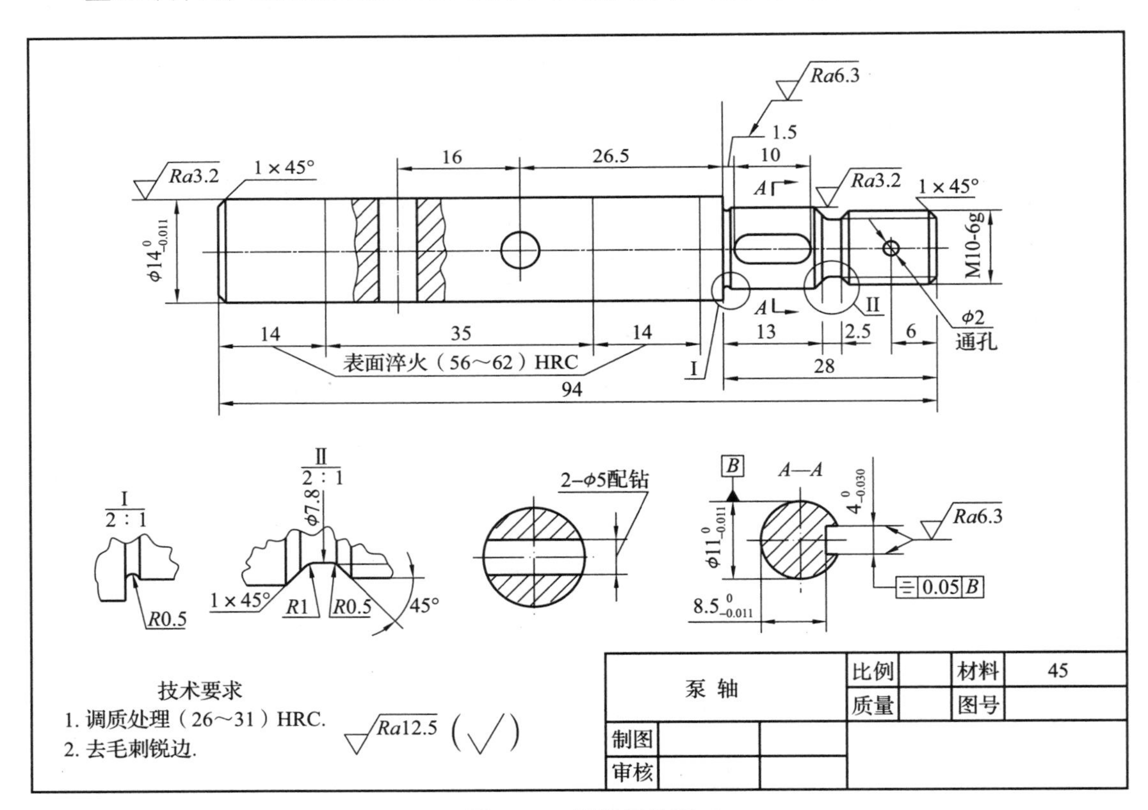

图 10.68 泵轴零件图

10.4 SolidWorks 2020 建模

10.4.1 绘图环境

1. SolidWorks 软件的启动和退出

（1）SolidWorks 2020 的启动。

双击电脑桌面上的图标或者单击“开始”→“程序”→“ SolidWorks 2020”，均可打开 SolidWorks 软件，如图 10.69 所示。在打开的初始界面上单击“文件”菜单创建新文件或者打开已经存在的文件。

图 10.69　SolidWorks 2020 初始界面

（2）SolidWorks 2020 的退出。

单击软件窗口右上角的×，或者选择“文件”菜单→“退出”命令，均可退出软件。

2. SolidWorks 2020 界面介绍

SolidWorks 软件工作界面如图 10.70 所示，主要由菜单栏、工具栏、状态栏、资源条、绘图区等组成。

3. 文件操作

（1）新建文件。

单击“新建”或者选择“文件”→“新建”命令，出现“新建 SOLIDWORKS 文件”对话框，如图 10.71 所示。对话框中有“零件”“装配体”“工程图”三种模板，这些模板的操作环境的部分参数已经设置好了，文件的后缀名分别是“.sldprt”“.sldasm”“*.slddrw”。根据需要选择图标，再单击“确定”。

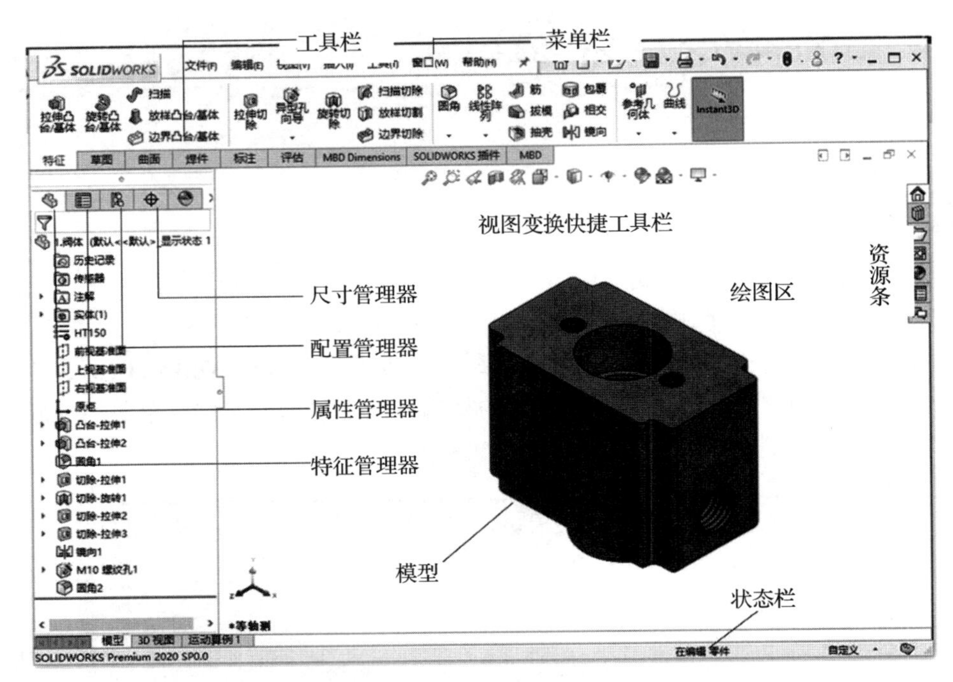

图 10.70　SolidWorks 软件工作界面

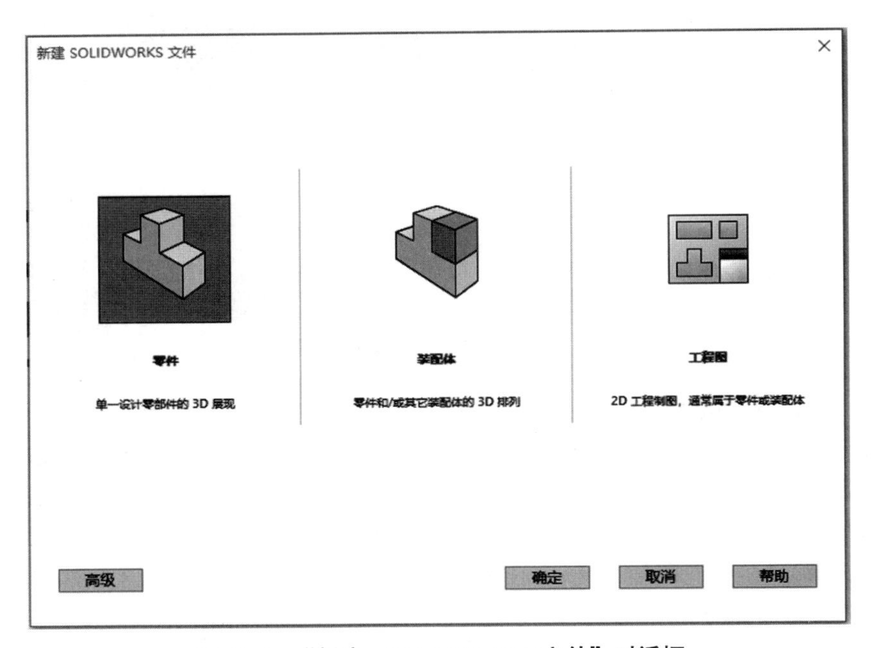

图 10.71　“新建 SOLIDWORKS 文件”对话框

（2）打开一个已经存在的文件。

单击“打开” 或者选择“文件”→“打开”命令，弹出“打开”对话框，如图 10.72 所示。在对话框的“查找范围”栏中找到已存文件的路径，选择文件名，在右边的方框中可以看到零件的缩略图，单击“打开”。

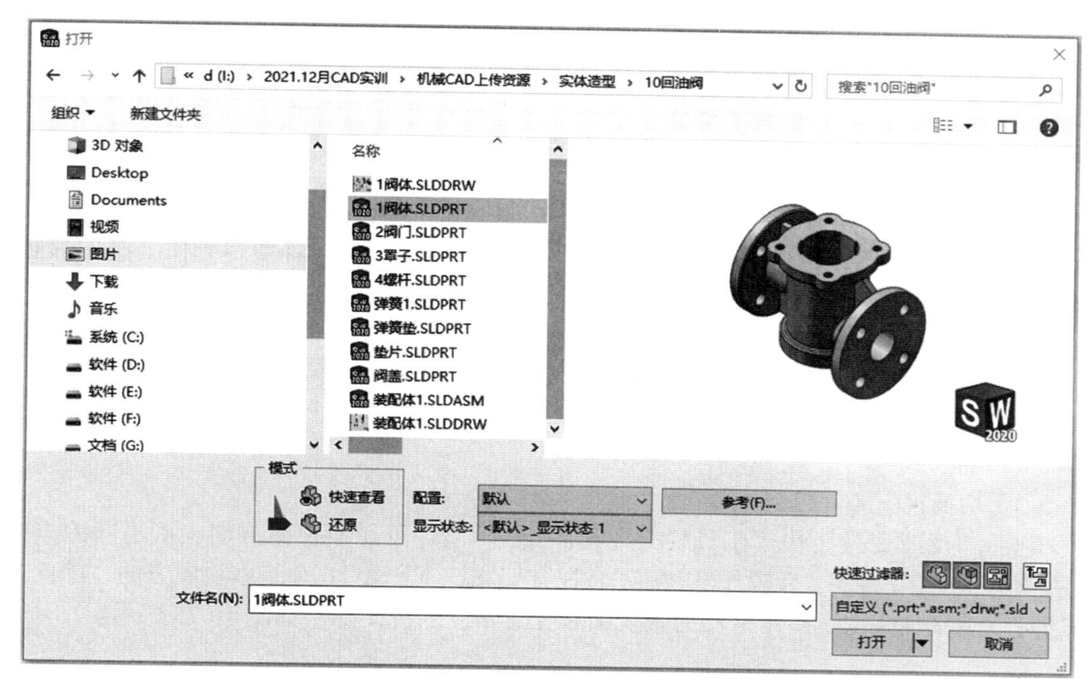

图 10.72 “打开”对话框

（3）保存和另存文件。

单击“保存”或者选择“文件”→“保存”命令，均可保存文件。

4. SolidWorks 软件基本操作

（1）鼠标操作。

1）左键。

单击左键：选择实体或取消选择实体。

Ctrl+ 单击左键：选择多个实体或取消选择实体。

双击左键：激活实体常用属性，以便修改。

拖动左键：利用窗口选择实体，绘制和移动草图元素，改变草图元素属性等。

Ctrl+ 拖动左键：复制所选实体。

2）中键。

拖动中键：旋转画面。

Ctrl+ 拖动中键：平移画面（启用平移功能后，即可放开 Ctrl 键）。

Shift+ 拖动中键：缩放画面（启用缩放功能后，即可放开 Shift 键）。

3）右键。

单击右键：弹出快捷菜单，选择快捷操作方式。

拖动右键：修改草图时旋转草图。

（2）窗口显示控制。

SolidWorks 2020 窗口控制和模型显示有多种实现手段，主要有以下几种方法。

1）单击“视图”→“显示”命令，实现窗口的各种变化。

2）打开“视图”工具条，也可实现各窗口的变化，如图 10.73 所示。

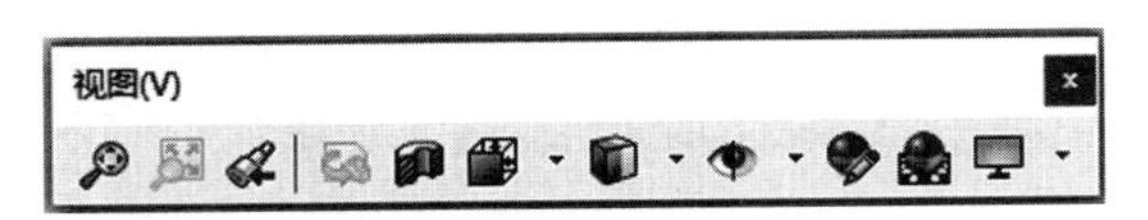

图 10.73 “视图”工具条

3）利用绘图区顶部的“视图变换”快捷工具栏中的各项命令进行窗口显示方式的控制，如图 10.74 所示，用户不打开“视图”工具条就可以实现各种视图操作，操作方便、快捷。

图 10.74 “视图变换”快捷工具栏

（3）切换视图方向控制。

利用“视图变换”快捷工具栏→“视图定向”可切换视图方向，从不同的方向观看模型，有“前视”“后视”“左视”“右视”“上视”“下视”6 个基本视图方向，除此之外还可以观察轴测图、指定平面的正视图和任意角度的视图等，如图 10.75 所示。

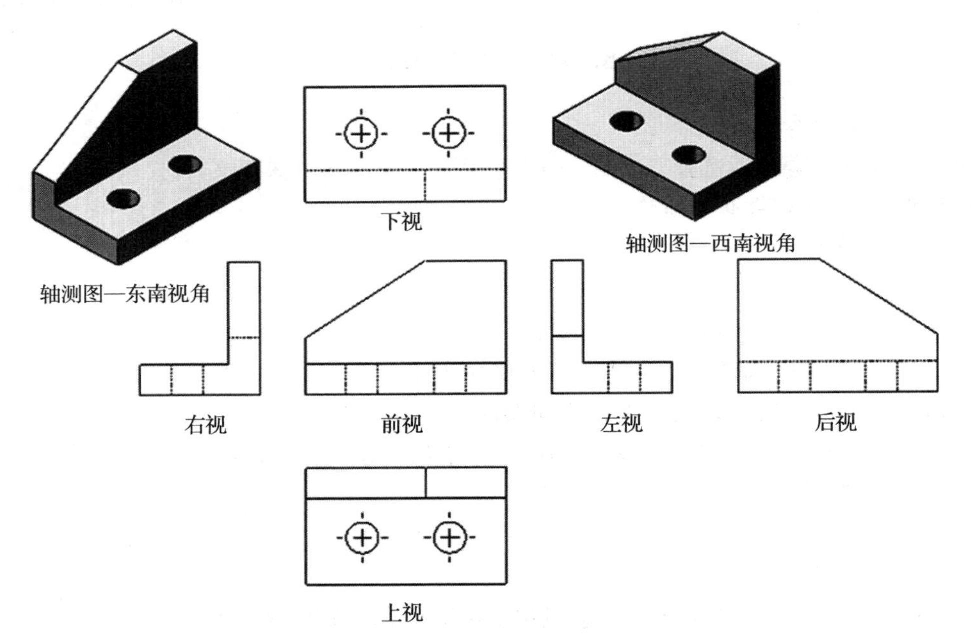

图 10.75 基本视图及轴测图

10.4.2 草图绘制

1. 草图绘制的基本知识

（1）进入和退出草图环境。

新建文档后进入草图环境，如图 10.76 所示，单击“ CommandManager ”→“草图”标签，执行“草图”命令，选择某一基准平面。绘制好草图后单击“草图”工具栏→“退

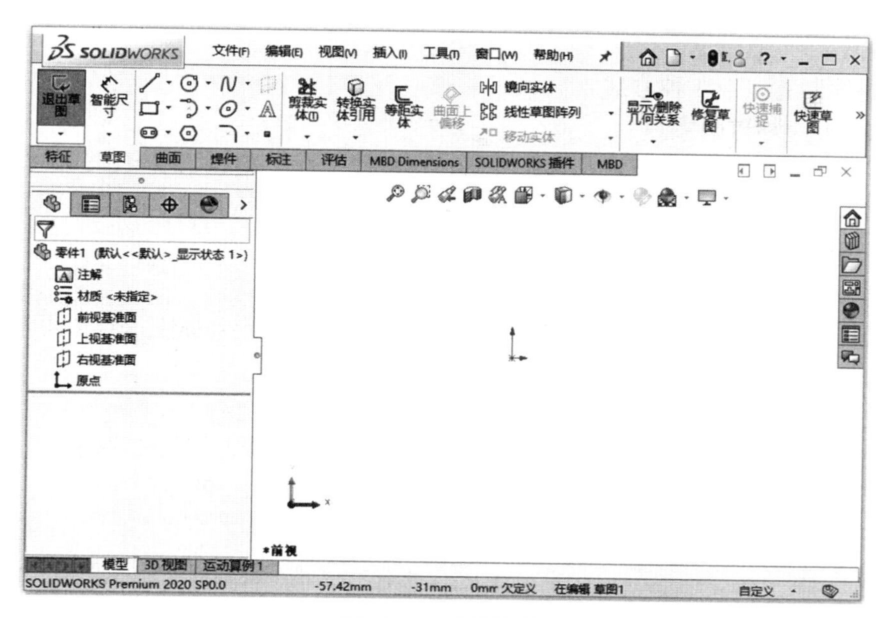

图 10.76　草图环境

出草图”，即可退出草图环境。

（2）草图绘制工具。

1）直线。

单击“草图”工具栏→“直线”，在绘图区适当位置单击鼠标左键，给定第一点（起点）后，拖动鼠标给定第二点（终点），画出水平、垂直、角度直线。

2）中心线。

绘制中心线的方法与绘制直线的方法相同。

3）圆。

圆的绘制有以下两种方式。

①中心圆（圆心、半径方式）。

在绘图区指定圆的圆心，再按住鼠标左键不放移动到合适位置后放开鼠标左键，如图 10.77（a）所示。

②周边圆（三点方式）。

在绘图区单击鼠标左键，给定第一点后，移动鼠标，分别给定第二点和第三点可绘制出圆，如图 10.77（b）所示。

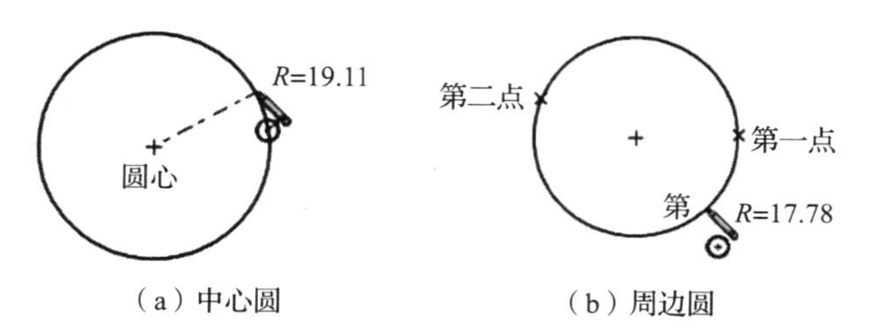

（a）中心圆　　（b）周边圆

图 10.77　绘制圆的两种方式

4）圆弧。

圆弧的绘制有以下 3 种方式。

①圆心 / 起 / 终点画弧。

鼠标左键单击“圆心起终点画弧”工具，移动鼠标在绘图区域指定圆弧的圆心，再移动鼠标，这时屏幕将显示一个蓝色虚线的圆周，在合适位置单击鼠标左键给定起点，再移动鼠标给定圆弧终点，如图 10.78（a）所示。

② 3 点圆弧。

指定圆弧的起点和终点位置，移动鼠标，在合适位置给定圆弧上一点，可绘制出一段圆弧，如图 10.78（b）所示。

③切线弧。

先选取直线或圆弧的端点位置作为圆弧的起点，移动鼠标，在合适位置单击给定圆弧终点，可产生一个与该直线或圆弧相切的圆弧，如图 10.78（c）所示。

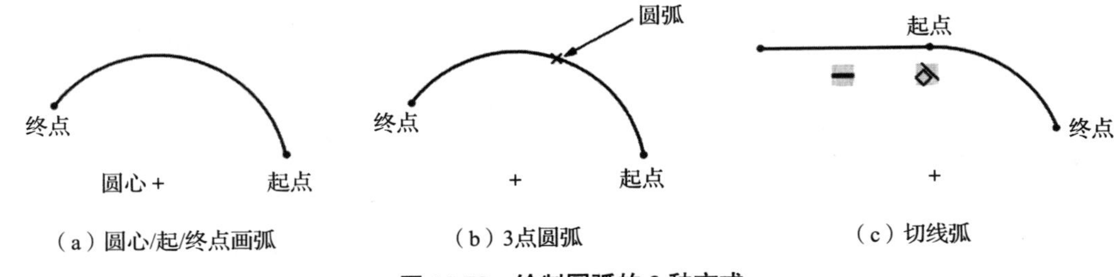

（a）圆心/起/终点画弧　（b）3点圆弧　（c）切线弧

图 10.78　绘制圆弧的 3 种方式

5）椭圆。

单击“椭圆”，在适当位置单击鼠标左键定义中心位置，拖动鼠标在合适位置单击设定椭圆的一个轴及其方位，如图 10.79（a）所示。再次拖动鼠标并单击设定椭圆的另一个轴，如图 10.79（b）所示。要改变椭圆大小，只需标注椭圆长轴和短轴尺寸并修改。

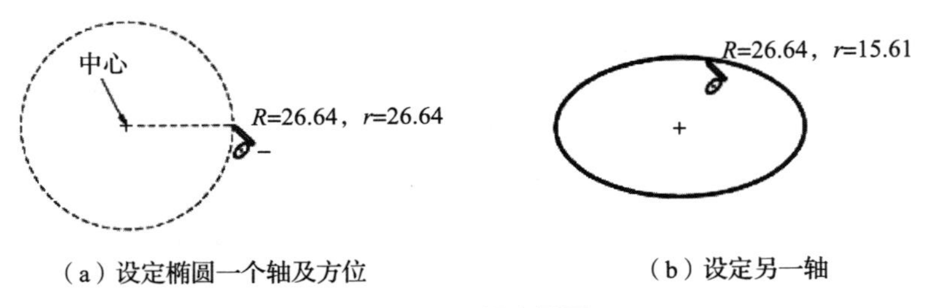

（a）设定椭圆一个轴及方位　（b）设定另一轴

图 10.79　创建椭圆

6）多边形。

单击“多边形”，在“多边形”属性管理器中设置多边形的边数和创建方式。在绘图区域的适当位置单击，定位多边形的中心，移动鼠标并单击以确定多边形创建方式的大小和方位，如图 10.80 所示。

选项说明如下：

◇边数：设定多边形的边数，一个多边形可有 3 ～ 40 个边。

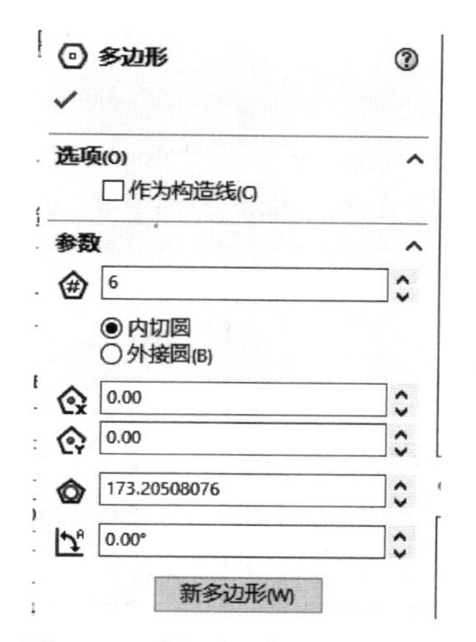

图 10.80 “多边形”属性管理器

◇内切圆：在多边形内显示内切圆以定义多边形的大小。
◇外接圆：在多边形外显示外接圆以定义多边形。
◇圆直径：显示内切圆或外接圆的直径。
◇角度：显示旋转角度。
7）文字。

单击“文字”，会出现“草图文字”属性管理器，如图 10.81（a）所示，在绘图区中选择边线、曲线、草图或草图线段后，在文本框中输入文字，即可添加相应的文字。

若不勾选“使用文档字体”，单击“字体”，会出现如图 10.81（b）所示的“选择字体”对话框，在其中可设置字体的高度和样式等。

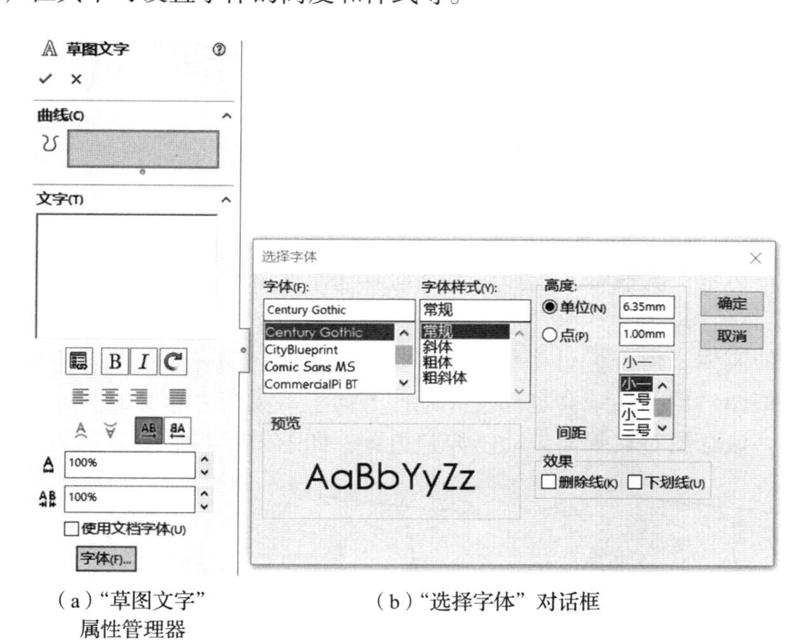

（a）“草图文字”属性管理器　（b）“选择字体”对话框

图 10.81 添加及设置文字

（3）草图编辑工具。

1）镜像。

单击“镜像”，选取草图对象，单击“PropertyManager”（属性管理器）→“镜像点”，选取镜像线后即可作出镜像实体。草图对象相对于镜像点（线）作对称复制，镜像线要提前作好，如图 10.82 所示。

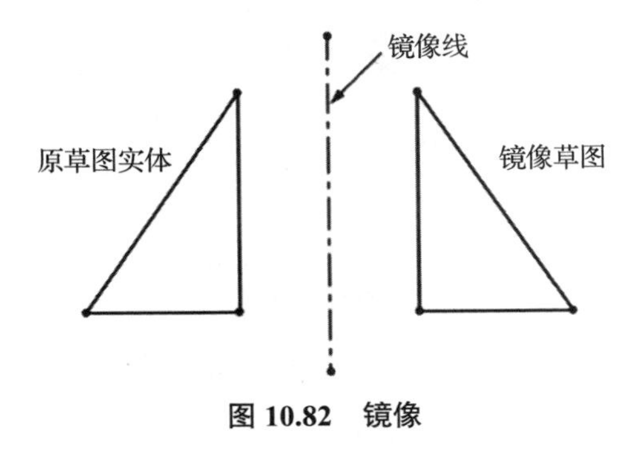

图 10.82　镜像

2）剪裁。

①强劲剪裁。

“强劲剪裁”方式通过将标拖过每个草图实体来剪裁多个相邻草图实体或沿自然路径延伸草图实体，如图 10.83 所示。延伸时需按下 Shift 键，再拖动鼠标。

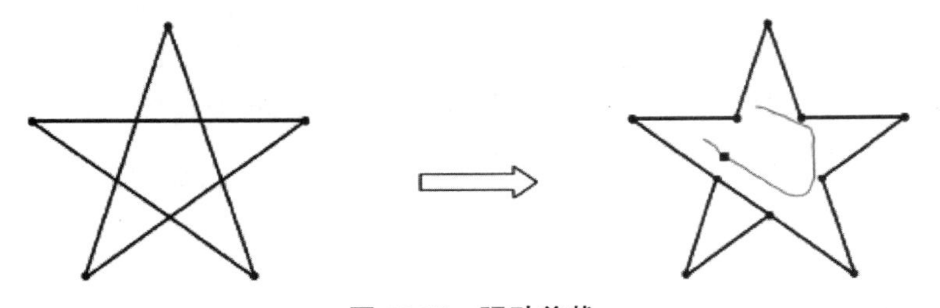

图 10.83　强劲剪裁

②边角。

“边角”剪裁方式主要用于修剪相交曲线。方法是先选择交叉曲线之一，再选择交叉曲线之二。用“边角”剪裁方式选择对象时均应选择保留侧。

3）延伸实体。

利用“延伸实体”命令可将草图实体自然延伸到与另一个草图实体相交处。将鼠标指向需延伸的草图对象，系统会自动搜寻延伸方向上有无与之相交的其他草图。若有则单击该草图对象，该草图对象就会自动延伸到边界，如图 10.84 所示。

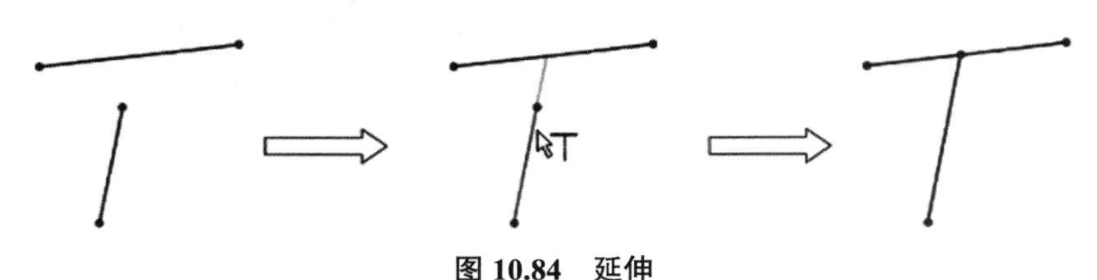

图 10.84　延伸

4）绘制圆角。

利用“绘制圆角”工具可在两个草图实体的交叉处剪裁掉角部，从而生成一个切线弧。该工具可用于在直线之间、圆弧之间或直线与圆弧之间倒圆角。在“绘制圆角”属性管理器中设置好半径后，分别选择两个草图实体，则会自动在两个草图实体之间倒出圆角，如图 10.85 所示。

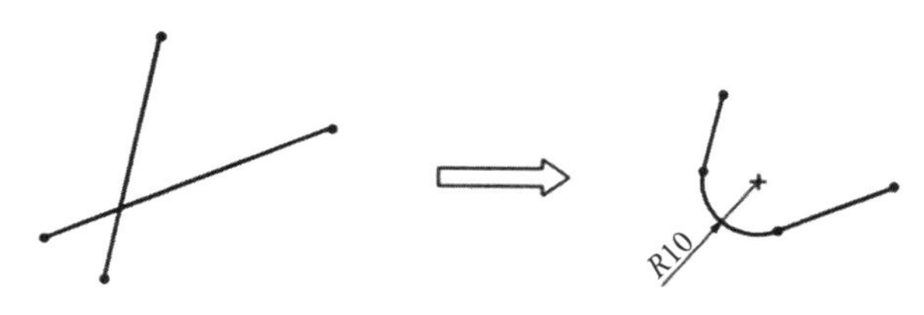

图 10.85　绘制圆角

5）绘制倒角。

利用“绘制倒角”工具可将倒角应用到相邻的草图实体中。系统提供了“角度距离”和“距离—距离”两种绘制倒角的方式，如图 10.86 所示。绘制倒角的两种方式如图 10.87 所示。

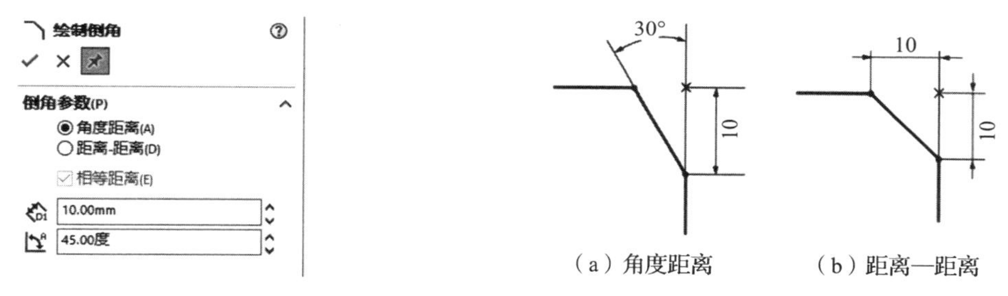

（a）角度距离　（b）距离—距离

图 10.86　“绘制倒角”属性管理器　　**图 10.87　绘制倒角方式**

6）等距实体。

单击“等距实体”，在弹出的属性管理器中设置好等距距离，再选择草图对象并移动鼠标，此时可以看到黄色箭头，在合适的一侧单击，可生成等距实体，如图 10.88 所示。

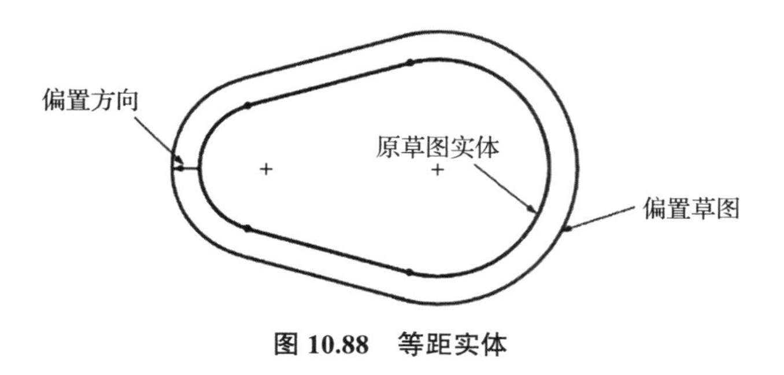

图 10.88　等距实体

7）草图阵列。

草图阵列可将草图对象多重复制并按一定的规律排布，分为线性草图阵列和圆周草图阵列两种。

①线性草图阵列。

“线性草图阵列”将某一个草图复制成多个完全一样的草图并按线性规律排列。单击“线性草图阵列”命令，在“线性阵列”属性管理器中设置间距、阵列数量和角度等参数，如图 10.89 所示。再单击要阵列的草图，则可创建出线性草图阵列，如图 10.90 所示。

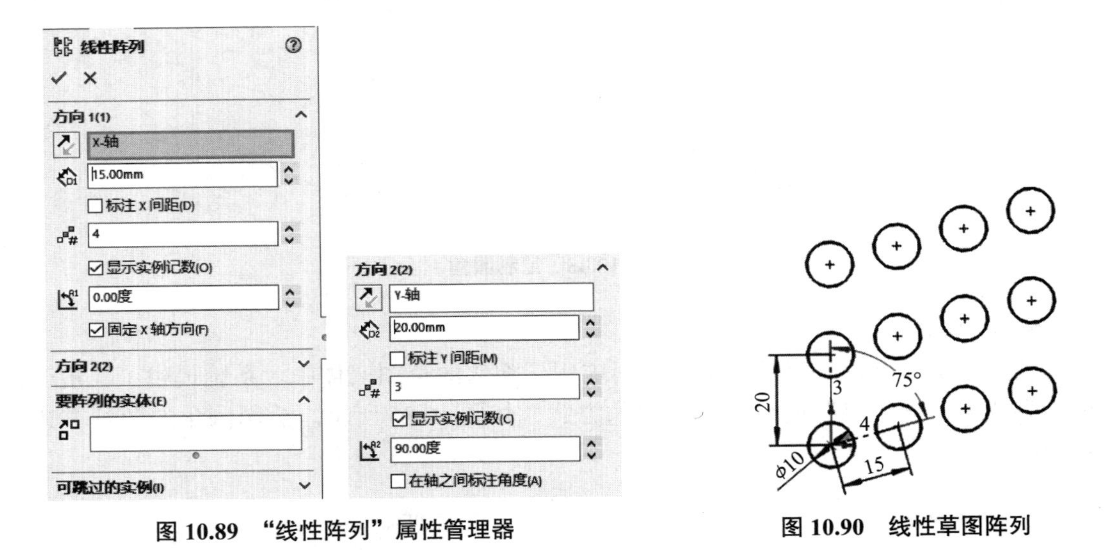

图 10.89 “线性阵列”属性管理器　　**图 10.90 线性草图阵列**

②圆周草图阵列。

“圆周草图阵列”以指定的圆心为中心点，将草图沿圆周方向排列与复制。单击“圆周草图阵列”，在“圆周阵列”属性管理器中设置阵列数量、间距（阵列范围）等参数，如图 10.91（a）所示。再单击需要阵列的草图，单击✓，即可创建出圆周草图阵列，如图 10.91（b）所示。

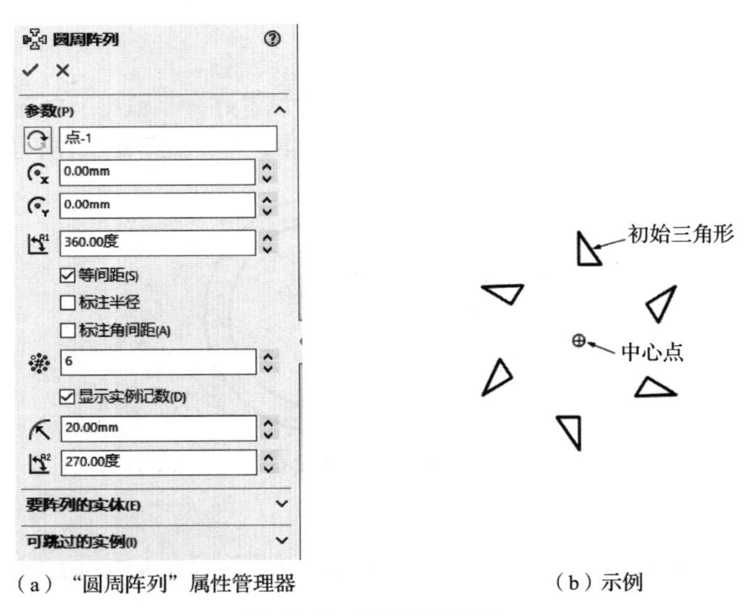

（a）“圆周阵列”属性管理器　　（b）示例

图 10.91 圆周草图阵列

（4）草图约束。

草图以不同状态显示，必须使用“智能尺寸”工具和“添加几何关系”工具添加几何约束并应用尺寸，这样才能完全约束草图，草图的大小和位置才能唯一确定。

1）尺寸。

尺寸反映了草图实体的大小，使用“智能尺寸”，根据选择对象的不同，可分别标注线性尺寸、角度尺寸、圆或圆弧尺寸等。

①线性尺寸。

根据选择对象的不同可标注水平、垂直和斜线尺寸，其对象可以是单个直线、两平行直线、点和直线。

②角度尺寸。

分别选择两条草图直线，再移动鼠标为每个尺寸选择不同位置可生成不同角度。

③圆或圆弧尺寸。

选择圆周或圆弧，可标注圆的直径或圆弧半径。

2）几何关系。

几何关系是指各草图实体之间或草图实体与基准面、轴、边线、端点之间的相对位置关系，如两条直线互相平行、两圆同心等。利用几何关系可使草图准确定位。

①几何关系类型。

常用的几何关系有水平、垂直、平行、共线、相切、重合等，当用户选择不同的草图对象时，系统会智能地在“PropertyManager”(属性管理器）中列出所有可能的几何关系以供选择，如表 10.5 所示。

表 10.5 常用的几何关系

几何关系	要选择的实体	产生的几何关系
水平或竖直	一条或多条直线，两个或多个点	直线会变成水平或竖直的（由当前草图的空间定义），点会水平或竖直对齐
共线	两条或多条直线	实体位于同一条无限长的直线上
垂直	两条直线	两条直线相互垂直
相切	圆弧、椭圆、样条曲线以及一直线或圆弧	两个实体保持相切
同心	两个或多个圆弧	圆弧共用同一圆心
交叉点	两直线和一个点	点保持在直线的交叉点处
重合	一个点和一直线、圆弧或椭圆	点位于直线、圆弧或椭圆上
对称	一条中心线和两点、直线、圆弧或椭圆	实体保持与中心线相等距离，并位于一条与中心线垂直的直线上
固定	任何实体	实体的大小和位置被固定，固定直线的端点可以自由地沿其下无限长的直线移动，圆弧或椭圆的端点可以随意沿基本全圆或椭圆移动
平行	两条或多条直线	实体相互平行

续表

几何关系	要选择的实体	产生的几何关系
中点	一个点和一直线	点保持位于线段的中点
合并	两个草图点或端点	两个点合并成一个点
全等	两个或多个圆弧	实体会共用圆心和半径
相等	两条或多条直线，两个或多个圆弧	直线长度或圆弧半径保持相等
穿透	一个草图点和一条基准轴、边线、直线或样条曲线	草图点与基准轴、边线或曲线在草图基准面上穿透直线或样条曲线的位置重合。穿透几何关系用于非同一平面草图之间的约束

②添加几何关系。

◇自动添加几何关系。

单击“工具”→“选项”，在弹出的对话框中依次选择“系统选项”选项卡→“草图”→“几何关系/捕捉”，在对话框的右边勾选“自动几何关系”选项，如图 10.92 所示。

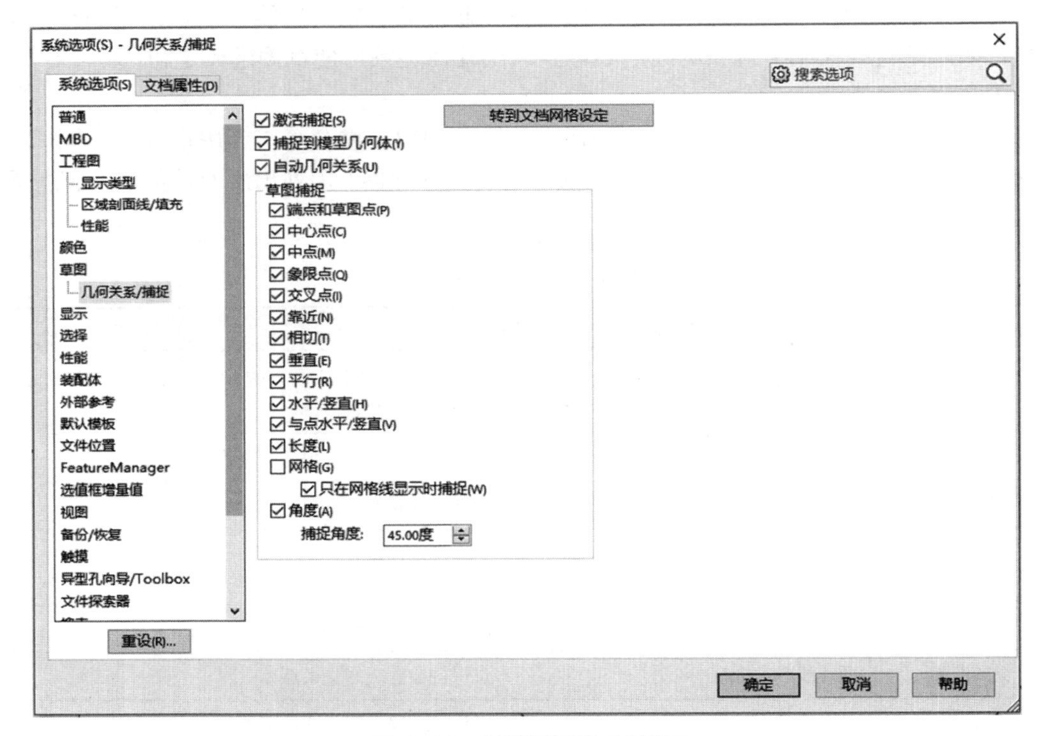

图 10.92 “系统选项”对话框

勾选“自动几何关系”后，在满足一定的条件下，系统会使鼠标指针更改形状以显示可生成哪些几何关系。单击鼠标后，会自动添加某种几何关系。

◇手动添加几何关系。

单击“添加几何关系”或按住 Shift 键，选择草图对象，在“添加几何关系”属性管理器中选择适当的几何关系即可。

3）显示 / 删除几何关系。

单击“显示 / 删除几何关系”，根据选择的过滤器不同，当前草图中对应的尺寸和几何关系会在“显示 / 删除几何关系”属性管理器中列出来，多余的或冲突的几何关系会在图中以不同颜色显示，从而将其删除。

（5）草图状态。

草图的状态显示于 SolidWorks 窗口底端的状态栏中，主要有以下 5 种状态。

1）完全定义。

草图中所有的直线、曲线及它们的位置，均由尺寸或几何关系说明，或由两者一起说明，在图形区域中以黑色出现。

2）过定义。

有些尺寸、几何关系或两者处于冲突中或是多余的，在图形区域中以黄色出现，此时一定要移除多余的约束。

3）欠定义。

草图中一些未定义的尺寸或几何关系可以随意改变。拖动端点、直线或曲线，直到草图实体形状改变，在图形区域中以蓝色出现。

4）没有找到解。

草图未解出，显示导致草图不能解出的几何体、几何关系和尺寸，在图形区域中以黄色出现。

5）发现无效的解。

草图虽解出但会导致无效的几何体，如零长度线段、零半径圆弧或自相交叉的样条曲线，在图形区域中以红色出现。

2. 绘制拨叉轮廓图

如图 10.93 所示为拨叉轮廓图，根据该图形的结构特点，利用草图工具和草图约束，完成参数化草图的创建并使草图完全定义。

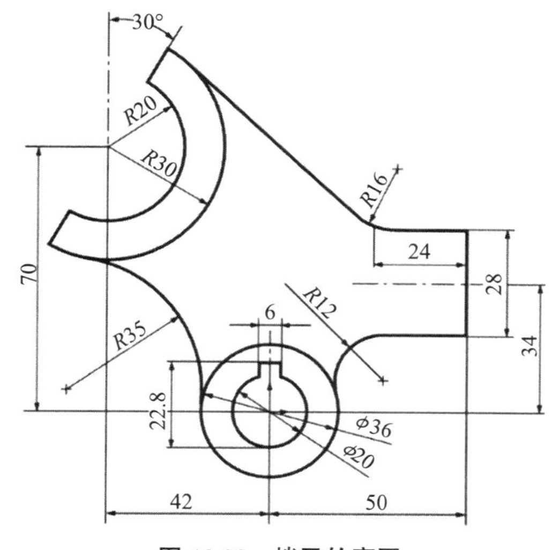

图 10.93　拨叉轮廓图

（1）图形分析。

拨叉轮廓图主要由直线、圆弧和圆组成。绘制时，将草图原点定义在圆心处，先画已知线段，再画中间线段，最后画连接线段。对于每个图素，先定位置，后定大小，逐一确定直至完全定义，通过圆角命令连接线段完成草图。

（2）操作步骤。

1）新建文件。

选择“我的模板”→“零件模板”，进入“零件”模块，再选取保存路径，设置文件名为“拨叉轮廓图”。

2）绘制两圆。

①草图环境。

单击“CommandManager”(命令管理器)→“草图”选项卡，选择“FeatureManager”(特征管理器)设计树中“上视基准面”或绘图区域的“上视基准面”，自动进入草图绘制环境并正视于绘图区域。

②绘制圆。

单击“圆”命令，以坐标原点为圆心，任意画两圆，如图 10.94 (a) 所示。

③约束圆。

单击“智能尺寸”，选择圆后在适当位置单击鼠标左键，会弹出“修改”对话框，如图 10.94（b）所示；在对话框中输入 36，同理可标注另一圆。两圆变为黑色则完全定义，如图 10.49 (c) 所示。

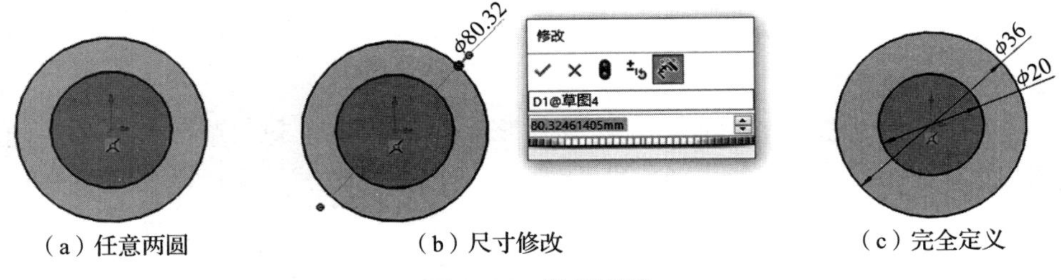

（a）任意两圆　　（b）尺寸修改　　（c）完全定义

图 10.94　绘制两圆

3）绘制 $R30$mm、$R20$mm 两圆弧。

①绘制圆弧。

单击“圆心 / 起 / 终点画弧”，在 $\phi36$mm 圆的左上方给定圆心，在适当位置分别给定起点和终点，按逆时针方向任意画圆弧，再执行“直线”命令将圆弧两端点连接起来。继续执行“圆心 / 起 / 终点画弧”命令，以前一个圆弧的圆心为圆心，起点和终点选择在直线上，如图 10.95 所示。

②修剪多余线段。

单击“剪裁实体”，用“剪裁到最近端”或“强劲剪裁”方式，选择直线中段进行剪裁，如图 10.96 所示。

③添加几何关系。

单击“添加几何关系”，分别选择两线段和圆弧圆心，在“添加几何关系”属性管理器中单击“重合”，使两线段与圆弧圆心在同一直线上，如图 10.97 所示。

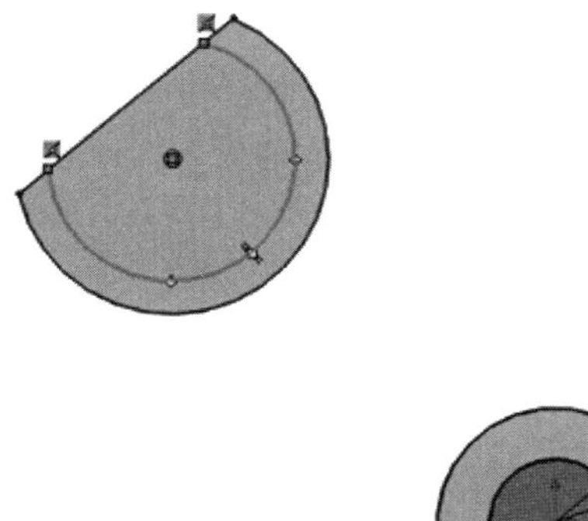
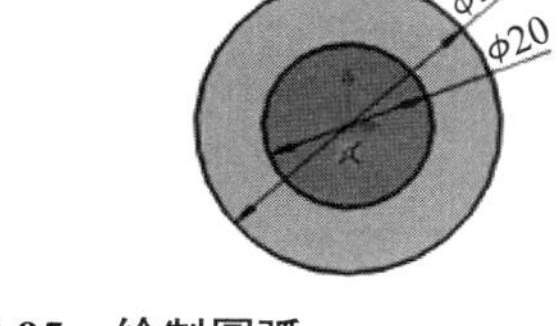

图 10.95　绘制圆弧

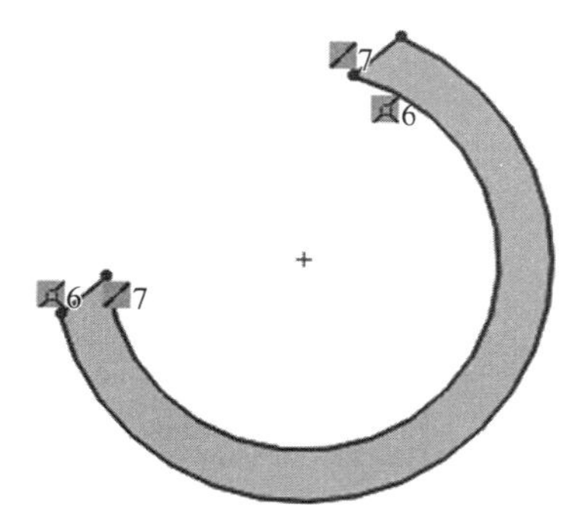

图 10.96　修剪多余线段

④添加尺寸。

单击“中心线”，作一条过圆弧圆心的竖直线，作为尺寸标注的辅助线。单击“智能尺寸”，先标注定位尺寸 42mm、70mm、30°，再标注圆弧的大小尺寸 R30mm、R20mm，两圆弧由蓝色变为黑色，则完全定义，如图 10.98 所示。

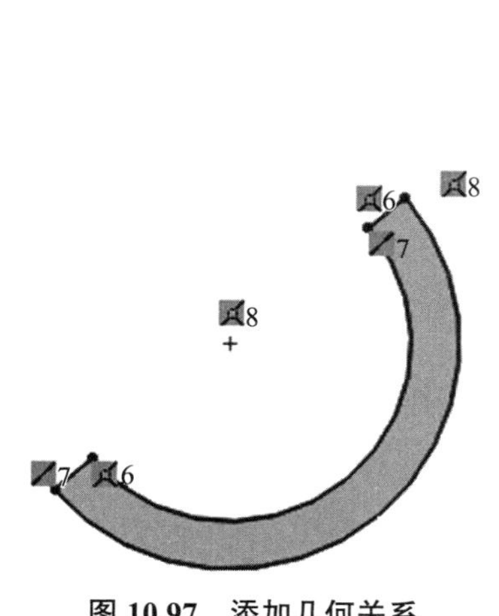

图 10.97　添加几何关系

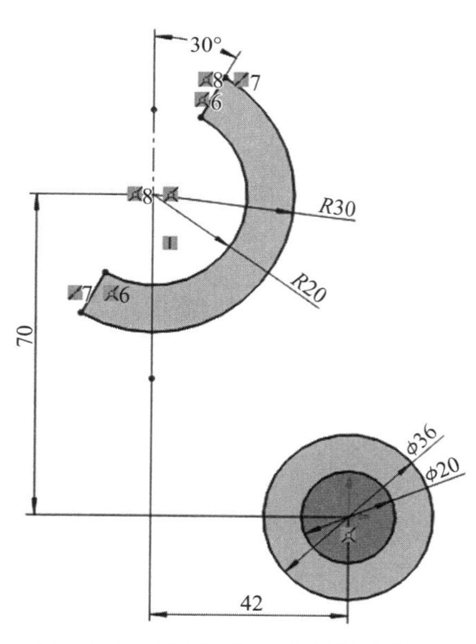

图 10.98　圆弧定位和定形尺寸标注

4）绘制 R35mm 圆弧。

①绘制圆弧。

单击“3 点圆弧”，分别选择 R20mm 和 ϕ36mm 圆上一点作为圆弧起点和终点，在适当位置拾取一点即可画出任意一段圆弧，如图 10.99（a）所示。

②添加几何关系。

单击“添加几何关系”，选择刚绘制的圆弧和 R30mm 圆弧，在“添加几何关系”属性管理器中单击“相切”，即可使刚绘制的圆弧与 R30mm 圆弧相切。用同样方法添加与

ϕ36mm 圆的“相切”约束关系。

③添加尺寸。

单击“智能尺寸”，选择圆弧，标注半径 35mm，如图 10.99（b）所示。

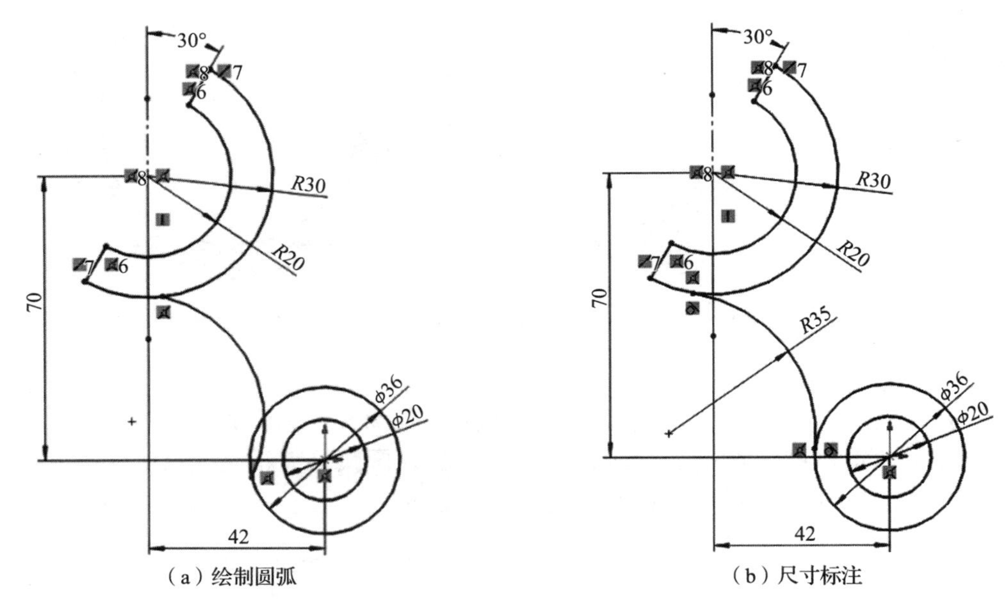

图 10.99 绘制 *R*35 圆弧

5）绘制其他线段。

①绘制直线段。

单击“直线”，第一点选 *R*30mm 圆弧上一点，任意画出 4 条直线，再单击“中心线”，画出一条水平点画线，如图 10.100 所示。

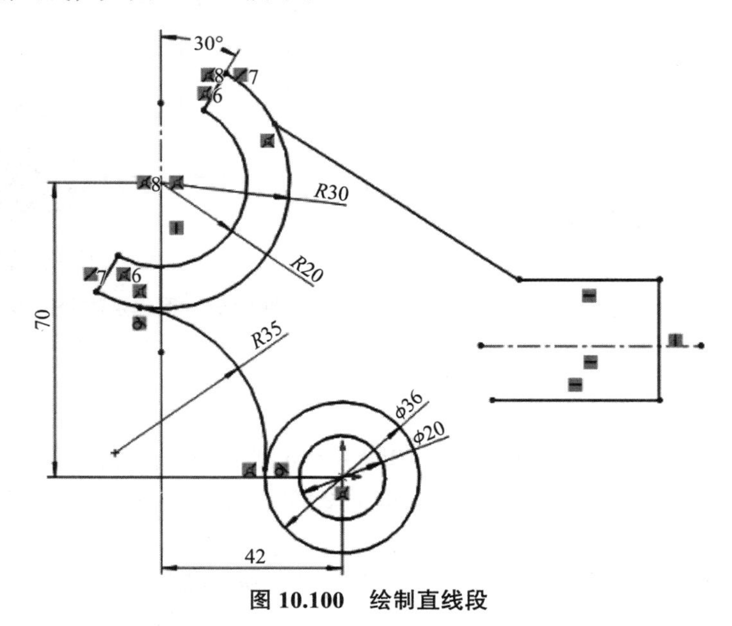

图 10.100 绘制直线段

②绘制圆弧。

单击“切线弧”，选择直线的终点作为圆弧起点，ϕ36mm 圆上一点作为圆弧终点，画出切线弧，如图 10.101 所示。

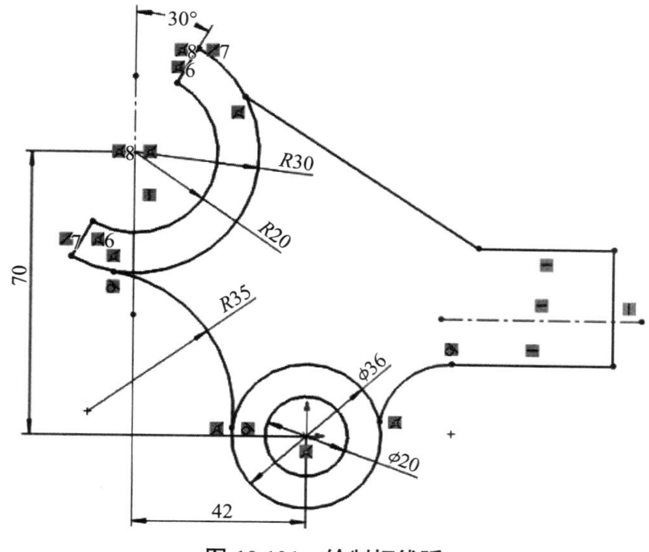

图 10.101　绘制切线弧

③添加几何关系。

单击“添加几何关系”，添加斜线与 R30mm 圆弧“相切”约束关系。同理给切线弧和 ϕ36mm 圆添加“相切”约束关系。检查其他直线，如果不水平或垂直，还需添加“水平”或“垂直”约束。继续执行“添加几何关系”，先选取两水平平行线，然后选择水平点画线，在属性管理器中单击“对称”约束关系，得到如图 10.102 所示的效果。绘图过程中应充分利用“自动添加几何关系”，尽量少使用“手动添加约束关系”，可提高作图效率。

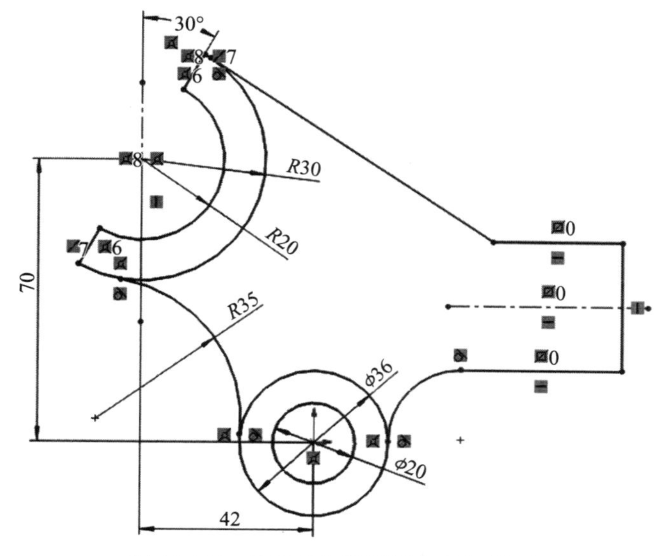

图 10.102　为直线与圆弧添加几何关系

④标注尺寸。

单击“智能尺寸”，先标注定位尺寸 34mm、50mm，再标注大小尺寸 28mm、24mm、R12mm，如图 10.103 所示。

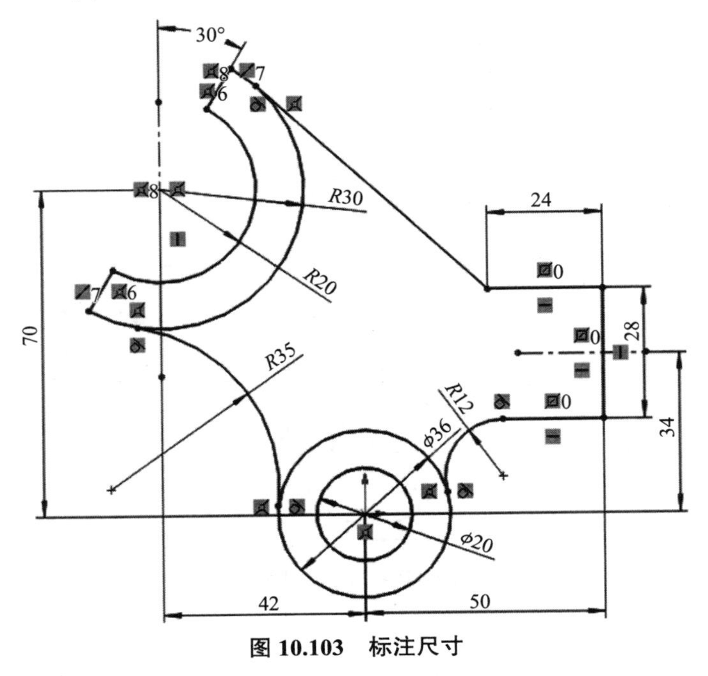

图 10.103　标注尺寸

⑤绘制圆角。

单击“绘制圆角”，在属性管理器中设置圆角半径为 16mm，分别选择斜线和水平线，完成圆角绘制，如图 10.104 所示。

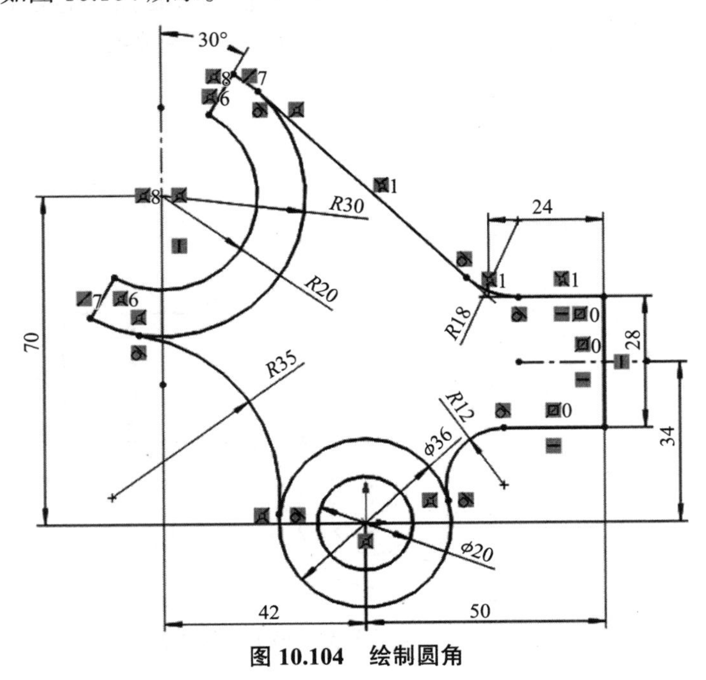

图 10.104　绘制圆角

6）创建键槽。

①绘制中心线与直线。

选择“视图”→“隐藏 / 显示”→“草图几何关系”命令，关闭草图几何关系，以方便观察图形及标注尺寸。执行“中心线”命令，过坐标原点画一条竖直线，再用“直线”命令画出 3 条线段，如图 10.105 所示。

②剪裁圆弧。

执行“剪裁”命令，剪裁两竖直线间的圆弧，如图 10.106 所示。

③添加“对称”约束关系。

执行“添加几何关系”命令，添加相对于中心线的“对称”约束关系，并显示草图几何关系，如图 10.107 所示。

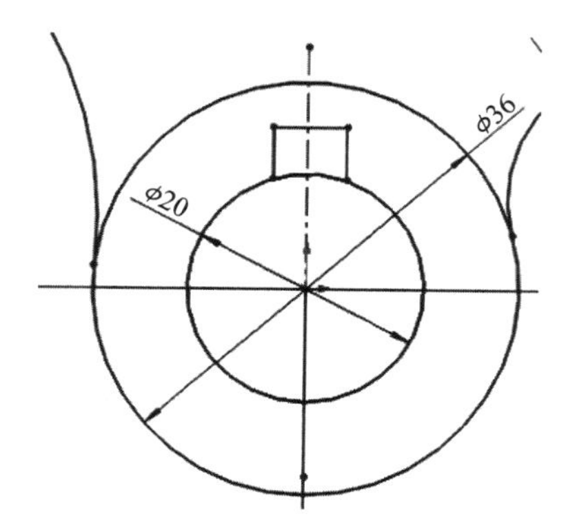

图 10.105　绘制中心线与直线

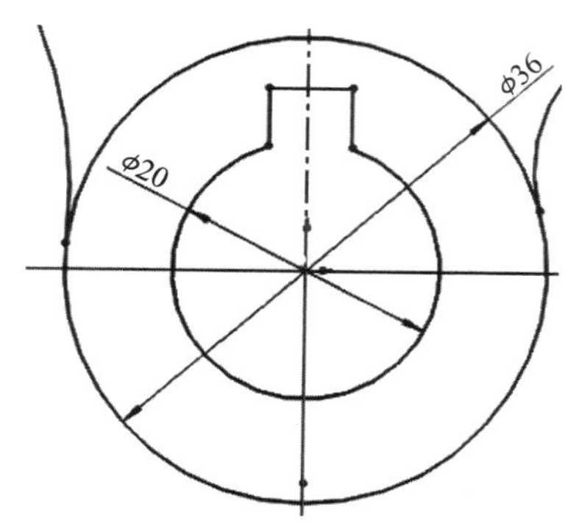

图 10.106　剪裁圆弧

④标注尺寸。

单击“智能标注”，选择水平线段，按下 Shift 键不放，单击 ϕ20mm 圆的下方，标注定位尺寸 22.8mm，选择水平线段，标注尺寸 6mm，如图 10.108 所示。

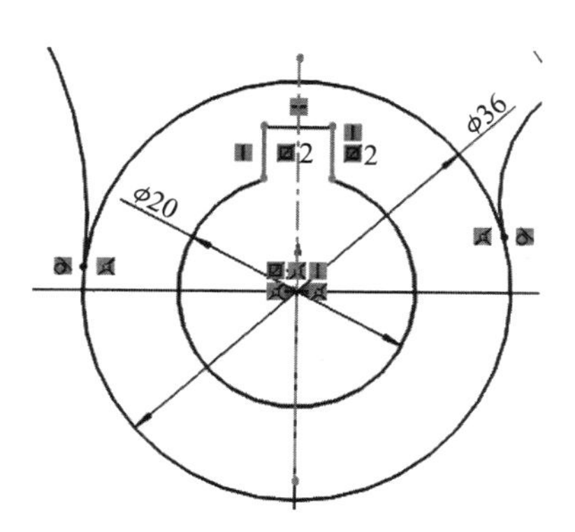

图 10.107　添加“对称”约束关系

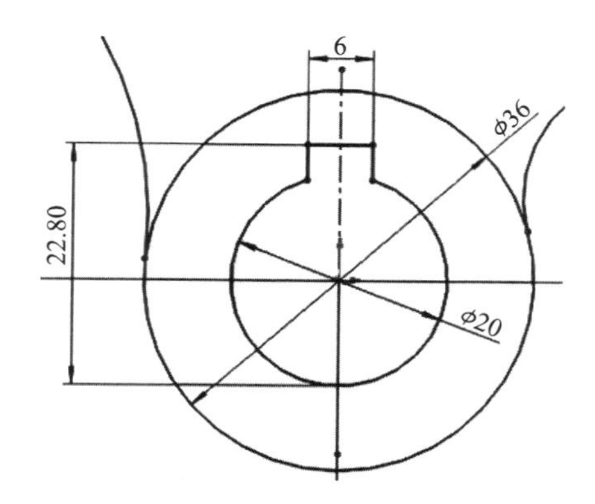

图 10.108　键槽尺寸标注

7）保存文件。

拨叉轮廓图的草图绘制完成后，关闭草图几何关系，调整尺寸位置，最终绘制效果如图 10.109 所示。单击“保存”，将该文件保存在指定位置。

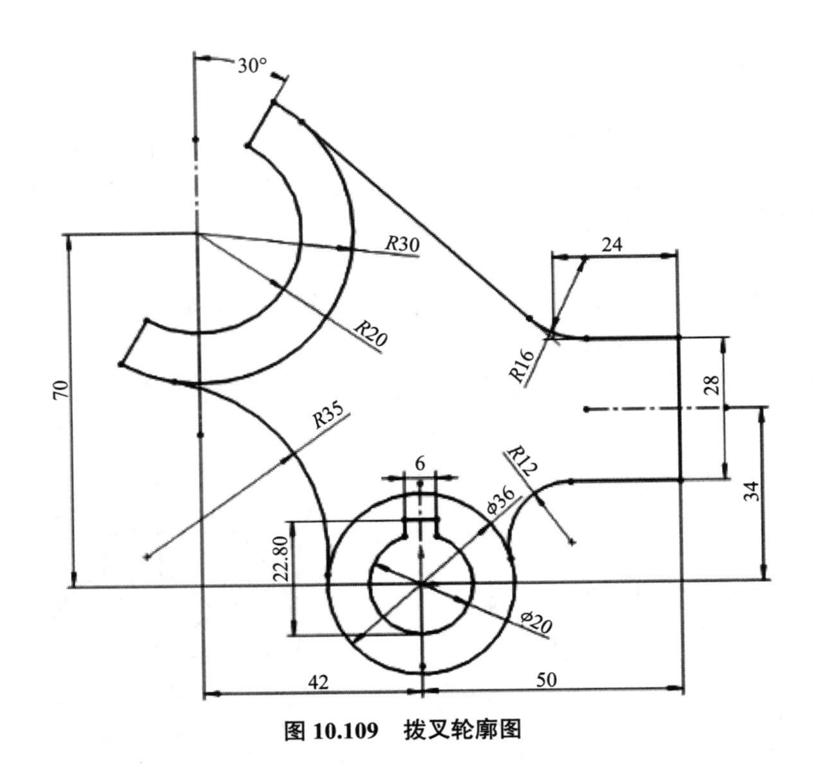

图 10.109 拔叉轮廓图

10.4.3 零件的建模

1. 底座三维模型

利用草图工具完成各截面草图的创建，通过拉伸凸台、拉伸切除、筋板、镜像等命令创建特征，综合运用基准特征、特征管理树等完成底座的三维建模，如图 10.110 所示。

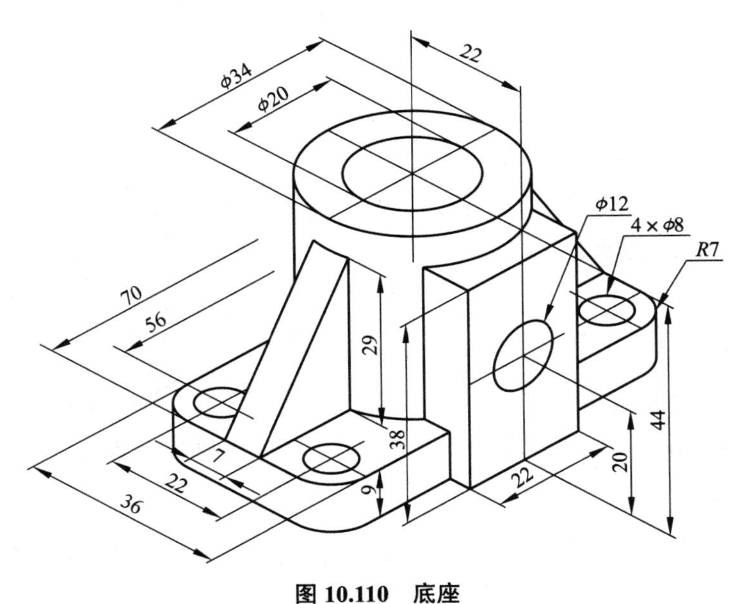

图 10.110 底座

2. 建模操作步骤

（1）模型分析。

底座零件由底板、空心圆柱、肋板和前部凸台 4 部分组成，其为典型拉伸体类零件，各组成部分可用拉伸凸台、拉伸切除方式创建。肋板左右对称，可用筋特征完成一侧，再使用镜像特征完成另一侧。底板上 4 个圆孔用草图驱动陈列或特征陈列完成。

（2）新建文件。

启动软件，新建文件，进入“零件”模块，选择“我的模板”→“零件模板”，进入“零件”模块，单击“保存”，选择保存路径，设置文件名为“底座”。

（3）创建底板模型。

1）底板草图。

选择特征管理树中“上视基准面”，进入草图绘制环境，将底板中心作为坐标系原点，用“中心矩形”“圆角”“圆”命令创建如图 10.111 所示的完全定义草图，然后退出草图环境。

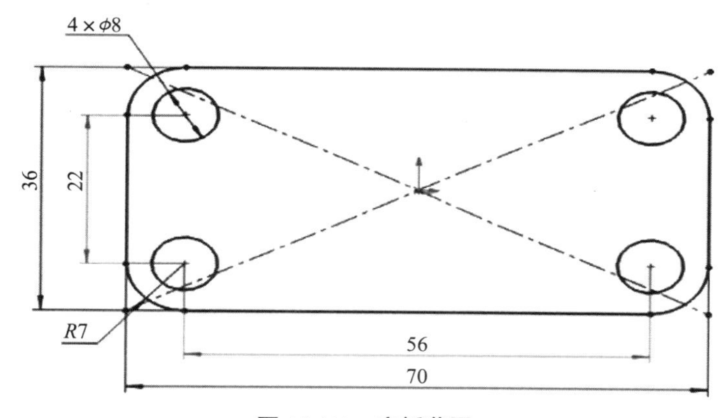

图 10.111　底板草图

2）底板凸台。

单击“拉伸凸台”，弹出“凸台 – 拉伸”属性管理器。定义“从”为“草图基准面”，“方向 1”向上，终止条件为“给定深度”、9mm，单击✓，完成凸台拉伸，如图 10.112 所示。

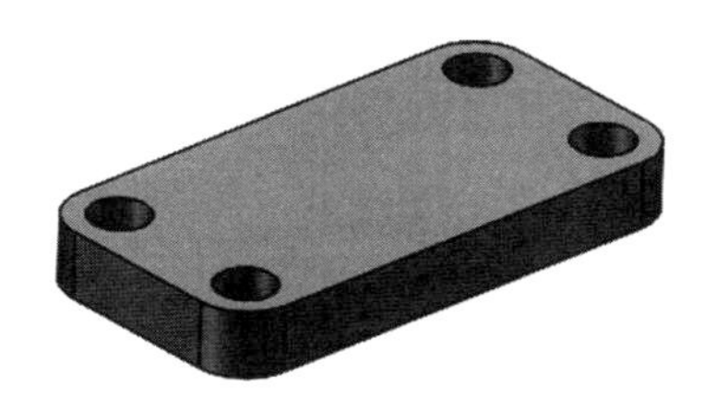

图 10.112　底板凸台拉伸

3）空心圆柱模型 。

①选择底板特征的上表面，单击“草图绘制”，进入草图环境。单击“正视于”，将模型旋转于草图基准面方向，创建如图 10.113 所示的完全定义草图，然后退出草图环境。

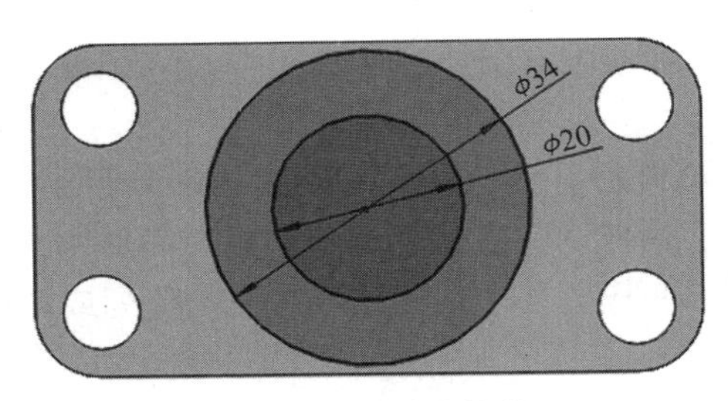

图 10.113　空心圆柱草图

②单击“拉伸凸台”，弹出“凸台－拉伸”属性管理器。定义“从”为“草图基准面”，“方向 1”向上，终止条件为“给定深度”、35mm，“所选轮廓”为 ϕ34mm 圆，单击✔，结果如图 10.114 所示。

③单击“拉伸切除”，弹出“切除－拉伸”属性管理器。定义“从”为“草图基准面”；“方向 1”向上，终止条件为“给定深度”、35mm；“方向 2”向下，终止条件为“给定深度”、9mm；“所选轮廓”为 ϕ20 圆。参数设置完成后单击✔，结果如图 10.115 所示。

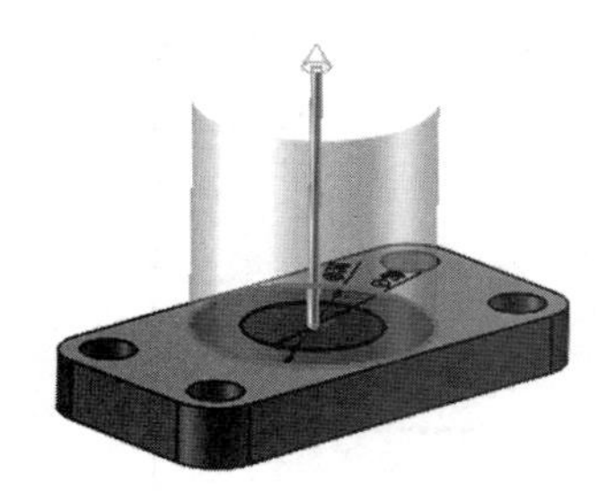

图 10.114　拉伸凸台

图 10.115　拉伸切除

4）筋板特征。

①筋板草图。

选择“前视基准面”，单击“草图绘制”，进入草图环境。单击“正视于”将模型旋转于草图基准面方向，创建如图 10.116 所示的完全定义草图，然后退出草图环境。

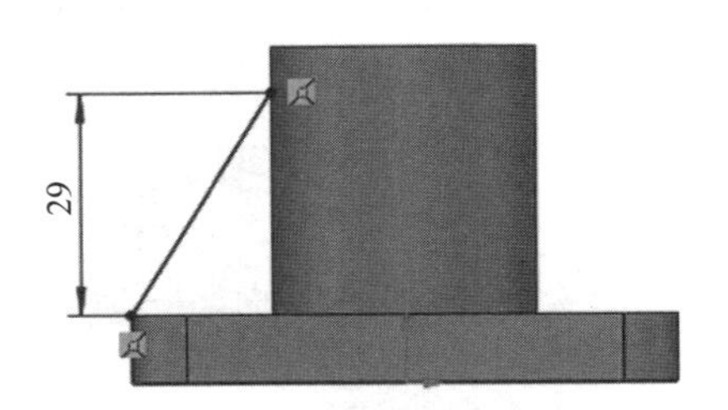

图 10.116　筋板草图

②筋板。

单击“筋”，弹出“筋”属性管理器。定义“厚度”为“两侧对称”、7mm。“拉伸方向”为“平行于草图”，勾选“反转材料方向”，使材料侧方向与筋板方向一致，单击✔，如图 10.117 所示。

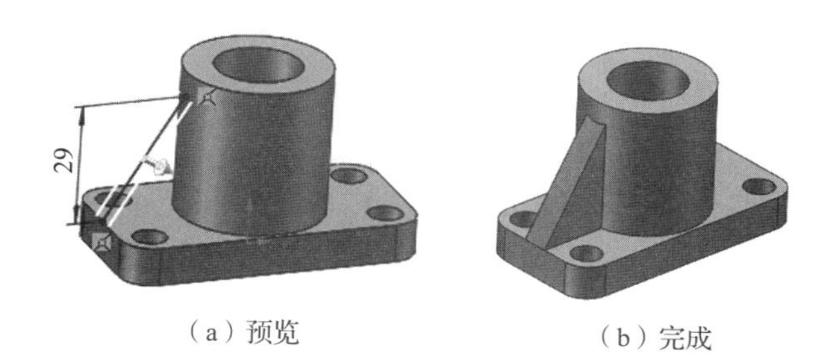

（a）预览　　（b）完成

图 10.117　创建筋板

③镜像筋板。

单击“镜像”，弹出“镜像”属性管理器。定义“镜像面 / 基准面”为“右视基准面”，“要镜像的特征”为“筋 1”，设置完成后单击✓，如图 10.118 所示。

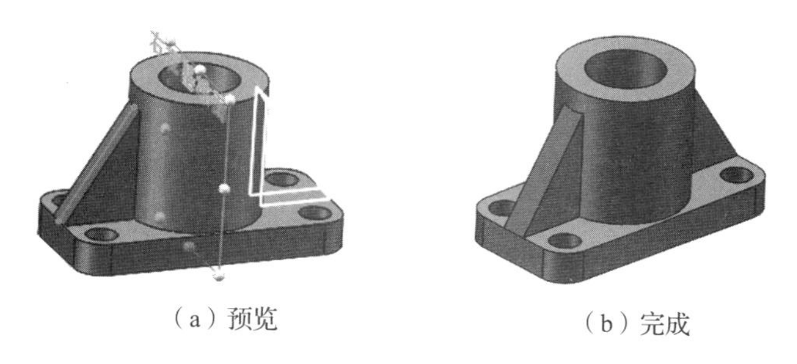

（a）预览　　（b）完成

图 10.118　镜像筋板

5）凸台模型。

①单击“参考几何体”→“基准面”，弹出“基准面”属性管理器，选择“第一参考”为“前视基准面”，“偏移距离”为 22mm，设置完成后单击✓，如图 10.119 所示。

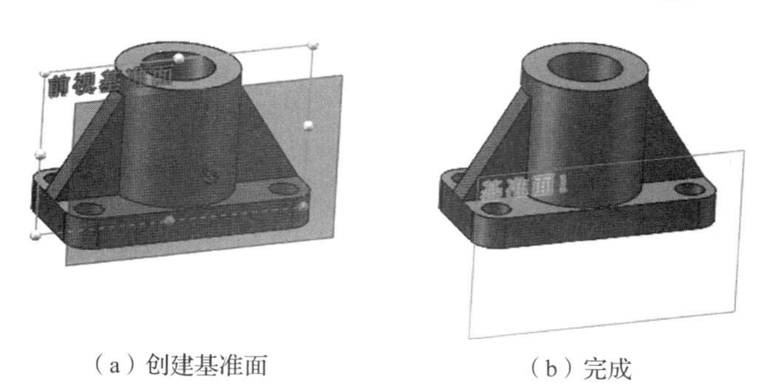

（a）创建基准面　　（b）完成

图 10.119　创建基准面

②选择创建的“基准面”，单击“草图绘制”，进入草图环境。单击“正视于”将模型旋转于草图基准面方向，创建如图 10.120 所示的完全定义草图，然后退出草图环境。

③单击“拉伸凸台”，弹出“凸台 – 拉伸”属性管理器。定义“从”为“草图基准面”，“方向 1”向后，终止条件为“成型到一面”，“面 / 平面”为 ϕ34mm 外圆柱面，“所选轮廓”为凸台方形外框，参数设置完成后单击✓，如图 10.121 所示。

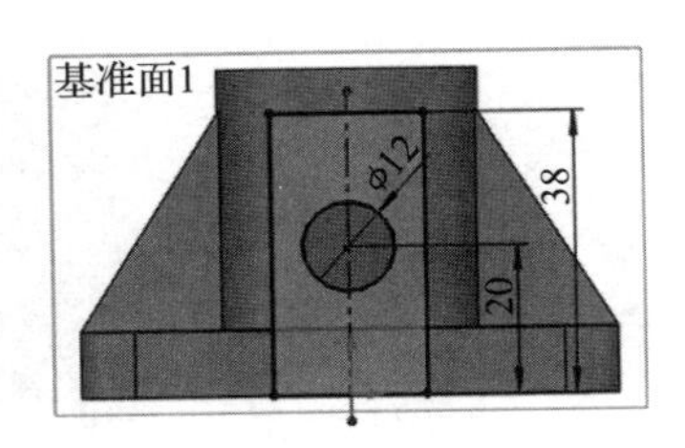

图 10.120　凸台草图

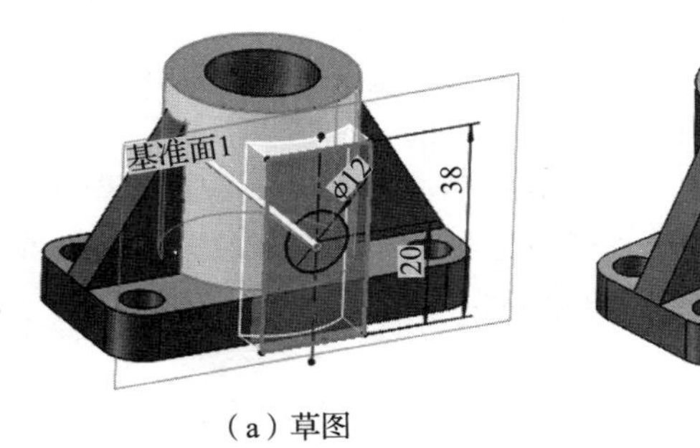

（a）草图　　（b）拉伸

图 10.121　凸台拉伸

④单击“拉伸切除”，弹出“切除－拉伸”属性管理器。定义“从”为“草图基准面”，“方向 1”向后，终止条件为“成形到一面”，“所选轮廓”为凸台草图 ϕ12mm 圆，参数设置完成后单击✔，如图 10.122 所示。

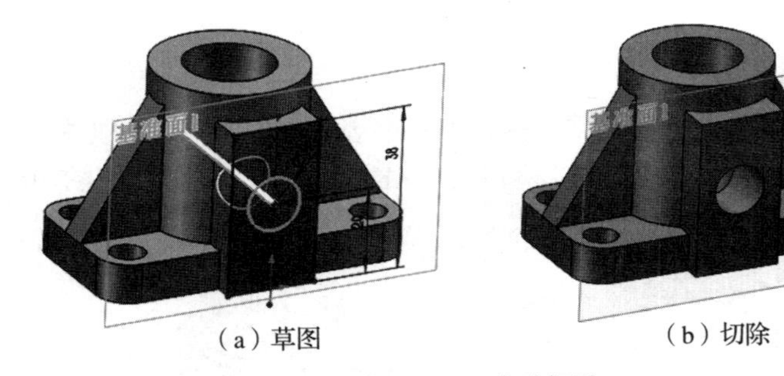

（a）草图　　（b）切除

图 10.122　内孔切除

6）检查整理，保存文件。

检查整理各特征，隐藏基准面 1 及各截面草图，完成底座三维建模，如图 10.123 所示。单击“保存”将该模型文件保存到指定位置。

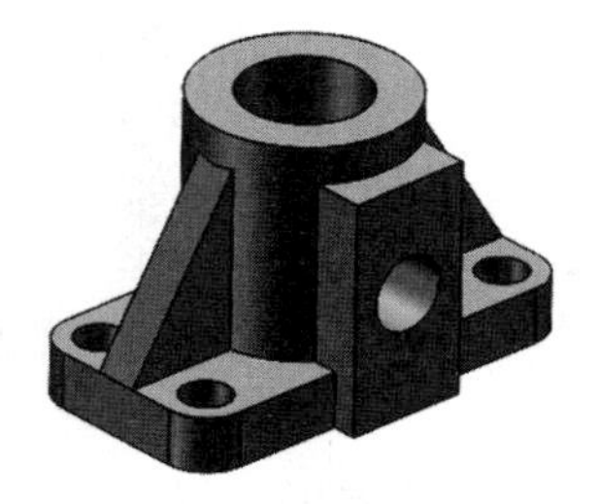

图 10.123　完成底座三维建模

10.5 泵轴的建模及工程图

10.5.1 泵轴的建模

1. 工作任务

用 SolidWorks 软件完成如图 10.124 所示的泵轴零件的三维建模并生成零件工程图。

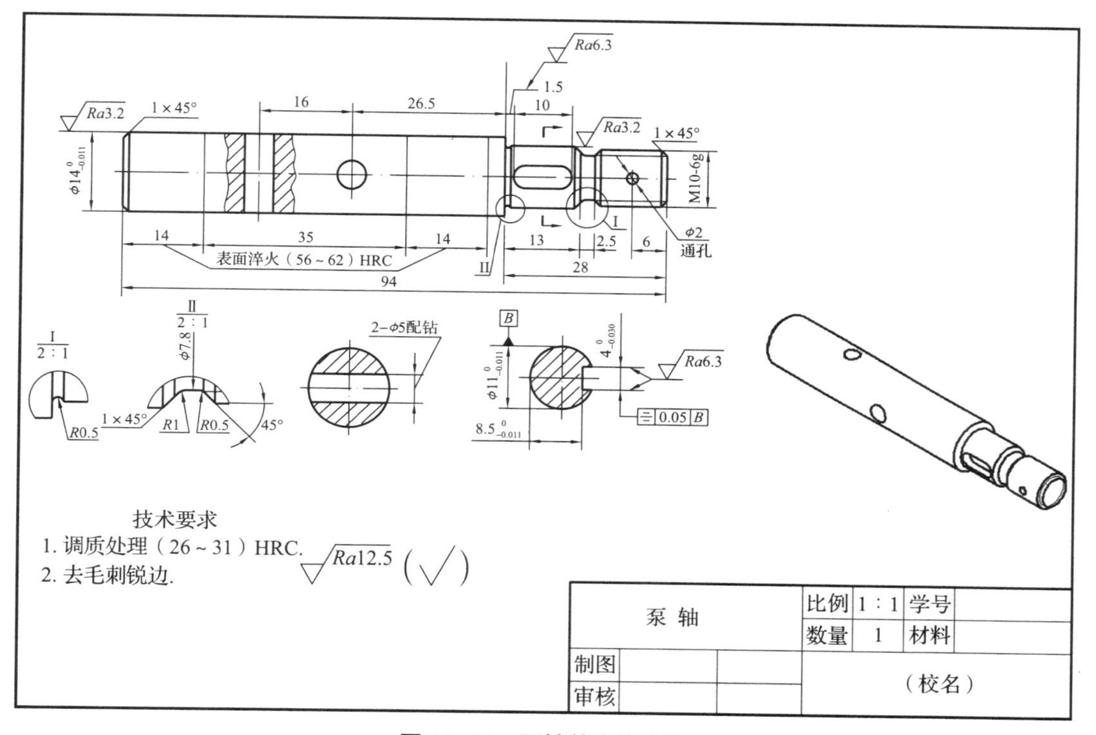

图 10.124 泵轴基本体建模

2. 操作步骤

（1）新建文件。

启动 SolidWorks 2020，新建文件，选择“我的模板”→“零件模板”，进入“零件”模块，单击“确定”，选择保存路径，设置文件名为“泵轴”，单击“保存”。

（2）泵轴基本体建模。

选择前视基准面，单击“草图绘制”，以泵轴的左侧圆柱中心为坐标系原点，将中心线水平放置，绘制泵轴草图并完全定义，如图 10.125（a）所示。

单击“旋转”，选取草图为旋转截面，中心线为旋转轴，输入旋转角度 360°，效果如图 10.125（b）所示。

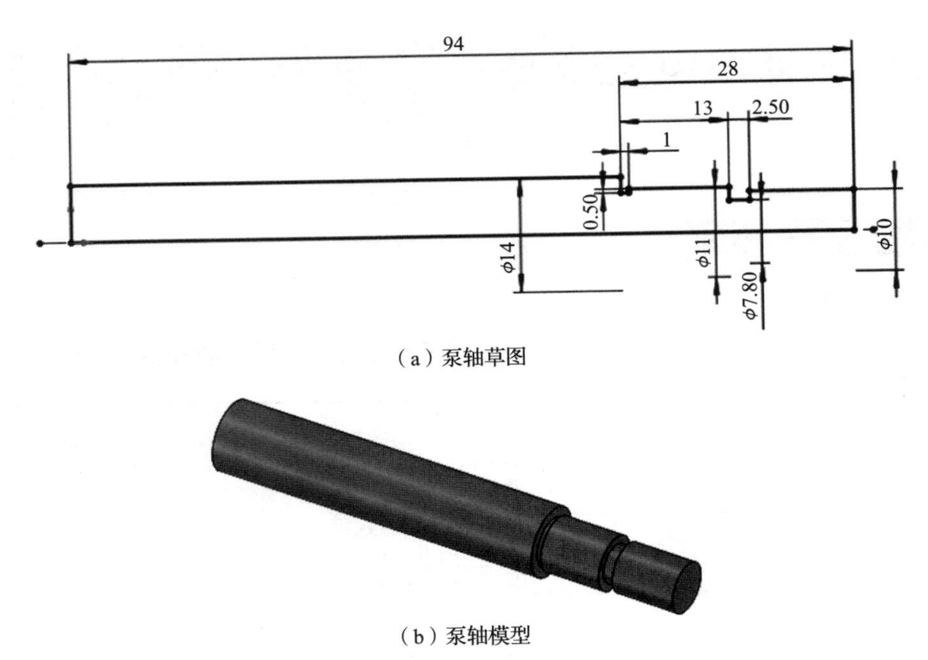

（a）泵轴草图

（b）泵轴模型

图 10.125　泵轴基本体建模

（3）泵轴通孔及键槽建模。

1）ϕ2mm 通孔建模。

选择“前视基准面”，单击“草图”，选择“正视于”，将模型旋转于草图基准面方向，创建完全定义的草图，如图 10.126（a）所示。

单击“拉伸切除”，定义“从”为“草图基准面”，“方向 1”为“两侧对称”，深度为 10mm，单击✓，效果如图 10.126（b）所示。

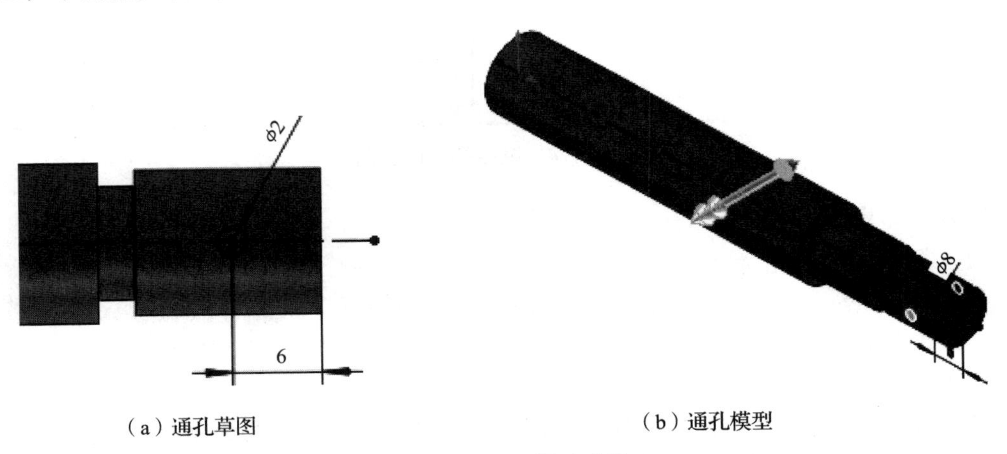

（a）通孔草图　　（b）通孔模型

图 10.126　ϕ2 通孔建模

2）键槽建模。

选择“前视基准面”，单击“草图”，选择“正视于”，将模型旋转于草图基准面方向，创建完全定义的草图，如图 10.127（a）所示。

单击“拉伸切除”，定义“从”为“等距”，“距离”向前、5.5mm，“方向 1”向后，终止条件为“给定深度”，深度为 2.5mm，单击✔，效果如图 10.127（b）所示。

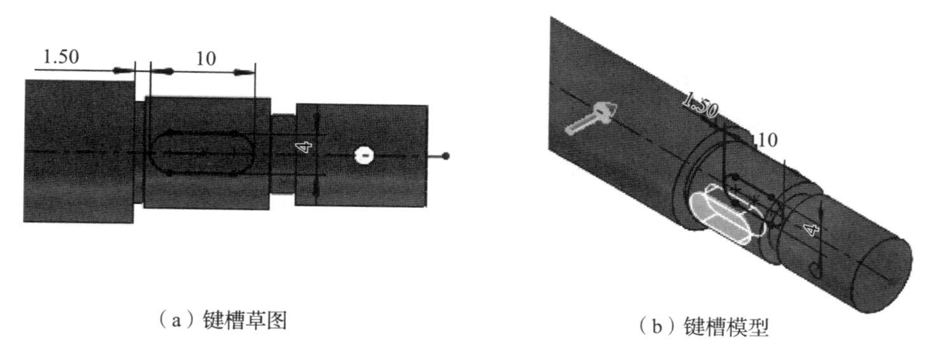

（a）键槽草图　　（b）键槽模型

图 10.127　键槽建模

3）ϕ5mm 通孔建模。

选择“前视基准面”，单击“草图”，选择“正视于”，将模型旋转于草图基准面方向，创建完全定义的草图，如图 10.128（a）所示。

单击“拉伸切除”，定义“从”为“草图基准面”，“方向 1”为“两侧对称”，深度为 14mm，单击✔，效果如图 10.128（b）所示。

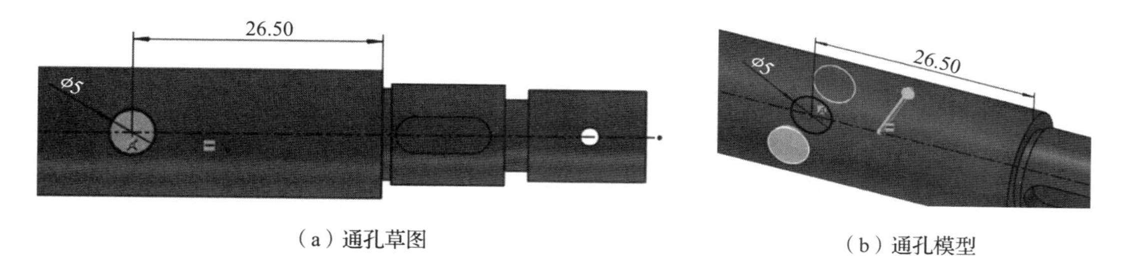

（a）通孔草图　　（b）通孔模型

图 10.128　ϕ5 通孔建模

选择“上视基准面”，同理绘制另外一个 ϕ5 通孔。

（4）添加其他特征。

1）绘制倒角。

单击“绘制倒角”，选择“角度距离”方式，输入“1”和“45”，选择四处边线，如图 10.129 所示。

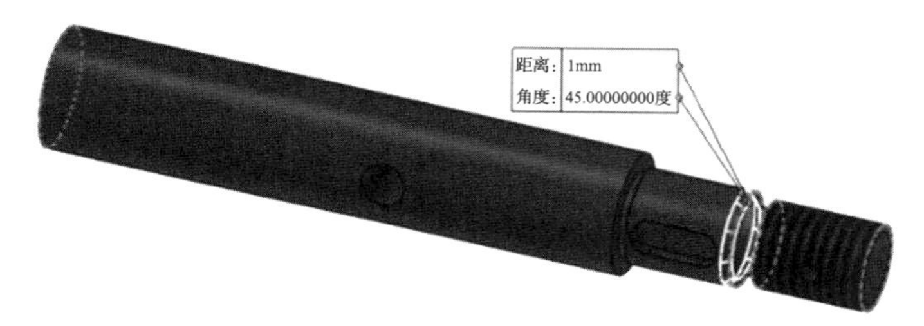

图 10.129　绘制倒角

2）绘制圆角。

单击“绘制圆角”，选取轮廓边线，输入半径值1mm，如图10.130所示。同理作出R0.5mm的圆角。

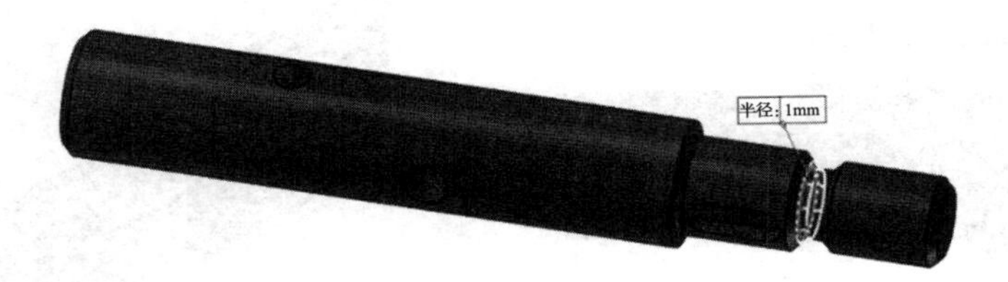

图 10.130　绘制圆角

3）螺纹装饰线。

单击“插入”菜单→“装饰螺纹线…”命令，弹出“装饰螺纹线”对话框，选择ϕ10mm圆柱边线，设置标准为“GB”，类型为“机械螺纹”，大小为“M10”，选择“成形到下一面”，单击✓，如图10.131所示。

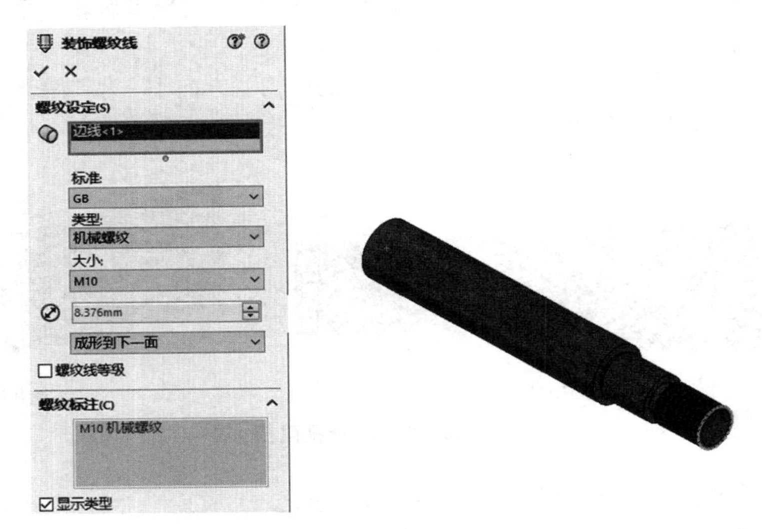

图 10.131　螺纹装饰线

（5）保存文件。

检查整理各特征，隐藏草图等，得到如图10.132所示的泵轴三维模型单击“保存”，保存该模型。

图 10.132　泵轴三维模型

10.5.2 泵轴的工程图

1. 工作任务

根据泵轴三维模型，完成零件工程图的创建，包括各视图表达形式及各种标注。

2. 创建文档

新建工程图，在“我的模板”下选择“ A4 竖向”图纸，选择保存路径，设置文件名为“泵轴 .slddrw”，单击“保存”。

3. 操作步骤

（1）创建主视图。

单击“模型视图”，打开“泵轴 .sldprt”文件，选择“标准视图”→“主视图”，设置“显示样式”为“消除隐藏线”，视图比例为“1：1”，将其放置在适当位置，单击“确定”生成主视图，如图 10.133 所示。

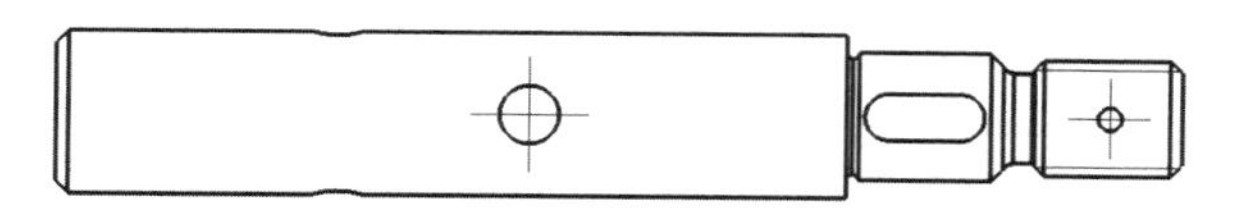

图 10.133　泵轴主视图

单击主视图，右键选择“切边不可见”，去除视图的相切线，用同样方法隐藏不需要的图线。单击“注解”栏→“中心符号线”，添加“槽口中心符号线”；单击“注解”→“中心线”，选择视图，勾选“自动插入”，添加中心线，如图 10.134 所示。

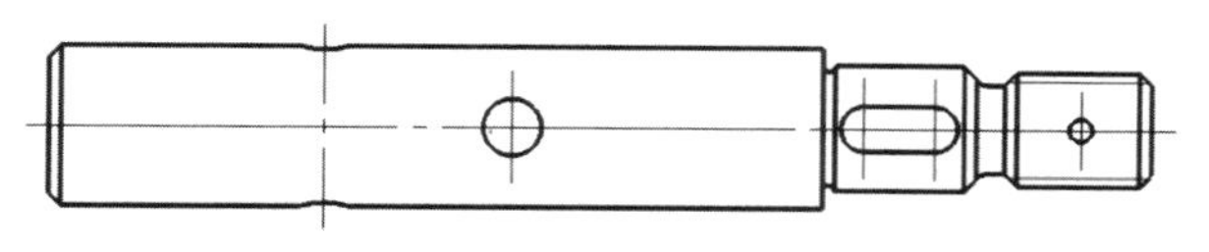

图 10.134　视图理整

（2）创建剖视图。

单击“工程图”→“断开的剖视图”，用样条曲线绘制剖切范围，如图 10.135（a）所示。再输入剖切深度 7mm，生成断开的剖视图，如图 10.135（b）所示。

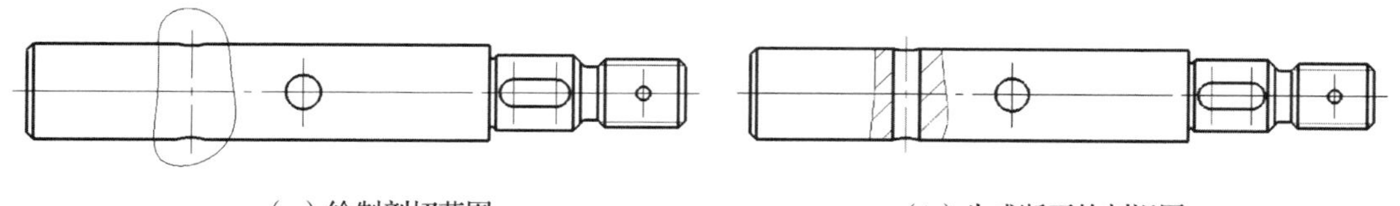

（a）绘制剖切范围　　（b）生成断开的剖视图

图 10.135　创建断开的剖视图

（3）创建轴测图。

单击“工程图”→“投影视图”，选择主视图生成轴测图，辅助表达泵轴结构。单击轴测图后，单击鼠标右键，在弹出的快捷菜单中选择“切边不可见”，去除视图的相切线，选择“显示样式”为“消除隐藏线”，效果如图 10.136 所示。

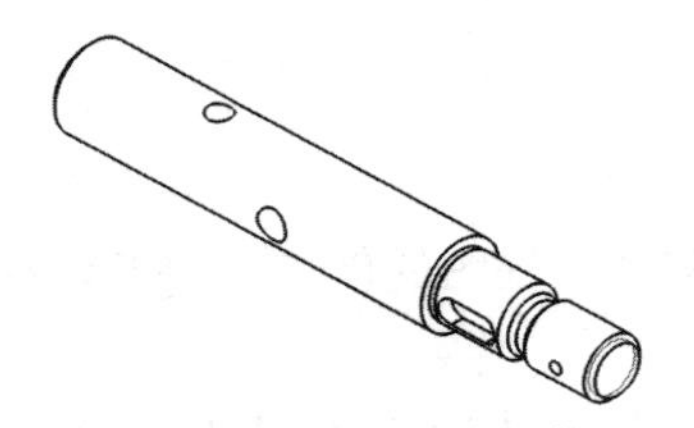

图 10.136　创建轴测图

（4）创建移出断面图。

1）ϕ5mm 通孔的移出断面图。

单击“工程图”→“剖面视图”，选择切割线“竖直”形式，捕捉圆心并确认，移动鼠标指针至主视图左侧，单击放置视图，生成移出断面图。选择该视图，单击鼠标右键，在弹出的快捷菜单中选择“视图对齐”→“解除对齐关系”，再移动移出断面图至剖切线下方，添加“中心符号线”，删除断面名称并隐藏切割线，如图 10.137 所示。

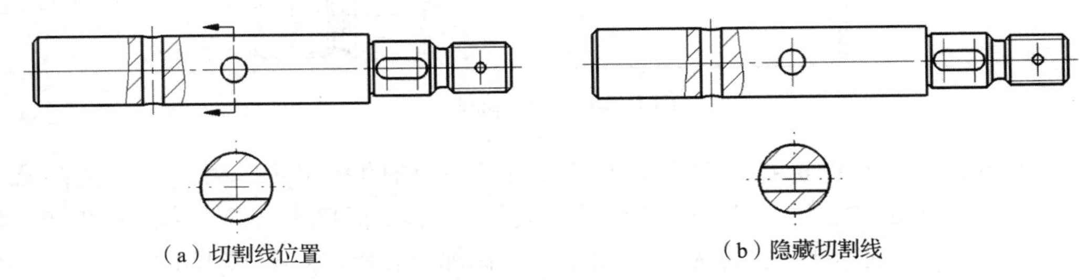

（a）切割线位置　（b）隐藏切割线

图 10.137　ϕ5 通孔移出断面

2）键槽的移出断面图。

同理作出键槽的移出断面图，选择“横截剖面”，使用“反转方向”调整切割线方向，添加“中心符号线”，如图 10.138 所示。

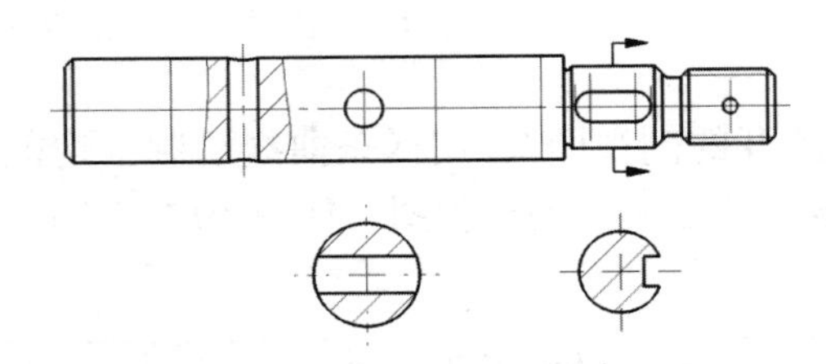

图 10.138　键槽移出断面图

（5）创建退刀槽局部放大图。

单击“工程图”→“局部视图”，在螺纹退刀槽适当位置绘制圆，比例为“2∶1”，其他默认设置，将其放置到合适位置，生成螺纹退刀槽局部放大图。同理绘制另一退刀槽的局部放大图，如图 10.139 所示。

4. 零件图标注

（1）添加模型尺寸。

1）标注线性尺寸。

单击“智能尺寸”，选择 ϕ14mm 圆柱两端竖线，标注长度尺寸 94mm。标注尺寸

26.5mm 时需要将“公差 / 精度”设置为“0.1”。标注线性尺寸效果如图 10.140 所示。

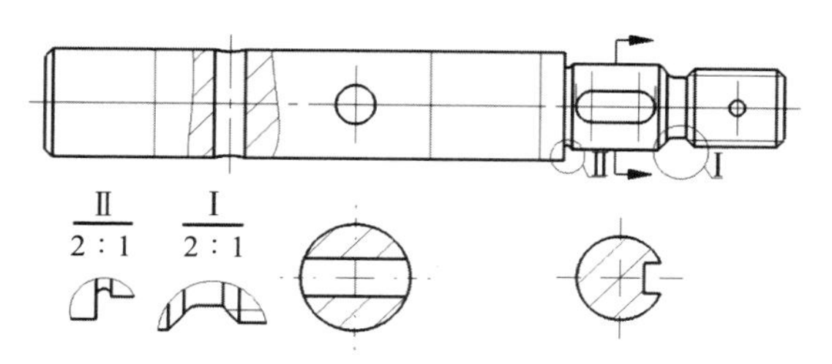

图 10.139　局部放大图

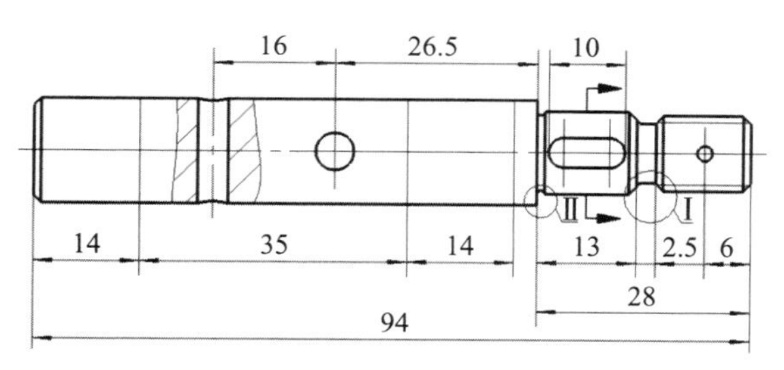

图 10.140　标注线性尺寸

2）标注公差。

①标注 $\phi14_{-0.011}^{\ 0}$。

单击“智能尺寸”，选择竖直边标注；在“数值”选项卡中修改“公差 / 精度”为“.123”，选择“双边”，输入下偏差为“−0.011”；在“其他”选项卡中修改公差字体大小，字体比例为“0.5”；在“引线”选项卡中修改“引线显示”为“里面”，如图 10.141 所示。

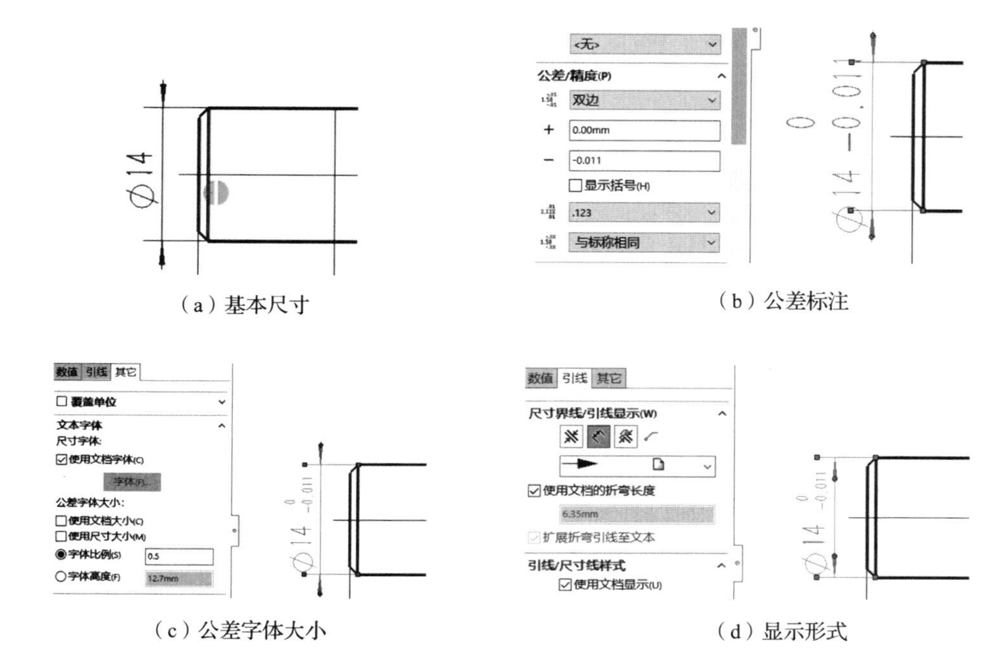

（a）基本尺寸　（b）公差标注

（c）公差字体大小　（d）显示形式

图 10.141　标注公差尺寸

②标注 $\phi11_{-0.011}^{\ 0}$。

在圆的上下两端，分别添加两直线以便标注，在标注文字中选择“直径符号”，如图 10.142 所示。

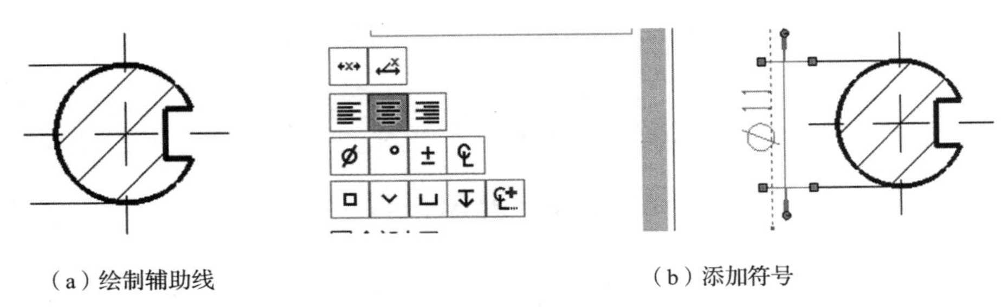

（a）绘制辅助线　　　　（b）添加符号

图 10.142　添加直径符号

③标注 $8.5_{-0.011}^{\ 0}$。

在“选项”→“文档属性”中，修改尺寸的“尾随零值”，其中“尺”选择“消除”，“公”选择“仅移除零”，如图 10.143 所示。

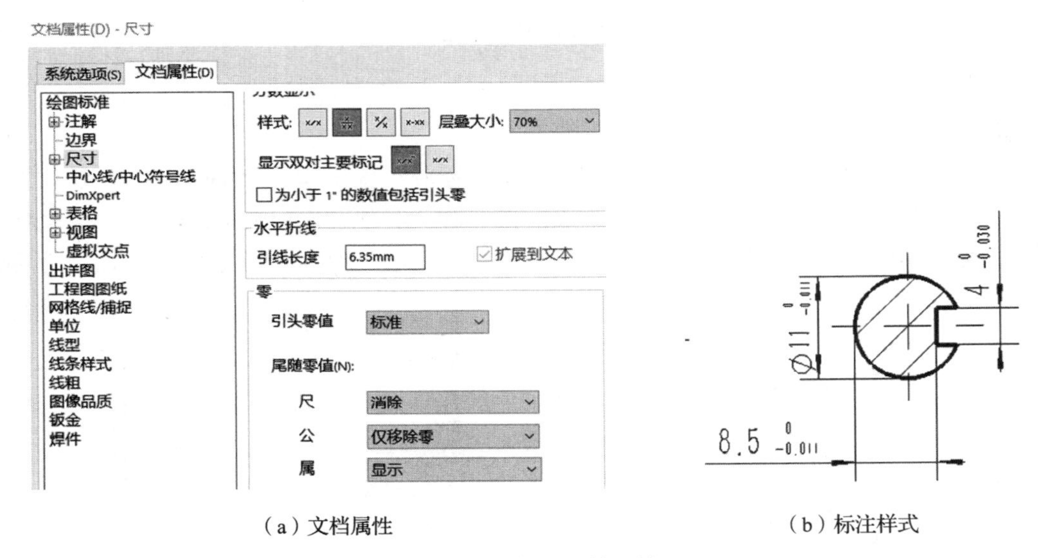

（a）文档属性　　　　（b）标注样式

图 10.143　修改文档属性

④标注 $\phi7.8$mm。

标注尺寸 $\phi7.8$mm 时需要作一条辅助直线，在“标注尺寸文字”中修改尺寸值；将光标置于需隐藏的箭头上，单击鼠标右键，在快捷菜单中选择“隐藏尺寸线”，同理可“隐藏延伸线”，这样尺寸只显示一半箭头和尺寸界线；辅助直线作为尺寸线不能删除，打开界面左下角的“图层属性”，将线移到“隐藏层”并关闭显示（该层为自行创建并定义名称）。操作完成后再次选中“尺寸线”层，单击“确定”，如图 10.144 所示。

⑤添加其他文本符号。

在“标注尺寸文字”中添加“M10−6g”等，如图 10.145 所示。

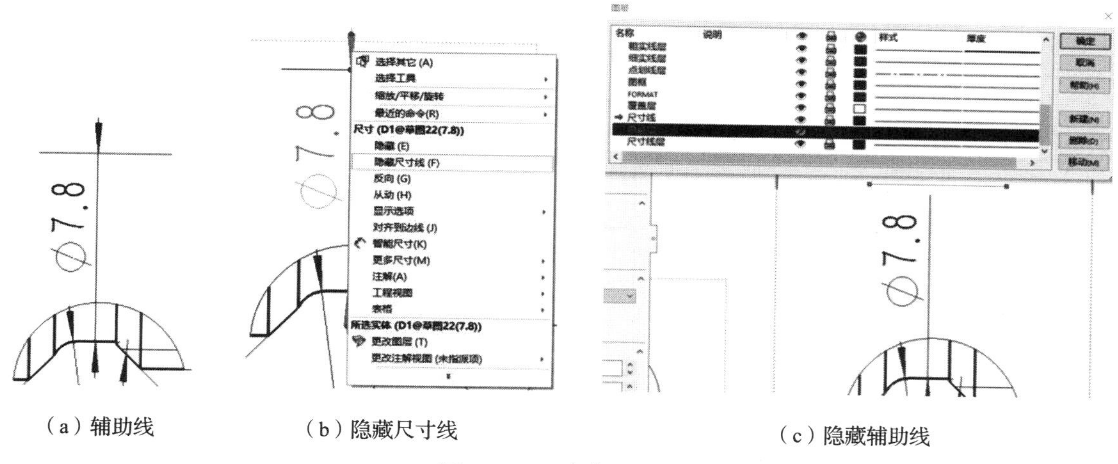

（a）辅助线　　（b）隐藏尺寸线　　（c）隐藏辅助线

图 10.144　隐藏尺寸线

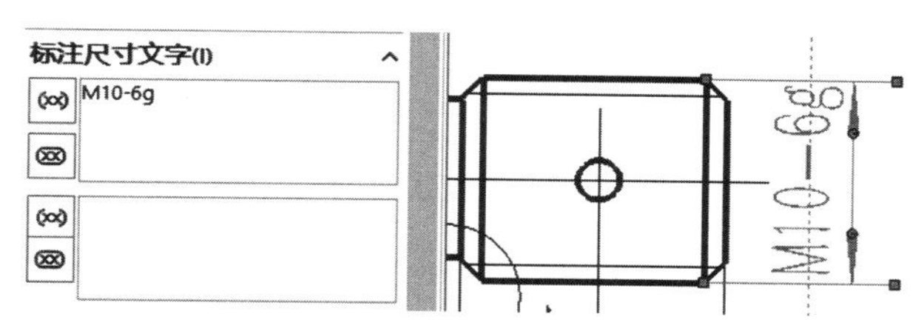

图 10.145　添加文本符号

3）标注通孔。

单击“智能尺寸”，选择 ⌀5mm 通孔，在“标注尺寸文字”中修改尺寸值“2–⌀5 配钻”，选择“等距文字”，调整引线位置；同理标注 ⌀2mm 通孔，在“注释”中添加“通孔”，修改字体大小，设置引线形式为“无引线”，如图 10.146 所示。

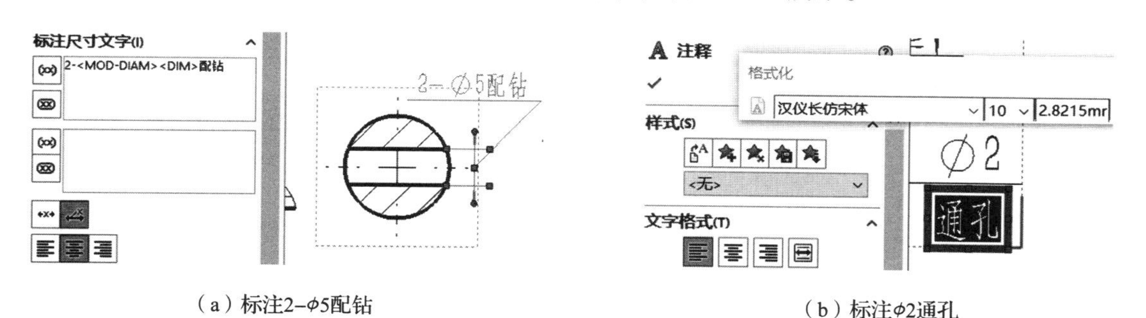

（a）标注2–⌀5配钻　　（b）标注⌀2通孔

图 10.146　标注通孔

4）标注倒角与倒圆。

单击“倒角尺寸”，先选择倒角的 45° 边，再选择竖直边，在“标注尺寸文字”中添加“1 × 45°”；倒圆时直接选择要倒的圆角边，如 R0.5mm 倒圆，如图 10.147 所示。

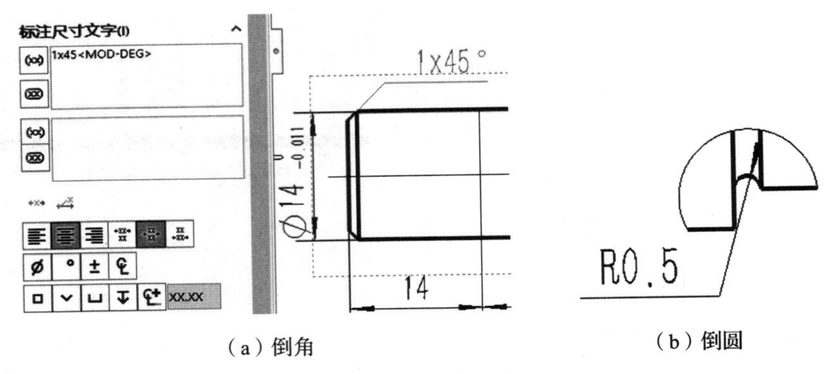

（a）倒角　　（b）倒圆

图 10.147　标注倒角与倒圆

（2）表面粗糙度。

单击“表面粗糙度符号”，在“符号”中选择“要求切削加工”，在“符号布局”中输入“*Ra*3.2”，选择需要添加的表面轮廓线，在“格式”中修改字体大小，使表面粗糙度符号随字体的大小而变化，如图 10.148 所示。

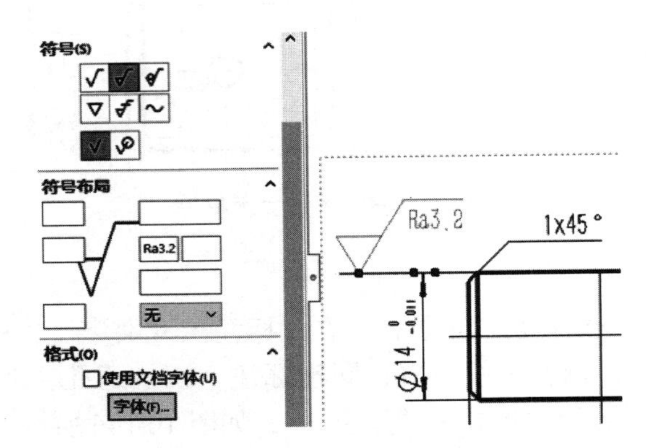

图 10.148　标注表面粗糙度

（3）基准与形位公差。

1）单击“基准特征”，在“标号设定”中设置基准符号“*B*”，引线样式选择“方形”。选择键槽移出断面图中 ϕ11mm 尺寸，拖动“基准特征”至合适位置，如图 10.149 所示。

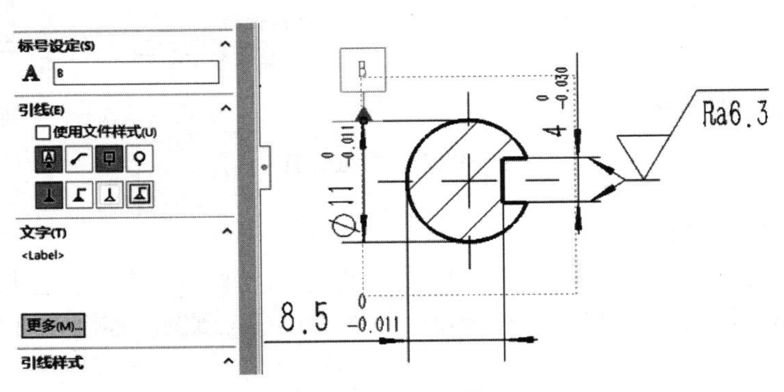

图 10.149　标注基准

2）单击“形位公差”，在属性管理器中设置符号、公差值、公差基准，设置“引线”为“垂直引线”。选择键槽宽为 $4^{\ 0}_{-0.030}$ 的轮廓边，拖动“形位公差”至合适位置，根据需要修改字体大小，如图 10.150 所示。

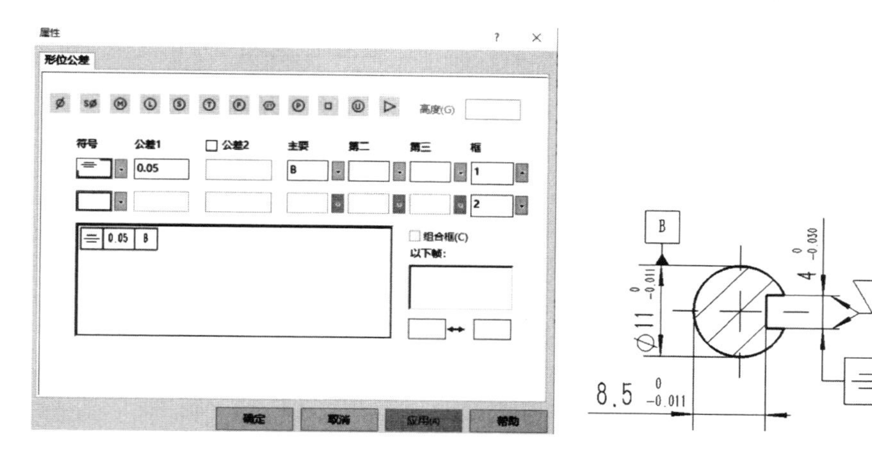

图 10.150　标注形位公差

（4）添加技术要求。

单击“注释”，在图纸左下角输入技术要求，单击“确定”，效果如图 10.151 所示。

图 10.151　技术要求

思考题

1. 使用 AutoCAD 软件绘制如图 10.152 所示的平面图形。

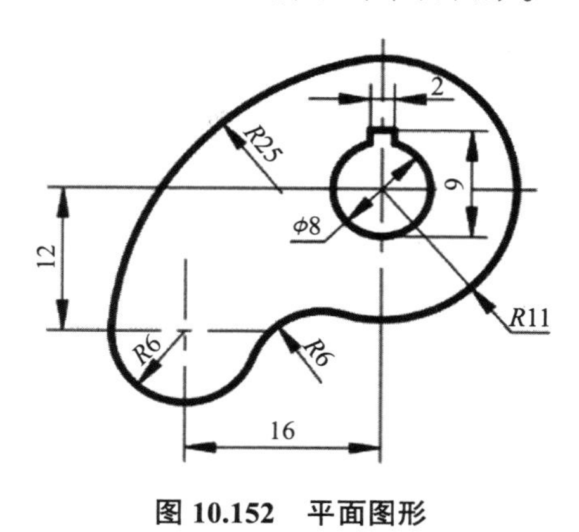

图 10.152　平面图形

2. 使用 SolidWorks 软件完成如图 10.153 所示零件的三维建模并创建工程图。

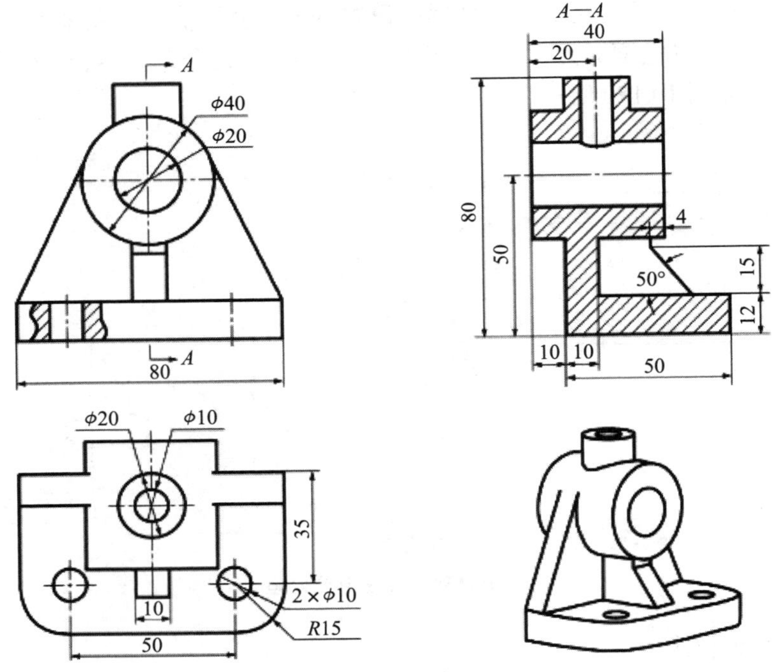
A
A—A
40
20
φ40
φ20
80
50
4
15
50°
12
A
80
10
10
50
φ20
φ10
35
2×φ10
10
R15
50

图 10.153 零件

参考文献

[1] 邢邦圣，张元越．机械制图与计算机绘图（附习题集）．4版．北京：化学工业出版社，2019．

[2] 宋金虎．机械制图及AutoCAD．北京：清华大学出版社，2019．

[3] 廖希亮，赵晓峰．机械制图．北京：机械工业出版社，2016．

[4] 周明贵，郭红利，刘庆立，等．机械制图与识图从入门到精通．北京：化学工业出版社，2020．

[5] 毕思，张宗巧．机械制图．2版．武汉：华中科技大学出版社，2022．

[6] 耿晓明．机械制图与AutoCAD基础．4版．合肥：安徽大学出版社，2022．

[7] 马希青．机械制图．2版．北京：机械工业出版社，2015．

[8] 丁一，何玉林．工程图学基础．2版．北京：高等教育出版社，2013．

[9] 何铭新，钱可强，徐祖茂，等．机械制图．7版．北京：高等教育出版社，2016．

[10] 钱可强．机械制图．4版．北京：高等教育出版社，2014．

[11] 大连理工大学工程图学教研室．机械制图．7版．北京：高等教育出版社，2013．

[12] 邹宜侯，窦墨林，潘海东．机械制图．6版．北京：清华大学出版社，2012．

[13] 胡仁喜，刘昌丽．机械制图．北京：机械工业出版社，2015．

[14] 洪友伦，段利君．机械制图．4版．北京：清华大学出版社，2020．

附　录

附录 1　螺纹

附录 2　螺纹的结构

附录 3　连接件

附录 4　常用滚动轴承的外形尺寸

附录 5　公差与配合

附录 6　常用金属材料

附录 7　常用的热处理和表面处理